ベンジャミン・H・ヤンデル

ヒルベルトの23問題に挑んだ数学者たち

細川尋史 訳

みすず書房

THE HONORS CLASS

Hilbert's Problems and Their Solvers

by

Benjamin H. Yandell

First Published by A K Peters, Ltd., 2002
Copyright © A K Peters, Ltd., 2002
Japanese translation rights arranged with
A K Peters, Ltd.

$$\lim \frac{(\text{Editing}_{\text{Janet Nippell}} - \text{Coauthorship})}{\text{Time}} \to 0$$

Thank you.

凡 例

・本書は Benjamin H. Yandell, *The Honors Class: Hilbert's Problems and Their Solvers* (AK Peters/CRC Press, 2002) の全訳である．

・本文中は，原則として敬称略とする．

・本文の脚注のうち，［訳註］を付したものは訳者による註釈であり，それ以外は原著者による註である．また，本文中の［　］入りの補いは原著者によるものであり，〔　〕入りの補いは訳者による．

・本文中に論文や論文誌，書籍のタイトルが引用されている箇所では，原則として以下のように表記する．

　（ⅰ）邦訳のある書籍あるいは論文の場合，その日本語タイトルのみを表記する．

　（ⅱ）邦訳のない書籍や論文の場合，初出の箇所で，英語もしくは他言語の原題とその日本語訳題を併記する．刊行物としての邦訳はないが，文献名の日本語での表記としてある程度普及していると思われるものがある場合は，日本語訳題としてそれを使用する．

　（ⅲ）本文に出現する多くの論文誌が，世界的によく知られている雑誌，あるいは各国の主要な論文誌であるため，それら論文誌のタイトルに関しては原則として原題表記とする．ごく一部，原題表記ではわかりにくいものについて，初出の箇所等で日本語訳題と原題を併記している．

・引用文はいくつかの例外を除き，日本語既訳が存在するものについても，訳者が本書の原書（英文）から独自に訳出している．ただし，「類体論」の節（高木貞治に関する節）は，著者が節の冒頭で断っているとおり，*Teiji Takagi: a biography*（by Kinya Honda）を基に書かれており，この文献はもともと，雑誌『数学セミナー』（日本評論社）に連載された『高木貞治の生涯』（本田欣哉）の英語版に相当するものである．そのため，この節で『高木貞治の生涯』からの孫引になっている箇所は，本田欣哉の原典に倣った．また，高木本人が書いた手紙の文章や，高木の著書からの引用文も原典（高木の和文の著作物）に倣った．

・巻末付録の「数学の問題」について．本書の原著は付録として，ヒルベルトの原論文 "Mathematische Probleme"（1900）のメアリー・ウィンストン・ニューソンによる英訳 "Mathematical Problems"（1902）を巻末に再録している．本書は原著に倣い，この英訳論文の日本語訳を巻末に付録した（詳細は p. 520 を参照）．「数学の問題」の脚註はヒルベルトによる．

目 次

20世紀の数学の原点

はじめに ………………………………………………………… 2

この本の読み方について ………………………………………… 5

座標軸の原点 ……………………………………………………… 7
―ダフィット・ヒルベルトとゲッティンゲン―

基礎論の問題　❧ 1, 2, 10 ❧

では集合論から始めましょうか？ ……………………………… 30
―カントール―

私は嘘をついている（数学は無矛盾である） ………………… 47
第2問題　―ゲーデル―

完璧なスパイ――実数はいくつあるか？ ……………………… 77
第1問題　―コーエン―

これってコンピュータでできないの？ ………………………… 115
第10問題　―マチャセヴィッチ, ロビンソン, デイヴィス, パトナム, ほか―

特定分野の基礎に関する問題　❧ 3, 4, 5, 6 ❧

原典をひもとく最初の解決者 …………………………………… 160
第3問題　―デーン―

果てしない距離の問題 …………………………………………… 187
第4問題　―ブーゼマン, ポゴレロフ, ほか―

見返りの大きな投資 ……………………………………………… 194
第5問題　―グリーソン, モンゴメリ, ジッピン―

くっついたり，離れたり――物理学と数学 …………………… 217
第6問題

数論に関する問題 ❧ 7, 8, 9, 11, 12 ❧

はじめに主題ありき ……………………………………………………… 224

それぞれの条件を超えて ………………………………………………… 231
第 7 問題 ―ゲルフォント，シュナイダー，ジーゲル―

素数の魅力は途方もない ………………………………………………… 277
第 8 問題

天空の城を追うように …………………………………………………… 290
第 9 問題，第 11 問題，第 12 問題 ―高木，アルティン，ハッセ―

代数学と幾何学に関する問題 ❧ 14, 15, 16, 17, 18 ❧

代数学とは何か？ ………………………………………………………… 354
第 14 問題と第 17 問題 ―永田―

シューベルトの名人芸 …………………………………………………… 364
第 15 問題

その曲線のグラフを描け ………………………………………………… 372
第 16 問題

結晶は何種類あるか？
オレンジの山積み方法は八百屋に聞け ……………………………… 377
第 18 問題 ―ビーベルバッハ―

解析学に関する問題 ❧ 13, 19, 20, 21, 22, 23 ❧

解析には少なくとも 7 年かかる ………………………………………… 396

関数論の研究者はどれだけ有名になれるか？ ……………………… 398
第 22 問題 ―ケーベとポアンカレ―

乱流の中の学び舎 ………………………………………………………… 442
第 13 問題 ―コルモゴロフ，アーノルド―

チェルナヤ川を渡って,
はるばるサヴシュキナ通り 61 番地まで ················ 488
第 21 問題 ―プレメリ, ボリブルッフ―

研究せよ ··· 499
第 19 問題, 第 20 問題, 第 23 問題

振り返るべき時がきた

解決したもの, していないもの ························· 514

謝 辞 ··· 517

付 録

数学の問題 (ダフィット・ヒルベルト) ·················· 520

原 註 ··· 563

参考文献 ··· 575

訳者あとがき ··· 591

翻訳参考文献 ··· 597

索 引 ··· i

20世紀の数学の原点

はじめに

　パリで1900年に開催された第2回国際数学者会議において，ダフィット・ヒルベルトは「数学の問題」と題した講演を行った．彼は「ある種の問題が有している数理科学全般の発展のための深い意義」について話をした．彼はこう述べている．

　　もし，近い将来に数学的知識はどのように発展するのか，その発展した姿を想像しようとするなら，未解決のまま残されてきた問題をひとつひとつ思い起こし，今日の科学によって提起されており将来において解決されることが期待されている問題がどのようなものなのかを，見渡してみる必要があります．そのような問題を検討するのに，2つの世紀が相まみえるこの日は，とてもふさわしいように私には思えるのです．偉大なる世紀が幕を閉じようとしているこのようなときには，私たちは過去を振り返る心持ちへと誘われ，しかも，まだ見ぬ未来に思いをめぐらす方向へと心を向けられるからです[*]．

　偉大なる問題は明快でなければならない，とヒルベルトは述べている，なぜなら，「明快かつ理解が容易なものは私たちを惹きつけ，理解が困難なものは私たちを遠ざけるからです．……それが私たちにとって魅惑的なものであるためには，十分に難しくある必要があります．それでいて，私たちの努力をあざ笑うような

---

[*]［訳註］本書に引用されている外国語原典からの抜粋部分については，原則的に本書の原文（英文）から直接訳出しているが，優れた既訳がある場合にはそれを適宜参考にした．先行の邦訳文献については，巻末の「翻訳参考文献」を参照のこと．全体に渡って，C・リード著，彌永健一訳『ヒルベルト——現代数学の巨峰』（岩波書店），および，D・ヒルベルト著，一松信訳・解説『ヒルベルト　数学の問題』（増補版，現代数学の系譜4，正田建次郎，吉田洋一監修，共立出版）の訳文からも多くの示唆を受けた．

ものではいけません」．さらにヒルベルトは，広く知られた歴史的問題の解決のために積み重ねられてきた努力がいかに数学を豊穣にしてきたかを説明し，その結論として今日「ヒルベルトの問題」として知られている未解決問題のリストを提示した．

ヒルベルトの問題を解決することは，以来多くの数学者にとって甘美な夢であり続けた．ヘルマン・ワイルはこう書いている．「これらの問題の1つを解決した数学者は，それによって数学者の世界の中で名誉あるクラスの一員となったのである」．過去100年間，ヒルベルトの問題の解あるいは意義ある部分的結果が世界中からもたらされた．ヒルベルトのリストはまさに美そのものであり，ロマンを掻き立てる魅力と歴史的な意義により，これら厳選された問題たちは数学を体系化する原動力となった．

ヒルベルトは「フランスのある老齢の数学家」の言葉を引用している．それは「数学の理論というものは，それを街に出て最初に出会った人に説明できるくらいに明快なものにするまでは，完成したものとみなすべきではない」というものである．その見方が当然であると思われた時代から，数学は拡大と分裂を繰り返しつつ長い道のりをたどり，ついには，ヒルベルトのように1人の人間が全体を概括して問題のリストを作成できるとはとても思えないようなところまで発展してきた．もしそのようなリストをいま作ってみたところで，それは最悪の場合には，共通する委員が1人もいないいくつもの委員会が出したリストの寄せ集めのようなものになってしまうであろう．国際数学連合（International Mathematical Union）が（いわく「ヒルベルトの提示した有名な問題のリストに触発されて」）2000年に『数学——課題と展望（*Mathematics: Frontiers and Perspectives*）』〔邦訳『数学の最先端21世紀への挑戦』vol.1-6〕を出版したときには，それよりはましだったが，それでもこの本には編者として4人の数学者の名前が挙がっていて，全部で30の署名論説が含まれている．その結果，この本は全編で459項にもおよぶ大著となった．一方，ヒルベルトの問題のいくつかは確かに大変専門的だが，そのほかの問題は率直でわかりやすいものであり，親しみさえ感じさせる．例えば，ある数の無理数性と超越性，ディオファントス方程式の可解性，あるいは，数がどんどん大きくなるにつれて素数はどのくらい現れるのかといった問題は，実際にこれらを解決するのは容易なことではないが，これらが何についての問題なのかを理解するのは可能である．

ヒルベルトがこれらの問題を強調したことにより，数学は好奇心に基礎づくものとなった．彼自身の貢献の1つに円周率πが（どのような整数係数の代数方程式

の解にもならない）超越数であることの証明の簡略化がある．円周率は円の直径，周の長さ，面積の関係から生まれたものであり，人類の歴史に早くから登場した．もう1つの超越数であるeは微分積分学から飛び出してきた．第7問題では$2^{\sqrt{2}}$が超越数か否かが問われている．超越数は有り余るほど存在する．しかし，それを生け捕りにするのは困難である．超越数の定義は簡単であるにもかかわらず，ある数が超越数であることを証明するのは難しい．この数の超越性の問題は忘れるのが難しい程に簡単で不思議な問題であり，ずっと数学科の学生の好奇心を刺激し続けている．

　ヒルベルトが教鞭を執ったゲッティンゲンは数学者と物理学者にとってのキャメロットとして記憶されてきたが，それはいまでもかわらない．ゲッティンゲンの数学者たちが町の広場のある点を「座標軸の原点」と呼んだように，1900年から1933年にかけてまさにすべての道はゲッティンゲンに通じていた．例えば量子力学は「ヒルベルト空間」と呼ばれる空間によって数学的に基礎づけされている．このゲッチンゲンにはたくさんの数学者たちが流れこんだが，それによってヒルベルトの問題の魅力が減ずることはなかった．

　本書では個々の問題について，その研究の進展に沿って話を進めていく．問題に取り組んだのは誰か？　問題を解決したのは誰か，どのように解決したのか？　どの問題が未解決なのか？　そして，ヒルベルトが残した数学は，20世紀にどのように発展したのか？　ヒルベルトの問題の解決に携わった人々と彼らの思想は，20世紀の前半には数学における点と点を結びつける役割を果たした．そして，そのことは20世紀後半，数学がどの方向に向かって進んでいくべきかの最初の指針を与えた．

この本の読み方について

> 私が数学で何事かをなしとげ得たわけは，実は，数学が私にとっていつも
> 実に難しかったからなのですよ．
> ——ダフィット・ヒルベルト[1]

　数学を専門とする読者であれば，本書の読み方は理解しているものと思う．彼らは本書をいつも数学書を読むのと同じ方法で読み進めるだろう．つまり，もしわからないことがあった場合（彼らはこのような状態に置かれるのは慣れている）その次に書いてあることは理解できるはずだと希望を持って読み進めるし，また，興味のないところは飛ばしてしまう．しかし，これこそが私が数学を専門としない読者に対しても期待する読み方である．もし本書を1つの物語として読むのならば，少々わからないことがあっても読み進めていってもらいたい．また，もしそうしたければちょっとばかり読み飛ばしてもかまわない——メルヴィルの『白鯨』を読んでいて，また捕鯨についての一節に出くわしたようなものだと思えばいい．人物の人となりや経歴に関する読みやすい部分が，少し先でまた出てくるだろう．好きなところを読んで楽しめばよいのである．しかしながら，最も魅力的なことは数学を説明した一節にあるのかもしれない．その可能性はつねに考慮してほしい．

　本書はヒルベルトの問題のすべてについて，それがどのように展開したのかを説明している．いくつかの節は，おそらく，数学を学ぶために本書を読んでいる読者しか興味を持たないだろう．そのような節は概ね短く，その中に人物に関する記述はほとんどなく，後の方に出てくる．もし物語として読む場合には，最後のほうの3つの章，つまり，ポアンカレの章とコルモゴロフの章，それと「振り返るべき時がきた」は読み飛ばさないでほしい．

ダフィット・ヒルベルト

座標軸の原点

—ダフィット・ヒルベルトとゲッティンゲン—

　ゲッティンゲンの数学者たちは冗談半分に，町の広場にあるそこから4つの教会を見渡すことのできる点のことを「座標軸の原点」と呼んだが，ヒルベルトの問題とそれを解決した人たちのことを理解するには，まさに「座標軸の原点」から始めなければならない．その原点とはヒルベルトとゲッティンゲンにほかならない．ここに書いたのは概略にすぎない．もっと詳しい背景を知りたい，あるいは，単にすぐれた本を読みたいと思う読者はコンスタンス・リードが著した伝記『ヒルベルト』を読んでもらいたい．

　ダフィット・ヒルベルトは，オットー・ヒルベルトとマリア・ヒルベルトの長男として1862年1月23日に東プロシアのケーニヒスベルクに近い街で生まれた．当時は中産階級が担ったハイカルチャーが花開いた時代であったが，彼の家もいわゆる知識階級に属している．父親は裁判官であり，叔父の1人は弁護士であり，もう1人別の叔父は高等専門学校，すなわち，ギムナジウムの校長であった．彼の父方の祖父もまた裁判官で，その功績を認められて，ヒルベルトも将来手にすることになる，大半の義務を免除された最高の名誉である「枢密顧問官 (Geheimrat)」の称号を与えられている．この頃，ドイツは統一されてナショナリズムの拡大と繁栄の時代を迎えていた．それはまた文化が興隆した時代でもあり，数学者にとっても恵まれた時代であった．しかし，この繁栄の時代はヒルベルトが52歳の1914年に終末を迎えることになる．

　ケーニヒスベルクは古くから数学と深い関わりを持ってきた街である．この街にある天文台は，物理学においてよく用いられるベッセル関数で名を知られているフリードリッヒ・ヴィルヘルム・ベッセル（1784-1846）が設立した．カール・ヤコビ（1804-1851）もケーニヒスベルク大学で教鞭を執っていた．ヤコビの後任であるフリードリッヒ・リシェロ（1808-1875）は，当時小さな町のギムナジウム

の教員をしていたカール・ワイエルシュトラス（1815-1897）の研究を見出した．リシェロは，わざわざその町まで行ってワイエルシュトラスにケーニヒスベルク大学の名誉博士号を授与したという．その後ワイエルシュトラスはベルリン大学に移ったが，ヒルベルトが青年の頃，ワイエルシュトラスはドイツで最も優れた数学者の1人であった．彼は，解析学，すなわち，微分積分学とそれが発展した数学の1つの分野に，一般にはどんな些細な点においても水も漏らさぬ程に整合的であることを意味する「厳密性」を取り入れる運動の中心的人物でもあった．アイザック・ニュートン（1642-1727）とゴットフリード・ヴィルヘルム・ライプニッツ（1646-1716）がそれぞれ独立に生み出した微分積分学は，それ以前は直観的かつ実用的なもので，「無限に小さい」といった表現が（見たところ，問題となるほどに十分に大きい場合にまで）自由に使われていた．このようなことが原因となって19世紀中ごろの数学は混乱していた．オーギュスタン＝ルイ・コーシー（1789-1857）らの研究を土台に研究を始めたワイエルシュトラスは，「極限」や「連続」などの概念に注目し，初めてそれらを厳密に定義した．このように概念を厳密に定義することは現代の数学では当然のことだが，それは，ある意味では，のちにヒルベルトの貢献の真骨頂となるものであった．つまり，正確に言明することの難しさを理解することが，明確かつ建設的な研究を可能にする新しい領域を拓く足掛かりとなったのである．コーシーとワイエルシュトラスは微分積分学の基本概念を定義するのに使われる$\varepsilon-\delta$論法を生み出した．ニュートンやライプニッツの頭にはそれは決して思い浮かばなかったし，ましてや，彼らではそれを完成させることはできなかったのである．

　イマヌエル・カント（1724-1804）の哲学の伝統は，ケーニヒスベルクにおいてはほとんど手で触れられそうなぐらいの存在感をもっている．毎年，カントの誕生日にはケーニヒスベルクの大聖堂の隣にある納骨堂が一般に開放されて，カントの胸像には月桂樹の首飾りがかけられる．カントは，人間はいかにして物事を認識するのかという問題について研究し，ある種の数学的真実についての知識はア・プリオリである，つまり，経験を通して学ぶのではなく始めから先験的に備わっているとした．また，彼は算術の基本概念は幾何学の基本概念がそうであるようにア・プリオリであるとした．

　数学者は，現実的な問題として，算術についてはカントの見解を支持するだろう．しかし幾何学については，ヒルベルトが生まれる頃にはカントに反する認識に達していた．すなわち，われわれはユークリッド幾何学と異なる論理的に矛盾のない幾何学を自由に構築できること，裏を返せば，ユークリッド幾何学の公理

系で提示された概念は経験に基づくものであることを，数学者たちはすでに明らかにしていた．非ユークリッド幾何学の発見とその精密化は，1820 年代から1870 年代にかけてそれがより明確により広く知られるようになるに従って，数学における 1 つの革命を引き起こした．ヒルベルトは，「直観」という言葉がもはや手放しには信用されなくなった時代に生まれたのである．すべての仮定を再考しなければならなかった．そして，その作業に対して彼は完璧な資質をもっていた．

　ヒルベルトが子供の頃，ケーニヒスベルクにもう 1 人の少年がやって来た．ヘルマン・ミンコフスキ（1864-1909）である．ヒルベルトとミンコフスキがお互いを知るのは大学時代のことであるが，ミンコフスキの人生はヒルベルトのそれと深く結びつくことになる．ミンコフスキの家はもともとロシアの裕福な商家であったが，革命の気運の中，迫害を恐れた一家は 1872 年にケーニヒスベルクに移って来た．そして，白リネンの輸入で生計を立てつつ新しい生活を始めたのである．数学における才能の発揮の仕方という点においてはヒルベルトとミンコフスキはまったく対照的だった．ヒルベルトは子供の頃，周囲から特に優れているとは思われていなかった．彼自身も自分のことを物覚えの悪い子供だったと記憶している．新しい考え方を理解するのに苦労したとも言われている．ヒルベルトが何かを理解できるようになるには，その前に自分なりの理解の仕方を苦心して見つけだす必要があった．ギムナジウムの国語の授業にあった暗記も苦手だったという．これに対してミンコフスキは子供の頃，神童と呼ばれていた．彼が数学の才能に恵まれているのは誰が見ても明らかだったし，驚くほどの記憶力の持ち主であり，シェイクスピアやシラーを読み，ゲーテの詩の大半を諳んじていた．新しい考え方でも苦もなくすぐに理解した．しかし，ミンコフスキの家ではそれが普通のことと受けとめられていたに違いない．弟のオスカルは後の 1889 年に脾臓に糖分を調節する物質が存在することを実証した人物である（その後，その物質は特定されてインスリンと名づけられた）．ヒルベルトもその後，順調に学力を向上させ，優秀な成績を修めて卒業した．学年が進むにつれて数学の授業が増えてくると，彼の優秀さ，独創性，そして勤勉さが周囲から認められるようになったのである．一方，ミンコフスキは駆け抜けるようにしてギムナジウムを卒業していった．数学の力ではあっという間に先生を追い抜いてしまい，通常は 8 年のところを 5 年半で卒業した．2 歳年下だったがヒルベルトよりも先にミンコフスキは大学に入学した．

　ギムナジウムは中欧の大半を含むドイツ語圏にあった学校であり（例えば，ケー

ニヒスベルクはベルリンとの間にポーランドを挟んでベルリンの北西約560 km のところにあり，現在はロシアに属していてカリーニングラードと呼ばれている），商人あるいは知識階級の子息を対象とした幅広いリベラルな教育がなされた．ギムナジウムでは音楽と文学の教育が特に重視されていたほか，科学教育も盛んだった．そこで数学に心惹かれる者にとっては，数学の魅惑は詩の魅惑と同じくらい自明なものであっただろう．ギムナジウム（*Gymnasium*）という言葉は，英語もそうであるように，ドイツ語で心身の鍛練を通して頭脳を育てるという意味を含んでいる．そして，数学は精神の鍛練に最も適した科目と考えられた．ギムナジウムの教師は社会的地位の高い職業であって，ドイツの主だった科学者や思想家は職歴の一部あるいはすべてをギムナジウムで過ごしている．

　ギムナジウムを卒業したヒルベルトはケーニヒスベルク大学に入学した．大学の数学の教授はハインリッヒ・ヴェーバー（1842-1913），ただ1人であり，彼が他の大学に移るとフェルディナンド・リンデマン（1852-1939）がその後を継いでいる．この2人は優秀であり，そのことはヒルベルトにとっては有益ではあったものの，2人がヒルベルトに強い影響を与えることはなかった．しかしこの時代のドイツにおける大学生活の最も素晴らしい側面は，その自由さにあった．多くの学生にとっては，浴びるほどビールを飲んでの大騒ぎと決闘が当たり前の毎日．一方，志をもつ真面目な学生が勉強に打ち込むのもまったく自由であった．そして学生が自らの専門分野において最も重要であるか，もしくは，最も優秀であると思われる教授から直接指導を受けるために，他の大学に出向くのも普通だった．

　第二学期にはハイデルベルク大学に行き，ラザルス・フックス（1833-1902）の線型微分方程式の講義を聴講した．ハイデルベルクの次にはベルリンに行くこともできたのだが，彼は，自分はあちこちを渡り歩くタイプの数学者ではないと思い（むしろのちには多くの数学者が彼のもとを訪れるようになるのだが）ケーニヒスベルクに戻ることにした．ヒルベルトとミンコフスキはこの時まで面識がなかったが，ヒルベルトがケーニヒスベルクに戻ったあとしばらくしてミンコフスキもベルリンからケーニヒスベルクに戻って来た．ミンコフスキはそのときすでに弱冠18歳にしてパリ科学アカデミーの重要な賞を受賞しており，ヒルベルトの父は「これほどに高名な人物」と友人になろうとするのは「不遜なこと」[1]であると助言したそうだが，堅実であると同時に自身の望むところを明確に理解していたヒルベルトは，この才気溢れる学友との親交を深めていった．毎日，もしくは，ほとんど毎日，2人は連絡を取り合った．2人のやりとりはまったく対等なものであり，それはヒルベルトの人生にとって決定的と言っていいくらいに重要な意味

を持った.

そして，1884 年にアドルフ・フルヴィッツ（1859-1919）がケーニヒスベルクにやって来た．24 歳のフルヴィッツは，慎み深い好青年であったが，数学に対してはひとかどならぬ情熱を傾けており，実際，そのときすでに相当な実績をあげていた．ヒルベルトとミンコフスキはこの新しい教師とも深く親交を結んだ．ヒルベルトはフルヴィッツについて「彼の知的で朗らかな目は彼の精神について如実に語っていた」と言っている．3 人は毎日，「かっきり 5 時」に集まり，「りんごの木に向って」散歩しながら数学について語り合った[2]．生涯を通してヒルベルトはこのように散歩をしながら議論することで数学についての思索を深めたのである．彼が真の数学者になったのはまさにこの時期であった．「いつ終わるとも知れない散策を続けながら，われわれは当時の数学の直面していた諸問題について思いをめぐらせ，われわれが得たばかりの新しい知識を交換し合い，われわれの思惟，われわれのプランを交換し合った．このようにしてわれわれは生涯尽きることのない友情を築き上げたのだった」．

正教授リンデマンの指導のもとヒルベルトは代数的不変式論に関する独創的な学位論文を著して博士号を取得する．そして，博士号取得のための最終の審査において，彼は 2 つの命題を選択し，その正しさを論証した．その命題の 1 つは電磁気学に関する命題であり，もう 1 つは「カントによる算術的判断のア・プリオリ性に対する反論の不当性」というものだった[3]．代数的不変式に関する学位論文は正統かつ緻密で，純粋数学に属すものである．一方，電磁気学の問題は数学と科学との関係を跡づけるものであり，カントの問題は哲学に属すものだった．これらを同時に取り上げたことはヒルベルトの研究領域の広がりを予示している．

博士号を取得するとヒルベルトは然るべき次の一歩として，「教員資格（Habilitation）」を取得するための第二の学位論文を書き始める．この資格が取得できれば，私講師（Privatdozent）になることが保証されるのである．この時代，ドイツの大学の教員には三段階の職位があった．つまり，私講師（Privatdozent, 講義をすることは認められているが賃金は直接生徒から受け取る），員外教授（Extraordinarius, 大学から賃金が支払われる），正教授（Ordinarius, ごく少数）の三段階である．そして，現実志向のヒルベルトはギムナジウムの教員資格の試験も受けることにして，実際，それに合格した．

フルヴィッツの勧めにしたがって彼はライプチヒに行きフェリックス・クライン（1849-1925）とともに研究することにした．位相幾何学（トポロジー）でよく知られているクラインの壺のクラインである．しかし，クラインの数学における業

績はこの古典的な図形だけではなく非常に広範囲にわたる．おそらく当時のドイツにおいて最も卓越した数学者であったクラインは，ヒルベルトの才能を見て取った．クラインがちょうどゲッティンゲンに移る直前である．この頃にヒルベルトはノートの内側に次のような詩を書きつけている．

> この暗鬱な 11 月の日
> ほのかに輝く灯が，またたき
> ゲッティンゲンからわれわれを照らす
> 若き日々の追憶にも似て[4]．

　クラインの勧めにしたがってヒルベルトはパリに行きフランスの数学者たちと会うことにした．アンリ・ポアンカレ (1854-1912)，カミーユ・ジョルダン (1838-1922)，シャルル・エルミート (1822-1901) らを訪問したり，彼らの講義に参加したりした．その合間にクラインと手紙のやり取りをして自らの研究の進捗具合を報告したり，パリで耳にしたうわさ話やそれに対する自分の感想を伝えたりしている．ヒルベルトはいつでも周囲の数学者たちと気持ちのよい親交を結ぶ術を心得ていた．ドイツに戻った彼はまずゲッティンゲンに立ち寄ってクラインのもとを訪問し，その後ベルリンを経由して「幸福感と熱意にみちて」[5]ケーニヒスベルクに戻る．そして講義の準備を始めた．

　生涯で最高の成果が生まれるのが 30 歳よりも前なのが当たり前の分野に身を置きながら，ヒルベルトはすでに 25 歳になろうとしていた．他の堅実ではあるが本質的には平凡な数学者たちと自分との間に一線を画するような業績は，まだ彼にはなかった．しかし，若き日のヒルベルトに動揺や焦燥があったことを示すものは何も残っていない．彼は講義を自らの研鑽の場と位置づけて同じ内容の講義を繰り返さないようにし，学期ごとに講義の準備のために数学の新しい分野を学ぶことを自らに課した．これに並行してフルヴィッツとともに，彼らの日課となったりんごの木に向かっての散歩の中で数学の「系統的探究」[6]に着手した．ヒルベルトは研究者として充実した日々を送っていた．1888 年の初めに 1 年半に渡る講義を終えると，彼は 21 人の数学者を訪問する旅に出ることにした．

　このときまでに彼が発表した論文の大半は，計算に重きを置いた 19 世紀の数学を象徴する代数的不変式論に関するものだった．代数学の基本要素は，任意に選ばれた個数の変数の任意に選ばれたべき乗を含む多項式である．例えば，簡単なものとして $x^2+2xy+3y^2$ がある．多項式についての基本操作は変数変換であ

座標軸の原点 13

る．（2変数の場合を）座標平面で見ると，不変式論で議論される変数変換の典型的な例は平面上に描かれた x 軸と y 軸の座標を回転させることである．その回転によって必ずしも x 軸と y 軸が直交なままでなくてもかまわない．また，各軸の尺度の拡大・縮小も考えられる．カール・フリードリッヒ・ガウス (1777-1855) 以降，数学者はある種の定数の組み合わせがこのような回転や拡大・縮小によって本質的には不変であることを発見してきた．例えば，2元2次形式 $ax^2+bxy+cy^2$ に対しては，b^2-4ac がその1つである．この特別な不変式はガウスによって「判別式」と名づけられた．他の数学者はもっと複雑な不変式についても研究している．英国のアーサー・ケーリー (1821-1895) やジェイムズ・シルヴェスター (1814-1897)，ドイツのパウル・ゴルダン (1837-1912) やアルフレッド・クレブシュ (1833-1972) らの手により代数的不変式論は非常に精巧に作り上げられた．もちろん，彼らだけでなく多くの数学者がそれに携わった．

　数学には，それが現実世界を理解するのに役立つことに存在意義を持つような分野も存在する．ノーベル物理学賞の受賞者であるユージン・ウィグナーは，紙や黒板に書かれた記号が自然の謎をいかに深く解き明かすかについて，彼自身の驚嘆の思いを語っている．確率論においてそうだったように，物理学は解析学の数多くの分野において数学者たちが関心をもったものを取り入れると同時に，その推進に大きな役割を果たしてきた．一方，数論における好奇心は人間の本性の奥深くから沸き起こってくる．数が関係する事象やパターンは文字が生まれて以来ずっと人々の好奇心を刺激してきた．コンピュータや暗号理論において顕著に見られるように，今日では数論もいろいろなところに応用されているが，数論研究の鍵となる原動力は，美への探求心と知的好奇心であった．対照的に，幾何学は両面性を持っていると言えるだろう——人類は幾何学が誕生して以来その有用性の恩恵に浴してきたが，一方ではその論理的堅固さと美しさにも心打たれてきた．

　代数的不変式論はこうした構図のどこに位置づけられるのがふさわしいのだろう？　代数的不変式論は，数学者が多項式の集合に隠された内部構造を発見するための窓であった．変換あるいは変数変換の成す群によって不変な量を考えることは，現代数学と物理学において基本的かつ技術的に重要なことである．線形代数学において変換を能率よく扱う道具であるベクトルや行列の理論は，19世紀にはまだ完全には出来上がっていなかった．そして，不変式論は大雑把にはその発展過程の一部分と考えることができる．

　ヒルベルトがこの分野に初めて接したとき，最も重要な問題はゴルダンの問題

であった．それは，すべての代数的不変式を有限回の加法と乗法だけで構成できるような有限の「基底」の存在を予想したものである．膨大な量の計算を拠りどころとして，1868 年にゴルダンはこの問題を，2 元形式の特別な場合について証明した．だがゴルダンと同じ方法をより難しい場合に適用するのは絶望的なくらいに困難なことであり，その後の 20 年間の数多くの数学者たちの努力は徒労に終わっていた．1888 年の数学者歴訪の旅においてヒルベルトはまずエルランゲンのゴルダンのもとを訪れている．ゴルダンは豪放な人柄で，不変式論に対しては人並ならぬ情熱を注いでいた．ヒルベルトと同じように，ゴルダンは計算をしているときに好んで散歩に出て，散歩の途中でビア・ガーデンに立ち寄っては燃料補給をした．ヒルベルトはゴルダンの問題に「魅了されて」エルランゲンを離れたという．その後，クラインから始まり，フックス，ヘルムホルツ，ワイエルシュトラス，クロネッカーらを次々と訪問したが，その間もずっとゴルダンの問題を考え続けた．そしてクラインのもとを離れる前にヒルベルトは 2 元形式の場合のおどろくほど簡単な証明を発見した．ケーニヒスベルクに戻った彼はさらに変数の数が任意の場合を考え続け，そして，1888 年 9 月 6 日に誰も予期しなかった方法でそれを解決した．

　力まかせに計算するだけで問題を解決できるのであれば，すでに問題は解決しているはずだ，そうヒルベルトは考えたに違いない．彼は一歩下がってゴルダンの問題を俯瞰してみた．もし予想が正しくないのであれば，そこから導かれる結果は何だろうか？　比較的簡単な推論を積み重ねていってヒルベルトは矛盾を導き出した．つまり，ゴルダンの予想が正しくないという仮定がその結果として矛盾を導くのならば，それは正しくなければならない．ヒルベルトは皆が試みた基底の発見をしたのではない．アリストテレスの排中律——命題はどれも真であるか偽であるかのどちらかである——を認めれば，それが構成可能か否かに関係なくこのような基底は存在しなければならないことを証明したのである．

　当初，これは疑念を持って迎えられた．ゴルダンはこう言った．「これは数学ではない！　これは神学だ！」ケーリーは最初，この証明が理解できなかった．リンデマンはこの証明を「*unheimlich*」（感じが悪い，気味の悪いという意味）と考えた[7]．ヒルベルトの証明の意味を正しく理解したのはクラインだけだった．彼はこう書いている．「まったく単純で，それゆえに論理的説得力を持つ」．証明が発表されてから 5 年も経つうちに組織立った反論はなくなり，ヒルベルトの名声は確固たるものとなった．

　背理法による証明は今日では当たり前になっている．この種の議論を使ったの

はヒルベルトが最初というわけでももちろんない．しかしながら，これほど明らさまに計算の複雑さを伴った問題に対して用いられたことはそれ以前にはなかった．純粋な存在証明においては検証可能な特定の例を構成できないから，その証明を信用するには，拡張を続ける数学の論理的無矛盾性を信用するほかはない．数学はより複雑かつ抽象的な問題に向かって進みながら，その版図を劇的に拡大し続けてきた．多くの数学者，とりわけベルリンのレオポルド・クロネッカー（1823-1891）は，推論によってしか認識できないような無限への飛躍を浅はかな考えであるとして毛嫌いしていた．一方ゲオルク・カントール（1845-1918）——1888 年にはハレ大学で教えていた——は 1870 年代に集合論を築き上げ，大きさの異なる無限大の数について論じ，それらの算術さえ可能であることを示した．しかしクロネッカーは，数あるいはその他の数学的要素であっても有限回の手続きで「構成」されるものだけを数学における考察対象と認めていた．ヒルベルトは代数学の研究においてクロネッカーから強い影響を受けていた．そのため，ヒルベルトがゴルダンの問題を解決するのに欠くことのできない飛躍をなし遂げるには，彼自身もそれまでの思考の枠を思い切って取り払う必要があった．

　ヒルベルトは相変わらず不変式論の研究を続けると同時に私講師として講義をし，その間に数学の世界は彼の証明を受け入れていった．さらに 2 本の論文を発表し，1890 年にはそれまでの自分のすべての研究成果を統合して発表している．そうする間もゴルダンの問題に適用した「存在証明」の擁護を続けていたが，彼自身，特定の解を構成して明示することの価値も理解していた．ヒルベルトは代数的整数論の研究を始め，のちにヒルベルトの零点定理（Nullstellensatz）と呼ばれることになる代数曲面に関する基本的ではあるが技術的には高度な定理を証明した．1892 年にはこの新しい定理と彼自身が証明した存在定理を出発点として，不変式の成す任意の群に対する有限基底を実際に構成する方法も与えた[8]．決定的な洞察を，クロネッカー，すなわち，いまは亡き有限主義者に回帰することから得たのである．ヒルベルトの存在証明に対する抵抗がたとえその時点で何がしか残っていたとしても，それも彼が実際的な構成方法を示したことで吹き飛んだだろう．

　それと並行するようにドイツの教授制度は時計の針を進めて音楽時計のように動き始めた．クロネッカーの死によりベルリン大学の教授の椅子が空位となった．ドアは開かれ，数学者たちは大学から飛び出して移動を始める．フルヴィッツは正教授としてチューリッヒ大学に移った．ミンコフスキはケーニヒスベルク大学の次に赴任したボン大学に留まり，そこで員外教授になった．そして，ヒルベル

トも員外教授となり，ケーニヒスベルク大学におけるフルヴィッツの職位を継いだ．

ヒルベルトはいまや結婚にふさわしい立場にあった．彼はダンスが上手な恋多き青年であり，社交生活を大いに楽しんだ．しかしながら，とりわけ1人の若い女性ケーテ・イェロッシュが彼の関心の的となる．彼とケーテは1892年の10月に結婚する．翌年の8月には彼らのただ1人の子供であるフランツが生まれた．彼らの結婚生活はこの上もなく幸せなものであった．そして，それは結婚したての頃からのことであったようだ．ヒルベルトの学生の1人はこう述べている．「彼女は個性と人間味に溢れ，強く，明朗な人だった．そして，いつもその主人にひけをとることがなかった．彼女はやさしく，率直で，つねに独創的だった」[9]．新郎を祝すのにミンコフスキは「また新たな，素晴らしい発見」[10]に期待していますと書き送った．その期待どおり翌年の年明けにはヒルベルトはeとπの超越性（eの超越性はエルミートが証明し，πの超越性はリンデマンが証明していた）の新しくより簡単な証明を発見した．それは今日では標準的な証明となっている．

ヒルベルトは，これからは整数論に専念するつもりであると宣言した．その後すぐにリンデマンがミュンヘン大学からの要請を受けてケーニヒスベルクを去ることになり，後任の正教授にヒルベルトが任命された．そして彼の昇任によって空位となった員外教授の職位を，その頃すでに整数論において成果を挙げていたミンコフスキが継いだ．この最後の職位交換が完了する前，また，ヒルベルトが実際に整数論において成果を挙げる前，2人はドイツ数学会から整数論研究の現状を報告する仕事を委託され，ヒルベルトは代数的整数論の分野を，ミンコフスキは有理数論の分野を担当することになる．数学の1つの分野全体を理解して体系づけることが好きだったヒルベルトは，この仕事に没頭した．一方，ミンコフスキは自身の著述に非常に高い水準を求める性質で，遅筆であった．しかもミンコフスキはいろいろなことに興味を持ったので，横道にそれることもしばしばだった．ともかくも，昔のようにケーニヒスベルクにそろった2人は充実した日々を楽しんでいたのだが，すぐにヴェーバーがゲッティンゲンを離れたおかげで空席ができ，クラインがその後任人事の事実上の責任者となった．1895年，ヒルベルトはゲッティンゲン大学に正教授として迎えられ，ミンコフスキがケーニヒスベルク大学でヒルベルトの職位を継いだ．

大学の街であるゲッティンゲンはドイツの中心にあり，かつての西ドイツと東ドイツの国境に位置している．旧市街（*Altstadt*）の大半が保存されていて，それを囲む城壁も残されている．旧市街では赤瓦の屋根の半木造の家々が，曲線を

描く狭い路地を縁取っている．城壁の外側には，洒落た淡黄色のレンガでできた比較的新しい家が並んでいる．ゆるやかな起伏をなす田園がすぐ近くにあったおかげで，ヒルベルトの愛した散歩も容易にできた．そして，ゲッティンゲンは激しい開発の波に洗われることなく今日に至っている．街の役場 (Rathaus) にはこう書かれている．「ゲッティンゲンを離れて人生無し」[11]

　ガウスは整数論こそ数学の頂点であるとしたが，それから 100 年後，ヒルベルトが整数論を研究すべくガウスの大学にやって来たのだ．そしてそのゲッティンゲン大学を数学世界の中心とする事業にクラインが着手しており，それは *Bulletin of the American Mathematical Society*（アメリカ数学会紀要）にゲッティンゲン大学で行われた講義の目録が早くも掲載されるほど成功を収めていた．大学にはアメリカ合衆国，および，欧州のすべての国から学生が集った．クラインの講義は入念に準備されていることで有名で，彼は話した通りに黒板に書き，それを決して消さなかった．そして，講義が終わったとき黒板はまさに完璧な講義録となっていた．

　ヒルベルトとケーテは当初，この新しい環境に苦痛を感じた．クラインは思いやりのある人だったがきわめて厳格だった．ゲッティンゲンの数学者社会は職位の上下により定められた秩序に支配されていた．クラインの妻——彼女は哲学者ヘーゲルの孫娘であった——は，ケーテ・ヒルベルトがゲッティンゲンにやって来てすぐにしたように広範囲な社交的集まりのために人々を家に迎えるようなことはしなかった．さらに，ヒルベルトの講義方法は自分が実際にその数学について考えた通りをそのまま学生に示すというものだった．彼の講義には，考えをまとめる際に発生する中断，錯誤，後戻り，それにさまざまな混乱などが数多く出てくる．要するにヒルベルトは同時代のドイツの教授たちのような高尚な教授方法は身につけていなかったわけだ．しかし，彼の話には驚くべき洞察とみずみずしいアイデアが満ちていることに学生たちはすぐに気付いた．ヒルベルトは大学に厳然として存在する上下の序列にまったく気づいていないがごとく振る舞い，やがて，講義の後には学生や私講師と一緒に長い散歩をするようになった．ゲッティンゲンがほんの少しあたたかく感じられるようにと，ケーテは家をさまざまな人々が集える場にした．ヒルベルトの研究生活は人々との会話の上に成り立っていた．彼とケーテは黄色いレンガでできた家を建て，その家の裏庭に屋根付きの回廊をめぐらして，悪天候の日でも外で歩きながら数学ができるようにした．「彼らは犬を飼った．それはテリア犬でペーターと名づけられた．ペーターが失われたのちにもやはりテリア犬のペーター 2 世，ペーター 3 世と，何匹もの犬た

ちが飼われることになった」[12].

　ヒルベルトはそこで代数的整数論の報告の作成に専念した．彼はそれまでの代数的整数論の体系は互いに無関係な結果を年代記的に並べただけのようなもので，正当なかたちで理解されていないと感じていたのだ．彼は文献を読んで学ぶことはあまり好きではなかったが，この報告の作成にあたっては文献を読み漁っている．その成果であるヒルベルトの『数論報告 (*Zahlbericht*)』は1つの古典と言えるだろう．この本の出版にあたっては，ミンコフスキとフルヴィッツがヒルベルトの草稿の校正と編集を繰り返し，その徹底ぶりは注意深いヒルベルトでさえいら立たせるほどだった．この報告が完成し世に出ると，それは興奮を持って迎えられた．この本には代数的整数論の概略と要約だけでなく，ヒルベルト独自の注釈も加えられている．それはヒルベルト流の「総説」の典型を示しており，未来の数学者によってさらに深く掘り下げ得る形になっていた．いったん論理的構造が明確になり，隠れた関係が明らかになれば，すでに舞台は整ったというわけである．そして彼自身は次に，相互法則——ガウスのお気に入りの法則——の拡張へと進む．一連の論文によって明らかにされた彼の研究成果は，またもや新しい数学，すなわち，類体論の舞台を用意するものだった．ヒルベルトにはどの分野の問題も自分なりにやり遂げると，きれいさっぱり手を引く傾向がある．次には，幾何学の講義をすると宣言した．

　ヒルベルトの幾何学の研究は異なる2つの部分から成る．その第一の部分について，ヒルベルトの業績について記した人物評伝の中でヘルマン・ワイル (1885-1955) はこう述べている．

　　ギリシャ人によって，幾何学はまずいくつかの公理を設定した後に，その上にのって純粋に論理的なプロセスによって進む演繹的な科学であると考えられた．ユークリッドもヒルベルトも，ともにこのプログラムにのっとって進む．しかしながら，ユークリッドによる公理系のリストはまだ完全というには程遠かった——ヒルベルトによるリストは完全であり，演繹にはギャップは見られない[13]．

　幾何学には明確化および拡張が必要となるある領域があった．そのことは幾何学を学ぶ者にとっては明白だったに違いない．第一学年の幾何学の授業では，証明をしようとする者，あるいは証明を理解しようとする者は，最初に図を描いて，それをつねに参照しながら考える．しかしこのような視覚的な補助が正式の証明に表向き現れることはない（ユークリッドの原論においてもおおむね明示されていな

い）．しかし年月を経るうちに，そうした補助的な図そのもの，あるいは，その図の解釈の中に誤りの原因が隠されていて，その帰結として誤った証明に至ったのではないかと考えられるケースも生じていた．そのため，例えば「……と……との間にある」ことを表す公理——これは「順序の公理」と呼ばれる——のような視覚による判断を含んだ公理が必要になった．ヒルベルトがこのことを理解した最初の人物ではない．モリッツ・パッシュ（1843-1930）やジュゼッペ・ペアノ（1858-1932）のような数学者たちは，私たちが幾何学において理解していることを，図を使わずに，記号論理学の言葉に翻訳することを試みていた．しかしヒルベルトの目には，そうしたやり方は殺伐として面白みに欠けたものと映った．そこで講義では彼は中間の道をとった．ヒルベルトはすべてを厳格な公理系の上に構築し，しかし同時に，彼は図を描いたし，「点」や「直線」といった用語も使った．論理的には，図はあくまで補助であり，公理を満たすものであれば何でも「直線」，「点」，あるいは，「円」と考えることができる．これらの用語について不明瞭な点はないし，それらを（ヒルベルトが言うように）「テーブル，椅子，ビールジョッキ」[14]と言ってもまったくかまわない．例えば，ワイルは電流から構成される幾何学の公理系の1つのモデルについての論文を書いており，その論文に書かれた幾何学の結果はすべて，電流に対して真である．ヒルベルトは，演繹のパターンは論理的には私たちの直観とは別物であることを強調した．ヒルベルトの幾何学研究のこの第一の部分は非常に巧みにまとめられていると同時に，その表現の仕方も細心の注意が払われている．そして，それは彼の研究の第二の部分への準備であった．

　もう一度，ワイルの言葉を借りよう．

　　確実な基礎の上に幾何学を構築することと，そのようにして築かれた建物の論理構造について問うことは，別のことがらである．もしも私が誤っていなければ，ヒルベルトはこの"超幾何学"の高みを自由に闊歩した第一人者である．彼は自ら設定した公理系の相互の独立性に関する組織的な研究を行い，また最も基本的な幾何学の諸定理の中の若干のものが，一定の限定された公理のグループから独立であるか否かを問う問題を解決した．彼の用いた方法は，**モデルの構成**というものである．すなわち，公理の一部分のものを選び，それとは相容れないが，それを除いた他の部分とは相容れるようなモデルを構成することによって，その選ばれた一部分の公理が，残る他の部分の公理からは帰結され得ないことを示す方法である．……このことについての一般的なアイデアは今日では陳腐にさえ感じ

ダフィット・ヒルベルトとヘルマン・ワイル
(撮影:リヒャルト・クーラント,転載許可:ナターシャ・ブランズウィック)

られる.それ程までに,このアイデアはわれわれの数学的思惟の隅々にまでも影響を及ぼしたのである.ヒルベルトはこのアイデアを明瞭で,間違いようのない言葉使いを用いて述べ,さらにそれを結晶体のように多くの面を備えた,打ちこわし難い全体にも比し得るようなものに仕上げた[15].

　モデルの構成における鍵となるアイデアは相互の無矛盾性である.ヒルベルトは実数の算術から始めた.彼は,それが無矛盾である,すなわち,互いに矛盾する結果を演繹することは不可能であると仮定した.そうしておいて,ルネ・デカルト(1596-1650)の解析幾何学を使って,彼はユークリッド幾何学のモデルを明示した.点は実数の組であり,直線はその直線を定義する方程式を満たす数の成す集合であり,円は……等々.ユークリッドの公理はすべてこのような「直線」や「点」についての真の命題である.すなわち,それらはこのような実数の集合や組についての真の命題である.そして,ユークリッド幾何学は実数についてのすべての真である命題たちの一部分に帰着できる.よって,もし実数の算術が無矛盾であるのならば,ユークリッド幾何学もまた無矛盾であると言える.

　非ユークリッド幾何学——その幾何学においてはユークリッド幾何学とは別の種類の平行線の公理を仮定する——の無矛盾性についてはどうだろうか? ユークリッド幾何学のモデルを構成したのと同じ方法によって,ユークリッド幾何学を構成する要素の一部やその構成の仕方も流用することで非ユークリッド幾何学

のモデルを構成することができる．それにより，ユークリッド幾何学が無矛盾である限り非ユークリッド幾何学も無矛盾であるという結果に到達する——どちらも算術の無矛盾性に帰着されるからである．非ユークリッド幾何学に対するユークリッド型のモデルはヒルベルト以前にも存在していた．ヒルベルトがしたのは，ユークリッド幾何学の多彩な公理を異なるものに置き換えてできる幾何学を幅広く検証することであった．ワイルは次のように言っている．「モデルの構成に当って，ヒルベルトは驚嘆すべき発見の才を豊かに示している」[16]．ヒルベルトは1899年にこの講義内容を『幾何学基礎論』として発表した．（この本は何回もの改訂を経て改良され増補された．多くの人々はこれら改訂版の1つを憶えているだろう．そして，私の想像だが，その中にはワイルも含まれているに違いない．）

　ヒルベルトは，その後，ディリクレの原理として知られている，物理学においてよく現れるある種の微分方程式に対する解の存在についての，有用ではあるが証明はされていない命題の検証に取りかかった．実際には，ディリクレの原理はその標準的な形では成り立たないことが，ワイエルシュトラスによって証明されていた．他の数学者たちがこの原理を適当な条件のもとで，できるだけ一般的な形で証明しようと試み，失敗に終わっていたが，ヒルベルトは問題に含まれる境界値に対してある種の制限を加えることで，これを達成した（物理学的に意味のあるどんな状況もこの制限によって除外されることはないが，ワイエルシュトラスの反例はこの制限のもとでは除外される）．一件落着，というわけである．そして，変分法の講義に移った．ディリクレの原理と変分法という2つの主題を通して，ヒルベルトは数学の中でも特に物理学と密接に関係している解析学の領域へと入っていく——このように彼は徐々に物理学との関わりを深めていった．

　世紀の変わり目が近づいていた．ヒルベルトはパリで開かれる第2回国際数学者会議において主要講演の1つをしてもらえないかとの依頼を受ける．代数学，整数論，幾何学における彼の研究成果は第一級のものであったし，着手したばかりの第四の分野である解析学においてもすでに成果を挙げており，数学の基礎にかかわる問題（幾何学研究におけるモデルの数々や，相対的無矛盾性の問題）について創造性溢れる研究をしていた．講演についてしばらく考えをめぐらせ，また，ミンコフスキとフルヴィッツに相談した後，ヒルベルトは個別の問題の重要性について講演することにし，自身が新しい世紀の数学にとって最も実り多いと考える問題のリストを提示することに決めた．実際の講演では10個の問題について話をする時間しかなかったが，公刊された講演論文には23個の問題を提示した．この講演の導入部分の終りの方でヒルベルトは，自らの信念の核心部分にふれる

主張をする．それは私たちに何が彼の願望の原動力であるのかを示しており，また それ以上に強く訴えかけてくる印象として，私たちに1つの基準を与えている．

　　いかなる数学の問題も解決可能であるというこの信念は，それを研究する者を 駆り立てる強力な原動力となりました．私たちは心の中に絶えずこう呼びかける 声を聞きます．「問題がある．解を求めよ．純粋な思考の積み重ねによってそれ を発見できる．なぜなら，数学に不可知（*ignorabimus*，永遠に知られないこと） などないのだから」．

　ヒルベルトはこの後，積分方程式，のちにヒルベルト空間として知られるもの， そして，ウェリングの問題について重要な研究をした．特にウェリングの問題は 1908年に彼によって解決された．自身が提示した問題のいくつかについては， それを解決するのに彼自身が貢献した．彼がケーニヒスベルク大学で行った最初 の講義を聴講していた学生はたった1人だったが，いまや彼の講義は何百人もの 聴衆を集め，そして，彼のもとで学ぼうと世界中から学生がゲッティンゲンに集 まっていた．ドイツは引き続き繁栄と平和の日々を送っており，ひときわ優秀な 学生が育っていった．以下の章でそれぞれの問題について考察する中で，私たち は当時のドイツの実情についてさらに詳しく知ることになるだろう．
　ヒルベルトはベルリンからの「招聘」を受けたがゲッティンゲンに留まり，増し つつある自らの重要性をそつなく利用して新しい教授ポストを設けることを認め させた．そして，その教授の椅子にはミンコフスキがすわることになる．クラ インは相変わらずゲッティンゲン大学の数学教室の運営に忙しかったが，それだ けでなく，ドイツの科学教育のためにも働いた．あるとき，クラインがドイツの 中等教育に関する講演の中で黒板をまるまるドイツの中等教育に関する統計的数 値で埋め尽くすのを見て，ミンコフスキはこう言ったという．「枢密顧問官閣下， これらの数字の中に現れる素数の割合が異常に多いとは思われませんか？」[17]ヒ ルベルトとミンコフスキは数学を愛していたし，ともに数学を研究することを愛 していた．彼らの家族どうしもまた親密で，毎日，ミンコフスキは2人の娘のど ちらかと2人きりで話をする時間を作った．ミンコフスキの家族はケーニヒスベ ルクにいた頃と同じように豊かな家庭生活を送った．ミンコフスキはヒルベルト の息子フランツと一緒に過ごす時間も作った．
　歳を重ねるとともにヒルベルトの奇矯なところが目につくようになってきた． 大教室で微分積分学を教えていて細かいところでひどく煮詰まってしまい，その

まま諦めて教室を出て行ってしまうことが、一，二度あった．しかし，彼の講義は相変わらず洞察に溢れていることで知られていた．自転車が流行するとヒルベルトも1台購入し，それに乗って数学を考えた．家では彼は庭仕事をするのを好んだ．黒板が隣家との間を仕切る塀に据えられていた．彼は研究をしているかと思うと，花を摘んだり，お客に話しかけたり，黒板に何かを書いたり，自転車に飛び乗ると2つあった薔薇の花壇のまわりをグルグルと8の字に走り回ったりして，そしてまた黒板のところに戻って来るのだった．

　息子フランツは精神の病を発症し，その進行がヒルベルトの悲嘆の種となった．ヒルベルト自身も1908年には精神が衰弱した状態になったが，ハルツ山地にあった療養所で数か月間を過ごした後は旺盛な活力を取り戻して秋学期のために大学に戻ることができた．そんな1909年の年初め，ヒルベルトが彼の新しく出来上がったばかりのウェリングの問題の解答をミンコフスキに説明しようと意気込んでいた矢先に，そのミンコフスキが虫垂炎になってしまった．病状は急速かつ決定的に悪化したが，ミンコフスキの意識は病床でもきわめて明晰だったといい，病院で家族と面会した．ヒルベルトはのちにこう語っている．「彼は自身の運命に対する悲哀も口にした，まだ多くのことをなし遂げることができたはずだったからである——それでも，むしろ最近なした電気力学の仕事の校正刷りに手を入れ，それを読み易く，理解されやすいものにすることに力を注ぐべきだろうと思い決めたようだった」．また，フルヴィッツに宛てた手紙の中ではこう書いている．「医師たちでさえもが，彼のベッドのまわりに涙を目に浮かべながら立っていました」[18]．ヒルベルトはミンコフスキが亡くなったことを大学に報告した．当時の学生の1人はこう語っている．「ヒルベルト先生がミンコフスキ先生の死を告げたときに，私は講義にでていて，ヒルベルト先生が泣くのを目にしました．当時，教授の地位はきわめて高いものであり，教授と学生との距離はかけ離れたものだったので，ヒルベルト先生が泣く姿を見ることの方が，私たちにとっては，ミンコフスキ先生の死の報せにも増して衝撃的でした」．

　ヒルベルトは彼自身の問題の1つである物理学の公理化に傾倒していった．第一次世界大戦が始まると，学生や教授の子息たちは愛国心に駆られ，こぞって徴兵に応じた．しかし，「ヒルベルトは戦争を愚かなことと考え，そのように周りにも言っていた」[19]とリードは書いている．ある日，教授たちが呼び集められた．それ以前にも同様の集会が何回かあり，その際には特別の食糧が配られていたのだが，この度の集会の目的は無制限潜水艦作戦の開始を報せることだった．ヒルベルトは隣に座っていた同僚にこう言った．「私は豚肉がもらえると思っていた

んですけどね！　でもドイツ人ていうのは，こうなんですね．彼らは豚肉なんて欲しがらない．彼らは無制限の潜水艦戦争を望むんです」[20]．こんなこともあった．戦争の終り近い時期に，フランス人数学者ガストン・ダルブー（1842-1917）が亡くなり，ヒルベルトはドイツの雑誌に掲載する予定でダルブーの追悼文の執筆にとりかかった．が，その追悼文のことを知った学生が暴徒と化して彼の家に押しかけてきた．彼はこのことに対する謝罪が得られなければ辞職すると訴えた．ヒルベルトに対する謝罪はなされ，そして，追悼文も実際に発表された．

　数学者の評価においては，ややゲッティンゲンをひいきする傾向はあったものの，ヒルベルトは概ね公平だった．大戦前，ヒルベルトはヤコブ・グロンメルという学生の学位論文を受け取る．グロンメルは東欧のユダヤ教の学校の出身だったため，ギムナジウムの卒業証書を持っていなかった．彼はもとはラビになる心積りだったのだが，婚約者，すなわち，グロンメルがその後を継ぐ予定であったラビの娘は，彼が先端肥大症を患い手足が変形しているのを見て結婚を拒んだという．グロンメルは博士の学位を授与された．数学者がユダヤ教徒かどうかとか身体的容貌についてはヒルベルトは気にも留めない．彼はこう言っていたという．「もしもギムナジウムの卒業証書を持たない学生たちがいつもグロンメルのように優れた論文を書くのであれば，卒業証書を得るための試験を受けるのを禁ずる新たな法律を作らねばならないね」[21]．このようにヒルベルトは優秀な数学者がゲッティンゲン大学において地位を得られるようにするために惜しみなく努力した．エミー・ネーターもそのひとりである．

　大戦中，ヒルベルトは物理学の公理化にいくらかの成功をおさめて一般相対性理論にも貢献した．しかしながら，彼自身は自分の貢献の限界を認識していた．そのことがこんな言葉にも表れている．「ゲッティンゲン〔大学〕の道を歩いている誰をつかまえても，アインシュタインよりも四次元空間についてよく理解している．にもかかわらず，あの仕事をやってのけたのはアインシュタインであって，数学者ではなかった」[22]．大戦が終結に向かう頃には，ヒルベルトは数学の基礎にますます注力するようになっていった．当時，彼が完全に数学の範疇にあるものと考えたものに対して，L・E・J・ブラウワー（1881-1966）によって率いられた「直観主義者」と呼ばれるグループからの新たな挑戦があったのである．直観主義者は，かつてクロネッカーがそうであったように，無限の構造の自由な研究と使用に反対していた．さらに，彼らは直観を通して明確に認識し得る直線，点，数のような基本的対象から始めて構成可能なもの以外の数学上の考察対象の存在を認めない立場を打ち出した．

座標軸の原点　25

ダフィット・ヒルベルト
(撮影:リヒャルト・クーラント, 転載許可:ガートルード・モーザー)

　第一次世界大戦の終結直後，ドイツの数学者たちは国際会議には参加できず，また，ドイツ経済はハイパーインフレーションのために壊滅状態にあった．しかし，すぐに留学生たちがドイツに戻り始める．マックス・ボルンはゲッティンゲンの物理学教室を世界の中心にまで育て上げた．そして，ボルンの最初の2人の助手がヴォルフガンク・パウリとウェルナー・ハイゼンベルクであった．1922年には，ヒルベルトは60歳になっていた．彼の数学者としての創造的生活の焦点は，いまや論理学の問題を進めることに置かれた．1925年の秋，彼は悪性の貧血症であると診断され，当時それは進行の早い致死的な病気だったのだが，幸いなことに，ちょうどその頃この病気の新しい治療法が発見され，おそらくはこのとき身体の一部に回復不能な損傷も受けたものの，治療に必要となる希少な生肝がなんとか手遅れになる前に届いた．こうしてヒルベルトは研究と講義を引退する1930年まで続け，その後も講義は続けた．

　しかしゲッティンゲンの世界は崩壊しようとしていた．クラインとヒルベルトは陽のあたる場所，ワイルの言葉を借りれば，「情熱的な科学的生活」[23]が可能な場所を築き上げ，それは第一次世界大戦と1920年代のドイツの混乱を切り抜け生き延びたのだが，しかしヒトラーの時代を切り抜け生き延びることはできなかったのである．1933年〔ユダヤ人公職追放の年〕の晩夏，ゲッティンゲンには事実上誰もいなくなった．ヒルベルトはこう言った．「私が若かった頃には，年寄た

ケーテ・ヒルベルト
(撮影：エリザベス・リードマイスター，転載許可：ナターシャ・ブランズウィック)

ちから聞いた繰り言——昔がいかにすばらしく，いまがいかに酷いかといったこと——を決して繰り返すまいと決心したものだったがね．実際，自分が年をとってもそんなことは決して口にしてこなかった．しかし，いま，かつての年寄たちの言葉を私自身が繰り返さなければならない」．ある晩餐会の席で，彼は新しく任命されたナチ党の教育相と隣り合わせ，ゲッティンゲンが「ユダヤ人の影響力」から自由になって数学はどんな具合ですかと訊ねられた．ヒルベルトは答えた．「ゲッティンゲンの数学ですと？ゲッティンゲンの数学など，もう跡形もなくなってしまいました」[24]．

そして，1933-1934年の冬学期の後，ヒルベルトは大学に戻ってこなかった．年々，彼のもとを訪れる者は少なくなっていく．彼の記憶力は衰えつつあったが，論理学の研究においては相変わらずの鋭さをしばしば示した．記憶力を強みとしている人間でなければ，そのいくらかを失ってもやっていけるものだ．1937年，75歳のとき彼は新聞記者にこう応えた．「記憶はただ考えをこみ入らせるにすぎない——もう長いこと，私は記憶というものを完全にお払い箱にしてきましたよ」[25]．ケーテは視力を失った．1942年，ヒルベルトは足を滑らして転んでしまい，腕を骨折する．そして1943年2月14日，没した．その2年後，ケーテも亡くなった．ヒルベルトが亡くなったという噂の真贋は，戦争が終わるまでドイツ以外の国では確認できなかった．

ヒルベルトはハラルト・ボーア (1887-1951) に対して自らの生涯を振り返りこう言ったという．

　　私が数学で何事かをなしとげ得たわけは，実は，数学が私にとっていつも実に難しかったからなのですよ．何か読んだり，何かについて聞かされたりすると，ほとんどいつもそれを理解することが難しく，実際不可能だったので，何かもっと事が簡単にならないものかと思わないわけにはいかなかったのです．そうして，時によって，それは実際もっと簡単だということがわかったわけです！[26]

ヒルベルトは詩人ジョン・キーツの言う「ネガティブ・ケイパビリティ」を持っていた．彼は数学の拡大と合理化の両方を手掛けるなかで，抽象と具象の両方の意義を認め，それらを希求した．

* * *

ヒルベルトの 23 の問題は本書の巻末に付録とした講演論文「数学の問題」とともに世に現れたのだが，それらのうちのいくつが解かれたのだろうか？ ヒルベルトの問題が解かれたとは何を意味するのだろうか？

ヒルベルトの問題は何かの基礎となるのにふさわしい文章というものがつねに備えている特徴を有している．すべて，それぞれの問

ダフィット・ヒルベルト
(撮影：エリザベス・リードマイスター，転載許可：ナターシャ・ブランズウィック)

題についての短い論説として提示されており，過度に細部にまで立ち入ることなく，自らの意図をきわめて明確に表現している．彼は問題を改変したり微調整できる余地を残している．ヒルベルトの目的は数学の探究を支え育むことにあった．重要な部分を強調して，私たちが各問題の中心事項を見つけるのを助けている──そして，強調した部分はしばしば何箇所もある．よって 23 個の問題のうちいくつが解かれたのかという問題よりも大枠の，より一筋縄でいかない問題がある──そもそもいくつの問題が提示されていたのか？ ヒルベルトはある領域全体を研究する 1 つのプランを示唆していることもあった．あるいは，彼が追っていたのが何らかの直観的感覚だった場合もあり，そのような場合，問題は次のように言い換えることができる──この方向の問題を考えてみてはどうか？ しかしながらヒルベルトの問題の大半は，1 つの明確に述べられた数学の問題と同一視されるに至っている（そのようなある種の共通理解が形成されている）．その共通理解が存在する場合には，それこそが彼の提示した問題であると本書ではみなした．

ある数学の論文がヒルベルトの問題の 1 つに対する解答と考えられるのはどのような場合であろうか？ ときにはそれは明確である．すなわち，論文に提示された疑問点が上に述べた意味で共通理解の得られた問題を正確に述べたものであり，数学的な意味での解答が明確かつ厳密で欠点がなく，提示されたすべての疑

間に対して答えているような場合である．しかし，不完全な解答はどう扱えばよいのだろうか？　不完全な解が複数あり，その全部を合わせて考えることで問題を完全に解決することになるケースを，本書のような本ではどう扱えばよいのだろうか？　あるいは，そのような不完全な解によって問題の大方が解決されているとしたら？　ヒルベルトの予想が彼が述べた通りの意味では間違っていたが，より精密かつ現代的な言葉を使って，それを正しい，もしくは正しいに違いないと思えるように改良することができているとしたら？　ヒルベルトの問題に対する解は何かという点についての曖昧さは，本書においては，どの数学者について書くのか，あるいは何について細部まで書くのかといった悩みに直接関係する．ここで2つの判断基準を述べておく．私は，私自身が興味深いと思う，あるいは私がその人物についての情報を入手可能だった数学者についてより多くの紙幅を割いた．数学者の皆さんには，私の数々の取りこぼしをお許しいただきたい．私は出典を明らかにし，また，どこに空白の部分があるのかも明らかにするように努めた．

　ヒルベルトは問題を種類別に紹介した──その中では，基礎論，数論……の順で問題が紹介されている．私も彼の順番に従った．しかし各章内においては，問題をそれらが解決された歴史的な順番にしたがって扱った．ただし，問題10と問題13についてはヒルベルトが述べた順番通りではなく，それぞれ，基礎論と解析学の章に移動した．それはそれらの解答の性質からみて，明らかに移動先の章にふさわしいからである．

基礎論の問題

❈ 1, 2, 10 ❈

では集合論から始めましょうか？

―カントール―

　数学基礎論とよばれるものは，哲学者にも関心を抱かせるような問題を扱う．それは，たとえるなら家の土台である．基礎論が対象とする問題は，その性質があまりに一般的であるため，代数学，数論，幾何学，解析学といった数学の古典的な分野のいずれにも収まりきらない．実際，どのようなものが基礎論に属しているかというと，記号論理学，公理系の独立性と無矛盾性の検証（すなわち，ある公理が他の公理から導かれるか否か，あるいは，ある公理を付け加えることにより矛盾が生じるか否かの検証），計算可能性の理論，そして，集合論の，直接的な応用はもたないような側面などである．ヒルベルトの最初の2つの問題は基礎論の問題であり，第10問題は数論の問題として提示されてはいるが，これもまた基礎論の問題である．これらの問題はいずれもヒルベルトが予想したような方法で解決はされなかったが，彼はこれらの問題の解決に向けた舞台を整えるのに大切な役割を果たした．「数学の問題」に取りかかろうとした矢先，深刻な矛盾がカントールの集合論の中に生じたことを受けて，ヒルベルトは基礎論の問題をリストの先頭に置いたのである．

　19世紀の数学の重要な成果の1つに，いわゆる「実数」の理解がある．実数とは，小数点以下の数の並びがどこかで止まるか，ある規則を繰り返しながら無限に続くか，あるいは，繰り返しのないパターンで無限に続くかのいずれかである小数の形で表される数のことだ．自然数 1, 2, 3, 4, 5, ... は実数であり，分数もそうである．正の数の平方根，立方根，これらも実数である．負の数，無理数，これらもすべて実数である．代数学や微分積分学に出てくる数で $\sqrt{-1}$ を含まないものは，どれも実数だ．（-1 の平方根，すなわち，i は「虚数」である．）しかし，実数にどのような数が含まれているのかは，容易には結論が出なかった．数の呼び方はその歴史を反映している．例えば，ものの個数を数えるための正の数，す

なわち，正の整数に対して「自然」という言葉が使われ，有理数の「有理」という言葉は，「比」と「合理」に関連するものであるという考え方を反映している．それに対して，例えば，2 の平方根と π はどちらも「無理数」（整数の比で表されない数）であり，特に π は無理数としての度合が高く「超越数」でもある．無理数である平方根は「サード（surd）」とよばれ，これは無音あるいは寡黙を意味する言葉で，このような数には言及しないという態度を表している．不合理を意味する「アブサード（absurd）」という言葉は，『オックスフォード英語辞典』によると，数 8−12（すなわち，−4）を表現するために，1557 年に英国で初めて使われた．

　異なる種類の数を等しく「実数」として受け入れることへとつながる道は，代数学と代数記号の発展によって開かれた．問題を表すのに使う記号の表記の仕方は，問題の解決がどこまで容易になるかを大きく左右する．かつて代数の問題は言葉を使って表されるのが普通であった．例えば，ウィリアム・ダンハムの『数学の知性——天才と定理でたどる数学史』によると，現代の表記の仕方で $x^3 + mx = n$ と表される方程式の解をジローラモ・カルダーノ（1501-1576）は次のように与えている．

　　　x の係数に 1/3 をかけたものを 3 乗し，それに式の定数の 1/2 を 2 乗したものを加える．そしてそれら全体の平方根をとる．これを 2 回繰り返して同じ数を 2 つ作る．その 2 つのうちの 1 つに先に 2 乗した数の 1/2 を足し，もう一方から同じものの 1/2 を引く……それから最初の立方根を 2 番目の立方根から引くと残った余りが x の値である[1]．

　現在私たちが代数記号と認識しているものは 1500 年代から 1600 年代にかけて姿を現し始めた．例えば，私たちであれば，

$$5BA^2 - 2CA + A^3 = D$$

と書く方程式をフランス人数学者フランソワ・ヴィエト（1540-1603）は次のように書いたであろう．

　　　B5 in A quad−C plano 2 in A＋A cub aequatur D solido.

　これはヴィエトの時代には大いなる進歩であった．ヴィエトは，定数と変数を表すのに言葉の代わりに首尾一貫して文字——変数には母音，定数には子音——

を使うことを考案した（古代ギリシャ時代にも数を表すのに文字を使った人たちはいたが，それはごく限定的であった）．今日の私たちは一般に「xについて解け」と言うように変数を表すのに x（あるいは，y や z）を使うことに馴染んでいる．それ以外のアルファベットは定数を表すのに使う．そして，通常はわざわざ大文字にはしない．

　私たちが使っているどの記号についてもそれを発案した人がいるのは確かであるし，少なくとも，現存する文献の中で最初にその記号が使われたのはどれかということは，はっきりとわかっている．由緒正しく，そして，つねに明確すぎるほどに明確な『ブリタニカ百科事典 第11版(1910-1911)』によると，「等しい」という言葉の代わりに記号＝を初めて使ったのは英国人ロバート・レコードで，1550年代のことだった．また，加法を表すのに記号 ＋ を，減法を表すのに記号 ― を，平方根を表すのに記号 $\sqrt{}$ を用いたのはミヒャエル・シュティーフェルという名のドイツ人（おそらく，記号 ＋ と ― を最初に使ったのはドイツの船荷主たちであろう．彼らは荷物が重いとき，あるいは，軽いときにこれらの記号を荷物に書き付けた），乗法を表す記号 × を用いたのは英国人ウィリアム・オートレッド，大文字以外の文字を使い始めたのは数学者トーマス・ハリオット（彼は地理学者でもあって，ウォルター・ローリー卿によりヴァージニアへの調査旅行に派遣された）だとされている[2]．

　これらの新しい記号のおかげで解決が可能となった問題が爆発的に増えた．いまや何でもかんでも洞察力を働かせる必要はなくなり，その大部分は規則に従って記号を巧みに，しかしながら，機械的に操作することに置き換えられた．そして，そのおかげで，問題の本質的な難しさに対する洞察がより容易に得られるようになった．ニュートンがこれらの新しい記号なしに微分積分学あるいは古典力学を発見できたとは想像し難い．代数においては実際に記号を書くことを通して考えるのである．例えば $x^2 = 2$ と書き，このような記号を使っての問題解決にだんだんと慣れていけば，やがては哲学上の疑念は消え去り，これは忌避すべきものではなく，$\sqrt{2}$ は単に数の1つであると認識するようになる．さらに，代数操作の結果として $x^2 = -1$ という方程式が何度も得られたならば，その度に $x = \sqrt{-1}$ が導き出されることになる．すると，数学者はついにこう言うだろう．「よし，いいだろう――今後はこのような数の存在を認めて，それを虚数と呼ぶことにしよう．それで何か問題が起きるわけじゃなし」．やがて人々は家庭や企業に配電するための電線網などの設計に数多くの虚数を使うようになった．虚数は物理学と工学に使われる方程式の大半を含むほとんどすべての方程式の解として現れる．

　実数の理解は集合論の創設へとつながった．19世紀，数学者たちは，実数を

直線上の点と対応させ，また逆に直線上の各々の点を実数と対応させるようになった．これを自然に拡張して各々の複素数を複素平面上の点と対応させるようになった（複素平面の一方の軸は純実数であり，もう一方の軸は純虚数である）．解析学の成果は直線や複素平面の位相，特に近傍系すなわち近さの研究へとつながり，また同時に，解析学もそれらの研究を必要としていた．しかしながら，点あるいは数のなす無限集合に言及する段になると，さまざまな制約が足かせとなって議論が進まず，それが研究の妨げとなっていた．ベルンハルト・リーマン（1826-1866）とポアンカレはそうした時代状況を一足飛びに超越していた．しかし，彼らは彼らの数学をすべて洗練された言葉で伝えることはできなかった．彼らに足りなかったものは柔軟で強力な集合論の言葉だったのだ．

　今日では，数学者たちは，整数全体の集合や素数全体の集合，あるいは，0と1の間の分数全体の集合といった無限集合を，他の数学的対象と同じように，それらについての研究や論証が可能な対象として扱っている．しかし，カントール以前は，数学者は無限について，それが実在するものとして言及することはできなかった．無限に関しては首尾一貫した理論が欠如していたのである．直線は無限に続くし（だが実際のところユークリッド以前から人々はその直線を離散的な存在として言及してきた），同時に，線分でさえ無限の数の「点」から成っていた．しかしながら，いったん，線分上の点のなす集合について自由に言及できるようになると，点のなす無限集合の「大きさ」を比較することが可能となり，そして，それはさらに拡張され，無限を測定可能な量として比較することへとつながった．カントールによって，数学の世界は押し広げられたのだ．ヒルベルトの第1問題はカントールが生み出した問題である．そして，20世紀の大半，数学はカントールの言葉によって導かれた．カントールはもともと，解析学の問題をきっかけに無限集合について考えるようになったのだが，無限そのものの性質を追い求めるようになり，それを積極的に受け容れたのである．

　ゲオルク・カントールは，ヒルベルトが生まれる17年前の1845年にロシアのサンクトペテルブルクで生まれた．彼はマリア・アンナ（ベーム）とゲオルク・ボルデマー・カントールの間の長子であった．彼の父の卸売会社は，ハンブルク，コペンハーゲン，ロンドン，ニューヨーク，リオデジャネイロ，バイーアに支店を持っていた．カントールの家は事業に成功すると同時に市民運動にも参加した．さらに，家族は皆，音楽の才能にも恵まれていたし，哲学に対しても強い関心を持っていた．カントールはベルリン大学に入学し，そこでワイエルシュトラスのもとで学んだ．エルンスト・エドゥアルト・クンマー（1810-1893）やクロネッカー

の講義にも出席し，学位を取得した．その後，私講師としてハレ大学に赴任し，そこで昇任して正教授になった．ハレはゲッティンゲンとライプチヒの間のライプチヒに近いところにあったが，そこは数学世界の中心ではなかった．そのためカントールはより主要な大学に移ることを望んだが，彼の研究をめぐる論争と，おそらくは，彼の後半生を苦しめることになった精神の病（躁鬱病と思われる）の発作のせいで，それはかなわなかった．カントールの死後，彼の数学が「腐敗」したもの，あるいは「退廃的」なものであることを立証しようと，ナチスは彼がユダヤ人ではないかとの嫌疑をかけたが，実際のところ彼は敬虔な福音主義のルーテル教徒として育てられたのだった．しかし，彼の妻ヴァリー・グートマンは，ベルリンのユダヤ人の家の出身であった．カントールの私生活はジョゼフ・ドーベンとグラッタン＝ギネスによる，英語での膨大な研究により明らかにされている．

　カントールは家族の音楽的才能のいくらかを受け継いだようで，後年になって音楽家にならなかったことを悔いていると述べている．学生時代には絵画においても芸術的才能を発揮した．彼は特にシェイクスピアを好み，また，哲学と宗教に対しても強い関心を寄せていた．彼の信仰確認式の際に書かれた手紙の中で，カントールの父は息子に科学，言語学，そして，文学などを幅広く学ぶように諭している．カントールは父の言葉にしたがったが，次第に数学へ傾倒していくようになった．彼の最初の重要な研究はワイエルシュトラスのもとで行われた．その当時ワイエルシュトラスは解析学の限界はどこにあるのかを検証していた．例えば，いつ無限数列は収束するのだろうか？　収束の正確な定義とは何だろうか？　無限数列について，項の番号が進むにしたがって項の値がある特定の数に徐々に近づくとき，この無限数列は収束すると言い，その特定の値をこの数列の極限と言う．ただし，「徐々に近づく」とは，各項の値と極限との誤差が次第に小さくなって，そして，やがてはその誤差が無視できるようになることを指す．他にも次のような問題がある．連続関数とは厳密には何だろうか？　あるいは，ある定理が与えられたとして，それが成り立たない混種の異常な関数にはどのようなものがあるのだろうか？　これらの定理を最も一般的に述べるにはどうすればよいのだろうか？

　カントールは三角級数について研究した．その最も重要かつ典型的なものであるフーリエ級数は，ジョゼフ・フーリエ（1768-1830）による特定の方法に由来するものである．三角級数を，十分に滑らかな曲線の有限の一部分，あるいは，同じ値のとり方を永遠に繰り返す関数を近似するための1つの方法と考えることが

できる．その方法によれば，次のような不連続点，あるいは，跳躍する点を持つ関数であっても近似可能である．

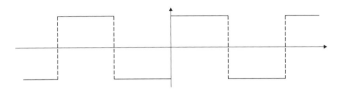

矩形波の不連続点はその呼び方通りに直角をなすため，三角級数の基底となる滑らかな流れのような曲線を描く正弦波や余弦波などとはまったく別物のように見える．しかし，次の図に示すように，矩形の波の鋭く跳躍する点も滑らかな正弦波を重ねることによって近似される．

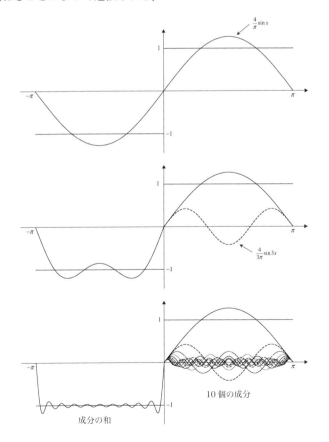

正弦波による近似においてはより高周波の正弦波を加えるにしたがって矩形波に近づいていく.

まったく滑らかでなくそれらを音として捉えた場合には決して心地よいものにはならないであろう関数を，三角級数によって主振動（その関数の主区間，すなわち，周期により特定される）と副振動に分解することができる. この数学的構成は物理的実体を持っている. 例えば，コンピュータの信号は矩形波からできている. 高速コンピュータによるデータ処理の過程を，高周波を処理することのできないオシロスコープにより観測すると，画面上に表示された波形は最初の正弦波の図に似た丸みのある角をしている. それは，まるで，このデータ処理の過程をあらわすフーリエ級数において高次の項を削除したかのようなものである.

カントールは，ある関数が三角級数として表されるのならば，その表し方は一意的であることを証明した（実際に彼が証明した定理は，技術的にもっと複雑であって，こんなに単純なものではない）. 彼は関数がどのような形のときに近似可能なままどのくらいの跳躍する点を持ち得るのかを調べた. 驚くべきことに跳躍する点を無限に持つ関数であっても近似可能なものが存在した. 近似可能かどうかは跳躍する点がどのように分布しているのかによって決まる. 近似可能であるためには跳躍する点が均等に分散しているのではなく，ある所に凝集していなければならない.

このような跳躍する点について，それらが「集合」の中に存在するものとして議論したとき，すなわち，それらが完全に無限にあったとしてもそれを線分とまったく同じように疑義のはさみようのない数学上の対象であると考えたとき，カントールは彼のルビコン川を渡った. そして，そのとき，それ自体を記述することも可能であるし，その中において考察すること，あるいは，それ自体を考察することも可能である1つの対象として現代的な集合の概念が生まれた. 今日では，「集合」という言葉（あるいは，それと同義の言葉）そのものを使わずにこれらのことについて何がしかを説明するのさえ困難である——もし跳躍する点が無限に存在するのならば，これら跳躍が生じる点のなす集合について議論してもよいという仮定がそこには付随している. （『ブリタニカ百科事典 第11版（1910–1911）』では，A.N.W.——アルフレッド・ノース・ホワイトヘッド——と署名された，やや時代を先取りしすぎたきらいのある記事の中で「集まり（aggregates）」という言葉を使っている）.

こうして，無限の集合（set）あるいは集団（assemble）の概念への飛躍をなし遂げたカントールは実数についての根本的な問題に関心を持つようになった. それはまさに当時，俎上にのぼっていた問題であった. 例えば，リヒャルト・デデ

キント（1831–1916）は（それ自体がある種の無限集合である）「デデキント切断」と言うアイデアを使った実数の構成について研究していた．無限集合は「イデアル」という形で代数的整数論の中にも入っていった．

　例えば0と1の間の数について考えてみよう．カントールが研究を始めた頃，この集合についてはあまり多くのことはわかっていなかった．0より大きく1よりも小さいところにはどのような数があるのだろうか？　そこにある数はすべて実数であることは間違いない．そして，どの実数も「数直線」の上の点と対応させることができる．0より大きく1よりも小さいところにはすべての真分数がある．$\sqrt{1/2}$ のような有理数ではない平方根も存在する．さらには代数的数もある．これはより広い範疇の数であって，有理数はもちろん，平方根や立方根などを使って表すことのできる数もすべて含みつつ，それらだけで構成されているわけではない．ある数はそれが整数係数の代数方程式の解であるときに代数的数と呼ばれる．かつて，代数的数はすべて平方根や立方根などを使って表されるだろうと思われていた．しかし，実際はそうではなかった．エヴァリスト・ガロア（1811–1832）とニールス・ヘンリック・アーベル（1802–1829）がそれぞれ独立に，代数的数を平方根や立方根などを使って表すことは常には可能ではないことを証明した．その証明がなされた後にも，依然として，代数的でない数が存在するのかどうかという問題は未解決のまま残された．数直線上に，対応する数が代数的でない点が存在するのだろうか？　レオンハルト・オイラー（1707–1783）はそのような数は存在するだろうと予想していたし，どのような数がそうなるのか，いくらか見通しは持っていた．しかし，彼が「超越的」であることを証明できた数はなかった．1844年にジョゼフ・リューヴィル（1809–1882）がこのような超越数が実際に存在するだけでなく無限に存在することを証明した．また，それが超越的であることを彼自身が証明できた数の実例も示した．カントールが研究を始めた頃はまだリンデマンは π が超越数であることを証明していなかった．

　カントールは，無限集合の間に異なる大きさが存在し得るのではないかと考えるようになった．彼は，実数（あるいは，数直線上の点）と分数を比較した場合，どちらも無限にあるにもかかわらず，前者の方がより多くあるという驚くべき発見をした．カントールがなし遂げた功績の中で鍵となったのは，可算（または可付番）無限と非可算（または非可付番）無限との間の違いを発見したことにある．ある集合について，その集合の要素と自然数の間に1対1の対応が存在するとき，この集合は可算であると言う．このような対応は本質的には考えている集合の要素を一列に並べることと同じである．（集合のすべての要素を一列に並べる方法を与

えることはその集合が可算であることを示している.）すべての自然数から成る集合は
典型的な可算集合である．なぜなら，1から順に並べていけばすべての自然数を
一列に並べることができるからである．しかし，0と1の間にあるすべての分数
から成る集合はまったく別物のように見える．ある区間があったとして，それが
どんなに小さくても，また，それがどこにあっても，その中には分数が無限にあ
る．これらを一列に並べるにはどうすればよいのだろうか？　実際には，ある順
番の付け方をすれば，簡単にこのような分数を一列に並べることができる．整数
がまさにその手がかりとなる．0と1の間の分数を一列に並べるのに私たちの成
すべきことは，まず1/2から始めて，次に分母が3の分数（1/3, 2/3）を並べる，
その次に分母が4の分数を並べる，そして，以下同じようにするだけである．も
し可約な分数が出てきた場合，例えば2/6が出てきたならば，それは1/3として
すでに並べ終わっているのだから，列に加えないようにする——このようにすれ
ば，重複なく一列に並べることができる．このような順序の付け方を永遠に続け
ていけば，0と1の間のすべての分数を一列に並べることができる．

　さらに驚いたことに，すべての代数的数から成る集合も可算無限であることが
わかる．もちろん，これらを一列に並べる手続きは上に述べた0と1の間の分数
の場合よりもはるかに複雑ではある．しかし，その中心にあるのは本質的には同
じアイデアである．まず，どの代数方程式についても，その解は有限個であるこ
とに注意する．そして，最初に係数の絶対値と指数の最大値が1であるような方
程式を全部集めてきてそれらの解を一列に並べる．次に同じく係数の絶対値と指
数の最大値が2であるような方程式の解を一列に並べる，さらにその次に係数の
絶対値と指数の最大値が3であるような方程式の解を一列に並べる．以下同様の
ことを繰り返す．最終的には，自然数を利用して，すべての方程式の解を一列に
並べることができる．永遠に列をつくらなければならないとしても，くり返して
いくための時間は十分にある．

　驚くほど数多くの集合が，それが無限であるにもかかわらず，「可算」である．
しかし，すべての実数から成る集合は可算ではない．そのことのカントールによ
る一番最初の証明は1874年に発表された．それは解析学を使ったものであった
が，私がここで紹介するのは本質的にはカントール自身が1891年に新しく発見
したものである．単純かつ強力であったために，この証明方法は，カントールが
発表して以降，数多くの場面において中心的な役割を果たすようになった．特に，
形は変えているが，この証明方法がヒルベルトの第1問題，第2問題，そして，
第10問題の解決の核心部分を成している．この証明方法は「対角線論法」と呼

ばれている．それは，無限の数を並べてできる長方形の対角線をたどって議論を
進めるからである．

　どの実数も，必要ならば小数点以下に無限に数が続く場合も含めて，小数で表
すことができる．そして，無限に9が並んで終わる小数は習慣により除いて考え
ると，その表し方は一意的である．例えば，1/3 は .3333333333333333 ... と表
される．ただし，小数点以下の3は無限に続く．1/2 は .5 である（時間に余裕が
あるのなら，0を付けて 0.5 としても良い）．数 .49999 ... は 1/2 に収束し，.5 と同
じように 1/2 を表している．これが無限に9が並ぶ小数は除いて考える理由であ
る．（1つの数に2つの表記の仕方があったのでは混乱してしまう．）分数はどれも循環
小数になる．5/6 = .833333 ... , 1/7 = .142857142857142857 ... . 代数的数のい
くつかは非循環小数で表される．例えば，2 の平方根は 1.4142 ... で始まり，循
環することなく無限に続く．代数的でない実数は定義により超越的であるが，そ
れらもまた小数として表すことができる．π は 3.14159 ... で始まり，循環する
ことなく無限に続く．0, 1, ... , 9 でできた無限数列があったとして，それが小
数を表しているとみれば，その数列は1つの実数に対応している．より丁寧に述
べると，このような小数表記に対応する無限数列は一意的な値に収束する（ある
いは，近づく）．逆にどの実数もそれを小数として表せば，0, 1, ... , 9 でできた1
つの無限数列に対応している．このようにして 0, 1, ... , 9 でできた無限数列と
実数を同一視することができる．

　さて，それらを一列に並べて次のような一覧表ができたと仮定しよう（ここでも，
簡単のために0と1の間にある実数で話をする）．

$$
\begin{array}{ll}
1 & .\mathbf{2}462906746787989643\ldots \\
2 & .8\mathbf{3}8387590201865 0357\ldots \\
3 & .02\mathbf{8}54873872894 74362\ldots \\
4 & .938\mathbf{3}645637628291928\ldots \\
5 & .7859\mathbf{3}99202938475472\ldots \\
6 & .25000\mathbf{0}0000000000000\ldots \\
7 & \text{etc.}
\end{array}
$$

このようにしてできる一覧表がどのようなものなのか，その感じを伝えるため
に私はほとんど無作為に数字を並べた．0と1の間のすべての実数を並べること
が可能であると仮定し，その仮定のもとでできたこの一覧表についてとても重要
なことは，この一覧表には数が無限に並んでいる，つまり，本当はこのページの
下の縁を突き抜けて永遠に数が並んでいること，そして，どの数についてもそれ

を表す 0, 1, …, 9 が互いに独立に並んだ列もまた無限に続き，このページの右の縁を突き抜けて永遠に進んで行くことである．このことがこの証明の中で，少なくとも 1 つの数がこの一覧表から漏れるような余地を生じさせるのである．そのような数自身小数第 1 位，小数第 2 位，小数第 3 位，……と永遠に続く無限小数であるが，それを実際に書き下す方法を説明しよう．

まず一覧表の 1 番目の数を見てみよう．小数第 1 位は 2 である．そこで 2 以外の数のどれかを私たちの数の小数第 1 位の数として選ぶ．選択の幅は十分にある——すべて 9 で終わる数を選択するのを避けるため 9 を選択するのは避ける．ここでは無作為に 5 を選んだとしよう．そうすると，私たちの数は .5 で始まる——そして，私たちはすでにそれが一覧表の 1 番目の数と同じではないことがわかっている．さて次に小数第 2 位の数を選ぼう．そのために一覧表の 2 番目の数を見てみよう．それは .83… と始まっている．よって，私たちの数の小数第 2 位の数としては 3 以外のどれかを選べば良い．再び無作為に 2 を選んだとする．（数の選択のための明確な規則を考えることも可能であろう．しかし，そこに考えを集中してしまったのでは核心部分で起きていることから目をそらしてしまうことになる，そう私は考えている．ここで大切なのはこうやって私たちが選択する数がすでに一覧表にあるものとは違っていることだけである．）ここまでのところ，私たちの数は .52 で始まり，それがこの一覧表の 1 番目の数と 2 番目の数のどちらとも同じではないことがわかっている．私たちの数にはまだ選ぶべき位の数が無限にあるが，実際に小数第 3 位，小数第 4 位，小数第 5 位，……と各位の数を選んでいってできる私たちの数はこの一覧表の 3 番目の数，4 番目の数，5 番目の数，……永遠にどれとも異なっていることがわかる．このような方法で選んだ数は，この一覧表のどの数とも少なくとも 1 つの位の数が違っている．したがって，それはこの一覧表の中にはない．

このようにして作った数をもとの一覧表のどこかに入れて新しい一覧表を作ったとしても，もう一度最初に戻って同じ方法でこの新しい一覧表に含まれない別の数を作ることができる．ある一覧表を見せられて，それは 0 と 1 の間にあるすべての実数を並べてできたのだと言われても，実際にその一覧表に含まれない数を作ってその主張に反論することができる．したがって，そのような一覧表は存在しないのであり，よって，すべての実数から成る集合は非可算であると結論づけるほかないのである．ところで，ある集合について，そのすべての要素を一列に並べて一覧表にする方法を考えつかないからといって，必ずしも，その集合を一覧表にするのは不可能であるとは限らないし，よって，その集合は非可算であ

るとも言えない．上の議論で示したのは，いかなる方法を試みようともすべての実数を並べて一覧表を作るのは不可能だということである．

　整数，分数，あるいは，さらにいえば，代数的数などはすべて可算無限であるのに対して，実数は非可算無限である．超越数の大半については謎めいていてよくわかっていないが，それらはこの非可算無限の中に生息している．Ｅ・Ｔ・ベルは他の点ではカントールに関する記述は信用できないのだが，彼の古典『数学をつくった人びと』の中で超越数について次のような素晴らしい比喩を思いついている．「代数的数を夜空にきらめく星のような平らな面に飛び散った斑点にたとえることができる．このように代数的数を星にたとえるならば，その背景をなす漆黒の夜空こそ超越数が密に集まったものにほかならない」[3]．

　対角線論法は，上に述べた通り，実数が代数的数よりもはるかに多いことを示している．大きさの違いという点に関していえば，0 と 1 の間にあるすべての分数あるいは代数的数から成る集合と，その区間にあるすべての実数から成る集合との間には大きな隔たりがある．しかしながら，対角線論法自体は，その違いを直観的に理解する手がかりを与えてくれるわけではない．この論法が言っているのは，もし実数を一列に並べて一覧表にできたとしても，実際には，少なくとも 1 つの数がその一覧表から漏れているということだけである．1901 年にアンリ・ルベーグ（1875–1941）によって創始された測度論が，位相空間論の議論も用いることで，超越数から成る集合の大きさに対して幾ばくかの手がかりを与えてくれる．ルベーグは，すべての実数から成る集合の任意の可算部分集合の測度は 0 であることを示すことに成功した．（測度とは長さの概念を一般化したものである．）したがって，測度が 0 より大きい集合は大半が超越数からなる．ルベーグはここに述べた結果を示すのに可算集合に含まれる各々の点を，長さが有限の線分から切り取ってきた小片の 1 つで「被覆する（covering）」という手続きを用いている．このような小片を与える線分はいくらでも小さくできる．したがって，任意の可算な点集合の「測度」の総和は 0 である．測度の考え方は，確率論や統計学の多くの問題に直接的かつ実用的に使われている．

　無限の数列がある数に収束すると言った場合，その数列の完全無限（completed infinite）がその数に等しいということを意味する．この考え方は，ゼノン以来論理的な説得力を持ってきたが，依然として奇妙な感じがする．それと同じように互いに異なる無限の点集合が（可算か非可算かの意味において）異なる大きさを持ち得るという考え方もまた奇妙に感じられる．当初，このような議論に対しては，それはある種のまやかしに違いないとの非難が繰り返された．しかし，

そこに何のまやかしもない．集合論の一部分として発展してきた測度論は，微分積分学においては広く受け入れられてきた完全無限についての考え方が，カントールの集合論のもつ柔軟性のおかげで，幾何学あるいは位相空間論のより複雑な点集合に対しても適用できるようになったことを示したのである．そして，そのことは解決可能な問題の数を爆発的に増やした．私たちは本書の後半において，ヒルベルトの第13問題と第6問題の一部を解決した人物として，偉大なるロシア人数学者 A・N・コルモゴロフ（1903-1987）について見ることになるが，彼がこれらの問題を解決するのに用いた測度論は，花粉の粒子が水の分子とのほとんど数えきれないくらいの衝突によって引き起こす運動——ブラウン運動——の厳密な数学的議論を発見するために，集合論の枠組みの中で確立されたものだった．

　もしカントールがここまでに述べてきた考え方と表記法の段階で留まっていたなら，論争を引き起こすこともなかったであろう．子供の頃，私たちの多くはしばしばベッドの中で，とっても，とっても，とっても大きな数まで数えようとして数を数え始めたものである．大きな数に到達するために10ごとの，あるいは100万ごとの数を数えたかもしれない．だが残念なことに，夢の中でもない限り，誰も実際に無限まで到達することはない．一方，カントールは無限に到達し，さらに先に進み続けた．あるいは，少なくとも，先に進み続ける仕組みを生み出した——最小の可算無限と1，最小の可算無限と2，最小の可算無限と3，以下同じ，といった具合である．彼の仕組みというのは，ものを集めることとそれを数えることを繰り返し，それをすべての可算無限を集めるまで続け，さらにその先へも続ける——最小の非可算無限，最小の非可算無限と1，等々．これらは超限順序数と呼ばれていて，カントールはそれらについての算術を定義した．彼は集合の大きさについての議論の中でもう1つ別に強力な概念を定義した．それが濃度である．すべての集合をその濃度を使って比較することができる．熱烈な有限主義者がこれをどう思ったか，想像に難くない．すでに述べたように，とりわけクロネッカーは激怒した．

　無限集合，無限順序，異なる濃度，あまりに巨大な（カントールの表現に倣っていえば）「超限数」の全体像，これらの果てしのない広がりは神秘的思考や哲学的思索との不可避的な関係を持っている．宗教哲学者はつねに神の無限性に拘泥してきたし，宗教的体験には無限との接触を成すための試みという側面もある．しかし，いまや，カントールは真っ向から無限のなす巨大構造について議論していた．カントール自身，こういった考え方は潜在的に神聖を汚しているのではないかとの疑念から逃れることはできなかった．しかしながら，カントールは次の

ような信念を持っていた．実証主義と唯物主義は宗教文化に甚大な損害をもたらした．そして，（私自身もそうだと確信しているのだが）ニュートンの『プリンキピア』はその中心的役割を果たした．また，科学上の発見の哲学的解釈については，それを与える機会は発見者自身に与えられているが，解釈の仕方によってその発見が宗教の歴史において果たす役割は大きく左右される．

カントール自身はこう述べている．

> ……（ニュートンのような）天才による偉大な成功は，その天才がいかに深い信仰の持ち主であろうとも，それ自体が真の哲学的かつ歴史的精神と結び付かないうちは，その成功とともに人類にもたらされた善が，これもまたその成功とともに人類にもたらされた悪によって遥かに凌駕されるのではないかと強く疑いたくなるような影響を（私に言わせれば，必然的に）もたらすのです．そして，（これらの影響の中で）最も有害であるものは，ニュートン，カント，コントらの「実証主義」における誤謬であり，現代の懐疑主義はその誤謬の上に立脚していると私には思えるのです[4]．

カントールは自らの発見が誤った方向に理解されるのではないかと思い悩んだ．再び彼は精神の病の兆候を示し始めた．それはやがて彼にハレの精神病院（*Nervenklinik*）への長期入院を強いることになる．カントールは，集合論は神が自らに啓示したもうたものであり，自らが論じる集合は神の御心のうちに完全なる実体として存在すると信じるようになった．事実，すべての超限数は完全なる存在であり，また，それは神の手で完全に実現されているではないか，と．彼はカトリック教会に自らの正当性を訴え，教会もカントールの理論——千差万別の無限——に関心を寄せて，それに潜むあらゆる汎神論的含意の可能性について検討した．その結果，集合論あるいは超限数の理論はまっとうな哲学であり，教会の立場と相反するものではないと判断された．

カントールが最初に大きな発作に襲われたのは 1884 年のことで，それはパリから戻ったばかりのときであった．パリではポアンカレ，エルミート，エミール・ピカール（1856-1941），ポール・アッペル（1855-1930）らに友情と尊敬を持って迎えられた．彼はオペラ座やコメディ・フランセーズに通い，また，画廊や美術館を訪れた．しかし，その一方で，彼はクロネッカーや他の有限主義者との酷い論争に巻きこまれると同時に「連続体仮説」についても悪戦苦闘していた．連続体仮説とは，数直線（あるいは「連続体」）と同一視されるすべての実数のなす

集合の大きさについて，それを可算集合の大きさと比較して議論した1つの仮説である．この連続体仮説を証明することは，ヒルベルトが第1問題を定式化するときに使った言葉を用いれば，「可算無限集合と連続体との間に新しい橋を掛ける」ことになり，そして，カントールの超限数の順序づけにおける1つの頂点を成したであろう．この連続体仮説の問題にカントールは生涯を通して取り組んだが解決はできなかった．カントールには，1886年に生まれた子を末っ子として6人の子供がおり，家庭生活は彼にとってはとても大切であった．彼の精神上の衰弱は，それを理解するのに十分な年齢に達していた子供たち，特に一番上の子供で当時，9歳であったエルゼに衝撃を与えたという．たいていの人は自分自身は正気であると信じている．彼らは毎日眠りにつき，やがて目覚め，そして，それが当たり前のように1日を過ごす．そして，彼らの考え方，立ち居振る舞い，そして，世界観はまったく同じであるか，違ったとしてもその違いはあるパターンの範囲内のものでしかない．だが，ひときわ明晰であり，独創的で，熱情的で，神経過敏で，そして，ときに不安定であったカントールの存在の基盤は，いまやそういうものとはまったく別のものになってしまった．

　当然，彼は自らの病気の原因を探り，そして，何とかクロネッカーと少なくとも部分的には和解に漕ぎつけた．クロネッカー自身はカントールとの間に感情的な行き違いがあったとは認識していなかったようで，そのことを指摘されて驚いたと言っている．この一件はクロネッカーの不誠実さ，あるいは，無神経さの表れとも見える．カントールは数学研究における極度の緊張が病気の原因だと考え，努めて数学以外のものに関心をもつようにした．その結果，彼は聖書研究に情熱を傾けたり，フリーメーソン，神智学，薔薇十字団の思想などの神秘主義にのめり込んだりした．彼は，また，シェイクスピア作品の真の作者はベーコンであることを証明することに没頭した．このシェイクスピア＝ベーコン説については彼はひとかどの専門家となって，かなりの数の論文を発表した．彼は哲学の教授職への転籍を願い出ることまでした．しかしながら，結局は，これらの変化のどれも彼を救うことはなかった．

　この数年後にカントールは実数の非可付番性のより明確な証明である対角線論法を発見した．それはきわめて一般的な方法であり，どの集合についても，そのすべての部分集合から成る集合はもとの集合よりも大きいことを示している．これは彼の最も重要な結果の1つである．彼は1895年から1897年にかけて最大限にまで体系化した方法で集合論を展開した．

　人は，精神が衰弱した場合でも，ときには，もう発作のことを心配する必要の

ないくらいにまで回復して長生きすることもある．しかし，そのような奇跡はカントールには起きなかった．そして，彼の命は綱渡りのようなきわどいバランスの上に置かれていた．彼は，集合論の中に矛盾，あるいは，ときにそう呼ばれるように「二律背反」が存在することに気づいた．ある集合のすべての部分集合から成る集合はその集合自身よりも大きいのならば，すべての集合から成る集合についてはどうなるのだろうか？　それは自分自身よりも大きくなることができるのだろうか？　それはありそうもない．この種のパラドックスが論文の形で発表されたのは 1897 年のチェーザレ・ブラリ＝フォルティ（1861-1931）によるものが最初であり，それはカントールのパラドックスに類似したものであったが，カントールのパラドックスよりも順序数の細かな議論に基礎を置いた，さらに高度なものであった．

　当初は，カントールはこのパラドックスに悩まされることはなかった．集合論はすでに彼にとっては明快なものであったからである．神と無限について語れば，パラドックスや謎といったものを避けて通るのはおそらく不可能なことなのであろう．しかしながら，数学の体系の中に矛盾が存在することは数学の崩壊を意味する．しばらくしてその事態の重大さを認識したカントールは，この矛盾を取り除く作業に取りかかった．周囲の人たちも最初は楽観視していた．カントールは 1895 年にヒルベルトと交わした往復書簡の中でこの問題について触れているが，ヒルベルトはその矛盾を公言することはなかった．ヒルベルト自身もクロネッカーや有限主義者との間に諍いごとがあったし，その一方で，数学界を生き抜くことに関しては，彼はとりわけ賢明であった．しかし，この問題はヒルベルトの運命を大きく変えた．彼はかつてこう言った．「何人も，カントールによって創成されたこの楽園から，われわれを放逐することはできないでしょう！」[5]ヒルベルトによる 1898 年から 1900 年にかけての幾何学の基礎に関する研究はこの視点から理解されるべきものである．

　しかしながら，1902 年にバートランド・ラッセル（1872-1970）が「ラッセルの二律背反」として知られているパラドックスを発見した．それは，自分自身を要素として含まない集合全体のなす集合についてのパラドックスである．このような集合はそれ自身の要素だろうか？　ラッセルは論争を巻き起こすのを恐れることなく，自らの考えを広めた．彼は，また，カントールの言っていることはおそらく正しくかつ重要であると信じ，他の人と同じようにそれを解決しようとした．1904 年のハイデルベルクで開催された第 3 回国際数学者会議において，ブダペスト出身の数学者，ユリウス・ケーニッヒ（1849-1913）がカントールの濃度

の理論の一部分は間違っていることを「証明した」論文を配布した．この聴衆の中に，カントール自身がいた．彼はケーニッヒは誤りをおかしたに違いないと考えた（実際，その「証明」には誤りがあった），そして，ケーニッヒの講演を自分に対する大いなる侮辱と受け取った．集合論の基礎にある問題を正そうとする努力はカントールの生涯を通して続けられた．矛盾は集合を定義するときの「すべての」という言葉，あるいは自己言及の無分別な使用の結果として生じていた．それに対処する方法は集合の定義の仕方，あるいは，その特定の仕方を制限することであった．

　世紀が移り変わる数年前，1896 年に母親が亡くなったのを最初に 3 人の人物の死がカントールを酷く打ちのめした．彼の弟はヘッシアン竜騎兵団の騎士であり，イタリア人でありかつては男爵夫人であった未亡人と結婚していたが，1899年にカプリで亡くなった．同じ年の後半にはカントールの一番下の息子が 12 歳で急逝した．カントールは 1899 年にはすでに入院していたが，この悲劇は彼の命運を閉ざしてしまった．1902 年から 1903 年にかけての冬より後，カントールは 15 年間にわたって精神病院へ入ったり出たりを繰り返していた．その間，入院する回数は増えていき，また，入院期間も長くなっていった．正気の時期がしばらく続いたかと思うと錯乱の時期がやって来るということの繰り返しだった．1917 年の 5 月，カントールにとっては最後となる入院をした．家に戻りたいと彼は繰り返し，繰り返し妻に手紙を書いた．彼の最後の手紙の 1 通には，自らが書いた詩を同封している．それはこう始まる．

　　　　それは寒風吹き荒ぶ冬だった．
　　　　記憶の限り類のないその冬は

そして，こう締めくくっている．

　　　　私の冬がかくも冷たい冬だったのは
　　　　喜んで苦しみを受けるため，ペンをとり詩を書きながら，
　　　　私のいるこの世界から逃れるため……[6]

私は嘘をついている
（数学は無矛盾である）

第2問題

―ゲーデル―

英語に限らずどの自然言語においても議論が矛盾だらけになることがある．しかし，だからと言ってその言語自体が傷つくことはなく，争点の解決はしばしば暫定的であり，そのまま議論は続いていく．しかし，純粋数学における論理的推論は確実なものでなければならない．論理的推論に対して私たちが持っている文化的信念は部分的には経験に基づくものであるかもしれないが，それが確実であることは論理的推論そのものにとって本質的である．もし数学の中に矛盾があるのならば，数学の体系全体がその存在意義を失う．なぜなら，その矛盾から推論を積み重ねることにより，いかなる主張も証明できるからである．以下に述べるのはそのような推論の実例である．ある命題「A」があって，それを証明することができた，それと同時に「Aでない」も証明することができたと仮定する．すなわち，矛盾が存在すると仮定する．もう1つ別の命題「B」があるとする．これらの命題を合わせてできる命題「Aは真である，または，Bは真である，または，両方とも真である」を考える．「A」はすでに証明されているのだから，この命題を実際に構成して証明することができる．しかし，「Aでない」も証明されているのだから，「A」は真でないこともわかっている．したがって，ここで考えている命題が真であることから「B」は真であることがわかる．ところで，「B」はいま使っている言語で表現できるのであればどのような命題であってもよいのだから，任意の命題が証明できたことになる．これはまったくの不合理である．最初に仮定した矛盾により，真が「A」から「B」，「Aでない」，「Bでない」へと移っていく手品が生まれたのである．ここで考えたいのは，あれやこれやの個別の命題が真かどうかではなく，この話のポイントは，もし矛盾が存在するときには正当な推論は不可能であるということだ．

ヒルベルトの第2問題「算術の公理の無矛盾性」は数学から矛盾の可能性を取

り除くことを目指していて，その中でヒルベルトは「それら［算術の公理］は矛盾しないことを証明せよ．すなわち，それらから始まる有限回の論理的推論は決して矛盾した結果を導き出すことはないことを証明せよ」と述べている．「算術の公理」という言葉でヒルベルトは実数の公理を表している．彼はこう述べている．「算術の公理は，本質的には，よく知られた演算の規則に連続性の公理を付け加えたものにほかなりません」．

　算術の公理の無矛盾性の証明とは一体どのようなものだろうか？　ヒルベルトはその点に関しては明確にせず，「算術の公理の無矛盾性の証明には直接的な方法が必要です」と述べているだけである．ただ，そのような証明ができたとして，それが，すべての数の中からあるものを見つけ出すという無限に繰り返されるかもしれない手続きに言及するもの，あるいは，無限集合に関する主張であるかもしれないが，その証明自体は有限であるだろう．そして，公理系から推論され得るものの規則性を分析すること，あるいはその推論の過程が矛盾を生じ得ないことを論証することも可能であるかもしれない．ヒルベルトは，まずは自然数の公理から始まるがすぐに実数へ移り，その後は解析学へ，そして最後はすべての数学へと移る形式的プログラムを想定した．ヒルベルトにとって，算術の公理の無矛盾性の証明は「実数の完全な系，あるいは連続体の数学的存在」の証明でもあった．矛盾を生じないことが証明可能なくらいに堅牢な形式主義ならば，カントールの連続体にとって，そしてそれを足掛かりとして数学全体にとっても，偏狭な構成主義者や直観主義者からの攻撃に対する防波堤となり得るだろう．信頼できる形式主義を創造することはまったく建設的であり，それがそれまで文字通り調べることができなかった分野に数学者が分け入ることを可能にするだろう．ヒルベルトの全体的な戦略は次の通り明確である．

　　　　もし，ある概念について，それが有している属性の間に矛盾を生じるのならば，**その概念は数学的には存在していない**，と言ってよいでしょう．……逆に，ひとつの概念が有している属性について，それらが決して矛盾を導かないことが有限回の論理的推論を経て証明できるのであれば，（例えば，ある条件をみたす数，あるいは，関数といった）その概念の数学的存在が証明されたと言えます[1]．

　この問題はさまざまな個性のせめぎ合いの中で変遷してきた．1891年にクロネッカーが亡くなった．その後の20年間，クロネッカーと同じくらいの熱意をもって，哲学的制約を受けない数学の自由な発展というヒルベルトの野望に抵抗

したものは直観主義者の中には現れなかった．ラッセルは，すでに述べたように，矛盾の存在を喧伝したが，彼はヒルベルトの目指したものとの間に軋轢を生じないような形式的方法でそれらを打ち破ろうとした．一方，ポアンカレはヒルベルトの形式主義を受け入れなかった．しかし，ヒルベルトの戦略に対して反対の立場をとったからといって，（より一般的な意味で）数学に制約を課そうとする立場に与していたわけではない．ポアンカレはつねに彼と同時代の数学のもつ厳密さの限界を踏み越えて数学を拡大し続けた．彼は議論の種を残したまま 1912 年に亡くなった．ヒルベルトは問題のリストを配布し，新しい世紀の最初の 10 年間は解析学に関心を向けた．同じ頃，北オランダのホールンの町で教育を受けた若いオランダ人，L・E・J・ブラウワーはアムステルダム大学で研究を続けていた．

　カントールが数学における自らの研究成果をより広い世界観の中で見ていたとすれば，ブラウワーは哲学や神秘主義からの流れの中で数学を見ていた．カントールには狂信的なところがあり，美しい数学的体系を発見すると，自分がその発見に導かれたのは神のなせる業に違いないと信じこんだ．だがブラウワーはカントールの集合論は誤謬で満ちているとみなした．ブラウワーの弟子であったアーレント・ハイティング（1898-1980）によって編集されたブラウワーの『全集』の第 1 巻は，彼が学生の団体に対して行った講義「生命，芸術，そして，神秘主義」をもとにして 1905 年に発行した小冊子にある論説を集めたものである．それは，カルバン主義と神智学，数学と神秘学の奇妙な混ぜものであり，数多くの脱線も含んでいる（「脱線」の方はハイティングにより『全集』では削除されている）．ブラウワーはこう書いている．

　　科学は産業への奉仕のみに留まるものではない．その手法自体もまた科学の目的となる．また，科学はそれ自身が目的となって実践される．それ以上の錯誤が，意識をすべて頭脳に集中させること，それがために，頭脳以外の身体の存在を忘れ無視することにあった．このような錯誤と同時に人は，自分自身の存在は個別的なものであり，それは身体と分離し独立な意識の世界にあるものと認識するようになった．この段階において人類の科学的思考がいかに偏向したものであるか，その全貌が明らかになった．実際のところ，科学的思考は頭脳の中にある意識の固着以外の何ものでもなく，科学上の真実は精神に制限された欲求の執心以上のものではない．それゆえに科学のいかなる分野もそれが発展するにつれてより深い困難へと進んでいく．1 つの分野があまりにも高いところまで登っていくと，それは，より狭隘なところに隔離されて，周囲に対して目隠しをされた状態にな

る．そして，その科学における成果は，記憶はされるものの，周囲とは独立した存在となってしまう．いまや科学のこの分野の「基礎」が研究され，やがてそれが科学の新しい分野となる．……科学はそれがより高度になるほど困難も増し，やがては誰もが完全に混乱してしまう．最後にはまったく諦めてしまう者もいる……．しかし，止まるべきときがわからないまま，気が狂ってしまうまで歩みを止めない者もいる．彼らの頭は禿げあがり，目は近視となり，そして，身体は肥満していき，胃は正常には機能しなくなる．そして，喘息と胃の病気にうめき声を上げながら，彼らは，心の平安はすぐ目と鼻の先にあり，このまま進んでいけばそれがすぐに手に入るはずだと夢想するのである．文化の最期の花，あるいは，文化が白骨化したもの，科学とはその程度のものである[2]．

　ブラウワーは哲学的なお題目抜きの数学に至ることはなかったものの，間違いなく優秀な数学者ではあった．だからこそ彼はヒルベルトから見ても用心すべき相手だったのである．1907 年から 1913 年にかけて，ブラウワーはきわめて重要な結果，特に拡大しつつあった代数的トポロジーの領域において大きな意味を持つ結果に到達した．彼は次元の位相空間論的不変性の厳密な証明を初めて与えたのである．長きにわたって，1 つの空間の持つ次元の数は，数学者たちにとってある意味において懸案事項であった．つまり，彼らは，同じ空間に数の異なる軸を持つ局所的座標系を作ることはできないのではないかと感じてきた．それは明らかに正しいように見える．しかし，数学者にとって，証明できないことは，実際のところ，わかっていないことなのである．カントールは，当時あった次元が不変であることを支持する議論をすべて論破した．そして，他の人たちと同じように，自分自身の証明方法を提示したが，それにも欠陥があった．ブラウワーはこの次元の不変性を示すためにある仕組みを発明して適用した．その仕組みは大変に役に立つものであり，長年にわたって他の問題にも応用された．この功績により，ブラウワーは代数的トポロジーにおいて名誉ある地位を得た．彼には，さらにもう 1 つ不動点定理という教科書にも載るような古典的な結果があった．しかしながら，結局は，彼の哲学により，その価値を彼自身否定することになる．
　ブラウワーは，彼が同意できない数学的手法に対して，それに代わるものを明確な形にして提示した．つまり，彼自身の手による実数論，集合論，測度論を示すと同時に容認可能な論理的議論とはどういうものかを明らかにした．1910 年代から 1920 年代にかけて，ヒルベルトの最も優秀な弟子たちの中にブラウワーの直観主義へと転向するものが出てきた．その中にワイルも含まれていた．ワイ

ルは，直観主義者の構想に沿う方向へと舵をきった場合，19世紀の解析学のうちのどの程度が消失するのかを検証した．それは，大きな家を売り払って小さな家に引っ越す際にどのくらいの量の家具を捨てなければならないのかを見積もるのに似ていた．ロシアではコルモゴロフが1920年代に直観主義者としての経歴をスタートさせた．

ハイティングの弟子であるA・S・トルールストラは，直観主義を次のように説明している．

> ブラウワーの直観主義においては，数学は数学的体系の心的構造から成り，それは理想化された数学者の心の中で実行される営みと考えられた，原則的には言語を用いない活動である――言語はそれに類似する構造を他の人に提示するときに限り登場する．直観主義の数学者にとって，何かある事が真であると言えるのは，それを実際に構成することによって正しいことが示されるときに限られているのである[3]．

この説明の本質は，数学の道具としての言語を否定したことにある．

直観主義者は，不変式論における有限基底の存在に関するヒルベルトの一番最初の証明のような非構成的な存在証明を否定する．彼らは，無限集合あるいは無限回の手続きに関係する命題が意味を持つと想定することはできないと考えていた．特に彼らは排中律（ある命題とその否定のどちらかが必ず真であること）を無制限に適用すべきではないと考えていた．一方，ヒルベルトの（数学の無矛盾性を定式化し，それを証明するための）「プログラム」として知られているものはまったく中立の立場で公理系を扱った．もしある公理系が無矛盾であるならば，その公理系が作られる際にそれが言及すると期待されていた対象について言及しなければならないということはない．それが含意するのは，無矛盾な体系はいずれも同等に確かであるということである．直観主義者は，それ自体が独自の成長を始めかねない形式的公理系には哲学的に真っ向から反対する立場をとった．彼らにとって，数学は数や直線のように言葉を用いない数学的「直観」を通して明確に理解され得るものを対象としている．そして，それらより複雑な数学はどんなものであれ，すべて正しい構成方法を通してこれら基本的な対象物から構築されなければならない．

ヒルベルトの形式主義という戦略は，彼自身を奇妙な立場に追いこむことにもなった．私が見るところ，ヒルベルトの哲学の真意は，数学の議論が到達し得る

最大限の幅の広さが批判により狭められるのを防ぐことにあった，彼には，この
自らの目標を達成するために哲学的に偏向することや敷衍することに対するため
らいはなかった．直観主義者はそうは考えなかったが，ヒルベルトは，カントー
ルの超限数を信頼のおける美しい数学であると考えた．それは重大な意義をもつ
「地上の楽園」であるとさえ彼は考えた．それは1つの推断であった．それに基
づいて，ヒルベルトは形式的無矛盾性が数学的実在を示唆すること，また，数学
とは形式的体系がいかに機能するのかを理解することであると冷徹に主張するこ
とによって，彼自身の熱のこもった直観を示したと言える．この枠組みにおいて
1つの体系が他のものよりも重要になることがあり得るだろうか．本来は非形式
的なものであるはずの直観あるいは美的判断に訴えることがなければ，数学上の
問題はすべて等価である．しかし，23の重要な問題を挙げる中でヒルベルトは
自らの嗅覚にしたがって，いくつかの領域には光を当てたが，その他の領域は除
外している．これは現在も議論の残っている問題だ．コルモゴロフの弟子である
V・I・アーノルドは「数学は生き残れるか？」という不吉な表題の論説の中で
1994 年の国際数学者会議*に関連して次のようにコメントしている．

　　　今世紀の初頭，数学において自己破壊的な民主主義的原理が（とりわけ，ヒル
　　　ベルトにより）推進された．それによると，どの公理系も等しく分析される権利
　　　を有していて，数学上の偉業の価値は，他の科学の場合のようにその意義と有益
　　　さにおいてではなく，登山のようにその難しさだけで決定される[4]．

　1920 年代までヒルベルトのプログラムに大きな進展はなかったし，それが何
であるか明確に定義されることさえなかった．ラッセルとアルフレッド・ノー
ス・ホワイトヘッド（1861–1947）は，『プリンキピア・マテマティカ』（1910–1913）
において，無矛盾のように見えるがそうであるとは証明されていない論理の上に
数学を基礎づける形式的体系を創造している．きわめて厳密に読み進めると『プ
リンキピア』は，論理が無矛盾であるがゆえに数学もまた無矛盾であると主張し
ていることがわかる．ヒルベルト自身は，このとき解析学および数理物理学を研
究していた．しかし，直観主義がだんだんと若い数学者の間に広まっていくにし
たがって，ヒルベルトは，墓場から浮かび上がってくるクロネッカーの亡霊の存
在を意識しないわけにはいかなかった．次に引用する，「数学における新しい基

---

　*第一次世界大戦後，この国際会議は第何回とはよばれなくなった．ドイツ人が出席を許されなかっ
　　たのなら，それは国際的な会議であっただろうか？

盤的危機について」と題された論文によってワイルは，直観主義と形式主義との間に繰り広げられた論争に対する自らの立場を公に表明すると同時に，その論争そのものに一石を投じることになる．この論文をヒルベルトがどのように感じたのかは明らかである．

　　集合論における二律背反の問題は，通常，数学帝国から見て最も遠隔の地にある属州だけが関係する瑣末な小競り合いにすぎず，決して帝国自体あるいはその真の中枢部に秘められた堅牢さや安寧を危うくするものではないと認識されている．しかしながら，これらの混乱に対する（それらを否定する，あるいは，それらを平定する意図をもってなされた）高い立場にある識者筋による説明はほとんどどれも，その本性においてまったく明白なる証拠から生まれる明瞭かつ自明なる確信を欠くものであり，むしろ，政治あるいは哲学に関係する思索においてわれわれが度々目にする，半分から4分の3の率直さによる自己欺瞞の試みとでも呼ぶべきたぐいに属すものである．実際のところ，真摯で正直な考察がなされたならば，数学の辺境の地で発生する問題は，数学の表面的なきらめきや円滑なる活動の中核部分の背部に横たわっているもの，すなわち，帝国が依って立つところの基盤に内在する脆弱性が表出してきたのだと認識せざるを得ないのである[5]．

強い言葉である．1920 年にドイツ語で書いた論文においてワイルは実存主義的命題を紙幣と比較し続けた．

　ヒルベルトは，いまや，大半の時間を自らのプログラムに注ぎ込んだ．優秀な学生の協力を得て，それは順調に進んだ．「算術」を細かい段階へ分解することで数学の基礎に関わることの多くが，何の疑問点もないほどに明瞭になった．ヒルベルトが展開した形式主義は，根本的にはラッセルとホワイトヘッドが『プリンキピア』において展開したそれよりも単純であった．1928 年にボローニャで開かれた国際数学者会議においてヒルベルトは，自らのプログラムについての講演を行い，その締めくくりだけでなく冒頭部分から嵐のような喝采を浴びた．そして彼は，ウィルヘルム・アッケルマン（1896-1962）とジョン・フォン・ノイマン（1903-1957）が整数の無矛盾性を証明したと発表した[6]．さらに，彼は，あとほんのわずかのギャップを埋めれば，アッケルマンは実数の算術の無矛盾性の証明ができるだろうと述べた．しかし，そのほんのわずかのギャップを埋めるのに必要な検証に無限が含まれていた．ヒルベルトは自らの形式主義プログラムにおける 4 つの未解決問題を提起したが，その第 1 番目の問題はアッケルマンの証明

を完成せよというものであった．これら 4 つの問題はすべて 1931 年までにウィーンの若い数学者によって解答が与えられることになる．ただ，それは，ヒルベルトのプログラムを破壊し，第 2 問題を否定的に解決することによってなされた．それとは見解を異にして，依然として，ヒルベルトの方針に沿った方法，あるいは，まったく新しい方法による数学の無矛盾性の証明を期待している人たちもいる．しかしながら，1 つの研究事業としてのヒルベルトのプログラムは事実上停止した．というのも，幾何学が 2 つの数の組に帰着されて算術の世界において完全に存在し得るのと同じように，自然言語において発生するパラドックスに似たものが，それが形式的体系として扱われるとき，数と算術の関数に符号化されるのだ．そのパラドックス自体は算術の無矛盾性自体には損傷を与えるものではないが，それは形式的体系において証明され得ることに原理的な限界を与える．

　クルト・ゲーデルは 1906 年 4 月 28 日，モラヴィアのブルン（現在のチェコのブルノ）の織物産業が栄えた町のドイツ語を話す裕福な家庭に生まれた．ゲーデルの父は高等教育を受けなかったが，その代わりに織物を学び，フリードリッヒ・レディック工場で働くようになった．そこで彼は常務にまで昇進し，のちには共同経営者となった．ゲーデルの母方の祖父もまた高い学歴の持ち主ではなかったが，手織職人として働くためにラインラントからブルンへとやって来た父親の後を継いで働いて織物商店で高い地位にまで登りつめ，しかし織機の出現で生計を立てる方法を失ったという人だった．彼は，本を買えないときにはそれを自分で書き写して独学し，また，子供たちには惜しみなく良い教育を施した．娘（ゲーデルの母）もフランスの学校に通ったが，それはそのような社会的地位の家庭では普通のことではなかった．優秀な体操選手であり，アイススケート選手でもあった彼女は，たくさんの友人とともに幸せな子供時代を送った．また，彼女は学校で学んだドイツやフランスの浪漫主義文学を愛した．クルトの兄であるルドルフ・ゲーデルは，彼らの父と母の結婚生活は「相性が良い」ものではなかったと書いてはいるが，それを「愛情と思いやりの上に築かれた」ものであると表現している．ゲーデル家で，母親は子供たちにとって最も重要な人物だった．

　1913 年，クルトが 7 歳のとき，家族は美しい庭園のある邸宅を建てた．兄のルドルフは，2 頭の犬を飼っていたことを記憶している．クリスマスにはパーティーがひっきりなしに開かれた．特に印象的だったのは，あるパーティーでクリスマス・ツリーが天井から吊るされてぐるぐると回転していたことである．クリスマスのプレゼントは，ゲーデルの母はそうするのを「趣のない」ことと思っていたが，カタログで選んだものをウィーンにある玩具店から取り寄せた．家族は

皆，政治小説や歴史小説を好んで読んだ．そして，母親は第一次世界大戦以降衰退するハプスブルク家に強い共感を持つようになった．また，彼女はお伽話を愛した．ルドルフによると「年老いても彼女はゲーテ，ハイネ，レーナウたちの詩を暗唱できた．若い頃には，自ら詩を創ることもした」．彼女は自宅の庭園も愛し，「死を迎えなければならないのは，それほど酷いことでないでしょう．しかし，もう次の春を経験することができないのは……」と言ったと伝えられている．クルトは，家とギムナジウムではドイツ語を話し，チェコ語は学ばなかった．彼の母がまだ子供だった頃，ブルンではドイツ人のコミュニティと「チェコの一団」の間には緊張があったことを彼女は記憶していた．しばしば，竜騎兵どうしが石畳の路上で衝突し，「馬のひづめの立てるガタガタという音」が聞こえてきたという．

クルトは，ルドルフによると，子供の頃はいつも母親にくっついていて彼女が家を留守にしたときには精神が不安定な状態になった．クルトはルドルフととても仲が良く，「クワイエット・ゲーム〔音を立てた人が負けになる，子供のゲーム〕，積み木，模型電車，ボード・ゲーム，チェス」をして遊んだ．そんなとき，クルトは良き敗者ではなかった．彼が秀でた知性と執拗な性格の持ち主であることは早くから知られていて，「ミスターどうして君」というニックネームを授かっていた．8歳の頃にクルトは酷いリューマチ熱を患って，それが治った後，医学書を読んだ彼は，どうしてだか自分の心臓に疾患があると思い込むようになった．しかも彼に論理的議論で勝てる医者はいなかった．自分の意見に対する執着心の強さは生涯を通して彼の特徴の1つとなった．ルドルフの言葉を借りると「私の弟は，ひどく変っていて，何事に対しても自分の意見を曲げることがなかったし，彼が，誰か他の人に説得されるなんてことは考えることもできませんでした」[7]．

学校でのクルトは厳格かつ几帳面であり成績は優秀だった．彼の得意な科目は数学と言語で，その中にはラテン語，フランス語，英語が含まれていた．クルトが亡くなったときにも，遺品の中に数多くの言語の辞書があったという．彼はまた神学にも優れていて歴史にも関心を示していたが，そちらのほうの関心はだんだんと薄れていった．音楽については，オペラや，のちにはアメリカの映画音楽のような「軽い」音楽を好んだ．彼は，より能率よく書くため（そして，おそらく自分で書いたものを秘匿するため）に，いまではあまり知られなくなったドイツ語の速記方法であるガベルスベルガー式速記を学んだ．ゲーデルの私的文書や彼の数多くのノートはどのページもこの速記文字で埋め尽くされている．ゲーデルの遺稿（*Nachlass*）や文書遺産の目録を作製したジョン・ドーソン・Jrは，その際，

この速記法を学んだことのある彼の妻とその速記法を知っている高齢のドイツ移民に協力してもらったという．1997 年，ドーソンはクルト・ゲーデルの伝記『ロジカル・ディレンマ——ゲーデルの生涯と不完全性定理』を発表した．ゲーデルの来歴の詳細に関しては，文献によってくい違う点があるのだが，ここではすべてドーソンの書に従った．

ゲーデルはラテン語文法で 1 つの間違いもしないままギムナジウムを卒業したといわれている．彼は，数学で 1 回だけそうでなかったのを除いて，つねにあり得る範囲で最高の評定を受けた．彼の宿題の一部が残っているが，それはクルトの非常な注意深さを示している．ルドルフによると，クルトはギムナジウム時代に大学の微分積分学の大半を独学で習得してしまい皆を驚かせたらしい．ゲーデル自身も，数学に関心を持ち始めたのは 14 歳のときであり，大学に入学する前に微分積分学を勉強したのも本当のことだと言っている．彼は，頻繁に，何かと理由をつけて 1 日学校を休んだり体育の時間を欠席したりした．家庭では，母と兄のような自然と庭園に対する愛情を持つことはなかった．そして，日曜日に家族がそろって散歩に出かけていた際にも，1 人で家に残って部屋に閉じこもって本ばかり読んでいた．まだギムナジウムに通っていた頃に，親交のあった家族の，彼より 10 歳も年上の「個性的な美人」[8] の娘さんに恋をしたが，家族の反対で彼の恋は成就しなかった．

ゲーデルは 1924 年，物理学を専攻するつもりでウィーン大学に入学したが，3 年間の学士課程でのフィリップ・フルトヴェングラー（1869-1940）の講義に影響を受けて数学に強く惹かれるようになったという．その講義が素晴らしいものであったのは間違いない．しかし，その一方でゲーデルの生涯の友であった論理学者ゲオルク・クライゼルは次のように書いている．「その講義のもう 1 つの際立った特徴もまた，講義自体の価値と同じくらい重みを持っていただろう．（ゲーデル自身は，その点については何も述べていない．おそらくは，病歴に関することが含まれているからであろう．）フルトヴェングラーは，首から下が麻痺していて，車椅子に乗ったままノートなしに講義した．その間，助手が黒板に証明を書いた」[9]．もし本当にフルトヴェングラーの境遇がゲーデルの数学への決意をより強いものにしたのなら，それはフラナリー・オコナーの『善良な田舎者（*Good Country People*）』を思い起こさせる（この短編小説の主人公である女性に言い寄った男の本当の目的は，その女性の義足を持ち逃げすることにあった）．ゲーデルは，ハインリッヒ・ゴンペルツの西欧哲学史の講義とモーリッツ・シュリック（1882-1936）の数理哲学のセミナーにも出席した．哲学は，ゲーデルの言語学，神学，そして，数学や

科学の基礎に対する関心を1つに結びつけるものだった．しかし，理由はともかく，ゲーデルは数学を学んだのみならず，どの文書にもあるように，幅広い領域に精通していた．

　当時，論理実証主義という考え方が，いわゆるウィーン学団（*Wiener Kreis*）によって提唱されていた．クライゼルから「実証主義哲学者たちの一団」[10]と呼ばれたこのウィーン学団のリーダーがシュリックで，学団は数学教室の近くのセミナー室で集会を持つのが常だった．第3学年が始まる1926年の秋になると，ゲーデルの興味の対象は本格的に数学へと移り，彼は1926年から1928年までの間，最初の指導教官であり学団のメンバーでもあったハンス・ハーン（1879-1934）を介して，不定期にではあるが学団の集まりに出席するようになった．この経験を通して，ゲーデルが数学の基礎の問題に関心を持つようになったのは間違いない．学団はルートヴィッヒ・ヴィトゲンシュタインの『論理哲学論考』の精読にも熱心に取り組んだ．「語り得るもの」についての問題を取り上げたこの本は，個々のパラグラフが簡潔で，数学書に書かれた方程式と同様，それぞれに番号が振られている．集会の出席者たちはその中の一文を声に出して読み，それについて議論を交わした．オルガ・タウスキー＝トッド（1906-1995）によれば，当時のヴィトゲンシュタインはその名前を引き合いに出すだけで議論に決着がついてしまうほどの名声を誇っていたという．（ただしヴィトゲンシュタインはこのときすでに哲学との決別を誓っていたし，その集まりには参加していない．）だが後年になってゲーデルは，この学団の思想と自身との関係を否定するのにかなり骨を折り，実のところ『論考』をまともに勉強したことはないのだと主張している．本人がハオ・ワン（1921-1995）に語ったところによると，ゲーデルは「哲学が不可能事であることを示そうとする『論考』が気に入らなかった」[11]という．

　ゲーデルは兄と共同でアパートの一室を借りていたが，ルドルフは医学の勉強のため病院にいることが多く，お互いが顔を合わせることはめったになかった．ゲーデルにとっては，幸福で比較的平穏な時期だった．真に迫る次の一節は『ゲーデルを語る』に収められているタウスキー＝トッドの文章から引用したものだ．おそらくは1925年，ゲーデルが第2学年のときの出来事について語ったものだろう．

　　ゲーデルが異性に対して興味を持っていたことは間違いなく，本人もそれを公言していた．ちょっとしたエピソードを紹介しよう．図書館の外にある小さなセミナー室で私が数学のセミナーをしていたときのこと．ドアが開いたかと思うと，

かなり小柄な女の子が入ってきた．少し不安げな表情をしていた（気後れしていたのかもしれない）が容姿は端麗で，素敵だがかなり奇抜なサマードレスを着ていた．ほどなくしてゲーデルが入ってくると彼女は立ち上がり，2人一緒に出て行った．どうやらそれは，ゲーデルがあからさまに見せびらかそうとしてやったことのようだ．

それからしばらくすると，そのときの女の子はすっかり見違えるほど変わっていた．学生になったのかもしれない．彼女は時折私のところへ話をしに来て，ゲーデルは甘やかされて育った駄目な男だの，朝になっても全然起きてこないだの，何やかやと愚痴をこぼしていった．どうやらゲーデルのことが気にはなるものの，わがままな振る舞いはやめてほしいと思っていたようだ[12]．

のちにこの女性は，自ら書いた位相幾何学に関するレポートを持ってタウスキー・トッドを訪ねている．

1928年頃，ゲーデルはのちに妻となるアデーレ・ポーカートと出会う．アデーレは，ウィーンにあった「夜の蝶（*Der Nachtfalter*）」という名のナイトクラブで働いていた．何をしていたかは定かでないが，おそらくは踊り子か歌手をしていたようだ．ゲーデルよりも6歳年上で，顔にあった生まれつきのあざが美貌を曇らせていた．結婚歴があり，正式な教育はほとんど受けていなかったが，機智に富み遊び心もあった．以前と同様ゲーデルの家族，とりわけ父親が2人の関係を快く思わなかったが，このときはゲーデルも大人になっていた．アデーレと一緒にいると彼は心が安らいだ．2人は交際を続け，1938年にようやく結婚した．晩年，アデーレが病を得て夫の面倒を見られなくなるや，ゲーデルはこの世を去った．

ゲーデルの父親は1929年，54歳のとき，前立腺に膿がたまる病のため急逝した．あとにはかなりの財産が残された．ゲーデルの母親はウィーンに借りた大きなアパートに移り住み，そこで2人の息子と一緒に暮らした．彼女の大きな楽しみは演劇と音楽だった．ゲーデルは母親とルドルフと連れ立って足繁く街へ出掛けた．ルドルフは当時を懐かしんでこう語っている．「母と私と弟はよく一緒に楽しい夕べの時間を過ごしたのですが，いつもしまいには鑑賞した演劇や音楽についての議論を延々とやることになりました」．さらにこう続く．「当時，弟の演劇熱は相当なものでしたが，残念なことに後年になると，明らかにその熱も冷めたようです」[13]．

ゲーデルが一連の偉業をなし遂げるためのお膳立てとなったのは，ヒルベルト

がボローニャでの講演の中で提示した4つの具体的な問題である[14]（これらの問題は1928年に出版されたアッケルマンとの共著『記号論理学の基礎』の中でも述べられている．ゲーデルはこの本を読んでいた）．ヒルベルトはこの4つの問題を，自身のプログラムの次なる段階で扱われるべき問題であり，同時にほぼ最終段階に相当する問題だと考えていた．ゲーデルにとっては，全力で打ち込むのに申し分のない対象だった．またゲーデルはウィーン学団のメンバーだったルドルフ・カルナップ（1891-1970）の講義にも影響を受けた．

　すでに見たように，かつて代数学の研究者たちは問題を日常の言葉で表現していたが，やがてそれらの言葉は記号で書き表されるようになる．その結果，問題は大幅に単純化され，数の概念を拡張することや明確化することが可能となった．これと同じように，多くの数学者の間で論理的推論規則が形式的言語で表されるようになる．形式的言語とはある記号の集まりであって，記号列（文）を生成するための機械的な規則，および出発点となる一群の記号列（公理）から新しい記号列を構成（推論）するための機械的な規則が明確に定められたもののことだ．このような記号で現在使われているものをポール・コーエンの『連続体仮説』からそのまま引用する．

$R\ R'\ \ldots$	$c\ c'\ \ldots$	$\neg$	$\wedge$	$\vee$	$\Rightarrow$
関係	定数	〜ではない	〜かつ…	〜または…	〜ならば…

$\Leftrightarrow$	$\forall$	$\exists$
〜のとき，かつそのときに限って…	任意（すべて）の〜	〜が存在する

$=$	$x\ x'\ x''\ \ldots$	$(\ )$	$,$
〜と…は等しい	変数記号	丸かっこ	カンマ

　記号列の一例を挙げよう．$\forall x, x'(x = x' \Leftrightarrow \forall x''(R(x'', x) \Leftrightarrow R(x'', x')))$ は算術の公理系 Z2 の第1公理だ．これは，もし2つの対象が等しいならば，どちらも第三の対象とは同じ関係にあるということを意味している．

　算術だけでなく集合論のような他の数学的体系をここまで純粋な形式的言語に翻訳することの意義は，少なくとも第一義的には，普通の問題を解きやすくすることにあるわけではない．ただし，体系を形式化すると一般的な類型を認識できるようになる．エミール・アルティン（1898-1962）はこのことを利用してヒルベルトの第17問題を解決したし，第10問題はこうした見地から生まれた考え方や道具立てを駆使して解決された．ある公理系がひとたび形式化されると，その公

理系が無矛盾であることを証明できる可能性も生まれる．ヒルベルトは，幾何学の公理系を分析する中でその無矛盾性を証明するため「モデル」という手法を用いた．モデルとは，1つの公理系とそこから導き出されるすべての命題が具象化された数学的な体系もしくは対象のことである．既存の体系や対象が流用されることもあれば，目的に合わせて新たに構成されることもある．形式的言語の中で特定の対象を指示していると認識されるものはいずれも，モデルの中のある特定の対象に対応していなければならない．もしそのモデルが数学的対象として信頼に足るものであれば，それが具象化する公理系は無矛盾だと判断できる．

ヒルベルトがボローニャで提示した問題のうち，第四の問題は 1929 年にゲーデルによって解決された．これが現在，述語計算に関するゲーデルの完全性定理として知られるものである．述語計算とは形式的体系における論理的推論規則——すでに証明された命題を基にして新しい命題を導くための機械的規則——の集まりのことである．一方，「完全性」という言葉については歴史的にいくつもの解釈が林立する．ここでは，現代の数学者の捉え方に沿ってゲーデルの完全性定理を眺めるため，再びコーエンの著書をひもといてみよう．コーエンには次章でもあらためて登場してもらうことになっている．コーエンによるとゲーデルの完全性定理はこう述べられる．

> **S を命題からなる無矛盾な任意の集合とする．このとき S にはモデルが存在する**．しかも，S が無限集合ならばそのモデルの濃度は S に含まれる命題の数を超えないようにすることができ，S が有限集合ならばそのモデルの濃度を可算にすることができる[15]．［強調は本書筆者による］

この定理が主張しているのは，形式的言語で記述された命題のなす無矛盾な集合は，それをある種の数学的な対象あるいは構造として実現すること，もしくは具象化することが可能であるということだ．ここで鍵となるのは S が**無矛盾**であること，つまりはそこから矛盾が生じ得ないことである．また S のモデルは，その濃度あるいは大きさがはっきりと，命題からなるもとの集合 S を超えないように構成される（ただし，無限集合の大きさの比較は集合論で定義された方法による）．この結果により，実数に関する適切な公理系（有限な公理系，もしくは明確な規則に従って列挙できる公理系）は，いずれも可算なモデルを持つことになる．ところが，すでに見たように実数全体は可算ではない．意外な結果になったが，これについては次章でさらに掘り下げて考えることにしよう．

ところで，ゲーデルの結果はなぜ完全性定理と呼ばれるのだろうか？　完全性定理から導かれる 2 つの系をコーエンに従って書き出してみる．

1. A が S から導出できないならば，A が偽となるような S のモデルが存在する．
2. 真である（つまり，あらゆるモデルにおいて真である）命題は証明可能である[16]．

つまり，ある公理系の解釈またはモデルをどのように選んでも例外なくその中で真であるような命題は，実はその公理系から形式的な推論によって導出できるというのがこの 2 つの結果の意味するところである．さらに，形式的に証明可能な命題は，その公理系の任意の解釈またはモデルにおいて真であるという事実も一方で成立する．これは，われわれが演繹なる言葉で言い表しているもの——ライプニッツの意味で「すべての可能世界において真になる」ということ——を，形式的な演繹が忠実かつ十全に捉えていることを示している．要するに，これらの体系は完全なのである．これによってヒルベルトのプログラムは一歩前進したことになる．

1930 年，ゲーデルはある結果を証明して人々を仰天させる．不完全性定理だ．乗法と加法を含む自然数の算術の公理系では，形式的言語で記述された命題であって，その形式的言語を用いた論証によっては真であるとも偽であるとも証明できないようなものが存在する．これがゲーデルの第 1 不完全性定理が主張するところである．言い換えれば，形式的言語に関しては「決定不能」な命題が存在するということでもある．ところがその命題そのものは，公理系という文脈を離れれば，われわれがよく知る自然数に関する命題として真になっているのだ．このように，自然数についての命題としては真であるにもかかわらず形式的体系においては証明不可能であるような命題が存在するという事実は，ヒルベルトのプログラムにとって致命傷になる．仕掛けた網よりも狙った魚の方が大きいというわけである．

ゲーデルは，そのような命題を実際に構成することでこの定理を証明した．「私は嘘をついている」あるいは「あるクレタ人が“すべてのクレタ人は嘘つきである”と言った」（論理的にはやや遠まわしだがこちらの方が愛嬌がある）というよく知られた嘘つきのパラドックスを，算術の形式的体系の命題に言い換えたのである．ゲーデルが構成した命題は，体系の外側から見れば，「この命題は証明不可能である」という明確な解釈を持つ．自己言及がもたらす論理的複雑さが算術においてさえ存在することがわかる．だが，アイデアは単純だ．まず証明可能な

命題の一覧表を作る．そして，カントールと同じように対角線論法を使って，「この命題は，証明可能な命題の一覧表には存在しない」ことを主張する命題を構成する．その命題は実質的に「私は嘘をついている」と言っていることになる．

ゲーデルはこの命題をどのように構成したのか，その概略を説明しよう．

最初に，形式的言語で記述されたすべての命題（証明可能な命題，証明不可能な命題——あるいは，支離滅裂で意味をなさない命題も含む），つまりはいま考えている算術の形式的言語の中で構成し得るすべての有限記号列の各々に対して，ゲーデル数と呼ばれる自然数を1つずつ割り当てる．次に算術の公理系から証明可能なすべての命題のゲーデル数を一覧表にする．（この一覧表を作成するにあたっては，まず最初に証明の記号列の長さが1のものを——もしあれば——選ぶ．次に証明の記号列の長さが2のものを選ぶ．以下同じように選んでいく．）この一覧表はつねに算術の関数と見なすことができる．つまり，$f(1) = $ 一覧表の1番目にある数，$f(2) = $ 一覧表の2番目にある数，以下同じように考えればよい．

次に命題を縦横に配列することを考える．この配列にカントールの対角線論法を適用して第二の一覧表を生成するのである．まず配列の第1列に，形式的言語で記述された命題のうち x が自由変数として現れるものをすべて並べる（それらを $A_1(x), A_2(x), \ldots$ と呼ぶことにする）．これらは，例えば $x = x+0$ や $x = x+2$ のように，x について何がしかのことを述べた命題であって，その中には真である命題もあれば真でない命題もある．また，例えば $f(x) = 2$ のように，算術のさまざまな関数について述べた命題もある．さて今度は，これらの各命題の x へ1を代入したものをこの第1列と平行に並べる．次に2を代入したものも第1列と平行に並べる．さらに3を代入したものも……というように順に並べていく．そうすると，x が自由変数として現れるもとの一般命題のそれぞれに具体的な値を代入して得られる命題すべての配列ができる．この配列の中には $1 = 1+0$ や $2 = 2+0$ などの命題はもちろん，$1 = 1+2$ や $2 = 2+2, \ldots$ といった偽の命題も現れる．真の命題はひと握りで，大半は偽の命題である．図にしてみるとわかりやすいだろう．

こうしてできた配列の対角線上に並んでいる命題を下に向かって見ていく．そして，命題の一覧表を新たにもう1つ作る．先に述べた2番目の手順では算術の中で証明可能な命題に割り当てたゲーデル数の一覧表を作ったが，ここで作るのはその一覧表について言及する次のような命題の一覧表だ．1)「対角線上の1番目の命題のゲーデル数は，証明可能な命題に割り当てたゲーデル数の一覧表には現れない」，2)「対角線上の2番目の命題のゲーデル数は，証明可能な命題に割

$A_1(x)$ $\quad$ $\boldsymbol{A_1(1)}$ $A_1(2)$ $A_1(3)$ $A_1(4)$ $A_1(5)$ $A_1(6)$ $A_1(7)$ $\ldots$
$A_2(x)$ $\quad$ $A_2(1)$ $\boldsymbol{A_2(2)}$ $A_2(3)$ $A_2(4)$ $A_2(5)$ $A_2(6)$ $A_2(7)$ $\ldots$
$A_3(x)$ $\quad$ $A_3(1)$ $A_3(2)$ $\boldsymbol{A_3(3)}$ $A_3(4)$ $A_3(5)$ $A_3(6)$ $A_3(7)$ $\ldots$
$A_4(x)$ $\quad$ $A_4(1)$ $A_4(2)$ $A_4(3)$ $\boldsymbol{A_4(4)}$ $A_4(5)$ $A_4(6)$ $A_4(7)$ $\ldots$
$A_5(x)$ $\quad$ $A_5(1)$ $A_5(2)$ $A_5(3)$ $A_5(4)$ $\boldsymbol{A_5(5)}$ $A_5(6)$ $A_5(7)$ $\ldots$
$A_6(x)$ $\quad$ $A_6(1)$ $A_6(2)$ $A_6(3)$ $A_6(4)$ $A_6(5)$ $\boldsymbol{A_6(6)}$ $A_6(7)$ $\ldots$
$A_7(x)$ $\quad$ $A_7(1)$ $A_7(2)$ $A_7(3)$ $A_7(4)$ $A_7(5)$ $A_7(6)$ $\boldsymbol{A_7(7)}$ $\ldots$

$\cdot$ $\qquad\qquad\qquad\qquad$ $\cdot$
$\cdot$ $\qquad\qquad\qquad\qquad$ $\cdot$

$\uparrow$ $\qquad\qquad\qquad\qquad$ $\uparrow$
x を自由変数に持つ $\qquad$ 左側の列に現れる各命題の x に具体的な値を
命題すべての一覧表 $\qquad$ 代入して得られたすべての命題からなる配列

り当てたゲーデル数の一覧表には現れない」, 3)「対角線上の3番目の命題のゲー
デル数は……」4)「対角線上の4番目の命題のゲーデル数は……」……．この中
には，真の命題もあれば偽の命題もある．鍵となるのは，この新しい命題の一覧
表が先に作った配列の対角線上にある命題を基にして規則的に構成されていると
いう点だ．それにより，自由変数 x を使ってこれらの命題を一般命題——形式
的言語で記述された x についての文——として書き表すことが可能となる．そ
れは，「対角線上の x 番目の命題のゲーデル数は，証明可能な命題に割り当てた
ゲーデル数の一覧表には現れない」という命題で，新たに作った一覧表に現れる
すべての命題を一括するものだ．ところがこの一般命題は，それ自体が x とい
う自由変数を1つ持った命題なのだから，先に作った配列の第1列にあたる一覧
表の中に，いずれかの n に対する $A_n(x)$ として現れるはずである！ さらに，
ゲーデルのやり方に従えばこの n という数を見つけることができるから，証明
は完全に構成的なものとなる．

　これはカントールの方法を見事に逆用したものだ．カントールは，すべての実
数を一覧表に並べることができると仮定した上で，その中に存在しない実数を見
つける手段として対角線論法を利用した．ゲーデルが作った x を自由変数とし
て持つすべての命題の一覧表にごまかしは一切なく，そこから除外されているも
のは1つとしてない．したがって，対角線を巧みに利用して構成した命題は実際
にその一覧表の中に存在することになる．この n 番目の命題の x に n を代入す
るとどうなるか見てみよう．定義によってそれは，「対角線上の n 番目の命題の
ゲーデル数は，証明可能な命題に割り当てたゲーデル数の一覧表には現れない」
という命題になるが，この命題こそが対角線上の n 番目の命題そのものなのだ

から，まさに「私は証明できない」と主張していることになるわけだ．しかもこれは紛れもなく，自然数の算術の中で矛盾なく定義された関数についての命題である．もしこの命題を形式的体系の中で証明できたとすると，その命題は自身が証明不可能だと主張しているのだから自己矛盾をきたすことになるし，もしこの命題の否定を証明できたとしても，やはりその否定は自己矛盾に陥っていることになる．かくして，算術の形式的体系が無矛盾ならば，先に構成した命題もその否定も証明できないという結論に至る．

　それではこの命題について，証明できるかどうかではなく，自然数の算術に関する命題として真かどうかを問うとしたらどうなるだろうか？　この命題は，証明可能な命題に割り当てたゲーデル数の一覧表には自身のゲーデル数が存在しないということを主張している．もしこの一覧表を永遠に調べ続けたとして，それでもこの命題のゲーデル数が見つからなければ，もちろんこの命題は真だということになる．一方，もし一覧表を調べていってこの命題のゲーデル数が見つかったとしたら，それは事実上，こう言われたことになる．「君は私を見つけられなかったのだよ．なぜって，私がここに存在しないことの証明があるのだから」．だがそれでは話が滅茶苦茶だ．非形式的に思考する場合には，常識的に判断することは許される．これまでのあらゆる経験に照らしてみるに，算術は（形式的体系の中で無矛盾であることが証明されるということではなく）実際に無矛盾であると思われる．したがって，この命題は真であって，証明可能な命題に割り当てたゲーデル数の一覧表の中からその命題のゲーデル数を見つけることはできないと考えざるを得ない．非形式的な自然言語は矛盾に満ちてはいるが，このような場合には数学的な面でも形式的言語より実際には強力なのだ．

　歴史的に見ると，第2不完全性定理も，数学の無矛盾性を証明しようとしたヒルベルトのプログラムに致命的な影響を与えた．自然数の算術を含む程度に十分大きな公理系では，「この公理系は無矛盾である」という内容を算術化した命題は証明できない，というのがこの定理の主張だ．形式的体系が自然数の算術を含む程度に十分複雑だと（形式的体系として妥当なものであれば自然数の算術は含まれるだろう），その形式的体系では自分自身の無矛盾性を証明することさえできない，ましてや，数学全体の無矛盾性を証明することなど到底不可能だということになる．ただ，こう言ったのでは問題の本質が不明瞭だと私は思う．第1不完全性定理がヒルベルトのプログラムにとって致命傷となったのは，形式的体系の中で決定不能な命題でありながら，自然数そのものについての命題としては真であるようなものが存在するという見方に結びつくからである．算術についての真なる命

題は形式的体系の中で捉えることができるというのがヒルベルトのプログラムが拠って立つ前提だった．自然数に関する定理の中に，体系を形式化する過程で取りこぼしてしまうものが存在するのだとすれば，ヒルベルトのプログラムは始まる前からすでに破綻している．数学は完全に形式化された体系の中で捉えられる範疇を超えているのだ．

　ヒルベルトの第2問題は算術の無矛盾性を証明せよというものだが，この問題もヒルベルトがボローニャで発表した問題も哲学的議論の文脈において提起されたものであり，数学，とりわけ集合論の領域を守ることが動機だった．こうしたより大きな目的に対してゲーデルの否定的解決はどのような意義を持つのだろうか？

　第一に挙げるべきは，ゲーデルの証明は完全に構成的であり，したがって（ハイティングによって形式化されたような）直観主義数学に対してもゲーデルの不完全性定理に類するものが成立するため，不完全性が直観主義数学の方を優位とする理由にはならないという点だ．厳格な直観主義者ならば，このような方法で数学を形式化することはできないと言うだろう．マーティン・デイヴィスが私に言ったように，「彼らにとって不完全性は自明の理である」[17]．第二には，形式的体系に関するこうした研究が，さらに興味深い数学の創造へとつながったことが挙げられる．数学者は数学を創造する．それは当時から行われていたことであり，いまなお続けられていることでもある．数多くの障害はあったにせよ不完全性定理への洞察が第10問題の解決に直接つながった．ヒルベルトのプログラムとそれに対するブラウワーの反論から沸き起こった哲学的議論の熱気は過去の思い出になっていったが，その置き土産として数学には形式的体系の研究という新しい強固な分野が残された．集合論の領域を守ろうとした試みは失敗に終わった．だが，それによって集合論が痛手を負うことはなかった．集合論は洗練されかつ有用であり，手放すにはあまりに惜しい優れたものだ．そのため，幅広く現代数学を語る言葉となりそれを支える土台となってきた．公理系から何が形式的に推論され得るのかを分析する証明論は，それ本来の価値により数学的関心の的になった．この分野の成果は計算機科学に寄与するところが大きく，「証明の長さについて」というゲーデル自身が1935年に発表した短い論文などは現在，ドーソンが言うように，「述べ方にいささか曖昧なところはあるものの，理論計算機科学の主要テーマの1つである，いまで言う『加速定理』の初期の具体例」[18]と見なされている．また，容認される範囲で論証の方法を拡張する試みはいまなお関心を持って行われ，算術の無矛盾性に関する証明もいくつか得られている．それらの証明

は少なくとも，無限を野放図に扱うような方法によるものではなく，数学は無矛盾であるというわれわれの信念を後押しするに足るものと考えてよい．

　実際問題として，コルモゴロフを直観主義陣営に引き入れたことは，直観主義者たちにとって1つの勝利ではあったが，そのために払った犠牲はあまりにも大きかった．コルモゴロフの姿勢は，現に研究に取り組む数学者がこうした問題をどう扱ったのかを知る上でまたとない具体例だと言える．カントールやゲーデルがそうであったように，ブラウワーやワイルもまた哲学の重要性に対しては深い信念を持っていたし，こうした数学者のひとりひとりが火つけ役となって，数学という枠を超えた議論が繰り広げられるようになった．21歳のコルモゴロフは，すでにフーリエ級数の研究で名が知られてはいたが（この点カントールと共通しているのは興味深い），集合論に基づいて厳密に数学を扱うことについてはまだ訓練を受けていた——学位取得に必要ないくつもの論文を発表している時期だった．コルモゴロフはブラウワーの著書を読み，ブラウワーによる批判は妥当だと考えるに至った．コルモゴロフが1925年に発表した『排中律の原理について』という論文（ロシア語で執筆された上，人から人へ口づてでのみ広まったこともあって，よく語り草にされる論文）〔On the Principle of Excluded Middle という題で英訳されている〕の冒頭にはこうある．「ブラウワーの数々の著書から，超限的な議論の中で排中律を用いるのは不当だということが明らかになった」．ここまでは直観主義者の立場からすれば大変好ましい．ところが，このあとに次のような文が続く．「本稿では，排中律のこうした不当な使用がなぜ矛盾を引き起こさないのか，また，なぜこの不当な使用がしばしば見逃されてきたのかを説明する」[19]．このようにコルモゴロフはブラウワーによる批判を認めてはいるが，もし超限的手法が数学にとって本当に有害であるのなら，数学者はもっとたくさんの問題に直面してきたはずだと感じているのだ．コルモゴロフにはその理由がわかっていた．「排中律を超限的に用いて得られる有限の結果はすべて正しいこと，そしてそれらは排中律を超限的に使用しなくても証明できるということをわれわれは証明することになるだろう」．コルモゴロフにとっては実際上，これでもう議論に決着が付いている．コルモゴロフの論文は，多くの点において，最終的な結論というよりはむしろ研究構想の概要のようなものだったが，本人はそれで満足したし，他にも取り組むべき研究があった．コルモゴロフはその後数年をかけ，集合論，特に測度論の言葉を総動員して確率論や統計力学を厳密な数学の一分野へと変貌させた．1933年，直観主義に関するハイティングの著書がロシア語に翻訳された際，コルモゴロフはその序文の中でこう述べている．「数学的対象が単に何かを構成し

ようとする心的作用の産物であるという見解には同意できない．われわれにとって数学的対象は，思考とは独立して存在する現実のさまざまな実存形態を抽象化したものである」[20]．

次に引用するのは，集合論の中で生じた矛盾について 1961 年にゲーデルが語った一節だ——ワイルがこれよりも 40 年前に語った内容〔本書 p. 53〕と比較するとよいだろう．

　　　……集合論の二律背反については，数学の中に矛盾が生じたと言い立てられ，懐疑主義者や経験主義者らはその重大性を過度に強調した……私が「言い立てられ」と言い「過度に強調」と言うのは，第一に，これらの矛盾が数学の内部に現われたものではなく，その中心から最も遠いところにある哲学との境界付近に現れたものだからであり，第二に，これらの矛盾は解消された上，その方法は完全に申し分なく，その理論を解する誰の目にもほとんど疑う余地のないものだからである[21]．

ゲーデルは，ヒルベルトが 1928 年にボローニャで提示した問題（とヒルベルトの第 2 問題）を解決したとき，まだ 25 歳になっていなかった．これに続く 12 年の間にゲーデルは重要な結果を次々と生み出していく．ゲーデルは自身が証明した不完全性定理を教授資格論文として提出し，ウィーン大学の私講師になった．グレゴリー・H・ムーアによると，内気な性格だったゲーデルは初めての講義のとき，ずっと黒板の方を向いたままだったらしい[22]．そのため学生はほとんど集まらなくなったが，ゲーデルはかえってホッとしたかもしれない．ゲーデルの父親は残された家族が十分暮らしていけるだけの財産を残していた．ゲーデルは自分が世界的に有名な数学者になったことを母親や兄には話さないでいたが，それでも時が経つにつれてクルトが偉業をなし遂げたことは 2 人の耳にも届くようになった．

ルドルフによると，1931 年の暮れゲーデルは自殺も考えかねないような危うい精神状態に陥り，家族はそのことでたいそう気を揉んだという．ゲーデルが初めて神経衰弱になったのは 1934 年のことだとするドーソンの説にも説得力があるが，いずれにせよゲーデルが精神状態を悪化させたのは 1930 年代のことである．ゲーデルは研究するとなると卓越した集中力を発揮した．カール・メンガー(1902-1985) の主催するセミナーには積極的に参加したが，このセミナーの紀要に掲載されたゲーデルの論文は 10 編余りにもなる．これはセミナーの後押しが

あったからこそ成し得たことで，論文の発表がゲーデルの裁量に任されていたとしたら，これほど多くの論文が公にされることは間違いなくなかっただろう．ゲーデルは完璧な論文でなければ発表しようとしなかったし，後年になると委託論文の手直しを発行予定日がとうに過ぎても続けるようになった．

　数学者は仲間の秘め事を部外者に漏らさないことでも定評がある．私的な事柄については口をつぐむ．この自制的な態度は，プライバシーを尊重しようという姿勢の表れかもしれないし，数学者の人格や人としての欠点が常軌を逸したものであっても数学に関わる組織の体面だけは維持しようと企てた結果かもしれない．あるいは，単に騒動を嫌っただけということも考えられる．ゲーデルは重度の心気症であった．クライゼルはゲーデルの回想録の中で自身もまた同じ症状に苛まれていたことを告白し，2人とも自分が患っている病気のことや，彼らのどこが悪いのかを医者が診断できないことについて，あれこれと思い巡らすことが多かったと述べている[23]．また，フルトヴェングラーはゲーデルについて，「証明不可能性を証明したために病気になったのだろうか？　それともこのような仕事をするためには病気でなくてはならないのだろうか？」[24]と言ったという．ゲーデルは自身の健康状態を確かめることに余念がなかった．ただし，ゲーデルに関する記述の中には「うつ」や「妄想症」という言葉も出てくる．

　1929 年から 1937 年までの間，ゲーデルは母と兄と一緒に暮らしながら，アデーレと逢瀬を重ねた．1933 年から 34 年にかけて，ゲーデルは初めてアメリカを訪れ，プリンストン高等研究所に滞在する．帰国の途中，船を降りたゲーデルは「神経衰弱」に陥った．クライゼルによると「20 年以上経っても彼はまだ，プリンストンでひとり暮らしをしていたときのフラストレーションについて——それとなくではあるが——話をした」[25]という．確かなことはわからないが，クライゼルはゲーデルの神経衰弱の原因が性的欲求不満にもあると見ていたようだ．クライゼルは「もう 1 つのストレス」に触れてはいるが，それを断言する気にはなれなかったらしい——もっともそれは，アデーレを家族に受け入れてもらえないことだった可能性は高い．

　1933 年，ドイツでナチ党が政権の座に就くと，ウィーンにも動揺が走り，同僚たちは次々と去って行った．1934 年，エンゲルベルト・ドルフース首相が暗殺される．また 1936 年には，ウィーン学団のリーダーであるシュリックが講義のために教室へ向かう途中，国家社会主義に肩入れしたかつての教え子に暗殺される．ルドルフによると，ナチ党がドイツの政権を握ったとは言え，当初はまだゲーデルの家族がその影響を受けることはほとんどなく，事の重大さに気づくこ

ともなかった．ゲーデルもそうだったかどうか，私にはわからない．戦後ゲーデルは，アデーレと違ってオーストリアを再び訪れることはなかったし，かつての祖国で申し出があった数多くの学術的顕彰もすべて辞退している．

高等研究所は，ヨーロッパを逃れてきたドイツ語圏出身の科学者や数学者たちが身を寄せる場となっていた．フォン・ノイマンもこの研究所にいた．彼はゲーデルの招聘を後押しした人物の1人である．純粋数学か応用数学かを問わず幅広い分野に造詣が深く，原子爆弾の開発計画や世界初となるコンピュータの開発に寄与したフォン・ノイマンは，1920年代に集合論の分野で研究者としての第一

クルト・ゲーデルとアデーレ・ゲーデルの婚礼写真（転載許可：高等研究所資料室）

歩を踏み出した．ゲーデルが1930年に第1不完全性定理を証明したときには，そこに第2不完全性定理へとつながるものが潜んでいることを見抜いたとされる．もう一歩でゲーデルに先んじるところだったという．フォン・ノイマンは最初の妻との新婚旅行の途中ウィーンに立ち寄ったが，このとき新婦は新郎とゲーデルがあまりに長々と話し込むのを見てあきれ返ったそうだ．

1935年の初秋，ゲーデルは再び高等研究所を訪れた．だが，神経衰弱が再発したせいで滞在は1か月余りにとどまった．1936年中はほとんど精神病院にいた．ゲーデルは，1935年に神経衰弱を発症する以前から，すでに「構成可能集合」の考え方を取り入れていた．この考え方を使うことで，のちに集合論における選択公理の相対無矛盾性を証明することになる．1937年になると健康状態がいくらか回復したため，春からは大学で講義を受け持った．そしてその年の夏には，構成可能集合の考えをどのように用いれば連続体仮説の相対無矛盾性を証明できるかの見通しが立った．連続体仮説はヒルベルトの第1問題のテーマの1つでもある．

ゲーデルの家族はチェコスロヴァキア領内に財産を保有していた．ウィーンでは物価が徐々に高騰していたため，ゲーデルの母親は家族が所有する別邸に戻る（滞在中は危険を感じさせるほど旗幟鮮明な態度を取った——彼女はナチスによるチェコ領

内での資産の収奪を支持するドイツ系の一団には与しなかった——ルドルフがそんな彼女をウィーンに何とか連れ戻したのは 1944 年のことだった．戦争が終わるとドイツ人はチェコスロヴァキアから国外追放となり，彼女の友人の中には退去する途中に命を落とした者が大勢いた．彼女はその際，別邸がチェコに没収されてしまうことに心を痛めた）．1938 年 3 月，ドイツがオーストリアを併合する．ゲーデルはこの年の 9 月にアデーレと結婚した．母親が不在だったためにかえって事が容易に運んだ部分もあった．ゲーデルはその後，高等研究所を再訪するためアメリカへ発ち，その足でノートルダム大学を訪ねる——メンガーがすでにノートルダム大学へ逃れていたのだ．アメリカ訪問で得た収入によってゲーデルは家族から自立できるようになった．

　1939 年の夏，ゲーデルはウィーンに戻るとすぐに徴兵検査に呼び出された．ゲーデルによると「検査に召集され，守備隊の任務に適していると判断された」という[26]．ゲーデルが療養所で過ごした時間の長さを考えるとこの判断には少々驚くが，ゲーデルはそれを真に受けていた．同じ頃，ゲーデルは路上でナチスの暴漢たちに襲われた．彼らはゲーデルをその風貌からユダヤ人だと思ったのだ．ゲーデルは痩身であり，頭の形が特徴的で，おまけに分厚い眼鏡をかけていた．ユダヤ人の典型的な風貌がどのようなものであったにせよ，ゲーデルは明らかに「別の人種」だった．クライゼルによると暴漢はアデーレがハンドバッグを振り回して追い払ったそうだ．ドイツの支配下では，私講師の大半が「新秩序の（有給）講師（Dozent neuer Ordnung）」という立場にそのまま移行したが，ゲーデルはその対象から外された．親しい同僚の中にユダヤ系が大勢いるというのがその理由だった．そのためゲーデルは，ナチス政府に対して大学で講義を続けるための許可申請を提出し，自分がユダヤ人でないことを申し立てる書類を作成しなければならなかった．

　ゲーデルは文化的に見ても「民族的出自」で見てもユダヤ人ではなくドイツ人だったが，オーストリアにいたときもそれ以降もそのことを自ら進んで口にすることはなかった．そんなことは重要でないと思っていたからだ．彼はギムナジウムの生徒だったとき「文明化されたローマ人の退廃的習慣に対するチュートン人兵士の禁欲的な生活の優位性について」[27]というタイトルの論文を書いている．過去を美化してそれに自らを結びつけようとするナチスのやり方を，ゲーデルはきわめて恥ずべきものと見ていた．タウスキー＝トッドはこう語っている．「ゲーデルはユダヤ教徒に対して好意的だった．あるとき出し抜けにこう話したことがある．国を持たない彼らがただ信仰のみによって何千年もの間ほとんど 1 つの民族のようにして生き延びてきたのは奇跡（ドイツ語で *Wunder*）であると」[28]．

オーストリアの情勢は日に日に悪化した．ゲーデルは軍に入隊しなくてもよいのか，また大学で教える許可が出るのか，何の確証も持てなかったし，彼にはナチスが理屈の通じる相手だとは思えなかった．クライゼルは言う．「事実，彼はひどく苛立っていた．かなり用心したにもかかわらず，またもや面倒を避けられなかったからだ」[29]．1940 年 1 月，ゲーデルとアデーレはアメリカへ渡った．イギリスによる海上封鎖のため，もはや船舶での渡航は不可能だった．2 人はリトアニアとラトビアを経由して北に向かい，ビゴソヴォでシベリア横断鉄道に乗った．鉄道でロシアと満洲を横断したのち横浜にたどり着くと，そこからサンフランシスコ行きの船に乗り，3 月にプリンストンに着いた．それ以降，ゲーデルがプリンストンを離れることはほとんどなかった．

　当初ゲーデルは，それまでどおり数学基礎論の研究に取り組んだ．力を入れたのは連続体仮説の独立性の証明だ．ゲーデルはこの研究に膨大な労力を注ぎこんだ．いずれは証明に成功しただろうと考える人もいたが，おそらく 1942 年の終わり頃にゲーデルはそれを断念した．1943 年以降，数理論理学や集合論の研究に集中して取り組むことはなくなり，37 歳のとき，この論理学の大家は事実上この分野から手を引いた．1940 年代末，ゲーデルは一般相対性理論に関する重要な成果を挙げ，アインシュタインから高い評価を得た．その成果というのは場の方程式の一般解に関するもので，数ある一般解の中でもゲーデルの解はタイムトラベルの可能性を示唆している．それ以降ゲーデルは長い間，一般相対性理論に関する観測データ，とりわけ自身が得た解の裏づけになりそうな観測データに興味を持ち続けた．またゲーデルは依頼を受けて，「現代哲学者叢書 (*Library of Living Philosophers*)」シリーズのバートランド・ラッセル，アインシュタイン，およびカルナップの各巻に収載するそれぞれの人物についての評論を執筆する．ゲーデルが修正に手をかけすぎたためすべてが遅れたが，アインシュタインとラッセルについての評論はシリーズの中に収録された．1940 年以降ゲーデルは，公の場で講義することが少なくなり，カント，ライプニッツ，エトムント・フッサールなど，さまざまな哲学者の思想の研究に時間を費やすようになった．ゲーデルは，論理学や集合論で数々の業績を上げたように，哲学的思想を解き明かすことにもそれなりに寄与したいと思っていたが，この分野では目ぼしい成果を公表することはできなかった．

　戦後，ゲーデルと連絡を取り合っていた母親と兄がゲーデルのもとを訪れる．その頃には彼らもゲーデルの結婚に対しては諦めの気持ちが強くなっていた．母親は息子の庭の美しさにすっかり心奪われてしまったが，ゲーデルは相変わらず

研究ばかりして庭にはあまり出なかった．寒がりだったのかもしれないが，ゲーデルは夏でも研究所の行き帰りに厚手のウールのコートを着て歩く姿を目撃された．滞在中の家族に喜んでもらおうと心を砕いたゲーデルは，はるばるニューヨーク公共図書館にまでルドルフを案内した．一方，ゲーデルは依然として健康上の問題を抱えていた．もちろん妄想上の病もあるが，現実に病を発症することもあった．1951年に患った出血性潰瘍では命の危険にさらされ，輸血を要するほどだった．何人もの心臓医にかかったが何が悪いのかはっきりしたことはわからなかった．

　ゲーデルは，重要な成果を残しているにもかかわらず，1946年になるまで高等研究所の常任研究員の身分は与えられなかった．教授になれたのはようやく1953年のことである．数学の世界では人物評こそ緞帳の裏に隠されるのが普通だとしても，表彰台は緞帳の前に置かれている．業績は客観的なのだから，評価も客観的であるべきだ．この昇任の遅さについては，スタニスワフ・ウラムやフリーマン・ダイソンも発言しており，ドーソンによれば「ゲーデル以外の人たちが説明を要求した」[30]という．ゲーデルは決して不平を言わず，亡くなるまで研究所で穏やかに過ごした．やがては教授職を与えられることになるのだが，ドーソンが言うには「ゲーデルが教授職にともなう教授組織の運営に関わる職務を快く引き受けないのではないかと感じていた人もいれば，もし彼が昇任したら，その責任感の強さと生真面目な性格のせいでそうしたすべての職務を重く捉えすぎてしまい，教授組織のスムーズな意思決定が妨げられるのではないかと心配する者もいた．結局のところ，このように心配されるのも当然と言えば当然だったように思う……」ということで，おそらくはこれが実情だろう．ドーソンはまた次のようにも述べている．「プリンストンの人々がアデーレに対して示す態度は（敵意とまでは言えないが）好意的ではなかった．そのため彼女は当地で非常に孤独な生活を送っていたようだ」[31]．ワンによると，アデーレのことを耳にして同情した人たちがゲーデルに対して，ハーバードの人たちの方が「ずっと親切」[32]だから，ハーバードへの移籍要請を受けるように勧めたことがあったという．

　ゲーデル自身は研究所の人々とうまく付き合っていた．もっともクライゼルによれば，時にはド・ゴールを思わせるような曖昧な物言いをして，愚鈍な輩を遠ざけることもあった．ところで，研究所にはもう1人，科学者としてのピークを過ぎ哲学に関心を寄せているドイツからの亡命者がいた．アルベルト・アインシュタインだ．ともに尋常ならざるこの2人の人物は，親交が深まると互いに心の安らぎを感じるようになった．クライゼルによると，「アインシュタインが気に

クルト・ゲーデルとアルベルト・アインシュタイン（撮影：リチャード・アレンス，転載許可：高等研究所資料室）

入ったのは，ゲーデルが優雅さと緻密さとを兼ね備えているところだった．2人はアインシュタインが亡くなるまで絶えず顔を合わせていた」[33]という．エルンスト・シュトラウスはゲーデルを「間違いなくアインシュタインの一番の友人」[34]と呼んだ．また（フォン・ノイマンとともにゲーム理論を生み出した）経済学者のオスカー・モルゲンシュテルンはこう書いている．

> アインシュタインはよく私に，ここ何年かはいつもゲーデルと一緒にいるがそれは彼と議論をするためだと話していた．あるときなどは，自分自身の仕事にはもはや大した意味はなく，「ただゲーデルと一緒に歩いて帰宅する恩恵にあずかるため (um das Privilege zu haben, mit Gödel zu Fuss nach Hausen gehen zu dürfen)」に研究所［の建物］に来ているのだと言った[35]．

親交がもたらすこのような喜びは，間違いなくゲーデルの側でも感じていた．ゲーデルから母親に宛てた手紙の中にはアインシュタインが頻繁に現れる．世間一般と同様，ゲーデルの母親もまた，アインシュタインがそれまでどのようなことをしてきたのか，その詳しいところを知りたがった．アインシュタインはこの

時期，病気がちだったため，ゲーデルはつねにアインシュタインの健康状態をひどく気にかけていた．2人の間には互いに対等であるという感覚があった．2人は散歩をしながら話をした．ゲーデルは亡霊，悪魔崇拝，神学に関心を持つ一方，カトリック教会に対してはことのほか敵意を持っていた．クライゼルによると，「アメリカ大陸の新しい宗派に好感を持っていた．それについての話は会話の中にもよく出てきたし，母親宛ての手紙にもかなり詳しく書かれていた」[36] という．アインシュタインともなると，あえて議論を仕掛けてくる者はほとんどいなかったが，ゲーデルは違った．2人が議論する話題には，瑣末なものもあれば難解なものもあった．統一場理論に懐疑的だったゲーデルは，それをアインシュタインに話したこともある．アインシュタインはクラシック音楽を愛好したが，ゲーデルはオペレッタを好んだ．またゲーデルは「白雪姫」がお気に入りの映画で，ウォルト・ディズニーの作品は概して好きだった．

　シュトラウスはこう述べている．

　　　ゲーデルには，この世界を見るための興味深い原則があった．この世界では偶然やでたらめから何かが生じることは決してないという原則である．もしこの原則を真に受ければ，ゲーデルが信じていた奇妙な理論はすべて紛れもない必然になる．私は何度か反駁を試みたが，まったく歯が立たなかった．というのもゲーデルの原則から，彼の理論は論理的に導かれてしまうのだ．そのことについて，アインシュタインはあまり気にする様子もなく，むしろかなり面白がっていた．ただアインシュタインも，1953年に最後に会ったときだけは普段と違ってこんなことを言った．「ところでね，実を言うとゲーデルは完全におかしくなってしまったよ」．私が「えっ，あれ以上おかしくなりようがあったんですか？」と言うと，アインシュタインはこう答えた．「アイゼンハワーに投票したんだ」[37]．

　2人は1952年の大統領選挙についても活発に議論した．アインシュタインはもちろん，アドレー・スティーヴンソンを支持していたわけだが，ゲーデルが支持していたのはアイク〔アイゼンハワーの愛称〕だった．（アデーレもまたアイクを支持していたが，本当に支持していたのはダグラス・マッカーサーだった．）アインシュタインはゲーデルがアメリカの市民権を取得する際にも一役買った．そのときのことをソロモン・フェファーマンが人から聞いた話として紹介しているので，それをそのまま引用する．

モルゲンシュテルンはゲーデルについての逸話をたくさん知っていた．1948年4月にアインシュタインとモルゲンシュテルンが保証人となってゲーデルがアメリカの市民権を取得したときの話もその1つだ．ゲーデルは，所定の市民権審査を受ける必要があり，度が過ぎるほど真面目にその準備を進める中で，合衆国憲法の勉強にも熱心に取り組んでいた．審査の前日，ゲーデルはとても興奮した状態でモルゲンシュテルンのところにやって来て，こう言った．「論理的にも法的にもアメリカ合衆国が独裁国家に変貌する可能性があることを発見したんだよ」．モルゲンシュテルンは，ゲーデルの議論にどのような論理的価値があるにせよ，その可能性というのは極端な仮説の上に成り立つ類のものだとわかっていたので，審査の際はその発見のことに触れないようゲーデルに強く口止めした．翌朝，モルゲンシュテルンは，プリンストンから市民権取得手続きが行われるトレントンまで，ゲーデルとアインシュタインを車で送って行った．道すがら，アインシュタインはゲーデルの気を紛らわそうと愉快な小話を次から次へと聞かせ続けた．効果はかなりあったようだ．トレントンの事務所に到着すると，事務官はモルゲンシュテルンとアインシュタインが来たことにすっかり驚き，本来ならば本人だけで行うはずの審査に立ち会うよう2人を招き入れた．事務官はゲーデルに「あなたはこれまでドイツ国籍を持っていたということですが」と切り出した．するとゲーデルはそれを否定し自分はオーストリア人であると説明した．「いずれにせよ」と事務官はあとを続けた．「そこは悪魔のごとき独裁者の支配下にありました……でも幸いなことに，アメリカではそのようなことは決して起こりません」．「とんでもない」とゲーデルは叫んだ．「どうすればそれが起こり得るのか，私は知っているんですよ！」ゲーデルが自分の発見について事細かに話そうとするのを3人がかりで何とか押し止めたので，手続きは希望どおりに無事終わった[38]．

1955年にアインシュタインがこの世を去る．ゲーデルも年を取った．健康状態が上向くことはなく，精神状態が改善されることも，日々の充実感が増すこともなかった．ゲーデルの最後の論文が発表されたのは1958年だった．コーエンは1963年に連続体仮説の独立性を証明すると，プリンストンへ赴き，その証明をゲーデルに見せた．ゲーデルはそれを称賛し，原稿に論評を加えた．そして，それに署名してアメリカ科学アカデミーに送り，出版するように依頼した．1960年代の後半になると，ゲーデルの健康状態はさらにひどく悪化し始めた．うつ病も進行した．1970年代には前立腺に異常が見つかったが，ゲーデルはその手術

を拒否した．1970年から1971年にかけてゲーデルは「関数のスケール」——連続体仮説を扱う上での1つの試み——に関する論文を非公式に配布していたが，誤りが見つかったため取り下げた．クライゼルはこう書いている．「ほどなくして私は見ているのがかなり辛くなった」[39]．アデーレも健康を害しつつあった．アデーレは，ゲーデルが亡くなるまでの半年間，その大半を病院と養護施設で過ごした．ゲーデルは食べ物に毒が含まれているのではないかという恐怖心をこれまでになく抱くようになり，何も口にしなくなった．1978年1月14日，クルト・ゲーデルは71歳でこの世を去った．死亡診断書の死因欄には，「人格障害」に起因する「栄養失調および衰弱」[40]と記載されていた．ワンが耳にしたところによると，死の直前ゲーデルの体重は30キロ弱しかなかったという[41]．

　最後に次のフェファーマンからの引用について考えてみてほしい．

　　　ゲーデルが1930年から1940年にかけて発表した主要な論文は，基本的問題をきっぱり解決すると同時に，それに続く数々の研究において広く利用されることになった斬新かつ強力な方法を導入したもので，今世紀の論理学に寄与した成果の中でもとりわけ傑出した部類に属する．これらの論文はいずれも，明確かつ強固な目的意識が感じられること，入念に構成されていること，形式的な対象も非形式的な対象もかなりの精密さをもって扱われていること，さらには終始一貫して着実かつ効率的に論旨が展開され，無駄な労力が費やされていないということがその特徴として挙げられる．個々の論文で解決された問題は明瞭で，当時すでに十分普及していた言葉を使って平易に定式化されている（それ以前には必ずしもこのように定式化されていたわけではない）．これらの論文の意義は，一面的に見ればひとまずはっきりしているが，より広く数学基礎論に関して言えば，それは終わりなき議論の対象であることがわかるだろう[42]．

　ゲーデルは，アリストテレス以降最も偉大な論理学者だと言われることが多い．誰がそう言ったのか調べてみたのだが，どうやらいろいろな場所で自然発生的に生まれた表現のようだ——ただし，フォン・ノイマンが言い出したと考えられないこともない．ゲーデルの残した深遠な思想が「終わりなき議論」に値するものであることがわかったのだとすれば，そのことこそゲーデルがなし遂げた偉業の核心に触れるものだろう．

完璧なスパイ
——実数はいくつあるか？
第1問題

—コーエン—

　濃度（集合論において大きさを測る尺度）の階層は，カントールの言う超限的なるものを序列化するための鍵となるものだ．無限の濃度の中で最も小さいのが $\aleph_0$．これは自然数全体のなす集合の大きさであり，無限濃度の中では唯一の可算濃度である．その次に来るのが最初の非可算濃度 $\aleph_1$ で，これ以降，2番目の非可算濃度，3番目の非可算濃度，……と続いていく．無限濃度を書き表すにはヘブライ語アルファベットの先頭の文字 $\aleph$（アレフ）を使う．

$$\aleph_0, \aleph_1, \aleph_2, \aleph_3, \aleph_4, \dots \text{以下，無限に続く}$$

自然数全体のなす集合の次に大きな，濃度が $\aleph_1$ である集合には具体的にどのようなものがあるのだろうか？　実数全体のなす集合は自然数全体のなす集合よりも大きいのだが，その大きさが $\aleph_1$ なのではないか？　そのとおり，と主張するのが「連続体仮説」である．ヒルベルトの第1問題は「連続体の濃度に関するカントールの問題」という表題になっている．

　この問題は，濃度という言葉を使わずに言い表すこともできる．すでに簡単な方法を使って見たように，実数は自然数よりもたくさん存在する．実数全体のなす集合の部分集合の中に，自然数全体のなす集合よりも大きく，実数全体のなす集合よりも小さいものは存在するだろうか？　2つの集合が同じ大きさであるのは，両者の要素が1対1に対応するときだ．ある無限集合のすべての要素を一覧表にできれば（あるいはその一覧表を作る明確な方法を述べることができれば），その無限集合は自然数全体のなす集合と同じ大きさであることが証明されたことになり，もしある集合と実数全体のなす集合との間の1対1対応を定める規則を見つけることができれば，両者は同じ大きさであることが証明されたことになる．（実際に規則や一覧表を作る必要はなく，1対1対応が存在することを証明するだけでよ

い.）果たして，自然数全体のなす集合よりも大きく，実数全体と 1 対 1 に対応
させるには小さすぎるような集合は存在するだろうか？

　この連続体仮説は，主張の内容がはっきりしており，当然真偽が定まるように
思える．連続体仮説は真である，つまりは大きさが自然数全体のなす集合と実数
全体のなす集合の間にあるような集合は存在しないと考えたカントールは，それ
を証明するために後半生を費やした．ヒルベルトは 1920 年代半ばから後半にか
けてこの問題に挑戦したが，うまくいかなかった．その他にも，この問題に取り
組んだ数学者は数多い．形式的体系としての集合論を創始したのはカントールで
はなく，論理，さらには集合論を形式化する動機づけは，カントールが生まれる
ずっと前からあり，カントールの死後も受け継がれていった．連続体仮説の理解
に進展をもたらしたのはゲーデルとコーエンだが，それは徐々に発展する集合論
を形式的体系という文脈のもとで研究することによってのみ可能なことだった．

　まず，ライプニッツが，自然言語の曖昧さを避けようと，基本的な概念を表意
文字で表す記号言語（lingua characterica）を提唱した．論証は推論計算（calculus
ratiocinator）に従って行われる．この推論計算とは明確に定義された規則の集ま
りである．この規則に従って表意文字を操作することにより，論理的推論が機械
的な正確さで遂行されることになる．そしてひとたびこの新しい言語が確立され
れば，科学全体を 1 つの統一された基礎の上に構築できるだろうというわけであ
る．

　1840 年代に入ると，オーガスタス・ド・モルガン（1806-1871）がアリストテ
レス論理学を記号論理学として捉え直した．とりわけ数量に関わる命題の取り扱
い方などはアリストテレス論理学を拡張したものとなっていた．これは本質的な
進歩だ．（アリストテレス論理学では「ほとんどの」などの言葉がうまく扱えなかった．）
ド・モルガンは記号論理学の正当性を主張したものの，彼のいたイギリスでは以
前から記号論理学が軽視されていた．（記号論理学はライプニッツが提唱したものだ
が，イギリスには微分積分学の創始者論争にともなうライプニッツへの敵意が依然として
残っていた．イギリスで記号論理学が軽視されていたのは，おそらくそのためだろう．）
ド・モルガンは次のように書き記している．「私は形而上学に異論を唱えるつも
りなど毛頭ない．ただ，ロウソクを持って自分の喉元を見るときは，自分の頭に
火がつかないよう注意しなければならない」[1]．ド・モルガンらしい言い回しの
一文だが，同時にヨーロッパ大陸の理論に対するイギリス人の態度をうかがわせ
る興味深い一例でもある．ド・モルガンは論理学の研究を始めた頃，剽窃の嫌疑
をかけられるなど，激しい論争に巻き込まれた．この論争には，ド・モルガンが

手紙をやり取りしていた 1 人の友人が加わった．ジョージ・ブール（1815-1864）である．

ブールは，たたき上げにも門戸が開かれた時代に，自らの才覚だけで頭角を現した男だ．同じような人物にはマイケル・ファラデーやチャールズ・ディケンズなどがいるが，ブールもまた彼らに劣らぬ才能の持ち主だった．15 歳のときブールは，ロンドンとも大学とも無縁な，ニュートンの生地にほど近いリンカーンというイギリスの田舎町で教鞭を執ることになった．さまざまな科目がある中で，教えることになったのは数学だった．ブールは自分が精通していない科目を教えることを良しとせず，ニュートンの『プリンキピア』やジョゼフ・ルイ・ラグランジュ（1736-1813）の『解析力学』を読んだ．後者はまったく図がないことで有名な本だ．ブールは，学位がなかったにもかかわらず，1849 年にはコークにあるクイーンズ・カレッジの数学教授になった．

ブールは，1847 年に『論理の数学的分析』を発表し，この中でド・モルガンを擁護している．1854 年には，この内容を発展させた『論理と確率の数学的理論の基礎となる思考法則の研究（*An Investigation of the Laws of Thought, on Which Are Founded the Mathematical Theories of Logic and Probability*）』を発表する．ブールは論理の大部分を形式的な代数系として表した．それはライプニッツの掲げた目標に向けての大きな一歩だった．ブールの研究により，まったく新しい種類の代数を構成する道が開かれた．それは，実数に対して一般に成り立つ代数規則のすべてに従うとは限らない代数だ．それまでは，実数全体で成り立つ代数規則すべてに従うという条件が障害となっていた．それまでの数学者や哲学者はこのような論理に関する新しい代数や計算法に対しても，交換法則 $a+b = b+a$ など従来からある実数についての一般的な代数規則を当てはめようとしてきた．ウィリアム・ローワン・ハミルトン（1805-1865）やヘルマン・グラスマン（1809-1877）など，こうした制約から脱却しつつある数学者は他にもいたが，ブールはそれを独力でなし遂げた．ブールが考案した論理代数は，実数の代数系と類似したものだが，$x^2 = x$ が成り立つという点に違いがあり，この出発点の違いがすさまじく大きな帰結を生み出すのだ．それは，非ユークリッド幾何学の誕生にたとえることすらできる．すでにこのとき，非ユークリッド幾何学はヨーロッパ大陸で誕生していたが，イギリスの中でさえ孤立していたブールが，こうした幾何学の成果を知っていたとは思えない．（ヒルベルトの 23 問題の中には，この他にもブールが関係している問題がある．ブールは 1841 年と 1843 年に発表した 2 つの論文で代数的不変式の理論を打ち出したが，その理論は直後にケーリーとシルヴェスターによって取り上げ

られ，のちにヒルベルトの名が広く知られるきっかけとなったものである．）

　記号論理学の草創期における発展の経緯については，1918 年に出版されたクラレンス・I・ルイスの『記号論理学概説（*A Survey of Symbolic Logic*）』に優れた解説がある．ルイスの書は，アリストテレスの学説に厳密に沿って論理学を形式化する初期の試みを歴史的に再構成してみせたが，その流れの中にブールが登場すると，突如すべてのことが格段に明確化された感がある．ルイスはこう書いている．

　　　ブールの先達たちは論理学に付きまとういくつもの微妙な点に悩まされてきたが，ブールの研究に見られる大きな強みはおそらく，彼がそうした微妙な点を黙殺し得たこと，あるいは知らなかったことにあるのだろう．論理学が数学的かつ精密に展開されるためには，それ相応の流儀と解釈が確立される必要があったのだ．そしてそれは，記号を用いないアリストテレス論理学の脈々と受け継がれてきた伝統を排除せずしては成し得ないことであった．あとで見るように，内包と外延，全称命題と特称命題の存在仮定，空のクラスなどの微妙な問題は再度考察する必要があるが，ここはひとまずブールにならい，それらの問題はしばらくの間棚上げすることにして，単純かつ一般化された手続きによる論理学を見ていくのが良いだろう[2]．

　1860 年代になると，ウィリアム・スタンレー・ジェヴォンズ（1835–1882）が，ブールの論理学を数学的な側面にあまりこだわらない形にしつつその内容を拡張する．今日であれば，形式的言語はコンピュータにこそふさわしいという認識が一般にもあるだろうし，実際，数理論理学の講義は，しばしばコンピュータ・サイエンスの単位として認定されている．その認識にいち早く到達したのがこのジェヴォンズだった．1870 年，ジェヴォンズは王立協会で，ある機械を披露する．それはアップライトピアノに似た外観で，ある一群の前提から計算によって論理的な結論を得るための機械だった．同じ頃，オックスフォードにもまた 1 人，論理学（とパラドックス）という美酒に酔い痴れる男がいた．チャールズ・ドジソン（1832–1898），またの名をルイス・キャロルというこの人物は，論理学研究の大半を娯楽と考えていた．相当に難解な論理ゲームや論理に関する問題を発表したが，ことによるとその目的は，周囲の仲間たちをけしかけてジェヴォンズの機械を使わせることにあったのかもしれない．

　1870 年，アメリカ人のチャールズ・サンダース・パース（1839–1914）は，「包

摂（inclusion）」と呼ばれる関係を付け加えることでブール代数をさらに拡張した．また弟子たちとともに（フレーゲとは独立に）量化子記号を導入した．カントールの集合論にはその草創期から注目しており，連続体を理解することに関心を持っていた．パースは，無限集合を表すのに「多数性（multitude）」という言葉を使ったが，ものの集まりの中にはあまりに大きすぎてもはや「多数性」とは考えられないものが存在することを認識していた．例えばすべての順序数からなる集合などはこうしたものの集まりに該当する（これは現在ブラリ＝フォルティのパラドックスと呼ばれている）．パースの考えによると，実数は幾何学上の直線あるいは連続体を埋め尽くすことができるほど十分には存在せず，直線は「超多数の（super-multitudinous）」無限小の集まりであり，これら無限小が互いに接着し合って1つの直線が作られる．のちに，無限小を扱う超準解析と呼ばれる体系がエイブラハム・ロビンソン（1918-1974）によって構築されている．パースは，ウィリアム・ジェイムズやジョン・デューイによって発展し普及したプラグマティズムの創始者であり，非常に有名な哲学者である．

　ドイツでは，デデキント切断が考案され，カントールの集合論が生み出されようとしていたちょうどその頃，ゲッティンゲンにゴットロープ・フレーゲ（1848-1925）という人物がいた．実数の厳密な取り扱いや構成を試みるもその内容に不満を抱いていたフレーゲは，本腰を入れて決着に乗り出した．その最初の成果が1879年に出版された『概念記法（Begriffsschrift）』である．ライプニッツに深く傾倒していたフレーゲは，論理と言語を直接的かつ形式的に表現すること——実数を扱う上での記号言語（lingua characterica）と推論計算（calculus ratiocinator）——を意図して「概念記法（ideography）」という名称を用いた（原題の「Begriff」は「概念（ideograph）」を意味する）．フレーゲはかなりの綿密さをもって自らのプログラムをやり遂げ，本質的に完全なる形式的体系を実現するに至る．しかしフレーゲの表記法は，左右のみならず上下にも記号や文字を書き並べるもので，フレーゲ自身の研究以外に利用されることはなかった．ルイスはこう解説する．「この表記法は，フレーゲの評価にとって不利に働いたと言わざるを得ない．というのも，それはほとんど図式のようなもので，必要以上に紙面が割かれ，読み手は視線を右往左往させられて，容易な理解はむしろ妨げられたからだ」[3]．

　全2巻から成る『算術の基本法則』（1893-1903）は，フレーゲにとって研究の集大成となる著作だ．1902年，ラッセルからフレーゲのもとに短い手紙が届く．そこには，いくらかの賛辞が述べられたあとに，「私には困難に突き当たった箇

所が1つだけあります」[4]と記されていた．わずかな文面の中でラッセルは，フレーゲの体系について「自分自身を要素として含まない集合全体からなる集合」を考えるとパラドックスが生じることを指摘した．ラッセルはフレーゲの仕事を完全に理解し，その価値を認めたおそらく最初の人物である．フレーゲは『算術の基本法則』の第2巻を出版する際に付録をつけ，その中で自らこのパラドックスを説明した．ごく簡単に言うと，フレーゲの体系には矛盾が現れる．ラッセルとホワイトヘッドはそれを『プリンキピア・マテマティカ』の出発点とした．

ドイツでは，エルンスト・シュレーダー（1841-1902）がブールやパースの流儀をさらに発展させる．数学者の中でもカントールの研究をいち早く評価したシュレーダーは，カントールの理論を形式的体系や記号論理学に結びつける研究を始めていた．「禿頭の男性全体からなるクラス」などのように用いられるクラスという概念が論理学の対象である一方，「クラス」が「集合」とほぼ同義語であることから，論理学と集合論の間には自然な結びつきが存在することになる．

トリノ大学では，ペアノが発展しつつあった記号論理学の研究に取り組んでいた．ペアノは表記法に対して天賦の才を持ち，公理系を記述するこつも心得ていた．ある集合の要素であることを表す記号 $\in$ はペアノに由来するものである．またペアノはパッシュのあとを継いで幾何学の公理に関する研究を行ったが，その成果はヒルベルトの研究の糸口となった．ペアノが確立した自然数の算術に関する公理はいまなお通用する．ペアノは解析学でも重要な仕事をしている．最もよく知られているのが，空間を埋め尽くす連続曲線の構成である．ただしペアノは実用主義者であって厳格な形式主義者ではなく，フレーゲによる論理学の深い分析の価値を認めてはいたが，それを完全に理解していたわけではなかった．彼は次第に，自身の研究をライプニッツの普遍言語の夢と同じ発想のものだと考えるようになる．1892年，ペアノはすでに知られている数学的な結果を網羅しつつ，独自に考案した記号論理学の記法を用いてその一部を書き表した公式集を編纂するという計画を公にした．ペアノの考えでは，自身が考案した言語は数学的概念の表現や分析に使用するための道具であり，それらの数学的概念は言語から生み出されるものでもなければ，公理系によって完全に捉えられるものでもない．それは，「数学は論理学にすぎない」というラッセルの論理主義的立場や「もし形式的な公理系が無矛盾ならば，その公理系によって語られる対象は存在し，そうした対象に関するわれわれの知識とはその公理系から証明し得る事柄である」というヒルベルトの形式主義的立場とはまったく対照的である．『公式集（*Formulario*）』の最終版は1908年に出版されたが，それはたった516ページの中に

4200 もの定理が書かれた百科事典のような本である．解説はインテルリングア (Interlingua) と呼ばれる人工言語で書かれているが，それが読者を得る妨げとなった．1908 年以降，ペアノの関心はその大半が，インテルリングアを世界共通の言語として普及させることに振り向けられた．それを目的とした協会もすでに存在し，ペアノがその会長に選出された．文法は言語をいたずらに煩雑にするものと見ていたペアノは，ラテン語を基盤に文法事項を大きく簡素化した言語こそ，インテルリングアの目指すべき姿だと考えた．だが，インテルリングアはいくつかの変種に分化していったため，ライバル的存在であったエスペラント語が台頭することになった．ただし，インテルリングアは 1940 年代から 1950 年代にかけて再興され現在も存続している．

ヒルベルトの問題が提示された 1900 年の第 2 回国際数学者会議でラッセルは，当時数学者として絶頂期にあったペアノと対面した．数学の基礎に関する問題に立ち向かう上で鍵を握るのはペアノの言語と記号体系だというある種の確信を得たラッセルは，この対面をきっかけに頭角を現す．フレーゲの論理体系の中で単純なパラドックスが表現され得ることにラッセルが気づいたとき，ヒルベルトが案じていた数学の基礎を揺るがす重大な危機に対処するための準備はすべて整ったことになる．ラッセルは懸案だったいくつかのパラドックスを解決した最初の人物だが，その手段として用いられたのが型の理論だ．ラッセルは「すべて」という語の使用を「あらかじめ指定された型を持つ集合の中で，与えられた条件を満たすすべての集合」のような表現に制限した．論議領域（型）を定義の中で使う前にあらかじめ指定しておくことにより，「自分自身を要素として含まない集合全体からなる集合」といった循環論法を避けられるというわけだ．

ドイツでは，1908 年にエルンスト・ツェルメロ（1871-1953）が集合論の公理系を発表する．この公理系は，1919 年にアドルフ・アブラハム・フレンケル（1891-1965），1922 年にアルベルト・トアルフ・スコーレム（1887-1963）がそれぞれ加筆，修正して，今日も用いられる標準的な形になった．これをツェルメロ–フレンケル集合論と呼ぶ．このツェルメロ–フレンケル集合論でも同じように，新しい集合を構成する際「すべて」という語の使用が制限される．この時点ですでに論理は形式化され，集合論の矛盾は取り除かれたわけだが，ド・モルガンに始まりツェルメロ–フレンケルの公理系が完成するまでの間，効果的な表記法に到達し，論理的錯誤につまずき，その錯誤を解決するのに 80 年の歳月を費やしたことになる．もっとも，こうした営みが続けられている間でさえ，集合論によって基礎づけが行われる数学分野はますます増えていった．

形式的公理化の手法には何か独特の側面があるということを初めてはっきりと見抜いたのは，ベルリンでギムナジウムの教師をしていたレオポルト・レーヴェンハイム (1878-1957) だった．1915 年，彼はいまで言うレーヴェンハイム-スコーレムの定理の原形となるものを公表する．だがレーヴェンハイムの論文は，すでに廃れていたシュレーダーの表記法を使って書かれていたばかりか，証明に欠陥があり，しかも定理を述べるのに一般的な用語が使われていなかった．この論文はモデル理論や公理系に対するさまざまなモデルについて論じたもので，当時は多くの人から評価されることも理解されることもなかった．1913 年から 1914 年にかけて「黄道光観測」のためにスーダンへ派遣されていた[5]ノルウェー人のスコーレムは 1915 年から 1916 年にかけてゲッティンゲンで研究する機会に恵まれた．スコーレムはレーヴェンハイムの証明の欠陥を埋めて定理を拡張し，1920 年にそれを論文として発表した．またその後も 1922 年，1928 年，1929 年と繰り返しこのテーマを取り上げている．

形式的言語による公理系とは，その言語で記述された命題の集まりのことだ．一方モデルとは，これらの命題が述べている事柄を実際の数学的内容として具象化したものである．言葉の上では筋の通った会話なのに，結局はそれぞれの話し手が別々のことについて話をしていたという経験がある人は多いだろう．一組の命題全体がいくつもの異なる文脈で正しいということは珍しくない．数学の言語と公理についても同じことが言える．ヒルベルトなど何人かの数学者はこの点にはっきりと気づいていたが，そこに潜むすべての真相を理解するには時間がかかった．数学者は，公理系を記述して実数全体を捉えようとしたとき，その公理系は議論の対象であると同時に，もし適切に記述されていれば捉えようとした対象そのものにもなっていると考えていた．確かに公理系は，ユークリッド以来，著しい成功を収めてきた．だが，とりわけ完全無限に関する言及が公理の中に現れるようになるにつれ，数学者は対象としている言語と公理について，それまでとは異なる別の解釈や具象化を考えなければならなくなった．というのも，別の具象化の存在は「先験的には」排除されないからだ．

そして，実際に排除されないと主張するのがレーヴェンハイム-スコーレムの定理である．この定理によれば，有限個または可算無限個の (帰納的に定義可能な) 公理からなる公理系に対してモデルが存在する場合，それが非可算無限のモデルであっても，たかだか可算無限の部分モデル (もとのモデルの部分集合であって，それ自体 1 つのモデルであるもの) が存在する．実数全体は，実数に関するさまざまな公理系のモデルの 1 つであり，言及を「試みている」対象である．実数全体の

なす集合は非可算無限だが，レーヴェンハイム–スコーレムの定理によれば，実数全体のなす集合の可算無限部分集合であって，なおかつ実数の公理系のモデルであるものが存在する．したがって，実数のどのような公理系も，実数全体のなす巨大な連続体について記述しているだけでなく，その可算部分集合についても記述していることになる．これをより一般的な視点で捉えるとどのような意味になるのかについては，スコーレム自身を含め，即座に見抜ける者はいなかった．スコーレムにとって，実数の公理系が実数全体よりも小さな対象や実数以外の対象を記述するということは「逆説的」であったし，超限的なるもののすべての階層を記述する集合論の公理系もまた小さい（可算）モデルを持つということに至っては，なおいっそう逆説的であった．レーヴェンハイム–スコーレムの定理は，それ自体パラドックスではないが，形式的な言語と公理系についての驚くべき事実なのである．

　スコーレムが 1922 年に発表した『公理化された集合論に関するいくつかの考察（*Some Remarks on Axiomatized Set Theory*）』は卓越した論文であり予言的な内容が含まれたものだが，少なくとも予言の書としてはある点で誤りがある．この論文は全部で 11 ページと決して長くないが，そこからはスコーレムがモデルや集合論に関する数学をいかに深く理解しているかが読み取れる．この論文には，ある種のレーヴェンハイム–スコーレムの定理が述べられているが，それは集合論において論争の的となる選択公理がなくても証明できる形になっている．また，ツェルメロ–フレンケルの公理系が確立されるにあたってのいわば「ミッシング・リンク」だった置換公理が明瞭な形で与えられている．この論文の中には次のような注目すべき一節がある．「もし矛盾を引き起こすことなく Z_0［非負整数全体のなす集合］の部分集合を新たに付加することができたとしたら，どんな形であれそれは非常に興味深いだろうが，おそらくそうすることは大変難しいに違いない」[6]．スコーレムはさらに，脚注にこう書いている．「……いわゆる連続体問題が……まったく解決できないことは……十分にあり得る」．あとで見るようにこれこそ，ヒルベルトが提起した連続体に関する問題に対してコーエンが与えた解答の核心部分である．コーエンが考案した「強制法」という仕掛けは，「大変難しいこと」とされたスコーレムのアイデアを実現化したものだった．スコーレムは論文の最後に次のような所見を述べている．

　　ある集合が，決して定義できないかもしれないとしたら，その集合が存在するとは一体何を意味するのか？　そうした集合の存在が言葉の綾にすぎないのは明

らかなようだが，だとすればそこから出てくるのは，集合と呼ばれる対象についての，純粋に形式的な命題──それはおそらく非常に洗練された「言葉」で書き表されている──だけだろう．だが，大多数の数学者にとっては，数学とは究極的には実行可能な計算処理を扱うべきものであり，あれこれの名で呼ばれる対象についての形式的な命題にすぎないものであるべきではないのである[7]．

これは，集合論が言語を使って行う形式的なゲームの探求であるとの視点に立った，見事なまでに明快な（しかも集合論草創期の）見解である．スコーレムは論文をこう結んでいる．

　上述した中で最も重要な結果は集合論における諸概念が相対的だということ（議論している対象の本当の大きさを公理によって規定することはできないということ）である．私は 1915 年から 1916 年にかけての冬期ゲッティンゲンに滞在していたときすでに，そのことを F・ベルンシュタインに口頭で伝えていたが，これまでそれについて何も発表しなかったのには 2 つの理由がある．1 つは，その間他の問題に専念していたこと，もう 1 つは，集合に関する公理化を行ったとしてもそれが数学の基盤として満足のいくものでないことはあまりにも明らかで，大多数の数学者はほとんど関心を持たないだろうと考えていたことである．ところが驚いたことに，こうした集合論の公理が数学の理想的な基盤になると考えている数学者が大勢いることを最近になって知った．どうやら公の場で論評する時期が来たようだと私は思った[8]．

　それ以降も多くの数学者が，集合論は数学の基盤として優れたものだと考えた．絶えず公理系に基づく形式的な方法で研究が行われたわけではないが，公理系が明確に定義されたことで，集合論による基礎づけという目論見がより確固たるものに思われ，これまでとは異なる「座標軸の原点」として受け止められた．スコーレムの研究は数理論理学者の間では知られていたが，十分に理解されてはいなかった．1922 年の論文は当時，容易には入手できなかったのだ．可算個の公理からなる任意の公理系に対しては可算な部分モデルが存在するというレーヴェンハイム‐スコーレムの定理によって示唆されるのは，実数全体のような大きな数学的対象を記述するための形式的体系の場合，それが本来目的とする数学的対象以外にも，的確に記述できる対象が存在するということである．ゲーデルは，完全性定理の論文を執筆した際，スコーレムの 1920 年の論文については内容を熟

知していたが，1922 年の論文についてはその内容を知らなかった——ゲーデル
はその論文の閲覧を申請していたが，そのときはまだ手元になかった[9]．ゲーデ
ルの結果はフレーゲ-ラッセルが構築した形式的な論理体系の完全性について述
べたものであり，モデルの大きさに関する結果はその証明方法の副産物として得
られるのに対し，レーヴェンハイム-スコーレムの定理はモデルの大きさについ
て明示的に述べたものである．この定理こそ，ヒルベルトの第 1 問題の解決へと
至る扉である．

　記号論理学のそれ以降の歴史の礎石となる学説は，1967 年になるまで世に出
回らなかった．それらが発表された論文はいろいろな言語で書かれていたし，中
には目立たない場所で発表されたものもある．スコーレムの 1922 年の論文はも
ともとヘルシンキで開催された第 5 回スカンジナビア数学者会議で発表されたも
のだ．コルモゴロフの「語り草になっている」論文は，すでに述べたようにロシ
ア語で書かれ，ロシアで発表された．そのため，ロシア人以外の大半の人たちに
とっては，人づてに聞く以外その内容を知る術はなかった．1936 年からはアロ
ンゾ・チャーチ（1903-1995）が，自ら編集する *The Journal of Symbolic Logic* 誌
の論評欄を通じて，研究の動向を記録していたが，記録の範囲を過去にまで広げ
ようとする試みには限界があった．そのような中，1967 年，ジャン・ヴァン・
エジュノール（1912-1986）の『フレーゲからゲーデルへ——数理論理学の原典集
（*From Frege to Gödel: A Source Book in Mathematical Logic*）』が刊行される．これに
より，46 本の厳選された論文が，論評とあわせて参照できるようになった．
　私は感謝の念を抱きながらこの本を熟読した．そのときはヴァン・エジュノー
ルのことを一論理学者にすぎないと思っていたのだが，彼は若かりし頃の 1930
年代に，ボディーガード兼秘書としてレフ・トロツキーに付き従い，トルコから
フランス，ノルウェー，メキシコへと逃亡生活を送っていたそうだ．それを知っ
たときは心底驚いた．アニタ・フェファーマンの『トロツキーからゲーデルへ
——ジャン・ヴァン・エジュノールの生涯（*From Trotsky to Gödel: The Life of Jean
van Heijenoort*）』にはヴァン・エジュノールの驚くべき逸話が記されている．ト
ロツキーとその同志たちはスターリンが放ったスパイに追われていた．そのため
ヴァン・エジュノールはつねに銃を持ち歩いていたという．彼はフリーダ・カー
ロという画家と不倫関係にあった．ヴァン・エジュノールはいわゆる男前で女性
にもてたが，それは論理学の研究者になったあとも変わらなかった．トロツキー

88

との生活の過酷さに嫌気がさしていたヴァン・エジュノールは 1939 年，ニューヨークへ向かうが，その目的はあまりはっきりとしない．（後年，彼はジャクソン・ポロック，ウィレム・デ・クーニング，フランツ・クラインといった画家たちと付き合うようになる．）ヴァン・エジュノールはトロツキーが暗殺されたことについて自責の念に駆られた．というのも，暗殺の実行役だったラモン・メルカデルというスペイン人はフランス語を話すベルギー人を装っていたのだが，メルカデルの母国語がフランス語ではないと気づいていれば彼を近寄らせることはなかっただろうと感じていたからである．（ヴァン・エジュノールはオランダ人ではなくフランス人である．）ヴァン・エジュノール自身は，1986 年にメキシコ・シティーで，「数え方によっては」4 人目とも 5 人目とも言える妻に，就寝中，3 発の銃弾を頭に打ち込まれ殺されてしまった．

　ヴァン・エジュノールは自著の中で，フレーゲを，ゲーデルによって極点に達した活気ある時代の重要な創始者と位置づけている．中には，ブールの流派を過小評価するものだとしてこれを批判する者もあったが，こうした議論ができるのも他でもないヴァン・エジュノールの本を読んだからであり，実はそれ自体が賛辞になっているとも言える．一時代に終止符を打ったゲーデルの論文を除けば最も意味深くかつ最も影響力のあるレーヴェンハイムとスコーレム両者の論文はいずれも，ブール，パース，シュレーダーの流儀に沿ったものであり，その中で使用されている言語も彼らが用いたものと同じだ．政治的にはあらゆる問題が解消されるような包括的な制度を夢見て活動を始めたヴァン・エジュノールだったが，やがてその信念は失われ，それを批判する側に立場を変えた．ヴァン・エジュノールの本は，フレーゲによって具現化されたライプニッツの夢に始まり，かつてライプニッツ本人が抱いた夢よりも高尚で興味深い批評をもって締めくくられている．

　この時代，連続体仮説に対しては，真偽を定めることができる具体的な問題だという意識が強くあった．レーヴェンハイムとスコーレムが導き出したモデルの大きさに関する奇妙な結果がすぐには評価されず，積極的に利用されることもなかった理由の 1 つはそこにある．この結果の有用性にいち早く気づいたのがゲーデルであり，ゲーデルが述語論理の完全性を証明した際にその副産物としてレーヴェンハイム–スコーレムの定理とほぼ同じ結果を得たことはすでに見たとおりだ．早くも 1930 年に，ゲーデルは連続体仮説について考察していたが[10]，この

とき得られた諸結果をきっかけとして，1937年ヒルベルトの第1問題を部分的に解決する．ゲーデルが得た結果の中には，当時研究が行われていた他の数学分野の内容よりも技術的に難しいと言えるものはほとんどない．ゲーデルはつねに，きわめてエレガントな方法で目的の結果を導く技術を十分に備えていたが，哲学的な動機がないところで数学の重要な研究を行うことは決してなかった．ただゲーデルが挙げた成果の中で見れば，選択公理の相対無矛盾性と連続体仮説の相対無矛盾性の証明は技術的に最も難しいと言えるだろう．

　モデルの大きさに関する結果は連続体仮説にどう関係するのだろうか？　数学的な構造として無限の度合いが最も大きい集合論の公理系も可算なモデルを持つわけだが，もし集合論に対して可算なモデルがあるとすれば，それよりも大きな超限的集合には可算なモデルからつまはじきにされた要素があるわけだから，それらがもともと占めていた領域が広大な空の領域として存在しなければならないことになる．カントールもゲーデルも，集合論の中で言及されるさまざまな「膨大さ」はすべて，現実に存在するものだと考えていた．だが，言語で書き表された長さ有限の命題をどのように選んでも，その可算なモデルの中にそうした「膨大さ」が実現されるようにすることはできない．ゲーデル，そして後にはコーエンも，この抜け道を利用して，それぞれの目的にかなった集合論のモデルを構成した．モデルを使ったそのような議論の論点は，「連続体仮説は幾何学における平行線の公理のようなものなのか？」，「そもそも連続体仮説は，集合論の他の公理と矛盾しないのだろうか？　つまり，連続体仮説を真であると認めても，新たに不具合が生じることはないのだろうか？」，「連続体仮説は独立なのだろうか？　つまり，連続体仮説の真偽は他の公理に基づいて決定されるのか，それとも連続体仮説を真と見なすか偽と見なすかはわれわれの自由なのか？」といったものだ．ヒルベルトは実数の組を用いたモデルを作ることによって幾何学の公理系を検証したが，それと同じように，ゲーデルとコーエンはそれぞれ独自に構成したモデルを使って集合論を詳しく調べた．（私は「モデル」という言葉を使いながら，その重要な数学的特性については触れていないが，言葉の表面的な意味とは別のところにあるこの手法の主旨は伝わると思う．）

　ここではツェルメロ–フレンケルによる集合論の公理系に加え，特に重要な選択公理について見てみよう．コーエンは，ツェルメロ–フレンケルの9個の公理に，置換公理というもう1つの公理を追加した．この置換公理は，考え得る全論理式のそれぞれについての公理をまとめて表した「公理図式」と呼ばれるもので，実際には無限個の公理が含まれる．置換公理は集合論の言語で表された任意の論

理式に適用することが可能だ．これは，新しい集合を構成するにあたって，「す
べての」という言葉の使用を排除するのではなく一部許容しながら制限するツェ
ルメロ–フレンケル–スコーレムの手法である．集合論の公理は（無限の公理を除い
て）いずれも，有限集合に適用されたときには当然真であるような命題である．
和集合の公理（合併の公理）はその一例だ．この公理は，2つの集合があるとき，
各々の集合の要素をすべて合併することによって新しい集合が得られることを主
張している．その他，2つの集合がまったく同じ要素を持てばそれらは同じ集合
であることを主張するのが外延性公理，2つの集合があるとき，その2つだけを
要素として含む集合が存在することを主張するのが対の公理，任意に与えられた
集合の部分集合全体からなる集合が存在することを主張するのがべき集合の公理
だ．空集合の公理はいささか奇妙に感じられる．そのためかツェルメロ自身はそ
れを「架空の集合」と呼んで話をはぐらかしている[11]．この公理は要素を持たな
い集合の存在を主張する．それはいわば空っぽの集合であり，中身のない容器の
ようなもの，あるいは算術の0のようなものである．正則性公理は，いずれの集
合も必ず空集合から順次構築されたものになるということを主張するもので，誰
もいない理髪店に向かい合って掛けられた2つの鏡のように，中身のない括弧だ
けが無限に入れ子になることは許されない．無限の公理は無限集合，特に自然数
全体のなす集合の存在を主張する．この公理と他の公理とが結びつくことにより
集合論は危さを帯びてくる．無限の公理は，論理体系の中に完全無限という概念
を吹き込むと同時に，体系の一部として他のすべての公理が無限集合に適用され
るよう働き掛けるのである．これらの公理はすべて無限集合に適用されても「当
然」真である．だが突如として，構成的には証明できない命題に直面する．この
時点で，直観主義者は撤退し，思慮深い人々は土台が据え替えられたことを悟る．

そして，目下の関心の対象である選択公理は，さまざまな形で言い表すことが
できる．例えば，「空でないある集合があって，それに属するどの集合も，互い
に素であり，かつ少なくとも1つの要素を持つとする．このとき，もとの集合に
属する各集合から1つずつ選び出した要素全体からなる集合が存在する」という
のはその1つだ．「互いに素である」とは，2つの集合が共通の要素を持たない
ことを意味する．ホールジー・ロイデンは，自身が著した実解析学の有名な教科
書の中で，選択公理を次のようにうまく言い表している．「選択公理は，C［も
との集合］に属する各集合から議員を1人ずつ選出して『議会』を構成できるこ
とを主張したものと考えることができる」[12]．選択公理は，有限集合を対象とす
る限り「当然」真である．この公理が主張しているのは標本の一覧を作成できる

ということだからだ．一方，選択公理が無限の公理と結びつくと，無限個の要素を選択できるだけでなく，非可算無限個の要素を選択することすら可能になる．しかも，たとえ選択方法の規則を指定できないとしてもである．

選択公理はひときわ物議を醸す対象であるが，同時にきわめて有用な公理でもある．カントールの連続体仮説が通常の数学に用いられることは，たとえあるとしてもきわめてまれだが，選択公理は頻繁に用いられる．コーエンは選択公理を使って一般化されたゲーデルの完全性定理を証明したし，より一般的な形で定式化されたレーヴェンハイム–スコーレムの定理にも選択公理が用いられている．もっと応用的なところで言うと，解析学の分野では選択公理が用いられる頻度はかなり高い．グレゴリー・H・ムーアは『ツェルメロの選択公理——その起源，発展，および影響 (*Zermelo's Axiom of Choice: Its Origins, Development and Influence*)』の中で，選択公理がたどった長く複雑な歴史について解説している．

この公理は論証の中にそっと忍び込む傾向があるため，論理学者たちはそれが姿を現す瞬間を見逃さないように目を光らせる．選択公理は強力で使い勝手が良い．そのため数学の証明に必要とされる例は数多く，それを使わずに済ませることもなかなかできない．もっとも，初めて与えられた証明の中で選択公理が用いられているものの，その後努力の末に選択公理を使わない証明に成功するということもないではないが，その場合も大変な苦労をともなうことがほとんどである．直観主義者的な懸念を抱く人にとって，選択公理は簡単に容認できるものではないようだ．すでに 19 世紀の数学者たちは，実質的にこの公理を使っていた．ペアノなどは，早くから選択公理についてはっきりと言及していた数学者の 1 人で，1890 年に発表された解析学の論文の中にそれを見ることができる[13]．ペアノは，選択公理を認めなかった．一方ツェルメロは，カントールの言う超限的なるものを完全な形で構成するためには，選択公理またはそれにきわめて近い公理が必要だということを認識していた．ツェルメロは 1904 年に発表した論文の中で，選択公理を使うことにより，任意の集合が「整列集合」になり得ることを証明した．これをきっかけにして，選択公理はその正当性を認められ，表舞台に姿を現すこととなる．ツェルメロは独自の公理系を構築したが，そこには批判されがちなこの選択公理を擁護する目的もあった．

1935 年，ゲーデルは選択公理の相対無矛盾性を証明する．選択公理の相対無矛盾性とは，選択公理を除いたツェルメロ–フレンケルの公理系が無矛盾ならば，選択公理を加えたツェルメロ–フレンケルの公理系も無矛盾であるということだ．それを証明するためゲーデルは，（選択公理を含まない）ツェルメロ–フレンケルの

公理系に対して，選択公理が真となるような「内部モデル」を（選択公理を使わず
に）構成した．この内部モデルは，「構成可能集合」と呼ばれるものから作られ
る（この呼び方はゲーデル自身による）．「構成可能集合全体の集まり」というものは，
あまりに大きすぎて集合と考えることはできない．モデルとは実際にそのような
ものではあるが，それを集合と考えると「全体の」という言葉が災厄をもたらす
領域に迷い込むことになる．ところが，「構成可能性」という概念は集合論の言
語を用いることにより1つの性質として定義することが可能であって，「x は構
成可能である」ことを集合論の言語で言い表す命題が存在する．目的の内部モデ
ルを構成するにあたっては，「x は構成可能である」というこの命題を満たす集
合のみを考え，これらの集合全体に対してすべての公理が成り立つことを検証す
ればよい．

　構成可能集合は，超限順序数（つまり，最初の可算無限 +1，最初の可算無限 +2，…
と続いていく）を含む順序数についての帰納法により順次構成される．第一の階
層は要素を持たない集合である．それ以降の過程では各階層を構成する時点で，
事前に構成済みの集合が存在する．これら構成済みの集合についてのみ言及する
すべての論理式がまずは列挙され，それらを基に新たな集合が定義される．新た
に構成された集合は，事前に構成済みの集合に対して累積的に追加され，次の階
層の定義に用いられる．定義により，各構成可能集合にはある特定の論理式と順
序数が対応する．この順序数は，構成過程の中で，対応する構成可能集合が初め
て構成された階層を示すものである．この順序数の順序構造を利用することによ
って，選択公理が主張する無限個の要素の選択が実現される．構成可能集合から
なるこの「モデル」の中で選択公理は真となる．

　構成可能集合からなるこの「モデル」の中で連続体仮説が真になることを証明
するのにゲーデルは2年を要した．ゲーデルの『全集』の序文の中でフェファー
マンは，ゲーデルがこの時期の大半を精神病院で過ごしたことについて，この問
題の難しさからくるストレスがその原因ではないかと推測している．鍵となる着
想は実に素晴らしい．いかなる集合もそれぞれある特定の階層で初めて構成され
る．したがって，どの実数もそれぞれある特定の階層で初めて構成される．集合
論では，各実数はそれ自体1つの集合だからである．一見すると，階層が幾重に
も積み重なり最初の非可算濃度を超えて非常に大きな濃度にまで達するため，結
果として連続体仮説が偽になるように思えるかもしれない．だが，ここでも構成
可能集合に対するある種のレーヴェンハイム–スコーレムの定理を証明すること
ができる．ゲーデルはこのある種のレーヴェンハイム–スコーレムの定理を使う

ことにより，大きな順序数に対応する階層，つまり非可算濃度に達するほど幾重にも累積した階層において構成される実数があっても，その実数は可算な部分モデルの中ですでに構成されていることを示した．そのような可算な部分モデルの存在を主張しているのがレーヴェンハイム–スコーレムの定理だ．さらにゲーデルは，より技巧的ではあるが直接的な結果を用いて，可算モデル内部の順序数全体を「縮小」することにより，与えられた実数が可算順序数に対応する階層ですでに構成されていることを示した．ここから，すべての実数が最初の非可算濃度に対応する階層より前の階層で構成されているという結果が導かれる．したがってこのモデルでは，実数全体のなす集合の大きさ（濃度）は，可算濃度 $\aleph_0$ より大きい最初の濃度ということになる．これこそ連続体仮説にほかならないが，ここでゲーデルが証明したことは，連続体仮説の相対無矛盾性，すなわち連続体仮説を真であると見なしても不具合が生じないということだった．

　では連続体仮説の独立性についてはどうだろうか．他の公理から連続体仮説を証明することは果たして可能だろうか？　ゲーデルは，自身の成果を発表する直前になって，この問題に取り掛かった．このときも用いたのはモデルの手法だ．ゲーデルは 1942 年いっぱいまでこの研究に取り組んだが，その年をもって数理論理学から手を引いた．独立性の証明をなんとかなし遂げようとする中でいくらかの進展はあったものの，その内容は公表されなかったため，ゲーデルの研究がどの程度にまで達していたのかを正確に知ることは難しい．ムーアはこう述べている．

　　　1942 年の夏，彼はメイン州で休暇を過ごしている間に，型の理論に対する選択公理の独立性，および構成可能性公理の独立性という関連性のある結果について証明を得たが，連続体仮説の独立性を示すことには成功しなかった．
　　　ゲーデルは選択公理の独立性について自身が得た結果を公表しなかった．のちにジョン・アディソンらにゲーデル本人が語ったところによると，ゲーデルはこうした独立性の研究によって集合論の研究が「間違った方向に」進むのを恐れていたという[14]．

　連続体仮説の問題はゲーデルの手を離れると，第二次世界大戦中の数年間，そのまま眠りについた．まるで白雪姫のように．

ここで，ヒルベルトの問題の解決の立役者という名誉あるクラスの仲間入りをした最初のアメリカ人が登場する．ポール・コーエンだ．カリフォルニア州のスタンフォード大学で教授を務めている*．コーエンは1934年4月2日，ニュージャージー州ロングブランチで移民の両親のもとに生まれ，ブルックリンの「いわば誰にでも喧嘩を売ろうとする妙に好戦的な雰囲気」[14]の中で育った．コーエンは，地元のブルックリン・ドジャースではなくニューヨーク・ジャイアンツのファンだったと自ら述べている——彼はブルックリンそのものにも喧嘩を売ろうとしていたのだろう．

コーエンの両親はともに10代のとき，当時のロシア，現在はポーランド領内にある地方から移住してきた．コーエンの父親は宗教的な教育をいくらか受けていたが，母親が受けた教育はと言えば，彼女の両親がひと夏だけ雇った家庭教師から，ポーランド語，ロシア語，イディッシュ語という立場上必要な3つの言語の読み方を教わったのがそのすべてだった．あるいは，アルファベットもそれぞれ異なる3種類の言語を習得するのですら，コーエンの家族にとってはひと夏もあれば十分だったということかもしれない．コーエンの母親は英語が流暢ではなかったが，もっといろいろなことを学びたいという願望が強く，大人になってから夜間学校に通った．コーエンの父親は，1920年代には「食糧雑貨類の仲買人として順風満帆」[16]だったが，1930年代になると境遇が極端に悪化する．「家族全員ひどいもんだったよ」[17]，コーエン本人はそう語っていた．その後，皮革製品の工場で働いたり，WPA（公共事業促進局）の仕事をしたり，街頭で露店を開いたりした時期もあったが，コーエン一家は「ほぼ最下層と言えるほどの貧しい暮らしぶり」だった．両親は正式には離婚していなかったが，父親が家を出てニュージャージー州へ行ってしまったため，コーエンは父親と疎遠になった．コーエンの母親は懸命に働かざるを得なかった．父親の方は晩年，タクシー運転手をして暮らしを立てていたという．1940年代は絶えず金に困っていた．

コーエンは，長女のトーベル，その下のシルヴィア，ルビンに続く4人兄弟姉妹の末っ子だった．『アメリカの数学者たち』には，コーエンのインタビューとともに，子供の頃の4人がポーズを取った印象的な写真が掲載されている．姉2人と兄は両腕を真っすぐ下ろし，いかにも幸せそうな表情を浮かべて立っている．コーエンはこのとき5歳くらいだろうか．クッションの上で片方の足を膝の下に押し込み，ルネッサンス様式の椅子の中にすっぽりと収まっている．カメラを見

---

*［訳註］コーエンは原著刊行後の2004年にスタンフォード大学を退職したが，2007年に亡くなる直前まで同大学で講義を続けた．

ているが，父親譲りのその目は内向的で控えめな印象を与える．家族の中で最初に大学へ行ったのはシルヴィアだった．コーエンは9歳の頃，シルヴィアが高校で出された代数の宿題を見て，その文字と数字の配列に心を奪われた．そして，問題の解き方を見ているうちに，代数操作を理解できるまでになった．コーエンは思いがけず一般向けの数学の本を何冊か見つけ出すと，その中でまた新たな発見をした．10歳になる頃には，特に体系的な基礎知識があるわけでもないのに，姉たち全員分の数学の宿題を手伝っていた．コーエンによると，それらはいずれも「形式的な」性質のものであったという．シルヴィアが大学に行くようになると，コーエンは彼女に三角法を教えてやった．

シルヴィアはとりわけ数学に関心があったわけではないが，弟のこの才能には興味を持っていた．あるときコーエンは，安売りの雑貨屋でシルヴィアに幾何学の本を買ってもらった．その本には，数学の証明とはどのようなものかについて，それなりの説明が書かれていた．だがコーエンによると，その当時は計算の方に興味があったのだそうだ．彼はひとりでブルックリン公共図書館へ出かけていき，本を漁るようになっていた．この頃には2次方程式や3次方程式の解の公式を知っていて，5次方程式の解の公式は存在しないという事実がガロア理論によって証明されているということも聞きかじっていた．コーエンが惹かれていたたぐいの数学書は，内容が大人向けと見なされており，子供は閲覧できなかった．そこでコーエンは数学書が並べられた区画にこっそりと忍び込むのだった．リチャード・ファインマンも著書『困ります，ファインマンさん』の中で，同じような状況に苦慮した経験を書いている．ファインマンは，読みたいと思った本を借り出すため，これは父親が読むのだと言ってその場を切り抜けた．コーエンは，5次方程式と正二十面体について書かれたフェリックス・クラインの本を姉から渡されたとき，「私には永遠に理解できない世界が存在する」[18]と感じたという．

コーエンは子供時代を通して，生物学から化学，物理学まで，あらゆる科学に興味を持っていた．「でも，私には数学がとりわけ魅力的だった．例えば，電気について本か何かを読んだとしても実験室がなければ自分では何もできないが，数学であればすぐに問題に取り組むことができる」[19]．数学者らしい弁である．十分な器具がない実験室を作ることに魅力は感じないようだ．そんな実験室で得られた結果など，方程式には太刀打ちできないらしい．一方，ファインマンは実験を始めて間もない頃の苦心を語っているが，そこに見えるのは，何本かの導線と電球が1個，それにアルミホイルがいくらかあればこの代物を使えるようにすることができるという姿勢だ．またエンリコ・フェルミは，世界で初めて行われ

た原爆実験に立ち会ったとき，実験の公式結果を待ち切れなかったため，紙を細かく破き，衝撃波が通過すると同時にそれを宙に舞わせた．そして，紙片が水平方向に飛散した距離を見て，爆発の威力をかなり正確に計算することができた．それに対してコーエンは不正確さを許すことができない気質と数学的な形式に対する直観を備えていたが，数学者がヒルベルトの第1問題のような類を解決できるのは，こうした資質のおかげなのである．アルミホイルは必要ないのだ．

その後もシルヴィアは大学の図書館から本を借りてきてくれた．特にコーエンの記憶に残っているのは，ニューヨーク市立大学ブルックリン・カレッジの教授であったモーゼス・リチャードソンの『数学の基礎 (*Fundamentals of Mathematics*)』だという．この本は，内容の記述は詳しいとは言えないが，取り上げられている対象は多岐にわたる．コーエンが集合論に初めて接したのはこの本を通じてである．コーエンにとっては，「言葉による」[20]論証がやけに多いというのが集合論に対する第一印象だったようだ．

第6学年になるとコーエンは代数学と幾何学に「かなり」詳しくなり，微分積分学と数論についても知識をいくらか身につけた．とりわけ数論には面白さを感じるようになっていたが，その一方で彼は孤独感を覚えていた．コーエンは，自分の早熟を教師たちが恐れていることや，同級生たちとは数学の話ができないことを感じ取っていたのだ．理解できないことにぶつかっても，助けてくれる人や参考になる本の名前を教えてくれる人はいなかった．ただ，幼い頃に孤独だったことには良い面もあったとコーエンは話す．彼の数学との関わり方には独特のものがあった．もっと系統立ったカリキュラムのもとで学ぶ子供ならばおそらく素通りしてしまうようなことをコーエンはいくつも発見した．例えば，カルダーノの解法で3次方程式を解くと，その解は，たとえそれが2という値であったとしても，通常は虚数の立方根を含んだ複雑な形で表されることになる．この解法を使えば答えは出るが，それを簡略化する方法はほとんどの場合自明ではない．コーエンはこの解を簡略化する方法について，時間を惜しまず考え続けた．数学はコーエンの領分なのであり，彼が受け身の姿勢で数学に臨むことなどそもそもの初めからなかった．

彼は，ローワー・マンハッタンにあるスタイヴェサント高校に入学するが，高校では孤独をほとんど感じなくなった．スタイヴェサント高校は，ブロンクス科学高校やブルックリン工科高校と同様，コーエンのような生徒にとっては天恵とも言える学校だった．これらの高校に入学するためには科学や数学の高い素養が求められたのだ．生徒のレベルや教育のレベル，学校全体としての知的刺激のレ

ベルは，ドイツでもトップクラスのギムナジウムやフランスのリセに匹敵するほどだった．この3つの高校からは，著名な科学者が数多く輩出している．コーエンの在学中，スタイヴェサント高校には，エリアス・スタイン，ハロルド・ウィダム，ドン・ニューマンも在籍していた．数学チームの初めてのミーティングでコーエンはスタインと知り合いになる．決定的瞬間だった．コーエンによると，スタインは「2歳年上で，そのとき測度論と複素関数論の本を読んでいた」[21]（スタインは1999年にウルフ賞を受賞している）．スタイヴェサント高校でコーエンは，周囲の生徒との交流を通じて，新たな知識を吸収することができた．彼らはコーエンに助言を与えもした．そこには強い愛校心があったようで，それは，自身も周囲の仲間たちも「世界で最も大きな街の最も優秀な高校」[22]に在籍していると感じていた，というコーエンの言葉にもよく表れている．

スタイヴェサント高校の数学チーム．1948年秋に撮影したもの．後列左から右へ：3. エリアス・スタイン（ウルフ賞）4. ハロルド・ウィダム 5. ポール・コーエン（フィールズ賞）．前列中央：マーティン・ブリリアント（転載許可：マーティン・ブリリアント）

　コーエンは16歳のとき高校を卒業した．全体の成績評価平均点に基づく席次はクラス中6番目だった．この頃すでにコーエンは，現代代数学に関するバーコフとマクレーンの共著や関数論に関するティッチマーシュの著書をはじめとする高度な専門書のほか，数論に関するランダウの古典などを読んでおり，完全とは言わないまでもかなりの程度は理解していた．高校時代のことでコーエンがただ1つ後悔していることは，本物の数学研究が行われているニューヨーク大学に一度も出掛けず，つても作れなかったことである．コーエンは，相対性理論における速度合成の公式の別証明を発見し，それについて書いた小論文が評価され，全米から40名が選ばれるウェスティングハウス奨学生の1人となった．ウェスティングハウス奨学生は全員，奨学金の支給を打診される．コーエンもその打診を受けた．しかし，いずれの奨学金も学費を全額まかなえるものではなかったため，

結局コーエンは奨学金をすべて辞退した．奨学金分を差し引いた残りの学費であっても，それを家族に工面してもらうことは難しいだろうと思ったのだ．彼の両親は当時すでに，正式に離婚していた．コーエンはそのとき，母親をもっと助けてあげられないことに後ろめたさを感じていたのだそうだ．こうしてコーエンは，姉と同じブルックリン・カレッジに入学する．

　ブルックリン・カレッジにも優れた数学者はいたが，それでもこの大学に入ると決めたことで，危うく取り返しのつかない結果を招くところだった．コーエンは学校というものにうんざりしていた．「不思議なことに——どうしてだか私にはわからないのだが——このときも私はニューヨーク大学やコロンビア大学に足を運ばなかった．シティ・カレッジへ行ってマーティン・デイヴィスの論理学の講義を聞いたことはあるがそれも一度きりだった」[23]．数学の研究が盛んな大学へ出向くのをためらっていたと聞いて頭に浮かぶのは，やはり「気後れ」したのかということだ．私は講義しているコーエンを見たことがあるし，セミナーで姿を見かけたこともあるが，コーエンが気後れするタイプとは誰も思わないだろう．だが，特に招待を受けたわけでもない部外者として若者がそこへ出掛けて行くことを考えれば，「気後れ」したという説には説得力がある．しかしコーエンは，2つの出来事をきっかけに新たな一歩を踏み出すことになる．1つはブルックリン・カレッジ在学中に，パトナム数学競技会に参加したこと．パトナム数学競技会というのは，全米規模で行われる数学コンクールで，非常に難易度の高い問題が出題される．コーエンは1951年，1952年と2年続けて全米のトップ10に入った．16歳と17歳のときである．これは，コーエンがハーバード大学やプリンストン大学，シカゴ大学のような大学にふさわしい学生であることを触れ回っているようなものだった．コーエンはインタビューの中でパトナム数学競技会のことを口にしなかった．私の方からそれを切り出すと，「それどこで聞いたの？」と返してきた．「もっと良い成績が取れたんじゃないかっていつも考えていたんだよ」[24]．もう1つのきっかけは思いがけないところにあった．それはシカゴ大学に進学していたコーエンの友人たちの間で，彼が話題になっていたことだ．コーエンは，シカゴ大学のエイドリアン・アルバート教授から大学院への出願を勧める手紙を受け取った．その手紙には，いま通っている大学を卒業する必要はないとも書いてあった．コーエンは大学院に出願し，1953年の半ば頃，冬学期を前にした時期にブルックリンをあとにした．

　その当時シカゴ大学の数学教室は，ハーバード大学，プリンストン大学，カリフォルニア大学バークレー校に挑むべく，復興期の只中にあった．シカゴ大学は

1892 年から 1910 年頃にかけ，高報酬で迎え入れたイライアキム・ムーア (1862-1932)，オスカー・ボルツァ (1857-1942)，ハインリッヒ・マシュケ (1853-1908) などの教授陣を配して数学の黄金期にあったが，その後はやや低迷気味だった．ジョージ・デイヴィッド・バーコフ (1884-1944) やオズワルド・ヴェブレン (1880-1960) もシカゴ大学で学んだことがあるが，彼らが 1910 年から 1940 年にかけてアメリカ数学界をリードする存在になる頃には，バーコフはハーバード大学，ヴェブレンはプリンストン大学で教えていた．だがロバート・メイナード・ハッチンスがマンハッタン計画の研究に大学の施設を提供すると決定したことをきっかけに，フェルミやハロルド・ユーリーといった有能な物理学者たちが集まったシカゴ大学では，再起に向けた下地が整う．1946 年，ハッチンスは数学教室再建のためマーシャル・ストーン (1903-1989) を招聘する．ストーンは，アントニ・ジグムント (1900-1992)，陳省身 (1911-2004)，ソンダース・マクレーン (1909-2005)，アンドレ・ヴェイユ (1906-1998) といった錚々たる顔ぶれを迎え入れ，見事再建を果たした．陳は中国の浙江省嘉興出身で，ドイツに留学していた．マクレーンはシカゴ大学での研究により，現代数学の最先端分野で業績を上げた．有能な大学院生も続々と出てきた．

　ヴェイユはまぎれもなく世界屈指の才気あふれる数学者だが，迎え入れた顔ぶれの中でヴェイユが最も思い切った人選だったのではないか．というのもヴェイユは，人並み外れた難物だと評判だったからだ．ヴェイユはもともと『バガヴァッド・ギーター』を研究していた．1938 年，彼は己自身のダルマ〔自己の義務〕を「できる限り数学に没頭すること」だと悟った．「もしその道からそれていたとしたら，それは罪業となっていただろう」[25]．第一次世界大戦以来すでに，一世代に属するフランス人数学者の多くが命を落としていたため，ヴェイユは第二次大戦の勃発後も従軍してマジノ線へ赴きドイツ軍を迎え撃つようなことは決してすまいと決めていた．そこで，北欧経由で逃亡を試みたものの，身柄を拘束され，拘留後に船でフランスへ送還され，送還後も相当危険な状況に置かれた（戦後すぐにフランスへ召喚されなかったのもこれで説明がつく）．そののちアメリカでは，薄給でいまひとつ冴えない役職をいくつも渡り歩いたが，いずれのときもその不当な待遇に口をつぐんでいることはなかったようで，ストーンは，ヴェイユがそのように流れ流れてブラジルのサンパウロで教師をしているのを知る．また，彼は自分よりも能力の劣る数学者に我慢がならなかったが，彼よりも能力の劣る数学者とは事実上，彼の同僚になる可能性のある者全員ということになる．ここで，シカゴ大学のいわゆる「ストーン時代」に大きな貢献をしたアーヴィング・カプ

ランスキー（1917-2006）が語った一節を引用しよう．これを読めば，シカゴ大学がどのような人物を迎え入れたのかがわかるだろう．

　　何らかの意味で，おや，何とまあすごい数学者がいたものだという感覚を抱いた経験は人生の中で何度もある．例えば，ヴェイユ，フォン・ノイマン，セール，ミルナー，アティヤなど．もちろん，これらは言わずと知れた名前ばかりだ．だが，何と言っても出色はアンドレ・ヴェイユである．私たちは約10年間，同僚だった．私の数学上の業績の中には，もしヴェイユが近くにいなかったら生まれなかったであろうものがいくつもあり，私はそれを的確に指摘することさえできる．ヴェイユから手ほどきを受けたとかそういったことではない．ヴェイユの何気ない言葉が私を何かに向かって突き動かすのだ．ヴェイユは自分から見て無能だと思われる人にかなり不寛容だった．私がそう言ったところでヴェイユの気に障ることはないと思う．また彼は途方もなく頭の回転が速かった．それについては誰もが知っているかもしれない．おそらくはまだ彼が聞いたことないような数学の分野を話題に挙げたとしても，彼はたちどころにそれについて何かを話すだろう[26]．

　こうして，数学の研究が活発に行える環境が整ったところにコーエンはやって来た．ヴェイユ，マクレーン，陳らに代表されるスタイルは現代的かつ抽象的なもので，主として極端に大きな数学的対象の研究に関わっていた．極端に大きな数学的対象とは，それを集合と見なすと集合論的な矛盾を引き起こすようなもので，「圏」などがこれに該当する．高度な代数的手法がいたるところに用いられていて，最初から具体的な何かを表そうとするものではない．これらを理解するということはグノーシス派の司祭の一員になるようなものだった．コーエンは，数学に取り組むにあたって問題解決と計算を重視するスタイルであり，物事を自力で解決したいという気質を持ち合わせていたこともあって，このグループにもスタイルにも魅力を感じなかった．コーエンが惹かれたのはジグムントだった．ジグムントはポーランドからの亡命者で，モダニズムの只中にあってひたすら古典解析学の研究者であり続けたと形容するのが最もふさわしい人物だ．ジグムントは非常に優れた研究者だったため，彼が前衛的な考えの持ち主ではないと知って困惑する者はいなかった．ジグムントの教え子には優秀な学生が数多くいた．コーエンはフーリエ級数の類を研究しながら，現代的なスタイルをいくらかは吸収したものの，概してジグムントの路線をたどった．

数論にも関心を持っていたコーエンは，あるタイプの方程式は，変数に代入し得るすべての値に対して成り立つ（恒等式である）ことを判定する方法を見つけられるのではないかと考えていた．ところが，ゲーデルの不完全性定理があるため，その問題を追求しても決してうまくいかないということを大学院の同級生が教えてくれた．コーエンは難解な書として知られるスティーヴン・クリーネの『超数学入門（*Introduction to Metamathematics*）』を読むよう勧められる．ゲーデルの定理に関する箇所を読んだコーエンは疑念を抱く．コーエンにとってその定理は，数学というよりも哲学のようなものに思えたのである．クリーネが講演のためシカゴ大学へ来たとき，コーエンは自分が考えている問題についてクリーネに質問してみた．クリーネはちょっと考えてから，確かにゲーデルの定理を適用できると言った．コーエンはゲーデルの定理を吟味し直し，ようやく納得する．コーエンによると「ゲーデルの定理が正しいとわかったときは，ずいぶんガックリきた」[27]そうである．

コーエンは1958年，24歳で博士号を取得する．最初にロチェスター大学，続いてマサチューセッツ工科大学で教え，その後プリンストン高等研究所にしばらく在籍するというように，数学者として所属先を転々としていたが，1961年ようやくスタンフォード大学の助教授に落ち着く．コーエンは自分のことを解析学の研究者だと考えていた．コーエンが初めて挙げた重要な成果は，いわゆる「リトルウッドの問題」の部分的解決である．1960年に発表された．この問題は，1948年に定式化されたばかりだったが，内容的にはフーリエ級数に関する古典的な調和解析の問題だった．この成果によってコーエンは，注目すべき数学者として確固たる地位を確立する．また，こののちの1964年には，この成果に対してアメリカ数学会からボッチャー記念賞が授与された．コーエンの初期の論文履歴を追ってみると，当時の発表のペースはむしろ遅いといってよい．コーエンが論文を発表するのは，意義深い成果が得られた場合に限られていた．

スタンフォード大学に来て最初の1年間，コーエンは数学教室の昼食の席で，フェファーマン（論理学者）とロイデン（解析学者）が交わす会話に聞き入った．話題は数学に関する「無矛盾性の証明」，特にゲーデルの結果を回避する方法があるのかどうかについてだった．この会話をきっかけにしてコーエンはあれこれと構想をめぐらすようになる．いっときコーエンは解析学の無矛盾性を証明できたと思い，自身のアイデアについての私的なセミナーを開いた．しかし，その証明はうまくいきそうにないことが明らかになるとセミナーは取りやめとなった[28]．行く手を阻んだのはまたしてもゲーデルだった．コーエンは論理学の専門家とし

ての教育を受けてはいなかったが，大学院生のときから論理学を専門とする人た
ちと話をしてきた．例えば，シカゴ大学には同級生だったビル・ハワード，レイ
モンド・スマリヤン，スタンレー・テネンバウム，（1959 年から 1960 年にかけて在
籍した）高等研究所にはフェファーマン，MIT にはアズラエル・レヴィらがいた．
早くも 1959 年には，基礎論における重大な未解決問題にはどのようなものがあ
るのかとフェファーマンに質問している[29]．コーエンは新たに取り組むべき問題
を探していたのだ．彼自身によると，集合論に関しては，自力で考察を重ねてき
たためかある種の直観力が働くように感じていたという．昼食時の会話はその後
も続いた．コーエンは次のように述べている．

　　　誰が言ったのかは定かでない．あるいは，ソロモン・フェファーマンだったか
　　もしれないし，別の誰かだったかもしれないが，ともかくある人が私にこう言っ
　　たのだ．「ねえ，集合論が理解できていてそれが無矛盾だと思うのなら，連続体
　　仮説の問題を追究してみたらどうだい」[30]．

　連続体仮説では，実数全体や実数からなる集合に言及されるが，そこに用いら
れる概念は明確に定義されたものばかりである．それに対し，論理学者が関心を
寄せる問題の多くは「哲学的」であって，コーエンはそれらに疑念を持っていた．
シカゴ大学出身の若き数学者の中にもう 1 人，こうした姿勢を取る者がいた．微
分位相幾何学の専門家，ロバート・ソロヴェイだ．ソロヴェイもほぼ同時期にこ
の問題への興味を募らせていた．ムーアはこう書いている．「ソロヴェイはれっ
きとした数学者と見られているが，その枠に留まらず論理学にも造詣が深かっ
た」[31]．本人から聞いたことだが，ソロヴェイは興味の対象がいつも多岐に及ん
でいるそうで，高校生のときにはすでにゲーデルの不完全性定理に関するクリー
ネの本を読んでいたという．
　コーエン，カントール，ゲーデル．この 3 人の研究手法や人柄を互いに比べて
みると，これほど際立って対照的な例は他にないだろう．アメリカ人的気質とい
うものには，実用性を貴び歴史に関心を示さない傾向がある．パースやジェイム
ズ，デューイらのプラグマティズムでは，ある信念があたかも正しいものである
かのように行動する心構えがその人にできているのならば，その信念は正しいと
される．私たちアメリカ人は，既存の先入観から自らを解き放ち，すべてを投げ
出し，金を求めて西へと向かう――たとえいま身を置いている環境の居心地が良
くてもそうするのであり，居心地が悪いのならばなおさらだ．コーエンはこう語

る．「実を言うと，大勢の人から1つのことに専念するよう忠告されたのだが，これまでずっと腰を落ち着けたことはなかった」[32]．カントールやゲーデルとは違って，コーエンは伝統的な教育を受けていない——学士の学位さえ取得していない．だがここまで来た．コーエンは解析学の研究者として巧みな技法を数多く身につけていた．それなくして解析学の研究者に成功はない．彼は生涯を通じて，数学のさまざまな分野をさまよいながら，解決が非常に難しい基本的な問題を探し求め，「シンプル」で明快な答えにたどり着くことを願って，その問題へまっすぐに立ち向かっていった．連続体仮説にはたまたま出会ったのだが，その直前まで微分方程式に関する問題に取り組んでいた．「そのときの問題も，巧妙な手法を数多く必要とするものだった［ジグムントは例外として，現代的な手法を用いるのがシカゴ大学流だった］が，私は以前からずっと，もう少し素朴な方法を使って解決できないかと試みていた．また私は，まったくの独力で問題を解決したいとも思っていたのだが，それが良くなかった．のちに，その方法ではこの問題を解決できないことがわかった．何とか解決したかったのだが，それはかなわなかった」[33]．その問題は現代的な手法で解決されたが，その後も素朴な解法は見つかっていない．コーエンは哲学に対して疑念を持ってはいるが，哲学的なものの考え方には通じており，こと数学に関わる形式ばらない哲学的議論には引き込まれるようである．当時はまだ誰の目にも明らかではなかったようだが，微分方程式の問題に取り組んでいたときには弱点となってしまっていたこれらの資質が，連続体仮説に挑むときにはむしろ有利に働くことになった．コーエンが問題を解決するために本当に必要としたのは，集合論の公理，レーヴェンハイム–スコーレムの定理，優れた直観，巧みな数学的技法，それだけだった．

　当初コーエンは，連続体仮説よりも選択公理の方に興味があり，選択公理の独立性を証明しようと数か月間研究に没頭していたが，あるとき，独自に考察していたいくつかの手法が，話に聞いていたゲーデルの手法と似通ったものになってきていると確信する．そのゲーデルの手法とは，選択公理と連続体仮説の相対無矛盾性の研究に用いられたものだった．驚きである．本人の話によると，コーエンはこの分野の主要論文としては唯一とも言えるその論文を読んだことがなかったそうだ．一方この分野の研究者たちは，当時知られていた手法ではこの問題を解決することはできないだろうと考えていた．何か革新的なものが必要だったが，その可能性を感じさせるアイデアすら誰にも思い浮かばなかった．そのためコーエンは，ゲーデルの研究内容をそれほど詳しく調べる必要はないと思ったのだ．ゲーデルのアイデアを再発見したのだから，自分のやっていることが的外れなこ

とかもしれないと思う理由はなくなった．子供の頃のように，コーエンには自身の研究姿勢を通じて当事者意識が芽生えた．

　コーエンは着想を得たと感じてはいたが，それを具体的な形にして成果に結びつけることはできなかった．1962 年にはほとんど進展がないことに意気消沈し，数か月の間この問題について考えるのをやめてしまった．デイヴィスはコーエンが手書きした短い手紙をいまも持っている．そこには，論理学者たちがコーエンに対して否定的な態度を示すため，いったんは集合論の研究に見切りをつけたが，(1962 年にストックホルムで開かれた国際数学者会議で) デイヴィスが励ましてくれたおかげで研究を再開することができたと書かれている[34]．スウェーデンで，コーエンはのちに妻となったクリスティーナ・カールズと巡り合い，交際を始める．アメリカに戻ると 2 人は 1962 年の冬休みに南西部へ自動車旅行に出掛けたが，コーエンはその道中で再び連続体仮説について考え始めた．コーエンによると，そのとき確信が深まったのだそうだ．『アメリカの数学者たち』にこの若いカップルの写真がある．世界有数の美しい（そして，「哲学的な」）景色の中を美しい女性と一緒にドライブする．1 人の青年を楽観的にさせるのに，これほどふさわしい状況設定が果たして他にあるだろうか．

　コーエンは連続体仮説の問題と再び対峙する．年が明けて早々に大きな進展があった．3 月 22 日，最初の論文「集合論の最小モデル」が *Bulletin of the American Mathematical Society* 誌に送られる．発行されたのは 7 月だった．集合論の最小モデルが存在することは，1953 年にブリストル大学の J・C・シェファードソンによってすでに証明されていたが，コーエンはそれを知らなかった．最小モデルは，シェファードソンの論文に明確な形で述べられてはいたものの，その主題ではなかったからだ．ムーアによると，このめざましい転換期のことについて，「コーエンは，クライゼルと［デイナ・］スコットの 2 人から最小モデルについての結果を公表するように強く勧められたと振り返っているが……クライゼルもスコットもこのような初等的結果を知らなかったことにコーエンは驚愕していた……それ以降，コーエンとクライゼルは関係がぎくしゃくした」[35]という．コーエンの論文はまたたく間に公表されてしまったが，コーエンは 1966 年に出版した自著の中でシェファードソンの成果にきっちり言及している．

　コーエンにとって最小モデルの存在は，独自の方法でモデルを構築していく際に何から手をつければよいのかということの手がかりとなった．最小モデルを土台にして，そこへ何かを付け加えていけばよいのだ．コーエンはこのちょっとした思いつきについてこう語っている．「私は不意に，そのとき探し求めていた『真

理性』についての新しい考え方がどのようなものか，その大まかな姿を捉えたように感じた」[36]．コーエンの研究成果を詳しく検証してみても，真理性についての新しい考え方がどのようなものなのか，私にはピンとこない．私にわかったのは，これが驚くほどの柔軟性と強力さを兼ね備えた巧妙な手法であって，それを駆使すればまったく望んだとおりに振る舞うモデルを構築できるということだ．これは，独立性の結果を証明するためにモデルを考察するというヒルベルトの手法を踏襲したものになっている．

コーエンは，4月の半ばにはすでに問題を解決していた．その中で彼が用いた「強制法」はとても強力で，集合論の未解決問題の大半をそれで解決できるのではないかと考えられたほどだった．コーエンの周りには色めき立つ同僚もいたが，話がうますぎるのではないかと訝る声も聞かれた．コーエンの初期の草稿には誤りがあった．いささか騒然とした雰囲気の中で，コーエンはプリンストンにいたゲーデルに論文の下書きを手渡す．一説によれば，ゲーデルはまごつきながらコーエンを招き入れると，その下書き原稿にさっと目を通し，その内容が正しいことを伝えたと言われている．だが実際は，ゲーデルが下書き原稿を受け取りその査読をしたことは確かであるものの，ゲーデルからの返事はそんなにすぐには来なかった．一方，デイナ・スコットからは5月3日に電話が入った．その日プリンストンでこの成果について講演したコーエンは，講演が終わったわずか30分後に，スコットから証明に誤りを見つけたという電話を受けとり，大きく動揺したという[37]（コーエンはスコットの方に誤解があることをすぐさま見抜いたが，この出来事は自分の考えがどれだけ理解されるかについての彼の不安を大いに掻き立てた）．実際には，強制法については簡単に説明しただけだったにもかかわらず，聴衆の中にはそれで十分理解できる人がいた．ソロヴェイだ．ソロヴェイは家に帰ると細かい点を自力で組み立て直し，「気になる疑問点はすべて払拭されたとの結論に至った」[38]．コーエンの結果は一躍ニュースとなって広まった．その結果をすみやかに受け入れる者もいれば，そうでない者もいた．ヒラリー・パトナムから聞いた話だが，コーエンは証明の最初の草稿をパトナムに送ったのだそうだ．パトナムは，コーエンが構成したモデルの中でべき集合の公理が成り立つかどうかについての論証に「小さな問題点」を見つけたためゲーデルに電話をした．ゲーデル自身もその問題点に気づいていて，それは深刻なものではないと言った．いくつかの問題点が克服されると，パトナムはコーエンが論文を公表する前にMITでその証明に関する講義を行ったという．

やがてコーエンのもとにゲーデルから手紙で返事が届く．1963年6月20日付

のこの手紙にはこうしたためられていた.「研究に支障をきたすほどの精神的な重圧に苛まれることのないよう願っています. あなたが今回なし遂げたことは,集合論にとって公理化以来, 最も重要な進展となったわけですから, 意気揚々としてしかるべきなのです」[39]. ゲーデルは, コーエンの論文にお墨付きを与え,それを *Proceedings of the National Academy of Sciences* 誌に送った. 同誌はゲーデル自身がその25年前に相対無矛盾性の証明を発表した学術誌だ. だがコーエンはなおもゲーデルとやり取りをしながら論文に手を加える必要があった. こうして精神的に辛い日々は延々9月まで長引くことになる. この頃「コーエンはゲーデルに, 好きなように変更を加えてもらってかまわないと言っていた」[40]そうだ. 強制法のもっと詳しい歴史については, ムーアの論文『強制法の原点 (*The Origins of Forcing*)』を読んでほしい.

　以下, コーエンが打ち立てた理論の中身を見てみよう (ここではコーエンの原論文ではなく著書に沿って話を進める). まずは先に述べた最小モデルから出発する.このモデルは真の集合で構成されたものだ[*]. コーエンは最小モデルに関する注目すべき定理を次のように述べているが, この問題の核心を突くものである.

> 　M［最小モデル］の任意の元 x に対し, ツェルメロ-フレンケル集合論の論理式 $A(y)$ であって, M に制限された $A(x)$ を満たす M のただ1つの元が x であるようなものが存在する. したがって, M の中ではいずれの元も「指名」可能である.［強調は本書筆者による］[41]

　無限集合について語ると言っても, それに使うのは有限の言語と列挙可能な公理の集まりなのだから, 原理的には, 選び出した公理を基に論証する中で無限集合について語り得た事柄はすべて列挙することができる. 一方, ある何かについ

---

　[*]このためには, いわゆる標準モデルの公理が必要となる. それについてコーエンは, 問題視されることはないと考えていた. コーエンはこう述べている.「われわれの数学的直観はすべて, 数学の宇宙というごく自然で, ほとんど実在すると言ってよいモデルが確かに存在するという信念に由来する」[42]. だが, このアプローチの仕方に異論が出ることはないだろうというコーエンの判断は誤っていた. コーエンが標準モデルの公理を使ったことについては早くから議論が巻き起こった. コーエンが著書の中でこのアプローチを取ったのは, 鍵となるアイデアをより明確に伝えることができると考えたからだが (私も同感だ), どうすればそのアプローチを回避できるかについても説明はなされている. ただし, それを回避する方法は「かなり面倒」[43]だとコーエンは言う.

て語ることができないとしたら，その何かが形式的体系のモデルの中に存在する必要はあるだろうか？　ある集合に言及できないとすれば（たとえて言えば，その集合を名指しして隊列の中から一歩前へ進み出るよう命令することができないとすれば），その集合がモデルの中に存在する必要は果たしてあるだろうか？　実数全体は形式的言語を使って語ることができるので，最小モデルの中には「実数全体」と名づけられるような集合が存在する．だが，この集合の要素だとわれわれが思っているものも，その大半はこのモデルには含まれない．このモデルは全体として可算だからだ．実際のところ，実数全体のなす集合の中身は，このモデルの「床」の上にまき散らされることは決してなく，入れ物の中に収まったままだ．このモデル，あるいはこの場合集合全体と言ってもよいが，その大きさはどれくらいかと問われれば，途轍もなく大きいというのがその答えだろう．だがそれならば，このモデルの中にはたどり着くことのできない場所が相当程度存在することになる．本当にそこへたどり着くことができないのであれば，実際にはそこに何もないのだとしても，モデルとして妥当だというわれわれの判断にとっては何の問題もないのではないか？　そこで，この事実（あるいは可能性）を利用し，連続体仮説について語るとき以外はこのモデルの他の集合たちの中に紛れ込んでいるような集合を，この小さな（と言っても無限の）モデルの中に取り込むというアイデアにたどり着く．この目立たないごく一般的な集合は，たとえるなら完璧なスパイである．これといって変わったところは見られない．だが，しばらくすると突然立ち上がり，沈黙を破って連続体仮説を否定し始める．

　このアイデアを具現化するためにコーエンが考案したのが「強制法」だ．これは，コーエンの言うところの最小モデル内の集合全体から見て「一般的な」集合（一般集合）あるいは集合たちが存在することを示すための技法である．強制条件とは，与えられた自然数がいま選ぼうとしているその一般集合に属するか否かについての命題からなる有限集合のことだ．コーエンが自著の中で述べている強制法の定義には独特な点がある．例えば，「B でない」という命題が，有限個の強制条件により強制されるとは，その強制条件を含むより大きな強制条件であって，「B である」という命題を強制するようなものが存在しないことと定義されるが，これなどはその独特な点の 1 つだ．（この単純な形の定義は実際にはスコットによる．）[44] これにより，与えられた自然数が一般集合に属するか否かについての命題からなるある程度大きな有限集合では，どの命題もその否定が強制されなければ強制されることになる．ここで，強制法がなぜ有効であり得るのかを感覚的に理解する 1 つの手立てとして，自然数のなす集合のうち，ある帰納的規則によって

指名と定義が可能なものすべてを考えてみよう．これらの集合はいずれも，どのような数が属するのかが明確な規則によって指定されるため，最小モデルの中に含まれることになる．一般集合はこうした集合であってはならないが，各帰納的集合に応じて1つの自然数が自身に属するか属さないかを指定すれば，いずれの帰納的集合とも異なる一般集合をつくることは可能だ．その一般集合はいずれの帰納的集合とも，含まれる要素について1か所は食い違いがあるということになる．これもまたカントールの対角線論法である．

　一方，自然数の部分集合のうち，実際にどの自然数が含まれるのかに関する帰納的規則を与えない，あるいはその他の部分的な情報を与えないような論理式を基にした，純粋な存在命題によって定義される（指名される）ものは，一般集合そのものに近いと言ってよい．この集合は最小モデルの中にあって，それを指名するための命題を満たすことになる——だが，実際にはそれについて多くのことはわからない．どちらの集合についてもその中に含まれる要素を詳しく述べることはできないのだから，「この一般集合は指名されたこの集合ではない」という命題は，ほぼどんな強制条件によっても強制される．したがって，与えられた自然数がその集合の中に含まれるか否かについての命題からなる有限集合で，この命題の否定を強制するものは存在しないことになる．この2つの集合は基本的に比較できないことから，互いに異なるものと考えられる．

　強制法のこうした独特の性質から，集合論のいずれの命題も，それ自身またはその否定のどちらかが，有限集合である1つの強制条件によって強制されるということが帰結される．ここでも，強制される命題は，その否定を強制され得ない命題である．これはこの議論全体の中で最も驚くべき点だ．おそらくコーエンが真理性の新しい考え方と呼んだのはこの辺りのことだろう——このモデルでの真偽は，ともすればあり得ないと思えるほど限られた命題の集まりによって統制される．通常であれば，無限集合の特性は，ある数がその集合に属するか属さないかについての命題を有限個用いただけでは決定されない．

　集合論の命題はいずれも，有限集合である1つの強制条件によってそれ自身またはその否定のどちらかが強制されると述べたが，この特異な事実を用いると，ある性質を持つ強制条件の無限列が存在することを証明できる．その性質とは，いま付け加えようとしている新たな集合について何事かを述べていると考えられるすべての命題（またはその否定）を無限列全体として強制するというものである．そして一般集合それ自体は，この強制条件の列の極限と考えることができる．

　強制法には巧妙な点がいくつかあるが，一般集合を構成していく過程で一般集

合そのものに言及しているという点はその1つだ．構成を進めるにあたっては，付け加えようとしている1つあるいは複数の集合を適切な形に変形し，それらについてゲーデルによる構成可能集合の構成方法と同じような手順を踏む．強制法のプロセスはこの構成のプロセスと絡み合っている．このプロセスから得られたモデルが妥当なものであることを証明するには，ゲーデルとほぼ同じ手法を用いて，集合論のすべての公理がそのモデルで真になることを確認すればよい．また，強制されるすべての命題がこのモデルで真になることもいたって簡単に証明される．こうして，目論見どおりの性質を備えたモデルが得られることになる．もっとも，最初に一般集合を1つ付け加えることで，このモデルにはゲーデルの意味で構成可能でない，いわば「もぐり」の集合が出現するが，それ以外は何も変わらない．

連続体仮説を扱うにあたってコーエンは，無限個の一般集合を付け加えた．これらの一般集合は，構成される過程で互いに関係づけられ，かつ最小モデルの順序数と関係づけられるのだが，これにより，構成された拡大モデルでは連続体仮説が破綻するのである．

論じる対象が完全には到達できないかなり大きな無限の濃度を持つ場合には，強制法が頻繁に利用される．それは1つの有力な手段となっている．まず必要最低限のモデルを作る．そして，その中へひそかに忍び込んで一般集合を1つ，あるいは多数仕掛け，帳簿を改竄し，面倒を起こすことなくそこを抜け出す．これは広い意味での非構成的な存在証明ではあるが，それでも，このような証明を可能にする完全な形のツェルメロ–フレンケル集合論を前提とすれば，ここまで見てきたような選択公理や連続体仮説が成り立たない「集合論」の無矛盾性を証明することも可能なのだということが示されたことになる．

コーエンはそれまで素人同然のまま研究していたのだが，その間に世界でも特に活発な研究を行う論理学の専門家グループと近づきになっていた．サンフランシスコ湾にほど近いカリフォルニア大学バークレー校とスタンフォード大学の論理学者たちが作るグループだ．当時バークレー校の論理学者たちは，ゲーデル級の大物アルフレト・タルスキ（1901-1983）の門下だった．このグループはプリンストン大学や高等研究所の論理学者とも交流があった．コーエンの論文が出版されたのは1963年の終わり頃だが，それを待つことなくコーエンの新たな手法を使った研究が次々と現れた．タルスキはこう話したという．「彼らは斬新な手法を手に入れて，すべてを解決するつもりでいる」[45]．

それはほとんど狂乱状態と言ってもよかったが，同時に懐疑的な見方や批判的

な意見も依然としてあった．ムーアによると，イヤニス・モスコヴァキスはコーエンに宛てて手紙を書き，なぜ標準モデルの公理のような「ばかげた前提」[46]を設けたのかと尋ねたという．それについてコーエンは，このような道筋を取ったのは，それによって自分がやろうとすることの説明が容易になり，しかも実際のところその前提が議論に影響を与えることはなかったからだと話している[47]．コーエンによれば，もともとの考えは「構文論的」なもので，記号列とさまざまな規則に基づくそれらの操作が関心の主たる対象だったという．周囲からの反響の洪水に少々圧倒されたコーエン自身は，彼らと距離を置くようになる．しかしこの分野の中でもとりわけ優れた研究者たちにとっては，強制法を応用できるような問題が手近なところにいくつもあった．早速成果を挙げたのはフェファーマン，レヴィ，ソロヴェイなどの研究者たちだ．ソロヴェイは，コーエンと同じくこの分野の門外漢だったが，特に優れた力量の持ち主で，測度論に関する重要な結果を証明した．さらにソロヴェイは，スコットとともに，ブール値モデルに関する研究の中で強制法を新たに定義し直した．こうして集合論の歴史はひと巡りし，再び一時代の出発点に立った．コーエンの成果はさまざまな影響をもたらしたが，ジェイムズ・バウムガートナーはその一端を次のように伝えている．

　　かつて，と言ってもそれほど昔のことではないが，論理学の研究者がほとんどノートを取らなくなったことがある．ほぼ毎週のように素晴しい成果が生まれていた時期で，誰もがその次の手柄を逃すまいとして，最新の結果を詳細に書き写す時間すら惜しむようになっていたのだ．幸いにして，こうした成果の収集と体系化を担う拠点（カリフォルニア大学バークレー校）はあったのだが，そこに在籍する大学院生にとっても研究生活は厳しいものだった．彼らには初等課程の教科書がなかったばかりか，専門課程になっても頼れるものはといえば，手書きによる証明の概略（大半は判読不能で不備がある），手書きのセミナーノート（たいてい間違っている），博士論文（ほとんどが時代遅れ）しかなかったのだ．にもかかわらず，彼らは成功を収めるに至った[48]．

　強制法を使って解決された問題は，無限グラフの問題から，測度論の問題，無限ゲームの問題，さらには集合論における複雑な問題の数々に至るまで多岐にわたる．強制法を応用したこれらすべての問題に共通するのは，無限の構造であり非可算な構造だ．コーエンの構成法は，そのさまざまな段階で簡略化されたが，それと同時にこの分野の研究はますます複雑になった．サハロン・シェラハ

(2001 年ウルフ賞受賞) は 1969 年を皮切りに，膨大な数の業績を挙げてきた数学者だが，彼のような人物が現れるに至っては，強制法も素朴な民族楽器だったものがずいぶんと洗練され，ついにはコンサートホールで巨匠が演奏するまでになったという感がある．コーエンが最初に示した証明の難しさ，あるいは単純さを，コーエン本人が見事に言い表した一節がある．

　　私の証明が人々にどう受け止められてきたかを笑い話風に言うとこうなるだろう．初めて世に公表されたとき，それを間違いだと考える人もいた．しばらくすると，それは非常に複雑なことだと考えられるようになった．さらに時が経つと，今度は簡単なことだと思われるようになった．だが，もちろんそれは，はっきりとした哲学的な考え方が存在するという意味でなら簡単だということだ[49]．

　この一節には，この分野全体の歴史がおおむね集約されている．ゲーデルが，不完全性定理をはじめ自らなし遂げた数多くの成果について，これと同じことを言っていたとしても決しておかしくはない．もっともゲーデルの場合は，しばらくすると，その結果に誤りがあるのではとあえて主張する者はいなくなったのだが．実用に耐え得る表記法を考え出し，形式的な記号体系について考察を重ねてきたこの 150 年にわたる歩みは，時に遅々として進まないように見えることもあった．容易に納得できるような見解が出されなかったのだ——クライゼルはこれを「死角」と表現している．これまでに考え出された数学的構造はいくらか複雑ではあるが，例えば弦理論のような，解析学の研究の中で生み出される構造の複雑さに比べれば物の数ではない．にもかかわらず，明瞭な理解が得られないのが常だった．この分野における難しさは本質的なものだからだ．それは往々にして哲学的だ．「無矛盾性という言葉は何を意味しているのか？」，「計算可能とは？」，「真であるとは？」，「証明可能とは？」．

　1966 年，コーエンは数学界のノーベル賞ともいうべきフィールズ賞を受賞する．賞の授与は 1966 年にモスクワで開催された国際数学者会議で行われたが，デイヴィスから直接聞いた話ではそのときこんなことがあったそうだ．「ポールと私が何人かのグループと一緒に延々とタクシーを待っていたときのこと，ポールは誰にともなくこうつぶやいた『僕たちのどちらかにひと月任せてくれれば，もっとうまく回せると思わない？』」[50]．

　いつでも，コーエンはさまざまな大問題に興味をかきたてられてきた．すでに大きな成果を挙げていたコーエンには，大問題には付きもののリスクを冒す余裕

ポール・コーエン（転載許可：ポール・コーエン）

もあった．彼はゼータ関数に関するリーマン予想——われわれはもう少しあとでこの問題と出会うことになる——を熱心に研究し，微分方程式に関するいくつもの難問に考察を巡らしたあげく，統一場理論にまで手を出そうとした．もっとも，これらの大問題はどれ1つとして解決するには至らなかった．コーエンは，ワイルやポアンカレ（あるいはヒルベルト）のようにはプログラムを打ち出すことも，相互に関連する複数の問題を考察することもないという点が自分自身のある種の限界だと言った．あるときは巧みに，またあるときは大胆にアイデアを単純化しようとする姿勢こそ彼の美学なのだ．コーエンの功績は途轍もなく優れたアイデアを生み出したところにある．だがそれは優れているあまり，結果としてある世代に属する基礎論研究者らにとって1つのプログラムとなった．今後，強制法はどのような問題に応用されるだろうか？　カントールの対角線論法がそうであるように，1つの独創的なアイデアが長きにわたってその威力を発揮し続けることはあり得ることなのだ．コーエンのように素朴なアイデアを追求し，アイデアの単純化を追求することは，数学に取り組む姿勢として非常に重要である．

　コーエンはスタンフォードを離れることはなかった．周囲を取り巻く自然は驚くほど美しい．ユーカリの木立ちを抜けて広大なキャンパスに入ると，オリンピックサイズのプール，トレーニング施設，ゴルフコースがある．空は何か月もの間，ずっと晴れ渡っている．スタンフォードの街の背後にはなだらかな丘陵地が広がる（ゲッティンゲンの郊外にある丘陵地にどこか似たところがある）．オークの木が所々に生えた草原がゆるやかに起伏しながら尾根に達すると，そこから先は草原に代わってアメリカスギの森が広がり，その森に覆われた海岸山脈がやがて海へと落ち込む．隣のパロ・アルトにある「プロフェッサービル（教授街）」は，アメリカスギで屋根を葺いた古い家々が立ち並ぶ地区だが，いまでは近代的な住宅群の中に埋没して見分けがつかなくなってしまった．夏はかなり暑く甘みのあるトマトが育つが，夜は冷える．この辺りはラディッシュの生産に適した土地で，近くのマウンテン・ビューは農業が盛んだった頃には「世界におけるラディッシ

ュ生産の中心地」だった．四季もある．秋は美しい．氷が張ることや雪が降ることはほとんどない．これまでコーエンは数学から多くの恩恵を受けてきた．パロ・アルトはブルックリンやシカゴからは遠く離れているように思えるが，おそらくコーエンにとってはそれほど遠いという感じはしないだろう．

　私はスタンフォードにいたとき，よくトレシダーユニオン〔学生会館のような場所〕に足を運び，日差しが少しまぶしいとオークの木陰に腰を下ろした．ポール・コーエンもよく1人でテーブルを占拠し，そこで午後のひとときを過ごしていた．時にコーエンは本を1冊，あるいはメモ帳を携えていることもあったが，どうやらいくつかの問題について考えを巡らしている様子だった．

　1870年代から80年代，90年代にかけての時期，ハレにいたゲオルク・カントールは，「超限的なるもの」を思いつくに至る．それは神の御心により完全に実現されるものであり，人間の精神にも理性を通してその本質的な性質は明らかになり得るとカントールは考えた．大きさの異なる無限が存在するということや，実数は非可算であるということなど，その性質の多くが明らかにされ得るという事実は人類が到達した偉大な成果である．カントールは日常的な言語を使って研究を行った．カントールが創始した理論は現在，「素朴」集合論と呼ばれる．

　論理学者やこれに関心を持った数学者たちが悟ったことは，無限というものに深く踏み込んだこの状況を分析するためには，より鋭く，より精密な道具立てが必要だということだった．かくして集合論は公理化されることになる．ゲーデルの構成可能集合は集合論の巨大で「自然な」モデルだ．（すべての集合が構成可能であるという主張はいかにももっともらしい主張で，少なくともゲーデルはそれを公理として追加することを考えていた．ただしこれはかなり早い段階で取り下げられている．）ゲーデルはこのモデルの中で，選択公理や連続体仮説の相対無矛盾性を証明する手段としてレーヴェンハイム–スコーレムの定理を使った．

　そして門外漢だったコーエンがやって来て，モデルを構成するための手法をとことんまで追求した．コーエンは，妥当なモデルはすべて論理的に同等であるという原則を文字どおりに受け入れ，ほぼ全体として「不自然」ではあるものの，連続体仮説だけでなく選択公理についてもツェルメロ–フレンケルの集合論から独立していることを「証明する」モデルを構成した．この手法はとても強力であって，今日でも活発に研究されてはいるものの，それを乗り越えていくことは容易ではないと思えるほどである．モデルによる手法はいまなお重要な位置を占め

ている．例えば 2000 年には，ヒュー・ウッディンがある種の理論とモデルにおいて連続体仮説が偽になることを証明したと発表して話題になった．これらの理論は，真偽を決定できる命題がツェルメロ–フレンケルの集合論よりも多く，そこでは強制法も歯が立たないとウッディンは見ている．連続体仮説に対する別のアプローチとしては，すべて（とは言わないまでも，ほぼすべて）の数学者が自明だと思える新たな公理を見つけ，そのもとで連続体仮説の真偽を決定するということも考えられるだろう．また，連続体仮説が真である，もしくは偽であるという前提から得られる結果をより実際的な理論に転用することによって，連続体仮説の真偽が「経験的に」検証されるということもあり得る．期待されるのは，あるべくしてあるようなごく自然なモデルである．こうした最近の動向を眺めるとき，われわれの耳に聞こえてくるのはヒルベルトがパリでの講演で述べた次の一節だろう．「いかなる数学の問題も解決可能であるというこの信念は，それを研究する者を駆り立てる強力な原動力となりました．私たちは心の中に絶えずこう呼びかける声を聞きます．『問題がある．解を求めよ．純粋な思考の積み重ねによってそれを発見できる．なぜなら，数学に不可知（*ignorabimus*）などないのだから』」．

　だがこうした試みが実を結ぶまでは，レーヴェンハイム–スコーレムの定理とコーエンの結果が示唆するところに従ってこう言う他はない．連続体仮説と同じように根源的である超限的なるものの本質は，人間の精神活動とその有限の言語をもって探求しようとしても，決して手が届かないものなのだと．10 年単位で眺めたとしても，決定的なアイデアが新たに生まれる期待は薄いように思える．ドイツ中部で提起されたこの問題は，ほぼ 100 年の時を経て，太平洋の片隅で決着を見た．

これってコンピュータでできないの？
第10問題

─マチャセヴィッチ, ロビンソン, デイヴィス, パトナム, ほか─

　第1問題と第2問題は，ヒルベルトも述べているように，哲学的な色合いが濃い．それに対して第10問題は，ごく自然な数論の問題である．その全文を見てみよう．

　　　任意の数の未知数と有理整数係数のディオファントス方程式が1つ与えられたとき，このディオファントス方程式が有理整数の範囲で解けるのか否かを，有限回の手続きで決定できるような方法を考えよ．

だが詰まるところ，この問題もまた第1問題や第2問題に負けず劣らず「哲学的」だったのである．

　アレキサンドリアのディオファントス（紀元3世紀）の名を冠したディオファントス方程式とは，整数係数の代数方程式のことで，$3x^4+5x^3-123x^2-17x+37=0$ がその一例である．変数や ＋，－ の符号はあるが，整数以外の数は現れない．変数は複数個あってもよいし，べき指数がもっと大きな数であってもよい．2以上のべき指数は表記上の便宜にすぎず，それが現れる項は掛け算を使って書き下すことも可能だ．ディオファントス方程式について，ディオファントス自身は有理数解を探究していたのだが，この第10問題で知りたいのはその整数解のみ，場合によっては非負整数解のみということになる．数学の世界で知らない人はほとんどいないペル方程式 $x^2-ay^2=1$ は簡単な実例だ．もっと複雑な実例であれば，テーブルの上どころか，フットボール場を覆い尽くすほどある．ヒルベルトは，こうした複雑な方程式もまた同じようにうまく扱われるべきだとした．ディオファントス方程式は解を見つけるのが難しいことで知られている．ヒルベルトがこの問題を提示したとき，数論研究者の間にはいささか当惑した空

気が流れ、それはその後もすぐには消えなかった。というのも、この問題は数論研究者の実質的な守備範囲とほとんど関わりがないからである。そこへ誘惑のささやきが聞こえてくる。「すべてのディオファントス方程式をひとまとめにして考えてみれば、個々に現れる複雑さも消えてなくなるのでは」。あるいはヒルベルトの頭の中には、代数的不変式に関する問題についての自らの大胆な解決策が思い浮かんでいたのかもしれない。

　その後長い年月の間に、何人かの数学者がこの問題の特別な場合を個別に考察し、一定の成果を収めた——具体的には、1908年にトゥエが、1929年にジーゲルが、1968年にアラン・ベイカーがそれぞれ独自の結果を得たが、一般的な解決に近づけたものは誰ひとりいなかった。この問題では「手続き」を見つけることが求められている。手続きとは何か？　手続きだと主張されるものが提示されたとすると、それを通じて実際に目的が果たされるか否かを確認することができる。もし、いつでも目的が果たされることを証明できれば、それは1つの手続き——実効的な手続きだといえる。決定手続きが1つあると、それによって真偽が判定されるそれぞれの主張に対応して、イエスとノーを並べた列ができることを数学者たちは早くから認識していた。イエスを1に、ノーを0に置き換えることもできるが、そうするとその手続きから自然数の関数が1つ生成されたことになる。したがって実効的な手続きの集まりは、「実効的に計算可能な」自然数の関数全体のある部分集合と見ることができる。一方、関数を実効的に計算する方法も1つの手続きである。よってこの2つの概念は同一視できる。

　1920年代、記号論理学を研究していた数学者たちは、いくつかの単純な規則を繰り返し（帰納的に）適用することにより数多くの関数を生成できることを知った。これらの関数は現在「原始帰納的」と呼ばれている。この関数は有限個の規則によって生成され、しかもこれらの規則をどのように組み合わせても必ず原始帰納的関数が生成される。よって、カントールの対角線論法を使えば、実効的に計算可能な関数で、原始帰納的ではないものを作ることができる。1928年には、増加速度がとても速いため原始帰納的関数を生成する規則からは生成できない簡単な関数を、ヒルベルトの共同研究者であったアッケルマンが提示した。（この種の関数は、実際のところもっと早くに発見されていたのだが、その結果が広く知られることはなかった。）

　1931年、ジャック・エルブラン（1908-1931）は、ゲーデルに宛てた手紙の中で、算術において帰納的に定義可能な関数の範囲を拡張する方法を提案した。原始帰納的関数の生成規則からは必ず原始帰納的関数が生成されるが、それとは異なり

エルブランの提案した規則からは必ずしも関数が定義されるとは限らない．規則に従った定義であってもそれを満たす関数が存在しないケースは少なくないと考えられていたのだが，存在するかしないかは簡単にはわからなかった（現在でも簡単にはわからない）．この時点でエルブランは「より多くの関数」を帰納的に定義できるようにしたいという願望を持ってはいたが，その願望が「実効的に計算可能な関数をすべて見つける」ということには結びついていなかった．ゲーデルに手紙を送った直後，エルブランはアルプスを登山中に滑落して命を落とす．ゲーデルはしばらくの間，エルブランの提案について深く考察することはなかった．

　ここで，アメリカの論理学者アロンゾ・チャーチ（1903-1995），それに大学院の学生としてチャーチのもとで学んでいたスティーヴン・C・クリーネ（1909-1994）とJ・バークレー・ロッサー（1907-1989）が登場する．チャーチはプリンストン大学の学部課程を修了した1924年に最初の論文を発表し，最後の論文を発表した1995年にこの世を去る．チャーチの研究活動は72年にわたって続けられたことになる．チャーチは，ヒルベルトがいた頃のゲッティンゲン大学やブラウワーの本拠地であるアムステルダム大学でも学んだ——ヒルベルトとブラウワーは論理学の一大論争の両極をなした人物だ．その後チャーチはプリンストン大学に戻る．そして，高等研究所にいたフォン・ノイマンの協力を得ながらプリンストンを論理学研究の世界的中心とした．チャーチは講義のとき黒板に書く一行一行がぴったり平行になるように気を配ったと言われており，また，雑誌 *Bulletin of Symbolic Logic* に掲載されたチャーチへの追悼文にもあるように，板書を消すときも完璧を期したという．チャーチは真夜中の完全なる静寂の中で研究するのを好み，夏はバハマで過ごした．

　1930年代の初頭，チャーチはフレーゲあるいはラッセルやホワイトヘッドの考えに沿って一般的な論理体系を構築する．チャーチが目指したのは，論理計算の中に整数の関数が最初から自然な形で現れるようにすることだった．のちにチャーチの指導を受けたデイヴィスは，その先の展開について次のように述べている．

　　チャーチは自ら構築した論理体系についての重要な論文を2つ発表したあと，その研究を自身の指導学生だったスティーヴン・C・クリーネとJ・バークレー・ロッサーにあてがった．そしてこの2人の学生はめざましい成果を挙げることになるのだが，それは指導教官が自分の助手として研究に取り組む大学院生に期待する成果とは言えないものだった．なんとクリーネとロッサーは，チャーチの体

系に矛盾があることを証明してしまったのである！[1]

　その後，チャーチの体系から「自然かつエレガントな」部分が抽出され，その無矛盾性が証明される．それがラムダ計算だ．クリーネは，1932年にはすでに，この形式的体系の中で関数の大きなクラスが定義され得ることを発見していた．チャーチは驚いた．1933年の秋ごろまでにはラムダ計算の理論は整備され，「プリンストンの論理学研究者の間に広まっていった」[2]．すでにチャーチは，実効的に計算可能な関数はすべてラムダ定義可能な関数になると推測していた．今回は，対角線論法を単に適用しただけではその反例を作ることはできない．

　ゲーデルがプリンストンにやって来ると，それ以降チャーチはゲーデルとの対話を通じて自身のアイデアを成熟させていく．だが，ゲーデルにはそのアイデアが気に入らなかった．哲学的な正当性と明確さに欠けていたからである．チャーチから実効的に計算可能な関数をどう定義すればよいのかという問題を突きつけられ，それについて独自の見解を模索することになったゲーデルは，1，2か月もすると，エルブランのアイデアを修正することによって，今日エルブラン-ゲーデルの帰納的関数，あるいは単に帰納的関数と呼ばれるものを定義できることに気づいた．

　それを受けて，今度はチャーチとクリーネがそれぞれ独立に，ラムダ定義可能な関数はすべて帰納的であることを証明した．さらにクリーネは，1935年7月1日に投稿された論文の中で，帰納的関数はすべてラムダ定義可能であることを証明した．つまり，ラムダ定義可能な関数とエルブラン-ゲーデルの関数は，まったく別物に見えるが，実は完全に同一のものだということになる．クリーネの結果を予期していたチャーチは，1935年4月19日に開かれたアメリカ数学会の会合で，エルブラン-ゲーデルの帰納的関数全体を実効的に計算可能な関数のクラスであることの定義と見なしてもよいのではないかと提唱した．これを「チャーチのテーゼ」という．初めて「テーゼ」という言葉を使いつつ適切な解説を加えたのはクリーネだが，それは1943年になってのことである．チャーチのテーゼは，実効的に計算可能な関数とは取りも直さずエルブラン-ゲーデルの帰納的関数のことであるという実世界での主張だ．帰納的関数は数学的対象として明確に定義されているのに対し，「実効的に計算可能な関数」の方はその対象となる範囲をあらかじめ確定することができない．チャーチのテーゼは哲学的命題としての側面も持ち，その正当性を信じる根拠は，1つは直観，1つは経験的な裏づけである．一般帰納法では計算できない関数を誰かがある方法を使って計算してみ

せたときには，それをもってチャーチのテーゼは誤りであることが証明されたことになるが，チャーチのテーゼが真であることは決して証明できない．

チャーチのテーゼの正当性を裏づける根拠とは何だろうか？　これまでに知られている実効的に計算可能な関数はいずれも一般帰納的である．出発点となる一般的な原理がまったく異なるラムダ定義可能な関数と帰納的関数が同値であるということは，計算可能性の本質を捉えたというもう1つの「経験的」確証だった．だが1935年の時点では，実効的に計算可能な関数を網羅的に捉えようとするさまざまな試みの中で，同値性が示されていたのはこの2種類の関数のみだった．

1935年，チャーチは形式的体系の不完全性に関するゲーデルの論法に着目し，それを帰納的関数の文脈に転用する．一般帰納的関数のすべての候補を列挙して一覧にすることは可能である．候補が1つ与えられると，それは実際に帰納的関数かもしれないし，そうでないかもしれない．この候補の中には，入力する値によっては計算が永遠に終わらないような関数もたくさんあるが，どの候補がそうなるのかを判別することは一般にはできない．不確定性が現れるのはここだ．たとえ計算を100万年続けたとしても，次の計算で答えに到達するかどうかはわからないのだ．もっとも，こうした不確定性はあっても，最初に作った一覧は，その中にある各候補から導き得るすべての値を列挙した一覧を新たに作るのに使えるには違いない．例えば，まず先頭にある10個の候補について10段階分の計算結果をすべて列挙したら，次に最初の100個の候補について100段階分の計算結果をすべて列挙するというように，関数の候補と入力する値のどちらも，2乗で増やしながら計算を続けていけばよい．こうしてでき上がった一覧には，任意の自然数において定義された帰納的関数の任意の候補について，うまく実行することができた計算結果がすべて列挙されるはずだ．

新たに得られたこの一覧を用いて，与えられた自然数が属するか否かを決定する手続きが存在しないような集合を帰納的に定義してみよう．再び，カントールの対角線論法を使う．本質的には，帰納的関数の候補について計算がうまくいくたびに，いま定義しようとしている集合に対して要素を1つ選ぶのだが，その際，値の計算がうまく行った関数がその集合に対する決定手続きになり得ないようにする．ここでは「私は嘘をついている」という命題の代わりに，「ある数nがその集合に含まれるのは，n番目の帰納的関数がそれは含まないと言っているとき，かつ，そのときに限られる」という命題を用いる．もしnがその集合に含まれるなら，n番目の帰納的関数はその集合に対する決定手続きとはなり得ないし，もしnがその集合に含まれないなら，n番目の関数はnに対して定義されてい

ないためその値を計算できなかったか，もしくは n が（含まれないはずの）その集合に含まれると言っていることになる．これがすべての n に対して言えるので，この集合に対する決定手続きは存在しない．

われわれはゲーデルの不完全性定理のときと同様，クラクラとめまいのするような状況に立ち至っている．ただゲーデルの第 1 不完全性定理が，形式的な公理系，および形式的な公理から演繹可能なものに関する結果だったのに対し，帰納的関数に関するこの結果は，自然数の算術と関数についての確たる結果であり，しかもその算術や関数は形式的に表現されたものであろうとなかろうとどちらでもかまわない．これは本質的な違いである．もし実効的に計算可能な自然数の関数はすべて帰納的関数であるというチャーチのテーゼを信じるなら，算術に関する決定不能問題が存在することを信じることにもなる．いままさにその 1 つの実例を構成したわけだが，ヒルベルトの第 10 問題もこのような実例の 1 つなのだろうか？　驚くべきことだが，いまでは（ほとんど）すべての人がチャーチのテーゼを信じている．1935 年当時，ゲーデルを含め多くの人たちは，計算可能性が明確に把握されたとするチャーチのテーゼを信じてはいなかった．

ゲーデルをはじめ，チャーチのテーゼに異を唱える人たちの考えを改めさせたのがアラン・チューリング（1912-1954）だ．1935 年から 1936 年にかけての時期，プリンストンで次々と得られた成果を知らぬまま，ひとりイギリスで研究していたチューリングは，ヒルベルトが提示した問題の中では当時比較的新しかった「決定問題（Entscheidungsproblem）」が解けないことを証明するため，計算可能な関数全体を 1 つの枠組みの中で捉えようとしていた．この問題の中でヒルベルトが要求したのは，述語論理の論理式が 1 つ与えられたとき，その論理式が証明可能か否かを決定する実行可能な手続きを提示することだった．チューリングは『計算可能な数と決定問題への応用について（On Computable Numbers, with an Application to the Entscheidungsproblem）』の中で，そうした実行可能な手続きは存在しないことを示した．このときチューリングはわずか 24 歳．指導教官が何人かいたが，すでにチャーチがチューリングと同様の方法を用いてこの問題に関する論文を発表していたことが判明したため，チューリングの論文が発表可能かどうか話し合いが持たれた．もっとも，チューリングの論文の核心は，計算可能な関数とは何かという問いに対する分析と結論にある．チューリングは，理想化された仮想の計算機（のちにチューリング機械と呼ばれる）によって計算できるものが計算可能な関数であると結論づけた．次に，チューリング流の論証の雰囲気が感じられる一文を引用する．

計算は普通，ある種の記号を紙の上に書きつけることによって行われる．この紙は子供向けの算数の本のようにマス目に区切られていると仮定してもよい．初等算術では紙を 2 次元的に利用することもあるが，このような利用方法は必ずしも必要ではなく，紙が 2 次元的であることは計算を実行する上で本質的でないという点は同意が得られるだろう．そこで，計算は 1 次元の紙，すなわち，マス目に区切られたテープの上で実行されるものと仮定する．また，印字される記号は有限個であると仮定する．もし無数の記号を許すとすれば，記号どうしの違いをいくらでも小さくできることになってしまう[3]．

ゲーデルやチャーチの場合，形式的体系からどの程度の証明能力を引き出せるかを検証するところに出発点があるのに対して，チューリングの出発点は，子供がどのように計算を教わるのかを分析するところにある．かくして，計算する人を意味した「computer」という言葉は，計算する機械を意味するようになる．それは見事な転換点だった．子供にもできるような変化のない単純作業を飽きることなく実行できる機械を想像せよとチューリングは言う．さらにチューリングは，この単純な機械をプログラムすることにより，ラムダ定義可能な関数やエルブラン–ゲーデルの帰納的関数の計算を含め，考え得るすべての計算を実行できることを明らかにする．ゲーデルはチューリングの論文を読んで，計算可能性が明確に把握されたことを認めるようになった．

最も単純化して言えば，チューリング機械は，マス目に区切られた無限長のテープとヘッド（あるいは読み取り機）を備えており，ヘッドはどの時点においてもテープ上のいずれかのマス目の上に位置する．またチューリング機械には取り得る状態が有限個あり，初期状態，終了状態（「計算が完了したので停止する」ことを表す状態），中間状態のいずれかになる．この機械はマス目を読み取る――最も単純な場合はそのマス目の中に記号があるかどうかだけを見る．読み取った内容とそのときの機械の状態に従って，その記号を消去するか，別の記号に書き換えるか，そのマス目の内容をそのままにするかした上で，テープ上を 1 マス右へ移動するか，1 マス左へ移動したあと，もしくは現在のマス目に留まったまま，新しい状態に移行する．もし終了状態に到達すれば，その時点で機械は停止する．計算が完了したときにどのようにテープから答えを読み取るのかについてはきまりがある．

疑問として真っ先に思い浮かぶのは，計算可能と考えられるすべての関数がこのチューリング機械で計算できるのかということより，そもそもチューリング機

械を使って何かを計算できるのかという点だろう．チューリングは，これまでに
なく複雑な関数をどのようにしたら計算できるのかを，きわめて簡潔な記述によ
って示した．そして論文が14ページ目に差しかかったところで早くも，チュー
リングは万能チューリング機械の詳細な説明を始める．この機械は非常に強力で，
与えられた要求が妥当であれば目的とするどのような関数でも計算することがで
きる．事実，Windowsや最先端の気象モデリング・プログラムでも，ある種の
チューリング機械の上で実行できるだろう——もっとも，高速で実行することは
できないが．チューリングの論文から60年余りが経過し，私が本書を執筆して
いる現在では，計算可能なものは何であれ少なくとも原理的には計算機上で計算
できるということに疑いを持つ人はほとんどいない．

　チューリングは，第二次世界大戦中ドイツが使っていた暗号，「エニグマ」の
解読と，暗号解読の迅速化を目的とした最初期のコンピュータ，「コロッサス」
の開発に中心的な役割を果たし，大戦での勝利に大きく貢献した人物だ．一方で
チューリングは同性愛者だった．当時，同性愛行為は違法とされた．1952年，
チューリングは19歳の少年を自宅に連れ帰ったことがあった．その後チューリ
ングの家に何者かが侵入したため，警察に強盗の被害届を提出したところ，逆に
チューリングが警察に逮捕されてしまった．裁判の結果，チューリングは同性愛
行為の罪で有罪判決を受け，「治療のため」にホルモン剤を投与された．1954年，
彼は青酸化合物を塗ったリンゴを食べ自ら命を絶った．（ゲーデル同様，チューリ
ングはディズニーの「白雪姫」に心酔していた．痛ましいことだが，すでに1937年には毒
リンゴによる自殺のことを口にしていたという．）

　ここまで，いくつもの研究が進展する様子を詳しく述べてきたが，ヒルベルト
の第2問題に対するゲーデルの結果を含め，そのほぼすべての研究について，同
等の成果を挙げるか，もしくは他に先んじて取り組んでいた先駆的な数学者がい
る．エミール・ポスト（1897-1954）である．ポストはこの問題に別の側面から光
を当てた．1897年，ポーランドの北東部に生まれたポストは，7歳のとき両親と
ともにニューヨークへ移住する．彼の父親は，親族がニューヨークで営んでいた
毛皮製品や衣料品を扱う商売を手伝った．ポストは，12歳の頃事故で片腕を失っ
たが，終生片腕だけで諸事をうまくこなし，人が手助けしようとすると憤慨した．
ポストが通ったタウンゼント・ハリス高校は有能な生徒が集まる学校で，ニュー
ヨーク市立大学シティ・カレッジと同じ敷地内にあった．教員が両校を兼任して

いたため，ポストは本格的な数学の勉強を始めることができた．卒業後はそのまま シティ・カレッジへ進み，20 歳のとき学士号を取得した．ポストはこのとき すでに数学に関する重要な研究成果を挙げていた（お蔵入りになっていたこの成果 が日の目を見たのは 1930 年のこと．ポストは必要に駆られてこの研究成果を「一般化され た微分（*Generalized Differentiation*）」というタイトルで発表した）．ちなみにポスト が初めて公表した論文は，1918 年の『一般化されたガンマ関数（*Generalized Gamma Functions*）』である．このときもテーマは「一般化」だった．

ポストは，1920 年にコロンビア大学で博士号を取得したが，そのコロンビア 大学では指導教官カシウス・カイザーのセミナーに参加し，当時発表されたばか りだった『プリンキピア・マテマティカ』を学んだ．また，1918 年にクラレンス・ I・ルイスが『記号論理学概論（*A Survey of Symbolic Logic*）』の中で，当時現れつ つあった新たな論理学の体系はいずれも，従来とは異なるアプローチで記号の有 限列の生成や操作を具現化したものになっていることを指摘したが，ポストはこ の立場を極限まで押し進めた．ポストの学位論文『命題関数の一般理論序説 （*Introduction to a General Theory of Propositional Functions*）』（1921 年）は，ヴァン・ エジュノールが記号論理学の重要な文献を集めて編纂した論文集にも収載される ほど高く評価されたものだ．この論文の中でポストは数多くのテーマに触れてい るが，デイヴィスはポストについて書いた論説の中で，とりわけ重要視すべき点 を 3 つ挙げている．第一にポストは『プリンキピア・マテマティカ』の中から， 今日では命題論理と呼ばれているものを取り上げた点．命題論理とは，「〜が存 在する」および「すべての〜に対して」を表す量化子記号を含まない論理のこと だ．ポストは真理値表の手法を用いて『プリンキピア』の命題論理が完全かつ無 矛盾であることを証明した．これが証明論の始まりとされている．第二に（真と 偽の）2 値にとどまらずさらに多くの値を取り得る真理値表を導入した点．これ 以降，多値論理について数多くの研究が行われるようになる．数学者の間には， 論理の形式化に対するさまざまな動機と戦略があった．それらすべてについてポ ストは，その組み合わせ論的な可能性を考察することにより，外部から研究する 余地があると見ていた．第三に，あらゆる種類の形式的論理体系を，1 つの包括 的な体系の特別な場合として扱おうとする画期的な試みを行った点．「正準系 A」 と名づけられたこの包括的な体系は非常に一般性が高く，『プリンキピア・マテ マティカ』の体系ですらその特別な場合としてその中に包摂される．これは，論 理学の研究があまり盛んではなかった 1920 年のアメリカで，1 人の若き数学者 が試みた論理学への大胆な挑戦だった．

独創性を認められたポストは，成果と大きな野心を携えて意気揚々とプリンストンに赴き，博士特別研究員として形式的体系の構造の研究を続けた．正準系 A の体系に関する組み合わせ論でも『プリンキピア』で扱われている内容全体に比べるとより単純化されているように思われたが，ポストはより一層単純化されたと見える正準系 B，および正準系 C を導入した．ポストが取った方策は，記号列を生成する手続きとして最も一般性の高いものを考察することにより，数論，集合論，解析学など各分野のひどく煩雑な細部を捨象しようというもので，第 10 問題におけるヒルベルトの方針に通じるところがある．

ポストはある結果の証明に成功する．それは当初，『プリンキピア・マテマティカ』の体系に対する決定手続きが確立されつつあるのではないかと思わせるようなものだった．この決定手続きというのは，どのような記号列が証明可能であるのかを決定するための実際的な手続きのことで，ヒルベルトの「決定問題」の手続きに類似したものだが，この時点ではまだヒルベルトはその問題を提起していない．その後ポストは，タグシステムと呼ばれる単純な形式の体系に関する決定手続きの研究に多くの時間を費やすが，やがて困難に当面する．本人は次のように語っている．

　　……いくつかの場合に該当するクラスについて，まったく途方に暮れる事態に立ち至った．問題を解決するにあたって通常の数論の問題に依拠する度合いがますます大きくなったためだ．われわれとしては，形式がより素朴なこの数学〔タグシステム〕が備えるさまざまな特質をもってすれば，むしろすでに知られている数論の困難が，いわば解消されるだろうと期待していたのだから，「タグ」についての全般的な問題の解決は絶望的なように思われた[4]．

タグシステムは，その後 1961 年に決定不能であることがマービン・ミンスキーによって証明された．ユーリ・マチャセヴィッチから聞いた話によるとユーリー・S・マスロフ（1939-1982）もこれを独立に証明したのだが，発表するのが遅れたらしい．

数論の煩雑さが避けられそうにないことを悟ったポストは，それをもって「この計画全体が頓挫するに至った」と記している．ポストは，正準系という枠組みの中で本質的にはチャーチのテーゼと同じことを考えていた．これをポストのテーゼという．ポストは，これにカントールの対角線論法を適用すれば，ある正準系では記号列が導出されるか否かを決定する実際的な一般的手続きは存在しない

という結果になることを即座に見抜く．その後 1930 年代に研究が進展したことによって，ある程度の複雑さを持つ形式的体系では任意に与えられた論理式が導出されるか否かを決定する手続きは存在しないという結論が導かれることになるが，ポストが見抜いていた事実は，本質的にこの結論に相当するものだった．

ポストは本質的なアイデアを持っていたが，それは専門的な技法を用いて厳密に行われるべき証明の概略にすぎなかった．ポストが駆使する専門用語を使おうという研究者は，アメリカはおろか世界のどこを探してもいなかったし，正準系 A，B，C について研究しているのもポストただ 1 人だった．ポストは 1921 年から 1922 年まで講師として再びコロンビア大学に在籍する．研究に多忙だったポストは，精神がかなり高揚していた．その中で突如，異変に見舞われる．当時のポストの研究に対する姿勢には，多くの点でどこか躁病の症状を思わせるものがある——すべてを網羅的に解決しようとしたり，異常なまでに野心的であったり，当初の前提があまりに楽観的であったり，しばらくしてから計画を突然変更したり，「『プリンキピア・マテマティカ』，すなわち，正準系 A，B，または C の特別な場合としての数学のすべて」といった，いささか滑稽な物言いをしてみたりする．実際ポストの躁病の症状は発作に向かって進行していた．ただし，ここは論理的に指摘すべき点だが，躁病が彼の数学の質を損ねることはなかった．ポストは精神病院に入院したが，彼の数学はたとえ未完成ではあっても正しいことに変わりはなかった．

業績が真に評価される前ということもあって，ポストはこの精神的な変調をきっかけに職を見つけることが非常に難しくなる．それでも何とかニューヨークの公立学校に職を得ることはできたが，教師となった隻腕のポストと対面したところを想像するとどうだろう．しかも 1 年後に再び病に倒れる運命にあったのだとしたら．ポストは，いくつもの研究成果を挙げていたが，それを論文にまとめることができなかった．1920 年代全般を通してポストは，とても研究に打ち込める状態ではなかったと言ってよい．もっとも，1924 年にコーネル大学の講師を 1 年間引き受け，その年の夏，一時的にいくらか研究ができたほか，1925 年と 1929 年にもわずかだが研究に取り組めた時期はある．しかしその内容は，決着をつけねばならない研究課題にはほど遠いものだった．ポストが 1920 年代にコロンビア大学で『プリンキピア・マテマティカ』の体系の不完全性について講義をしていたことについては，デイヴィスもそのはずだと言っているが，それを示す当時の証拠は池の水面に漂う波紋のごときものである[5]．そして 1930 年から 1931 年にかけて，ゲーデルはポストが考えていたものにきわめて近い結果を純

粋かつ古典的な形で発表し始めた．ポストにとっては世界の終わりのように思えたに違いない．

多くの人々が日々の暮らしの中で慢性的な心の病と雇用不安に陥る中，ポストは自らを奮い立たせて事態の好転を図る．力の源になったのはガートルード・シンガー，1929 年にポストと結婚した女性だ．一般化された微分について学部学生のときにまとめた未発表の論文をあらためて発表したのもこの頃である．この論文を発表したことで，ポストは再び創造的な数学者として評価される．1932 年，ポストはニューヨーク市立大学シティ・カレッジで新しい職を得たが，新たな病気が発症したために，それは長続きしなかった．しかし 1935 年，シティ・カレッジに復職すると，それ以降，病気の発作には何度か見舞われたものの，亡くなるまでその職にあった．ポストは，過度な高揚状態を避けるため，常に 2 つの問題を並行して研究するようにしていた．一方の問題に 2 週間取り組んだら，どれほど成果が期待できそうであっても，頭を切り替えてもう一方の問題に取り組むというやり方だ[6]．

シティ・カレッジでは学生相手の講義を週 16 時間受け持たなければならなかった．また数学の教授たちは 1 つの部屋を共同で使わなければならず，おまけに事務仕事の補助役もいなかった．復職してからの 19 年間，ポストは研究に必要な時間をなんとか捻出し，とりわけ決定不能問題の研究に貢献した．1936 年，彼は計算可能な関数についての論文を発表する．この論文は計算可能性について分析したものだが，これがチューリングによる分析とよく似ているのだ．もちろんポストはチューリングの論文を知らなかったのだが，ヘンリー・フォードと同時代のアメリカ人であるポストは，「左右両方向に移動できる箱の無限列」と「問題を解く人，あるいは作業員」による計算の流れ作業を分析したのである[7]．

1944 年，ポストは自身の論文の中で最も影響力があると言われる『正整数の帰納的可算集合とその決定問題 (*Recursively Enumerable Sets of Positive Integers and Their Decision Problems*)』を発表する．チャーチは 1936 年に初等的な自然数論における決定不能問題についての論文を発表しているが，その中で扱われた問題は，決定不能になるよう巧みに構成されたものだった．決定不能であることが証明された問題と言えば，記号論理学に由来する問題か，論理学者が算術の中で決定不能になるように構成した問題以外にないという状態が 10 年以上にわたって続いたため，決定不能性というのは実際上，論理学者の守備範囲にのみ現れる特異な現象であるかのように思われていた．ポストは，決定不能問題に関するこれまでの技法が自然な数学の問題に適用されるようにする第一歩として，論理学

者の用いた技法をより多くの分野の数学者にも広めようと目論む．その内容は，1944 年に論文としてまとめられたが，そもそもは 1943 年に開かれたアメリカ数学会総会での招待講演で語ったものである．このときポストは，講演で述べる新しい結果を厳密な形にまとめるのは後日あらためてにしようと考え，大勢の聴衆に対しては趣意がよく伝わるように，あえて堅苦しくない平易な語り口で語った．皮肉なことに，それからというものこの分野を研究する論理学者は，こうした平易でわかりやすい語り方を好むようになった．ポストは手始めに，決定不能問題を詳しく分析し，理論の本質を簡明な形にして提示した．そして，いくつもの新しい成果を発表した．決定不能次数という概念はその 1 つだ．この論文の中でポストは，ヒルベルトの第 10 問題が「決定不能であることを証明するようせがんでいる」とも記している．

1947 年，ポストはいわゆる「トゥエの語の問題」が決定不能であることを証明した．この問題は，名前こそ「語の問題」となっているが，論理学や形式的体系に由来するものではなく，マックス・デーン（1878-1952）による 1910 年のある問題に関する研究に端を発したものである．それは代数的トポロジーを理解するための研究だった．デーンは自身が提示した問題を解決したものの，それは問題としてはまだ個別具体的なものだった．1914 年，この代数の問題をより一般化された形で提示したのがノルウェーの数学者，アクセル・トゥエ（1863-1922）だ．ちなみにポストが証明した結果は，同じく 1947 年にロシアの A・A・マルコフ（1903-1979）によって独立に証明されている．（確率論のマルコフ過程を創始した A・A・マルコフ［1856-1922］はこのマルコフの父である．）決定不能性の理論が記号論理学という枠を超えて一般の数学に応用されたのはこれが最初である[8]．

1954 年，ポストは最後の発作に見舞われる．妻は電気ショック療法をすれば効果があるだろうと思ったが，その療法は廃れつつあった．ポストは，以前にも利用したことのある私設の療養所へ運ばれたものの，電気ショック療法はどうしても施してもらえないというので公立病院に移される．そこでは電気ショック療法を受けることができたが，その直後に心臓発作を起こし，そのまま帰らぬ人となった．57 歳だった．ポストの全集は 1994 年に出版された．

話はいよいよ第 10 問題そのものにたどり着く．そのために，ポストの教え子であるマーティン・デイヴィスの足跡をたどろう．デイヴィスの両親もユダヤ系のポーランド移民で，ポストの 1 世代下にあたる．（デイヴィスの父親はアメリカへ

マーティン・デイヴィス（転載許可：マーティン・デイヴィス）

渡ったあと，ポストという名前と同様ポーランド風でない名前を名乗るようになった．）デイヴィスの両親はアメリカで結婚したが，ポーランドのウッチにいた頃から知り合いだった．デイヴィスはこう話す．「母は10代の頃，父が『自由思想家』を自称する他の若者たちと一緒に始めた貸本屋に足繁く通っていた」[9]．デイヴィスの父親は婦人服やハンドバッグ，ベッド・カバーなどに刺繍を施す職人だった．デイヴィスが生まれたのは1928年．彼には兄弟が1人いた．1933年に生まれたジェロームという弟だ．だが1941年，ジェロームは虫垂破裂のために亡くなってしまう．大恐慌の時期，一家は一時，公的な生活扶助に頼っていたにもかかわらず，デイヴィスには極端に生活が困窮していたという記憶はないらしい．彼の母親は，一家が暮らしていたアパートの1階の表側にコルセット店を開き，そこでコルセット職人として働いた．デイヴィスが通ったブロンクス科学高校は，コーエンやポストが通った高校と同じように，ニューヨークにあるエリート育成を目的とした公立校の1つである．その後通ったニューヨーク市立大学シティ・カレッジ（1944-48）で，デイヴィスはポストに引き寄せられていく．ヒルベルトの第10問題が「決定不能であることを証明するようせがんでいる」というポストの一言によって，デイヴィスの言う「この問題への生涯をかけたわが執念」に火がついた[10]．デイヴィスはその後プリンストン大学でチャーチの指導を受けるようになるが，プリンストンにいたときのポストがそうであったように，週末になるとニューヨークへ戻るのを楽しみにしていた．現在はカリフォルニア大学バークレー校の「客員研究員」だが*，デイヴィスの職歴を見ると，これまでの大半をニューヨーク市の近郊で過ごしてきたことになる．会話を交わせば，楽し気で話に夢中になる．写真を撮ればいつだって笑顔だ．1960年代から1970年代にかけてたくわえた印象的な頭髪と髭は1990年代になってもいまだ健在である．

---

* ［訳註］マーティン・デイヴィスは原書刊行後の2023年1月に亡くなった．

プリンストン大学に在籍していたときのデイヴィスは，ヒルベルトの第10問題解決への挑戦という苦難の道に誘い込まれることはなく，それまでほとんど研究されていなかった分野の中から研究テーマを選んだ．その研究テーマとは現在では超算術的階層という名で知られるものだが，デイヴィスによると，それは「確実に成果が挙がるもの」[11]だった．だがデイヴィス曰く，「ヒルベルトの第10問題について考えてしまう自分を抑えることができなかった」[12]のだそうだ．彼は，第10問題と距離を置くためずいぶんと自制するように努めたとも語っている．この努力は徒労に終わったが，代わりに問題の考察に進展があった．デイヴィスの学位論文には，1つの章の3分の1を割いて第10問題に関連する内容を論じた箇所がある．その中でデイヴィスの標準形という概念が導入されているのだが，これは論文の表向きの主題よりもはるかに重要な意義を持つ．全称量化子と存在量化子（∀ および ∃ という記号で，それぞれ「すべての」，「存在する」を表す）を自由に使用できれば，記号論理学の枠組みの中でディオファントス方程式を使ってすべての帰納的関数を定義することは容易である．デイヴィスは，有界全称量化子を1つだけ残して，それ以外の全称量化子はすべて除去できることを証明した*．さらには，その1つの有界全称量化子をも除去することができれば，ヒルベルトの第10問題は決定不能であることが証明できると指摘した．デイヴィスはこれらの結果を1949年の12月に公表し，続く1950年に摘要を発表した．そして1953年，完全な論文『算術の問題と帰納的可算述語（*Arithmetical Problems and recursively Enumerable Predicates*）』を発表する．これこそ第10問題の解決へと至るその第一歩を記した成果である．これ以降，彼の研究の対象は決定可能性や実効的な計算可能性に関する一般論からディオファントス方程式の詳細な考察へと移っていくことになる．

カリフォルニア大学のジュリア・ロビンソンは違った方向からこの問題にアプローチした．彼女は1919年12月8日，ミズーリ州セント・ルイスで生まれた．旧姓はジュリア・ボウマン，その2年前に姉のコンスタンス（ヒルベルトをはじめさまざまな数学者の伝記を残したあのコンスタンス・リード）が生まれている．母親のヘレン・ホール・ボウマンはジュリアが2歳のときに亡くなった．幼い2人は祖

---

*デイヴィスの標準形は，$a \in M \Leftrightarrow \exists z \forall y \le z \exists x_1, \ldots, x_m[P(a, x_1, \ldots, x_m, y, z)] = 0$ という形で書き表すことができる．ただし $P(\ldots) = 0$ はディオファントス方程式である．$\forall y \le z$ を有界全称量化子と言う．

母と暮らすためにアリゾナ州フェニックス郊外のキャメルバック山の近くに移り住んだ．当時その辺りは，砂漠のど真ん中にあると言ってもよかった．父親のラルフ・ボウワーズ・ボウマンは工作機械や機械設備の会社を経営していた．経営は順調だったが，妻を失くしたことで事業に対する情熱を失ってしまう．1年後，父親は会社をたたんで，娘たちの住む砂漠地帯へやって来た．このとき，エデニア・クライデルボーという名の女性を新しい妻として同伴した．エデニアは愛情豊かで有能な女性だった．ジュリアはすぐにエデニアのことを自分の母親と思うようになった．1928年，妹のビリーが生まれた．

　ジュリアはどこか別世界にいるかのような子供だった．まだほんの幼い頃の話だが，彼女はサグアロ・サボテンの陰で目を細めながら小石を並べて模様を作っていたことがあった．そこには，自然数が織りなすパターンの探求にのめり込む人生をすでに予感させるものがある．彼女は強情でもあった——教師として幼稚園の園児や小学校の1年生を受け持ったことのあるジュリアの新しい母親は，こんな強情な子供はいままで見たことがないと言ったらしい．ジュリアは話し始めるのにいつも時間がかかった．しかも，いざ話し出すと，発音が拙いため何を言っているのかよくわからなかった．みんなジュリアに何かを聞いたときは，そのあと姉の方に目をやった．ジュリアのことを本当に理解できるのは姉だけだった．コンスタンスはのちに，ジュリアの「自叙伝」を執筆する．この本は資料として大変素晴しいもので，この章の内容にもこの本に拠っている箇所は多々ある．この本は，ジュリアが亡くなる1か月前の1985年6月30日に行ったインタビューが基になっている．もっとも，コンスタンスの手元には下地になる材料も豊富にあったはずだ．『ジュリア——数学に生きた人生（*Julia: A Life in mathematics*）』の序文によると，コンスタンスは本の原稿を妹に読み聞かせたのだそうだ．「彼女は注意深く耳を傾け，必要に応じて修正したり，削除したりした．たった1つの単語に手を加えることさえあった．彼女は私が書き記したことすべてを聞き通し，その内容に満足してくれた」[13]という．

　ジュリアが5歳，コンスタンスが7歳のとき，一家はカリフォルニア州サンディエゴのポイント・ローマに引っ越した．子供たちを学校に通わせるためだ．この小さな半島には，ポルトガル移民の漁師たちの小さな集落や，軍用基地，灯台などがあって，その傍らにわずか50世帯ばかりの家族が住んでいた．子供たちは砂漠地帯に住んでいたときと変わらず，あちこちを自由に散策することができた．だがジュリアは，9歳のときにひどい猩紅熱にかかってしまう．そのため，自宅の正面には接触感染の危険性を警告する標識が掲げられ，家族全員を隔離し

た上で，さらにジュリア本人を家族から隔離するという措置が取られた．父親が
ジュリアの世話をした．彼はジュリアの部屋に入るとき古いダスター・コートを
着用した．続いてリューマチ熱がジュリアを襲う．このときも重症だったため，
ジュリアは1年間，療養施設のベッドの上で過ごさねばならなかった．療養中，
ジュリアは自転車を欲しがった．父親は，自転車を手に入れるのは病気が良くな
ってからにしようとなだめ，ジュリアは，自分の病気が快復しないのをいいこと
に，父親が話をはぐらかそうとしているのだと思ったという．

　彼女は学校に戻れるようになるまでに，2年以上の年月を棒に振っていた．勉
強の遅れを取り戻すため，すでに一線を退いた元教師を週3回午前中に招いた．
すると2人は目標をはるかに超えて，1年のうちに第5学年，第6学年，第7学年，
さらには第8学年の教材をも終えてしまった．そのためジュリアは同級生よりも
先に地域の中学校の第9学年に編入することができた．だがこれは，学校生活の
点から見れば災厄であった——のちに彼女はそれを「カフカのような」と形容し
ている．ジュリアには知り合いがいない．しかも，学校生活の中の友人関係はす
でにできあがっている．「私は愚かしい間違いや周囲の人たちを困らせてしまう
ような間違いをたくさんしでかした．ひとりぼっちなのを誰にも悟られないよう
に，昼食も人目のつかないところでできるだけ早く済ませた」[14]．もっとも，ジュ
リアにもヴァージニア・ベルという生涯の友人ができる．彼女は，ジュリアが大
学を卒業してサンディエゴを離れるまでの間，ジュリアにとってただ1人の友人
だった．第9学年のときにジュリアは知能テストを受けたが，スコアは98だっ
た．この結果は大学へ進学するときにまで付いて回った．大学当局は，この程度
のテスト結果からは想像できないような高い能力を彼女が示していることについ
て，本人を呼び出し説明を求めたのだという．

　ジュリアが高校で受けた数学教育は，当時としては標準的なものだった．その
内容は，今日のものと大体同じである．違いがあると言えば，当時は微分積分学
が含まれていなかったことくらいだろう．数学はジュリアの好きな科目であり，
ほどなくして，数学や物理学を勉強する女子生徒は彼女だけになった．この頃ジ
ュリアは同じ数学のクラスにいた何人かの男子生徒に関心を持ったが，彼らの方
は，宿題を手伝ってほしいとき以外，ジュリアに目を向けることはなかったとい
う．それでも，青春期に辛い思いをする人は多いようだが自分はそれほどでもな
いと彼女は感じていた．自分のことを他人がどう思っているかについて思い悩む
ことはほとんどないとジュリアは語っている．そしてそれは，母親からはっきり
とそう忠告されたこと，また世の中の意見を気にかけなかった父親の無頓着な態

度を手本にできたことが影響しているのだそうだ.

　彼女は高校を卒業するとき数学や自然科学の賞をいくつも授与された. 母親は, 女の子がこんな才能を発揮して, この先一体どうなるのだろうかと将来の不安を口にしたが, 父親は心配いらないと言った. ジュリアは「教授と結婚するだろうから」[15]. ジュリアは素敵な計算尺をもらい, 彼女はそれを「スリッピー (Slippy)」と名づけた. 高校卒業後, 彼女はサンディエゴ州立大学に入学する. この大学は 1935 年まで教員養成学校だったところだが, それ以前は小学校教員のみを養成する「師範学校」だった. あとで触れるが, ジュリアが在籍中, サンディエゴ州立大学では彼女に中等学校正教員資格 (full secondary credential) すら授与されなかったのである. 州立大学の数学の教員はリビングストン氏とグリーソン氏の 2 人だけで, どちらも博士号を持っていなかった. 現代幾何学と銘打った講義の中で非ユークリッド幾何学に言及されることもない. 上級クラスの数学の講義は, 各学期にたった 2 つだけだった.

　ジュリアの父親は自分の資産で家族を養えると考えていたし, 堅実に投資もしていたが, 大恐慌のあおりで大きな痛手を被った. そしてジュリアが大学 2 年生になって間もない頃, 資産が底をついた彼は自ら命を絶ってしまう. このため, 残された妻と 3 人の娘は質素なアパートに移ることになる. セント・ルイスにいる叔母がいくらか援助してくれたため, 娘たちは学校へ通い続けることはできた. ジュリアは大学の授業が面白くはあったが, 数学の何たるかはまだほとんど知らなかった. その後, 数学史の授業で, 刊行されて間もない E・T・ベルの『数学をつくった人びと』を読んだジュリアは, 数論について書かれた部分がとりわけ気に入った. そして, 数学は数学者という生身の人間によって創造されたものであることを理解した. いま自分が生きているこの時代にも, 研究に取り組んでいる数学者がいるのだ!

　ジュリアは中学校教員資格 (junior high teaching credential) を取得するつもりでいた. これは, サンディエゴ州立大学で取得できる最も等級の高い資格である. だがコンスタンスはといえば, 大学卒業後, この限られた資格では職に就けない現実に直面していた. 母親は家族に残された貯金を切り崩し, コンスタンスをカリフォルニア大学バークレー校に進ませた. コンスタンスはそこで中等学校一般教員資格 (general secondary credential) を取得し, すぐにサンディエゴ高校に職を見つけて, 英語とジャーナリズムを教えた. これに触発されてジュリアはバークレー校か UCLA のどちらかに行くという「揺るぎない熱い思いを抱く」[16]ようになる. 数学を担当する 2 人の教員のうちリビングストン氏の方はジュリアに,

サンディエゴ州立大学に留まって，新設されたばかりの優等学位プログラムにただ1人のメンバーとして参加するよう説得した．一方グリーソン氏の方はジュリアに，バークレー校へ行くよう強く勧めた．結局彼女はバークレー校へ進んだ．突然ジュリアは，自分と同じような人ばかりがいる環境に身を置くことになる．彼女本人の表現を借りれば，醜いアヒルの子が本当に白鳥だとわかった瞬間だった．

1939年の秋，カリフォルニア大学バークレー校の数学研究は活気に満ちていた．数学教室の主任グリフィス・C・エヴァンスのもとで数学研究の水準が劇的に向上したためだ．ジュリアもその活気を感じ取っ

ジュリア・ロビンソン（転載許可：コンスタンス・リード）

ていたが，数学者への道を踏み出せない事情がひとつだけあった．それは母親が，ジュリアにもコンスタンス同様，1年で中等学校一般教員資格を取り，職に就いてほしいと考えていたことだ．しかし，数学の男性教師は不足している一方で女性教師は余るほどいたため，ジュリアはその道を進むのは諦めた．その代わりに彼女は，バークレー校に学部生として在籍した最初にして唯一の1年間に，数学の講義を5つ受講した．

ジュリアが受講した講義のひとつが数論である．この講義を担当したのが，当時28歳だった数学教室の若手教員，ラファエル・M・ロビンソン (1911-1995) だ．彼はサンディエゴの南隣にあるナショナル・シティの出身だった．受講した学生は少なく第2学期にはたった4人だったので，ジュリア・ボウマンは目立った．すぐにロビンソン教授とジュリアは一緒に長い散歩に出掛けるようになった．そして，その散歩の途中，ラファエルは数学のさまざまな分野のことをジュリアに話して聞かせた．ゲーデルの研究やその数論との関連について話をすると，ジュリアは驚きを感じると同時に興味をそそられた．

この環境で彼女はとても満ち足りていた．ジュリアは名誉数学同好会の一員に選ばれ，数学教室の活発な社交活動に参加した．しかし娘として母に忠実であろうとするジュリアは，学士号を取得すると，サンフランシスコで仕事を見つけようとし，職探しに訪れる先々で，大学に留まった方がよいのではという軽々しい

忠告を受ける．どの職場でも彼女がタイプライターを打てるかどうかにしか関心がないようだった．そこでジュリアは研究を続けようとバークレー校の助教の職を志願するが，その職に就くことはできなかった．1938年にヨーロッパから新たに着任したイェジ・ネイマン（1894-1981）がジュリアの窮状を聞きつけ，彼女にちょっとした仕事を世話してくれた．報酬は月に35ドル．ジュリアがネイマンに伝えた必要額より3ドル多かった．ジュリアは引き続きバークレー校で学び，1941年に修士号を取得した．

それでもなお，ジュリアの母親は娘の将来を案じて，「まっとうな仕事」に就くようジュリアに懇願する．「まっとうな仕事」というのは母親の定義によると，月給が35ドルより高い仕事のことだ．ワシントンD.C.で夜間事務員の公募があり，月給100ドルという夢のような給料が提示されていた．母親はジュリアにその職に就いてほしかったが，ロビンソン教授が大学に留まるようジュリアを説得した．そして，このときジュリアは助教職に就いた．第1学期の終わり頃，日本が真珠湾を攻撃し，その数週間後にジュリア・ボウマンはラファエル・ロビンソンと結婚した．

ジュリア・ロビンソンには家庭を持ちたいという心からの強い願望があった．バークレー校には身内の者どうしが同じ学部に勤務することを禁ずる規則があったためジュリアが学内で職を得る可能性は閉ざされていたし，一方でラファエルは安定した職に就いていたので，ジュリアは何かの職業に就こうと考えてはいなかった．自叙伝の中で彼女は，講義の聴講は続けていたものの「本当はそれよりも家具を買いにいく方に興味があった」[17]と語っている．ようやく妊娠したことがわかったとき，ジュリアは本当に嬉しかった．だが，わずか数か月で彼女は流産してしまう．しかもその直後，里帰りしている間にウイルス性の肺炎を患う．やって来た医者は，どれくらい前から心臓が悪いのかとジュリアに聞いた．彼女の心臓の僧帽弁は，かつて損傷を負った部分の組織が瘢痕化していたのである．それはリューマチ熱によく見られる後遺症だった．この疾患は悪化するのが普通で，おそらくジュリアは40歳まで生きられないだろうということを，医者は母親にこっそり告げた．さらに医者はジュリアだけに，もう妊娠は無理だろうと告げ，これは彼女にとって大きなショックだった．数学教室の階段を上るとき息切れすることには気づいていたが，それでもデートのときは長時間，散歩できたのだ．「私たちの間に子供ができないという事実を突きつけられて，私は長い間，深い落胆の底にいた」[18]とジュリアは語っている．

ラファエルはジュリアを励ますために，もう一度数学をやろうと言った．ラフ

ァエルは原始帰納的関数の定義を簡略化する論文を書いていたので，ジュリアに一般帰納的関数の定義を簡略化してみたらどうかと提案した．2人は1946年から1947年にかけての学年度をプリンストンで過ごす．この間ジュリアは，その問題に打ち込んだ．研究は順調に進展し，あるまとまった成果として結実する．ただし，それが発表されるのはようやく1950年になってからのことである．依然としてジュリアの悲しみは癒えていなかったが，1947年の秋，彼女は大学院に戻り，アルフレト・タルスキのもとで学ぶことになった．

　1901年にワルシャワで生まれたタルスキは1939年までポーランドにいたが，外国への講演旅行のさなか，ヒトラーがポーランドに侵攻したため，アメリカに足止めされることになった．タルスキはすでに数学者としてその名をよく知られていた．ジュリアはこう言っている．「私も大方の意見同様，彼はゲーデルに匹敵する論理学者だと思う」[19)] そのタルスキが，1942年になるまでバークレー校の常勤職に就けなかった．それほどにアメリカは亡命してきた数学者を数多く受け入れていた．タルスキは人として心が広いだけでなく，数学者としての能力の幅も広かった．彼がカリフォルニア大学にやって来たことで，数学の道を歩むジュリアの好運はさらに続くことになる．

　ジュリアはタルスキからある問題を出されるが，あまり興味を持てず，研究はほとんど進まなかった．ところがある日のこと，ラファエル・ロビンソンと一緒に昼食を取っていたタルスキが，有理数の形式的体系の中で整数は定義可能か否かという話題を持ち出した．ラファエルが家に帰ってそれをジュリアに話すと，彼女はこの問題に興味を覚えた．ジュリアは，タルスキに黙ったままその問題について研究を進め，ついには解決するに至る．この結果にはジュリアの最も得意とする研究手法の特徴がよく表れている．ジュリアは形式的体系を用いて議論を進めながら数論の巧妙なアイデアを取り入れる．ここではある2次形式を利用したのだが，それは代数的整数論のハッセの原理を基に見出され性質が明らかにされたものだった．これについてデイヴィスは私とのやりとりの中で，「まったくもって見事な研究成果だ」と評した．これがジュリアの学位論文となり，1948年に彼女は博士号を取得する．この同じ年にタルスキはラファエルの前でもう1つ別の問題に触れた．ラファエルはこのときも，家に帰ってその問題を妻に話した．その問題というのは，存在量化子（「存在する」を表す ∃ という記号）とディオファントス方程式だけを使って2のべき乗（2, 4, 8, 16, 32, …）を定義することはできないことを証明せよというものである．もしこれが証明できれば，ヒルベルトの第10問題にも影響を与えることになる（事実，最終的に第10問題は否定

的に解決されたが，その拠り所の1つは，タルスキが提起したこの問題とは反対の事実が証明されたことにあった）．

ジュリア・ロビンソンはこの問題に夢中になったが，タルスキの念頭にあった方向性に沿って考察したわけではなかった．当初，ジュリアは自分がヒルベルトの問題を考えているとは思っていなかった．彼女はかなり早い段階で，2のべき乗がそのようには定義できないということを証明する手立ては見つかりそうもないと判断し，反対に2のべき乗を定義することはできないか考えてみることにした．やがてその考察の範囲は広がり，整数からなるその他いくつかの集合についても定義できないかを研究するようになった．研究は急速に進展し，その成果は1950年9月4日マサチューセッツ州ケンブリッジで開かれた国際数学者会議で10分講演論文として発表された．この会議ではデイヴィスも超算術的階層に関する研究結果について10分講演を行っている[20]．また，デイヴィスはその前の冬に行われた記号論理学会の集会でヒルベルトの第10問題に関する研究結果を発表していた．この2つの研究結果は相乗的に進展したものだ．ジュリアはこう話している．「そのあとでマーティンは私に，個別的事実からどうして一般的な事実を証明できそうだと思えるのかわからないと言ったので，私は自分にできることをするのよと答え，『あなたの方はどうやって全称量化子を除去するつもりなの？』と心の中で思った」[21]．2人はどちらも，自身がたどる道筋を誤っていなかった．「私は自分にできることをするのよ」という一節は印象的だ．ジュリアの生涯を象徴する言葉である．

デイヴィスの論文で初めて導入された「ディオファントス集合」という概念によって，第10問題は現代的な形で表現されるようになる．厳密にはこれが初めての使用例でないとしても，この用語が脚光を浴びたのはこの論文を通じてである．存在量化子とディオファントス方程式を用いて定義できる集合をディオファントス的であると言う．簡単な例として，次のように定義される集合を見てみよう．x がその集合に含まれるのは，$x = a^2$ を満たす非負整数 a が存在するとき，かつそのときに限られるとする．この方程式は $x = 0$, $x = 1$, $x = 4$, $x = 9$, $x = 16, \ldots$ のとき解を持つ．x をパラメータと見ると，x に相異なる非負整数を代入することにより得られる方程式たちを，パラメータで表された方程式の族と見ることができる．そして，与えられたパラメータ x がここに定義したディオファントス集合に含まれるのは，そのパラメータに対応するディオファントス方程式が解を持つとき，かつそのときに限られる．あまり自明ではない例として，方程式 $x = a^2 + b^2 + c^2 + d^2$ を考えよう．パラメータ x に対してここで定義され

るディオファントス集合は驚くことにすべての非負整数 0, 1, 2, 3, 4, 5, 6, 7, 8, 9, ... のなす集合である．それは，ラグランジュの定理により，任意の非負整数は 4 個の平方数の和で表すことができるからである．さまざまな集合がこうしたディオファントス集合になるのかどうかを調べてみれば，ディオファントス的である集合はたくさんあることがすぐにわかるだろう．

　デイヴィスは，1953 年に発表した論文の中である仮説を提示する．ユーリ・マチャセヴィッチが「大胆な仮説」と形容したものだが，それはディオファントス集合全体と帰納的可算集合全体——帰納的関数，あるいは同じことだが，チューリング機械によって生成される集合全体——は完全に一致するという仮説である．帰納的関数によって生成される集合の中に決定不能なものが存在することはすでにわかっていたため，もしデイヴィスの仮説が正しければ，決定不能なディオファントス集合が存在することがわかることになる．具体的に言えば，この決定不能な集合を生成する，パラメータで表された方程式の族の中で，どれだけの方程式が解を持つのかを決定することはできない．問題をもっと一般化してすべてのディオファントス方程式が対象になればなおさらだ．つまりヒルベルトが第 10 問題の中で要求したことは実現不可能だということになる．だが，すべての帰納的可算集合がディオファントス方程式によって定義されるというアイデアは，実に「大胆な仮説」なのである．デイヴィスはどのようにしてそのアイデアにたどり着いたのだろうか？　それは，この問題に対する彼自身の直観とすでに自らの手で証明していた事実に基づいて推察したのだ．その事実とは，帰納的関数を定義するのに必要な全称量化子（「すべての〜」を表す記号）を，ただ 1 つの「有界な」全称量化子を除いて，すべて除去できるというものである．ヒントになったのは，それら 2 つのクラスがどちらも集合の集まりとして，「かつ」，「または」，および存在量化子について閉じているが，「否定」については閉じていないという共通した性質を持っている点だとデイヴィス本人は話している．構造の相似性や類似性を直感的に認識すること——ほとんど人の顔を見分けるときのやり方にも似た方法だが——，それは数学的直観の働き方のひとつでもある．

　整数を元とする集合のうちディオファントス方程式と存在量化子を使って定義できるのはどのような集合かを把握しようとする中で，ジュリアもデイヴィスのディオファントス集合と同じものを追究するようになっていた．『算術における存在量化子を用いた定義可能性（*Existential Definability in Arithmetic*）』と題する

論文の中でジュリアは，2のべき乗のように，急速に増加する関数をいろいろと調べ，指数関数，特に $x = y^z$ という関係を定義できれば，2のべき乗，階乗関数，二項係数など，その他にも数多くの関数が定義可能であることを見出している．さらに驚くような発見があった．それは，「p は素数である」という命題がディオファントス方程式を使って定義可能であるという事実だ．数論においては，すべての素数を表す公式は存在しないと考えるのがある種の常識となっていたが，そんなディオファントス方程式があるのなら，それは素数を表す公式になるではないか．ジュリアは指数関数の研究に精を出した．

やがてジュリアは，十分急速に増加する関数を定義できるという仮定のもとで，そのような関数を1つ取ると，数論の諸結果を援用することによってその関数から指数関数そのものを定義できるということを示した．これは重要な成果だ．さらにジュリアは，そのような十分急速に増加する関数を見つけることは可能だと予想した．（そのような関数が見つかれば，指数関数で定義される集合はディオファントス的であることが示されたことになる．）この予想は J.R. と呼ばれるようになった．この論文にはジュリアの思慮深さが体現されている．ジュリアは，かつて小石を並べて模様を作ったときのように，自然数の織りなすパターンを探した．数論の本にも目を通していたが，このとき決定的な役割を演じたのがペル方程式に関する古典的結果だった．ちなみにジュリアが参考にしたのは，エトムント・ランダウが書いた数論の名著だ．

デイヴィスとジュリアは 1950 年代を通してこの問題の研究を続けた．デイヴィスは所属先を転々とした．10 年の間にデイヴィスが在籍した機関を挙げると，イリノイ大学，高等研究所，カリフォルニア大学デイヴィス校，オハイオ州立大学，ハートフォード大学院大学（レンセラー工科大学の分校），ニューヨーク大学となる．彼は 1953 年に雑誌 *Journal of Symbolic Logic* の専門編集委員になり，1958 年には『計算の理論』という有名な著書を出版した．

ジュリアはどういうわけか，数学者として職に就くことがほとんどできないという妙な境遇にあった（当時の女性にとってはそれほど珍しいことではないが）．彼女はのちにアメリカ数学会の会長を務めたのだから，なおのこと妙な話である．ジュリアも数学に関わる正規の職に就いたことはあるが，例えばラファエルがサバティカル（長期有給休暇）を取得した年に勤務したランド研究所というサンタモニカのシンクタンクでの研究職や，スタンフォード大学で進められていた流体力

学に関するあるプロジェクトでの研究職など，ラファエルの職分と比較するとどれも周辺的な仕事ばかりだった．流体力学に関してはまったくの専門外だったため当惑するばかりで，何の成果も挙げられず挫折感を味わった．ジュリアは，アドレー・スティーヴンソンについて書かれたある記事に興味を引かれた．スティーヴンソンはラファエルのいとこだった．この頃，上院議員のジョセフ・マッカーシーが主導するいわゆる赤狩りが猛威をふるい，バークレー校の数学教室は忠誠宣誓をめぐる論争に巻き込まれる．ジュリアとラファエルは忠誠宣誓に対する地元の抵抗運動に積極的に参加した．スティーヴンソンが大統領候補に指名されるとジュリアはにわかに政治へとのめり込んでいく．1951 年から 1958 年までの間にジュリアが発表したものといえば，1952 年の第 10 問題に関する論文を除くと，4 ページの小論 1 本のみである．しかも 1952 年の論文は，それ以前に得られた研究成果を報告したものにすぎなかった．

　哲学畑から第 10 問題に関わるようになったヒラリー・パトナムは 1926 年 7 月 31 日，イリノイ州シカゴで生まれた．父親のサミュエル・パトナムは作家兼ジャーナリストで，シカゴ・ルネサンスと呼ばれる文学運動にも関わっていた．サミュエルは，パトナムが生まれた年にピエトロ・アレティーノの翻訳書を出版すると，それ以降イタリア語，フランス語，ポルトガル語の作品を翻訳することに明け暮れた．同じ年，一家はパリに移り住む．パリには，アメリカを脱出したシカゴ・ルネサンスの仲間たちが住んでいた．1934 年，大恐慌の影響で一家はアメリカへ戻り，フィラデルフィアに住んだ．サミュエルは共産党の積極的な支持者になり，デイリー・ワーカー紙に寄稿していたが，1945 年には共産党と関係を断った．サミュエルが翻訳出版したものにはピランデッロ，イグナチオ・シローネ，マルキ・ド・サドなどの作品がある．ラブレーの作品やセルバンテスの『ドン・キホーテ』の翻訳は広く成功を収め，現在でも読むことができるが，彼が本当に情熱を傾けたのはブラジル人の作品だった．サミュエルは 1950 年，62 歳で亡くなった．
　ヒラリー・パトナムはペンシルヴェニア大学在学中，哲学に真剣に取り組むようになった．もっともマルクス主義者の類ではなかった．1948 年に大学を卒業すると，翌年はハーバード大学に籍を置き，数学とは無関係な哲学の授業に加えて，ワン（ゲーデルの章に登場した人物）の授業や，論理学者であり哲学者であるW・V・クワイン（1908-2000）の授業を取った．オハイオ州アクロン出身のクワ

インは，1932 年から 1933 年にかけてプラハを訪れカルナップのもとで学び，さらにワルシャワへ赴きタルスキのもとで学んだ．クワインにとって記号論理学はとても馴染み深いものだった．クワイン自身こんなことを書いている．「時に私は退屈な作業を投げ出して論理学に逃げ込んだ．論理学についてのアイデアをひねり出そうとするわけだが，正直なところそこには逃避すること以外の目的はなかった」[22]．パトナムはハーバード大学で線型代数学とイデアル論の 2 つの数学科目も受講していた．その後，ハンス・ライヘンバッハ（1891-1953）のもとで学ぶため UCLA に移る．ライヘンバッハは，ゲーデルの学問的成熟に一役買ったウィーン学団とともに論理実証主義を唱道したグループの創始者だ．ベルリン大学教授だったライヘンバッハは，1933 年にその職を追われ国外へ逃れた．最初はイスタンブール大学で教鞭を執っていたが，ようやく 1938 年になって UCLAへやって来たのだった．パトナムは UCLA での研究によって原点に立ち返ろうとしていた．1949 年夏には，クワインが研究のためにロサンゼルス郊外のランド研究所へ来ていた（パトナムは知らなかったが）．またタルスキは UC バークレー校にいたし，カルナップはひとり晩年をサンタモニカで暮らしながら UCLA で教鞭を執っていた（着任したのは 50 年代の中頃）．先に登場した面々が全員ひとところに集結したわけだ．ライヘンバッハはとりわけ科学哲学に関心を持った．ライヘンバッハが生きた時代，科学は革命的な出来事を一度ならず経験したが，それは哲学的な再検証を必要とした．

　パトナムの UCLA での学位論文は『有限数列に適用される確率概念の意味 (*The Meaning of the Concept of Probability in Application to Finite Sequences*)』というものだった．彼は，1952 年から 1953 年にかけての 1 年間ノースウエスタン大学で哲学を教えたあと，プリンストン大学に移り，以降 1950 年代はそこに在籍している．パトナムが執筆した数理論理学の分野に関する論文が世に出始めるのは 1956 年からである．プリンストン大学の数学教室と哲学教室に籍を置いていた時期，彼はデイヴィスやクライゼルを相手に論理学や数学について議論した．デイヴィスは 1952 年から 1954 年にかけて高等研究所に在籍し，のちに何度も高等研究所を訪れたし，クライゼルは 1955 年から 1957 年にかけて高等研究所に在籍していたのだ．スマリヤンの博士論文を指導したのもパトナムだ．

　彼は 1975 年に自身の論文集を出版した際，その中に採録する論文の 1 つに 1957 年に発表した『3 値論理 (*Three-Valued Logic*)』を選んでおり，論文にはこの哲学者のアプローチの仕方がよく表れている．この論文より前に，ポストがある種の形式的体系として多値論理の数学的構造を調べていた．パトナムが 3 値論

これってコンピュータでできないの？　141

理に関する議論の中で興味の矛先を向けたのは，量子力学について論じる場合，ある種の伝統的な論理よりもこの非標準論理の方が実際に適しているのかどうかという点だった．（この問題についてはそれ以前からライヘンバッハが研究していた．）おそらくは論理にも幾何学と同じようなところがあるのだろう．どのような種類の論理を用いるかは世界を観察して初めて決められる．アリストテレスの論理学を現代化したものよりも3値論理の方を選択した方が妥当だという経験的根拠は果たして存在するだろうか？

　1957年の夏，パトナムはコーネル大学で5週間にわたって開かれた論理学の研究集会に参加する．この研究集会には「アメリカのほとんどすべての論理学者」が出席したそうだ．家族も同伴だった．パトナム一家はデイヴィス一家と1つの宿舎で生活をともにした．デイヴィスはこう書いている．「ほとんど無意識のうちに，パトナムと私の間には協力関係が芽生えた」[23]．デイヴィスはいまだ，ヒルベルトの第10問題と距離を置くよう「自制」しきれないでいたのだ．2人は第10問題について議論した．そしてパトナムが1つの提案をする．デイヴィスの標準形の中にただ1つ残る有界全称量化子を取り去るために，ゲーデル数化の方法を使ってみようというものだ．デイヴィスは「懐疑的」だったが，それでも2人はこの問題の研究に取り組んだ．研究はそれなりの進展を見せ，その成果は『ヒルベルトの第10問題の還元（*Reduction of Hilbert's Tenth Problem*）』という共著論文としてまとめられることになる．この論文は1957年12月17日に受理され，1958年に出版された．2人は，翌年の夏に再び合流しようということになり，同時に資金をいくらか調達することにした．彼らは，1958年と1959年，それに1960年の夏をともに過ごした．デイヴィスはこの三度の夏のことを次のように書いている．

　　素晴らしい時間だった．太陽のもと私たちはありとあらゆることについて絶え間なく語り合った．ヒラリーが私に伝統的なヨーロッパ哲学を要領良く解説すれば，私は彼に関数解析を講義した．話題はフロイト心理学や当時の政治情勢，さらには量子力学の基礎にまで及んだが，話の中心はあくまで数学だった．私たちがヒルベルトの第10問題について主だった研究を共同で進めたのは1959年の夏のことである[24]．

　パトナムも熱に浮かされたようなその夏のことはとてもよく覚えていると，デイヴィス宛ての手紙の中で書いている．2人は攻略方法を考え，それを実践に移

し，うまくいかなければ別の攻略方法を試みた．パトナムによると，「毎日のように朝4時まで起きていた」のは人生の中でそのときだけだという．2人は重要な結果まであと少しのところに来ていると感じていた．この共同研究は契約番号AF49 (638) -527のもとアメリカ空軍による資金援助を受けていた．この研究は，国防上の価値こそ曖昧なままだったが，最終的に大きな成果を収めた．

　ここでデイヴィスの標準形について一言触れたあと，デイヴィスとパトナムによる重要な洞察の概略を述べておこう．

　デイヴィスの標準形に現れる有界全称量化子が厄介なのは，それがあるために当のディオファントス方程式に対して互いに独立した解の列が存在することになるからである．そしてこの列の長さは一定ではない．つまり，パラメータに具体的な値を順次代入することで得られるそれぞれの方程式は，互いに長さの異なる解の列を持つ．しかも，それらはどこまでも長くなる可能性すらある．これを1つのディオファントス方程式として捉えれば，まるで無限個の変数が必要であるかのように見えるだろう．だが実際には，ある特定の方程式を対象としなければならず，したがって扱う変数の個数も限定されていなければならない．任意の記号列に対してゲーデル数を割り当てることができるゲーデル数化の手法を用いれば，任意の解の列にゲーデル数を割り当てることができる．また，それと並んで重要なことには，各ゲーデル数はある多項式に代入されると，それが割り当てられたもとの解と同じように振る舞う．例えば，ある1つの方程式に対して10個の解があるとき，それらに割り当てられたゲーデル数もまた，矛盾なく定義されたある意味においてその方程式を「満たす」し，その逆もまた成り立つ．この議論の枠組み中では本質的に，有界全称量化子があることで「ある特定のディオファントス方程式を満たすゲーデル数が存在する」ことになる．ただしこの戦略には1つ問題があった．それはゲーデル数が急激に増加するという点だ．そこでデイヴィスとパトナムは，指数も変数と見なせる指数型ディオファントス方程式なるものを分析した．もし指数関数で定義される集合がディオファントス的であるというロビンソンの予想が正しいことを証明できれば，指数型ディオファントス方程式は本来のディオファントス方程式に置き換えることが可能になる．こうしてこの2つの戦略は1つにつながることとなった．

　デイヴィスとパトナムが行ったゲーデル数化の詳しい内容については触れないことにする．ところで当初得られた結果は無条件に成り立つものではなかった．ゲーデル数化を目的どおりに遂行するためには，素数からなる任意の長さの等差数列が存在することを仮定しなければならなかったのだ．例えば3, 5, 7は素数

からなる長さ 3 の等差数列，5, 11, 17, 23 は素数からなる長さ 4 の等差数列である．このような数列は長さが増すにつれて見つけるのが難しくなる．この原稿を執筆している時点でもなお，一般の証明は得られていない．デイヴィスとパトナムは 1959 年に概要を公表し，結果の写しをロビンソンに送ると，彼女からすぐさま返信があった．「あなた方の成果を拝見し大変喜ばしく思います．同時に大層驚き，大きな感銘を受けました．……率直に申し上げて，私はあなた方の方法をさらに押し進めることができるとは考えていませんでした……」[25]．ロビンソンはこの返信の中で，どうすれば彼らの証明を簡略化し，ガンマ関数などの解析学的な手法を回避できるかを示した．さらに重要なことには，素数からなる等差数列の存在を仮定しなくても済む方法がわかったと書かれていた．その方法がわかれば，デイヴィスとパトナムの結果にはもはや前提条件は不要となる．このときの方法それ自体はかなり複雑なものだったが，しばらくしてロビンソンは新たな方法を見出す．デイヴィスが「証明の劇的な簡略化」[26]と評したものだ．デイヴィスとパトナムはもとの論文を取り下げ，最終的に 3 人の共著による論文を 1961 年に発表した．この論文は全部で 11 ページと非常によくまとまっており，すべての帰納的可算集合は指数型ディオファントス方程式で定義されるという主要結果が述べられた部分はたった 4 ページしかない．デイヴィスとパトナムは論理学の技法にかなり精通していたが，一方でロビンソンは構成的な数論に才を発揮した．結果としてこの 2 つの能力は相乗効果をもたらすことになる．元来そうした複合的な能力が必要とされるこの問題に対処できたのはそのためだ．この問題の証明がなし遂げられたいま，第 10 問題の解決に必要なことは残すところ，指数関数で定義される集合はディオファントス的であること，すなわち J.R. の証明だけになったのだが，これがまた厄介な問題だということがわかってきた．

1961 年，パトナムは MIT の科学哲学の教授に就任するが，給与の半分は電子工学研究所から支払われていたため，数学科目の講義もいくつか受け持つことになった．1965 年に哲学の教授としてハーバード大学に移ると，パトナムは数学の研究に費やす時間がむしろ多くなった．MIT とハーバード大学では，数理論理学者のウォード・ヘンソン，ハーバート・エンダートン，ジョージ・ブーロスらの博士論文を指導した．ヴェトナム戦争をきっかけに急進的になったパトナムは，進歩的労働党に入党するとともに，民主社会学生同盟のハーバード支部の教育支援者となった．本人が *U.S. News and World Report* 紙の記者に語ったこと

ヒラリー・パトナム（転載許可：ヒラリー・パトナム）

だが，この時期「哲学者としての使命を果たすことはほとんどできなかった」[27]という．しかしやがてパトナムは急進的な政治運動に幻滅する．1975 年，『数学・問題・方法（Mathematics, Matter and Method）』と『心・言語・現実（Mind, Language and Reality）』の 2 巻からなる哲学論文集が出版されると，パトナム哲学の射程や，それが持つ一貫性と明晰性が容易に捉えられるようになった．1976 年にはハーバード大学でウォルター・ビバリー・ピアソンの名が冠せられた現代数学および数理論理学の教授職に就任するも，その頃にはすでに数学の研究成果を発表することはほとんどなくなっていた．価値の問題や道徳の問題，良き人生を形作るものは何かという問題など，いわゆる「疑似問題」には意義があり，それを分析し得るのは哲学者であるとパトナムには思えてきたのだ．20 年の間にその哲学からは次第に数理哲学や分析哲学の色合いが失われていったが，『理性・真理・歴史』，『リアリズムの多面性（The Many faces of Realism）』，『人の顔を持ったリアリズム（Realism With A Human Face）』などの著作はこうした中で生まれた．

デイヴィスは 1960 年から 1965 年までイェシーバー大学の教授を務めたあと，ニューヨーク大学に戻り，1996 年に名誉教授になるまで在職した．第 10 問題の研究は依然続けていたが，解決には至っていなかった．デイヴィスは 1960 年代を通して第 10 問題の講義を行ったが，いつも質問されるのが，この問題はどう決着すると思うかということだった．「私は次のような答えを前もって用意していた．『ジュリア・ロビンソンの予想は正しいと思う．そしてそれは，ある聡明なロシア人青年によって証明されるだろう』」[28]．

かつて予言されたとおり，ジュリア・ロビンソンは心臓の具合を悪化させてし

まう．だがその頃には，「僧帽弁を切除するための」外科手術が新たに開発されていた．手術が成功した彼女は，それを機に自転車に乗り始めた．ロビンソンはその後も第10問題から離れることができず，自らの予想を証明しようと必死で研究に取り組んだ．ロビンソンは毎年，自身の誕生日パーティーで，誰の手によってでもかまわないから第10問題が解決されるようにと願ったものだった．「どのように解決されるのかを知るまでは死んでも死にきれないという気持ちだった」[29]．1960年代の一時期，ロビンソンは自身が立てた予想の証明を諦め，それが誤りであることを証明しようとしたことさえあった．だが，1969年に発表した論文では研究にいくらかの進展が見られた．実を言えば，解決まであと一歩のところにいた．1970年2月15日，ロビンソンのもとにデイヴィスから電話が入った．あるロシア人青年がロビンソンの予想を実際に証明し，第10問題が解決されたことをいまさっき耳にしたとデイヴィスは告げた．

　ユーリ・マチャセヴィッチは，1947年3月2日に当時のレニングラード，現在のサンクトペテルブルクで生まれた．1947年は，トゥエの語の問題が決定不能であることをポストとマルコフが証明した年だ．大戦は終結していたがスターリンの秘密警察による弾圧は続いていた．建築技師だったマチャセヴィッチの父親，ヴラジーミル・ミハイロヴィッチ・マチャセヴィッチは，レニングラードで鉄道橋の図面設計を行っていた．マチャセヴィッチの祖父，ミハイル・ステパノヴィッチ・マチャセヴィッチは，かつては上流階級に属し，皇帝陸軍の将校を務めた．ロシア革命後はボルシェヴィキに入党し，赤軍の高い階級にまで昇進したが，やがて「民衆の敵」という汚名を着せられることになる．マチャセヴィッチの父親は，共産党員であったにもかかわらず，いつもこのことを履歴書に書かなければならなかった．マチャセヴィッチにとってもこの一件は生きていく上で重荷になったという．家族は決して口にしなかったが，マチャセヴィッチの祖父は第二次世界大戦の直前に収容所で亡くなったらしい．
　マチャセヴィッチの母親，ガリーナ（・コロトチェンコ）は大戦中，陸軍でタイピストとして働いた．ガリーナの夢は医者になることだったが，彼女が行かされたのは農学者になるための学校で，ガリーナはそこでの勉強が好きになれず，途中でやめてしまった．マチャセヴィッチは遅がけに生まれたひとりっ子で，彼が生まれたとき母親は36歳，父親は45歳だった．父親は，自分が早死にして子供に不自由な生活をさせてはならないと，マチャセヴィッチが生まれたその日に禁

煙したという．彼は，子育てのために母親は家にいるべきだと言って譲らなかった．

1954年，7歳になったマチャセヴィッチは学校に通い始める．7歳というのは当時としても一般的な入学年齢だ．マチャセヴィッチにとって学校は入学当初から大切な場所だった．音楽以外は難なくこなした．低学年の時期のこと，マチャセヴィッチは外科手術のため二度入院しなければならなかったが，すでに大きな数の足し算はできるようになっていた彼は，病院内学級の教師が大きな数の引き算の仕方を教えると，不慣れな環境にいたせいかその教師を信用せず，どの答えも足し算をして確かめたという．

第5学年になって数学専門の教師が数学の授業を受け持つようになるとすぐにマチャセヴィッチは，宿題をし試験に合格するという条件で，通常の数学の授業を免除された．その頃，彼はアマチュア無線の本を読んでいた．ヘテロダイン受信機の仕組みに頭を悩ませたマチャセヴィッチは，何時間もかけてさまざまな周波数の正弦波をグラフにし，さらにそれらをすべて足し合わせて1つのグラフを作ったという．

1959年1月，マチャセヴィッチのある友人が，4本の真空管を使うスーパーヘテロダインラジオ受信機の組み立てキットを手に入れた．スーパーヘテロダインラジオ受信機とは，放送周波数を中間周波数に変換したあとで信号の増幅と検出を行う方式の受信機だ．2人は慎重に時間をかけてそのキットを組み立てたが，でき上がったものはまったく作動しなかった．3月，今度はマチャセヴィッチが誕生日に同じようなキットをもらった．このときすでに，はんだづけもラジオの組み立てもお手の物になっていた彼は，誕生日から1週間後にはラジオを聴いていた．マチャセヴィッチによると，父親はこのことを大変喜んだという．根っからの理論家だった父親は，手仕事がてんで駄目だったからだ．だがその喜びもつかの間だった．ラジオから流れてくる音を耳にしてから数日後，マチャセヴィッチの父親は何の前触れもなく亡くなってしまった．母親はこのとき無職で，専門的な職に就くことができるとしてもタイピストくらいのものだったので，一家はますます困窮した．ところがその次の学年度から，数学コンテストが開催されることになった．それは新たなチャンスへの切符となるものであり，マチャセヴィッチにとってこのコンテストで好成績を収めることが最大の関心事となった．

旧ソ連では第6学年から数学オリンピックに参加することができた．マチャセヴィッチが第6学年だったのは1959年から1960年にかけてだ．彼は最初の年から成績が良かった．第7学年になると，「クルゾーク (Kruzhoks)」と呼ばれる夜

これってコンピュータでできないの？　147

ジュリア・ロビンソンとユーリ・マチャセヴィッチ．1975年にカナダ，オンタリオ州ロンドンで開催された第5回論理学・方法学・科学哲学学会にて（撮影：ルイーズ・ガイ）

間の特別授業が始まった．マチャセヴィッチはレニングラードのピオネール宮殿〔ソ連の社会教育施設〕で行われていた最上級レベルの授業に参加するよう勧められたが，スケジュールに無理のない別の授業を選んだ．クルゾークの授業内容はどれも同じというわけではないのだが，誰もそのことを教えてくれなかったのだ．最初の授業を担当した教師はまだ新米だった．翌年，マチャセヴィッチはあらためてその最上級レベルの授業に参加することになった．クルゾークでは，目新しく内容の充実した教材が与えられ，出題される問題も興味深いものだった．また，社交的な行事も行われ，合宿所で集会を催すこともあれば，夏に森林地帯へ旅行に出掛けることもあった．

　当時ソ連は，フルシチョフの指導下にあって一時的に自由化の路線を歩んでいたが，相反する理念から生じる矛盾には場当たり的な対処しかなされなかった．マチャセヴィッチの言う「誰もが同等の待遇にあるべき」[30]だという考えと，共産主義のもとでなし遂げられる個人の偉業は共産主義体制の優秀性を示すものだという考えとが並存していた．科学者や数学者は，スポーツ選手と同じように重んじられた．数学オリンピックはもっぱら，数学の能力が人並外れた若者を見出すための場であった．こうした矛盾は学校にも現れる．高名な数学者たちの働き掛けなどもあってエリート校がいくつも創設されるが，表向きはあくまで「労働者の職業訓練」を実施する学校だった．マチャセヴィッチはその1つであるレニングラードの第239学校に通った．この第239学校は，大型汎用コンピュータの

エンジニアの育成を建前としていた．（この学校の卒業生がウェブサイトに掲載されているが，その多くは現在アメリカやイスラエルに住んでいる．）生徒は全員，就職あるいは大学入学の前にさらにもう1年間学校に通ったが，週に2日間は労働者教育にあてられたため，数学を学ぶ生徒はその分だけ数学に費やす時間を奪われることになった．それを免れる手段の1つがクルゾークだった．クルゾークは，伝統的なロシア人が抱く共同への願望を具現化したものでもあった．1962年，モスクワ郊外の寄宿学校でA・N・コルモゴロフが夏季講習を開き，講師陣にはP・S・アレクサンドロフ（1896-1982）やV・I・アーノルドらもいた．その講習にマチャセヴィッチも参加した．この教授たちは体を活発に鍛えることに熱心だったため，生徒らは川幅のある川を泳いで渡ったり森の中へ出掛けて行ったりすることを盛んに勧められ，時にはキノコを採って帰ってくることもあった．もっとも，泳げない生徒はボートを漕いで渡ってもよかった．

　1963年秋，コルモゴロフらの働き掛けによってモスクワに第18寄宿学校が開校する．この学校にはモスクワ近郊の有能な生徒が集まった．マチャセヴィッチは第239学校と第18寄宿学校のどちらかを選ばなければならなかったが，モスクワに住んでいたおじが費用を援助してくれることになったため，第18寄宿学校へ行くことにした．このような寄宿学校をロシアでは「インテルナト（internats）」とも呼ぶ．母親を残したままレニングラードを離れるのはマチャセヴィッチにとって辛いことだった．また，自然科学に関しては第18寄宿学校の方がレベルは高かったものの，マチャセヴィッチにはそれほど意味のあることではなかった．夏に受講したアーノルドの授業は面白かったが，コルモゴロフの幾何学の授業は，点や直線ではなく空間での運動に基礎を置いたもので，16歳のマチャセヴィッチには抽象的すぎた．この頃すでにマチャセヴィッチには，数学オリンピックが淡々と問題を解くだけの単調で退屈なものになっていた．本人は次のように語っている．

　　1964年の春，私はいささかうんざりしていた．日曜日のたびに何がしかのコンテストに参加していたからだ．全ソ連数学オリンピックに出場するインテルナト代表チームの選抜試験もそんなコンテストの1つだった．私はその選抜試験に難なく合格した．全ソ連数学オリンピックの本選では，制限時間が半分ほど経過したところで退席した．今回もまた全問解けたという確信があった．いまでも覚えているが，このとき数学オリンピックを早く切り上げて時間ができたので，会場だった大学の建物からモスクワ郊外の「インテルナト」まで，2時間の道のり

を歩いて帰ることにした．少しばかり息抜きをする必要があると私は感じていた．しばらくして，1問だけ解答に間違いがあることに気づいた．私は情けなくなった[31]．

その同じ年，モスクワで国際数学オリンピックが開催された．マチャセヴィッチはまだ第10学年だったが，ソ連代表チームのメンバーに選ばれた．本番の出来は満足いくものではなかったが，それでもマチャセヴィッチは最上位の賞を獲得した．代表チームのメンバーはそれぞれが希望する大学への入学を許可されることになっていた．マチャセヴィッチは最も権威あるモスクワ大学への入学許可を得ようとするが，〔祖父の経歴のため〕役所が難色を示したため許可が下りず，しかも学校の卒業認定を取得しなければならなかった．うんざりしてレニングラード行きの列車に乗ったマチャセヴィッチは結局，レニングラードの大学で勉強しながら，第239学校で卒業認定のための試験を受けることになった．大学に入って1年目の1964年から1965年にかけては，試験に忙殺される一方で，論理学に関するセミナーにいくつか出席していたが，マチャセヴィッチを含め1年生の学生は全員，論理学の勉強を禁じられた．

依然レニングラードにいたマチャセヴィッチは，2年生になって間もない1965年秋，ポストの正準系を初めて知る．彼の数学者としてのキャリアが本当の意味でスタートするのはここからだ．マチャセヴィッチは，教授からある難問を出されると，瞬く間に見事な解答を示してみせた．これがきっかけとなって，彼はポストの正準系に関する国内きっての専門家だったマスロフの知遇を得る．ソ連における論理学者のコミュニティは，西欧諸国とは異なる道筋をたどって形成された．フレーゲ，カルナップ，ラッセル，ホワイトヘッド，ゲーデル，タルスキらによって受け継がれてきた哲学的な色合いの濃い伝統は，共産党の綱領とは相容れない．ソ連の論理学者らが研究の対象としたのは独自の論理であり，それは記号を用いたものでもなかった．そのため，コルモゴロフの初期の際立った研究以降，ソ連の数学者らは，1930年代の研究成果を取り入れその研究をさらに進めることに腰が重かった．それにはまた，数学分野の名称が異なることも関係していた．例えば，ソ連でも帰納的関数や実効的な計算可能性の研究が独自に行われていたが，それらはアルゴリズムの理論と呼ばれた．アメリカやイギリスでは，電子計算機の出現と相互に影響し合いながら記号論理学の研究が進展するが，ソ連はこの分野では立ち遅れていた．そんな中，哲学的要素をきっぱりと排し記号列の生成規則のみに着目したポストの記号論理は，全体として数学的性格を持つ

たものであって，国家の存立を脅かすようなものではなかった．ソ連にもこの分野の研究者がいたのはそのためだ．

マスロフはいくつもの研究テーマを与えたが，マチャセヴィッチはたちまちのうちにそれらを解決した．1965年の暮れ，研究テーマとしてはより難しいトゥエの体系の決定不能性を詳しく考察してみるようマスロフが勧めると，マチャセヴィッチはそれも解決してしまう．その結果を発表するように依頼されるが，それはマルコフやポストの流儀にならって厳密さが徹底されていなければならなかった（マチャセヴィッチが妥協しなかったのも原因だが）．マチャセヴィッチはロシア革命以前に製造されたアンダーウッド社製のタイプライターを（祖父の2人目の夫人から）譲り受けた．本人から聞いた話によると，そのタイプライターはとても高価で，自分ではとても買えないものだったらしい．翌年，彼はタイプライターでの論文作成にかなりの時間を取られることになる．訂正できる打ち間違いは1ページにつき5か所だけで，論文は全部で100ページあった．そのためマチャセヴィッチは学校の講義——本人によると特に複素解析学の講義——に出席できなかったという．入学後早々と大きな成果を挙げたことで，皮肉にも勉学の機会がわずかだが奪われることになったわけだ．マチャセヴィッチは1966年にモスクワで開催された国際数学者会議に講演者として招待される．これはとても名誉なことだが，このときとりわけ感銘を受けたのはクリーネとの対面だった．（のちの1979年にマチャセヴィッチはクリーネらとともにバグダッド近郊にあるアル・フワーリズミー——この名前が「アルゴリズム」という言葉の語源となった——の生誕地を訪問している．）

1965年の暮れも押し迫った頃，マスロフは彼に，ヒルベルトの第10問題にも取り組んでみてはどうかと持ちかけた．「何人かのアメリカ人」がこの問題について論文をいくつか発表しているが，そのアプローチはおそらく正しくない——もしそれが正しいアイデアならば問題はすでに解決されているはずだ，というのがマスロフの主張だった[32]．マチャセヴィッチはそれらの論文を読んではいなかったが，デイヴィスやロビンソンと同様，この問題の虜になってしまう——実際，マチャセヴィッチもまた，この問題から何度離れても，再びそこへ引き寄せられた．学部課程の学生だったとき，一度この問題を解決できたと思ったことがあった．しかも，その内容を発表するためのセミナーまで開いた．誤りがあることにはすぐに気づいたものの，辛辣なユーモアを込めて，学部学生の分際でヒルベルトの第10問題を研究している男という評判が広まった．学部課程が進むにつれて，デイヴィス同様マチャセヴィッチもまた，1つの問題にはまり込んでしまわ

ないよう自己を律する必要があると考えるようになる．マチャセヴィッチは，アメリカ人研究者たちの論文を読み，それらに潜む重要性を理解していた．もし，ジュリア・ロビンソンが予想したとおり，十分急速に増加するような解を持つディオファントス方程式が見つかれば，指数関数によって定義される集合はディオファントス的であることが証明され，したがって帰納的可算集合はすべてディオファントス的であることが言えるから，決定不能なディオファントス集合が少なくとも1つ存在することになる．これでヒルベルトの問題は一挙に解決されるわけだ．とは言えマチャセヴィッチとて，すんなり事が運んだわけではない．学部課程は間もなく終わろうとしていたのに，国際数学者会議で発表した入学直後の研究結果を凌ぐような成果を挙げることはできなかった．マチャセヴィッチはこう語っている．

　　私は暇さえあれば指数関数的増加関数を表現するディオファントス的関係について模索した．学部課程2年目の学生が有名な問題を解いてやろうと格闘しているうちは何ということもないのだが，私のようにそれが実を結ばないまま何年も続けば，何とも滑稽に見えてくる．1人の教授が私をあざけるようになった．顔を合わせるたびにその教授はこう尋ねるのだった．「ヒルベルトの第10問題の決定不能性はもう証明できたかね？　何，まだできない？　しかし君，それじゃ大学を卒業できんぞ」[33]．

　1969年の秋，ある同級生がいますぐ図書館へ行くようマチャセヴィッチに忠告した．何でもロビンソンの新しい論文が出ているので，それを読むべきではないかと言うのだ．第10問題から逃れようとしていたマチャセヴィッチはあえて図書館へは行かなかった．だが，その分野の専門家と思われていたマチャセヴィッチのもとには，査読用としてその論文が送られてきたため，結局は読まざるを得なくなった．1969年12月11日，彼はその論文についてのセミナーを開く．ロビンソンには実に新しいアイデアがあった．マチャセヴィッチは再びこの問題に取りつかれていた．

　1930年代のことから始めてここへ至るまで話の流れがいささか入り組んだものになってしまったが，ともかくもヒルベルトの要求した決定手続きが存在しないことを証明する上で最後に残されたギャップをマチャセヴィッチが埋めるところまでたどり着いた．そのギャップとはジュリア・ロビンソンの予想（J. R.）を証明することである．ここで指摘しておかなければならないのは，マチャセヴィ

ッチがこの問題と出会ったときはまだ，第10問題が解決に近づいているということも，ロビンソンの予想が指し示す方向性に従って進めば解決に至るということも決して明らかではなかったという点だ．マチャセヴィッチは指導教官から，アメリカ人の研究は相手にしなくてよいと言われていた．当時はロビンソンでさえ，自らの予想を証明することには悲観的だった．ということは，マチャセヴィッチがその予想の重要性に気づくことこそ必要だったわけだ．その他の道筋をたどって解決に至る可能性もあった．例えばデイヴィスは1968年に，あるディオファントス方程式が非自明解を持たなければ，第10問題は決定不能であることを示した．実際のところ，のちにその方程式は大きな非自明解を持つことが判明したが，このようなアプローチによってヒルベルトの第10問題に決着をつけることができるかどうかは現在もはっきりしない．

　ここでロビンソンの新しいアイデアの概略を述べておこう．ただし内容は簡略化してある．（それでも依然として技巧的ではあるが.）

　まず，1は2^1に対応する，2は2^2に対応する，3は2^3に対応する，...nは2^nに対応する，...という一連の命題を一括して表したものは，具体的な指数関数的増加関数を表現する関係の1つである．重要なのは2^nがnに一意的に対応しているという点だ．もし（a，b，および$x, y,$ ... の）方程式で，$b = 2^a$のとき，かつそのときに限って解を持つようなものが見つかれば，この第10問題に決着がつくことになる．しかし，それはおそろしく難しい．何年もの間，成果はまったく挙がらなかった．1969年の論文でロビンソンは，手始めに$x^2 - (c^2 - 1)y^2 = 1$というある種のペル方程式に目をつけた．この方程式の解は大雑把に言って$(2c)^n$と同程度に増加する．ただし，2^nとnとが直接的に対応しているということでは決してない――なので，関係が存在するとは言えない．ロビンソンが指摘したのは，ある特異な事実だ．解のyの値を順に$c-1$で割った余りを考えると，それらは0, 1, 2, 3, ...という列をなす．ただしこの列は，$c-2$に達するたびにその次は，先頭の数0へ戻って，そこから同じ並びを繰り返す．一方で，この同じyとその各々に対応するxとをもとの方程式とは異なる関係式で結合して新たな数を作り，それをさらに別の数で割った余りを考えると，$2^0, 2^1, 2^2, 2^3, 2^4,$ ...と増加する列が得られる上，一定の周期で同じ並びを繰り返すということもロビンソンは指摘している．だが，この2つの列は，最初のうちはうまく同期しているが，一般に周期が異なるため，いずれ同期しなくなる．もし，除数として用いる2つの数に課すことができるディオファントス的な条件で，2つの列の周期が一致するようなものをロビンソンが見つけることができていたなら，その2つの

列を結びつけることによって n と 2^n とを対応させることができたのだが，そうだとしてもこの2つの列は，数の並びの繰り返しが始まるところまでしか対応しないため，それですべてが解決するわけではない——もっとも，本質的な難しさがあるのはまさにそこなのだが．このアプローチは緻密ではあるが，この段階ではまだ目的を達することはできていない．

1969年の12月，マチャセヴィッチはこの新しいアイデアをあれこれこね回しながら，興奮のうちに時を過ごしていた．新年を迎えるパーティーには参加したものの，心ここに在らずで，おじの外套を着て家まで歩いて帰った．1970年1月3日の朝，マチャセヴィッチはついに解決法を見つけたと思ったが，その日のうちに間違いが見つかった．その間違いも翌朝には解消され，ここに至ってようやくヒルベルトの第10問題は否定的解決という形でマチャセヴィッチの手に落ちた．だが彼は，まだ間違いがあるのではないかと不安に感じていた．ついには解決の内容に関するセミナーを開くにまで至る．さらにマチャセヴィッチは詳細な証明を漏れなく書き上げた上で，マスロフとヴラジーミル・リフシッツの2人にそのチェックを依頼する．ただし，次回会って意見を聞かせてくれるまでは他言しないよう頼んでおいた．そうして彼は，モスクワ大学に通っていた婚約者とスキーキャンプに出掛けた（2人は6月に結婚した）．2週間のスキーキャンプの間も，マチャセヴィッチは論文の手直しを続けた．レニングラードに戻ると，裁定はすでに下されていた．ヒルベルトの第10問題がマチャセヴィッチによって解決されたことは，もはや人々の知るところとなっていた．間違いをよく見つけることで知られるD・K・ファデーエフとマルコフも証明をチェックし，問題なしと認めた．

1970年1月29日，マチャセヴィッチはこの結果について初めて公の場で話をした．彼がなし遂げた成果やそれに用いられた手法はニュースとなって国中を駆け巡った．グレゴリー・チャイティンは論文の草稿の写しを取り，マチャセヴィッチの許可を得た上で，ノヴォシビルスクでの研究集会でそれを発表した．おそらくそのせいだろうが，ソヴィエト科学アカデミーの雑誌ドクラディ（*Doklady*）に掲載されたマチャセヴィッチの原論文の英訳版では，マチャセヴィッチの所属先がステクロフ数学研究所シベリア支部になっている．ノヴォシビルスクの研究集会にはアメリカの数学者，ジョン・マッカーシーも参加していた．マチャセヴィッチの論文の詳しい内容がデイヴィスとロビンソンに伝わったのはマッカーシーを介してだ．デイヴィスもロビンソンも，マッカーシーのノートを頼りにして，それぞれ独自の証明を組み立てることができた．

マチャセヴィッチの結果を詳しく見てみると，いくつかの発想を組み合わせて構成されている．しかもその組み合わせ方は非の打ちどころがないほど見事だ．マチャセヴィッチは第 10 問題に取り組み始めて間もない頃，フィボナッチ数 0, 1, 1, 2, 3, 5, 8, 13, 21, 34, ...（各数がそれに先行する 2 つの数の和になっている）を用いたアプローチを試みたことがあった．1, 3, 8, 21, ... のようにフィボナッチ数を 1 つ置きに取ると概ね指数関数的に増加する数列が得られる．そのときすでに，$x^2 - xy - y^2 = \pm 1$ という方程式からフィボナッチ数が生成されることを独力で発見していたマチャセヴィッチは，この数列の性質に精通していた．それはペル方程式の解が持つ性質に類似したものなのだが，ロビンソンが着目したペル方程式の場合と同様，それらの解はただ存在するというだけで，そこには読み取るべき何かがなかった．マチャセヴィッチにとっての突破口は，2 つの列の周期を一致させることで n と 2^n とを対応させるというロビンソンの斬新な目論見をなし遂げるためには，フィボナッチ数の理論から導かれるあまり知られていない事実を用いればよいということを見抜いたところにあった．ロビンソンやデイヴィスのような人たちなら誰しも，あまり知られていない事実を数多く扱った数論の書籍を読んできている．マチャセヴィッチもニコライ・ヴォロビヨフの書いた『フィボナッチ数 (Fibonacci Numbers)』という「有名な」本の第 3 版を読んだばかりだった．1969 年に出版されたこの本には，フィボナッチ数の整除に関する新しい結果が載っていた．それは，もし m 番目のフィボナッチ数が n 番目のフィボナッチ数の平方で割り切れるならば n 番目のフィボナッチ数は m を割り切るというもので，マチャセヴィッチはこれを証明に使った．この結果はフィボナッチ数のことにしか言及していないが，これを用いれば m に対して条件を課すことができる．マチャセヴィッチにはそれで十分だった．込み入った議論を経て 2 つの列を対応させ，指数関数的増加関数を表現するディオファントス的関係を見事に示してみせた．実はロビンソンもフィボナッチ数に関するこの本を読んでいたのだが，それは第 3 版ではなかったのだ！（もちろん，ロビンソンが第 3 版を読んでいたとしても，解決の糸口に気づいたかどうかはわからない．）何はともあれ第 10 問題はマチャセヴィッチによって解決されるに至った．

　ただ，マチャセヴィッチにとってちょっとした災難だったのは，自分よりもさらに若いソ連の数学者，当時 17 歳でキエフ大学の 1 年生だったグレゴリー・チュドノフスキーという青年がこの問題を独立に解決したと主張していたことだった．マチャセヴィッチの結果は出版される前から自由に回覧されていたので，チュドノフスキーが独立でヒルベルトの第 10 問題を解決したのかどうかについての確

ユーリ・マチャセヴィッチ（写真提供：シュトゥットガルト大学のハイケ・フォティン）

証はおそらく何も得られないだろう．マチャセヴィッチが第10問題を独力で解決したことは間違いない．私はこれまで，チュドノフスキーの主張を裏づける確かな証拠を見たことがない．チュドノフスキーは長らく何の成果も挙げていないし，興味の対象もすでに他へ移っている．チュドノフスキーが自身の結果を公表したのはマチャセヴィッチよりも後だったが，その手法はマチャセヴィッチのものに酷似している．のちにチュドノフスキーが発表した研究報告書では，デイヴィスの方程式の解の個数が有限であることの証明をもって第10問題を解決したと主張しているように見えるが，これまでにその証明を公にしたことのある人は誰もいない．ユダヤ人だったチュドノフスキーはKGBによる迫害行為のためにロシアから国外へ移住することになるが，それは同時にこの一件が反ユダヤ主義のせいでうやむやになってしまったということでもある．ちなみに，ニューヨーカー誌に掲載された記事（1992年）によると，チュドノフスキーは兄とともに，熱気凄まじいニューヨークのアパートの一室で「スーパーコンピュータ」を組み上げ，「円周率を山のように」計算したそうだ[34]．

1970年，マチャセヴィッチは大学入学当初に取り組んだポストの正準系に関する研究で，博士号に相当する博士候補号（kandidat）という学位を取得する．ソ連では，それよりもさらに取得が難しい学位として博士号が設けられているが，マチャセヴィッチは第10問題についての研究でそれも取得する．それ以降は，サンクトペテルブルクにあるステクロフ研究所で研究生活を送っている．マチャ

セヴィッチには，古典的な難問を選びそれを何年もかけて研究するという傾向がある．しかも，その研究がうまくいくかいかないかには頓着しない．コーエン同様，彼もまたリーマン予想の研究を行っていた時期があるが，これなどはその一例だろう．1990年以降ロシアでは経済が壊滅状態に陥ったが，マチャセヴィッチは投資家ジョージ・ソロスの設立した基金から助成を受けることができた．1997年，マチャセヴィッチはロシア科学アカデミーの通信会員となる．ロシアとサンクトペテルブルクに愛着を感じているマチャセヴィッチは，講演を行うため西側の国へ出向いても，いくらかの報酬を得ると，また故郷へ戻ってくる．

　1976年，ジュリア・ロビンソンはアメリカ科学アカデミーの会員に選出される．その同じ年，カリフォルニア大学バークレー校はロビンソンに教授の肩書きを与えるよう取り計らった．1983年にはマッカーサー奨学金を授与されたが，1985年7月30日，白血病のためカリフォルニア州オークランドで亡くなった．

　第10問題の解決にはいくつもの要素が複合的に関与しており，解決の根源にあるものは多岐にわたる．カプランスキーはこう述べている．「(それは) 20世紀の数学がなし遂げた類まれなる偉業であり，数学という営みの本質に関心を持つ者ならば誰もが注目してしかるべきものである」[35]．第一に指摘すべきは，あるものが「実効的に計算可能である」とはどういうことかを理解するという，哲学的かつ実際的な問題がそこにはあったという点だ．そしてそれは，哲学的な問題について結論の合意を見た偉大なる事例——私が知るほとんど唯一の事例——であり，同時に現代のあらゆる計算機に関する理論的基礎を生み出すきっかけにもなった．第二には，ディオファントス方程式の問題それ自体が，驚くほどの広がりを持っていることが明らかになったという点だ．「すべてのディオファントス方程式」と言うときの「すべての」という言葉は，数学基礎論に属するその他の分野で用いられる「すべての」という言葉に匹敵するほど強力な意味を持つということがわかったのである．

　ヒルベルトの第10問題を否定的に解決する試みの中で，多くの数学的対象がゲーデル数化を通してディオファントス方程式で表現されるようになった．もしそのディオファントス方程式に解が存在すれば，見かけの上では高度な数学的内容が，それらの解によって表されるというわけだ．その過程で直接得られる重要な結果として，コンピュータのプログラムで生成可能な集合はいずれも，ある特定のディオファントス方程式によって生成できるというものがある．1974年，アメリカ数学会主催によるヒルベルトの問題に関する研究集会が開催されるのに合わせて，デイヴィス，マチャセヴィッチ，ロビンソンの3人は大部の論文を共

1982年カルガリーでのマーティン・デイヴィス，ジュリア・ロビンソン，ユーリ・マチャセヴィッチ（撮影：ルイーズ・ガイ）

同で執筆したが，その中で3人は，ある特定のディオファントス方程式（論文の中で具体的に与えられている）が解を持たないとき，かつそのときに限って肯定的に解決されるような問題の実例をいくつか挙げている．また，フェルマーの最終定理，ゴールドバッハ予想（未解決），ZFCにおける連続体仮説の証明可能性，リーマン予想（未解決）など，数学上の大問題の多くは，ゲーデル数化によってそれぞれに対応するディオファントス方程式が解を持たないとき，かつそのときに限って解決される．まさに驚嘆の事実である．この問題に生涯取りつかれたとしても何ら不思議はない．もしヒルベルトの思惑どおり，与えられたディオファントス方程式が解を持つか否かを決定する実効的な方法が存在していたとすれば，これらの予想はいずれも，それぞれに対応するディオファントス方程式が解を持つか否かを判定するだけで，証明もしくは反証することができたことになる．その場合，数学に現れる見かけ上の複雑さは，ディオファントス方程式に関する決定手続きというこの単一の作業のうちに解消されていただろう．

　嘘つきのパラドックスの一種である「この命題は証明できない」ことを表す命題はゲーデル数化によって算術の中で表現することができ，それがために数学の無矛盾性を証明できないのだった．それに対して，上述のようにゲーデル数化を通してディオファントス方程式で表現できるということが実質的に何を意味しているかというと，それは詰まるところ「謎は現に存在するし，この先も決して無くならないだろう」ということではないか．解を持たないディオファントス方程式は少なくとも1つ（おそらくたくさん）存在する．そして，それらの方程式に対

して実効的な決定手続きは存在しない．これは数学にとって，不可知（*ignorabi-mus*）が存在しないことよりも重要なことである．このような結果になることをヒルベルトは予想していなかったが，彼の案出したこの問題が狙いどおり挑発的なものになったことは間違いない．結局のところ，ヒルベルトの要求した決定手続きが存在するよりも，決定不能であることの方が数学的には豊かなのである．

特定分野の基礎に関する問題

❧ 3, 4, 5, 6 ❧

原典をひもとく最初の解決者

第3問題

―デーン―

　数学の分野の中で，現代にも通じる表現形式を真っ先に獲得したのは幾何学である．ヒルベルトは「数学の問題」の構想を練り始める直前まで，『幾何学基礎論』の執筆に没頭していた．この第3問題は，順序で言えば，より広く数学全般に関わる数学基礎論の問題に続くもので，幾何学の公理に関する無矛盾性や独立性について考察しようというヒルベルトのプログラムをさらに推し進めるためのものだった．この問題は，提起されたあとほどなくしてマックス・デーンにより解決された．

　アンドレ・ヴェイユは，1992年に出版された自伝『ある数学者の修業時代』の中で，デーンのことを次のように評している．ヒルベルトの問題を解決した面々の中で，ヴェイユからこのような賛辞を贈られた人は他にいない．

　　私が生涯に出会った人物の中にはソクラテスを思わせる男が2人いる．マックス・デーンとブリス・パラン［ヴェイユよりも9歳年上のフランス人哲学者］だ．弟子たちの語るところから想像されるソクラテス像同様，2人ともその思い出を前にして誰もが自然と頭を垂れてしまうような光輝に包まれていた．それは，知性と徳性とを兼ね備えた資質と言ってもよいだろう．あるいは「英知」という言葉が一番ぴったりくるかもしれない．神聖さというのはまったく別物だからだ．賢者の前では聖人も単なる一種の専門家——神聖さの専門家にすぎないが，賢者は何かの専門家ではない．これは，デーンが数学者としての才能に欠けていると言っているのではない．むしろ逆だ．デーンは非常に質の高い研究成果をいくつも残している．ただ，このような人物にとって，真理というものはすべて1個の全体を成すものであり，数学はその真理を映し出す——おそらくは他の何よりも純粋に映し出す——鏡の1つにすぎない．あらゆるものに精通しようという精神

を持つデーンは，ギリシャ哲学にも数学にも造詣が深かった[1].

　ヴェイユは，フランスの神秘主義的な哲学者，シモーヌ・ヴェイユの兄だ．ここに引用した一節には，デーンやその仲間の研究者たちについて，いかにもヴェイユらしい語り口で書かれた次のような前置きがある．「多少の感謝の気持ちと親愛の情を込めてこのグループの話をしよう……」．ヴェイユが語ろうとしているのは，フランクフルト大学の数学史セミナーに参加する研究者たちのことだ．このセミナーは，数学の基礎を歴史的に探究しようと始まったもので，デーンはその先導役だった．

　マックス・デーンは1878年11月13日，8人兄弟姉妹の4番目としてハンブルクに生まれた．父親のマクシミリアン・モーゼス・デーンは医師として順風な道を歩んだ人だった．一番上の兄はハンブルクで高名な法律家になり，姉はハンブルク歌劇場オーケストラのバイオリン奏者になった．また兄弟のうち2人は実業の道に進み，1人は日本を経てアメリカに，もう1人はエクアドルに渡った．マックス・デーンの息子，ヘルムートの話では，「（彼ら親族たちは）19世紀後半のユダヤ人家族の中でも，時に『良きキリスト教徒』とも形容されるような行動規範にのっとって生活する，いわゆる世俗化した一派に属していた」[2]のだという．また，デーンの下の娘エヴァは，ヒトラーが台頭するまで自分がユダヤ人であることをまったく知らなかったそうだ——彼らは自らの出自について考えたことなどなかったのである．さらに，デーンは父親が亡くなったあと，19歳のときにキリスト教ルター派へ正式に入信したはずだとエヴァは言っていた．デーンの一族は19世紀の初頭にコペンハーゲンからハンブルクに移り住んだ．以前はティクチンという姓を名乗っていたが，これはデンマークへ移る前に住んでいたポーランドの町の名前に由来する．

　デーンはハンブルクのギムナジウムに通ったあと，最初にフライブルク大学へ入学するが，その後ゲッティンゲン大学に移り，1900年に学位を取得した．彼は「直観力のある幾何学者」[3]と評される．デーンがゲッティンゲン大学に在籍していたちょうどその時期に，彼とヒルベルトはまったく同じ対象に関心が向いていた．デーンが初めて書いた論文は公表されなかったが（そのことに言及した論文が1977年に発表されている），その内容はヒルベルトが当時取り組んでいた研究やデーンが生涯にわたって取り組むことになる研究の部類に属する．円や多角形のように，自己と交差しない連続な閉曲線を平面上に描くと，そこには必ず内部と外部ができる．当たり前のことのように思えるが，これを証明するとなると簡

単にはいかない．デーンは，この事実が多角形に対して成り立つことを，最低限の仮定のもとでいとも簡潔に（たった 2000 語で）証明した[4]．ヒルベルトの『幾何学基礎論』には，この結果が証明なしで載っている（第 1 章，第 4 節，定理 7）．この証明の中でデーンは，内部および外部というものに対するわれわれの直観の単純性のいくつかの側面を捉え直している．さらにデーンは，自己と交差しない 3 次元の閉多面体はただ 1 つの内部とただ 1 つの外部を持つことも証明した．

　デーンがヒルベルトの第 3 問題を解決したのは 22 歳のとき．23 の問題すべてをまとめた印刷物はまだ世に出ていなかった[5]——実はこの第 3 問題は，ヒルベルトがパリの国際会議で時間の都合上述べることができなかった問題の 1 つである．デーンが解決に用いたアイデアの一部は，すでに R・ブリカールが 1896 年の論文で取り上げたもので，デーンも自身の論文の中でこのブリカールの結果に言及しているが，ブリカールの証明にはもともと不十分な点があった．さて，2 つの四面体の底面積と高さがそれぞれ相等しいとすると，両者の体積もまた等しい．その証明は昔からいくつか知られているが，いずれも何らかの極限論法が用いられる．それは，すでに微分積分学への一歩を踏み出すものであって初等的とは言い難い．この極限論法の土台にあるのがアルキメデスの公理と呼ばれるものだ．たとえて言うと，歩き始めてから同じ歩幅で進み続ければ，それがいかに小さな歩幅であろうとも，やがては目的地に到達する，と主張するのがアルキメデスの公理である．極限論法による証明では，順を追って近似値の精度を着実に高めていくという手法が用いられる．このとき誤差は極限を取ることで消滅するのである．ヒルベルトは，体積が等しいことを証明するのにアルキメデスの公理が必要なのかどうかを知りたいと考えた．ヒルベルト自身はアルキメデスの公理が必要だろうと予想していたので，第 3 問題の中で「底面積と高さが等しい 2 つの四面体であって，それらを合同な四面体たちには分割できないもの……」，つまり，切り口が真っ平らな平面になるような，いわば完璧なナイフを使ってそれぞれをいくつかの四面体の小片に切り分け，まったく同じ小片の集まりにすることが決してできないものが存在するかという問いを提起した．もし，底面積と高さがそれぞれ相等しい 2 つの四面体で，互いにまったく同じ有限個の小片で構成されることのないものが実際に存在するとすれば，アルキメデスの公理を用いなければならないことになる．ヒルベルトの問い掛けの根底にあったのは，幾何学において体積に関する定理を証明するためにはどのような公理が必要かという問題意識だった．

　デーンは，同じ体積を持つ正四面体（4 つの面がすべて正三角形の四面体）と立方

体をまったく同じ小片の集まりに切り分けることはできないということを証明した．これをすでによく知られた結果と組み合わせると，ヒルベルトが予想したとおりの結果が導かれ，ヒルベルトの第3問題は解決される．

具体例を見てみよう．以下に示した2つの四面体は同じ底面積と高さを持つが，まったく同じ小片の集まりに切り分けることは決してできない．

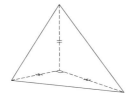 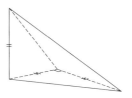

どちらも底面は直角二等辺三角形である．高さは同じでともに底面の等辺の長さに等しい．唯一の違いは，底面に対して垂直な辺が，1つ目の四面体では底面の直角の上に立っているのに対して，2つ目の四面体では45度の角の上に立っているという点だ．1つ目の四面体は立方体の1つの角を切り取ることで得られる．2つ目はヒルの四面体と呼ばれるものである．

いくつもの小片に切り分けそれらを比較するという論法に基づいて面積や体積に関する証明を与える際アルキメデスの公理が必要になる理由は，平行四辺形を使った簡単な例によって理解することが可能だ．2つの平行四辺形の底辺と高さがそれぞれ相等しいときその面積も等しくなることは次のようにして説明できる．

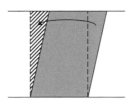

図のように，平行四辺形から三角形を切り取り，それを反対側に移動する．これによりこの平行四辺形は，新たにできた等底・等高の長方形と同じ面積を持つことがわかる．この考え方は図で説明するとわかりやすい．（ヒルベルトはパッシュやペアノのような徹底した公理主義者とは立場を異にしたので，自身の著書に図をいくつも盛り込んでいたことは決して不思議なことではない．）今度は次の図を見てみよう．

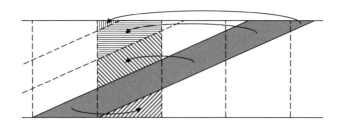

　平行四辺形の傾き方が大きければ大きいほど，移動しなければならない小片の数は多くなる．この場合でも，最初の図のようにすれば事足りると考えそうなものだがそうはいかない．最初の図では論証に用いるため破線の垂直線を1本引いた．この図ではもっと多くの破線を引かなければならない．しかも，そのような破線が引けることを証明する必要がある．この図にはどこに何があるのかという情報がすべて詰め込まれているわけだが，この例が示唆しているのは，図というものは幾何学では補助手段にすぎないということだ．前述の論法を拡張して，底辺と高さがそれぞれ相等しい平行四辺形はすべて同じ面積を持つという一般化された定理を証明するためには，どうしてもアルキメデスの公理が必要となる．それは，どのような平行四辺形であっても，いくつもの小片に切り分けそれらを比較するという操作を進めるとき，やがてはその平行四辺形の終端にたどり着くということを保証するためである．ヒルベルトはアルキメデスの公理が成り立たない幾何学も研究していた．

　ヴラジーミル・ボルチャンスキーは著書『ヒルベルトの第3問題 (*Hilbert's Third Problem*)』の中で，「デーン自身の説明は理解しづらい」[6]が，「カガンが1903年に発表した論文によって，デーンの議論はかなり洗練され，その体裁もより体系的で読みやすいものになった．言うなれば，デーンの論文は生まれ変わったのだ」と述べている．また1950年代にはスイスの幾何学者，ヒューゴ・ハドヴィガーにより，デーンの議論はかなり簡素化された．ボルチャンスキー自身もハドヴィガーの証明をさらに簡略化するとともに，自著の中でこの問題をわかりやすく解説している．

　鍵となるのは，各多面体に対して定義されるデーン不変量と呼ばれる量で，面と面の境界にあたる辺の長さと面と面のなす角度を用いて計算される．（面と面のなす角度は，そのどちらの面にも直交する平面内で測られる．この角度を二面角と呼ぶ．）デーン不変量を計算するための関数は明示的に構成可能で，その構成方法からこの関数の持つある種の性質が導かれる．この不変量には各辺ごとにその二面角と

長さが個別に寄与するが，2つの辺の長さが同じであって，なおかつそれぞれに対応する二面角の和が π（あるいは 180°）になる場合，デーン不変量に対するこの 2 辺の寄与は合わせて 0 になる．同様に，2 つの辺のそれぞれに対応する二面角が等しい場合，デーン不変量に対するこの 2 辺の寄与は，長さがこの 2 辺の長さの和に等しく二面角がこの 2 辺と等しい 1 辺の寄与と等しくなる．

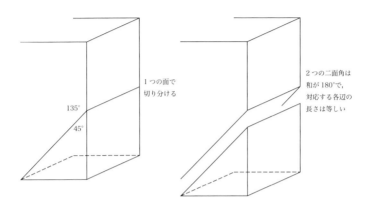

　四面体を 1 つの面で 1 回切り分けると，そこには新たに 2 つの辺が現れるが，この 2 辺は長さが等しく対応する二面角の和は π（あるいは 180°）になるので，このときのデーン不変量の実質的な変化量は 0 である．

　多面体を切り分けたときの切り口が多面体の内部でどのような配置になるかという点を考慮しながら，考え得るすべての切り分け方をそれぞれ個別に幾何学的に考察することで，切り分けを何度行っても多面体のデーン不変量は変わらないことがわかる．（ここでは切り口の個数に関する帰納法を用いるのが一番すっきりした方法だろう．）したがって，四面体はそれらのデーン不変量が等しいときに限り分解合同である．

　立方体のデーン不変量を計算するのは簡単だ．すべての辺について，二面角は 90° であり長さも等しい．辺は偶数個あるから，それらを 2 つずつ対にすることができる．対になった 2 辺は互いに長さが等しく，その二面角の和は 180° なので，デーン不変量への寄与は 0 である．前掲の 2 つの四面体はデーン不変量が異なるため，体積は等しいが，まったく同じ小片の集まりに切り分けることはできない．

　デーンはヒルベルトの問題の 1 つを解決したわけだが，これが 23 問題のうちの最初の解決例となった．その功績にもかかわらず，デーンがたどったその後の経歴はありきたりだ．カールスルーエにあった工科学校の助手になったあと，教

マックス・デーン（エヴァ・デーンの許可を得て複製）

授資格を取得，1901 年から 1911 年までミュンスター大学の私講師，1911 年から 1913 年までキール大学の員外教授を務め，1913 年，ブレスラウにあった工科大学の正教授に就任する．キール大学に在籍していたときデーンはヤコブ・ニールセン（1890-1959）の学位論文を指導した．ニールセンは 14 歳のとき，それまで養育してくれた叔母のもとを離れ，家庭教師で生計を立てながら学校に通い続けた．他の生徒たちとあるクラブを立ち上げたせいで退学処分となるが，キール大学には入学することができた．

ある週末，キールからハンブルクへ戻ったデーンは，親戚の家に寄宿していたベルリン出身の美術学生トニ・ランダウと出会う．彼女の父親は新聞の編集者にして演劇評論家であり，ノルウェーの沿岸地域や西インド諸島の旅行記など，本も何冊か書いていた．一方，トニの母親は，ジョン・ゴールズワージーの小説やセオドア・ルーズベルトの著書をいくつか翻訳していた．キールに来てから趣味でヨットを始めていたデーンは，ヨットに乗りに来ないかとトニを誘った．短い交際期間を経て 2 人は結婚する．このときトニは 19 歳．デーンより 14 歳年下だった．1914 年に長男のヘルムート・マックスが誕生すると，それに続いて 1915 年に長女のマリア，1919 年には次女のエヴァが生まれた．

デーンは 1915 年から 1918 年までドイツ陸軍で兵役に就いた．最初は測量技師として東部戦線に配属されたが，のちに西部方面司令部へ転属になり，そこで暗号技師としての任務をこなした．西部方面司令部にいたときのこと，デーンが道端に立っていると偶然そこへ皇帝が通りかかった．デーンは目の前を通り過ぎる高貴な人物が誰なのか気づかなかった．あるいは，高貴な人物が通り過ぎているという認識そのものがなかったのかもしれないが，ともかくデーンはポケットに手を入れたままその場に突っ立っていた．この一件でデーンは，士官の資質に欠ける人物だと見られるようになる[7]．伍長で退役したデーンは，戦争が終わるとブレスラウへ戻った．

1922 年，デーンは 43 歳でフランクフルト大学の正教授となる．自由都市としての歴史を持つフランクフルトは，経済的に豊かな都市だった．主にユダヤ人実業家たちからの寄付金により設立された国内では新しいこの大学で，デーンは

1920 年代のドイツ社会の混乱とはある程度無縁でいることができた．マリア・デーン・ペータースは少女時代を過ごしたフランクフルトの当時の様子を次のように語っている．

　　8 世紀にカール大帝により建設されたこの街には，昔ながらの教会をはじめ古い建造物がいくつもある．歴代皇帝たちの戴冠式が行われたレーマーと呼ばれる建物［旧市庁舎］はその 1 つ．かつては同心円状に並ぶ城壁と濠がこの街の外郭をなしていたが，濠は 19 世紀初めにヤコプ・ギオレットによって旧市街を取り囲む美しい公園へと造り変えられた．（フランクフルトにはユグノー教徒の家庭が数多く定住していた．）私の両親は，年越しの夜になると，よく古い教会の鐘を聞くためにマインカイ通りまで出掛けた．当時マインカイ通りにはまだエプシュタイン一家が住んでいた．文化の一大中心地だったフランクフルトには，美しいオペラハウスばかりか，劇場やコンサートホール，美術館がいくつもあった——子供が育つには申し分のない場所だった[8]．

　デーンの数学上の関心はすでに，幾何学から当時新しい分野だった代数的トポロジーへと移っていた．代数的トポロジーでは，曲面どうし，あるいはより一般に多様体どうしが「同じもの」であるのはどのような場合かということが問題になる．2 つの多様体は，一方を引き裂くことなく伸ばしたり引っ張ったりして，もう一方と寸分たがわないコピーを作ることができるとき，「同じもの」であるとされる．また，曲面に対してそれを伸ばしても変化しない「不変量」を結びつけることもある．これは第 3 問題を解決する中でデーン不変量を用いたのと同じような考え方だ．不変量は，曲面にいくつ穴があいているのかを示す「種数」のように数で表されることもあるが，群のような代数構造として表されることの方が多い．代数的トポロジーは，ポアンカレが 1895 年から 1904 年にかけて発表した一連の論文により創始したもので，当時としては最新の分野だった．1907 年にデーンはポウル・ヘーガード（1871-1948）と共同で，「位置解析学（analysis situs）」に関する論説を『数学事典（*Encyklopädie der Mathematischen Wissenschaften*）』に寄稿したが，それはこの新しい分野を初めて体系的に扱った著述の 1 つだ．

　デーンは，代数的トポロジーで用いられる代数の問題に大きく貢献した．いわゆる「語の問題」だ．「語の問題」と呼ばれるのはもともと，それが「文字」の長い列を対象としたもので，見かけ上異なる 2 つの「語」が一致するのはどのよ

うな場合かを問うことに由来する．この問題は，デーンの表現方法を介して，数理論理学との関連性が明らかになった．第10問題についての章で見たように，これを一般化した「トゥエの語の問題」が決定不能であることをエミール・ポストとA・A・マルコフが1947年に証明している．デーンは代数を研究するときでさえも視覚的表現を重視したとみえて，この問題では群のグラフを図示している．

デーンはまた，代数的トポロジーを結び目の分類に応用した．1910年に発表された『3次元空間の位相について (Über die Topologie des dreidimensionalen Raumes)』というデーンの論文には，その成果が数多く盛り込まれている．この論文の中でデーンは3次元の球面からトーラス体を切り取り，両者を別の方法で縫い合わせることでホモロジー球面を構成した．これが現在デーン手術と呼ばれているものだ．デーンは同じ論文の中で，デーンの補題と呼ばれる結果を「証明」した．これはデーンの名を世に知らしめたとても重要な結果だが，その証明に重大な誤りがあることが1929年にヘルムート・クネーザーによって発見された[9]．デーンの補題は長らく厳密には証明されなかったが，1957年にようやくクリストス・パパキリアコプロスによって完全な証明が与えられた．デーンは1911年，1912年，1914年にそれぞれ重要な論文を発表している．

フランクフルト大学にいた1920年代，デーンは論文を発表するペースが落ちていった．それはデーンが学生にアイデアを授ける立場になったせいでもあるが，興味の対象がフランクフルト大学の数学史セミナーに移ったことがより大きな理由だった．このセミナーに深く関わっていた人物には，デーンの他にパウル・エプシュタイン（1871-1939），エルンスト・ヘリンガー（1883-1950），オットー・サース（1884-1952）らがいた．ヘリンガーとサースはこの大学が創設されたときから教えていた．このセミナーが始まったその年，25歳のカール・ルートヴィッヒ・ジーゲル（1896-1981）がフランクフルト大学にやって来た．ジーゲルは1964年，「フランクフルト大学数学セミナーの歴史について」と題した講演を行ったが，その内容は数学史セミナーの内幕を伝えて印象的である．

　　このセミナーの基本的な考え方は，あらゆる時代を通して特に重要な数学的発想を，その原典に基づいて研究するというものでした．……ですから，われわれは古代であればユークリッドとアルキメデスの著作を取り上げ，それを何学期にもわたって徹底的に研究しましたし，中世から17世紀にかけて代数学と幾何学がどのように発展したのかについても，さらに何学期かを費やして研究に精を出

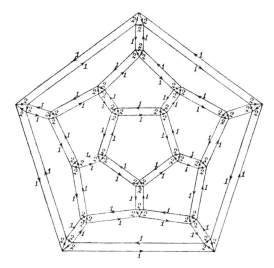

マックス・デーンが図示した群のグラフ．『3次元空間の位相について（*Über die Topologie des dreidimensionalen Raumes*）』（*Math. Annalen* 69（1910），p.145）より．

しました．後者の研究では，レオナルド・ピサノ［フィボナッチ］，ヴィエト，カルダーノ，デカルト，デザルグらの仕事について特に理解を深めることができました．また，17世紀に微分積分学が生まれる源となったいくつかの発想についての共同研究も有意義でした．この共同研究では，ケプラー，ホイヘンス，ステヴィン，フェルマー，グレゴリー，バロウらの発見について論じました．……［われわれは］必ずしも研究成果を発表しようとしていたわけではありません．このセミナーの本来の目的はそれとは別のところにあったからです．それはセミナーに参加していた学生たちに知的な滋養を与えるということです．実際，学生達はこのセミナーを通じて，すでに講義で学んだ内容をより深く理解するようになりました．そして，このセミナーを通してわれわれ教員も，はるか昔の優れた業績について詳しく知る楽しみを味わったのです[10]．

このセミナーの輪が広がることはなかった．どのテキストも，古代ギリシャ語，オランダ語，イタリア語，フランス語，ラテン語など，それぞれの原語で読むことになっていたからだ．ドイツの大学教育制度の中で十分に訓練された学生であってもそう簡単なことではなかった．このセミナーには若き放浪の数学者，ヴェイユも顔を出していた．ヴェイユは，（カヴァリエリが書いた）テキストの読み方

についてデーンに教えられるところがあったと語っている．その著者が執筆当時どのような知見に達していたのか，そしてその時代の常識がどのようなものだったかという2つの視点に立ってテキストを読むということをデーンは説いた．1926年当時，すでにヴェイユはサンスクリット語に相当通じていたというから，ヴェイユがデーンを称賛するというのは，単に初学者が感銘を受けたからという程度の話ではない．ヴェイユは，ジーゲルと対面したことにも触れている．ヴェイユによると，ジーゲルはそのとき「すでに伝説的な人物」になっていて，「ジーゲルの秘蔵する神がかり的な論文原稿がぎっしり詰まった引き出し」がいくつもあるらしいとの噂がささやかれていたという．デーンはヴェイユに「当時フランクフルト大学に流布していた考え方」をこう説明してくれた．「絶え間なく発表される論文の氾濫によって，数学は気息奄々としている．だが，この氾濫の源はごく少数の独創的なアイデアであり……もしこうしたアイデアを生み出す者たちがその発表を差し控えれば氾濫は収まるだろう．そうすれば，また新たな一歩を踏み出すことができるというわけだ」[11]．

ヴェイユがアメリカの影響だという「論文を発表せよ，さもなくば去れ」という風潮に対し，ジーゲルは異を唱えて一歩も譲らなかった．そこにはジーゲルならではの徹底した頑なさがあった．（1924年のことだが，当時ジーゲルは学生が2人しか受講していない講義を受け持っていた．ある日，2人の学生がそろって講義に遅刻した．2人が教室に入ると，驚いたことに講義はすでに始まっていた．しかも黒板は文字で埋め尽くされている．ジーゲルは手を休めることなくせっせと講義を続けていた．）そうした状況に対してデーンの働き掛けがあったわけだが，そこにはジーゲルに研究を続けさせるという目論見があったのではないかとヴェイユは考えた．フランクフルト大学に流布していた考え方に沿って論文の発表は避けるとしても，研究や論文執筆まで制限されるわけではない．だとすれば1927年に公にされたデーン-ニールセンの定理のことも納得がいく．デーン自身はこの定理に関する論文を一切発表していないのだ．数学者の間では，誕生日などの特別な機会に論文を贈り合うことがあった．ヴェイユは，1928年にデーンが50歳の誕生祝いとしてジーゲルから贈られた超越数に関する論文原稿を読ませてもらえることになった．ただし，原稿をデーンの自宅から持ち出すことは許可されず，ノートを取らせてもらう代わりにその内容を他言しないと約束させられた．原稿の最後にはこう書かれていた．「いまなお代数を研究する者こそブルジョワにほかならず！　願わくは超越数の尽きせぬ個性の末永からんことを」[12]．この論文はその翌年に日の目を見る．ジーゲルの『ディオファントス近似のいくつかの応用について（*Über einige*

Anwendungen diophantische Approximationen)』の第 1 部として発表されたこの論文は，20 世紀を代表する数学論文の 1 つである．

　ヒルベルトの生涯や 23 問題の歴史をたどってみると，あらためて気づかされることがいくつもあるが，ドイツでは 19 世紀後半から 20 世紀初頭にかけて中産階級の文化が開花したということもその 1 つである．とりわけ，それを見て取れるのが教育制度という文脈においてだ．それまでの数百年間，数学者というのは往々にして不安定な職業であり，それを職業として選択すること自体，非現実的だとして家族から反対されるのが普通で，ひどい場合には餓死寸前になったり早死にしたりしてしまうことも少なくなかった．また，数学のためならば喜んで逆境を耐え忍ぼうという，詩の題材になりそうな数学者もいた（ベルの『数学をつくった人びと』には，いくらか誇張されてはいるが，こうした数学者が紹介されている）．もっとも，いまでは数学者にもそれなりの報酬が得られる安定した勤め口が増えたが，その反面，研究成果を挙げるのに「忙しそう」でなければならない．デーンは 1928 年に大学で行った講演の中で次のように話した．「われわれが携わる学問分野に進歩をもたらすのは，単に膨大な労力を研究に費やすことでもなければ，瑣末な特殊事例や一般化の研究に満ち満ちた夥しい数の論文でもないのです．それは，個人によってなし遂げられる独創的な成果です．そしてその独創的な成果というものは，工場のような環境下で生み出されることはほとんど期待できないのです」[13]．数学史セミナーは工場のような環境ではなかった．デーンは自宅の裏庭で「歴史茶話会」を開くことがあった．デーンの子供たちはとりわけヘリンガーが手土産に持ってきてくれるペストリーがお気に入りだった．またフランクフルトの北北西にあるタウヌス山地という森林に覆われた丘陵地へ散策に出掛けることもあったし，春になれば，毎年ジーゲルがレストランの庭で「アスパラガス大食事会」を催した．

　次女のエヴァ・デーンはデーンの親族一同がハンブルクに集まったときのことをいまでも覚えている．彼女にとって特に印象的だったのは，弁護士である伯父の広い自宅だった．その家には可動式の壁があり，その壁を床下へ下げると 2 つの部屋がひと続きの大きな部屋になった．また，復活祭のイースター・エッグ探しをしに祖母の家へ行ったときのこともエヴァは忘れられないという．そこには，街中を流れるアルスター川に向かって緩やかに傾斜する大きな庭があった．エヴァは叔母と一緒に夏を過ごしたことも二，三度ある．叔母の夫はコーヒーの輸入を手掛けていた．長女のマリアはジョン・スティルウェルへの手紙に短くこう書いている．「ハンブルクで過ごした日々は私たちにとって天国のような時間でし

た」．またマリアは，幾筋もの水路やアルスター川本流，それにアルスター川がエルベ川と合流する地点の上流側にある湖について，次のように書き記している．

　　荷物を運ぶのは，ガタガタと大きな音を立てて街中を走り抜けるトラックではなく，運河を滑るように進んでいくはしけでした．また，仕事に出掛ける人々は，路面電車やバスには乗らず，住宅街と商業地区を結ぶ蒸気船でアルスター川を渡るのです．川辺の路を歩いて仕事に行く人もいます．なんて素敵な一日の始まりでしょう！　でも私たちにとってハンブルクが夢の街になったのは親戚のみんながいるからなのです[14]．

　マリアは，ハンブルク滞在中にパーティーを開いたこと，歌を歌ったこと，室内楽を楽しんだこと，舞踏会や観劇に出掛けたことなどにも触れている．
　マリアが私宛てにくれた手紙には，彼女の父親がどれほど多くの時間を子供たちのために割いてくれたかということが熱く語られている．父親の一方の手を自分が，もう一方の手を兄が握ったまま，3人で森の中を走り抜けて幼稚園に通ったことをマリアはいまでも覚えている．デーンは子供の教育には熱心で，子供たちが寝る前にはおとぎ話を読み聞かせた．エヴァの記憶では，彼が読んでくれたものの中には怪物がたくさん登場するおとぎ話もあったという．エヴァによると，デーンは教会にも通ったが，「何か1つのことに熱狂してしまうことの決してない奇特な人物だった．仏教やイスラム教の美点を理解していたし，何より自らの信条を生きる上での指針にしていた．また，決して他人の悪口を言わなかった」．デーンは，毎週日曜日にギムナジウムの元校長ベルテ博士とギリシャ語を読む小さなサークルにも参加していた．またマリアの記憶によれば，デーンはある学生と一緒に中国語の勉強もしていたのだそうだ．長男のヘルムートは，16，7歳の頃，父親と一緒にプラトンの『パイドロス』を（原文で）読んだという[15]．マティルデ・マイヤーは自伝『緑に囲まれしわが生涯 (All the Gardens of My Life)』の中で，自宅になっている杏の実が熟した頃にデーンが訪ねてきたときのことを次のように書き記している．

　　彼は屋根まで届く格子垣をよじ登ると，選りすぐったオレンジ色の果実をどっさりと籠に詰め込んではそれを下へ降ろしてくれるのだった．それはいつも一仕事だった．これほど見事な杏の実にはその後しばらくお目にかかれなかった．再び目にしたのはカリフォルニアにいたときのことだ．ナチズムの嵐が猛威を振る

うようになると，彼は私たちと一緒にすべてのものから遠く遠く離れた地球の裏側へ移り住むことを望むようになった[16].

　16歳のとき健康上の問題に見舞われたマリアは，1931年頃南ドイツの田舎にあった全寮制学校へ行くことになった．その学校にはデーンのかつての教え子が勤めており，マリアの健康状態はほどなくして回復する．この全寮制学校を選んだことは結果的に良い判断だった．この学校の女性校長はユダヤ人だったため，ヒトラーが政権を掌握するやいなや，同意した生徒を連れてイギリスのケントへ疎開したのだ．エヴァも1936年にこの学校に入学したため，ドイツ国内の状況が悪化した時期も，姉妹はイギリスで安全に暮らすことができた．デーンは校長への助言のためイギリスへ何度も足を運んだ．また，1938年の1月から4月までの間そこで自ら授業を行った．やがてエヴァはロンドンで看護師として働くようになる．ロンドン大空襲のときには「傷病兵収容病院」にいた．マリアは，緑に囲まれた居心地の良いその土地で園芸専門の大学に進んだ．ヘルムートはドイツに留まっていたが，1936年母親の伯父にあたる人物が扶養宣誓供述書に署名してくれたため，オハイオ州のクリーヴランドに移住した．ヘルムートは，大伯父の援助を受けてヴァージニア大学医学部に入学．1939年に卒業すると，クリーヴランド郊外で長年にわたり小児科の開業医として医療に従事した．
　フランクフルト大学の数学史セミナーは1935年まで続いた．このセミナーをきっかけに生み出された数学史研究の成果の中で，注目すべきものが少なくとも2つある．1つはヴェイユが出版した『数論——歴史からのアプローチ』．この本は数学史を扱ったもので，まさにセミナーの精神に貫かれていると言ってよい．もう1つは，ジーゲルがリーマンの遺稿の中にほぼ判読不能な姿で埋もれていたゼータ関数に関する公式をよみがえらせたこと．現在リーマン–ジーゲルの公式と呼ばれているものがこれだ．
　ジーゲルはデーンたちと過ごしたフランクフルト時代のこと，特にこのセミナーのことを次のように書き記している．

　　振り返ってみると，このセミナーの友人たちと一緒にいたときほど愉快だったことは私の人生の中でもあまりないと思う．当時，毎週木曜日の午後4時から6時まで皆が集まって開かれるこのセミナーは本当に楽しかった．だが，私欲や野心を抜きにして一緒に研究できる仲間に出会うということは本当にまれに見る幸運なのだ．私はずっとあとになってそのことに思い至った．全員が世界各地へと

散り散りになったあと，私は所属する先々で失望感を覚えたものだ[17]．

　セミナーの主だったメンバーは，ジーゲル以外すべてユダヤ人だった．ジーゲルの回想はこう続く．「1933 年以降，教授たちがそれぞれどのような境遇をたどったのか，ありのままをお話ししよう」．ここからジーゲルは証言者として語り始める．最初はサースについて．ユダヤ人であって，しかもドイツ人ではなかったサースは，1933 年に教授資格（venia legendi）を失う．実を言うと，サースはむしろ運が良かった．早い時期に国外へ退去せざるを得なくなったからである．彼はアメリカへ渡り，1936 年から 1952 年に亡くなるまでシンシナティ大学で教えた．デーン，エプシュタイン，ヘリンガーの 3 人は，長期間公務に従事した者や第一次世界大戦に従軍した者に適用されるニュルンベルク法の例外規定によって大学に留まることができたが，その例外規定も 1935 年に廃止される．デーンは例外規定廃止の数か月前に職を失っていた．エプシュタインは自ら職を辞した．彼には第一次世界大戦後，フランス人にアルザスから追い出された経験があった．ジーゲルはこう書いている．「彼が言うには，1918 年にフランス人がしたようなことをドイツの官僚どもがしなくても済むように，こちらから奴らの手間を省いてやったのだそうだ」[18]．ヘリンガーは例外規定の廃止を受けて職を解かれた．

　とは言えこの 3 人は，すぐにフランクフルトを離れたわけではなかった．それぞれが蔵書を抱えていたということも理由の 1 つだが，それだけではない．3 人にとってフランクフルトは居心地のよい街であり，しかも持って行くことのできない財産が他にもあったのだ．年齢はすでに 50 代もしくは 60 代に達していた．どのような職に就くにせよ転職するには遅すぎる．数学者であればなおさらだ．ともあれ，3 人はそれぞれの場所でどうにかこうにかやっていくことができたようである．デーンは早々と退職に追い込まれたものの年金は受給できたため，子供たちを金銭的に援助することはできた．「彼はそれほどひどい状況に置かれているとは思っていなかったかもしれない」．エヴァは私にそう話した．この頃デーンは 59 歳にして，自身の業績の中で最重要とも言える成果を挙げた．1938 年に発表した位相写像に関する論文の中で扱ったもので，現在では「デーン・ツイスト」[19] として知られる．

　だがジーゲルによれば，「（1938 年）11 月 10 日，この日をもってドイツはまさしく大いなる恐怖の時代に突入した．政権中枢部の指示でユダヤ人の迫害に拍車がかかった．シナゴーグは焼き払われユダヤ人の商店は破壊された．当時使われていた強制収容所はどこも，連れてこられたユダヤ人であふれかえった．このと

き，デーンやエプシュタイン，ヘリンガーもヒトラーの手先に連行された」[20]．デーンは逮捕されたが，留置する場所がなかったためその日の夜に釈放された．ヘリンガーも同じ理由ですぐには逮捕されなかった．エプシュタインは健康状態を理由に逮捕は当面見送られた．このときの混乱した惨状をジーゲルが目のあたりにしたのはその2日後のこと．デーンの60歳の誕生祝いをするつもりで出掛けてきたところだった．ジーゲルはそのときすでにゲッティンゲンに移っていたが，彼自身の言葉を借りれば，「どこか隠居生活のような暮らし」[21]をしていた．ジーゲルは，11月10日未明に起こったいわゆる「水晶の夜（Kristallnacht）」の出来事を直接見ていなかったため，フランクフルトに到着したときはあっけに取られた．街の様子が異様なのだ．暴動があったのは一目瞭然だった．デーンのアパートには誰もいなかった．デーンとトニはすでに，フランクフルトから北へおよそ19キロのところにあるバート・ホンブルクへ避難していたのだ．2人はヴィリー・ハルトナーの家にかくまわれていた．ヴィリー・ハルトナー（1905–1981）は科学史研究の重鎮で，のちにフランクフルト大学の学長を務めた人物だ．ハルトナーはデーンの友人であり，数学史セミナーに参加する仲間でもあった．ジーゲルはヘリンガーのアパートにも行ってみた．ヘリンガーはアパートにいた．逃げも隠れもせずに．何でも「自身の身の上に起こっている今回の件で，公に定められている法律や広く受け入れられている慣習を国家がどこまでないがしろにするのか見届けるつもりでいた」[22]のだそうだ．ジーゲルはそのままバート・ホンブルクへ向かい，何とかデーンの60歳の誕生日を祝うことができた．ジーゲルがフランクフルトに戻ると，ヘリンガーが送られる強制収容所はすでに決まっていた．ヘリンガーは当初，市の公会堂に勾留されていたが，その後ダッハウへ送られる．だがその6週間後，アメリカへ移住する許可が下りる．アメリカには彼の妹がいた．ノースウェスタン大学に職を得たヘリンガーは，やがて正教授になるが，ほどなくして法定定年退職年齢に達したため，ごくわずかな年金を保証されて退職せざるを得なくなった．その後イリノイ工科大学に2年間勤めるも癌を患い，1950年に亡くなった．トニ・デーンは病床のヘリンガーのもとにはるばる赴き，彼の世話を手伝ったという．

　エプシュタインは健康状態がすぐれなかったため，いったん拘禁を解かれた．ジーゲルが彼を訪ねたのは1939年の8月だった．庭の椅子に腰かけていたエプシュタインはすでに落ち着いた様子ではあったが，可愛がっていた猫をやむなく手にかけたばかりだったこともあって，どことなく寂しげだった．猫が鳥でも襲おうものなら近所の人たちの反感を買うことになるのではないかとエプシュタイ

カール・ルートヴィッヒ・ジーゲル，マックス・デーン，エルンスト・ヘリンガー．1938年9月26日――「水晶の夜」事件の44日前（写真提供：マリア・デーン・ペータース）

ンは危惧したのだそうだ．彼は木や花を指さしながら，「素敵なところだろう？」と言った．その8日後，エプシュタインはゲシュタポから召喚状を受け取ると，自ら命を絶った．もうじき70歳に手が届こうかというエプシュタインにとって，国外へ移住することは難しかっただろう．このような状況にあって「エプシュタインは自分が取り得る中で最も賢明な行動を選んだのだ」[23]とジーゲルは思った．

　デーンは身に危険の及ばない土地へ逃れることを決意する．かつての教え子で当時は同僚であったヴィルヘルム・マグヌス（1907-1990）の妻と子の手引きで，デーンとトニは何とか駅にたどり着き，そこから列車に乗り込んだ．マリアによると，「そこから一息つける場所まで数日間ずっと列車に揺られ続けた」[24]．その場所とは，デーンの4人の姉妹が住むハンブルクにあった．そうこうするうちに北欧へ逃れる手立てが見つかる．ジーゲルも北欧行きの計画について話し合うため一度ハンブルクまで足を運んだ．そのとき，市内でも有数の伝統と格式を誇るホテルで，ジーゲルは自らの「アーリア人の血統」について質問に答えなければチェックインできないことに激怒したという．

　デーンはまずコペンハーゲンへ行き，しばらくしてノルウェーのトロンヘイムにあったノルウェー工科大学で職に就いた．彼は以前ノルウェーに滞在したことがあり，ノルウェー科学アカデミーの会員になっていた．1940年の3月にジーゲルがノルウェーの彼のもとを訪ねてきた．港にはドイツ船籍の不審な船が何隻

も停泊していて，地元の人たちからは「海賊船」と呼ばれていた．ジーゲル自身も渡米するという．ドイツ国内の情勢に耐えられなくなったのだ．

1940 年 4 月 9 日，ドイツ軍がそのノルウェーに侵攻する．このとき，例の海賊船から軍事物資が陸揚げされた．デーン夫妻はまたもや危険な状況に置かれることになった．2 人はいったんある農家に身を寄せたが，特に何事もなかったためトロンヘイムに戻った．ノルウェーを離れることもできる．だがそうするためには他に行く場所を見つける必要がある．でなければドイツに戻ることになるだろう．デーンは大学教授だったため，アメリカの移民割当制限の対象からは除外されていた．だが，移民としての受け入れが認められるためには，あらかじめ仕事を見つけておかなければならない．デーンにはクレア・ハースという昔なじみがいた．彼女はかつてフランクフルトで皮膚科医をしていた人物だが，そのときはすでにアイダホ州ポカテッロに移りそこで精神科医として働いていた．そのハースが奔走してくれたおかげで，デーンは 1941 年から 1942 年までポカテッロにあるアイダホ州立大学の助教授として働けることになった．デーンの仕事先が決まったところで，夫妻はノルウェーを発つ．1940 年もすでに後半になっていた．2 人はまず鉄道でロシアを横断してシベリアへ行き，そこから日本を経由して太平洋を渡りサンフランシスコに到着した．これは同時期にクルト・ゲーデルが夫人とともにアメリカへ渡った際の行路とほぼ同じだ．デーンは途中ウラジオストクで図書館を訪れているが，リードが著したリヒャルト・クーラント（1888-1972）の伝記にはそのことに触れた箇所がある．それによると，その図書館には数学書を収めた書架がたった 1 つしかなく，その書架に収められていた本はすべてクーラントの編集したシュプリンガー・フェアラーク社の「黄色い表紙のシリーズ本」*だった．地の果てにまでゲッティンゲンは存在するのだ．デーンは列車の中で肺炎になり危うく命を落としかけた．一命は取り留めたが，それについてジーゲルはデーンが医者の処置を拒否したおかげだと述べている．ただし，木製の聴診器を持った親切な医者がいたという話もある．

1941 年，デーンはアメリカに到着する．このときすでに 60 代．彼には 1 つ問題があった．銀行口座から現金を引き出すことが認められなかったのだ．しかも蔵書は二束三文でしか売れず（これらの本は，ジーゲルの言う「あこぎなアーリア人商人」[25]がその何倍もの値段をつけて学生たちに転売した），船便でロンドンに送った家具も，結局はその保管料の支払いのために売り払ってしまった．デーンは何が

---

* [訳註] シュプリンガー社の Grundlehren der mathematischen Wissenschaften のこと．

あっても職が見つかるというほど名声を博していたわけでないが，さりとて年齢も十分に重ねていたし名前もそれなりに知られていたので，主要な大学といえどもデーンに地位の低い職を与えるわけにはいかない．結果としてデーンはいくつもの大学のポストを遍歴することになった．そもそもポカテッロでの職も一時的に任用されたものだ．それでもデーンには新たに良い職場を見つけるための猶予が1年あった．ほぼ同じ頃，ヴェイユはペンシルヴェニア州ベスレヘムにあるリーハイ大学で教えていたが，講義には熱意を持てないでいた．デーンは多難な状況に立たされながらも何とかそれを切り抜け，時にはアイダホならではのハイキングを楽しむこともあった．1941年の夏にヘリンガーとジーゲルがアイダホのデーン夫妻を訪ねてきたが，このときも皆でハイキングに出掛けた．

　デーンはアイダホの次に，シカゴにあるイリノイ工科大学へ移った．近くのノースウェスタン大学ではヘリンガーが教えていた．シカゴでの職はこれまでよりも給料が良く，その職場も街の中心部に近くなった．だがシカゴは喧騒に包まれた慌ただしい工業都市だ．デーンは都会が好きではなかった．彼は2つのクラスで微分・積分方程式の授業を受け持つことになったが，2つのクラスのうち一方は，この授業の試験に一度落第した学生たちのクラスだった．その最初の授業のとき学生たちはデーンに，浮かれた様子でこう挨拶した．「よろしく，教授．僕らはばかですから」[26]．

　デーンの遍歴は続く．今度はメリーランド州アナポリスのセント・ジョーンズ大学へ移った．ジーゲルによると，この大学の学生はほとんどが15歳から18歳までの若者だった．それより年長の学生は，適格者全員が兵役に駆り出されてしまったからだ．この大学にはシカゴ大学が選集したシリーズ「西洋の名著100選（*100 Great Books of the Western World*）」を学生に読ませるという学習方針があった．ジーゲルはこれらのテキストを原文で読むことになっていたと言っているが，それは正確ではない．原文で読むのは，テキストの中のほんの短い部分にすぎない．ところがデーンは，ユークリッドやアポロニウスの著書，ニュートンの『プリンキピア』などをテキストにして数学を教えるつもりでいたし，いずれはラッセル–ホワイトヘッドの『プリンキピア・マテマティカ』について講義しようとも考えていた（『プリンキピア・マテマティカ』は数ある書物の中でも相当難解な部類に属する）．また，どのテキストも隅から隅まで読むことを建前とした．セント・ジョーンズ大学のカリキュラムには，フランクフルト大学の数学史セミナーで取り上げられた本_{ボリューム}と同じものがテキストとしていくつか取り入れられてはいたが，両者は体積_{ボリューム}すら一致しない2つの四面体のごとくまったく別物だった．こうし

た環境のもとでは温厚なデーンといえども平静ではいられなかった．この種のカリキュラムであっても，学生にそれ相応の素地と心構えがあり，なおかつカリキュラムの内容がもっと穏当なものであれば，デーンはそれを指導する教師として適任だったことだろう．だがジーゲルが言うように，「そのすべてが，フランクフルト大学数学史セミナーのたちの悪いパロディのようだった」[27]．ヘルムートによると，デーンがとりわけ苛立ちを募らせたのは，英訳されたホメロスの『オデュッセイア』を1週間で読むという授業を担当させられたときだった．この大学では学問が軽視されているとデーンは感じたらしい．

デーンは1944年の春休み期間中，ノースカロライナ州のブラック・マウンテン大学で招待講義を行うことになった．この時の書簡がブラック・マウンテン文書局に残されており，やりとりの相手はエルヴィン・シュトラウスという人物で，彼もまたデーンと同様にドイツから亡命してきた大学教員だった．ブラック・マウンテン訪問はデーンにとって楽しいものとなった．客員教授として赴任できないかとブラック・マウンテン大学に打診したところ，1944年12月29日にシカゴにいたデーンのもとへ就任要請の通知が届いた．1945年の年明け，デーンはブラック・マウンテンへ移る．彼は時折小旅行に出掛けながら，残りの生涯をその地で過ごした．

1933年から1956年まで開設されていたブラック・マウンテン大学は，アメリカの高等教育の歴史の中でも注目すべき実験的試みの1つで，理想主義農場のブルック・ファームやフーリエ主義的な生活共同体（このフーリエは数学者になじみ深いフーリエではない）に近いものがあった．学生数は（夏学期を除いて）せいぜい90名程度だったが，教員は大勢いた．学生も教員も全員が学内で生活を送り，共同生活に関する事柄は構成員の全会一致で決定することがよしとされた（ただし，いつも全員で合議するようなことが起きていたわけではない）．ブラック・マウンテン大学に在籍したことのある芸術家には，その時期はまちまちだが，ヴィレム・デ・クーニング，フランツ・クライン，ロバート・マザーウェル，ロバート・ラウシェンバーグらがいる．また詩人では，ロバート・クリーリー，デニス・レバトフ，チャールズ・オルソンらが籍を置いていた．オルソンは身長が2メートルを超える大男で，のちに学長を務めた．さらに音楽の分野では作曲家のジョン・ケージ，舞踊家のマース・カニンガム，アルノルト・シェーンベルクの門下生で指揮者のハインリッヒ・ヤロベツなどもいる．その他，ポール・グッドマンやアルフレッド・ケイジンなどの著述家や知識人も少なくない．バックミンスター・フラーもこの学校に関係がある．どのような関係があるかというと，ジオデ

シック・ドームと呼ばれる考案したばかりのドーム型建造物をブラック・マウンテン大学に建てようとしたのだ．もっともこのドームは建造途中で潰れてしまい「仰向けドーム」と呼ばれるようになった．もう1人，映画『奇跡の人』や『俺たちに明日はない』の監督として知られるアーサー・ペンを付け加えておこう．ここに挙げたのは，この学校に関わった名だたる人たちのごく一部にすぎない．デーンにとってブラック・マウンテン大学での職は役不足だと言う数学者もいる．だが，独自の路線を歩むブラック・マウンテン大学は，それはそれでかなりの水準にあったし，柔軟なデーンはそのことを十分理解していた．科学の分野では，量子力学のアインシュタイン–ローゼン–ポドルスキーのパラドックスで知られるネイサン・ローゼン (1909-1995) がブラック・マウンテン大学で時々講義を行った．また1933年には，バウハウスで教鞭を執っていたヨゼフ・アルバースがこの学校に赴任してきている．アルバースはデーンと同じドイツ人移住者で，アメリカへやって来たときは英語がまったく話せず，ノースカロライナ州がどこにあるのかも知らなかった．妻のアニは有名な織物工芸家で，その存在自体が学内の人々の生活に影響を与えるようになった人だが，彼女も最初ノースカロライナ州はフィリピンにあると思っていた．アルバースは1950年に学内で起こった騒動のためブラック・マウンテン大学を去り，イェール大学のデザイン学部の学部長に就任することになった．

　ブラック・マウンテン大学は木々に囲まれた美しい環境の只中にあった．デーン夫妻と親しくしていたフラーによると，デーンは「かなりの自然愛好家」だったという．ブラック・マウンテン大学の歩みを見事に綴った『ブラック・マウンテン──コミュニティの人々 (*Black Mountain: An Exploration in Community*)』の著者マーティン・デュバーマンがその執筆の際に行ったインタビューの中で，フラーは学校の周辺一帯の様子について次のように語っている（今回許可を得て掲載させていただいた）．「手つかずの自然に囲まれてとても気持ちの休まる場所だったね．ヘビはわりといたけど，危ないのは滅多にいなかった．黒くて大きなヘビはかなり多かった……」[28]．また，この学校に勤める教員の子弟だったデヴィッド・コークラン3世とハワード・ロンドサーラーは，2人そろってのインタビューでデーンの思い出を語っている．コークランはこう話した．「デーンさんは華奢だったけど，よく山登りをしてたな……辺りの山はどこもかしこも登ったし，絶えず山登りに出掛けていた……僕たちもしょっちゅう一緒について行ってたよ」[29]．デーンは，亡命の道中に有蓋の貨車に乗ってロシアを横断したという話を聞かせてくれたのだそうだ．この少年たちは当時12歳くらいだったが，2人

ブラック・マウンテンでたたずむマックス・デーン（エヴァ・デーンの許可を得て複製）

ともそのことを覚えていた．

　デーンにとってブラック・マウンテンは居心地の良いところだった．亡命者の中ではシュトラウス夫妻，アルバース夫妻，それにヤロベツ夫妻がドイツ語を話した．派閥に分かれての反目もありそうなものだが，ほとんど何事もなく過ごすことができたのはデーンのおかげだった．デーンは聡明な学生や独創性豊かな同僚にも恵まれた．もっとも，教員の中には時として不愉快な振る舞いをしたり突飛な行為に及んだりする者もいた．例えば，小説家で批評家のエドワード・ダールバーグなどはその1人だ．近代文学のほぼ全般を激しく糾弾したダールバーグ．そのガラスの義眼には自立した意思が宿っているかのようだった．ダールバーグは，ブラック・マウンテンに来た当初，木々に覆われた周囲の環境に狂喜していたが，ほどなくすると，生い茂る葉群れを指して「殺意を帯びている」と言い出した．世間ではアスファルトを憎悪する人物として知られていたが，あるいはアスファルトの方が好みにあっていたのかもしれない．ジーゲルによると，デーンはダールバーグに対してわざと反論する役回りを演じていたらしい．事実，生い茂る葉っぱについては意見の相違があったものの，2人はとても仲が良かった．またダールバーグは「ストラボンやプルタルコス，ハリカルナッソスのディオニュシオス」について，デーンと語り合うのが「大好きだった」[30]．デーンはブラッ

ク・マウンテン大学で，数学以外にもギリシャ語と哲学を教えていた．

彼は，1946年から1947年にかけての秋学期，マディソンにあるウィスコンシン大学へ出向き，さらに1948年から1949年の1年間は全学期を通してマディソンに滞在した．ブラック・マウンテン大学の記録によると，デーンは春の時期，週末に時折ブラック・マウンテンへ戻ってきていたようだ．ウィスコンシン大学滞在中，彼は授業が終わるとビアホールで学生たちとテーブルを囲んだ．当時学生だったポール・L・チェッシンは，マディソンの学生会館にあった地下ビアホールでデーンと同席したときのことをこう回想している．「がっしりとした木製の丸テーブルには，学生たちの名前が深く刻み込まれていた．私たちは10人ほどいただろうか，そのテーブルの周りに陣取った（それは広いテーブルだった）．デーン先生はジョッキを片手に，いかにも先生好みの古典……古代ギリシャの文学や神話，歴史について話をされた．先生は，私が以前ラテン語を履修したことがあると知るや，今度はラテン語でホラティウスを朗唱された」[31]．キケロがカティリナを糾弾した演説の一節をチェッシンが何とか思い出しながら暗唱すると，デーンは大いに喜んだという．

ブラック・マウンテン大学は数学者の育成に関して評価が高かったわけではないが，それでもデーンはそこで教えていた数年の間に，優秀な学生を少なくとも2人指導した．1人はペーター・ネメニイという学生．1948年から1949年にかけてデーンが（ということはすなわち数学科全体が，ということだが）ウィスコンシン大学へ出向いたとき，ネメニイもそれに同行した．ネメニイが卒業するに際しては，ドイツの大学と同様，公開の口頭試問がブラック・マウンテン大学で行われた．デーンはエミール・アルティンに，プリンストンからご足労願って口頭試問の試験官を引き受けてもらえないか，良かったらこちらでハイキングにも出掛けましょうと申し入れた．口頭試問でネメニイは，楕円幾何学について質問されたがうまく答えられなかったそうだ．それに対するアルティンの講評は，（ブラック・マウンテン大学には数学専攻の学生が少ないことを念頭に）楕円幾何学の講義のときネメニイは居眠りをしていたに違いないという洒落っ気のあるものだった．だが，後日ハイキングに出掛けた際，ネメニイはアルティンから別のテーマについて質問されると，今度はうまく答えることができた．そのおかげもあって卒業後ネメニイはプリンストン大学の数学科に進み，そこで統計学に関する学位論文を書いて博士号を取得した．ネメニイにはとりわけ記憶に残るデーンの言葉がある．それは，デーンが射影幾何学について説明していたときに口にした，「われわれは大聖堂を築こうとしているのだよ」[32]という一言だ．だが，やがてネメニイは

社会運動にのめり込んでいく．公民権運動が盛んだった頃には社会運動の一環として ミシシッピ州テューペロで統計学を教えていたが，その後ニカラグアのサンディニスタ民族解放戦線に身を投じた．

もう1人の学生はトゥルーマン・マックヘンリー．彼は数学者としてもっともまっとうな経歴を歩んだ人で，現在ではカナダにあるヨーク大学の名誉教授である．マックヘンリーが初めてブラック・マウンテン大学のことを知ったのは，ある測量隊の一員としてアラスカで作業していた頃だった．このときマックヘンリーはワイオミング大学を「一時休学」していた．彼の友人にアンディ・フィッシャーという詩人がいた．フィッシャーは当時まだワイオミング大学に在籍していたが，マックヘンリーとは定期的に手紙をやり取りしていた．あるときマックヘンリーはフィッシャーからの手紙で，イリヤ・ボロトフスキーという画家と親しくなったという話を読んだ．ボロトフスキーは，ブラック・マウンテン大学で繰り返し起きた「爆発」のひとつが起きた後で，「ワイオミングにたどり着いた」人物だという．ボロトフスキーはそこで，ブラック・マウンテン大学のいろいろな魅力を土産話として語ったのだ．テントの中でフィッシャーの手紙を読んだマックヘンリーはブラック・マウンテン大学についてもっと詳しいことが知りたいと返事を書いた[33]．こうしてマックヘンリーはブラック・マウンテンへと向う．

マックヘンリーはブラック・マウンテン大学でありとあらゆることを吸収した．わずかだが哲学，作文法，言語学，フランス語，ドイツ語，ロシア語も学んだ．また，ブラック・マウンテン大学は現代舞踊の教育に秀でていたため，マックヘンリーもマース・カニンガムやキャサリン・リッツのもとで現代舞踊を学んだ．のちにカニンガム舞踊団の創設メンバーの1人となり（1953-1965），その後自らの舞踊団を立ち上げたヴィオラ・ファーバーはマックヘンリーの同期生だ．マックヘンリーはナターシャ・ゴルドフスキーに付いて物理学も学んだ．さらに，複数のテンポが同時に進行する楽曲を試していた作曲家のシュテファン・ヴォルペからは，それらのテンポがいつ調和するかを見つけ出す手伝いをしてほしいと頼まれた．そして，マックヘンリーが数学を学ぶためにマンツーマンで指導を受けたのがデーンだった．マックヘンリーが言うには，デーンほど繊細で，洞察力に優れ，思慮深い教師は他にいなかったそうだ．2人はいつも，マックヘンリーが面白そうだと思うテーマを選んで議論した．部屋の中で論じ合うこともあれば，ハイキングをしながら議論を交わすこともあった．またマックヘンリーは論文もよく読んだ．デーンの方もよく自分の蔵書の中から論文を引っ張り出してきてはマックヘンリーに渡したものだった．デーンは些末なことにこだわって重要な点

を見誤るようなことはしなかった．もしマックヘンリーに理解すべきことや見落としていることがあると思ったときは，やんわりと助言を与えた．マックヘンリーが学位論文を書き上げると，デーンは教え子のルート・ムーファンク (1905-1977) にその論文の査読を依頼した．ムーファンクは戦後，フランクフルト大学の教授職にあった．ドイツでは女性として初めて数学の正教授になった人だ．マックヘンリーはトニとも身近に接した．彼はトニのことを「私にとっては母親同然だった」[34]と言っている．トニはものの考え方がデーンほど自由ではなかった．トニに言わせれば，長髪の学生などというものは，シャツも着ないで走り回ったり（これは 1960 年代ではなく 1940 年代後半の話だ），裸足のまま部屋に入って来たりしかねない輩だった．デーン夫妻を訪ねてきたジーゲルも，トニのこの意見を聞いて概ね賛同していたという．マックヘンリーによれば，ジーゲルはデーンにとって一番気の置けない友人だった．ジーゲルとデーンは一緒にフロリダへ出掛けるのが好きだったそうだ．ミルドレッド・ハーディングはこう書き記している．

　　　たった 1 人の学生［マックヘンリー］のためにこれだけの時間を費やしてもどかしくないのかと［デーンに］尋ねると，彼は，いいえ，ちっとも，ときっぱり否定した．マックヘンリーは「学生としても，数学の研究者としても本物」だからだという．デーンにとってマックヘンリーを指導できるのは光栄なことだった．「もっと言えば」と彼は続けた．「私はとても恵まれていた．60 年に及ぶ教員生活の中で，15 人はいただろうか，これはと思う学生を何人も指導することができた」[35]．

　マックヘンリーが私宛てにくれたメールにはこうあった．「時の流れ方というものは実に奇妙です．どういうわけか，人の一生には実際よりも短く感じられる時期がありますが，その反対に実際よりも長く感じられる時期もあります．しかもそれは時として，到底あり得ないと思えるほど長い期間に感じられることさえあります．私の人生の中では，ブラック・マウンテンでデーン先生と過ごした時期というのがそうでした」[36]．
　ブラック・マウンテン大学の財政状態はつねに不安定だった．ある時期など，教員ひとりひとりに対して毎月，部屋代と食事代のほか 5 ドルしか支払われなかったこともある．デーンが受け取っていた額は毎月 40 ドルと比較的恵まれていたものの，その中にはトニがシカゴにあるモンゴメリ・ワード社の展示デザイン

の仕事を辞めてデーンに同行できるようにと上乗せされた 15 ドルも含まれていた．トニはデーンがセント・ジョーンズ大学に移ったあともこの会社で仕事を続けていたのだ．ジーゲルによると，デーンは金銭的なことを重大な問題だとは捉えていなかった．だがブラック・マウンテンで暮らし始めた頃は経済的に決して楽ではなかったため，招待講義で得られる収入は何としても必要だったに違いない．ちなみに 1946 年から 1947 年にかけての秋学期にウィスコンシン大学で行った講義料としてデーンが受け取った額は 2750 ドルだった[37]．ただし，戦後ドイツが再編されるに及んで，すでに退職年齢を過ぎていたデーンは，受給資格のあった年金の給付をフランクフルト大学から受けることになった．またデーン夫妻は，補償金としてかなりの額を受け取ったため，その一部を使ってブラック・マウンテンに家を購入した．デーンは 1952 年にブラック・マウンテン大学の教授職を退任するが，それは形式上のことでその後も相談役として大学に留まった．だが，大学は破綻しつつあった（1956 年に閉校される直前，教員には給与として大学で飼育されている牛の肉が支給されていた）．

　ブラック・マウンテン大学が，敷地の一角に美しく群生するハナミズキを，材木として売却する決断を下す．彼らは製材用の設備を確保し，自前で木材を加工することにした．だが，ことごとくやり方がまずかった．大学の関係者は所詮，製材については素人だ．終わってみれば，亀裂だらけで寸法もでたらめな材木がうず高く積み上げられていた．仕入れに来た業者は一切の買い取りを拒否した．デュバーマンは次のように書いている．

　　　この出来事は，デーンにとって自分の身の上に起こった悲劇も同然だった．デーンはこのハナミズキの森にことさら強い愛着を持っていたが，大学を救うためにはそうせざるを得ないということでやむなく伐採に同意した．計画が頓挫して間もなく，デーンは心臓発作でこの世を去った．ハナミズキの伐採がまったく無意味だったことに打ちのめされて心臓発作を起こしたのだと言い張る人も中にはいる．デーンの亡骸は，彼がこよなく愛した森に埋葬された[38]．

　ジーゲルは，デーンの死についてもっと直接的な原因があるのではないかと語っている．ジーゲルによれば，ある夏の暑い日にハイキングをしていたデーンは，伐採せず保存することになっていた樹木を数人の男たちが切り倒しているところに遭遇したため，この冒とく的な行為をやめさせようと急な坂道を駆け上がったのだそうだ．その翌日デーンは「塞栓症」で亡くなるが，その原因はこのときの

無理な運動にあるとジーゲルは考えている．ヘルムートの話によるとデーンは死の前日，夏の暑さの中で一日中，特に思い入れがあって切るに忍びない樹木に目印を付けて回ったらしい．デーンは，翌朝目覚めると胸部から上腹部の辺りに激しい痛みを感じた．このとき鎮痛剤を所望したという．薬を信用しなかったデーンにはいささか珍しいことだった（小児科の診療をするのなら処方する薬の量はもっと減らすべきだとデーンから口やかましく言われたのをヘルムートは覚えている）．トニが鎮痛剤を買って家に戻ったとき，デーンはすでに息を引き取っていた．知らせを受けたマックヘンリーはトニの力になろうとニューヨークから駆けつけた．デーンは途方もない悲劇の数々をくぐり抜けてきた人だったとマックヘンリーは私に言った．

デュバーマンの著書によると，オルソンはひとりブラック・マウンテンに留まり，責任者として閉鎖された大学の後始末にあたった．デーンとヤロベツの墓が適切に維持管理されるよう手配することもオルソンに任された数ある仕事の1つだった．トニ・デーンは1996年までオハイオ州に住む家族の近くで暮らしたが，トニが亡くなると，その遺灰は子供たちに運ばれて再びブラック・マウンテンへ帰って行った．

果てしない距離の問題

第4問題

―ブーゼマン，ポゴレロフ，ほか―

第4問題は次のように始まる：

　幾何学の基礎に関連するもうひとつの問題がこれです：通常のユークリッド幾何学を構築するのに必要な公理の中から平行線の公理を取り除く，あるいはそれが成り立たないと仮定し，他の公理はそのままにしたならば，よく知られているように，ロバチェフスキー幾何学（双曲幾何学）が得られます．したがって，これをユークリッド幾何学のすぐ隣に位置する幾何学と言ってよいでしょう．さらにそこから，ある直線上に3つの点があるとき，そのうちの1点，しかもただ1点のみが他の2点の間にあるという公理も満たされないとすると，リーマン幾何学（楕円幾何学）が得られますから，この幾何学はロバチェフスキー幾何学のすぐあとに続くものと考えられます．アルキメデスの公理についてこれと同様の考察をしようとすれば，これ〔アルキメデスの公理〕が満たされないと見なす必要がありますが，実際そうすることによってヴェロネーゼと私自身が研究してきた非アルキメデス的幾何学に行き着くのです．さて，このように考えると，さらに一般の問題が浮かび上がります．それは，その他の示唆に富む視点から，ユークリッド幾何学と同等の資格を持ってユークリッド幾何学と並び立つ幾何学を考えられないか，という問題です．

　2つの辺とそれらのなす角がそれぞれ等しい2つの三角形は合同であるという公理を，より弱い公理に置き換えるとどうなるだろうか．それを詳しく探究せよというのがヒルベルトの主張だ．この公理からは，2点を結ぶ最短路は直線であるという定理が導かれるが，この定理そのものはこの公理よりも命題として論理的に弱いため，前者から後者を導くことはできない．ヒルベルトの興味は，2点

を結ぶ最短経路が直線であって，なおかつ合同の公理が成り立たないような幾何学にあった．それは，このような幾何学を研究すれば「距離の概念に対しても……新しい光を投げかける」だろうと考えたからだ．ヒルベルトは専門的な注釈を加えつつ，最後には「曲面の理論（微分幾何学）」や「変分法」においても距離の概念を探究する必要性を示唆している．

1903 年，当時ヒルベルトの学生だったゲオルク・ハーメル（1877-1954）は，こうした幾何学がヒルベルトの想像をはるかに超えて数多く存在することを発見し，一般性のある定理をいくつか証明する．彼は既存の手法，すなわち，双曲幾何学の偉大なるケーリー‐クライン・モデルに修正を加えることでヒルベルトの言うような幾何学とその距離関数（距離を測る尺度となるもの）をさまざまに構成する方法を見出した．この成果は当時かなりの驚きとともに迎えられ，中にはハーメルの結果をもってこの問題は解決されたと考える向きもあった．しかし，明らかにハーメルは，この種の幾何学に相当すると考えられるものをすべて特定したわけでも，それらを余すところなく探究したわけでもない．そのため今日では一般に，ハーメルの結果をもって第 4 問題が解決されたとは見なされない．

以下に引用するのはヘルベルト・ブーゼマン（1905-1994）の論文にある一節だが，これはこの問題がその後どのように捉え直されたのかを述べたものである．

> ……ヒルベルトは，このような距離をすべて構成しその個々の幾何学について研究することを提唱したが，その内容から判断するに，こうした距離が相当な数に上るということをヒルベルトは明らかに認識していなかった．そのため，この問題の後半部分は問題設定に無理がある．ここは問題の趣旨を，興味深い特徴を備えた特定の幾何学，あるいはそのような幾何学の一群に関する研究というものに読み替えるほかない[1]．

こうした立場に立てば，この問題は 1 つの研究プログラムとなる．ブーゼマンはこの企ての立役者だった．もし該当するすべての幾何学，あるいは該当する幾何学たちすべての集まりを研究の対象にしていたとしたら，それはいつ終わるとも知れない試みになっていただろう．

ブーゼマンの父親は，武器の製造を手掛けていたクルップ社の重役だった．ブーゼマンには実業の道に進むことを期待していた．ブーゼマンは，父親の意向に

何とか沿おうと「無駄」な数年間を過ごしたのち，1925年にゲッティンゲン大学へ入学する[2]．彼はミュンヘンやパリ，ローマの大学でも学んだ．ゲッティンゲンでは上等のワインをふるまったので，彼の部屋は学生のたまり場となった．ブーゼマンは数多くの言語を学んだ——のちに彼は，ロシア語など7か国語で講義できるまでになり，ラテン語や古代ギリシャ語の古典もたしなんだ．数学では幾何学の問題に取り組み，1931年に学位を取得する．その後ブーゼマンは，クーラントに頼まれて，父親から経済的に援助してもらうことになった．お金に困窮している学生たちをクーラントの有給助手として雇うためだった．

ヘルベルト・ブーゼマン（転載許可：オーバーヴォルファッハ数学研究所資料室）

　ブーゼマンは，ユダヤ人の血が4分の1流れていたものの，当初はヒトラーの人種政策の影響を直接受けることはなかった．リードによると，1933年においてもまだ，ブーゼマンは自分の方からヘルマン・ワイルをゲッティンゲンに引き留めようとさえしていたそうである[3]．もっとも，ワイルがゲッティンゲンを去った後，ほどなくしてブーゼマンもゲッティンゲンを離れることになった．彼は最初デンマークで講師をしていたが，その後プリンストン高等研究所に籍を置く．アメリカでは，スワースモア大学，ジョンズ・ホプキンス大学，イリノイ工科大学などさまざまな大学で教鞭を執った．もっと早く昇進する道もあったはずだが，流行らない研究テーマばかり選ぶせいか，すんなりとは昇進できなかった（数学にも流行がある．時として流行は，良い意味でその時代の熱烈な関心事を映していることがある．そこには斬新で刺激的に感じられる何かがあるからだ．だが時には無分別な先入観が入り込んでいることもある．また，将来多くの数学者に受け入れられるようになるかもしれないという見方を反映した流行も場合によってはあるだろう．私がブーゼマンについて調べるにあたって参照した文献に『幾何学的トモグラフィ（Geometric Tomography）』という本がある．この本は，X線やMRIなどで撮影した陰影画像や断層画像の情報から3次元画像を構築するための数学理論について書かれたもので，その内容はブーゼマンの時代の数学としては流行らなかったが，有用ではある）．最終的に南カリフォルニア大学へ移ったブーゼマンは，そこでは徐々に昇進する．1970年には名誉教

授になり，のちにカリフォルニア州のサンタ・バーバラから北へわずかのところにあるサンタ・イネスに居を移した．ブーゼマンは，それまで画家への憧れをずっと抱いていたが，数学に専念できなくなるのを恐れて，実際には本気にならないよう自らを律していた．だが第一線を退いたあと，海岸沿いの山の中にあった自宅にアトリエを構えた．1985年ブーゼマンは，著書『測地線の幾何学 (*Geometry of Geodesics*)』を中心とした業績に対してロバチェフスキー賞を授与された．このとき彼を訪ねた記者のリー・デンバートによると，アトリエには「強烈な色使いの幾何学模様を描いた何十枚もの大きなキャンバスが所狭しと置かれていた」[4]という．

ブーゼマンは，ヴィルヘルム・ブラシュケ (1885-1962) のアイデアを土台に，第4問題に関わる空間に対して距離関数を構成する強力な手法を発見した．まず，ある1つの位相的な特性を持った領域として「球体」を考える．そして，これらの球体たちの上，あるいは可算個の球体たちの共通部分および和集合の上で（測度論で扱われるような）加法的な関数を定義する．この関数を用いることによって距離関数を定義できるのだが，この手法がどれほどの威力を秘めていたかはブーゼマン自身気づいていなかった．ところが1966年にモスクワで開かれた国際数学者会議で，ブーゼマンの講演に創造力を触発された人物がいた．A・V・ポゴレロフだ[5]．

アレクセイ・ワシリエヴィッチ・ポゴレロフは1919年，ウクライナとの国境に接するロシア，ベルゴロド州のコロチャ郊外で生まれた．両親は小作農で貨幣経済とはほとんど無縁の暮らしをしていた．ポゴレロフの家系の中で目に付く人物を挙げるとすれば「才があり，独学で」[6]機械工兼設計技師になった曽祖父くらいだろう．この曽祖父は小麦などの穀物を挽くための風車や水車を造った．ポゴレロフは幼少期を田舎で過ごし，学校生活の最初の4年間は地元の小学校へ通った．当時慣れ親しんだ狩りや釣りはいまも続けているという．やがて一家はコロチャにほど近いハルキウに引っ越す．1931年ハルキウの中学校へ入学したポゴレロフは，13歳か14歳の頃に数学に興味を持ち始め，数学オリンピックでも好成績を収めるようになる．本人の話によると，ポゴレロフが数学に引かれたのは，問題をうまく解くことができたからであり，しかもその解答をはっきりと評価してもらえたからであって，数学者になる人が感じるような尋常ならざる魅力を数学自体に感じたからではないという．

ポゴレロフはハルキウ大学で数学と物理学に熱中した．その後1941年に軍に召集され，モスクワにあるジュコーフスキー空軍技術士官学校（優秀な工科学校）

に配属される．1945 年に退役するとポゴレロフはこれもモスクワにある中央流体力学研究所で技術者として働き始める．この研究所の技術者は，モスクワ大学で勉強を続けられるように週に 1 日出勤が免除された．ポゴレロフも大学院聴講生として大学に籍を置き，N・V・エフィモフ (1910-1972) と A・D・アレクサンドロフ (1912-1999) の指導を受けた．ポゴレロフはこの 2 人の指導教官を通じて，大域幾何学の魅力的な問題の数々に出会ったのだそうだ．本人曰く，これらの問題の出所となった研究というのが，「ミンコフスキ，ワイル，ヒルベルト，ブラシュケ，コーン＝フォッセンといった著名な数学者たちが

アレクセイ・ワシリエヴィッチ・ポゴレロフ（転載許可：ロシア科学アカデミー情報伝送問題研究所）

手掛けたものだった．私は幸いそれらの問題をいくつも解決することができ，それによって数学者たちの間で名が知られるようになった」[7]．1947 年に博士候補号，その翌年に博士号を取得したポゴレロフは，レニングラード大学とモスクワ大学から同時に教員への就任要請を受けた．「でも，それらの要請に心動かされることはなかった．私はハルキウ大学の方が良かった」．ウクライナのハルキウ大学は 19 世紀後半以来，数学研究の中心拠点であり，旧ソ連時代でもこの大学に勝るのはモスクワ大学とレニングラード大学くらいのものだった．ハルキウ大学は古巣であり，ポゴレロフが育った田舎にも近い．ポゴレロフは 1947 年にハルキウ大学に任用されると，1950 年には幾何学講座の主任に就任し，その後ソ連科学アカデミーとウクライナ国立学士院の会員に選出された．

ポゴレロフの発表した論文の中には，幾何学のさまざまな側面を扱ったものが見られるが，その他にも偏微分方程式や弾性殻の安定性理論，「極低温電気機器工学」に関する問題などをテーマにしたものもある．優れた技術者と目されていたポゴレロフは，1960 年からウクライナ国立学士院の B・ヴェルキン低温物理工学研究所にも籍を置いている．面白いことにこの研究所には幾何学部門がある．

ヒルベルトの第 4 問題は，幾何学の基礎をなす事柄の中でもかなり中心的な位置を占めると考えられる．1966 年にブーゼマンの講演を聴いたポゴレロフは，ブーゼマンの著書『測地線の幾何学』を精読するに及んである考えを抱き始める．それは，ブーゼマンが見出した距離関数の汎用的な構成法を用いれば，第 4 問題

で要求されているすべての距離関数，ひいてはすべての幾何学を構成できるのではないかという考えだ．このような構想の中で，その種の任意の距離関数に対し漸近的な近似を与える距離関数がブーゼマンの手法で見出される．つまりその種の距離関数はいずれもそうした近似の極限と考えることができる．1973年，ポゴレロフは『ヒルベルトの第4問題の完全な解決（*A Complete Solution of Hilbert's Fourth Problem*）』という論文を，ソ連の学術誌ドクラディに発表する．この論文には，滑らかさについての問題や高次元の場合の証明に関する問題など，まだ解明すべき点がいくつか残されていたが，それらの問題も現在までに概ね解決されている．ポゴレロフからのメールにはこう書かれてある．

　　1973年に発表した論文のタイトルを「ヒルベルトの第4問題の完全な解決」としたことについて，私に多少の自惚れがあったことは確かだ．事実この論文の内容は，2次元の場合を検証したものにすぎず，第4問題の完全な解決とは言えない．そればかりか，この論文には1か所，主張に誤りがある．おそらくそのためだろう，ブーゼマン氏は当初，私の研究に対して懐疑的だった．私は1975年に『ヒルベルトの第4問題』という本を出版した．これは3次元の場合を考察したものだが，それを境にブーゼマン氏の見方が変わった．私がそのことを知ったのは，ブーゼマン氏がロバチェフスキー賞を受賞した折にモスクワを訪れたときのことだった[8]．

『ヒルベルトの第4問題』（英訳版は1979年に出版）の中でポゴレロフは，第4問題を解決するにあたって，それを幾何学の基礎に関する1つの問いとして提示している．以下はその箇所を抜粋したものである．

　　本書は，ヒルベルトの第4問題を主題とするもので，その解決についても述べられている．ただし，第4問題は次のように定式化されているものとする．「古典幾何学（ユークリッド幾何学，ロバチェフスキー幾何学，楕円幾何学）の公理系から角度に関する合同の公理を取り除き，その代わりに「三角不等式」を公理として付け加えて得られる公理系のモデルを，同型を除いてすべて求めよ」[9]

これはヒルベルトの意図するところにかなり近い．ヒルベルトは，肯定的解決を期待していたし，良い問題というものはわれわれをあざ笑うかのごとき過度に困難な問題であってはならないとも述べている．第4問題は考察すべき対象の範

囲がもう少し広くかつ漠然としているのだが，それでもポゴレロフの成果は第4問題の解決と見なすことができる．1986年にはハンガリーのZ・I・サボーが，ポゴレロフの結果を部分的に拡張した内容を論文として発表した．

フアン＝カルロス・アルヴァレスは私への返信の中でこう述べている．「おっしゃるとおり，この問題はきわめて曖昧な書き方がなされていると思う．当初はそこにこの問題の弱点があると考えていたが，いまではさまざまな形に定式化することが許されるということはむしろこの問題の強みだと考えている」．ヒルベルトの23問題の中にはいったん解決されたのち，別の解決法が提示されたものも少なくないが，実際に証明された事柄の本質が新たに提示された解決法によって変わるわけでない．アルヴァレスはさらにこう書き記している．「うっかりしがちだが，ヒルベルトが要求したのはこうした距離関数を研究することであって，単にそれらを特徴づけることではない．その意味では，先に述べた［ブーゼマンとポゴレロフによる］解決法では不十分である．私が独自に考案したシンプレクティック形式による『解決法』は，部分多様体を研究する上でも積分幾何学をこれらの空間に拡張する上でもはるかに有効である」[10]．このように，距離関数を構成するところから始まり，やがては構成された幾何学を詳しく研究することが求められるようになるこの第4問題では，新たな解決法が1つ提示されるたびに，構成された対象を詳しく検証するための新たな手法がいくつも生み出されることになる．ポゴレロフが提示した解決法とは，構成された幾何学について理解が困難な部分を，その幾何学の構成に用いた加法的関数を理解することに移し変えるものと言える．一方，アルヴァレスが言及している「シンプレクティック形式」は，よりはっきりと根本から幾何学的である．また，I・M・ゲルファントとM・スミルノフは，「クロフトン密度（Crofton densities）」の方向からこの問題にアプローチしている．つまり，われわれに課された問題というのは，「距離の概念」の研究を進めるのにともなって更新され続けるものなのである．

見返りの大きな投資
第5問題

―グリーソン, モンゴメリ, ジッピン―

　1950年, アンドレ・ヴェイユはその4年も前に書き上げていた論説『数学の未来』を出版した. 数学にとって問題というものがいかに重要かという点でヒルベルトと同意見だったヴェイユは, この論説の中でこう述べている. 「到達不可能ではないにせよ, はるか遠くの目標としてそこに留まり, おそらくは何世代にもわたって研究に対する示唆を与え続けるような問題は, ヒルベルトの23問題の中にさえいまだいくつも存在する. リー群に関する第5問題はその一例である」. ヴェイユはアメリカの数学者たちが数学文化に多大な貢献をするなどとは期待していなかった. アメリカの教育制度は数学には向いていないと考えていた. 学生たちは「ごく限られた分野に専門化」することを求められ, 腰を据えて探究する余裕などないからだ. ヴェイユは言う. 「それだけではない. 彼［アメリカの数学者］は, 自らも長い間我慢してきたまったく機械的な講義を, 生活の糧を得るため学生たち相手に行わなければならないが, そのような講義の影響で感覚が麻痺し, ついには駄目になってしまうという大きなリスクをも背負っているのだ」[1].

　ヴェイユの見方にも一理あるかもしれない. だが1952年, *Annals of Mathematics* 誌に2つの論文を立て続けに発表してヒルベルトの第5問題を解決したのは, アンドリュー・グリーソン, ディーン・モンゴメリ, レオ・ジッピンという3人のアメリカ人数学者だ.

　第5問題の表題は「群を定義する関数の微分可能性の仮定を除いた, 連続変換群についてのリーの概念」となっている. 群とはいくつかの簡単な公理を満たす代数的構造のことだ. 群にはある1つの演算が定義される. 加法と呼ばれることも多いが, それは $(a+b)+c = a+(b+c)$ という結合法則を満たす. また群には単位元なるものがあり, 多くは0で表される. さらに各元に対し, その元に加え

ると 0 になるような元が存在する．これをその元の逆元と言う．ノルウェーの数学者ソフス・リー（1842-1899）は付加的な条件をいくつか満たす多様体の変換群を研究した．これらの群は連続であるだけでなく解析的構造を持つ．3 次元ユークリッド空間の回転全体のなす集合はリー群の一例だ．回転は 2 つ続けて実行できるが，このことが加法に相当する．また，何も実行しないことに対応するのが単位元だ．回転を逆方向に実行すればもとの位置に戻る．回転は結合法則も満たしている．さらには，わずかな回転というものを考えることにより，個々の回転の「近傍にある回転たち」について論じることができる．2 つの回転が互いに近傍にある場合，それらをそれぞれ第三の回転に加えて得られる 2 つの回転もまた互いに近傍にある．つまり，この群は連続であって，近傍にあるものどうしがばらばらに引き離されることはない．その上，さらに重要な特徴がある．リー群であるがゆえの最も大きな特徴なのだが，それは局所座標なるものを導入することが可能であり，それによって複数の回転を続けて実行することが「解析的」になるという点である．つまり，いくつかの回転の組み合わせに対応する関数はすべて，局所座標を用いてべき級数（場合によっては無限級数）として表されることになる．この特徴こそ，有益な解析的構造を大いに活用する手立てとなるものなのだ．

　リーがこの独自の理論を創始した目的は微分方程式について考察することにあった．そのためリーにとってみれば，微分可能性を仮定するのはごく自然なことだった．それに対して，もともと幾何学のことを念頭に置いていたヒルベルトは，幾何学の基礎を探究する手段としてリー群を使おうと考えていた．もし使うことができれば，これらの群に基づいて幾何学が構成され，その群の研究を介して幾何学を研究することができるだろうとヒルベルトは期待したのだ．微分可能性の概念は幾何学ではなく微分積分学に由来する．そこでヒルベルトは，微分可能性を仮定することなくリー群の理論を展開できないかと考えたわけだ．

　第 5 問題の本文には，本筋を踏み外しているところが少なからずある．ヒルベルトが要求している内容をまったくその言葉どおりに受け取ったとすると，それは無理な要求ということになる．というのも，ヒルベルトの表現は具体的な変換の話に結びつきすぎているのだが，多様体の変換には変則的なものもいくつかあるからだ．ヒルベルトの第 5 問題を現代的な視点で見れば，それは終始，群の枠内で収まる問題である．この点については早くから認識されていた．やがて第 5 問題は，ヒルベルトの「要求」が実現される可能性のある形に定式化し直されるが，ヒルベルトが期待したのは技巧的な反例を示すことではなく肯定的な結果を

得ることだったから，誰もがこの定式化し直されたものをヒルベルトの第5問題だと考えるようになった．こうしてあらためて第5問題と認識されることになった問題は，素晴らしく簡潔に表現される．それはこうだ．「あらゆる局所ユークリッド群はリー群か？」．

リー群の一例を先に述べたが，これは局所ユークリッド群である．それが意味するのは，これに座標系を導入することが可能で，かつそれらの座標系で表された変換が連続であるということだ．ただしこれはリー群なので，これらの変換が解析的でもあるように座標系を選ぶことができる．この第5問題にはずる賢い狙いがある．ここで考えているのは，ほんのちっぽけな構造に投資するだけで巨大な構造を確実に手に入れることはできないか？ 座標系に金を払いさえすれば解析性の方はただでついてくるというようにはできないか？ ということだからだ．これを裏返して言うとグリーソンの次のような言葉になる．「［第5問題の肯定的な解決は］十分な秩序が存在しなければささやかな秩序も存在しないということを示すものだ」[2]．部外者が見れば，ただで何かを手に入れるためとは言え，またずいぶんと骨を折ったものだと思うかもしれないが，数学者はそのようなことを決して厭わない．その「何か」は一度手に入れば永遠のものとなり，困難は過去のものとなる．しかも，問題を解くことは享楽だ．

数学の基礎に関する最初の4つの問題や第10問題とは異なり，この問題は明らかに技巧を要する．ヒルベルトの問題に関わりのある数学者たちをテーマにしたアーヴィング・カプランスキーの著書には，この問題の解説と大まかな歴史的背景のほか，「ほんの触り」としてその証明についても足掛かりとなる部分がいくつか紹介されている（この本は講義ノートとして作成されたタイプライター原稿のコピーを製本したもので，全部で12の問題を取り上げている．大学の図書館へ行けば読めるだろう）．この本の中でカプランスキーはこう述べている．「ここから先の証明は非常に長くきわめて技巧的である．ここに書かれている概略はまさしく，かなり概略的なものである」[3]．また，モンゴメリの教え子であり共同研究者でもあった楊忠道（ヤン・チュンタオ）は，アメリカ数学会が開催したヒルベルトの問題に関するシンポジウムの論文集 *Proceedings of the Symposia* の中で，「定理1［ヒルベルトの問題］の証明は大変に複雑で技巧的であるから，ここにその概略を示すことは不可能である」[4]と述べている．私も彼らにならうことにする．

あらゆる局所ユークリッド群はリー群であるという第5問題の肯定的解決は，グリーソン，モンゴメリ，およびジッピンによってなし遂げられたが，それは問題の特殊な場合に関する部分的解決がいくつも積み重ねられた末の最後の一歩だ

った．リー群の構造について解明が飛躍的に進んだのは1920年代．主にワイル
の研究による．（フリッツ・）ペーター–ワイルの定理は特に重要である．そこか
ら先，一般の場合に関する証明を模索するにあたってどのようなアプローチを取
るかについては2つの可能性があったようだ．1つは次元によって場合を分ける
というアプローチである．1次元の場合は易しい．2次元の場合は，1909年から
1910年にかけてブラウワーが提唱したアイデアを基にして，1931年にベーラ・
ケーレクヤールト（1898-1946）が証明し，3次元の場合は1948年にモンゴメリ
が証明した．また4次元の場合はモンゴメリとジッピンが証明し，1952年の初
めに発表した．第5問題が完全に解決されたのはその直後だった．

　ただし，実際に第5問題を完全な解決へと導いたのは，このような位相空間論
や幾何学の高度な手法を駆使した次元によるアプローチではない．もう1つのア
プローチというのは，関数論や解析学の方向から考察するもので，もともとはヒ
ルベルトの問題で扱う必要のある群だけでなく，もっと広範なクラスの群が対象
となる．ハンガリーのブドウ農園主の家に生まれたアルフレッド・ハール
（1885-1933）は，亡くなる年に発表した論文の中で，任意の局所コンパクト群上
には良い性質を持つ測度が存在することを証明した．この測度は本質的に一意的
である．そして第5問題に関連する群はすべて局所コンパクト群である．したが
ってハールの測度を介して解析学や関数論を取り込むことが可能となったわけで
ある．その同じ年，いつも電光石火の反応を見せるフォン・ノイマンは，コンパ
クト群の場合の第5問題を解決する．さらに1939年には盲目のロシア人数学者
で位相幾何学の研究に貢献したL・S・ポントリャーギン（1908-1960）が，アー
ベル位相群の場合の第5問題を解決し，1941年にはクロード・シュヴァレー
（1909-1984）が可解位相群に対する結果を証明した．つまり，これら3種類の位
相群に対しては，局所解析的構造を導入できることが証明されたわけだ．この3
人は数学者の中でもエリートグループに属する人たちである．こうして3人のア
メリカ人数学者のためのお膳立てはすっかり整った．

　技巧的なこの問題がこれほどまでに数学者を魅了するのはなぜだろうか？　当
時，代数構造の研究が深まると同時に，一見するとお互い無関係な数学分野の間
に見出される関連性が深く掘り下げられたことで，強力な数学理論が次々と生ま
れていた．そしてリー群は物理学の基礎的分野においてその重要性が高まりつつ
あった．第5問題を通じては，抽象代数学，幾何学，位相空間論，それに微分方
程式論を含む微分積分学が相互に結びついた．そのためこの第5問題をより深く
理解することは，こうした各分野の基礎づけを追究することに通じるものであり，

場合によってはそこから予想もしなかったような新しい結果が生まれることにもつながるものだと捉えられた．（フィールズ賞受賞者を見ると，その受賞理由にはこのような異分野にまたがる研究成果が非常に多い．）一方で19世紀以来，奇妙かつきわめて異常な（いたるところ微分不可能な）関数がいくつも発見されていたのだが，それらはいずれも連続関数ではあった．そのため，関数が連続だと言っても，それだけでその関数が微分可能ではないかとはあまり考えられなかったのだ．ところが，ある群がリー群だと証明された場合，微分可能性だけでなく，その群が解析的構造を持つ（つまり無限回微分可能である）ことが証明されたことになる．グリーソンは，この問題に対する自らの直観に曇りはなかったと私に言った．「第5問題について他の人たちがどう考えていたのかはわからないが，私に限って言えば，この問題が主張するところに疑いを持ったことはない．このような確信がなければ，この問題に打ち込むことはできなかっただろう」[5]．

　これはハーバード大学の寄付基金教授職というものの特性に関係しているのかもしれないが，すでに見たように第10問題の解決に貢献したヒラリー・パトナムは数学の学位を持っていなかったし，その著作物の大半は哲学に関するものだった．アンドリュー・M・グリーソンもまたハーバード大学の数学教授にして，学位を持たないどころか学位を受けるために必要な単位を1つも取得していない人物である．グリーソンは1921年11月4日，フレズノで生まれた．フレズノはカリフォルニア州のサンホアキン・バレーにある町で，一帯は気温が高く灌漑農業が盛んな土地である．グリーソンの母親はこのフレズノにある自身の実家で暮らしていた．植物学者だったグリーソンの父親が，英領ギアナへ「調査旅行」に出掛けていたからだ[6]．母親の実家マッテイ家はスイス南部でワインの醸造業を営んでいたが，1873年にグリーソンにとって母方の祖父に当たる人がアメリカへやって来た．当初はロサンゼルス近郊で酪農に携わったが，その後フレズノから南へ13キロのところにあるマラガに移り住み，1891年にブドウ農園を始めた．禁酒法の時代にはそのあおりを受けて事業が立ちいかなくなったが，1921年の時点ではまだブドウ農園はマラガにあった．ヘンリー・アラン・グリーソンがギアナから戻ってくると，一家は再びニューヨークのブロンクスビルへ居を移した．
　グリーソンの父方の曾祖父はニューイングランド出身でニューヨーク州北部にあるユニオン大学を卒業している．彼は1833年，オハイオ州ミドルベリーで会社を興した．この会社は数年後にダイヤモンド・マッチ社になるのだが，そのと

きすでに彼自身は別の事業を始めていた．1850年頃，彼はアイオワ州に移り住み草地の開墾に精を出す．彼の息子，すなわちグリーソンの祖父は「若い頃，あちこちを放浪した」[7]．彼はリンカーンとダグラスが行った討論会を観覧したこともあれば，南北戦争の最中には新兵の勧誘活動を行っていたこともある．1865年，彼はイリノイ州の農場を購入する．その農場は現在も同族組合が所有しており，最初の借地人の曾孫が運営している．グリーソンの祖父は大学には行かなかったが，グリーソンによると彼はグリーソンの父親の数学を見てやっていたのだそうだ．その父親，ヘンリー・アラン・グリーソンは9歳までこの農場で暮らした．1901年にイリノイ大学を卒業すると，その後コロンビア大学で植物学の博士号を取得する．そして大学の研究職をいくつか渡り歩いたのち，1918年にブロンクスにあるニューヨーク植物園の常勤職に就いた．ヘンリー・アランは植物学の本を出版しており，そのうちの何冊かは現在も版を重ねている．また，ニューヨーク植物園では彼の名を冠した賞を設けている．

　ヘンリー・アラン・グリーソンはギアナで重度のマラリアにかかったためしばらく闘病していたが，このとき頭が朦朧とする中で手の込んだ算数パズルを解いていたという．後年そのパズルのことを息子に話したそうだ．『アメリカの数学者たち』のインタビューの中でグリーソンは，父親が気に入っていたパズルについて，詳しいことまではわからないが「第一次世界大戦の戦い方」[8]というような種類のものだったと語っている．これは，特別な性質を持った数を掛けたり割ったりする複雑な手順に従って，第一次世界大戦の各会戦を戦うというパズルで，1つの会戦に決着がつくと次の会戦が始まる．グリーソンによると彼の父親は，このときの熱に浮かされたような数字遊び以外にも，数学を「好む傾向」を見せることがあったという．グリーソンの母親はカードゲームが強く，家族でいろいろなカードゲームを楽しんだ．

　グリーソンは公立の小学校に通った．成績は良かった．あるとき，小学校に併設された幼稚園で，彼は他の男子児童に仕返しするためその児童が座ろうとする椅子を後ろへ引いた．幼稚園の教員が激怒して1年生の担当教師を連れてきた．2人の教員が高圧的に彼を叱りつけたので，グリーソンはその一方の教員に一撃を食らわしたという．グリーソン曰く，「そんな乱暴を働いたことはそれ以降一度もない」[9]．9歳か10歳の頃には，古代エジプトにいたく興味を持つようになる．その次に興味を持ったのは天文学だった．彼が14歳のとき一家はバークレーへ出向き，春学期をそこで過ごした．グリーソンは高校の学期前半に行われる幾何学の授業を受講したのだが，講師が数学をあまり深く理解していない人物だ

ったせいで退屈させられていた．彼は他の生徒の宿題を手伝っていたのだが，その中に学期後半の授業を受けている生徒が何人かいたため，グリーソンはそちらの授業に出席するようになる．するとこちらの授業の講師が話す内容は彼にとって合点がいくものだった．グリーソンによれば「彼女は重要な点に徹底してこだわる人だった」[10]という．こうして幾何学の何たるかを理解すると，彼はたちまちそれが気に入った．ただ，バークレーにいる間は天文学に対する興味もまだ失せたわけではなかった．よく路面電車に乗ってシャボー天文台に通ったし，当時としてはとても高価な反射式望遠鏡を購入し，アパートの屋根に登って，バークレーの温暖な気候の中で星を観察した．だがブロンクスビルに戻り，星がよく見えるのは冷え込みの厳しい日だけだということに気づくと，自分は天文学にそこまでの興味はないのだと思った．

　地元のヨンカーズにあるルーズベルト高校に入学したグリーソンは，試験の成績が劇的に良くなった．ある学期にニューヨーク州のリージェント試験を4つ受験し，数学の試験はどれも100点，物理の試験は99点だった．高校の校長からイェール大学に出願するよう勧められたグリーソンは，面接試験を受けに行くとウィリアム・レイモンド・ロングリーの研究室へ通された．グリーソンはそのときのことを申し訳なさそうにこう述べている．「先生は私を丁重に迎え入れてくれた．［微分積分学を］どの本で勉強したのかと聞かれたが，私はよく覚えていなかった．帰宅してその本を見ると，そこにはグランビル，スミス，ロングリーの名前があった」[11]．ロングリーからの返事には，自分が3年生に教えている力学を受講するのが良いと思うと書かれていた．入学を許可され，奨学金ももらえることになったグリーソンは，ロングリーの授業に登録した．その時点では1，2年生で履修する微分積分学をあまり勉強していなかったが，すぐに追いつき，同じ学生寮や近くの学生寮に住んでいた1年生たちの宿題を手伝うようになった．相当な数の問題をこなしたと見えて，グリーソンは1，2年生の微分積分学の問題で自分が見たことがないものがあるとは思えないとまで言っている．

　入学から1か月ほどして時間の余裕ができた彼は，4年生向けの微分方程式の授業を聴講することにした．宿題を提出するようになると，教授が履修登録してはどうかと言った．これをきっかけにしてグリーソンは，数学科の教授たちの知るところとなる．だが彼にとっては，力学の授業も微分方程式の授業も高校の授業とさして変わりがないように思われた．しばらくすると微分方程式の授業を担当していた教授が体調を崩したため，エイナー・ヒレ（1894-1980）がこの授業を受け持つことになった．ヒレはニューヨーク市生まれだったが，ストックホルム

大学で博士号を取得していた．グリーソンはまるで眼前に別世界が開けてくるように感じた．

翌年グリーソンは，ヒレが担当する大学院生向け標準レベルの実解析学を受講した．そして数学科の教授たちからはパトナム数学競技会に参加するよう勧められた．パトナム数学競技会はコーエンが好成績を収めたあの全米規模の数学コンクールだ．グリーソンもパトナム数学競技会に参加してみたが，結果は満足のいくものではなかった．全15問のうち13問しか解けなかったのだ．数学の試験で全問解答できなかったのは，グリーソンにとっておそらくこれが初めてのことだろう．ただ，パトナム数学競技会の問題は数問解ければ上出来と言ってよい．実際グリーソンは上位5名に入っていたし，公表されてはいないがおそらく1位は彼だろう．グリーソンはパトナム・フェローとして，ハーバード大学への入学許可と奨学金を与えられたが，そのままイェール大学に留まって3年生と4年生のときに再度パトナム数学競技会に参加し，どちらの年も上位5名に入った．また3年生のときには，ネルソン・ダンフォードが担当する大学院レベルの授業を履修し，感銘を受けた．グリーソンは，学部学生の身分のまま実質的には大学院生としての教育を3年間受けたことになる．数学の博士号を3年間で取得するのは珍しいことではない．それを考えれば，グリーソンは学部4年生を終えた段階で相当に高度な数学的素養を備えていたと推測できる．

アメリカが戦争に突入すると，グリーソンは海軍に入隊し任務を命じられる．学士号を取得するまで学業を続けることは認められたが，1942年6月，20歳のときに暗号解読部隊での任務に就くためワシントンDCへ赴任した．この頃になるとすでに軍でも，数学者や科学者は頭脳戦で敵軍を出し抜くために活かされるべきであって，第一次世界大戦に出征したある世代に属する英仏の数学者たちのように前線で戦死させるようなことがあってはならないという明確な認識があった．国内の大学はどこも閑散としてしまった．暗号解読部隊の数学のレベルは高かった．グリーソンによると「大学院にいるのとほとんど変わりなかった」という[12]．隣の部署には，ハーバード大学の天文学者で非凡な応用数学者でもあったドナルド・メンゼルがいた．メンゼルはもともと，太陽の中心で解放されたエネルギーが太陽光などの放射エネルギーとして外部へ放出される仕組みを専門とする研究者だったが，そのときは視認可能な航空機が時折レーダー画面に映し出されなくなる原因を解明する「隠密の」任務[13]に携わっていた．（実は大気中の気温逆転層ではレーダー波がうまく伝播しないことがあったのだ．）グリーソンが所属する部隊に与えられた戦時下の任務は，特定の暗号を処理していた各部隊を数学の面

から支援することだった．暗号とは，意味のある伝達文をでたらめに見える数字の羅列に変換したものだが，その伝達文をでたらめでない形で読み取る方法を突き止めようとすると，それは数学の問題になるのだ．当時開発が進んでいたコンピュータを駆使することで，次第にそれが可能になってきていた．

　暗号解読部隊は 1946 年になっても存続したが，その任務の一環としてパズルやゲームをすることがあった．グリーソンはニムというゲームを担当した．このゲームは古代に起源を持つとされ，いくつものバリエーションがある．一例を挙げるとこうだ．まずコインを並べていろいろな長さの列を何列か作っておく．そして各手番につき 1 人のプレーヤーがいずれかの列を 1 つ選び，その列から好きな個数だけコインを取り去る．1 人のプレーヤーがコインを取り去ったら次のプレーヤーも同じようにコインを取り去る．そうして最後のコインを取り去ったプレーヤーが勝者となる．グリーソンはこのゲームの理論的な研究に取り組んだ．このゲームに関してはすでに 1928 年に理論が発表されていたが，グリーソンはその内容を知らず，それでいてグリーソンの理論の方がエレガントだった．メンゼルからハーバード大学ソサエティ・オブ・フェローズのメンバーに推薦されたグリーソンは退役後，ついにハーバード大学へ赴くことになった．しかもジュニア・フェローとして．

　限られた専門性を要求されるアメリカの大学の博士課程では，学問的探究に対する自由で柔軟な姿勢は育まれないと感じていた学問の徒はヴェイユだけではない．1933 年，ハーバード大学学長アボット・ローレンス・ローウェルは，ホワイトヘッドをはじめ何人かの教授らとともにフェロー制度を創設する．シニア・フェローにはローウェルやホワイトヘッドのような人たちが選出され，ジュニア・フェローには，大学院在籍にともなうさまざまな負担から解放することを目的として，分野を問わず才能ある若手研究者たちが選出された．グリーソンは自由を謳歌できたがその反面，同世代の大学院生たちとは縁遠くなってしまったという．このころに多少辛抱してでも，結論を最後まで書き上げる習慣を身につけていたら良かったかもしれないと，のちになって思うこともあった．グリーソンの引き出しは未完成の論文でいっぱいだった——何かに興味がわくと，必ずそちらへ気が移ってしまうのだ．フェローになってからも，発表した論文はあまりなかったのだが，それでも 1947 年か 48 年に聴講したジョージ・マッケイの講義をきっかけに第 5 問題に関心を持つと，その研究に着手し，フェローとしての在籍期間が終わるまでにはすでに第 5 問題に関する論文を何本も発表し始めていた．彼が第 5 問題の研究に精力的であることにハーバードの教授たちが気づいている

とは本人も思っていなかったので，1950年7月1日付で助教授に任命されたときは，数学クラブで行ったニムゲームについての講義がいくらか評価されたのだろうと思ったそうだ．

その任命の数日前に朝鮮戦争が始まる．グリーソンは数日のうちに軍に再召集され，現役任務へ復帰し，再びワシントンDCの暗号解読部隊に配属された．第5問題の研究はそのまま続けたが，グリーソンには少しばかり不安があった．大学から取得した2年間の休暇が終わるまでに退役できないかもしれないからだ．もしそうなったら，博士号も持たずに，何もかも最初からやり直さなくてはならないと心配したのだ．しかし1952年2月，グリーソンの第5問題の研究が大きく進展し，

アンドリュー・グリーソン（転載許可：アンドリュー・グリーソン）

明るい兆しが見えた．ところがプリンストン大学でその成果について講義を行った際，プリンストンへ向かう途中，雪の中で危うく自動車事故に巻き込まれそうになった．そんなこともあって，論文を発表するときも普段はマイペースな彼がこのときは打って変わって，1週間の休暇を取り大学の宿泊施設で論文を書き上げた．

グリーソンの論文は実に難解だ．まず，あらかじめ与えられている位相に基づいて，ある半群を構成する．この半群では実数が脇役として働く．次に「距離に関して見れば直線と同じ性質を持つ」弧を構成する．そしてもともとの群全体とこの弧を，それらにとってふさわしい場所である適当なヒルベルト空間に埋め込み，この弧が少なくとも1か所で微分可能であることを示す……というような議論がしばらく続いたあと，「フォン・ノイマンが示した一定理」[14]を適用して結論に至る．第5問題解決の最後の仕上げはモンゴメリとジッピンによってなされ，そこでは高度な位相幾何学の手法が用いられた．また1953年には，山辺英彦 (1923-1960) がグリーソンの手法を拡張して同じく第5問題の解決をなし遂げたが，それについてグリーソンは，「（第5問題そのものよりもはるかに実のある）問題をまるごと，抽象解析学の枠の中で真正面から扱った」[15]と語っている．

グリーソンは1952年の9月にハーバード大学へ戻る予定でいたが，病を患ったため大学に戻ったのは11月だった．その間，彼に代わってマッケイが講義を

引き受けてくれた——グリーソンは，かの第5問題を解決したばかりの俊英として丁重に迎えられたわけだ．翌年，グリーソンはテニュア（終身在職権）も取得する．この頃，MIT にいた若きジョン・ナッシュは，「天才（genius）」だと思う数学者がいると，その名前の前に「G」を付けることにしていた．ナッシュ流の命名法によれば，グリーソンは「G の 2 乗」[16]ということになった．1969 年，グリーソンは数学および自然哲学のホリス教授職（Hollis Professor of Mathematicks and Natural Philosophy）に任命される．これは 1727 年に設けられた寄付基金教授職だ．この職名には「Mathematicks」とある．グリーソンが就任した当時はすでにそのスペルから「k」の文字は省略されていたが，グリーソンの働き掛けが功を奏して「Mathematicks」という表記が復活した．

　1959 年，グリーソンはジーン・ベルコと結婚する（彼女は 1953 年にハーバード大学ラドクリフ・カレッジを卒業し，1958 年に博士号を取得．現在はボストン大学で心理学の教授を務めている．専門は心理言語学で，人が言語をどのように獲得するのかを研究している）．それからはサバティカル休暇のときも，いろいろな事情が生じて遠方へはあまり出掛けられなかった．1959 年から 1960 年にかけての休暇にはヨーロッパへ行ったし，高等研究所にも滞在したが，その次の休暇のときは，夫妻は 3 人の幼い娘をよその土地へ連れて行きたくなかったため，グリーソンは 1 学期間だけ家族を自宅に残したまま，MIT で講義を受け持った．その後は，一家でカリフォルニアに移り，スタンフォードで半年間過ごしたことがある程度だ．彼の自宅はケンブリッジにある．ハーバード大学までは歩いてすぐだ．また 100 メートルも離れていないところにはフレッシュ湖や野鳥保護区がある．

　グリーソンはバナッハ代数，射影幾何学，符号理論，組み合わせ論などさまざまな分野で論文を書いたが，中でも特に優れているのが 1957 年に発表した量子力学の基礎に関する論文だ．量子力学を数学的に定式化する方法は，物理学者が考えていたよりも選択の幅が狭い（ヒルベルト空間の閉部分空間に測度を定義するためには，トレース関数を用いる以外に一般的な方法はない）ということがこの論文により明らかにされた．グリーソンは中級レベルの講義をするのが好きだった．また，『暗号理論のための確率論入門（*An Elementary Course in Probability for Cryptologist*）』という本のほか，学部生向けの微分積分学や抽象解析学の教科書もいくつか執筆した．数学の問題を解くことへの関心も衰えることがなく，1938 年から 1964 年までのパトナム数学競技会で出題された全問題とその解答を収録した本も手掛けている．グリーソンは言う．「実のところ証明とは，何かが真であることを納得するためにあるのではなく，その何かが真である理由を明らかに示すた

めにあるのだ」[17]．大らかで実用主義的な考え方である．数学の基礎に関する問題を扱った章で見た憑かれたような議論とはまったく対照的だ．

　先にも触れたように第5問題解決の残り半分をなし遂げたのはディーン・モンゴメリとレオ・ジッピンである．その成果をまとめた2人の論文は，グリーソンの論文が発表されて間もなく Annals of Mathematics 誌に掲載された．モンゴメリは1909年9月2日，ミネソタ州のウィーバーという町で生まれた．モンゴメリの両親が生まれた家はどちらも森の中にある丸太小屋だった．1909年当時，ウィーバーの人口は100人前後だったというが，アルトゥーラの郵便局によると「現在の人口も約100人」[18]だそうだ．スコットランド系アイルランド人であるモンゴメリの祖父は1845年から1848年にかけて起こったジャガイモ飢饉のときにアイルランドから移住してきた．モンゴメリは自分の子供たちにこう話し聞かせていたという．「ジョン・モンゴメリはミネソタにやって来ると斧を持って森の中へ分け入った．川沿いに気に入った土地を見つけると，丸太小屋を建て畑を耕し始めた」[19]．畑の近くでは先住民たちが狩りや釣りをしていた．やがて信頼関係が生まれると，モンゴメリの祖父は先住民たちのためにいろいろなものを蓄えておき，それを渡すのと引き換えに彼らの獲物を分けてもらうようになった．先住民たちは何の前触れもなく足音も立てずに丸太小屋の中へ入ってくるので，同じくアイルランド出身のモンゴメリの祖母，メアリー（フィン）はその姿を見ては気を動転させていた．ローラ・インガルス・ワイルダーの作品やキャロル・ライリー・ブリンクの『風の子キャディ』を読んだことのある人にとってこれが聞き覚えのある話だとすれば，それは単なる偶然ではない．ワイルダーの作品に登場するウィスコンシン州の大きな森の「小さな家」も『風の子キャディ』の舞台となった土地も，ウィーバーから60キロと離れていないのだ．モンゴメリの父親であるリチャードは1861年に生まれた．兄の方は父親と同じく農業を営んだが，リチャード・モンゴメリは商売人になった．

　ディーン・モンゴメリはひとりっ子で，両親ともに年を取ってからできた子供だった．彼が生まれたとき父親は47歳，母親のフローレンス（・ヒチコック）は38歳だった．モンゴメリが11歳のとき，父親が就寝中に脳出血で亡くなる．だが父親の商売はきっと繁盛していたのだろう．あとには十分な財産が残されていた．おかげでモンゴメリは大学まで教育を受け続ける見通しがついたのだった．

　モンゴメリが通った小学校では，1年生から8年生まで全員が同じ教室で勉強

していた．モンゴメリと同期の卒業生は 3 人だった．彼はすべての授業に出席し，何学年か飛び級している[20]．家族の中で初めて高校へ進学したモンゴメリは，登校日には朝早く汽車に乗ってワバシャまで通った．この高校には男子生徒が 12 人いて，アメフトのチームを作るには足りていたが，もっとも 1 人は体が不自由だったのでぎりぎりの人数ではある．このチームがたった一度だけタッチダウンを奪ったことがあったが，モンゴメリはそれを見られなかったという．その貴重な瞬間，彼は折り重なる選手たちの一番下にいたのだ．

　大学へ進学するに際しては，ミネソタ大学を選ぶのがごく自然だったのだろうが，「メソジストに良い影響を与えない」[21]という母親の考えから，1854 年に創立されたメソジスト系のハムライン大学を選んだ．モンゴメリは，父の遺産を補うため夏の時期は畑仕事にいそしんだ．一日中でもキャベツの種を手際良くまき続けられることがのちのちまで自慢だった．モンゴメリの母親は敬虔なメソジストで，その考え方はモンゴメリに生涯にわたって影響を与えた．G・ダニエル・モストウはこう述べている．

　　　ディーンは未亡人となった母親から厳格な平等主義を受け継いだ．人みな神のもとに平等であり，どの人も他の人と同じく善良であるというのが彼女の信条だったが，それはディーンの生涯変わらぬ姿勢でもあった．普段から口調が控えめなところも母親譲りだろう[22]．

　1929 年，モンゴメリは 20 歳の誕生日を迎える何か月か前にハムライン大学を卒業したあと，アイオワ大学に籍を移して解析学研究の確かな経験を積む．モンゴメリの学位論文とそれ以降に書いた 4 編の論文はいずれも，ポーランド学派流の一般位相空間論に関するものだった——ポーランド学派とは一般位相空間論を創始し，その主流をなす学派だ．この分野ではいわば，どんな風変わりな形が存在し得るかを探究することが課題となる．モンゴメリは全米研究評議会から奨学金を受け，まずは 1933 年から 1934 年にかけてハーバード大学で研究に取り組んだ．ハーバード大学では代数的トポロジーと出会ったほか，ノーマン・スティーンロッド（1910–1971）やギャレット・バーコフ（1911–1996）らとともに私的な勉強会に参加するなどした．その後プリンストン大学に移り 1934 年から 1935 年までそこに籍を置く．プリンストン大学は当時すでに，世界の代数的トポロジー研究の中心だった．奨学金の給付がまだ終わらないうちにモンゴメリはケイ・フルトンと結婚．独身のときと同様，若くして夫婦になってからも奨学金を節約しながら

質素に暮らした．1935 年の夏にようやく，モンゴメリ夫妻はもう一組の夫婦と一緒にヨーロッパを旅行することができた．

帰国後，2 人はスミス大学へ向かった．モンゴメリがこの大学で助教授の職を見つけていたのだ．彼は背が高く男前であり，しかも気さくで礼儀正しかった．1949 年に高等研究所でモンゴメリと初めて対面したアトル・セルバーグはこう語っている．「とてもハンサムな男だというのが彼に対する第一印象だった……彼のことをもっとよく知るにつれて，気立てや正直さ，誠実さに感銘を受けるようになった」[23]．モンゴメリはスミス大学の人気者で，非常に優秀な数学者だということは誰もが知るところとなった．1938 年に准教授，1942 年に正教授に任命されると，1946 年にはイェール大学に准教授として迎えられた．

キャリアの初期にはたびたび高等研究所に客員研究員として赴任していた彼だが，1948 年，ついに高等研究所の常勤研究員となり，プリンストンに居を構えた．高等研究所では 1950 年にオズワルド・ヴェブレン，1951 年にワイルがそれぞれ退職，ジェイムズ・W・アレクサンダー（1888-1971）も教授職を退き，ジーゲルがドイツへ戻って，突如，教授陣に穴があいた．残ったのはマーストン・モース（1892-1977）とフォン・ノイマンだけで，しかも実のところフォン・ノイマンはもはや，数学者として研究に取り組むことはほとんどなかった．ヴェブレンはモンゴメリに自分のあとを引き継ぐよう準備をさせていた．実際，のちの 1960 年にヴェブレンが亡くなると，ヴェブレンの研究室だけでなく彼が個人的に所有していた高等研究所の運営に関する記録文書もモンゴメリに託された．その文書の中には高等研究所が創設された頃のものまで含まれていた．

1951 年，モンゴメリはセルバーグとともに教授に任命される．2 人の尽力もあって，空席になっていた教授ポストには，1952 年にハスラー・ホイットニー（1907-1989），1953 年にゲーデル，1954 年にアルネ・バーリング（1905-1996）がそれぞれ着任した．また 1957 年にアルマン・ボレル，1958 年にヴェイユが加わったことで，専任の教授陣には再び強力な顔ぶれがそろった．

モンゴメリの主な関心は代数的トポロジー，より具体的に言うと変換群にあった．モンゴメリとジッピンの最初の共著論文が発表されたのは 1936 年．以降，第二次世界大戦により 2 人の共同研究が一時的に中断されるまで，さらに 8 編の共著論文を発表した．2 人の連名がすっかり定着していたためか，あるときジッピンが研究集会に出席すると，「モンゴメリ・ジッピン」と書かれた名札を渡されたそうだ．1930 年代にはすでに，2 人は第 5 問題の研究に取り組んでいた．1940 年代の半ばから後半にかけての時期，モンゴメリが第 5 問題の研究を再開し，

次第に進展を見せ始める．1948年，3次元の場合を解決すると，その後の4年間に重要な論文をいくつか発表する．そして，この一連の研究が一段落する頃にはジッピンとの本格的な共同研究も再開し，1952年の年明けには4次元の場合を解決，その内容をまとめた論文を発表した．勢いは上り調子だった．1952年2月，モンゴメリはグリーソンが得た結果をグリーソン本人から聞かされる．位相幾何学の専門家でないグリーソンは，最後のギャップを埋めるにはどうすればよいのかすぐにはわからなかったのだ．モンゴメリとジッピンは寝食を忘れて研究に没頭し，1952年3月28日，論文を *Annals of Mathematics* 誌に送った．

　ボレルはこう述べている．

　　これは，膨大な努力がたどり着いた極点だった．私も覚えているが，この大問題を解決してしまって，この先ディーンは何を目指すのか，多少好奇の目で眺める人たちもいた．だが彼には，あれこれ思案を巡らす必要などなかった……彼はただ，自身にとって最大の関心事に再びすべての時間を費やすだけだった……最大の関心事，それは多様体上の変換がなすリー群……だ．そうなると第5問題解決への貢献は，彼の仕事全体の中で見れば，大変重要ではあるものの，ほとんど寄り道のようなものに思えてくる[24]．

　1960年代にはすでに，多様体の微分構造を調べることができるような一般的な仕組みを構築するべく，代数的トポロジーの研究が精力的に行われていた．モンゴメリと楊は，1966年から1973年にかけて発表した8編からなる一連の優れた論文の中で，この新しい理論をいくつかの個別具体例に適用する方法について考察した．

　モンゴメリは高等研究所へやって来た当初から，学生を育成する自らの立場を通じて，代数的トポロジーの分野だけでなく研究領域全般にわたり，高等研究所の風土づくりと運営に大きな役割を果たした．1950年代，ジャン・ピエール・セール，ルネ・トムというフランスの数学者たちが革新的な成果を次々と挙げていた．そこでこの2人を客員研究員として研究所に招いたところ，位相幾何学研究者の間に相乗効果が生まれたという．モンゴメリは，数学を評価できる（あるいは，評価しようと思う）のは数学者しかいないと考えていた．1948年のことだそうだが，ある著名なオランダ人数学者が自身の証明した定理が思うように評価されないことに不満を抱いていると聞いてモンゴメリは，〔その不満をもっともなものと認めて〕「われわれが評価せずして誰が評価するのか？」[25]と言ったという．

研究所にいるときのモンゴメリはあらゆる人と話をした．彼はすべての研究領域に気を配り，研究所の管理・運営や予算にも心を砕いた．田舎で暮らしていた頃から早起きだった彼は，研究所にいた数学者の中で大体毎朝一番乗りだった．それもずいぶんと長い道のりを歩いてやって来るのだ．（ただ，これまでにさまざまな数学者を見てきた私の経験からすると，数学者の中で朝一番乗りになるのにそれほど早起きである必要はないように思う．）モンゴメリは，高等研究所の新たな客員研究員になった人がいれば，それが位相幾何学の専門家であろうとなかろうと温かく迎え入れ，時には自分の研究室にも招いた．また長年にわたりケイと２人で，研究所の所員全員を夫婦そろってパーティーに招待した．25 名だった研究所の所

ディーン・モンゴメリ（撮影：ヘルマン・ランツホッフ，転載許可：高等研究所資料室）

員は徐々に増え，最後は 60 名になったが，パーティーもそれにともなって大掛かりになっていった．酒が気前よく振る舞われた．ラウル・ボットによると，あるときパーティーの最後にボットとフォン・ノイマンが床の上でビー玉遊びを始めたことがあったのだが，モンゴメリはそれを眺めながら「茶目っ気たっぷり」[26]だったそうだ．彼と妻のケイとの間には，メアリー，ディックという２人の子供がいた．休暇は家族で過ごしたが，どちらかと言うとモンゴメリは市街地を避け，田舎をドライブしながら農作物や野鳥を眺めたりすることが多かった．（モンゴメリの自宅には雨量計があった．）

1962 年には高等研究所の古株であるモースが引退を迎えようとしていた．それまでであれば，後任の指名もある程度はすんなりと行われてきたのだが，このときの後任指名では揉めごとが起こった．所内のある一派が自然科学部門を独立させるよう要求したのだ．やがてその要求は社会科学部門の独立にも及ぶ．要求はのちに実現するのだが，一連のいさかいは激しく，さらに新たな争いも始まって，騒ぎは静かな敷地の外にまで漏れ聞こえるほど大きくなり，ついにこの対立劇はニューヨーク・タイムズ紙に報じられるところとなった．モンゴメリは，数

学を守り，自らの考える高等研究所の原則を守り，なおかつ財政上の責任をまっとうするという強い覚悟を持って事に臨んだ．このときロバート・オッペンハイマーから「こんな不愉快な野郎にはいままでお目にかかったことがない」[27]と言われたことをモンゴメリは好んで語ったというが，所内の確執は長らく続き，やがてモンゴメリは心臓発作の初期症状に見舞われた．ストレスがたたったのだと皆口をそろえて言った．彼は食生活を改めざるを得なくなり，厳格な運動療法も取り入れることになった．

　今度はモンゴメリ一家の生活に悲劇が訪れる．息子ディックが癌を患い，自宅に戻って最期を迎えることになったのだ．モンゴメリは夜中に何か起きてもすぐ対応できるようにと息子の部屋のドア近くで寝袋にもぐって寝た．また，息子がベッドから窓越しに眺められるようにと花を植えた．

　1988年，モンゴメリはケイとともにノースカロライナ州チャペルヒルへ居を移す．チャペルヒルには彼らの娘——結婚してメアリー・ヘックという名になっていた——がすでに転居していた．メアリーの娘も一緒だった．しかし高等研究所との日常的なつながりがなくなったモンゴメリは喪失感を抱いていた．モンゴメリ同様早起きだったボレルもまた，同じような喪失感に襲われることがよくあった．早朝出勤してもそこにモンゴメリの姿がなかったからだ．チャペルヒルに転居後，モンゴメリはジェイムズ・スタシェフという人物にノースカロライナ大学の図書館の利用許可をもらうことはできないか問い合わせたところ，利用許可だけでなく研究室まで与えられた．1992年3月15日，ディーン・モンゴメリは就寝中に死去した．ほどなくしてケイも夫のあとを追うようにしてこの世を去った．

　この節を執筆するにあたっては，高等研究所から刊行されたモンゴメリへの追悼文集にある記述を参考にした箇所が多い．そのためか，全体として哀調を帯びた文章になってしまったが，そう断った上でもなお，次に引用する楊の一文にはやはり心を打たれるものがある．

　　　私の中でディーン・モンゴメリ教授は，友人という枠には到底収まりきらない存在だった．事実，私は彼のことを立派な教師であると同時に，愛すべき伯父のような人だと思っていた．だからこそ私は自分の息子に彼の名前をもらったし，彼を決してファーストネームで呼んだりもしなかった．それが中国のしきたりであって，私はずっとそれを守り通してきた……私にとってディーン・モンゴメリ教授は，きわめて優れた数学者であるのみならず，私がこれまでに出会った中で

最も偉大な人物だった[28].

　モンゴメリよりも4歳年上のジッピンは，1905年1月25日に生まれた．ベラ（サルウェン）とマックス・ジッピンの間にできたひとりっ子だった．ジッピンの娘であるニーナ・ベイムとヴィヴィアン・ネアフッドによると，彼女らの祖父母は1903年頃にウクライナのチェルニーヒウからニューヨークへやって来たという．マックスは知識人で，2つのことに大きな関心を持っていた．1つがイディッシュ文化——特に演劇，もう1つが労働者革命をいつか実現することだった．1899年から1905年までの時期，ロシアでは社会不安が広がり，紛争やストライキが多発する．これが1905年のロシア第一革命につながるのだが，この革命は結局は挫折する．さらに激しい反ユダヤ主義が吹き荒れたこともあって，2人はウクライナを離れることになる．マックスは自らの夢想につき動かされるところがあったが，そんなときでもベラが堅実に立ち回った．他の親類をアメリカへ連れてくることができたのもベラの力添えがあったからだ．ヴィヴィアンによると，ベラはマックスのことを敬愛していたが，それだけに「CP」——共産党（Communist Party）にはその前身の頃から嫉妬心を抱いていたという．またニーナの話では，アメリカに来たマックスが心底やりたかったのはイディッシュ語による芝居の脚本を書くことだったそうだ．だがマックスの脚本が日の目を見ることはなかった．ニーナが知る限りマックスの脚本が上演されたことはないという．それならばとマックスは，エイブラハム・カーハンの主宰する*Forverts*〔「前進」，創刊時はイディッシュ語のみの新聞だった〕という新聞に記事を書いた．このように，ジッピン一家はイディッシュ文化や急進的な政治運動に関わる移民コミュニティに属していた．ジッピンがのちに妻となるフランシスと初めて出会ったのは9歳のとき．この年下の少女の面倒見を任されたジッピンは，レーバー教会堂で催されていたフェスティバルのキッシング・ブース〔募金するとキスができる催し物〕へ彼女を連れて行ったという．

　ジッピンが12歳のとき，ロシア革命が起こり皇帝が追放される．ジッピン一家はこの大事件に身をもって関わり，その目撃者となるべくロシアへ向かった．『世界をゆるがした10日間』の著者であるジョン・リードと同様，一家はドイツによる「無制限潜水艦攻撃」のさなかにもかかわらず無事ロシアに到着する．だが，内乱，飢饉，チフスの蔓延などにより現地は大混乱に陥っていた．マックスは目のあたりにした現状に幻滅したが，そのありさまを公にすることはなかった．ジッピンも大きなショックを受けた．このときのことはその後生涯にわたって，

懇願されれば話すこともあったが，自ら進んで話題にしようとはしなかった．

一家はアメリカへ戻ることにした．だが，これがたやすいことではなかった．ヨーロッパ方面への出国経路はすべて封鎖されていたのだ．仕方なく彼らはシベリア横断鉄道経由でロシアを離れた．のちにゲーデルやデーンも同じ経路をたどることになる．この帰国の旅の途中ジッピン一家は，来た経路を引き返したり立ち往生したりすることもあった．この一家の旅行談はこれで終わりではない．資金がほとんど底をついた彼らは満洲のハルビンにたどり着く．ベラは断固たる足取りで地元有力者の屋敷へ乗り込み，あぜんとする主人に向かって自分は英語の教師だと自己紹介した．そして一家が再び帰国の途につけるようになるまで，その有力者の家族に英語を教えた．この帰国の旅はおそらく2年近くに及んだ．

ジッピンはこの間学校に通えなかったが，勉学が遅れることはなかった．父親がフィラデルフィアで職を見つけたため，ジッピンも当地にあるセントラル高校で学んだ．この学校も入学試験のある公立校だ．（この高校は現在も博士号を授与することが正式に認められている．）学業成績証明書によるとジッピンは1919年9月にニューヨークのデウィット・クリントン高校からの転校生として入学したことになっている．最初は仮進級という扱いだったようだが，これはおそらくロシアへの渡航にともなう空白期間があったためだろう．最初の学期にジッピンは9つの授業を履修して平均90.87点という成績を収めている．マックスは依然としてイディッシュ語の新聞や政治活動に関わっていた．ジッピンは，どう考えても有能なはずの父親がジッピンにとっては停滞の象徴でしかないものの中にいつまでもうずもれているのを見て，どうにも歯がゆさを感じていた．のちに彼は娘のヴィヴィアンに向かって，マックスはフィラデルフィア・インクワイアー紙のローカル記事編集者くらいにはなれたのに，あえて現状に留まることを選んだのだと愚痴をこぼしたそうだ．ジッピンは父親の考える革命政治を認めなかった．ロシアへの旅から戻ってからはなおさらだった．彼は，父親が党の行事に参加する際，息子として同伴しなければならないときには，下襟に星条旗を付けていくことがよくあった．

1922年，17歳でセントラル高校を卒業した彼は，ペンシルヴェニア大学に入学する．学部を3年間で卒業すると，引き続き大学院生として数学の勉強を続けた．1927年の1年間は助講師として，また翌年から2年間はハリソン・フェローとして在籍し，1929年6月19日に博士号を取得した．モンゴメリ同様，ジッピンが最初に取り組んだ研究は一般位相空間論に関するものだ．1929年から1930年まではペンシルヴェニア州立大学で講師を務めた．

ロシア革命のさなかにロシアを訪れることが災難であるとすれば，1929 年という年に博士号を取得することもまた同じように災難だった．経済の破綻により市場競争が誰にとっても厳しくなったのだ．かてて加えて，多くの学部でユダヤ人教員の定員が制限されるようになった．ジッピンも採用面接を受けたとき，最初にユダヤ人かと問われ，さらに熱心なユダヤ教徒かと尋ねられた．このとき，最初の答えはイエス，あとの答えはノーだった．それに対して面接官は，ユダヤ人は採用されないが，もし採用された場合は自分の父親の宗教に従っても問題ないだろうと言ったという．こうしたやり取りがあったにもかかわらず，ジッピンは全米研究評議会フェローとして 2 年間奨学金をもらうことができた．1930 年から 1931 年にかけてはテキサス大学（オースティン），1931 年から 1932 年にかけてはプリンストン大学に在籍した．多くの数学者がそうであるようにジッピンも散歩をしながら思索に耽けるのが好きだった．ただテキサス大学にいたときは，その散歩の仕方がちょっと普通ではなかった．一度など，深夜の 2 時から 3 時頃，星がまたたく夜空の下を歩き回っていたジッピンを警察官が発見し警察署まで連行したことがあった．

プリンストン大学に在籍した 1 年間はジッピンにとって重要なものとなった．代数的トポロジーの最新の手法に接することができたからだ．だが一方で収入が途絶えた．1933 年になると職探しはさらに難しい状況となる．ヒトラーが台頭するドイツから，老練な学者たちが亡命者としてアメリカへ大量に押し寄せたのだ．その中には第一級の学者も少なくなかった．ジッピンは続く 4 年間，高等研究所でアレグザンダーの研究助手を務める．2 人は 1935 年に位相群に関する論文を発表している．高等研究所の記録文書には，当時ジッピンが住んでいた場所としてウィルトン通り，ナッソー通りという 2 つの住所が見えるが，ジッピンが報酬を受け取る立場にあったのかどうかについては定かでない．また娘のニーナによると，ジッピンはゲッティンゲン大学にも出向いていたようだが，それがいつなのかはっきりしたことはわからない．

1932 年，ジッピンは 3 歳年下のフランシス・レヴィンソンと結婚する．彼女は教師で，当時はブルックリンにあるジェイムズ・マディソン高校に勤めていた．そのためジッピンはプリンストンとブルックリンの間を幾度となく行き来した．彼がモンゴメリと出会ったのもこの頃だ．2 人は意気投合した．1936 年，ジッピンはニューヨーク大学に講師として赴任する．同じ年，ニーナが生まれる．さらに 1938 年には，創設間もないニューヨーク市立大学クイーンズ・カレッジに職を得る．これにより将来の見通しは立ったものの，同じ頃シティ・カレッジに在

レオ・ジッピン（転載許可：ヴィヴィアン・ネアフッド）

職していたポストと同様，学生相手の講義を週に15〜16時間受け持たなければならなくなった．ジッピンはクイーンズ・カレッジに通勤する必要もあったため，スケジュールの中から自分の研究やモンゴメリとの共同研究に費やす時間を必死で捻出した．

　1942年，ジッピンはクイーンズ・カレッジを一時休職する．徴兵の対象年齢を過ぎていたため，戦争遂行努力の一環として数学に関わる任務を志願．アバディーン性能試験場の付属施設としてフィラデルフィアに設けられた計算機部門*の技術責任者となり，1945年の後半までその任にあたった．ジッピンは2週間から4週間に一度しか自宅に戻らなかった．1940年に生まれたヴィヴィアンは，男の人が何度も家に現れるので怖かったと当時を振り返っている．フランシスは夫がその任務に自ら志願したことに少々腹を立てていた——2人はそれまでも4年間も離れて暮らしていたからだ．すでにクイーンズ・カレッジの助教授に昇進していたジッピンは1946年に大学へ復帰したが，戦後もニューヨーク大学の数学・力学研究所**で応用分野の研究を続けていた．（ヒルベルトの第5問題を解決したモンゴメリとの共著論文にはアメリカ海軍研究所から研究資金の一部が提供された旨が記載されている．）

　戦争が終わるとすぐにジッピンはモンゴメリとの共同研究を再開する．だが，応用分野の研究に加えてクイーンズ・カレッジでの仕事の負担が大きかったため，再開した共同研究も少しずつしか進まなかった．ジッピンにとって研究再開後初めての論文は1950年になってようやく発表され，戦後1本目となるモンゴメリとの共著論文は1951年に発表された．2人はともに第5問題をひたすら追究し

---

*［訳註］アバディーン性能試験場はメリーランド州にある軍事施設であり，兵器等の性能試験を主な任務としている．第二次世界大戦中，フィラデルフィアにあるペンシルヴェニア大学で大型計算機ENIACが開発された．後にENIACは軍に引き渡されアバディーン性能試験場に移設された．ここで言うフィラデルフィアの計算機部門とはペンシルヴェニア大学内のENIACの開発室を指すものと思われる．

**［訳註］後のクーラント数理科学研究所．

た．1952年の初め頃，モンゴメリとジッピンは4次元の場合を証明する．2人には何かをつかみかけているという自覚があった．ジッピンが書いたモンゴメリへの追悼文によれば，2人は定期的に連絡を取り合っていた．少なくとも月に1回，あるときはニューヨークで，あるときはプリンストンで直接顔を合わせたほか，電話で話もしたし，手紙のやり取りもした．

ジッピンの家には魅力のある人物が大勢出入りし，そこでは幅広い話題について会話が交わされた．パーティーが開かれることもあった．ジッピンは辛口で洒落を好んだ．フランシスもその淀みない会話に加わった．「不快なほど暑い」とジッピンが言うニューヨークの夏から逃れるため，一家はよくキャッツキル山地やバーモント州へ出掛けた．夫妻は鳥が好きだった．だがジッピンは，いつも仕事のためにニューヨークへ戻らなければならなかった．彼にとって夏こそは数学に十分な時間を割ける季節だったのだ．彼には何としても数学を研究したいという強い思いがあった．ヴェイユが戦後のアメリカの数学者たちが持つ潜在能力を見極める際に誤っていたのは，アメリカの数学者にとって新たな発見をすることがどれほど魅力的なのかということを過小評価していた点だろう．ちなみにヴェイユ自身はと言えば，人生の中で最も重要な研究に取り組んでいたのは，兵役逃れの容疑でフランスに拘留されているときだった．

ジッピンの娘たちはどちらも，父親とモンゴメリがコンビを組んでいたことについて，当時から不釣り合いな取り合わせだと思っていたようだ．モンゴメリは，すらりとした中西部出身の典型的なアングロサクソン系白人プロテスタント(WASP)だった．モンゴメリは，礼儀正しく親切な人だとヴィヴィアンには思えたし，誰の目から見ても男前だった．それに対してジッピンは，背の低いニューヨーク育ちであって，ユダヤ教の戒律には厳格でないものの文化的に見ればやはりユダヤ人だ．もっともヴィヴィアンは，父だって別の意味では男前だったと訴える．「顔立ちは四角ばって男らしく，眼は青くキラキラしていたし，ふさふさとした縮れ髪は素敵だった」[29]．モンゴメリとジッピンは，一緒に散歩をしながら共同研究の議論を重ねた．（考えてみると，他の人たちを避けるのにこれほど良い方法はないだろう．）プリンストンでは少し足を延ばせば田舎の自然が広がっていたし，ニューヨークではセントラル・パークの中を延々と歩くことができた．ヴィヴィアン曰く，2人は「良き相棒」だった．ポストは数学の研究をするとき，静かでないと集中できないと言っていたそうだが，子供がいる家で静けさを求めるのは無理な話だとポストの娘は語った．ジッピンの娘たちも，言い方こそ穏やかだが，それと同じようなことを語ってくれた．2人は，父親が第5問題に取り組

んでいた頃のことをよく覚えている．中でもグリーソンの論文が公表されたときの大騒ぎぶり――「ささやかな対抗意識」という言い方をしたが――は特に記憶に残っているようだ．ニーナによれば，この時期にモンゴメリとジッピンが行っていた研究に関する討議は「ものすごく激しかった」という．こうしてモンゴメリとジッピンは見事な成果を収めた．

　第5問題が解決されたのは1952年．このときジッピンは47歳だった．彼の研究論文は1956年を最後に，それ以降は発表されていない．1941年以来，彼は Annals of Mathematics 誌や Transactions of AMS 誌をはじめ，さまざまな数学専門誌の編集委員を務めた．世間では強固な反共産主義者と見られていたため，1950年代初頭のマッカーシーによるヒステリックな反共主義運動の中も生き抜くことができたが，本人は政治的にはリベラルだった．1964年から1968年にかけて，ジッピンはニューヨーク市立大学で数学の博士課程設置に尽力する．ニーナによると，ジッピンは自身が関わっていた組織運営の仕事に誇りを持っていたようだ．また，ロシア人亡命者がアメリカへやって来るようになると，彼らの手助けをした．1971年，クイーンズ・カレッジを退職する．同時にタバコもやめたが，そのときすでにジッピンは肺を悪くしていた．

　ジッピンとモンゴメリの親交は第5問題の解決の後も絶えることはなかった．モンゴメリが最後に入院していたとき，2人は二度会話を交わした．モンゴメリは，自分が退院すると妻と娘が日用品の買い出しや料理をしなければならなくなるね，と冗談めかした．「少し疲れたから横になって休むとするよ」[30]．これがモンゴメリからジッピンへの最後の言葉となった．それから3年余りのちの1995年5月11日，レオ・ジッピンもこの世を去った．

くっついたり，離れたり
——物理学と数学
第6問題

　物理学を公理化しその公理系の構造を詳しく調べよというのが第6問題だ．ヒルベルトのこの問題設定は度が過ぎているように思えるのだが，どうだろう．1900年の時点で物理学者たちは物理学を公理系という視点で構築してはいなかったし，彼らの方法論も驚くほどの有効性を発揮することは多々あるにせよ，どう見ても統一的なものとは言えなかった．（逆に，物理学者が数学の公理を流用する方法にも統一的な手順のマニュアルなどは存在しない．）当時，物理学は数々の矛盾に突き当ってほころびを生じていた．そして物理学に関して言えばそれは好ましいことである場合が少なくない．まさに何かが起きようとしているかもしれないからだ．量子革命はすでに始まっていた．ニュートン力学と電磁気学という古典物理学の2つの偉大な理論の間にさえ，相互矛盾のあることが明らかになっていた．公理化など時期尚早だっただろう．新しい物理学の数学的基礎づけに有益な貢献をしたワイルがその辺りのことを的確にまとめた一節がある．

　　物理学者はさまざまな実験事実というものを考慮しなければならないが，実験事実が指し示す入り組んだ道筋はあまりにも多岐に分かれ，実験事実の蓄積はあまりにも迅速であり，実験事実の解釈や相対的な重要性はあまりにも移ろいやすい．そのため，物理学分野の知見の中でも完璧に確立された一部分を除いては，公理論的方法によって確固たる地盤を求めることなどできるものではない．アインシュタインやニールス・ボーアのような人物は闇の中を手探りで進みながら一般相対性や原子構造という概念にたどり着いた．そのとき数学が不可欠な要素だったことは間違いないが，彼らを導いた経験や想像力は数学者のそれとは別種のものである．こうしたことから，ヒルベルトが物理学に対して抱いた壮大な構想は十分な実りをもたらさなかったのだ．[1]

第6問題の冒頭にはこうある.

　　これら幾何学の基礎についての研究が示唆しているのが, **物理学的科学であっ**
て数学が重要な役割を果たす諸領域を, それと同じ方法で, すなわち公理論的に,
取り扱うことはできないかという問題です. そのような領域として真っ先に挙げ
られるのは確率論と力学でしょう.

　確率論の公理化は現実的な目論見で, 1933年にコルモゴロフがなし遂げた.
一方, 「mechanics(力学)」という言葉は, 何の修飾語も伴わずに用いられると,
まるでトロイの木馬のごとくその内側に雑多な意味を包摂することになる. ウェ
ブスターの辞書を引くと, この単語は「エネルギーと力, およびそれらが物体に
及ぼす影響を扱う物理学の一分野」と定義されているが(これはドイツ語の
Mechanik に対する定義と本質的に同じである), このままの定義だと, 重力も, 電磁
気力も, 強い力も, 弱い力も, つい最近新たな仮説として存在が提唱された力ま
でが, 「mechanics」で扱われる対象になってしまう. また, 物体とは厳密に何
を指しているのか？　第6問題ではこの点が明確になっていない. A・S・ワイ
トマンは, 1974年にアメリカ数学会が主催したヒルベルトの問題についてのシ
ンポジウムに第6問題に関する論説を寄稿しているが, その中で次のように述べ
ている.「物理学は20世紀になって2つの革命を経験した. そのためヒルベルト
が提示したもともとの問題は, いまとなってはもっぱら考古学的な興味の対象で
しかないのではと考えられているかもしれない」[2].
　だが, 物理学はとりわけ, 意外性を内に秘めている. 物理学の飛躍的な進歩に
ともなって, 数学, あるいは数学のようなものが新しい理論の中に数多く用いら
れることも珍しくなくなった. 時には物理学者自身が, 厳密さにはやや欠けるも
のの新しい数学を生み出すこともあった. 1930年にP・A・M・ディラックが初
めて用いたディラックのデルタ関数や, 定義は不完全ながら現在でもよく知られ
ているファインマンの経路積分などはその一例だ. また, すでに知られていた数
学を物理学者が再発見することもある. その1つ, ヴェルナー・ハイゼンベルク
の無限行列は, ヒルベルト空間の具体例として理解することができる. さらには,
リーマン幾何学を使って一般相対性理論を定式化したときのアインシュタインが
そうだったように, 物理学者が実際に数学者に相談しながら理論を構築した例も
ある.
　量子力学の草創期にゲッティンゲン大学に在籍していた著名な数学者ハンス・

レヴィは，量子力学の発展に何か関与したことがあるかとの問いに対して次のように返答したが，それは多くのことを物語っている．

　　　関わっていない．むしろ反感を持っていた．数学者である私の目から見ると物理学者の仕事はあまりにもずさんだからだ．言い方を変えれば，物理学者は明らかに，私にはない何がしかの物理学的直観を持っていたが，それでも彼らの扱う数学は気持ちのよいものではなかった[3]．

　だが，新しい物理学はその正当性が次第に明らかになっていった．爆弾は爆発したし，トランジスタだって発明された．また，こうした物理学が数学的に複雑なのは明らかであり，市井の人がこの新しい物理学の重要性に気づくずっと前に，ワイルやフォン・ノイマンといった錚々たる数学者たちはその研究に手を出していた．このようにして最初期の頃から数学者が介入していたにもかかわらず，量子力学と特殊相対性理論を整合させたことで，事態はすっきりするどころかより混迷を深めていった．（計算を実行すると答えが無限大になる．0になるはずのものについて再度計算を実行する．今度も無限大になる．そこで，細心の注意を払ってこれら2つの無限大の差を計算してみる．あとに残ったものが答えに違いない．この手法が初めて登場して以降，その計算過程が明瞭化され厳密化されるまでの間には，長い年月と数多くの人々の労力が費やされてきたことを付け加えておこう．）

　1930年代から1940年代にかけて物理学と数学は，次第にその学問としてのあり方が乖離していく．20世紀も半ばになると，数学は極端に純化されていた．そして，この純化が徹底される過程で，数学は集合論として巧みに展開されるようになる．大勢の数学者が研究に取り組んでいる数学の分野は，当然のことながら数学者にとっては非常に興味深いわけだが，その中には物理学に応用できるとはまったく思えないものも存在する．例えば代数的トポロジーや代数幾何学に属する分野などは，その大半がこれに該当するだろう．一方物理学の方には，数学者を宗旨替えさせてしまうほどの数学的「刺激」はほとんどなかった．ますます強力になる加速器によっておびただしい数の「基本的な」粒子が発見されるようになると，物理学の最先端はまるで動物寓話集のように雑然とした様相を見せ始め，統一された数学理論には到底ほど遠いものとなった．さらには，世界中の大学で数学のみに特化した学科や物理学のみに特化した学科が増え，それぞれの学科の規模も大きくなるにつれて，2つの学科は運営の上でも物理的にも次第に分離されるようになった．フリーマン・ダイソンは1972年に行ったアメリカ数学

会主催のギブス講演で、「過去数世紀にわたって豊かな実りをもたらしてきた数学と物理学との婚姻関係は最近、解消されるに至った」[4]と述べた．（この比喩はもともと、ダイソンの友人レス・ヨストが使ったものだ．）ダイソンによれば、マックスウェルの方程式が持つ数学的な意義を数学者が認識できなかった 1860 年代にはすでに、両者の意思疎通は途絶えていたという．

この関係解消をすべての子供たちが認めたわけではなかった．特にロシア人は、この婚姻関係がすでに破綻してしまっていることを断じて信じようとしなかった．また物理学と数学とが最も疎遠になった時期でも、一流の数学者が物理学の問題に引き寄せられることがないわけではなかった．スティーヴン・スメイルは代数的トポロジーの一未解決問題を解決したのち、古典力学の研究を始めるとともに、無線の発振器についても深く考察した．ダイソンも本来的には数学者と形容するのが最もふさわしいと言ってよいだろう．ダイソンは数学者としての教育を受け、数学者として重要な研究に取り組み——その中にはヒルベルトの第 7 問題に関する興味深い研究もある——、そしてこれまで実際に数学の研究をやめたことはない．物理学に対するダイソンの功績を見ても、それは無限量から無限量を差し引き「物理学的に」正しい答えを得るという相対論的量子力学の手法を数学的により明確化した点にある．

こうした背景の中で、この 2 つの学問分野が互いに有益な関係を維持できたのはヒルベルトの第 6 問題に負うところがある．ヒルベルトが提示した事柄はいずれも、依然として考察に値するものだった．

物理学が陥っていた手詰まりの状況は少しずつ打開されていく．まず、電荷を持つ素粒子の相互作用に関する理論がより数学的に健全なものになった．その後、弱い力と電磁気力を統一的に記述する理論が生まれ、さらには強い力に関する理論も現れた．また「基本的な」粒子はそれぞれが数種類のクォークをさまざまに組み合わせたものだということがわかってきたことで、動物寓話集のような雑然とした状況は解消された．これらさまざまな理論の論じ方を見ると、数学的色合いが濃いばかりか公理論的であるものさえ相当な数に上り、その数学的な体裁も整えられるようになった．1970 年代になる頃にはすでに、至極難解な問題も扱われていたが、少なくとも実験室で起きる現象を原理的に説明する理論は物理学者の手元にあった．ただしその内容は複雑だ．方程式に基づいて数値的な予測を行うことはとても難しく、ほとんどの場合不可能だった．歴史的に見れば、この種の仕事は数学者が担ってきたものである．例えば、ハーバート・ゴールドスタインの『古典力学』のような教科書を見ると、人名を冠した手法がいろいろと用

いられているが，その大半はラグランジュ，オイラー，ネーターといった数学者の名前が占めている．こうして，物理学の新しい理論をいかにして数学的に記述するかという問題は，一方では数学においても興味深い研究を生み出すようになった．破局した夫婦がためらいつつ再会して昼食を取り，次の機会には夕食をともにし，やがて週末を一緒に過ごすようになった，というところだろうか．物理学と代数幾何学との奇妙な接点については，第 15 問題に関する章で触れる．

　20 世紀も終わりに近づいた頃，数学と物理学は正式によりを戻す．1990 年，その復縁の儀式を盛大に行うかのごとく，物理学者であるエドワード・ウィッテンが京都で開催された国際数学者会議でフィールズ賞を授与されたのだ．このときのフィールズ賞受賞者はウィッテンの他に 3 人おり，そのうちの 2 人も物理学に関連する研究に取り組んでいた．これ以降，こうした物理の理論を研究する理論派数学者はますます増えている．これらの研究領域では厳密性の基準が緩やかで，18 世紀や 19 世紀の数学に近いものがある．それは，オイラーが $1-1+1-1+1-1\ldots = 1/2$ のような収束しない無限級数についてした思索にも似たところがある．オイラーはそのような思索を通じて，無限級数が収束する場合についてのより明晰な考えを得たのだ．今日，最も純粋かつ難解な数学が「物理学者」の手によって数学の棚からいくつも引っ張り出され，反対に物理学から生まれた新しいアイデアが数学者の頭の上に次々と降り注いでいる．（超弦理論に関心のある者なら誰しも，位相幾何学の一分野である結び目理論に大きな興味を抱くのは当然ではないか？）V・I・アーノルドとミハイル・モナスティルスキーも，1993 年に出版された『数学の発展——モスクワ学派 (*Developments in Mathematics: The Moscow School*)』という論文集の序文の中で，こうした状況を控え目ではあるが指摘している．この論文集に収載されているアーノルド自身の寄稿論文について触れた箇所にはこうある．「注目すべきは，この論文集に取り上げられている論文のほとんどが，非常に高度な最先端の数学が物理学に応用されたり物理学に刺激されたりして進展したものだという点だろう．これは，今日の科学に見られる一般的な傾向である」[5]．

　われわれは妙な状況に立ち至っている．もし，物理学の基礎についての新しい理論の中のどれか 1 つでも——例えば，超弦理論——正しいものがあれば，その理論は公理化できなければならないだろう．もし事実そうできたならば，ヒルベルトが提示したこの壮大で夢のような問題が，一点の曇りもなくすっきりと解決されたことになる．だが，明らかに性格が正反対だからこそ引かれ合う数学と物理学の間柄には，まだまだひと波乱もふた波乱もありそうだ．1999 年，私がダ

イソンに引用文のことで問い合わせをした際，彼は次のような返事をくれた．「問題はいまや，弦理論とそれ以外の物理理論との離別がすぐ目の前に迫っているという点にある」[6]．弦理論はこの先，数学と歩調を合わせながら存続していくのかもしれない．現時点でこの「物理学上の」理論は，実験データとの結びつきが一切認められていない．

数論に関する問題

❧ 7, 8, 9, 11, 12 ❧

はじめに主題ありき

　イギリスの数学者 G・H・ハーディ（1877-1947）は著書『ある数学者の生涯と弁明』の中で，数学と詩作や芸術とを明確に同質と捉え，数学の定理を評価するにあたっては「美しいか否かが第一の試金石である」と述べている．ハーディは数論の研究者であった．

　第 8 問題に関わったポール・エルデシュ（1913-1996）もまた，数論の研究者である．エルデシュは驚異的な数の論文を残した数学者だが（*Mathematical Intelligencer* 誌に掲載されたヤーノシュ・パッハの論文によれば 1500 編を超えている），1985 年に刊行されたマーク・カッツの著書にある言葉を借りれば，「定職と呼べるようなもの」[1] には一切就かなかった．初めて論文を発表したのは 18 歳のとき．1930 年代に故国ハンガリーを離れるとその後はずっと異国暮らしだった．生涯にわたって研究セミナーと非常勤職を転々とし，友人宅の居間を泊まり歩く生活を送った．1996 年，エルデシュはワルシャワでの学会に参加しているさなかに亡くなる．生前エルデシュはマディソン市にあるウィスコンシン大学でのセミナーに招待されたことがあったが，その折に初めてエルデシュと対面したスタニスワフ・ウラム（1909-1984）はこう語る．「エルデシュがマディソンへ来たことをきっかけにして，私たちの——断続的ではあるものの——長く，濃密な親交は始まった．彼は経済的に困窮していたため——『貧乏なんだ』というのが口癖だった——，周囲が迷惑に感じ始めるぎりぎりまで滞在を延ばすことが多かった」[2]．

　2 人が知り合ってからしばらくののち，ウラムは原因不明の急性脳炎を発症する．一時的に失語症となり，体の一部には麻痺が残っていたが，やがてロサンゼルスの病院を退院することになった．そこへスーツケースを片手にエルデシュが姿を見せた．「スタン，生きてたんだね．本当に良かったよ．君が死んじゃったら追悼文を書かなきゃならないし，共同論文も僕が仕上げないといけないだろ」．

そう言い放ったかと思うと,「家に帰るのか? よし,僕も一緒に行こう」[3]と言った.

ウラムはエルデシュの訪問を歓迎したが,ウラムの妻は「いささか怪訝そうな様子だった」という. ウラム一家が滞在していたバルボア島の家に向かう車中,エルデシュはウラムに数学の話を始めた. ウラムはこのとき,穿孔手術を受けたあととあって頭には包帯が幾重にも巻かれていたが,それでもエルデシュが満足する受け答えをすることができた. エルデシュは言った.「スタン,君は以前とちっとも変ってないよ」. 体に残る障害を悲観的に考えていたウラムは,それを聞いて心底勇気づけられた. ウラムは,のちにエルデシュとチェスの勝負をして二度勝ったが,エルデシュがひどくがっかりする様子を見て,自分の体はきっと回復するだろうという思いを強くした. エルデシュは勝負にわざと負けるような人物ではなかったからだ.

エルデシュはウラムが療養している間中ずっと滞在した. 2人で出掛ける浜辺の散歩は距離が次第に長くなった. あるとき,2人で散歩している途中,とても可愛らしい小さな子供がいるのに気づいたエルデシュがウラムにこう言った.「見てごらん,スタン! なんて可愛らしいイプシロンなんだ」.(私的な会話をするときエルデシュは子供のことをイプシロンと呼んだ.)ウラムはそのときのことをこう書いている.「すぐ近くにはその子供の母親だとひと目でわかるとても美しい年若い女性が座っていたので,『おや,大文字のイプシロンもいるね』と私が返答すると,これにはエルデシュは顔を赤らめきまり悪そうにしていた」[4].

エルデシュは数学の研究を他の研究者と共同で行うことが多く,おまけにあちこちを渡り歩いたので,ポール・エルデシュを知らない者は本物の数学者ではないとまで言われた. また,エルデシュ数なるものも考案された. ウラムの表現を借りると,それは「共同研究をしたことのある数学者どうしのつながりをたどって行ったとき,エルデシュに到達するまでのつながりの数」[5]である. エルデシュ自身のエルデシュ数は0. エルデシュと共同研究をしたことがある人のエルデシュ数は1——エルデシュ数が1である数学者は458人いる[6]——,エルデシュと共同研究をしたことがある人と共同研究をしたことがあればその人のエルデシュ数は2となる. ウラムによると,エルデシュ数が2よりも大きい数学者はほとんどいないという.

数論には,音楽,特にジャズの即興演奏とかなり似通ったところがある. まず,両者とも探求する対象の選択肢が幅広い. 客観的な基準に従ってあるテーマを探求する必要に迫られることもないではないが,ほとんどの場合は,それが魅力的

か，美しいか，意義深いか，といったことを中心とする判断が，何かを研究する
あるいは研究を評価する上で重要となる．数学では分野を問わず，無駄のない簡
潔な証明が良しとされるが，数論の場合は証明の内容的な質がよりいっそう重要
視される．可能な限り簡便な方法が用いられているか？　初等的であるか？　言
い換えれば，その証明に用いられている手法が完全に算術的なものであるか？
あるいは，所与の結果を証明するのに複素解析は必要か？　選択公理は使われて
いるか？　複素解析や選択公理を用いた証明は初等的とは言い難い．

　ジャズのスタンダードナンバーは数多くのミュージシャンによって演奏される
し，同じミュージシャンであってもその演奏は夜ごとに違うが，それと同じよう
に，数論で扱われるさまざまなテーマも，それぞれが繰り返し探究される．19
世紀にはガウスの平方剰余の相互法則に対して15通り以上の証明が与えられた．
ガウス自身も6通りの証明を公にしている[7]．この平方剰余の相互法則には，ガ
ウス以外にもコーシー，フェルディナント・アイゼンシュタイン（1823–1852），
ヤコビ，クロネッカー，クンマー，リューヴィルといった名だたる数学者たちが
魅了された．ヒルベルトの第9問題および第12問題について述べる際には類体
論に触れるが，そこでも同じように研究成果の改良と検証が行われる過程を見る
ことになる．第8問題はリーマン・ゼータ関数に関する問題である．リーマン・
ゼータ関数は1896年に発表された「素数定理」の証明に用いられたことで脚光
を浴びるようになった．エルデシュは1949年にセルバーグとの共同研究により，
リーマン・ゼータ関数を用いることなく純粋に算術的手法だけで素数定理を証明
したが，これはエルデシュの最も偉大な業績の1つだ．その証明は簡単ではない
が端正である．数論には研究者の気持ちを強く突き動かすものがある．だからこ
そ，この分野に携わる者は従来の枠組みを踏み越えることができるのだ．

　実用性は目指すところではないし，それが成果になることもないに等しい．ハ
ーディはこの立場を拠りどころに数学全般を弁護した．そうすることで数学は，
科学が陥ったような戦争加担という忌まわしい事態を免れると考えたのだ．現在
から見ると遺憾なことながら，ハーディは1940年に執筆した文章の中で，アイ
ンシュタインとディラックを数学者として高く評価しながらも，相対性理論と量
子力学を実用性のない数学の具体例として挙げ，「数論とほとんど同じくらい実
用性がない」[8]と評した．ただしハーディのこの言葉は，物理学ではなく数論に
関してはそこまで大きくはずれてはいなかった．数論は，暗号理論に重要な用途
があるし，関係性も妥当性の根拠も希薄とは言え物理学の分野にも応用例が見ら
れるが，本書を執筆している時点では依然として，実用性にはかなり乏しい．数

論にも実用性に優れた点がいくつかあるということがわかったとしても，それは単に僥倖のようなものだ．この点については，思慮深い人たちの中からも決まって異を唱える声が聞こえてくるが，そこには認識の誤りがあると私は思う．

ヒルベルトの23問題には数論に関するものが6つある（何をもって数論と呼ぶかにもよるが）．これは，解析学を除けば他のどの分野よりも多い数だ．ヒルベルト自身がなし遂げた最大の業績は数論にあると考える数学者は，ワイルをはじめ何人もいる[9]．数論に関するこれら6つの問題は，ヒルベルトの問題の中でもとりわけ多くの実りをもたらすこととなった．6つの問題のうち，第7問題，第9問題，第10問題（本書では基礎論に関する問題として扱った），第11問題の4つは完全に解決された．第12問題はこれまでに大きな進展があり，第8問題に関してはその研究に膨大な労力が注ぎ込まれてきている．

数論とは何だろうか？　古典的な具体例をいくつか見てみよう．

ある数，またはある数の集まりを1つ定めると，それについていろいろな問いが考えられる．まず思いつくのは，その集まりにはどのような数が含まれるかという問いだ．例えば，超越数という数が存在することはすでに証明されている．ヒルベルトも言及しているように，リンデマンはπが超越数であることを証明した．では，その他にも何らかの超越数を具体的に提示することはできるだろうか？　超越数でない数よりも超越数の方がはるかに多いことはわかっているからそれは容易なはずだが，実際には決して容易ではないのだ．その他さまざまな数についてもそれが超越数であることを証明せよというのが第7問題である．

素数全体は，数の集まりとして最もわかりやすい例の1つだろう．素数はどのくらいあるのだろうか？　与えられた数よりも小さな素数はいくつあるだろうか？　その数を精密に見積れるだろうか？　一方，個々の素数も興味深い対象だ．これまで，何百桁にもなるきわめて巨大な素数を見つけることや，当然のことだがそれらが本当に素数であることの証明方法を見つけることに対して多大な努力が払われてきた．また素数の規則性も探求の対象となる．第8問題の中でヒルベルトは，「2より大きいすべての偶数を2つの素数の和として表すことはできるか？」という，いわゆるゴールドバッハ予想，「差が2であるような素数の組は無限に存在するか？」という，いわゆる双子素数の問題を取り上げている．ゴールドバッハ予想については1931年に進展があった．ロシアの数学者L・G・シュニレルマン（1905-1938）が，いずれの偶数も高々30万個の素数の和として表さ

れることを証明したのだ[10]．問題解決までもう一押しという研究成果だが，数論の分野ではこのようなもう一押しという成果が得られることがある．ともあれシュニレルマンの結果が大きな前進であることは確かだ．問題解決の一歩手前という研究成果の例をもう1つ挙げると，「ある整数の3乗と別の整数の3乗を2倍したものの差が1ならば，どちらの整数も 1.5×10^{1317} より大きくはなり得ない」というものもある．これは1966年にアラン・ベイカーが得た結果に基づくものだが，ベイカーの結果それ自体も大きな進展だと言える．

また，ウェアリングの問題と呼ばれるものに対する結果としてこんな事実も知られている．「すべての正の整数は4個の平方数の和として表すこともできれば，9個の立方数の和として表すことも，19個の4乗数の和として表すこともできる」．これはヒルベルトが自ら証明したもので，ラグランジュが証明した平方数の場合に対する結果の一般化になっている．一方，分割の問題と呼ばれるものもある．「正の整数が1つ与えられたとき，それを他の正の整数の和として表す方法は何通りあるか？」というのがそれだ．3の場合であれば答えは $1+1+1$，$1+2$，3と全部で3通りだが，これを100について考えてみるともはや答えは膨大な数となり，それを計算するにも面倒で単調な方法しかない．簡単な計算方法は見つからないだろうか？　あるいは，整数の表し方についてもっと別の事実を見出すことはできないだろうか？

この他数論では，無限級数や無限積，連分数などの値に関する具体的な等式を考察する問題も扱われる．慣れない人は，これらの等式を目にすると気後れを感じるだろう．例を挙げよう．次の等式は簡潔で美しい．

$$\pi = 4 - \frac{4}{3} + \frac{4}{5} - \frac{4}{7} + \ldots$$

(ライプニッツの公式)

もっと複雑な例もある．

$$\frac{1}{1+} \frac{e^{-2\pi\sqrt{5}}}{1+} \frac{e^{-4\pi\sqrt{5}}}{1+ \ldots} = \left[\frac{\sqrt{5}}{1+ \sqrt[5]{\left\{ 5^{\frac{3}{4}} \left(\frac{\sqrt{5}-1}{2} \right)^{\frac{5}{2}} - 1 \right\}}} - \frac{\sqrt{5}+1}{2} \right] e^{2\pi/\sqrt{5}}$$

(ラマヌジャンの公式)[11]

第10問題はディオファントス方程式——解としては整数解のみを考える代数

方程式——に関するものだった．すでに見たように，どのディオファントス方程式が解を持つかを決定する一般的な手続きはない．数論の研究者たちはこれまで，ある特定のディオファントス方程式，あるいはある特定のクラスに属するディオファントス方程式を解くことに専念してきた．フェルマーの最終定理もディオファントス方程式に関するものだ．このように考察の対象を限定した問題であってもそう簡単に解けるものではない．数論の研究者たちは時間を費やして徒労に終わることがないよう，すべてを一挙に解決しようとはしなかった．先に述べたベイカーによる評価に従えば，方程式 $x^3-2y^3=1$（あるいは，より一般に $x^3-by^3=c$ という形の方程式）が解を持つかどうかを判定するには，1.5×10^{1317} 未満の範囲で解であるかもしれないものを 1 つずつ確認していけばよいわけだが，この作業は明らかに，実際上実効的であるという意味での「実効的な手続き」ではない．ヒルベルトの第 10 問題などは，食べたくても手が届かぬ「天空のパイ（πではない）」のように思えたに違いない．第 10 問題が数学基礎論の研究者によって解決された理由もおそらくはそこにあるのだろう．

　数論の分野でさまざまな結果を証明する際に用いられる現代的な手法は驚くほど複雑になっているが，扱われる問題の方は近年注目されているものであっても，ほぼ平易な言葉で言い表すことができる．ABC 予想はその好個の例と言えるだろう．共通因数を持たない 2 つの自然数があり，そのどちらもそれぞれ，ある自然数の高次のべき乗であるような大きな自然数で割り切れるとする．このときこの 2 つの自然数の和は，自然数の高次のべき乗であるような大きな自然数では割り切れないことが「多い」というのが ABC 予想だ．

　代数的数についてはこれまで，幅広い視点から研究が行われてきた．「類体論」，「p 進数」，「イデアル」，「イデール」，「アデール」といった用語はこの研究分野に属する．そもそもの動機はディオファントス方程式の研究にあったのだが，言うまでもなく，いまでは代数的数そのもの，さらにはそれらのなすさまざまな構造そのものが興味の対象になっている．代数的数を係数とする多項式についても，その多項式が取り得る値を考察することができる．第 11 問題はこのような問題の一種だ．この分野をいわば部外者として見物する者は，オリンピックのフィギュア・スケート競技の観客にどことなく似たところがある．彼らは「ややこしい」ということをよく口にする．それは，スケート選手がジャンプして空中で回転し首尾よく着水した場面で，トリプル・ルッツに成功と解説されるときなどだ．このたとえは，かつてダイソンが数学全般に対して用いたものだが，私は数論に用いるのが最もふさわしいと思う．

ある数学の問題を数論と代数学どちらの問題と見なすかの判断は，それが両分野の境界近くにある場合，中でも考察する数が代数方程式の解として具体的に定義される場合にはいささか恣意的になる．たとえ代数的に表現されているとしても，問題の核心をなすものがあくまである特定の数，もしくは特定の数の集まりであるような場合には，代数学の問題ではなくなるとヒルベルトは考えていたのではないだろうか．ヒルベルトにとって純粋に代数的な問題というのは，——自身が取り組んだ不変式論の研究のように——代数的な形式の規則性に関するものであって，代数方程式の解となり得る特定の数を特徴づけるような規則性を問うものではない．このような見方からすれば，5次方程式が一般には根号で解けないことを証明したガロアとアーベルの研究は，少なくとも特定の方程式に適用する限りにおいては，数論に属すると見なせるだろう．ただし，その一般論は抽象代数学の講義の中で主要なテーマとして取り上げられることが多い．私は抽象代数学の講義で初めてガロア理論に接したとき，そこで学んだ内容が5次方程式の可解性と実際にどう関係するのかを知ろうと，あれこれ調べなければならなかった．このとき，その関係性について詳しく解説した『実例で考える古典的ガロア理論 (Classical Galois Theory With Examples)』という1冊の本を見つけた．あとでわかったことだが，著者のリスル・ガールはジュリア・ロビンソンの親友だった人である．第12問題は数論と代数学との境界線をまたぐもので，ヒルベルトもこの問題によって「数論，代数学，そして，関数論が，互いに密接につながっていることが見てとれるでしょう」と述べている．この章の最後の節で代数的整数論について論じ，第9問題，第11問題，および第12問題をまとめて解説する．

それぞれの条件を超えて

第7問題

―ゲルフォント, シュナイダー, ジーゲル―

　ヒルベルトは第7問題に「ある数の無理数性と超越性」という表題をつけた. $2^{\sqrt{2}}$ やそれに類する形の数が超越数であることを証明せよというのは, そこで述べられていることの1つだ. ただし, すでに見たように超越数とはどのような整数係数の代数方程式に対してもその解になり得ない数のことである.

　1740年頃, オイラーはこのような数が存在することを予想し, 代数の範囲を超越しているという意味でそれらを「超越数」と呼んだ. (ヒルベルトの第7問題はオイラーの予想の1つを拡張したものである.) この予想はその後100年の間捨て置かれたが, 1844年になって超越数がかなりの程度存在することをリューヴィルが証明した. このときリューヴィルは超越数の具体例を示したばかりか, いろいろな超越数を求めるための方法をも与えたのだった. ただし, リューヴィルが例示してみせた数はあえて超越数になるように構成されたものだ. 超越数はそんな不自然なものしかないのだろうか? 1873年, 数学の中で最も重要な数の1つである自然対数の底 e が超越数であることをエルミートが証明する. またその翌年, 現代風に表現すれば「ほとんどすべて」の数が超越数であるというさらに驚くべき結果をカントールが証明した. 1882年には π も超越数であることをリンデマンが証明したことで, 2つの重要な数が超越数だということが明らかになった. またこの π に関する結果により, 「定規とコンパスだけを使って, 与えられた円と同じ面積を持つ正方形を作図できるか?」という古代ギリシャの円積問題が否定的に解決された. つまり, このような作図は不可能だということだ. ある線分の長さを基にしてコンパスと定規で作図された線分の長さが, もとの線分の長さと加減乗除および平方根を使って書き表せることは容易に示すことができる. このような長さを表す数は明らかに代数的数だ. 正方形の1辺の長さの, その正方形と面積が同じ円の半径に対する比は π の正の平方根である. もし与え

られた円と同じ面積の正方形を作図できたとすると，πと1との間には代数的関係があることになる．しかも込み入った点はどこにもない．あえて言えば平方根くらいのものだ．ところがπは超越数だから，このような関係は存在し得ない．実を言うとリンデマンが証明したのは，もっと一般的な規則に従って作られる数がいずれも超越数になるという事実だった．πはそのような数の一例として，ひときわ目立つ存在だったというわけである．ヒルベルトの問題も，さらに多くの超越数を具体的に特定するための試みだと言える．

　超越数に対する数学者の無知ぶりは，ルベーグが新たに確立した測度論によってより一層浮き彫りになった．「測度」というのは長さの概念を拡張したより一般的な概念で，長さを確定できるときはその長さに一致する一方，長さが確定しないような点集合に対しても広く適用することができる．いま，1つの線分をいくつもの断片に細分し，それらの断片を用いて測度を測ろうとしている集合のあらゆる点を覆い尽くす，あるいはそれらの断片を集合のあらゆる点の上に重ね合わせることができるとする．このような線分の長さの下限をその集合の測度としようというのがルベーグの取った方法の核心部分である．これによって長さの概念がより柔軟なものになったばかりか，測度の概念に極限の考え方が持ち込まれることにもなった．すでに見たように，任意の線分上にある代数的数全体はその要素を1つずつ列挙できるので測度は0になる．まず線分を1つ取る．長さはどれだけ微小でもかまわない．その線分から小片を1つずつ切り取っていく——ただし残っているものから一度に全部を切り取ってはいけない——そして，列挙されている代数的数を，切り取った小片で1つずつ順に覆っていく．最初に取る線分の長さの下限は0だから，代数的数のなす集合，あるいは要素を列挙できる集合はすべて測度が0になる．結果，いずれの線分もそのいたるところに超越数が存在することになるわけだが，にもかかわらずこの時点で超越数だと証明されていたなじみのある数はたった2つしかなかったのだ．確かにこれには驚かされる．

　次に挙げるのは，リューヴィルの方法に従って超越数になるようにこしらえた数だ．

$$\frac{1}{10} + \frac{1}{10^{10}} + \frac{1}{10^{10^{10}}} + \frac{1}{10^{10^{10^{10}}}} + \cdots$$

これまたちょっと変わった数だが，あえてこれを取り上げたのは，この数が極端な性質を持ちつつも10進法で表記しやすいからだ．この数が超越数でないと仮定しよう．するとこの数はある整数係数の代数方程式を満たす．ここでは議論の便宜上，この数が次のような方程式を満たすと仮定する．

$$2x^3 + 23x^2 + 3x + 6 = 0$$

ここでは議論の流れを示すために，対象となる方程式の中から1つを選び出したにすぎない．先に述べた数はこの方程式の解ではないのだが，同様の考察によってこの数が対象として考えられるいずれの方程式の解にもならないという結論が導かれることは，以下の議論から理解できるだろう．よってこの数は超越数ということになる．

まずはこの数をじっくりと眺めてみて，これを10進法で書き表してみよう．結果は次のようになる．

.1000000001000000000000000000000000000000000000000000000 ...
　1つ目の1　2つ目の1　　　　　　　　　　　　　　　　　　3つ目の1→

3つ目の1が現れる前にページの端に達してしまった．3つ目の1はページの端からどのくらい離れたところに現れるだろうか？　1インチ（約2.6センチメートル）あたり0が10個あると仮定して計算してみると，3つ目の1はページの端から約1万4000マイル（約2万4400キロメートル）離れたところに現れることになる．ではその次の

$$\frac{1}{10^{10^{10^{10}}}} \quad ?$$

の項に由来する1についてはどうだろうか？　この1は，現在知られている宇宙の果てまで行ったとしてもまだ現れない．その次の10が5個積み重なった項になると，スケールはさらに壮大なものとなる．この数に現れる1はそれぞれが完全に孤立している．1と1の間には延々と0が続く不毛地帯があって，それは先へ行けば行くほど広大になる．

この数の2乗，3乗,...を計算していくとどうなるか見てみよう．

x 　= .1000000001000000000000000000000000000000000000000000000 ...
x^2 = .0100000002000000010000000000000000000000000000000000000 ...
x^3 = .0010000000300000003000000010000000000000000000000000000 ...

この数の2乗や3乗を計算してみると，0が並ぶ不毛地帯の中に1，2，3などが姿を見せるが，不毛地帯が広大であることに変わりはない．いずれの場合も，ここに表示されている範囲の中で最後に現れる1の前には8個の0が並び，そのあとにはそれよりもはるかに多くの0が続く．そこから右方向へ1万4000マイル行ったところに現れる次の1の前後でも，2乗した結果と3乗した結果との間に

は共通するパターンが見られる．私たちが今，候補としている係数も指数も小さい多項式では，各項にこれらの数を代入して計算しても0にならないことはほぼ明らかだろう．この数の中で先頭から2つ目の1が現れるまでの部分に限っても，各項の指数あるいは係数が大きな多項式を選ばなければ，その数を代入して0にできる見込みはない．もし先頭から3つ目の1が現れるまでの部分，つまりは1万4000マイル先までの部分を0にできる多項式を思い浮かべようとすると，それにはより一層大きな係数が必要となる．さらに，その次の

$$\frac{1}{10^{10^{10^{10}}}}$$

の項に由来する1について考えてみれば，必要な多項式のスケールは飛躍的に大きくなる．重要なのは先へ行くほどスケールはどんどん大きくなるという点だ．もしこの数が代数的だとすれば，それはある代数方程式を満たす．代数方程式を定める個々の多項式には項が有限個しかなく，そのスケールもいずれかに定まる——ここで言うスケールとは大体，その多項式に現れる最も大きな数のことと考えてよい（数学では「スケール」という言葉がこのような意味で用いられることはないが，意図はちゃんと伝わるだろう）．一方，いま考えているリューヴィル流にこしらえたこの数には，いくらでもスケールの小さな要素が存在する．先頭に現れる1のスケールを基準にすると，2つ目に現れる1のスケールはそれよりも小さく，3つ目に現れる1のスケールはさらに小さく，以下同様に小さくなっていく．代数方程式を定める多項式の係数をどれだけ大きくしようとも，この数の中に孤立して現れる1の行方は容易にわかる．それははるか遠くにあり，かつあまりに隔絶されているため，この数の非常に大きなべき乗を計算したり，この数に途轍もなく大きな数を掛けたりしたとしても，それを10進表記した結果はなおも，寂寥とした数字の羅列であって，対象となるどのような多項式をもってしても，桁をそろえて0にすることはできない．つまり，このちょっと変わった数は超越数だということになる．

　この数を基にすると，非常に小さな超越数を無数に作り出すことができる．まずこの数から最初の2つの項を取り去る．すると，先頭から1万4000マイルにわたって0が並びそのあとに初めて1が現れるという数が得られる．この新しい数がひな型となる．このひな型を基にして，0と1の間にある実数全体のなす集合を利用すれば，小さな数を非可算無限個作り出すことができる．そのような実数を1つ任意に選ぶ．ここでは0.257…を例に取ろう．この実数を用いて，次のような形の数を構成する[*]．

$$\frac{2}{10^{10^{10}}} + \frac{5}{10^{10^{10^{10}}}} + \frac{7}{10^{10^{10^{10^{10}}}}} + \cdots$$

このような形をした数はどれも非常に小さく，どの2つも互いに異なり，かついずれも超越数である．このようにして作られた数のひとつひとつを任意に選んだ分数に足し合わせると，その分数の値に急速に近づく超越数の集まりが得られる．しかもこの集まりは，実数全体の集まりと同じ大きさを持つ．1つの分数の近くにこれほどの超越数が群がっているというのは信じがたいことだが，そればかりかこの超越数の集まりは先に示したようなごく限られた種類のものだけでしか構成されていないのだ．E・T・ベルの比喩を借りるならば，実のところ超越数全体は漆黒の夜空であり，分数はその連続体の中でまばらに光る星々だと言えるだろう．

　ヒルベルトの問題が提起されて間もない頃までには，超越数について以上のような知見が得られていた．超越数は確かに存在する．しかも無数に存在するということが集合論や測度論を通じて意識されるようになった．だが，個々の具体的な数が超越数であるということを証明するのは依然，とても難しい．1920年に行われた一般向けの講演でヒルベルトは，$2^{\sqrt{2}}$ が超越数であること——第7問題——が証明されるのを生きて目のあたりにできる人はこの中には1人もいないだろうと言った．その場にはジーゲルもいた．一方，同じ講演の中でヒルベルトは，リーマン予想——第8問題——の証明ならば自分も生きているうちに目にできるかもしれないし，フェルマーの最終定理は聴衆の中で最も若い人たちであればその証明を目撃するだろうと話した．ヒルベルトが予想した解決の順番はまったくあべこべだった．リーマン予想は（現在のところ）未解決のままである．フェルマーの最終定理が証明されたのは1994年．第7問題は，A・O・ゲルフォント (1906-1968) とテオドール・シュナイダー (1911-1988) によって1934年に解決されている．ヒルベルトもジーゲルもそれを目のあたりにしたわけだ．

　超越数の研究は当初，リューヴィルが1844年に明らかにした結果の改良と拡張にもっぱら力点が置かれた．われわれは先に超越数の具体例について議論したが，その着想もこのリューヴィルの結果から得たのだった．ゲルフォントは以下のように述べている．

＊この方法を使って常に目的を達するためには，いずれの数も末尾の0を9999 ... に置き替えて（例えば0.50ならば0.49999 ... というように）書き表す必要がある．（つまり慣例とは逆にする．）

数の超越性を証明するために用いられる方法はいずれも，それが明白な形であるかそうでないかの違いはあるが，要は，代数的数を有理数で近似しようとしてもあまり良い近似は得られないという事実が拠りどころとなっている……[1] *

　このリューヴィルの結果に対しては，1909 年にアクセル・トゥエが，さらには 1921 年にジーゲルがそれぞれ重要な改良をなし遂げた．どちらも，いかに良い近似が得られないかの尺度となる数値をより精密に求めたのだ[2]．

　カール・ルートヴィッヒ・ジーゲルと言えば，われわれにとってはすでに顔なじみの人物だ．フランクフルト大学の数学史セミナーについて彼が語った文章を以前紹介したことがある．ジーゲルは第 7 問題の解決に対していくつもの貢献をするとともに，第 7 問題に触発されて生まれた研究分野ではその第一人者として研究に邁進した．数論に関する問題を眺めるとそのいたるところで彼の名に行き当たる．ジーゲルは 1896 年の大みそかにベルリンで生まれた．ひとりっ子だった．郵便局員——もっと正確に言うと郵便為替の配達員だったジーゲルの父親は，いろいろな人たちと接することを好む性格で，昇進の話があっても配達に出られなくなるからという理由でそれを断ったという[3]．幼い頃のジーゲルは両親，特に母親にべったりだった．両親はラインラントからベルリンに移ってきたようだが，2 人のファーストネームは，私が目を通した資料の中には見当たらなかった．
　成長したジーゲルは，体つきこそがっしりして背も高かったが，性格は内気だった．学区内の国民学校（Volkschule）に通ったあと，実科学校（Realschule）と高等実科学校（Oberrealschule）で学んだ．ジーゲルが進学したこれらの学校では，実務教育により重点が置かれ，ギムナジウムに比べると学問的な教育の比重は小さい．ただし，高等実科学校の卒業生であっても，特に数学に関心を示す生徒などは大学への進学が認められていた．ところがジーゲルは数学を担当する教師たちと折り合いが悪かった．普通ならば当然従うべきやり方にジーゲルは従わなか

　＊「代数的数を近似しようとしても良い近似は得られない」という部分については少し説明が必要だろう．まず，ゲルフォントの言う代数的数はそれ自体有理数ではない．また 1/3 と 2/6 は，1/3 の近くにある数に対する近似値として互いに等しい．しかし，後者は同じ近似を与えるのにより大きな分母を使っている．相等しい近似値の中で分母が大きなものほど，近似の「良さ」の点で劣っていると見なされる——10/30 はさらに「良さ」の点では劣っている．ここで言う近似の「良さ」とは近似値を表すのに誤差と比較して小さい数が使われていることを意味する．一方，先に構成した超越数はいずれも，有理数でかなり良く近似することができる．

ったのだ．試験を受けるときなどは，頑なに一番難しい問題から手をつけるのだった．それを解いてしまうのは良いのだが，易しい問題を解く時間がなくなってしまうことが時折あって，そんなときは本人としても不本意な点数しか取れなかった[4]．ジーゲルは数学の教師たちのことを，良くても並もしくは凡庸，中には「有害」[5]なのもいるとくさしていた．また，授業がつまらなかったからこそ自分は数学の勉強に駆り立てられたのだという冗談も口にしていた（あるいは本気で言ったことかもしれないが）．ジーゲルは10代のとき，ちょっとした勘違いをして図書館から高度な専門書を借り出した．ハインリッヒ・ヴェーバー著『代数学教科書（*Lehrbuch der Algebra*）』の第3巻だ．ジーゲルは難儀しながらもその全編を読み通した．エトムント・フラウカは次のようなジーゲルの言葉を紹介している．「私は数学同様，絵を描くことも好きで，幼い頃からその才能を発揮していた．もし数学の授業が面白かったら，私は画家になっていたかもしれない！」[6]．

　われわれはジーゲルの生涯にまつわるさまざまな出来事に触れるが，その大半はジーゲルについて語られた数多くの回想や逸話が出所になっている．その中にはジーゲル本人が語ったものもある．ジーゲルのかつての教え子であり，のちに友人としてジーゲルとよく時間をともにしたヘル・ブラウンによると，ジーゲルは「実際にどうなったのか（wie es wirklich war）」ということと「たまたまどういうことになったのか（wie es sich zufällig ereignet hat）」ということを分けて語ったという[7]．おそらくは，人生の中で起きる偶然の出来事や，単なる巡り合わせにすぎない事細かな出自や経歴は，その陰に隠れたもっと重要な真実を見えにくくさせるという考えを表明しようとしたものだろう．大人になってからのジーゲルは印象派のような絵を描くようになった．ジーゲルに関する話には，互いの内容にずれのあるものも少なくない．そこには，語られた内容をその場で書き留めた話ではないということ，話を聞いた人たちがいまでは高齢であったりすでに亡くなっていたりしていること，それらの話が伝聞だったり伝聞の伝聞だったりしたこと，ジーゲルから直接聞いた話ではあってもそのときすでにジーゲル本人がかなりの高齢に達していたことなどの事情があるからだ．そうではあるが，ここではこれまでに私が入手できた資料を使わせてもらうことにする．もちろん話の中の出来事や事実に不整合がないように腐心するつもりだ．

　ジーゲルが誰にも指導を仰ぐことなく独学で数学を勉強し始めたのは，まだ大学に入学する前の高等実科学校在学中のことだった．ブラウンは，ジーゲルの人生の中でもこの時期の情緒的な側面を数多く取り上げた箇所で次のように述べている．

おそらく C・L・ジーゲルは，学校に通っていた時期全般を通して，周囲には好かれない優等生だった．なよなよとして母親のそばから離れず，他の生徒と接触することはほとんどなかった．いささか感傷的な体験談をジーゲル本人から聞いたことがある．なんでも 16 歳の頃，美しい牧草地に座っていると，何とも言いようのない悲哀を感じたのだそうだ．こんな体験は生まれて初めてだったという．だが，この涙を抑えきれないほどの悲哀感は，その後も頻繁に訪れることになる．この間，ジーゲルはたくさんの絵を描いた……．[8]

ジーゲルが 18 歳のとき，その母親が他界する．ジーゲルは打ちひしがれた．

アビトゥーア（Abitur, 高等学校の卒業認定）を取得したジーゲルは，1915 年の秋，ベルリン大学に入学する．戦争はすでに始まっていた．ジーゲルは 1968 年に執筆した恩師フェルディナント・フロベニウス（1849-1917）の回想記の中でこう述べている．

　　私はこのような事態を招いた政治的背景に関してはまったくの無知だったが，人間が企てるこの暴力活動に対しては本能的に嫌悪感を覚えた．そして，こうした俗世間の出来事とはできるだけ縁遠い分野に力を注ごうと決意した．そう決意した当時の私には，天文学が最もふさわしい分野のように思えたのだが，にもかかわらず結局数論の道へ進むことになったのは偶然の巡り合わせだった．天文学の講義を担当することになっていた教師から，初回の講義は新学期に入ってから 2 週間後に行う旨の通知があった……一方，天文学の講義と同じ毎週水曜日と土曜日の 9 時から 11 時までの時間枠で，フロベニウス先生が数論の講義をすることになっていた．数論がいかなるものか見当すらつかなかった私は，単なる好奇心からその 2 週にわたって数論の講義に出席した．だがこれが，それ以降の私の生涯における学者としての方向性を決定づけることになる．天文学の講義の方はと言えば，始まったあとも出席することはなかった……．[9]

高等実科学校でつまらない教師たちに囲まれて辛い年月を過ごしてきたジーゲルにとって，大学は解放感を感じさせる場だった．ジーゲルはフロベニウスを尊敬し，彼の講義を堪能した．フロベニウスは講義の際，メモなどを一切見なかった．ジーゲルはこう書いている．

　　先生は見るからにとても楽しげに，さまざまな代数式をすらすらと述べ立てる

それぞれの条件を超えて　239

……その語り口は絶対的な確信に満ちていると同時に驚くほどの速さであって，大量に流れ出てくる情報を熱心にノートに書き写している聴講生の方へ時折，茶目っ気のある視線を投げかけた．ただし，学生の方をほとんど見ることなく，ずっと板書に集中していることもあった．[10]

　第2学期の前の長期休暇中，ジーゲルは書面を通じて，大学の財務担当者の事務室へ出頭するようにとの要請を受けた．当時の母親たちは自分の子供に言いつけを守らせるため子供が怖がるような話をして聞かせたそうだが（少なくともジーゲルの経験ではそうだった），そのような話の中に，もし言いつけを守らないとお国の偉い人がやって来て連れて行かれてしまうというのがあった．ジーゲルはひどくおびえながらも書面に指定された事務室に出頭してみると，アイゼンシュタイン奨学金の奨学生に採用されたため144マルク50ペニヒが支給されることになったと伝えられた．内気なジーゲルは，自分に奨学金が与えられることになった経緯も，アイゼンシュタインとは誰なのかということも尋ねなかった（アイゼンシュタインは才能豊かな数学者だったが，夭逝したため裕福だった家族が彼を偲んで奨学金を設立した）．ジーゲルはのちにイサイ・シューア（1875-1941）から，ジーゲルを奨学生に推薦したのはおそらくフロベニウスだろうと聞かされた．フロベニウスは学生たちのことを気にかけているそぶりは見せないが，ジーゲルが提出した宿題の出来栄えを見て推薦したのだろうということだった．

　ジーゲルは第3学期にシューアの授業を取った．シューアは，ペル方程式について講義したあと，類似の方程式群に言及し，トゥエが1909年に発表した論文に触れた．ジーゲルはこの難解な論文と格闘した．

　　この論文を読もうとして，たちまち c, k, θ, ω, m, n, a, s といった文字に困惑させられた．これらの文字が持つより本質的な意味が私には謎に思えた．もっとよく理解するため，私は補題を並び替え，別の記号を用いることにした．その記号の中にはトゥエ本人も使わなかったパラメータが1つ含まれていた．もっともそれは系統立てて考えた結果というより成り行きでそうなったのだが．すると驚いたことに，そこには近似定理〔トゥエ−ジーゲルの定理〕が鮮明な形を取って現れたのだ．自身の考察に誤りが見当たらなかったので，私はその内容を4ページほどの原稿にまとめ，次の授業のときにそれをシューア先生に渡した．しかし，私の期待は大きく外れることになる．数週間後，シューア先生は私に原稿を返した．原稿は机の上に放置されていたからだろうか，日に焼けて黄ばんでいた．

そこには，単に恒等式を計算したにすぎず，そこからはどのような結論も導かれないと手短に記されていた．[11]

ジーゲルはまさに，自身が考えたとおり，重要な成果を挙げていたのだが，4ページの論文ではそのことがシューアに伝わらなかったのだ．粗削りだが並外れた才能を持つ20歳の若者がこの種の成果を挙げるということは，数論の分野では必ずしも驚くことではない．手法は「初等的」であるが，計算の巧妙さこそが，問題を次の段階へと押し進めるものになり得るものだ．

こうしてジーゲルは，第3学期を過ごす大学生の身分にして，早くも数学史にその名を刻んだ．その時点では広く認められなかったが，それは永久に残る仕事だった．超越数に関する定理には簡潔にして一般性のあるものはあまりない．のちの1955年，クラウス・ロスがこのトゥエ–ジーゲルの定理を究極的な形——つまり，この定理をそれよりも強力な形に改良することは論理的に不可能という形——に改良すると，その3年後，ロスはフィールズ賞を受賞した．だが，1917年当時ジーゲルの成果を認めることができたのは本人以外には誰もおらず，彼の手元には，簡潔なあまり誰からも理解されなかった黄ばんだ4ページの原稿が残った．その後ジーゲルは「兵役の適性あり」[12]と判断され，軍に召集される．彼は軍への召集を拉致の類だと考えていたようだ．ジーゲルが軍務をどのように捉えていたのかは，自身が1968年に書いたフロベニウスの回想記の中にある「軍が自らの都合で私を酷使しようとする前に」という一節に現れている．ジーゲルは何とかして軍務から逃れようとした．

ジーゲルがシュトラスブルク（ストラスブール）に送られたのはわかっているが，それ以降兵役中にどのようなことがあったのかについてははっきりしない．ジーゲル自身，この時期のことは話したがらなかったし，シュナイダーもジーゲルの回想記の中で，この時期のことはあまり触れていない．アンドレ・ヴェイユは，ジーゲルが「この戦争は自分とは関係がない」と判断を下し脱走したことを本人から聞いたようで，「ハウト・ケーニヒスブルク城付近で突然持ち場を離れると，どこへともなく姿を消した．その頃のジーゲルは絶えず憂鬱な思いに取りつかれていた」[13]と書き記している．ジーゲルは捕らえられたが，すぐに拘置されたわけではなく，兵舎に連れ戻されただけのようである．ジーゲルが「捕らえられた」直後の顛末について最も説得力のある資料は，ブラウンによるものだろう．ブラウンの資料には，ジーゲルから直接聞いた話として，エゴン・シャーフェルトなる人物がジーゲルを救ったとある．シャーフェルトは，車椅子に乗った裕福な羊

毛紡織工場の経営者を父親に持つ人で，彼自身非常に有能であり，戦時中はシュトラスブルクで新兵担当の事務官をしていた．戦前，シャーフェルトの父親は息子に事業を継いでもらいたいと考えていたが，息子の方は大学で学ぶことを熱望した．法律を学ぶということであれば父親の同意を得られたかもしれないが，シャーフェルトは物理学を勉強したかった．ジーゲルよりも2歳年上のシャーフェルトは，開戦後の早い時期に召集されたため，親子間の考えの不一致は解消されないままでいた．シャーフェルトはシュトラスブルクにいた頃，自由な時間ができると数学の講義を聴きに行った．数学は物理にとって不可欠だったからだ．そしてシャーフェルトは，数学にすっかり魅了されてしまった．

　シャーフェルトが新兵に関する事務処理をしていたとき，ジーゲルの書類が偶然彼の目に留まった．その書類には，兵役免除を申請するため，ジーゲルの数学的能力を訴える内容が記載されていた．シャーフェルトが新兵宿舎に行ってみると，そこには「完全に意気消沈した」ジーゲルの姿があった．当時シャーフェルトは何らかの管理職に就いていたらしく，例えば自分専用の個室を持っていた．そこで彼はすぐさま，惨めな精神状態にあるジーゲルを元気づけるため特別に処遇した．ブラウンはこう記している．「それから2人は策を練った．ジーゲルは耐え難い精神状態にあり，任務を果たすことはほとんど不可能ということにしたのだ．もちろん除隊するためにである」[14]．やがて，ジーゲルを軍の精神病院へ送致し検査を行う手はずが整えられた．

　こうしてジーゲルは兵役不適格と判断され除隊処分となる．フラウカは言う．「ジーゲルは5週間で除隊となったが，彼にとっては非常につらい5週間だった」[15]．時は変わらず1917年．ジーゲルは父親と一緒に暮らすため実家に戻ったらしい．ジーゲルがブラウンに語ったところによると，1918年の秋に革命が起きてヴィルヘルム皇帝が退位したとき，ジーゲルはベルリンにいたようで，父親からは街へ出掛けるのを禁止されたそうだ．この時期，ジーゲルはおそらく家庭教師として働いていた．軍の病院に入院したことに関してはどこか策謀めいたところがあったかもしれないが，ジーゲルが「神経衰弱」だったことは本人も認めており，そうだとすれば1917年の暮れから1919年の初めにかけては回復の時期だったと考えられる．

　この時期，ジーゲルの人生にまた1人重要な人物が登場する．ゲッティンゲン大学教授で数論が専門のエトムント・ランダウ（1877-1938）だ．1966年にジーゲルと何度も食事をともにしながら数多くの会話を交わしたハロルド・ダヴェンポート（1907-1969）は，そのときに聞いたことをメモに残している．婦人科医だ

ったランダウの父親はベルリンでジーゲル一家と同じ通りに住んでいた．ジーゲルが軍に召集される前のこと，ランダウの父親はジーゲルが数学を勉強していると聞いて彼を自宅に招待した．ジーゲルが自分は数論を勉強していると話すと，ランダウの父親は自分の息子が著した素数の解析的理論に関する2冊の本をジーゲルに見せてくれた．ランダウの父親はジーゲルに言った．いまはまだ理解できないかもしれないが，いつか理解できる日が来るだろう．もちろんジーゲルは，家庭教師で稼いだお金を貯め，本屋へ出掛け，その本の紙表紙の軽装版を購入した．何とかその内容を理解しようとしたジーゲルだったが，ランダウの父親の言ったことは正しかったというのがそのとき下した結論だった．のちにジーゲルはその本を革表紙に装丁し直した．真相を確かめることは容易ではないが，のちにランダウの父親がシャーフェルトと協力して，ジーゲルを軍の療養施設に入れ，処置をし，懲罰を受けることなく除隊できるようにした可能性はある．ランダウの父親はその後，自分の息子をこの前途有望な若き数学者に引き合わせている．ジーゲルはランダウ教授に全部で6ページの論文を手渡した．論文に目を通したランダウは，その内容が正しい可能性は10%だろう（他の論文でも15%だ）と言った．だが，ランダウがジーゲルの潜在能力を見抜き，自ら指導する学生として迎えるためにはそれだけで十分だった．1919年の夏，ジーゲルはゲッティンゲン大学に移り，本格的な勉強を再開した[16]．

ゲッティンゲン大学でジーゲルは，シャーフェルト，エーリッヒ・ベッセル＝ハーゲン (1898-1946)，マリア（ジーゲルのベルリン時代からのガールフレンド）といった人たちと一緒だった．ブラウンによると，ジーゲルとベッセル＝ハーゲンが初めて会ったのは2人がベルリン大学の学生のときだった．ベッセル＝ハーゲンは，数学の才能に恵まれたジーゲルのことを尊敬し，ジーゲルの方も自分が認めた人物から尊敬されることをうれしく思った．ベッセル＝ハーゲンは1946年に若くして亡くなったが，2人はそのときまで生涯を通じて友人であり続けた．ベッセル＝ハーゲンは歩くとき，軽く足を引きずった——ブラウンはポリオのせいではないかと言う．シャーフェルト，ジーゲル，ベッセル＝ハーゲンの3人は結婚に対する考え方も一致していた．ブラウンはこう書き記している．「3人のうち結婚に対して最も頑なに異を唱えていたのが誰かは知らないが，3人ともずっと独り身のまま，それぞれ程度の違いこそあれ芝居がかった様子で［結婚に対する］持論を述べ立てていた」[17]．しかしシャーフェルトとベッセル＝ハーゲンとではジーゲルに対する役回りがかなり違っていた．後年ジーゲルは，シャーフェルトが散歩やレストランへ出掛けようと姿を現すと，そのときしているすべての作業

を中断するようになった．ブラウンは言う．「これは私の受けた印象だが，ジーゲルにとってシャーフェルトは，自身の父親以外で唯一，尊敬すべき権威ある人物だったのではないか」[18]．それとは対照的にジーゲルは，ベッセル＝ハーゲンを，からかいや，時には残酷で屈辱的な悪ふざけの標的にしないではいられなかった．もっともジーゲルはあとになってそれを悔い，ベッセル＝ハーゲンに何がしかの償いをすることがよくあった．

　ゲッティンゲン大学に来た最初の年，ジーゲルはもっぱら単独研究に精を出した．自身の能力を売り込むためだ．ジーゲルが論文に修正を加え，それをランダウのところへ持って行く．ランダウが難点を指摘し，ジーゲルが再度論文に手を加える．こうして論文は最終的に 40 ページにも達した．ランダウはその内容が正しい可能性は 90 %だろうと断じた．この論文は 1921 年に発表され，超越数に関する画期的な研究成果となった．もちろんその時点で，この論文の内容が 100 %正しいと考えられていたことは間違いない．ジーゲルの論文はその内容の濃さと文章の質に定評がある．もとになった 4 ページの論文はやや簡潔に過ぎたため，今度はどのようにすれば自身の考え方や手法を効果的に伝えることができるかをジーゲルは学びとろうとしたのだ．ジーゲルが与えたトゥエ–ジーゲルの定理の証明は，ほぼ完全に代数的であるという一点だけを見ても際立ったものだった．しかもそれは現代的な意味で代数的であると言うのではない．当時学校で教えられていたような代数を見事に応用したものだったのだ．ハンス・グラウアートは言う．「ジーゲルにしか証明できなかった定理はいくつもある．ジーゲルがそれらの証明をどうやって思いついたのかは誰にもわからない」[19]．

　ジーゲルは 1920 年 6 月 2 日付で学位を取得する．ゲッティンゲン大学での 1 年目，ジーゲルはエーリッヒ・ヘッケ（1887-1947）の指導を受けていた．そしてヘッケが，新設されたハンブルク大学の正教授に任命されると，ジーゲルもヘッケに従って籍を移し，1920 年から 1921 年にかけての冬学期の間，ハンブルク大学で教壇に立った．だがジーゲルは，ハンブルク大学の数学者たちになじめないでいた．コンスタンス・リードによると，ジーゲルは「寒さとひもじさと惨めさに苛まれていた」[20]という．

　ゲッティンゲン大学ではクーラントが次第に積極的な役割を担うようになっていたが，そのクーラントの耳にもジーゲルがハンブルクで浮かない日々を送っているという噂が届く．クーラントはジーゲルと面識はなかったが，非凡な才能の持ち主であることは聞き及んでいた．ジーゲルが「一筋縄ではいかない」人物だということもクーラントは承知していたが，ジーゲルを呼び戻すことができれば

ゲッティンゲン大学のためになることも彼にとっては明らかだった．クーラント
は，数学が専門とは言えその分野はジーゲルとはまったく異なるし，有給の助手
をすでに1人雇ってはいたものの，何とか2人目の助手を雇えるようにと資金を
工面した．戦後の数年間は住宅が不足していたため，クーラントはフェリック
ス・クラインの自宅の一室にジーゲルを住まわせてもらえるよう取り計らった．
ヘーゲルの孫娘と同じ屋根の下で生活することになったジーゲルは，「『間違った
ことを口にしてしまわないか』と絶えず気を揉んでいた」[21]らしい．クーラント
はたびたびジーゲルを自宅へ招いた．ジーゲルはクーラントの家に来ると，よく
床に座ってクーラントの息子でまだ幼いエルンストに難しい科学の専門用語を暗
唱させようとした．あるときクーラントは近くの湖にあった教員用の水浴場にジ
ーゲルを連れて行き，教員が利用する更衣所でヒルベルトに引き合わせた．その
頃ジーゲルが取り組んでいたゼータ関数に関する新しい研究についてクーラント
が説明すると，ヒルベルトは嬉しそうにそれを聞いていたという．

　ジーゲルの奇行や悪ふざけにまつわる話が聞こえ始めるのはこの時期である．
ベッセル＝ハーゲンの教授資格論文を「水没させた」あるいは「海中に葬った」
一件もそうした話の1つだ——ブラウンはこれをジーゲルの「たちの悪い」話と
呼ぶ[22]．ジーゲルはベッセル＝ハーゲンの教授資格論文を査読することになった．
友人として引き受けたのか，正式な職務として依頼されたのかは定かでない．ど
ちらにせよこの仕事が舞い込んできたときジーゲルは自分自身の研究に没頭して
いた．しかも，ベッセル＝ハーゲンの論文のテーマはジーゲルの専門とは異なる
分野のものだった．ジーゲルには重荷に感じられたし，その仕事を先延ばしにす
ればするほど，ますます荷が重く感じられた．その頃，ジーゲルは船に乗ってど
こか遠くまで出掛ける用があった．その航海の途中，重苦しい気分に耐えきれな
くなったジーゲルは，ベッセル＝ハーゲンの教授資格論文には自分の手元にある
ものの他に写しはないと知りながら，それを船の上から海中へ投げ捨ててしまっ
た．ただしその場所の緯度と経度は正確にメモしておいたらしい．一説によれば，
旅先から戻ったジーゲルはベッセル＝ハーゲンに，自分は君のために力を尽くし
たのだと言ったそうだ．あらためて論文を作成するためにベッセル＝ハーゲンは
数か月の作業を要したが，ここに至ってようやく自分のしでかしたことを悔やむ
ようになったジーゲルは，埋め合わせをするためベッセル＝ハーゲンを誘って長
期休暇をギリシャで過ごした．ブラウンによると「この旅行は2人にとってとて
も楽しいものになった」という．

　またジーゲルは，愉快だがほんの少しばかり酷ないたずらを仕掛けることもあ

った．仕掛ける相手はたいてい仲の良い友人だけだったが，その中でもヘルマン・ワイルはついつい手を出したくなる標的だった．ワイルは優れた数学者であり幅広い教養の持ち主でもあったが，だまされやすいたちで，ともすれば洒落が通じなかった．しがない町からやって来た大柄で眼鏡をかけた金髪の青年ワイルは何年もの間，排他的な集団意識を持つゲッティンゲン大学の人々から仲間として受け入れられないでいたが，やがてワイルに数学の才能があるとわかると学内の「仲間意識」に変化が現れた．ワイルと友人たちは時折，会話を交わすとき，言葉の各音節（シラブル）の前にｐの文字を入れるという話し方で遊ぶことがあったし，またワイルはあるパーティーでは最初から最後まで，椅子の下にもぐり込んだまま，何か質問されても吠えて返すばかりということもあった．こんな標的が目の前にいたら，ジーゲルはもう辛抱することなどできない．以下はエミール・アルティンの夫人だったナターシャ・ブランズウィックから聞いた話だ．あるパーティーでのこと，ジーゲルが緊急事態だと言って慌ただしく駆け込んできた．誰かが森の中に迷い込んでしまったのでみんなで探しに行かなければと大騒ぎしている．するとワイルは森へ出掛けて行って，本気で人探しを始めたという．ブランズウィックは言う．「気の毒にもヘルマンは，ジーゲルにまんまと森へおびき出されたのよ」[23]．

　ジーゲルは，ゲッティンゲン大学へ新たに赴任してきた人と夕食の約束をするとき，「ヤシの木立の近くにあるレストランで落ち合おう」と伝えることがよくあった．もしそこで詳しい場所をとっさに尋ねることができない人は，ジーゲルの思惑どおりヤシの木立をいつまでも探し続けることになった．（フランクフルトにならヤシの木立のある庭園がたしかにあったのだが．）またあるときは，空っぽの乳母車を急な坂道の上まで運び，それを坂下に向かって押し出したこともある．人々がどのような反応を見せるか観察しようとしたのだ．さらにはランダウ夫妻がパーティーを開こうとしたときのこと，ジーゲルはそのパーティーに参加することになっている1人の学生を早めの夕食に誘った．しかもジーゲルはその夕食を長引かせたのだ．学生が辞去を申し出ると，ジーゲルは晩餐を始めるのを待ってもらうようランダウ夫人に一筆したためればよいと言った．学生は「いやあ，それはちょっと」と渋ったが，結局ジーゲルに説き伏せられてしまった．ここで現時点での私個人の注釈を付け加えておくとすれば，これまでに紹介したいずれの逸話もその信憑性は定かでないということになる．だが，それらを全体として見れば，ジーゲルに付いてまわる逸話の数々がどういったものか，少なくともその雰囲気のいくらかは伝わるだろう．ジーゲルの逸話を語ることは，人気の室内

娯楽になっていた.

　ジーゲルは気まぐれで気難しかったが, 研究にはかなり精力的だった. トゥエの論文を読み通したときジーゲルが「鉄の精神力」を見せたとはフラウカの語っていることだ. 1921 年から 1922 年にかけてジーゲルが発表した論文は 13 編に上る. そこに述べられた結果はいずれも非常に強力で奥深い. また対象となる分野も代数的整数論や解析的整数論にまで広がり, ジーゲルがゼータ関数について初めて書いた論文もこの 13 編の中に含まれる. ハーディ, リトルウッド, ラマヌジャンの手法を駆使した 1922 年の『体の加法的理論について (*On the Additive Theory of Fields*)』という論文はジーゲルの教授資格論文になった. 若きジーゲルが教授になるべき能力の持ち主だということは誰の目にも明らかだったが, ゲッティンゲン大学には率直にそれを認める者はいなかった. そのため, ジーゲルをゲッティンゲンに留めようというクーラントの計画は立ち消えになった. 1922 年 8 月 1 日, ジーゲルはアルトゥール・モーリッツ・シェーンフリース (1853-1928) の後任としてフランクフルト大学の正教授に招聘される. このときジーゲル 25 歳. 軍の精神病院を退院してから 5 年で正教授の職に就いた.

　フラウカの記述によると, ジーゲルは 1922 年にフランクフルトへ来てしばらく, 燃え尽きたかのような虚脱感 (Überanstrengung) に襲われたため研究をやめてしまう. 再び研究を始めたのはようやく 1926 年になってからのことだという[24]. 確かにジーゲルの論文集を見ると, 初期の頃に相当数の論文が矢継ぎ早に執筆されたあとは, 1926 年から論文発表を本格的に再開する 1929 年までの間に 2 ページの論文が 1 本発表されたに留まっている. しかもその論文は, ジーゲルが以前 L・J・モーデル (1888-1972) 宛ての手紙に書いた内容の抜粋であり, あまりに重要なため公表しないではいられなかったものだ. 一方, 1926 年のクリスマスの時期に初めてフランクフルト大学を訪れたヴェイユは, ジーゲルが一時期論文をまったく公表しなかったことについて, 発表される論文が多すぎるという意見がフランクフルト大学数学史セミナーのメンバーの間に浸透していた影響だとしている. 原因は何にせよ, 多数の論文を次々と執筆したあとしばらく虚脱状態に陥ったかと思うと, その後また突如として精力的に仕事をするというのは, 心の起伏が激しいジーゲルらしくはあるだろう. ただし, 虚脱状態にあった期間は同時に, やがて明らかにされるいくつもの成果がしばし寝かされていた期間でもあった.

　1929 年, ジーゲルは大部の論文を発表する. これは 1926 年の論文ですでに導入されたアイデアを拡張した内容で, ジーゲルの論文の中でも第 7 問題の解決に

最も直接的に寄与したものである．この論文の前半部分は，デーンに誕生日プレゼントとして贈った論文原稿の内容だ．この論文についてジャン・デュドネ (1906-1992) は，「ジーゲルの論文中おそらくは最も深遠かつ独創的なもの」[25] と評する．またジーゲルの学生だったシュナイダーは，「ジーゲル先生が手掛けた論文ひとつひとつの価値を互いに比較するつもりはないし私にはその能力もないが，もし数論の大家ジーゲルの天賦の才を感じ取りたいと思うのなら，この 70 ページの論文を読めば十分だろう」[26] と述べている．ジーゲルは，長期休暇でたびたび訪れたスイスのポントレジーナでこの論文の最終稿を書き上げた[27]．この論文でもジーゲルは，学校で習う程度の代数を神がかり的な発想で応用してみせた．もっとも，それだけですべて解決というわけにはいかないが，その応用が大きな役割を果たしたことは事実だ．

ヒルベルトの第 7 問題では，$2^{\sqrt{2}}$ が超越数であること，あるいはより一般に，a が代数的数，b が代数的無理数ならば，a^b は超越数であることを証明することが主題となっている．この問題の本文前半でヒルベルトは，超越関数に代数的数を代入した場合の結果について一般的な立場から研究する必要性を説いている（ある数が超越数であることを証明するのは簡単ではないが，解析学に現れる関数はその大半が超越関数であり，それを証明するのも容易だ．超越関数とは大雑把に言うと，変数に対して代数的操作を有限回適用するというやり方では定義できない関数を指す）．先に触れた 1929 年の論文の中でジーゲルは，よく知られたベッセル関数 $J_0(x)$ について，その変数 x に代数的数を代入するとその値が超越数になることを証明した．自然に現れるある数（この場合はそのような一連の数）が超越数であるという証明は，リンデマンが π の超越性を証明して以降絶えてなかったことだ．さらにジーゲルは，自身が与えた証明の中で，目的に適った零点が多数存在するようなある種の補助関数を構成する方法を見出した．そして，こうした関数の存在を主張するジーゲルの補題（補題とは別の何かを証明するために用いられる補助的な命題のこと）が，第 7 問題を解決する上で有効だということが明らかになっていった．

この論文には，ヒルベルトの第 10 問題に関連のある証明も含まれている．ジーゲルは，1909 年にトゥエが示したもう 1 つの結果を拡張することにより，すべての「非特異な」3 次方程式は高々有限個の整数解しか持たないことを証明した（$y^2 = x^3 + ax^2 + bx + c$ などはこのような 3 次方程式の一例である．非特異とは，その方程式のグラフが自分自身と交差せず，かつ尖点［＜なる形の先端部分］を持たないということを指す．「ほとんどの」3 次方程式は非特異である）[28]．これは，第 10 問題の対象範囲から見れば限定的な結果だが，20 世紀の数論においては 1 つの大事件だっ

た．ジーゲルがその証明に用いたのは，かつて自らの手で導いたトゥエ–ジーゲルの定理——代数的数を有理数で近似しようとしても，良い近似は得られないことを述べるもの——だった．（もし考えている方程式の1つが解を無限に持つとすると，複雑なパラメータ表示と極限操作によって得られるある特定の代数的数を，それらの解を用いてかなり良く近似することができてしまう．）

デーンやその仲間たちと過ごしたフランクフルト時代は，ジーゲルの人生の中で最も満たされた時期だった．フランクフルトに移り住んだ当初，彼はビュフェラーという画家の一家が暮らす家に間借りした．近くにはハイキングにはうってつけのタウヌス山地があった．ジーゲルは家主から手ほどきを受けながら盛んに絵を描いた．何年かのち，彼はそのとき描いた絵の後始末を家政婦に任せたが，絵が売りに出されると，シュナイダーはその中からかなりの点数を買い取ったという．

やがてジーゲルは，市の中心街にある新築の家に引っ越したが，学生たちには住所を伏せておいた．家政婦とも，キッチンテーブルの上に残したメモを通してしか伝達事項のやり取りをしなかったという．だがジーゲルにはベティというスウェーデン人のガールフレンドがいた．ベティは郊外に住んでいたが，週末はジーゲルの家で過ごした．ベティは，「スウェーデン式癒し運動」[29]とブラウンが呼ぶ少々謎めいた習慣を実践していた．ジーゲルはスウェーデン語を習得してベティとスウェーデン語で会話を楽しんだし，2人で休暇旅行やハイキングに出掛けたりもした．デーンの娘エヴァによると，ベティは「体格の良い」女性で，自分が長く愛用しているオーデコロンの一種がどのようなものかをエヴァに教えてくれたのだという[30]．ジーゲルは講義がないとフランクフルトを離れることが多かった．父親はすでに再婚していたが，継母とはうまくやっていたジーゲルは，2人のもとを訪ねることもあれば一緒に旅行することもあった．

ジーゲルのもとに集まる学生は多くはなく，特に赴任当初はほとんどいなかった．彼の講義は隅々まで配慮が行き届いたものだったが，その内容は非常に難解だったのだ．ジーゲルの考える基準はどれも高いところにあった．ひとたびジーゲルがあるテーマについて1編の論文を書けば，それはまるで磨き上げられた大理石のようだった——欠陥は一切なく，重要な問題に新しい手法を適用できる見込みがあれば必ずそれが適用された．有望な見込みがあると見ればそれを現実のものとするのがジーゲルだ．大学院生の多くは指導教員が研究の中で取り残したものの分け前にあずかりながら何とかやっていくものだが，その点で言うとジーゲルは気前が悪かった．フランクフルト時代にジーゲルが教えた学生の中でも傑

出した存在だったシュナイダーは，自らの意志でヒルベルトの第7問題を研究テーマに選んだ．

　同じくジーゲルの教え子だったヘル・ブラウンの自伝『女性と数学1933–1940 (*Eine Frau und die Mathematik1933–1940*)』はジーゲルにまつわる逸話の宝庫だが，そこにはブラウンが数学の世界に身を置く女性として時折経験した困難も書き綴られている．ブラウンはフランクフルト出身で，1933年から1937年まで大学で学んだ．19歳のブラウンにとっては，禿頭でずんぐりしたご年輩——実際は36歳だったが——というのがジーゲルの印象だった．ジーゲルは学生を指名する際，その座席番号で呼び掛けた．ブラウンはB10だった．ところが，新学期が始まってまだ2週間だというのにブラウンはすでにジーゲルの目に留まっていた．「僕のクラスにはなかなかできるお嬢さんが2人いるんだが」と同僚に話をするジーゲルはこう続けた．「それがね，その1人が黄泉の国の女神なんだよ」[31]．ジーゲルはB10の名前を確認しようとクラスの名簿に目を通したが，ヘルというのが人の名前だとは思えなかった．そこで今度は「ヘル」を辞書で調べてみたところが，そこには「黄泉の国の女神」との説明があったというわけだ．一方ブラウンの方はと言えば，自分がジーゲルの目に留まっていたことなど当時は気づいておらず，後年になって気づかないでいられたことに感謝していると述べている．ブラウンは，ジーゲルが難しい宿題の解答を電光石火の勢いで黒板に書いていく，その様子が好きだった．彼の講義の仕方はフロベニウスゆずりだった．時々短気を起こしもした．かなり手狭な教室で講義をする羽目になったときなどは，生徒の誰かが座席の上で体を動かしたり，騒がしくペンを走らせたりしただけで，苛立たしげに振り返ることがよくあった．また夏の時期には，黄色い生絹のスーツ，黄色い蝶ネクタイに派手な靴という，南の方で長期休暇を過ごすときの服装のまま，ふらりと講義に現れることもあった．

　1935年の秋，高等研究所滞在から戻ったジーゲルは，同僚たちがナチ党の反ユダヤ政策のせいでどれほど厄介な立場に立たされているかを実感するようになる．ゲッティンゲン大学ではユダヤ人であるランダウが講義を妨害されるという悪評高い事件が起きたが，その事件を主導したヴェルナー・ヴェーバーがその頃すでにフランクフルト大学へ来ていた．同じ頃ブラウンはナチ党を支持する学生たちとの個人的ないざこざを抱えていた．そのことは当時ジーゲルの耳にも入っていたのではないかとブラウンは言う．ジーゲルは吹き抜け階段でブラウンを呼び止めると，自分の指導学生になってはどうかと勧めた．

　のちにブラウンが学位論文のテーマを決めかねていたとき，ジーゲルは彼女を

研究室ではなく自宅に招いたことがある．ジーゲル宅の玄関ドアには木製の引き
戸が付いたのぞき窓があった．ブラウンが呼び鈴を鳴らしてしばらくすると，の
ぞき窓が開いてジーゲルが顔をのぞかせた．「君はここで何をしてるんだ？」と
尋ねるので，面会の約束をお忘れですかとブラウンが聞き返すと，ジーゲルはす
っかり忘れていたと言った．ブラウンを招き入れると，「コーヒーを淹れてくれ
ないか？」[32]と頼み，自分の部屋に入ってドアを閉めた．ブラウンが書き記すと
ころによると，彼女はコーヒーを淹れるのが苦手で，そのときはコーヒーを淹れ
るつもりもなかったので，コーヒーポットを持ったまま台所に立ち尽くしていた．
しばらくするとジーゲルが戻ってきて，親しげな口調でこう言った．「おや，君
はコーヒーを淹れる方もうまくいかないようだね？」[33]　そして自分でコーヒー
を淹れると，ブラウンにはずいぶんな量と思えるほどのケーキを取り出した．ど
うやら約束を忘れてはいなかったらしい．ジーゲルは雑談をしたがったが，ブラ
ウンはモールス信号の練習があることを口実に急いで辞去した．のちにジーゲル
から，ブラウンが早々に帰ってしまって残念だったと言われたという．こういっ
た微妙な付き合いをするうちにお互いの理解はそれなりに深まったが，一定の距
離は保っていた．ブラウンが博士号の学位試験を終えたときにはジーゲルは彼女
を自宅に招待して夕食をともにした．ブラウンは優等学位で試験に合格したのだ．
このときの風変わりな夕食の様子をブラウンが書き記した一節がある．

　　先生が年若い客人と2人だけで過ごす夕べは，おそらくいつもこんな調子なの
　だろう．シュナイダーもかつて同じような経験をしたそうだ．当然ながら私は時
　間どおりに到着した．そして台所での一部始終に遭遇することになる．キッチン
　テーブルの上には大きな箱が1つ置かれていた．先生がその箱を開けてくれと言
　う．私はぎょっとした．中から蟹がぞろぞろと這い出してきたのだ．あまりの数
　の多さに，あとで全部平らげたときは一仕事だった．蟹は爪を糸で縛られていた
　が，歩くことはもちろんできる．私は蟹にはなじみがあった．というのも動物学
　の授業で解剖の経験があったからだ．ただし解剖したのは死んだ蟹だ．ここにい
　る蟹たちは料理されるのを待っている間，台所中を勝手に歩き回った．私は心底
　家に帰りたいと思った．私を驚かせることに成功したジーゲル先生は，子供みた
　いに喜んでいた．蟹はともかくその他の必要なものはすべて準備が整っていた．
　よく冷えたシャンパンはピンク色で，蟹にはぴったりだった．そして，この生き
　物たちもとうとう深鍋の中で最期を迎えることになった．……実際のところ，こ
　の生き物たちが本当の最期を迎えたのはそれから数時間後のこと．わずかな身の

部分は私たちの胃袋の中に収まり，残った殻の山は残飯入れに葬られた．[34]

しかしブラウンの記述はこう続く．「食事中，私はまるで試験に不合格だったかのような扱いを受けた」．ブラウン本人としては，成績が優秀だったとは言えあまり嬉しくはなかった．ある問いに対する答えに誤りがあったからだ．彼女はかなりの自信家で，だからこそジーゲルとも気後れせず付き合うことができたのだが，実は自身の真の能力に疑念を抱いていたのだ．（ブラウンは先の一節を書いていたときにもまだその疑念を払拭できないでいた．）ジーゲルはブラウンのその疑念に気づいていた．「私が笑みを浮かべかけると，間髪を入れずその渋い革張りの椅子から意見が飛んでくる．私の目からはまた涙がこぼれそうになった」．ジーゲルはブラウンに，彼女が優秀な成績を収めるに至った要因の1つは偶然の幸運，1つは学部内の政治力学の影響だと言ったという．ブラウンの文章にはさらに次のような文が続く．ただし，これだけを読むと妙な文だ．「ジーゲル先生はきっと私の研究成果をけなすつもりではなかったのだろう．でなければ，私の試験に対する先生自身の評価は違っていたはずだ．ただ先生は，私が研鑽を積むにあたって，過剰な自信を持つべきではないと思ったのだ．そういうわけで，あの蟹の夕食会が単なる祝いの席に留まらなかったことはむしろ善いことだったのだ」．その後モジュラー形式やジョルダン代数など代数分野の研究に取り組んだブラウンは，いくつもの所属先を経てハンブルク大学の正教授になった．

やがてジーゲルとブラウンは，ハイキングや，時には長めの旅行へ一緒に出掛けるようになる．昼間はバックパックを背負ってハイキングをし，夜は高級な夕食を食べ快適なホテルに泊まった．ただジーゲルは妙な不安を感じるとブラウンにもらした．何事もあまり快適すぎてはならない，さもないと神様たちの怒りを買うことになると言うのだった．

フランクフルト時代も終わりを迎えようとしていた1935年から1937年にかけて，ジーゲルは2次形式の理論に関する重要な論文を3編発表した．この研究は，さかのぼればガウスとラグランジュを直接の源流とするもので，それ以降の系譜にはルジャンドル，アイゼンシュタイン，H・J・S・スミス，ミンコフスキらが名を連ねている．デュドネはこう書いている．「この分野でのジーゲルの研究成果は，2次形式理論の最高峰をなす業績と見なすことができる．だがその一方でジーゲルは2次形式の理論を，リー群や保型形式の理論と結びつけることにより，その範囲を大幅に拡大するとともに，その現代的な解釈を提示した」[35]．ヒルベルトの第11問題は何をもって解決とするかについて多義的な解釈ができるが，

より広く解釈した場合の第 11 問題に対しても，これらの論文は大きく寄与している．この時期以降ジーゲルの数論研究は，この分野に関するものが大半を占める．ヴェイユは 1950 年に出版した『数学の未来』の中で，ジーゲルの研究成果を数論の新しい可能性を開くものとして繰り返し引き合いに出している．

　フランクフルト大学に在籍するナチズム支持の学生たちは，活動が活発化し主張も声高になって，次第に危うさを増していた．周囲の教授たちが講義を始める際にナチス式の敬礼をする中，ジーゲルはただ 1 人それを拒否した．また「国民連帯の日（Tag der Nationalen Solidarität）」には教授全員に対して，貧しい人々が冬を乗り切る手助けをするため街頭に出て募金集めを手伝うよう求められたが，ジーゲルは参加しようとしなかった．地元のナチ党当局者から尋問されると，ジーゲルは「気が進まないし，時間もないし，お金もないからだ」[36]とぶっきらぼうに答えたという．彼は当時，すでに解雇されていたユダヤ人の元同僚たちと依然，親しい付き合いを続けており，1937 年にはランダウに 60 歳の誕生日祝いとして 1 編の論文を献呈した．おそらくは，この最後に述べたあからさまな反抗的行為が原因で，ジーゲルはかなり危険な立場に置かれたために，フランクフルト大学に留まることができなくなったのだろう．ただジーゲル自身，これ以上大学にはいられないだろうという覚悟はすでにできていた．ブラウン曰く，「人生の半ばを過ぎるまでのジーゲル先生は，現状を変えれば自身に関わる問題はすべて解決されるだろうと考えていた．前途に待ち受ける事態など考慮しなかった．ジーゲル先生の視線はただ，耐えられそうにない目下の状況にのみ向けられるのだった」[37]．1938 年 1 月，彼はゲッティンゲン大学に移る．ブラウンも，欠員の出た助手の職に就くためジーゲルに同行した．

　ゲッティンゲンへ来てもジーゲルを取り巻く問題が消えて無くなることはなかった．彼は早くも 1921 年の時点でドイツ数学会（DMV）を脱会していた．ドイツはことによると「道を誤るかもしれない．そうなれば DMV もそれに追随することになるだろう」[38]と予見していたからだ．この 1921 年というのは誤植ではない．まさしくそれは相当以前の話なのだ．そのジーゲルの予感が，あろうことかここへ来て現実のものになろうとしていた．ブラウンによると，ゲッティンゲンにあったジーゲルの自宅の室内は素っ気ないものだったという．自筆の絵画が壁に何枚か掛かってはいたが，自分の持ち物と言えば継母からもらった引き出し付きのチェストが 1 つあるだけだ．もう一度引っ越す準備はいつでもできていた．ゲッティンゲン大学の職をジーゲルに世話したのは，1934 年から数学研究所の所長を務めていたヘルムート・ハッセ（1898-1979）だった．ジーゲルはハッセと

合同セミナーを行った．ハッセは優れた数学者で，ドイツ数学界の利益に資する活動のためには労を惜しまなかった．グラウエルトはこう書き記している．「ハッセとジーゲルがいるおかげで，ゲッティンゲン大学は存在価値を取り戻した．言うなれば『夏の最後のきらめき』を経験したというところだろうか」[39]．だが，ハッセはナチ・ドイツへの忠誠を公然と表明していた．日々それを目の当たりにしたジーゲルは，ほどなくしてハッセにも彼の政治的立場にも反感を覚えるようになる．それより前の 1920 年代，ジーゲルは第一次世界大戦で命を落としかけた経験をハッセに話したことがあった[40]．それに対してハッセは，自分にとって従軍は活気みなぎる体験であったし，そのおかげで体もすこぶる丈夫になったと答えたという．ゲッティンゲンで 2 人は一緒に散歩するようになっていたが，ある日の散歩で決定的な仲違いをしてしまった．ブラウンが指摘しているようにジーゲルは，考慮の対象とならない大多数を除くと，周囲の人間を敵か味方かのどちらかとしてしか見なかったから，当然ハッセは敵になった．数日後，ブラウンが合同セミナーで講演したとき，ジーゲルはシャンパンを飲み干すと部屋をあとにし，ハッセの目が届かなくなる所まで酔ったふりをしていた．「ハッセと同じ部屋に居続けることなど素面ではとても耐えられない．彼にもそれくらいわかってもらいたいものだ」[41]とジーゲルは語っていた．

彼にとっては危険な時期だった．ジーゲルは規則や命令に従う人間ではない．フランクフルトにいる知り合いのユダヤ人を訪ねもしたし，デーンの国外脱出を助けもした．それでもジーゲルが無事でいられたのはおそらく，その類まれな数学的才能を失わせてはならないという思いに駆られた人たちの働き掛けがあったからだろう——彼が平素から常軌を逸した人物であることが周知の事実だったのも，むしろ彼に幸いした．それにドイツでは「アーリア人」の偉大な数学者が希少な存在になりつつあったため，ドイツの教育省としてもその 1 人を失うことは望むところではなかった——後年，アメリカへ逃れていたジーゲルは電報で辞職を願い出たが，教育省は断じてそれを認めなかった．またハッセも，ジーゲルから幾度も侮辱を受け，しかもナチス体制に肩入れしてはいたが，個々の数学者を槍玉にあげるようなことはしないという自らの流儀をジーゲルに対しても貫いたのだった．

ジーゲルとブラウンの奇妙な関係はその後も続いた．平日に 2 人で昼食をともにすることはなかった．ジーゲルはちゃんとした食事を取りたかったので，たとえ自分が支払わないとしても，ブラウンでも行けるような手頃な店で食事しようとはしなかった．だが週末には，ジーゲルがブラウンを誘って高級なレストラン

へ出掛けたり，ジーゲルの自宅で一緒に料理を作ったりした．ジーゲルの数学の研究も変わらず続いていた．時には研究の内容についてブラウンに話して聞かせることもあった．精神状態は不安定だったといい，一点を見つめたまま何時間も考え込んでいたかと思うと突然，高揚感に浸ったり感傷的になったりし，しばらくすると今度はぐったりした様子を見せたり憎悪の念に駆られたりした．ブラウンの回想によると，当時ジーゲルは鬱々としているときでも，散歩に出掛けしばらく周囲の自然に陶酔（Naturschwärmerei）[42]していると気分が晴れることがよくあった．そうして再び数学の研究に取り掛かるのだが，それでもブラウンは，何とはなしに満足しているとか，まずまず楽しい気分であるとかいうように，ジーゲルが平静を保っているところなど見たことはなかったと述べている．1938年になるとブラウンは，毎週水曜日の午後にジーゲル，グスタフ・ヘルグロッツ（1881-1953），それにヘルグロッツが飼っていたシェパード犬のアルフと連れ立って散歩に出掛けるようになる．のちにアルフが死ぬと，ジーゲルはダックスフントを買ってヘルグロッツに贈った．

1939年，ジーゲルとブラウンはバーゼルからローマを巡る旅に出た．当時ブラウンは24歳．42歳のジーゲルは，この世の中や「本当の生き方」[43]というものをブラウンに見せてやる良い機会だったと語っている．2人は，アルプスの山道や氷河をハイキングしに出掛けたり，リルケの墓を訪ねそこでリルケの詩を朗唱したりもした．ジーゲルはリルケの詩に漂う闇を自分よりも深く理解していたとブラウンは語っている．2人は山羊のミルクで作ったホットチョコレートを毎朝飲んだが，ブラウンもこれには食傷した．ジーゲルは，これは人生の困難さを忘れないためだと言って譲らなかった．ヴェネツィア滞在中にブラウンの歯が1本抜けたときは，ジーゲルが臨機応変に立ち回り，手際よく歯科医を見つけてくれたという．

1939年9月1日，第二次世界大戦が勃発した．だが当初は，ほとんど戦闘もなく「まやかしの戦争」と呼ばれる時期が続いた．長期の休暇で英気を養ったジーゲルは，その後もしばらくはその活力を保っていたが，ほどなくすると，その頃起きていたいくつもの出来事から判断するにこれは本当に新たな戦争が始まったのだということを悟るに至る．彼の精神状態は再び悪化した．絵も描かなくなり，その後も筆を取ることはなかった．この頃，父親がこの世を去る．前の大戦のときジーゲルがどうなったのかを知っていた継母は，ブラウンに彼の力になってやってほしいと頼んだ．その年の秋，ジーゲルとブラウンはオーストリアのヴォルフガング湖で休暇を過ごした．地元の集落にある食堂でのこと，女性の給仕

がなかなか応対に出てこないので，ジーゲルは大きな声で二度も呼びつけ，出てきた給仕に口やかましく説教した．ところがしばらくすると，この辺りで温かい食事ができるのはこの食堂しかないにもかかわらず，そこに出入りできなくなるような事態を自ら招いてしまったことに気づいたジーゲルは威勢のよい強がりを述べ立てた．ジーゲルにとって詫びることなどプライドが許さない．だが空腹感は募るばかりだ．結局ジーゲルはブラウンを説き伏せ，自分の代わりに謝らせた．

　ブラウンは自身の回想録の中で，なぜ自分はジーゲルに対してあれほど寛容でいられたのかと自問し，それに対する結論として，ジーゲルには人に迷惑をかけてもそのときのことをすぐに忘れさせてしまうようなところがあったからだと述べている．シュナイダーも，十数年後にあるレストランで似たようないざこざに巻き込まれたが，ジーゲルに対してわだかまりを持つことはなかった．ジーゲルは気難しくも誠実な人であり，芸術活動であるかのように数学の研究に取り組んだ．数学に対して同じような愛着と敬意を持つ数学者であれば，時に不愉快に感じるジーゲルの行動にも寛容でいられただろう——しかも，その行動が魅力的で明晰な知性を感じさせるものであればなおさらだ．ジーゲルはベッセル＝ハーゲンの教授資格論文を海へ投げ捨てたが，デーンの命を救うためには力を尽くした．また，ナチスには決して屈従しなかったし，その存在を黙認することすらしなかった．誰もが大勢になびき，目をそらし，すっかり怖気づいてしまっていた時期にも，ジーゲルは違った．

　その冬，彼は国外への脱出を目論んだ．ブラウンによると，彼女がジーゲルに同行するかについて2人は一度だけ話し合ったそうだ．ブラウンは両親と離れて暮らすわけにはいかないだろうと思っていた．両親にとっては彼女が生活の頼みの綱だったからだ．また，ブラウンには兵役に就いている弟がいたが，その弟の消息を知ることができない場所で生活することなど到底耐えられなかった．ブラウンはこまごまとした思い出を頭の中から一切締め出したという．3月，ジーゲルはデーンをノルウェーに訪ねた．短期滞在するときのような手荷物しか持っていかなかった．数学のことならすべて頭の中に入っている．ノルウェーを発つとアメリカへ向かった．ナチ・ドイツがノルウェーに侵攻する数日前のことだった．

　何とか回避しようとしていた国家総力戦に世界が突入する中，ジーゲルの関心は再び天文学と天体力学に向けられるようになる．デュドネによると，ジーゲルが数論の次に好んだ分野は天体力学と，ハミルトン流の力学に由来する微分方程式論だったという．1941年から1942年にかけてジーゲルは，この分野に対する深い洞察力を示す論文をいくつも発表した．天体力学の中心的問題はおそらく3

体問題（あるいは多体問題）だろう．それぞれに運行しているいくつかの天体が互いに影響しあって，一見すると安定しているように見える軌道から少しずつ外れていき，ついにはその中のいずれかが太陽に向かって引き寄せられたり，宇宙空間の彼方へと飛び去ったりすることはないのだろうか？　太陽系は安定したものだろうか？　もし宇宙をさまよう天体が太陽系に捕らえられたらどのようなことが起こるのか？　わずか3体からなる系であっても長期的に見ればまったく不安定かもしれないという考えは古くからあった．この問題で遭遇する難点の代表格に「小分母の困難」と呼ばれるものがある．これは問題の級数解が発散して意味をなさなくなる原因となるもので，物理的な不安定さを反映していると考えられた．取り扱いに苦慮する難題である．1885年から1912年にかけての時期，ポアンカレはそうした解となり得る級数が一般には発散してしまうことを証明する一方で，完全に平衡かつ不安定な軌道の配置が数多く存在することも証明した．後者は，完璧に先の尖った鉛筆を1点上に直立させたまま平衡を保てるような場所が理論的には存在するということと同じだ．ただし，コバエが息をしただけでもその鉛筆は倒れてしまう．1942年ジーゲルは，もし特定のパラメータがある数値的条件を満たせば小分母の困難が解消されることを示した．それは，1954年から1963年にかけて登場してきた KAM 理論へとつながる考え方の中でも中心的な位置を占めるものの1つだ．ジーゲルは1941年から1942年にかけて，重要な論文をいくつも発表した．その中には，3体が衝突する場合の解にはどのような現象が見られるかについて考察した論文や，完全な平衡状態にある不動点のうちある種のものは不安定であることを（数論の方程式から始めて）証明した論文，小分母の困難はいたるところにあって回避できないことを示した論文などがある．

　高等研究所に移ったジーゲルは，急きょ設置された特別研究員の職に就く．設置にあたっては，その財源の一部が亡命外国人学者緊急援助委員会（the Emergency Committee in Aid of Displaced Foreign Scholars）からの補助金によって賄われた．この職を提供された研究者は9人いたが，ゲーデルもその1人だった[44]．ジーゲルは，保型関数の理論，モジュラー形式の理論，リー群に関連する保型形式の表現論，さらにはこれらの各理論が解析的整数論に対して持つ特に重要な側面について，自身の発想をさらに押し広げるべく研究に励んだ．イリヤ・ピアテツキー＝シャピロは，ジーゲルが戦時中に行った講義の講義録で勉強したと書いている．その講義録は，ピアテツキー＝シャピロが研究者の道を歩み始めて間もない1950年代初頭になってロシアに入ってきたものだ．ピアテツキー＝シャピロはそれをロシア語に翻訳した．この講義録が正式な出版物として出回っ

たのは後にも先にもそのロシア語版のみだが，ピアテツキー＝シャピロの実入り
は少なかったようだ[45]．

　ジーゲルは 1945 年 10 月 1 日付で高等研究所の教授に任命される．ただし，当
時はまだ難民同然だった．フラウカによると，1946 年から 1947 年にかけての冬
になってようやく，ジーゲルは軍用列車に乗ってゲッティンゲンに戻り，客員と
して大学に滞在した[46]．ハッセはすでにゲッティンゲンを去り，ヴィルヘルム・
マグヌスが少々きまりの悪さを感じつつそのポストを継いでいた．（のちにマグヌ
スはニューヨーク大学に籍を置き，後半生のほとんどをアメリカで過ごした．）だがジー
ゲルは，ほどなくして高等研究所へ戻る．高等研究所としては何としてもジーゲ
ルを手放したくなかったし，教授に任命したのもそのためだった．ジーゲルは
1946 年にアメリカに帰化した．

　ジーゲルは，研究者として最も脂の乗った時期こそ過ぎようとしていたが，そ
の後も 70 歳を超えるまで新しい成果を生み出す勢いは衰えなかった．エミー
ル・アルティンとナターシャ・アルティンがプリンストン大学へ移ってくると，
ジーゲルはナターシャと懇意になった．ナターシャの話によると，彼女がインフ
ルエンザにかかったとき，ジーゲルは感染を恐れて見舞いに来なかった[47]．ナタ
ーシャは，ジーゲルさん，あなたの友情には感謝している，あなたが病気になっ
たときはいつでもお見舞いに行きましょう，とかそんなようなことを言ったとい
う．1 週間後，いまだ全快していなかったナターシャは，ベッドの中でジーゲル
の論文に目を通していた．この論文は，ナターシャがたまたまある学術雑誌の依
頼を受けて編集することになったものだった．と，そこへ 12 本のピンクのバラ
が届いた．送り主の名前はない．15 分後，今度は 12 本の赤いバラが届いた．こ
ちらには「お大事に」というメモが添えられている．ナターシャはベッドに腰掛
け，論文原稿の筆跡とそのメモの筆跡とを見比べた．同じものだった．さらに
15 分後，今度は 12 本の黄色いバラが届いた．そのメモにはジーゲルの署名が入
っていた．ジーゲルは，ナターシャの見舞いに出向く途中，ナッソー通りまで出
掛け，店を何軒もはしごして花を買い漁っていたのだった．

　1951 年，高等研究所ではゲーデルの教授任命が検討されていたが，瑣末な事
柄にも強迫的なこだわりを示すゲーデルの気質が研究所の運営を妨げることにな
らないかという懸念もあった．ジーゲルは，自らを指して「教授陣の中に頭のい
かれた男が 1 人いる」[48]が，そういう男は 1 人いれば十分だと主張した．同じ年，
マグヌスがゲッティンゲン大学を正式に辞職する（マグヌスはすでに 1949 年からカ
リフォルニア工科大学に客員として在籍していた）．ジーゲルは，その後任を引き受け

てもらいたいとの申し出を承諾し，それにともなってゲーデルの教授任命に対する異議を取り下げた．

　こうしてジーゲルはゲッティンゲンに戻ってきた．数多くの学生がジーゲルの指導を受けるようになったのはこの時期以降のことだ．ドイツの数学界はほとんどゼロの状態から再興しなければならなかった．その点を考えれば，ジーゲルが多くの学生を受け入れるようになったのもある程度は理解できる．ドイツ帰国後のジーゲルが指導した学生の中にはユルゲン・モーザー（1928-1999）もいる．モーザーは，最初期に指導を受けた学生であり，おそらくはのちに最も大成した学生の1人だろう．モーザーが生まれたケーニヒスベルクはこのときすでにソ連に併合されており，モーザーは戦後に亡命してきたのだった．彼は銃撃をかいくぐって，ソ連の占領地域から西側の占領地域へと境界線を越えたという．

　ジーゲルはドイツの市民権を取得するかどうか決めかねていた．だが，ジーゲルが自ら決断するまでもなく結論は出ることになる．ゲッティンゲンに帰ってから3年が過ぎた頃，ジーゲルはアメリカ領事からアメリカのパスポートの取得資格を喪失したという判断を下された．アメリカに帰化したとは言え，いまだアメリカに戻っていないというのがその理由だった（この判断に対してはその後，違憲判決が出ている）．それならばとジーゲルはパスポートなしでやっていくことにした．だが，1954年にアムステルダムで開催された国際数学者会議には出席できず，しばらくすると休暇の旅行に出掛けるのもままならなくなってきた．何年もの間たびたび訪れていたスイスのポントレジーナへ行くにも，いまでは身元を証明する書類や代金の支払い能力があることを証明する書類を別途用意した上で，地元の行政府に追加税を支払う必要があった．ジーゲルがスイスのロカルノにいるワイルを訪ねようとしたときのことをダヴェンポートはこう書き記している．

　　交通手段としてはスイスの郵便バスを使うのが一般的ではあるが，その場合イタリアを通り抜けることになる．イタリア国境でのスイス側の出国審査は形式的なもので済んだが，国境の橋を渡ると今度はイタリア側の入国審査官が現れた．「イタリアへの入国許可証はどこだね？　ないのならここで下車してスイスへ戻ってもらうことになる」．国境の橋のイタリア側で大荷物を抱えたままバスを降ろされると，ジーゲルはスイス側まで歩いて橋を渡るよう命令された．幸い少年が1人いたので荷物をいくつか運んでもらった．スイス側に戻ってきたジーゲルは，やむなく別のバスが来るのを待っていったんスイスの北部に向かい，そこから南部へと戻ってきた．やっとロカルノに到着したのは翌日の午後だった．[49]

こうした曲折を経てようやくドイツ市民権の取得を申請したジーゲルは，暗澹たる思いで健康診断を受け，費用として500マルクを支払った．

ゲッティンゲン大学に戻ったジーゲルは早速1951年から1952年にかけていくつかの講義を受け持ったが，その中には天体力学に関する講義もあった．その講義内容をモーザーが記録したノートは1956年に書籍として出版され，1971年にはそれを改訂した版が共著の形で刊行されている．端的に言えば，いかにもジーゲルらしい几帳面さをもって書かれた素晴しい本である．その中の位相幾何学に関わる成果は終始，方程式とその変換に端を発したものである．また「良い」振動数と「悪い」振動数の見分け方には調和数列的，あるいは数論的な特徴があることに言及されているほか，ポアンカレ，トゥーリオ・レヴィ＝チヴィタ (1873-1941)，カール・スンドマン (1873-1949) にまでさかのぼる過去70年ほどの複雑にからみあった研究成果とのつながりにも触れられている．そしてジーゲルの協力のもとモーザーが加筆した改訂版の最後の数節でも，この旧版のスタイルは守られている．この本は歴史に関する書物などではまったくないが――歴史については，取り上げられているいくつかの話題や巻末に掲載されている参考文献を読むしかない――天体力学に関する問題がどのように進展してきたかという歴史の全体像を深く捉えたものになっている．（初めてこの本を参照する必要に駆られたとき，私はカリフォルニア工科大学の図書館に足を運んでみた．初めての講義から約50年，改訂版の出版から25年以上も経過しているというのに，旧版と改訂版合わせて8部の蔵書があり，しかもすべて貸出中だった．私は一般向けの書店で新しいペーパーバック版を購入した．）

モーザーは，天体力学に関するジーゲルの講義を通じてこの分野の最先端の知識と素養を身につけてしまう．折しもそれはこの分野が大きく進展しようとしていた時期だった．進展の機運が高まったのは1954年，コルモゴロフが国際数学者会議で行った講演がきっかけだった．1954年の国際数学者会議と言えば，パスポートがなかったためにジーゲルが出席できなかったあの会議だ．コルモゴロフの話は，アイデアこそジーゲルに近いものだったが，測度論や微分幾何学から得た洞察が新しかった．（コルモゴロフの学生だったアーノルドと同様）この突破口を足掛かりとして自身の研究を進めたモーザーは，ツイスト写像に関する定理などを打ち立てたことで，KAM理論の中に「M」として名を残すこととなった．

ジーゲルは自ら高等研究所を去るつもりだったとも考えられる．そこには現代数学のスタイル（や内容）も1つの要因として関係している．当時，代数的トポロジーや代数幾何学の分野で世界の中心的な存在だったプリンストン大学と高等

研究所には，空間や代数に関する素朴な概念ですら，集合論や複雑な構造に結び
つけて考察する風潮があった．1950 年代，フランスからトムやセールが高等研
究所へやって来た．彼らはファイバー・バンドルをはじめとする強力で新しい手
法やアイデアに加え，フランスの架空の数学者ニコラ・ブルバキ（実体は数学者
集団）によって導入された数学的言語を高等研究所に持ち込んだ．数学はすべて
集合論であるというのがブルバキの姿勢だった（ブルバキ自体1つの集合体であって，
トムやセールはその第2世代に属していた）．ジーゲルはこのブルバキのスタイルを
好まなかった．抽象的で，素朴な問題とは縁がなく，時として研究手法そのもの
が考察の対象であるように思えることすらあったからだ．ジーゲルは数や多項式
を相手に素手で取っ組み合いをするのが性に合っていた——もっとも戦争が起こ
ると相手は天体の軌道に関する方程式になったが，相変わらず素手で戦った．そ
こでは，数学者が取り組んでいることと根本にある数学上の関心事との関係性は
はっきりしている．（他方，架空の数学者が相手では悪ふざけを仕掛けることもできな
いわけだ．）ジーゲルはヴェイユに宛てた 1959 年 6 月 1 日付の手紙の中で次のよ
うに書いている．ヴェイユはブルバキの創設メンバーの1人で，この新しいスタ
イルをアメリカに広めた中心人物である．シカゴ大学に在籍後，高等研究所の教
授となっていた．

　　　はるかな高みにあった数学が一体どのような事情によって，この 100 年足らず
　　の間にこのような変わり果てた姿にまでずるずると堕落してしまったのか，私に
　　は手に取るようにわかる．不幸の始まりはリーマンやデデキント，カントールら
　　の発想だった．これらの影響で，オイラー，ラグランジュ，ガウスらの地に足の
　　着いた考え方はじわじわと蝕まれていった．続いてハッセ，シュライアー，ファ
　　ン・デル・ヴェルデンらのスタイルで書かれた教科書がその次の世代の研究者た
　　ちにさらなる悪影響を与えた．そしてついには，ブルバキ流の仕事が登場するに
　　及んで，とどめの一撃が加えられたのである．[50]

　ハンス・フロイデンタール (1905–1990) は言う．「デデキント以降の時代にあっ
てすら構造主義の潮流に背を向け，それでいて天才的な成果をいくつも生み出す
というのはジーゲルのような卓越した数学者にのみ許されることだった」[51]．ジ
ーゲルにも敬愛する数学者はいる．アクセル・トゥエはその1人だ．ジーゲルは
トゥエの論文集に寄せた序文の中で，入院していたトゥエが死の床にあってなお
フェルマーの最終定理を証明しようとしていたことを紹介している．フェルマー

の最終定理は 1994 年にアンドリュー・ワイルズによって証明されたが，その証明には現代数学のあらゆる手法が駆使されており，その中にはジーゲルの研究を源流とするものもある．ジーゲルだったらこの辺りのことをどう見るのか想像してみるのも興味深い．

ジーゲルは 1959 年に大学を退職したが，その後も講義や講演は行った．ボンベイ（ムンバイ）にあるタタ研究所には四度足を運んだことがあり，最後の訪問となった 1967 年まで，毎回数か月間にわたって滞在した．1963 年にはタタ研究所から名誉博士号を授与されたが，過去に授与されたのはディラックただ 1 人ということで，ジーゲルはこれをことのほか喜んだ．またア

カール・ルートヴィッヒ・ジーゲル，1972 年の 8 月か 9 月にポントレジーナで撮影したもの（写真提供：マリア・デーン・ペータース）

メリカでも旅行をしながら講演を行ったが，その際にはジーゲルのもとを訪ねる客が何人もいた．1966 年にジーゲルがアメリカを訪れたとき，ダヴェンポートはジーゲルから手料理を振る舞われた．1 皿目は大きなマス，2 皿目も大きなマスだった．3 皿目はなくジーゲルはそれを詫びた．1966 年，自身の全集の第 3 巻までを監修したジーゲルは，第 4 巻に採録する内容の編集（と執筆）が余生の仕事になった．噂によるとジーゲルは，——自身がかつてリーマンの遺稿に対してそうであったように——どこかの史家が自分の遺稿に興味を持つことを恐れて，そのとき手を加えていた原稿以外はすべて焼き捨ててしまったのだそうだ．

ナターシャ・ブランズウィックは晩年のジーゲルを自宅に訪ねたことがある．「10 時に散歩へ出掛ける」とジーゲルが言うので，彼女が 9 時 55 分に下へ降りていくと，「腰掛けなさい．10 時ぴったりになったら出掛けよう」と言われたという．この頃の彼は，もう旅には出られないと悲しげに語っていた．[52]

先にも触れたように，ジーゲルは 1929 年にヒルベルトの第 10 問題に関する成果も挙げている．それは，（次数が 3 以上の）ディオファントス方程式が無限個の解を持つことはないというものだ．当時から，第 10 問題が肯定的に解決されるかもしれないと思わせる結果は数少なかったが，これはその中の 1 つである．さらにジーゲルは，マチャセヴィッチが第 10 問題を否定的に解決した 2 年後の

1972 年に，いくつかの成果を挙げるなかで，方程式の次数を 2 に制限すれば第
10 問題は決定可能であることを証明した．これは重要かつ強力な結果であり，
マチャセヴィッチも第 10 問題に関する自著の中でこれに言及している．

　ジーゲルは 75 歳になっていた．アパートの室内は相変わらず閑散としていて，
いつでも引っ越せる状態だった．シュナイダーによれば，「1981 年 4 月 4 日，ジ
ーゲル先生はゲッティンゲンで亡くなった．周囲とは次第に疎遠になりながらも
精神的な活力はまだまだ旺盛だった」[53]．1929 年というのは超越数論にとって 1
つの分岐点となった年だ．ジーゲルの論文が発表されたこの同じ年，ロシアの若
き数学者，A・O・ゲルフォントが第 7 問題の特別な場合として，$2^{\sqrt{-2}}$ が超越数
であることを証明した．ジーゲルの論文とゲルフォントの論文が第 7 問題解決へ
の下地を作ることになる．この分野で効力を発揮する手法はそういくつもあった
わけではない．まったく別々の角度からもたらされた 2 人の成果がこうした手法
に対して大きく寄与したことは確かだが，それでもなおこの問題が完全に解決さ
れるためには，さらなる根本的な新発想が必要だった．

　アレクサンドル・オシポヴィッチ・ゲルフォントは 1906 年 8 月 24 日にサンク
トペテルブルクで生まれた．ゲルフォントとは家族ぐるみの友人で，のちに優れ
た数学史家となった A・P・ユシュケヴィッチは『科学者伝記事典（*Dictionary of
Scientific Biography*)』の中で，ゲルフォントの父親の名をオシプ・イサコヴィッ
チ・ゲルフォントと記している．私は，『事典』や死亡記事には載っていないよ
うな情報をもう少し仕入れようと，イリヤ・ピアテツキー＝シャピロと連絡を取
ったところ，モスクワにいるアンドレイ・シドロフスキーに取り次いでくれた．
そしてシドロフスキーからこんなメールが来た．「娘のユリヤさんがゲルフォン
トの出生証明書を保管していたが，そこに記載されているゲルフォントの父親の
氏名は，イオシフ・イッコヴィッチ（1868-1942）となっている」[54]．（ロシア人の
名前の読み方は正確に表記しようとしても，せいぜいおおよその表記しかできない．なお，
ここで述べる人物評伝的な内容はその大半がシドロフスキーを情報源とするもので，ピア
テツキー＝シャピロづてに聞いたものもあれば，刊行物から入手したものもある．）ゲル
フォントの出生届にはユダヤ教のラビが関わっているが，この新生児は割礼され
ていないとの注記があった．ゲルフォントの母親，ムシア・ゲルシェヴナ（レイ
シンシュテイン）はキエフ〔現在のウクライナのキーウ〕の裕福な銀行家の娘だった．

　ゲルフォントの両親はともにパリのソルボンヌ大学で学んだ．オシプ（イオシ

フ）は 1896 年，ムシアは 1898 年にそれぞれ医学の学位を取得している．2 人は 1899 年に結婚．ともにリベラルな知識階級に属し，帝政末期の四半世紀ほどを，時に自発的に，時に亡命者として外国で暮らした．ゲルフォントの父親は哲学にも関心があった．レーニンは，自らが著した唯一の哲学書の中で，ゲルフォントの父親の哲学に対してあからさまに異議を唱えている．このレーニンの著書は，すべての学生に対してそれを読むことが要求されるようになった．のちに A・O・ゲルフォントが指導することになる数学専攻の学生もその例外ではなかった．レーニンとゲルフォントの父親は私生活では友人どうしだった．[55]

　ゲルフォントの父親は劇作家のアナトリー・ヴァシリエヴィッチ・ルナチャルスキーとも親交が深かった．ルナチャルスキーは急進的な人物で，1898 年に国外に追放されたあと，1905 年革命のときロシアに戻ってきたところを逮捕され拘禁された．1909 年，ルナチャルスキーはカプリ島にいたマクシム・ゴーリキーや A・ボグダノフらに合流し，そこでロシアの工場労働者の中から選ばれたエリートたちに高等教育を施すための学校を開設するが，この計画はレーニンの反対にあい頓挫した．またロシア革命の際は，メンシェヴィキによって一時投獄されるも，その後ボルシェヴィキから教育人民委員に任命された．ルナチャルスキーは，古い建物や芸術作品を数多く保護したことが高く評価されているほか，当時は新しい社会における信仰の役割に関心を持っていた．ルナチャルスキーの著書『革命のシルエット』の 1967 年の英訳版にはアイザック・ドイッチャーが序文を書いているが，それを読むとルナチャルスキーの堅固な側面がうかがえる．「目撃した者は誰もが口をそろえて言うように，1917 年に起きた諸々の出来事において彼の果たした役割は相当に際立っていた．この“物腰の柔らか”な“神の業（わざ）の希求者”は，ぼんやりとした博士のような風采でありながら，不屈の闘争心と行動力とを持ち合わせている．彼に接する者は誰しも意表を突かれ，そして驚嘆するのだった」[56]．

　ゲルフォントの幼少期や初等教育のことについてはほとんど情報が得られなかった．ユシュケヴィッチはおそらく，ゲルフォントと同じサンクトペテルブルクの初等学校に通っていた．少なくとも 2 人が大学時代に知り合いだったことは確かだ．ユシュケヴィッチの父親であるパヴェル・ソロモノヴィッチは，名の知れた社会民主主義的な思想家にして文筆家であり，ゲルフォントの父親とも親交があった．シドロフスキーによると，数学者のレフ・アブラモヴィッチ・トゥマルキンや，ロシアの有名な作家ラザール・I・ラーギンなどもゲルフォントの幼い頃の友人だという．ラザール・ラーギンには，『ホッタビッチ老人 (*Old Man Hot-*

tabytch)』という作品がある．これはソヴィエトの少年がモスクワ川で泳いでいるとき妖精の入った瓶を見つけるという物語である．

カプリ島亡命中にゴーリキーとボグダノフが目論んだ計画はレーニンの反対で取り止めになったが，それが目指したものはソ連時代の大学で形を変えて息を吹き返した．まず大学への入学資格が改められた．階級構造を固定化しているのは旧来の基準やならわしだったからだ．そして活動家の学生たちが革命を前に推し進めるべく力を尽くした．また，「サボタージュ（妨害行為）」[57]は告発された．教授の中にもいわゆる「赤」[58]〔ロシア内戦における共産主義革命の支持者のこと〕が何人か出てきて，1921 年には「共産主義の教授による研究所」という機関が実際に設立されてもいる．こうして 1920 年代になると，特にゲルフォントと同じ社会階級に属する者にとっては，モスクワで学生になることがかなり難しくなった．シドロフスキーによると，ルナチャルスキーは個人的にゲルフォントを支援したらしい．1924 年，ゲルフォントはモスクワ大学の数学・力学部で学部課程の勉強を始めた．

N・I・ロバチェフスキー（1792-1856）や P・L・チェビシェフ（1821-1894）の頃からロシアには傑出した数学者が何人もいたが，1920 年代のモスクワ大学には目を見張るほど大勢の才能が集まっていた．学部内で優勢を占めていたのは N・N・ルジン（1883-1950）とその教え子たちだった．彼らのことを「ルジタニア」と呼ぶ人もいた．ルジンは 1910 年から 1912 年にかけてゲッティンゲン大学に滞在していたことがあるが，外国での研究滞在が再び許されるようになったのは 1923 年のことだった．ルジンのグループのメンバーは外国での研究滞在を通じて，解析学のフランス学派やドイツの数学者たちと交流を持った．そしてすぐに，外国から持ち帰った知識に十分見合うだけの成果をもたらした．

ルジンのグループが重きを置いたのは解析学の研究，とりわけ関数についての理論と，一般位相空間論に始まる関数の基礎的な理論の研究だった．才能豊かな学生が数多く巣立っていき，それぞれに新たな学派を創始した．その中には，P・S・アレクサンドロフ，P・S・ウリゾーン（1898-1924），A・Ya・ヒンチン（1894-1959），A・N・コルモゴロフらがいる．ゲルフォントは彼らより少しばかり下の世代で，ルジンのグループには加わらなかった．ゲルフォントの主たる関心は解析学的な手法を用いた数論にあった．1927 年に学部課程を修了したゲルフォントは大学院へ進み，ヒンチンと V・V・ステパノフ（1889-1950）の指導のもとで数学の勉強を続けた．その頃ヒンチンは，解析的整数論の論文を発表する一方で，コルモゴロフとともに確率論に革命を起こしつつあった．ステパノフも

また数論の専門家ではなかった。つまりゲルフォントは、指導教官が最も興味を持つ数学の分野には取り組んでいなかったことになる。だが彼はすでに、数論が生涯の伴侶になる存在であることに気づいていた。彼が初めて執筆した論文は、数論に関連する複素関数の理論がテーマだった。シドロフスキーからのメールにはこうある。「A・O・ゲルフォントは若い頃、数学を猛然と勉強した。ポリアとセゲーの共著（『解析学の問題と定理 (*Problems and Theorems in Analysis*)』）に載っている問題を全部解いたのはソヴィエトの数学者の中でもゲルフォントだけだとI・G・ペトロフスキーは言っていたが、そのときの言い方まで記憶に残っている」[59]。つまり、ゲルフォントにとってはポリアとセゲーの本が有意義なものだったということでもある。

　ゲルフォントにとって数論へ分け入っていくための道は複素解析だった。任意の複素数は実数と純虚数（$\sqrt{-1}$ のこと、i と書くことも多い）を組み合わせて $a+b\sqrt{-1}$（あるいは $a+bi$）という形に書き表される。a を実部、b を虚部と言う。実数は直線上の点と同一視されるが、それと同じように複素数は平面上の点と同一視することができる。実数関数の導関数（曲線のグラフがどの程度傾いているかを表すもの）の定義を一般化して複素平面上の関数に適用すると、そのような導関数を持つ関数についてはさまざまな計算が可能になることがわかる。（複素解析における導関数は、単なる傾きではなく、ひねりや伸縮の程度を局所的に測ったものを表す。）また複素解析を用いれば、それまでは知り得なかった積分の値も数多く計算することが可能となる。

　複素平面上の解析関数はいずれも、局所的にはべき級数（無限次数の多項式）として表すことができる。ここでもまた多項式が現れた。今度は拡張された（通常は項が無限個ある）形をしているが、そこは代数学や数論との関わりが見出される場所なのである。あたかもそれは、ごく普通の代数多項式が鏡を通り抜けて異世界へ来てしまったかのようだ〔ルイス・キャロルの『鏡の国のアリス』にちなんだ比喩〕。ある見方をすれば、複素解析は代数学における多項式の考え方を無限の領域にまで拡張したものにすぎないとも言える。場合によってはこうした多項式を通じて、無限の数の集まりを1つの解析関数の中で捉えることもできる。例えば、素数全体の集まりはリーマン・ゼータ関数によって捉えられ、しかも捉えられるのは素数全体に限られる。また同様に、代数的数からなる種々の集まりは、それぞれが1つのディリクレ L 関数によって捉えられる——この辺りのことは第9問題、第11問題、および第12問題を見てほしい。そういうわけで、複素解析あるいは微分積分学を用いることにより、ある特定の数をすべて集めた集合の構造について、

その情報を引き出すことが可能となる.

1914 年, ハンガリー出身のジョージ・ポリア (1887–1985) は, 「整関数」——複素平面全体で矛盾なく定義された解析関数——に関するある定理を証明する. その主張するところは, 変数に正の整数を代入すると整数値を取り, なおかつあまり急激には増加しないような整関数は実のところ, ごく普通の代数多項式でしかあり得ず, 大半の整関数とは違って無限級数にはならないというものだ. ゲルフォントはこの定理が指し示す関係を利用できることに気づいた. 解析関数を 1 つ取って, それがある種の性質を満たすことを証明すれば, ポリアの結果によって, その解析関数とともに鏡の国から戻ってくることができるのだ. 1929 年に発表した論文の中でゲルフォントは, $2^{\sqrt{-2}}$ が代数的数だと仮定すると $2^{\sqrt{-2}z}$ という関数が多項式でなければならないことを証明した. だが, この関数は多項式ではない. ゆえに $2^{\sqrt{-2}}$ は超越数でなければならない. (なおゲルフォントが最初に証明したのは e^{π} の超越性である.)

ジーゲルは, フランス科学アカデミー報告誌 (*Comptes Rendus*) に発表されたこのゲルフォントの結果を見て大いに触発され, その後ゲルフォントの結果を $2^{\sqrt{2}}$ の場合に拡張する方法を見出したという. このことは, シュナイダーが 1934 年に発表した論文に述べられている. なお, 第 7 問題に完全な解決をもたらしたのはこの論文である. リードによると, ジーゲルからそのことを聞いたヒルベルトは, 結果を公表するよう勧めたのだそうだ. だがジーゲルは, この重要な仕事をなし遂げたゲルフォントならその結果を拡張する方法などすぐに考えつくだろうと思っていたため, 自身の結果を公表しようとはしなかった. ジーゲルと同じ結果がロシアで初めて発表されたのは 1930 年のことだが, 発表したのは R・O・クズマンという人物だった.

ゲルフォントにとって 1929 年のこの結果は, 自らが世に認められるきっかけにもなった. はっきりとした時期はわからないが 1920 年代にゲルフォントは最初の妻であるモロゾヴァと結婚し, 1930 年には娘のユリヤが生まれている. 1929 年から 1930 年にかけてモスクワ工科大学で教鞭を執り, 1930 年には 4 か月間ドイツを訪れた[60]. その後, モスクワ大学に教員として赴任すると, あるときは数論, あるときは解析学, またあるときは数論と解析学の講座を受け持ち, 最後には数学史の講座も担当した. 1933 年には大学に籍を置いたまま, ソ連科学アカデミーが設立した研究施設であるステクロフ研究所の研究員にも任命された.

1934 年, ゲルフォントはヒルベルトの第 7 問題を十分に一般化された形で解決する. 土台となったのは 1929 年の結果に自らが用いた手法だった. ゲルフォ

ントはそこへジーゲルが 1929 年の論文の中で示したある 1 つの重要な補題を援用しつつ，新しい発想をいくつか取り入れて新たな手法を生み出した．この手法はその後何年にもわたって数多くの問題を解決するのに使われたものだ．ヒレはこう述べている．「ゲルフォントの証明は，［シュナイダーの証明よりも］高度ではあるがその基本原理は非常に単純である．代数学的な発想と解析学的な発想とが連携し合った見事な実例と言える」[61]．（ゲルフォントの方法についてヒレが紹介する概略はこうだ．まず問題となっている数が代数的であると仮定する．次に 19 世紀から知られている数論と複素解析に関するいくつかの結果を用いることで，その数を基にした超越関数であって，その値が 0 になるような点が十分多く存在するようなものを構成する．ここで，代数学と解析学の議論を交互に繰り返すことにより，このような関数はさらに多くの点で値が 0 になることを証明する．そして最後に，この関数は 0 になる点があまりに多いため，結局すべての点で 0 になるということを証明する．しかし，この関数がすべての点で 0 になるということはない．これは矛盾である．よって，この数は超越数である．）1935 年，ゲルフォントは学位論文を提出することなくロシアの博士号を授与された．

　政治状況は悪化していた．エルンスト・コルマンというチェコ人がいた．第一次世界大戦中ロシアにたどり着き，そのまま留まってロシア革命に身を投じた人物だ．すでに共産党の権力機構の一員となっていたコルマンは，数学と科学にも関心があった．それが不運だった．S・S・デミドフはコルマンのことをこう評する．「1920 年代から 1930 年代にかけての科学とイデオロギーの"二項対立"を地で行く最も悪意に満ちた人物の 1 人である．この時代に起きた数学の歴史に残るような痛ましい事件はどれも，その背後に魔女狩りを強化せよというコルマンの公然たる呼び掛けと訴えがあった」[62]．コルマンは 1931 年に「科学におけるサボタージュ」という論説を『ボルシェヴィキ』という雑誌に発表している．

　早々にコルマンらがやり玉に上げたのは，ルジンとともに解析学のモスクワ学派を創始した D・F・エゴロフ（1859-1931）だった．エゴロフは以前からコルマンらから標的にされていた——「1920 年代後半，無産階級の学生たちがエゴロフ教授に対して"宣戦布告"をした」[63]．エゴロフは当初，学部内での権限を失っただけだったが，やがて解任されてしまう．エゴロフは引き下がらなかった．刷新された数学研究所の所長に手紙でこう訴えた．「これは，科学者に一つの基準を強要することであって，それこそ真のサボタージュである」．ほどなくしてエゴロフは逮捕される．カザンへ流刑となり，1931 年その地で生涯を終えた．[64]

　1930 年代，ロシアの数学はスターリンによって危うく壊滅状態に陥るところ

だった――ソ連の生物学は実際に壊滅した．最大の危機が訪れたのは，プラウダ紙の記事をきっかけにルジンへの批判運動が強まったときだ．それはほとんど，見せしめ裁判も同然だった．この運動は 1936 年に本格化する．火つけ役は共産党機関に所属する人物で，おそらくはコルマンだと言われている．科学アカデミーによる聴聞会が行われることが決まると，プラウダ紙は聴聞会と時を同じくして，サボタージュをはじめさまざまな罪過を告発する記事を 7 月 9 日から 15 日まで連載した．デミドフはこう述べている．

> 新聞記事のお膳立てによって聴聞会は終始，イデオロギーの観点からルジンは非難されるべきという空気に包まれていた．数学者の中ではアレクサンドロフ，[O・ユリエヴィチ・] シュミット，ソボレフ，ゲルフォント，リュステルニクが最も攻撃的だった（ヒンチン，コルモゴロフ，シュニレルマンも非難の立場を示しはしたが，もっと控えめだった）．ルジンを何とか擁護しようとしたのはベルンシュテインとクルィロフの 2 人だけだった．[65]

このようにルジンが糾弾された背景にはいくつもの要因が働いていた．新たな資料もいまだに出てきている．当時モスクワの数学界では，スターリンとは関係のないところで世代間の権力闘争が起きていた．デミドフによると，例えばアレクサンドロフや L・A・リュステルニク（1899–1982）を含めたゲルフォントのグループは，エゴロフの一件があったあとも，自分たちに累が及ばないようエゴロフに批判的な行動を支持し，それによっていくらか台頭することができた（台頭と言っても，おそらくは保身を図れる程度でしかなかっただろうが）[66]．ルジンには，自分の元を離れて独立しようとする学生がいるといつも裏切られたように感じるところがあった．しかも，その学生とは縁を切ることも少なくなかった．M・ヤコヴレヴィチ・ススリン（1894–1919）というルジンの教え子が第一次世界大戦直後に亡くなっているが，アレクサンドロフはその死の責任がルジンにあると考えていた．ルジンがススリンを正当に評価せず，しかるべき職に推挙しなかったからというのがその理由だった．学生としてルジンの指導を受けてきたススリンは，職に就くことができなかったため家族のいる田舎へ戻り，そこで発疹チフスを患ってこの世を去った．大戦直後のこの混乱期には何百万もの人が発疹チフスで命を落としている．ススリンの死に対する責任がルジンにどの程度あったのかは疑問だが，アレクサンドロフはルジンの働き掛けがもっとあればススリンは死なずに済んだはずだと感じていた．ルジンが多くの同僚を敵に回した一因は，こうし

た反感にあったのかもしれない．ただ，この
とき行われたような聴聞会で不平不満を述べ
立てるのは筋違いというものだろう．

　こうしてルジンは科学アカデミーから除名
されると思われていたところへ突然，7月11
日から13日の間のどこかで，「党幹部が批判
運動を唐突に打ち切った」[67]．聴聞会の雰囲
気は変わり，結局ルジンは譴責処分を受ける
に留まった．8月に行われるもっと大規模で
重要な裁判〔第1回モスクワ裁判〕が目前に迫っ
ていたため，おそらくルジンに関する聴聞会
になど構ってはいられなくなったのだろう．
いずれにせよ，この事件は関わったすべての
人にとって忘れられないものとなった．

アレクサンドル・オシポヴィッチ・ゲルフォント（転載許可：オーバーヴォルファッハ数学研究所資料室）

　ルジンはその後も研究者として活動するこ
とを許されたが，一方でアレクサンドロフが科学アカデミーの正会員に任命されることについては死ぬまで阻止し続けた．この事件で「黒い天使」[68]の役回りを演じたコルマンは1937年以降，表舞台から姿を消す．実を言えば，コルマン自身が逮捕されていたのだ．（1982年に出版されたコルマンの自叙伝ではこの逮捕については触れられていない．）ソ連の数学者たちは厳しいイデオロギー監視の目が向けられていることを感じていたが，数学がその歩みを止めることは決してなかった．この時期は紛れもなく「ロシア数学の黄金時代」に属している．（「ロシア数学の黄金時代」というのはデミドフの文章が収載されている本のタイトルでもある．）

　イデオロギーにまつわる当時の大騒動にゲルフォントがどのような意味合いで関与したのか，部外者の立場にあっては微妙なところまで理解することは難しい．ソ連の一般市民は極度に抑圧されていた．シドロフスキーによると，ゲルフォントは1940年に共産党に入党しているが，そこにはどのような意図があったのか？　ゲルフォントはこの世を去るのがいささか早かった．友人に対してでさえ本心を吐露する機会はなく，人生の回想記を執筆する時間もなかった．

　ゲルフォントはその研究人生の大半を，解析的整数論に関する新たな結果の証明や従来の結果の拡張に費やした．シドロフスキーによると，ゲルフォントは何年にもわたってゼータ関数に関するリーマン予想の解決に取り組んだことがあったという．また，超越数に関する結果をディオファントス方程式（あるいはディ

オファントス近似）についての定理に応用する研究も行っていた．これは，かつてジーゲルやトゥエが手掛けた研究と同種のものだ．1947 年から 1949 年にかけての時期，ゲルフォントとダイソンは独立に，代数的数の近似に関する結果を拡張する手法を見出し，いくつもの斬新な成果へとつながる道を開いた．また，数多くの学生を指導したゲルフォントは，数論のセミナーを主催し，モスクワ大学だけでなくタシケントやティフリス，ミンスク，エレバンなどの地方の大学に在籍する数学者や数学専攻の学生らも交えて勉強できるよう取り計らった．そして 1938 年には科学アカデミーの通信会員に選出されている．大戦中は応用面の研究にも取り組んだ．第二次世界大戦が始まって以降カザンに疎開していたゲルフォントの父親は，1942 年にこの世を去り現地に埋葬された．

　ゲルフォントには 2 番目の妻がいた．再婚相手はリリャ・ウラジーミロヴナ・ルカシェヴィッチという女性だ．夫婦の間には 50 年代の前半にオルガ，セルゲイという 2 人の子供も生まれた．ゲルフォントに対する印象は 30 年代の政治的事件を通して歪められてしまった感があるが，そのような印象とはかけ離れたゲルフォントの一面をピアテツキー゠シャピロが紹介している．1951 年，モスクワ大学を卒業したピアテツキー゠シャピロは，そのままモスクワ大学に残って大学院の勉強を続けたいと思っていた．折しもロシアでは反ユダヤ主義が最高潮に達していた．ちなみにピアテツキー゠シャピロは，スターリンはヒトラーから反ユダヤ主義を「受け継いだ」のだという突拍子もない主張をしている．[69]（ゲルフォントはユダヤ系だが，これ以前の時代にはそのことが問題視されることはなかったようである．）ユダヤ人学生はもちろん，ユダヤ人の血を引く可能性がある学生までもが入学試験として他の学生より難しい問題を課され，首尾よくそれを切り抜けても，軍事教練やマルクス・レーニン主義の試験では低い評価しか与えられなかった．ゲルフォントはピアテツキー゠シャピロの指導教員だった．ピアテツキー゠シャピロは言う．「先生はとても温かい方で，私にも他の学生にも大変優しく，細やかな気遣いをして下さった」[70]．ゲルフォントは，共産党員という立場からピアテツキー゠シャピロのために口添えできるのではないかと考えていたのだそうだ．だがゲルフォントの労の甲斐もなく，ピアテツキー゠シャピロがモスクワ大学に残ることは認められなかった．例によって，軍事教練の成績が悪いというのがその理由だった．結局ピアテツキー゠シャピロは，ゲルフォントのとりなしでモスクワ教育研究所に入ることができた．

　ゲルフォントはチェスをやらせると，プロ並みあるいはそれに近い，いわば「一級品」の腕前だったと言われている．彼は若い頃にエマニュエル・ラスカー

(1868-1941) と知り合い，よくチェスの手合わせをした．（ラスカーは1894年から1920年までチェスの世界チャンピオンだった人物で，ひと頃はヒルベルトの指導を受けたこともある数学の専門家でもあった．着の身着のままでヒトラーの手を逃れざるを得なかったラスカーは，チェスの大会に参加したあと，1936年から1937年までの間モスクワに滞在していた．）ゲルフォントは文学や鉱物学にも精通していた．また後年には科学史にも関心を持つようになり，ことオイラーに関しては相当に詳しかった．ちなみにオイラーは，生涯の中でサンクトペテルブルクを何度も訪れており，滞在期間を通算すればかなりの年数になる．1968年，ゲルフォントは国際科学史アカデミーの通信会員に選出されるが，それはゲルフォントにとって人生最後の年でもあった．相変わらず精力的に活動していたゲルフォントだったが，62歳のとき脳卒中で倒れてしまう．ピアテツキー＝シャピロはこう振り返る．「病院へ見舞いに行ったときのこと．先生は何かの公式を書きつけようとしたり，ゼータ関数と明らかに関係のある何かについて私に話そうとしたりしたが，すでに体が麻痺していたため，どちらもうまくいかなかった」[71]．

　次の2つの引用文はそれぞれゲルフォントの教え子が書いたものだが，どちらもゲルフォントが数学者としてどのような特質の持ち主だったのかを強く印象づける文章だろう．

　　　ゲルフォント先生が持つ数学の才能の中で，何よりも感心させられるのはその独創性である．著名な数学者であっても考え方自体は並みの数学者とあまり変わらないという例は少なくないが，ゲルフォント先生の考え方はつねに独特であって，型破りで，かなり独創的だった．[72]

もう1つ，

　　　数論におけるゲルフォント先生の研究成果をたどっていくと，そこに用いられている解析学的な手法の持つ威力と効力に思わず驚かされる．長年にわたって解決の糸口さえ見つからなかった問題も，先生の手に掛かると隅々まですっかり解決されてしまう．[73]

　ゲルフォントが第7問題の証明の概略を発表したのは1934年4月1日だが，それと同時期，もしくはその直後にテオドール・シュナイダーも独立に第7問題

を解決した．シュナイダーが論文を提出したのは 1934 年 5 月 28 日だが，シュナイダーの論文が独自の内容であることは広く認められているところであり，また証明が完成した時期もゲルフォントと非常に近かったため，第 7 問題を解決した 2 人の数学者のうちの 1 人としてシュナイダーもその功績を称えられることになった．シュナイダーの証明はゲルフォントの証明に比べると，ジーゲルによる一般性の高い手法により忠実に従ったものであり，基本的な方法に類似点はあるものの，ゲルフォントの証明と異なる部分は多い．ゲルフォントも問題を解決していたということをシュナイダーが知ったのは，自身の論文を提出したまさにその日だった．

　シュナイダーは 1911 年 5 月 7 日，ヨゼフィーネ（・ブライデンバッハ）とヨーゼフ・シュナイダーの息子としてフランクフルトで生まれた．父親のヨーゼフは郊外で織物店を営んでいた．シュナイダーは，科学教育に熱心なヘルムホルツ・ギムナジウムに通う一方でピアノも習っていた．その腕前はホッホ音楽院の上級クラスにも合格できるほどだったという．コンサート・ピアニストになるための訓練を受けるか，それとも大学へ進学するか．選択を迫られたシュナイダーは結局，1929 年の夏学期にフランクフルト大学へ入学する．数学と物理学，それに化学を学ぼうと考えていたが，デーン，エプシュタイン，ヘリンガー，サース，ジーゲルらの講義を聴いてたちまち数学の虜になった．さらには第 7 学期にジーゲルの超越数論を聴講したのがきっかけでジーゲルの指導学生になる．ジーゲルのセミナーに参加する資格を得るためには，難しい試験に合格する必要があった．すぐさまその才能を見抜いたジーゲルは，シュナイダーに学位論文を書くよう強く勧め，研究テーマになりそうな話題をいろいろと提案した．だが，脳裏に焼きつくほど素晴らしかったあの超越数論の講義を聴講したときのことがどうしても忘れられなかったシュナイダーは，若さゆえのエネルギーと楽観的思考も手伝って，超越数に関する問題の 1 つに挑戦することを決めた．シュナイダーはのちにこう語っている．「数か月後，研究の成果を 6 ページにまとめてジーゲル先生に手渡すと，先生からヒルベルトの第 7 問題が解決できていると指摘された」[74]．どうやらシュナイダーには，ヒルベルトの第 7 問題に取り組んでいるという認識がなかったらしい．ともあれ，まだ青さは残るが優れた能力を持つ 1 人の数学者によって，超越数論の分野にまた 1 つ大きな成果がもたらされた．

　シュナイダーの論文は非常に短かった．ジーゲルでさえ学位論文として当局に受理してもらうためにはもう少し分量を増やした方がいいのではないかと思ったくらいだ．シュナイダーはこれに続いて論文をもう 1 編書いているが，それもま

ったの5ページだった．この論文は楕円関数が取る値の超越性に関するもので，第7問題を解決した論文と同じ学術雑誌の同じ号に掲載されている．彼が学位論文を仕上げたとき，ジーゲルはこう言ったという．「君が学位論文を書き始めたのは学生の中で11番目だが，書き終えたのは5番目だ」[75]．価値の高い学位論文を書き上げたにもかかわらず，シュナイダーは職探しには苦労した．彼の教え子らが何人かで執筆した回想記にはこうある．

　というのも1933年の秋にはすでに，世の中で身を立てるためには数学上の業績を上げるだけでなく，ナチスのしかるべき関係機関に所属し，ナチ党のイデオロギーにかなった考え方を持っていることが求められるようになっていたからだ．シュナイダー先生も，研究を続けたいと思えば，またしかるのちに大学で職を得たいと思えば，ナチスの関係機関に所属する以外に道はなかったはずだ．それ以外の道を選ぶのであれば，大学の職を断念するほかない．[76]

　当時，フランクフルト大学はナチスの影響下に置かれていた．ユダヤ系の人たちは徐々に大学を去りつつあった．シュナイダーはユダヤ人ではなかったが，ナチ党の支持者でない者は誰もが疑いの目で見られた．しかもシュナイダーはジーゲルとつながりがある．当時のような社会状況の中では，ジーゲルの評判もその政治信条のせいでおとしめられていた．わずか数年前には音楽と科学のはざまで選択を迫られ，その後超越数論に引きつけられてしまったこの22歳の青年は，このとき耐えがたい立場に立たされた．結局，シュナイダーはSAに入隊する．SAとは突撃隊，別名褐色シャツ隊と呼ばれた組織で，1935年には膨大な数の隊員が所属していたが，すでに弱体化していた．シュナイダーは，SAに入隊したことでフランクフルト大学の助手に職を得ることができた．

　彼はナチスに屈従したわけだが，だからと言ってナチスが寛容になったわけではない．1936年にオスロで開催された国際数学者会議で，シュナイダーは第7問題に関する自身の成果について講演することになっていたが，ナチスはその会議への出席を許可しなかった．1936年，シュナイダーは3編の論文を発表する．うち1編は代数的数の近似に関するトゥエ–ジーゲルの定理を改良したものだが，もっと広く捉えればシュナイダーの研究の興味の中心は，楕円関数，モジュラー関数，アーベル関数といったある種の超越関数が，超越数を生成する関数としてどのような挙動を見せるかという問題にあったと言える．それは，ヒルベルトが第7問題を述べる際により一般性のある問題として言及しているもので，ジーゲ

ルも 1929 年にこの問題に着手していた．楕円関数とアーベル関数に関するシュ
ナイダーの研究は重要である．

　1938 年，シュナイダーの教授資格論文が何の説明もないまま却下された．こ
とによると読まれてすらいないかもしれない——アーベル関数に関するこの論文
は歴史的な意義を持つ論文だった．ジーゲルに付き従ってゲッティンゲン大学に
移ったシュナイダーはそこで職を得る．このときは依然として助手のままだった
が，1939 年 11 月 9 日にゲッティンゲン大学で教授資格を取得する．このとき教
授資格論文として提出したのは，フランクフルト大学で却下された論文だった．
1940 年，シュナイダーは教員の職に就くも，ほどなくしてドイツ軍に召集される．
戦時中は気象兵としてフランスで任務にあたった．アーベル関数についての教授
資格論文が出版されたのは，ようやく 1941 年のことだ．1936 年から 1949 年の間，
シュナイダーの年齢で言えば 25 歳から 38 歳までの間に出版された彼の論文はこ
の 1 編だけである．

　1944 年になると，ドイツの敗戦は誰の目にも明らかだった．軍のみならず教
育省の人間までもが，戦後のためになる物や人を残したいと考えるようになった．
1944 年，ヴィルヘルム・ズースはやっとの思いで（フライブルクに近い）オーバー
ヴォルファッハに研究所を設立した．そして，前線で任務に就いている数学者た
ちを，最後の決死の防衛戦で犠牲になる前に何とか帰還させようと力を尽くした．
当時，シュナイダーはパラシュート部隊の宿営地にいた——残っている飛行機は
それほど多くはなかったのだが．ズースは，テオドール・カルツァの助けを借り，
ジフテリアにかかったブラウンの代理役という名目でシュナイダーをゲッティン
ゲン大学に赴任させることに成功する．シュナイダーはそこでの役目を終えると，
1945 年 3 月にオーバーヴォルファッハへ移り，そこで終戦を待った[77]．

　当時ドイツではどの町も食糧が不足していた．オーバーヴォルファッハも例外
ではなかった．そのためシュナイダーは，数学の研究を再開することよりも，ま
ず十分な量のパンを手に入れることを気にかけなければならなかった．ゲッティ
ンゲン大学が再開すると，シュナイダーは 1945 年の秋に，がらくた部品を寄せ
集めてできたおんぼろの自転車に乗ってゲッティンゲンへ戻ってきた（オーバー
ヴォルファッハからゲッティンゲンまでは直線距離で 400 キロ以上ある．田舎道を使った
のならそれよりもはるかに遠い道のりだったろう）．彼は，1947 年から 1948 年の学年
度にミュンスター大学で講義を行ったのを除けば，1953 年までずっとゲッティ
ンゲンに留まった．当初は助手だったシュナイダーも，その後は昇進の道を歩み
始める．1950 年にはジーゲルからプリンストンに招かれたが，ビザが下りなかっ

た．おそらくはアメリカ国務省の記録から，シュナイダーが以前 SA に所属していたことがわかったからだろう．

1950 年，シュナイダーはマリア・ウアバッハと結婚する――ようやく訪れた幸せの日々は非の打ち所のないものだった．シュナイダーはマリアのことを「ミーク」と呼んだ．マリアは，穏やかな人柄だと言われる夫とは対照的に，はつらつとして表情豊かな女性だった．シュナイダーの教え子たちは回想記の中でマリアについても触れているが，それを読むと彼らがいかにマリアを慕っていたのかが良くわかる．2 人が結婚したのはシュナイダー 39 歳，マリア 35 歳のとき．子供も 1 人授かった．名をベルナルトと言い，のちに医者になった．

テオドール・シュナイダー（転載許可：オーバーヴォルファッハ数学研究所資料室）

1953 年，シュナイダーはオットー・ハウプトの後任の正教授としてエルランゲン大学に招聘され，1955 年から 1957 年まで理学部の学部長を務めた．彼には人を見る目があるとの定評があった．1957 年には 150 ページにもなる超越数論についての単行論文を発表する．のちの研究者に大きな影響を与えたこの論文は，新旧のアイデアを集大成したもので，すぐさまフランス語に翻訳された．その後シュナイダーは，ベルリン自由大学からの招請は辞退したものの，1959 年にフライブルク大学から，死去したズースの後任として招請されるとそれを応諾した．さらに，オーバーヴォルファッハ研究所でもズースの後任として所長に就任し，資金繰りの苦しい研究所を維持しながら，後年マルティン・バルナーのもとで発展する基礎を築いた．シュナイダーはオーバーヴォルファッハで，1955 年から 1972 年まで数論の研究集会を主催したほか，その後もディオファントス近似（と超越数論）についての研究集会を企画するなどした．1969 年にはジーゲルの誘いに応じてタタ研究所にも滞在した．

シュナイダーの教え子であるルイーゼ=シャルロッテ・カッペ，H・P・シュリッケヴェライ，W・シュワルツは次のように述べている．

シュナイダー先生にとって，多忙だった大学での生活に別れを告げることは，それほど辛いことではなかった．というのも先生は，60歳の誕生日を迎えてから65歳の誕生日を迎えるまでの5年間を混乱と危険の只中で過ごしたからだ．この時期，求められることと言えば政治的な役割ばかりで，研究者としての思考力を求められることはほとんどなかった．当時，学生運動の代表者たちは大学運営に対する発言権を要求した．しかし，シュナイダー先生にしてみれば，それは大学に課せられた責務にも大学が目指すところにも反するものだった．加えて健康状態に変調が見られつつあったこともあり，名誉教授号の申請を，その資格が生じる1976年に早々と済ませたのだった．[78]

　カッペらによると，「晩年，フライブルクのツェーリンゲン地区にあった美しい自宅で隠居生活を送っていたテオドール・シュナイダー先生はすべての義務から解放されて，夫婦で庭いじりをしたり，スポーツカーでドライブしたり，長期休暇に出掛けたりするのを楽しんでいた」という．1981年にジーゲルが亡くなると，シュナイダーはそのショックから心に「深い傷」を負った[79]．ジーゲルとシュナイダーは以前からよく，シュヴァルツヴァルト地方やスイスへハイキングに出掛けたりもした．ブラウン同様，シュナイダーも例の給仕やら蟹やらの厄介事に遭遇したが，その優れた数学的才能と剛直な人柄ゆえにジーゲルを慕っていた．ジーゲルの遺灰がゲッティンゲンの墓地の名誉区画に埋葬されるよう取り計らったのはシュナイダーだったし，本書の中でジーゲルに関する記述の重要な典拠となったのはシュナイダーが書いた追悼文である．1988年10月31日，シュナイダーはこの世を去った．それまで何度か病を患ったことはあったにせよ，その突然の死は驚きをもって受け止められた．

素数の魅力は途方もない

第8問題

　自然数であって，1よりも大きく，1と自分自身以外に約数を持たないものを素数という．素数はどのくらいあるのだろうか？

　自然数を順に調べていくと，最初のうちは小さい素数がたくさん見つかる．それよりやや大きい素数になると，まだ少ないとまでは言えないが小さい素数に比べると現れ方がまばらになる．さらに大きな素数を探そうとすると，それが大きくなればなるほど現れ方がまばらになっていくように見える．だが，素数が現れる頻度は明らかに不規則だ．ほとんど素数が現れない区間がずっと続くかと思えば，そのあとに素数が（相対的な意味で）密に現れたりする．素数が現れる頻度について何か証明できることはあるだろうか？　素数の分布はどのくらい不規則なのだろうか？　2つの素数の差がたった2の場合もある．3と5，17と19などはそれに該当するが，このような素数の組で最大のものは存在するだろうか？

　以前触れたように，ジュリア・ロビンソンは幼い頃，アリゾナの砂漠に小石を並べ模様を作って遊んでいた．以来彼女は，数との戯れのうちに一生を過ごした．「はじめに主題ありき」のところでも私は数論と音楽の共通点を指摘したが，ロビンソンが数と戯れたのと同様，音楽家も音符と戯れる．パターンが発見され，洗練され，そして理解される．音楽に感応する人であれば，数の織りなすパターンに強く感応する人がいるということを理解できるはずだ．バッハのフーガを考えてみるといいだろう．フーガは，ある規則にのっとった音符の羅列にほかならない——完全に規則的だとは言えないが．またピタゴラスは，音楽をなす音符は互いに明確なある数学的関係で結ばれていることを指摘した．バッハのフーガを愛聴する人の中には，その美的全体性に感応し，それを直観的に認識する——ひいては，そのパターンを理解する——人もいるだろう．数の織りなすパターンに強く感応する情緒は，人間の持つさまざまな情緒の中でも中心的な位置を占める

ものなのだ．

「素数の問題」という表題の第8問題では，別個の問題がいくつか取り上げられている．クリスティアン・ゴールドバッハ（1690-1764）は，2よりも大きい偶数はどれも2つの素数の和として表されるだろうと予想した．果たしてこれは正しいだろうか？　また，差が2である素数の組で最大のものは存在するだろうか？　これも結論はまだ出ていない．第8問題の眼目は，リーマン・ゼータ関数の零点に関するリーマン予想を証明する必要があると説いている部分にある．表面的には技術的な問題のように見えなくもないが，これは「素数の密度」を正確に評価するというその先の目的を見据えたものなのだ．数論に関する定理には，「もしリーマン予想が正しければ……」という文句で始まるものがたくさんある．

ゼータ関数の研究をしたいと考えている数学の徒は，まずH・M・エドワーズの名著『明解　ゼータ関数とリーマン予想』（1974年）を手に取ってみるのが良いだろう．この著作の主眼が数学の歴史にあるのか，数学そのものにあるのかを見極めることは難しい．その両方だということにしておこう．数学を研究する者は原論文を読むことが重要だとエドワーズは考えていた．なぜなら，原論文には深い数学的洞察の瞬間が生き生きと描き出されているのに，その原論文の内容をあとで要領よくまとめた書物からはそれが失われてしまうからだ．エドワーズの考え方はフランクフルト大学数学史セミナーのメンバーと相通じるもので，その理由もほとんど同じである．リーマンの論文こそがリーマンの想像力をのぞき込むための窓なのだ．

ゼータ関数の歴史は次のようなオイラー積公式にさかのぼる．

$$\sum_n \frac{1}{n^s} = \prod_p \frac{1}{1 - \frac{1}{p^s}}$$

重要なのは，nが自然数を表すのに対して向かい側にあるpは素数を表すという点だ．つまり，左辺はすべての自然数についての和であり，右辺はすべての素数についての無限積である．いま，おおまかに，左辺で足し合わせるのはnよりも小さい自然数に対応する項とし，右辺で掛け合わせるのはnより小さい素数に対応する項としてみる．（両辺とも絶対収束するので，演算の順序は入れ替えることができる．）掛け算は足し算を繰り返し実行したものにすぎないのだから，この2つを結びつけられそうだと期待できる．

積公式の背景にあるのは，考え得るすべての素数の組み合わせ（どの素数が何回現れてもよい）についてそれぞれの積を丹念に計算していくと，（1を除いた）自

然数の一覧表（順序どおりではないが）を作成できるという事実だ[*]．どの自然数もただ1通りに素因数分解できる．オイラー積公式は，時に「算術の基本定理」の解析的表現と言われることがある．オイラー自身は，実際に十分な証明を与えるのに必要な言葉も理論も持ち合わせていなかった．にもかかわらずオイラーは，1737年にこの積公式から次のような謎めいた等式を導き，これを公にした．

$$1/2+1/3+1/5+1/7+ \dots = \mathrm{Log}(\log \infty)$$

ここには「素数定理」の萌芽が見られる．のちにそれが花開いたことで，与えられた x よりも小さな素数の個数を近似する関数が得られることになる．ただし，$\mathrm{Log}(\log \infty)$ は無限大の対数の対数を表していて，これ自体は意味をなさない．

　ガウスは1849年に書いた手紙の中で，自身がまだ少年だった1792年か1793年にはすでに，「素数の密度は平均すると $1/\log n$ になるということ」に気づいていたと記している[1]．これはオイラーの考え方をより正確に言い表したものだ．それ以来，56年もの間ガウスは，新しい（そしてより大きな）素数表が作られるたびに，自らの予想をその素数表と照らし合わせて検証し，n が大きくなればなるほど $1/\log n$ による近似の誤差が小さくなることを確かめた．あるパターンを見定めようとするこの試みはいわば「実験」であり，拠って立つ理論がまだ存在しないデータの中に数学的な構造を見出すべく行われる物理学者の実験と本質的な違いはない．アドリアン・マリ・ルジャンドル（1752-1833）が1808年に出版した『数論（*Théorie des Nombres*）』の第2版にも同じような公式が出てくるが，これもまた実験に基づいて推測したものだった．

　素数が出現する相対頻度が実際にほぼ $1/\log n$ になるのなら，今度はその出現頻度の総和を取る（積分する）のが自然な流れだろう——進んできた道のりを求めるために速度を積分するようなものだ．素数分布論の分野で初めてはっきりした形の証明が与えられたのは1850年のこと．ロシア数学界の中でサンクトペテルブルク学派というグループを創始し，確率論の歴史にも重要人物の1人としてその名を残すP・L・チェビシェフはオイラー積公式を基に，n が十分に大きい場合，n より小さな素数の個数と

$$\int_2^n \frac{dt}{\log t}$$

とは誤差が11%以内になることを証明した．この式は通常，対数積分と呼ばれ，

---

[*] $1/(1-x) = 1+x+x^2+x^3+x^4+ \dots$ をオイラー積公式の右辺の各項に代入し，積を計算した上で各項を並べ替えると左辺が得られる．

2 から n までの範囲における $1/\log t$ のグラフの下側にあたる領域の面積を表している．

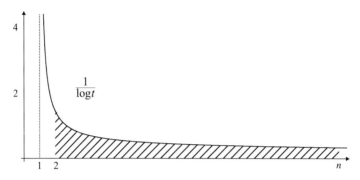

そして，n より小さい素数の個数はこのグラフの斜線部分の面積にほぼ等しいと主張するのが素数定理だ．そこには重要な定理が持つ意外「感」がある．

1859 年，ベルンハルト・リーマンが『与えられた数より小さな素数の個数について』と題した論文を発表する．300 ページに及ぶエドワーズの著書の中で，多くの紙数を費やし洞察力をめいっぱい働かせて読み解こうと試みられているのがこの 8 ページの論文だ．リーマンの時代，ドイツの数学界では数学の証明の厳密性を高めることが主流になっていたが，リーマンはその流れには与しなかった．のみならず，膨大な時間を費やしてまで発表した研究結果を手直しすることもなかった．エドワーズはこう述べている．

> リーマンが主張する事柄には，読み手が自力で検証できるものもあれば，リーマンがすでに証明したもの，あるいは証明しようとしているものもある．また何年かあとになってようやく厳密な証明が得られるものや，現在に至ってもいまだ証明されていないもの，はたまたより強い前提条件のもとでなければ成り立たないようなものまである．こと現代の読み手にとっては頭痛の種だ……[2]

複素解析学，リーマン面，および代数幾何学についてリーマンが行った研究は革新的なものだった．現代物理学の基盤をなす複素解析学の大半はリーマンにさかのぼる．リーマンは物理学そのものを再構成しようとしたが成功せず，リーマン流の電磁気学は普及しなかった．ただ，成功こそしなかったが，リーマンの目指したものが後世にまで生き続けた例は少なくない．すべての力を統一的に扱う理論を志向したリーマンは，そのための数学を構築しようと非ユークリッド幾何

学に目を向けた．アインシュタインが一般相対性理論を幾何学的に扱う方法を必要としたとき，50年もの年月をかけて構築されてきたリーマン幾何学を使うことができたのはそのためだ．

オイラー積公式の左辺に現れる式 $\sum 1/n^s$ は，やがて，実変数関数として扱われるようになる——この場合，文字 s を1より大きな値を取る変数とする．そしてリーマンは，その有名な論文の中で，(極となる1を除く)すべての複素数上で定義された解析関数であって，その変数が実数値を取るときはこのオイラーの関数と一致するようなものを構成した．リーマンが構成したこの関数をリーマン・ゼータ関数と呼び，ギリシャ文字のゼータと変数 z を使って $\zeta(z)$ と表記する．こうして，オイラー積公式では目には見えていても手が届きそうにない素数の個数に関する情報を，今度はリーマン・ゼータ関数が担うことになる．リーマン・ゼータ関数であれば，その情報を引き出すために複素解析学の理論を使うことができる．計算の達人だったリーマンは，ゼータ関数に猛然と立ち向かって行った．複素平面上をずいぶんとさまよいながらもこの問題と格闘したリーマンは，与えられた数よりも小さい素数の個数に関する公式を導き出すことに何とか成功する．これは飛躍的な進歩だが，その内容を理解することは難しくない——140年経ったいまではエドワーズの助けも借りられる．しかし，目指したところへ到達できるような方策をリーマンがどのようにして選び取ったのかを考えると，それは見事と言わざるを得ないが同時に謎めいてもいる．計算の達人が実効性のある方策にたどり着く極意とは何だろうか？

リーマンが導いた素数の個数に関する公式の中には，値の評価を必要とする項がいくつも現れるが，その中にはそれほど苦労することなく評価できてしまうものもある．上に述べた対数積分はその1つで，この値が0になることはない．これに対して，値の計算が非常に難しいのは，まさしくゼータ関数が0に等しくなる点(複素数)に依存する項だ．ゼータ関数が0に等しくなる点のことを「ゼータ関数の零点」という．これらの点はそのひとつひとつがその項に寄与しており，もしゼータ関数の(自明な零点以外の)零点の実部がすべて，ぴったり1/2であるとすると，この項は急速に0に近づく．リーマンは，大半の零点は実部が1/2であると述べた上で，零点の実部はすべて1/2だろうと予想した．これがリーマン予想だ．リーマン予想が主張する内容を視覚的に表すと，すべての零点が同一直線上に並ぶことになる．もしリーマン予想が証明されれば，与えられた数よりも小さい素数の個数をきわめて高い精度で評価できるようになる．

リーマンの主張することはほぼすべて正しかったが，この論文はリーマンと同

時代の人々からあまり理解されなかったようで，内容の不十分な点を補足しよう
という人は 30 年以上現れなかった．しかも，これとは別のリーマンの研究で論
証の厳密性を欠くがために論証方法において誤りに陥っている例があると気づい
た数学者たちは，リーマンが証明抜きで述べている見解に疑いの目を向けるよう
になった．ディリクレの原理を用いたリーマンの主張はその一例だった．ディリ
クレの原理はつねに成り立つとは限らないということをワイエルシュトラスが具
体的に示したのだ．もっとも，ディリクレの原理は実際に必要とされるような場
合にはほぼ成り立つということをヒルベルトが示したことでリーマンの主張は
「救済」されたが，それはあとになってからのことである

　1893 年，フランスの数学者ジャック・アダマール (1865-1963) がリーマンの
論文の中で定義されている ξ（クシー）関数の「積公式」を証明すると，続く
1894 年にはハンス・カール・フリードリッヒ・フォン・マンゴルト (1854-1925)
がその積公式に基づいてリーマンの「明示公式」を証明する．フォン・マンゴル
トはリーマンが概略のみを示した方法には従わなかったが，1908 年にランダウ
がそのリーマンの方法に従っても同じ公式を導けることを証明した．さらに
1896 年，アダマールとベルギーの数学者シャルル＝ジャン・ドゥ・ラ・ヴァレ・
プーサン (1866-1962) がそれぞれ独立に，ゼータ関数の零点で実部が 1 以上のも
のは存在しないという弱い形のリーマン予想を，フォン・マンゴルトの結果に基
づいて証明した．このようにゼータ関数の零点に対する制約条件をより弱くして
も，明示公式に現れる項のうちゼータ関数の零点に依存するものは，十分大きな
数を取ればいくらでも小さくなるという事実を示すにはそれで十分だった．こう
して，いわゆる素数定理が証明されることになる．

　素数定理には 2 通りの述べ方がある．1 つは，十分大きな数 n を取れば n よ
りも小さい素数の個数は対数積分

$$\int_2^n \frac{dt}{\log t}$$

によっていくらでも良い近似が得られるというもので，こちらの方が近似の精度
は良い．

　さらに，この対数積分は $n/\log n$ で近似できるため，この $n/\log n$ を用いた形
で素数定理を述べることもできる．こちらの方が精度はやや劣るが，素数定理が
驚くべき結果だということはより鮮明になる．n よりも小さい素数がいくつある
のかを正確に評価したければ，n を n の（自然）対数で割りさえすればよいのだ．
もし数学者がサッカーファンのようだったら，街中で祝いのどんちゃん騒ぎが起

きていてもおかしくはない．（そのような騒動はワイルズがフェルマーの最終定理を証明したとき，実際に起きている．シカゴ・トリビューン紙には，そのことを皮肉まじりに取り上げたエリック・ゾーンの記事が掲載された．）

素数定理をさらに精密化するということは，近似の相対誤差がどのくらい速く0に近づくかをより正確に評価するということだが，そのためには次に何をすべきか．リーマン予想の証明だ．それが無理なら，零点の分布についてもっと詳しく知らなければならない．この点にこそヒルベルトが第8問題を提示した真意がある．

20世紀に入ると，これらの零点のうち最初のいくつかについては，その位置を当たり前に計算できるようになった．1903年にはヨルゲン・P・グラム（1850-1916）が15個の零点をまとめて公表したが，それらはかなり正確な値であることがあとになって証明されている．それから10年の間にR・バックランドとJ・I・ハッチンソンがさらに多くの零点を計算するが，こうして計算で得られた零点はすべて，リーマン予想と合致するものだった．チューリングは計算機に関する先駆的な論文を1936年に書き上げると，その直後にゼータ関数の零点を計算するための計算機の製作に着手したが，大戦のため完成には至らなかった．最新の結果によると，これまでに計算によって確認されている零点の数は15億個を超えるという．

エルンスト・リンデレーエフ（1870-1946），ハラルト・ボーア，ランダウ，J・E・リトルウッド（1885-1977）などの面々もこの研究の進展に関わっている．1914年，ケンブリッジ大学のG・H・ハーディが，ゼータ関数には実部が1/2である零点が無限に存在することを証明する．これは，ゼータ関数の零点の実部がすべて1/2であることを証明したものではないが，一つの出発点となった．ゼータ関数の問題に並々ならぬ情熱を注いでいたハーディは，船で遠出をする予定があると必ず，リーマン予想の証明を完成させたところだという電報を事前に打ったという．彼は自分が神から目の敵にされていると信じていた．だがそう打電しておいて船が沈めば，自分は必ずや「失われた証明」で名を馳せるだろう．だから神は船を沈めることができない，というわけだ[3]．（この話を聞けば，死の床にいたゲルフォントとピアテツキー＝シャピロとが交わしたやり取りも興味深く感じられてくるだろう．）

1932年，フランクフルト大学数学史セミナーから見事な成果が生まれる．これはこのセミナーがもたらした成果の中でも白眉と言えるものだ．その頃，リーマンの8ページの論文は評価が下がっていた．そこでジーゲルはその内容について，どこまでがリーマンの確証に基づくもので，どこまでが推測に基づくもの

のかを突き止められないかと考え，走り書きも含めリーマンの論文をいくつか再検証した．ハーディは 1915 年の時点で，リーマンはゼータ関数について主張したことを「証明できていなかったのだ」と断言しており，ランダウはこれらの主張を「予想」と呼んだ．エドワーズはこう述べている．

　　　ジーゲルが試みた作業の難しさはいくら強調してもしすぎることはない．まとまりのないリーマンの走り書きを解読しようとした第一級の数学者はジーゲル以前にも何人かいたが，ことごとく匙を投げた．そこに記されている公式に対して説明が一切なかったり，公式を記述する順序がでたらめにしか見えなかったり，解析学に対する熟練が及ばずそれらの公式を理解できなかったりしたからだ．埋もれていたこの宝をジーゲルが発見していなかったとしても他の誰かが発見していたと果たして言えるかどうかは疑問である．[4]

リーマンの手稿には，数学に関する断片的な記述があちらこちらに見られる．中には，おそらくただ単に勢い余って，突然 $\sqrt{2}$ を小数点以下 30 桁まで計算し始めたりしている箇所もある．

　さて，ジーゲルが発見したものは何かと言うと，ある近似公式だった．そのおかげで，ゼータ関数の零点についても，素数定理の誤差の評価についても，リーマンは誰もが想像していたよりずっと豊富な知識を持っていたことが明らかになった．エドワーズの著書にはリーマンの手稿の中のあるページを複写したものが掲載されており，一部ではあるがその公式も判読できるようになっている．いまではリーマン-ジーゲル公式と呼ばれるこの公式によって，リーマンは驚くほどたくさんの零点を計算することができたし，それらはすべてリーマン予想に合致するものだった．リーマンはおそらく，リーマン-ジーゲル公式に基づいて予想を立てたのだろう．

　ところで，それよりさかのぼること 20 年，はるか別の大陸にも素数について考え続けた者がいた．シュリニヴァーサ・アイヤンガー・ラマヌジャン（1887-1920）だ．マドラス近郊の町で暮らす南インド人の貧しい家庭に生まれたラマヌジャンは，高校を卒業する数か月前に G・S・カーの『純粋数学要覧（*A Synopsis of Elementary Results in Pure and Applied Mathematics*）』に偶然出会った．この本は（ハーディが数えたところ）全部で 6165 項目に及ぶ等式や数学的事実を証明なしに羅列したものであり，ケンブリッジ大学の卒業試験であるトライポスのための受験参考書として 1880 年に初めて出版された．学術的には二級品だが，大英

帝国の教育制度を介して徐々に普及し，やがてラマヌジャンの住んでいた町でも手に入るようになった．ラマヌジャンは，現代数学どころか，それらしきものに触れるのでさえそれが初めてだった．エンリコ・フェルミも少年の頃同じように，ローマのノミの市で 50 年も前にラテン語で書かれた数理物理学の専門書を偶然見つけ，のちに物理学者になった．ラマヌジャンは，この受験参考書に書かれている命題にかたっぱしから目を通し，それらが正しいことを自ら確かめ，さらにその過程で独自に思いついた結果をノートに書きつけて行った．（推理小説家 R・F・キーティングの作品に登場するゴーテ警部も，ボンベイのノミの市で買ったグロスの『予審判事要覧』という 1 冊の本に絶えず目を通している．この人物のことを思うと，キーティングはラマヌジャンの話を知っていたのではないかとついつい考えてしまう．ゴーテ警部は，ヨーロッパから来た探偵に会うたびに，この優れた本にどの程度親しんでいるかを尋ねる．ゴーテ警部自身の捜査にはいつも役立っていることを考えれば，ヨーロッパの探偵もこの本にもっと目を向けるべきところだが，大体の探偵は聞いたことがないと答える．ゴーテ警部は，事件の捜査に行き詰るとグロスの本を取り出し，「的確な捜査にひたすら邁進した」．）

　カーの本に出会ってからのラマヌジャンもそれ以降，まさしくひたすらに没頭する毎日だった．ラマヌジャンにとって食事も睡眠も手を休める理由にはならなかった．母親に食べ物を口へ運んでもらいながらラマヌジャンは手を動かした[5]．問題は紙が十分に手に入らないことだった．彼の一家は貧困と言ってよかったが，ラマヌジャンは 25 歳までどうにかして勉強を続けた．ただ，数学以外の科目を勉強しようとしなかったため，学位の認定試験には二度も落第している．ラマヌジャンを教えた教師の中にも，まだ揺籃期にあったインド数学会の数学者の中にも，何か尋常ならざるものが生み出されつつあるということに気づく者はいたが，ラマヌジャンが取り組んでいる研究の本質を見極められるような者は 1 人としていなかった．

　ラマヌジャンは何人かの数学者に手紙を書き送った．手紙の書き方は拙く，カーの本とよく似た体裁でいくつもの公式がずらりと列記され，しかもその中には風変りな表記法を使ったものが多かった．1912 年から 1913 年の間にラマヌジャンからの手紙を受け取った数学者のうち 2 人が返事を書き送っていたが，3 人目がケンブリッジ大学にいたハーディだった．ハーディは受け取った手紙にざっと目を通すとそれを放り出し，その日の日課に取り掛かった．その手紙には，次のような公式が書かれていた．[6]

$$\frac{1}{1^3}\cdot\frac{1}{2}+\frac{1}{2^3}\cdot\frac{1}{2^2}+\frac{1}{3^3}\cdot\frac{1}{2^3}+\frac{1}{4^3}\cdot\frac{1}{2^4}+\text{etc.}=\frac{1}{6}(\log 2)^3-\frac{\pi^2}{12}\log 2+\left(\frac{1}{1^3}+\frac{1}{3^3}+\frac{1}{5^3}+\text{etc.}\right)$$

$$1+9\cdot\left(\frac{1}{4}\right)^4+17\cdot\left(\frac{1\cdot 5}{4\cdot 8}\right)^4+25\cdot\left(\frac{1\cdot 5\cdot 9}{4\cdot 8\cdot 12}\right)^4+\text{etc.}=\frac{2\sqrt{2}}{\sqrt{\pi}\cdot\left\{\Gamma\left(\frac{3}{4}\right)\right\}^2}$$

また手紙の本文にはこうあった．「先生が出版された『無限の位数（*Orders of Infinity*)』という冊子をごく最近，偶然手に取りました．その 36 ページには，任意に与えられた数よりも小さい素数の個数を表すような確たる数式はまだ知られていないと書かれています．私はその真の個数にきわめて近い値を表す数式を発見しました．その誤差は無視できるほど小さいものです」[7]．ハーディはこの主張にとりわけ疑念を持ったに違いない．

　その日一日中，この奇異な手紙のことが幾度もハーディの頭をよぎった．何かが引っ掛かるのだ．手紙に記されている公式の中には，表記法こそ見慣れないがすでに知られているものがいくつか見える．一方それ以外の箇所には，それまで見たこともないような公式もある．それらは奇想天外でありながら，強く訴えかけてくるものがあった．これほど奇想天外で，これほど強く訴えかけてくるのだから，ただの酔狂ででっち上げたものではないだろうとハーディは思い始めていた．それまでにも奇異な手紙を何十通と受け取ったことがあるハーディの経験からすると，酔狂というものにはこれほどの独創性はない．夕食を終えるとハーディは共同研究者のリトルウッドをともなって自室へ戻った．床に就く頃には 2 人の結論は出ていた．ラマヌジャンをケンブリッジへ呼ぶべきだ．この後，ラマヌジャンは王立協会のフェローに選出され，やがて早すぎる死を迎えることになるが，その間の詳しい経緯については，ロバート・カニーゲルの優れた長編伝記やハーディの著述，あるいはハーディの『ある数学者の弁明』に C・P・スノーが寄せた序文などを読まれることをお勧めする．

　手紙に書かれている内容をハーディが検討していくにつれて，ラマヌジャンが素数について言及したことなどは，全体から見ればまったく取るに足らないものに思えてきた．ハーディがどれほど仰天したかは想像に難くない．自然科学や数学の研究者は，自身が所属する社会から研究成果の吐き出し口を与えられなければどうしようもないが，ラマヌジャンにそうした吐き出し口はなかった．トーマス・グレイの詩『田舎の墓地で詠んだ挽歌』の中に「名がくれて物いはずミルトンも眠れりや*」という一節がある．感傷的だと批判する人もいる．H・L・メ

ンケンはこう評した.「名もなく, 物も言わないミルトンなど, 詩人が抱く幻影の中にしか存在しない. 1人のミルトンたる確かな証は, 1人のミルトンと呼ぶにふさわしい仕事をすること以外にはないのである」. ハーディが受け取った手紙の送り主は, わずかな教育しか受けず英語も拙いインドの青年だ. だがその青年は数学に関して, いわば1人のミルトンと呼ぶにふさわしい仕事をした. このことは, ジーゲルやシュナイダーのように, 数論の分野で素朴な視点から若くして重要な成果を挙げた他の数学者のことを思い起こせば, もっとわかりやすいかもしれない. ジーゲルはほぼ代数的手法を用いてトゥエ–ジーゲルの定理を証明したが, だからといってシューアもランダウもすぐさまそのことに納得したわけではなかったし, シュナイダーはかなり初等的な手法を用いてヒルベルトの第7問題を解決したが, シュナイダー自身にその問題に取り組んでいるという自覚が最初からあったわけではない.

ラマヌジャンがまだインドにいた頃に得た素数に関する結果には誤りがあることがわかった. ハーディはラマヌジャンへの追悼文の中で, この結果について次のように述べている (後年ハーディはこの内容を撤回している).

> この結果はラマヌジャンの重大な錯誤だったと言えるかもしれない. かもしれないが, ある意味で彼の錯誤は彼のなし遂げたいかなる成功よりも魅力的ではなかったかという考えも否定しきれないように感じる……この結果は1908年にランダウによって初めて得られた……ただし, ラマヌジャンが示唆する内容はそれよりもはるかに豊かだ. 確かにその中には誤りがある……だが, ラマヌジャンにはランダウが駆使するような強力な手段を意のままに操ることなどできなかった. 彼はフランス語の本もドイツ語の本も読んだことはなく, 英語の知識でさえ学位を取得するには不十分だったほどだ. その彼が, ヨーロッパ指折りの数学者たちをもってしても解決のために100年を要した問題, あるいはいまだ完全な解決には至っていない問題を夢想しただろうということだけでも十分驚嘆に値する.[8]

リーマン予想はいまなお予想のままである. コーエンやマチャセヴィッチがリーマン予想の研究に熱心だったことはすでに見た. リーマン予想の研究に打ち込んだ数学者は他にも大勢いる. 1998年, スティーヴン・スメイルはV・I・アーノルドの呼び掛けに応じて, 21世紀のための数学の問題を独自にリストアップしたが, リーマン予想はそのリストの先頭にある. また2000年, クレイ数学研

＊［訳註］T. グレイ, 墓畔の哀歌（福原麟太郎訳）, 岩波書店（1958）

究所はリーマン予想の解決に対して 100 万ドルの懸賞金をかけた.

　現況を見ると, リーマン予想の周辺にはちょっとしたざわつきもあるようだ. 何かが起きることを誰もが期待していることは間違いない. ダイソンが数学と物理学との「婚姻関係の解消」を非難したのは「失われた機会 (*Missed Opportunities*)」という表題の講演だったが, この講演が行われた同じ年の 1972 年, ヒュー・モンゴメリは, かつてヒルベルトとポリアが得た着想に沿って, ゼータ関数の零点をヒルベルト空間上のある種のエルミート作用素の固有値と関連づけて理解できるようにならないかという研究に取り組んでいた. それまで長らく続けられてきた研究として, 検証する素数の範囲を絶えず広げながら素数の現れる間隔を調べ上げることにより, そこにいくつかのパターンを見出そうという試みはあったが, いかなるパターンも見出すことはできなかった. モンゴメリが着目したのはゼータ関数の零点が現れる間隔のパターンだった. モンゴメリは研究で得たデータをダイソンに見せた. ダイソンは物理学を本業としていたが, かつては数論の専門家としての教育を受けていた. 零点の間隔がなすそのパターンについてダイソンは, 量子力学で言うところの重い原子核のエネルギー・スペクトルに非常に似ているとモンゴメリに言った. ダイソンのひと言は, 猛烈な吹雪が過ぎ去ったばかりのアルプス山中で放たれた 1 発の砲声だった. 辺り一面息をのむ静寂に支配されている. と, そこへ突如として雪崩が押し寄せる. こうして, 生成されるエネルギー・スペクトルがゼータ関数の零点に一致するような量子系を見出せるか否かが, きわめて興味深い問題となった. (量子エネルギー準位はすべて実数なので, ゼータ関数の自明でない零点はすべて同一直線上に並ぶことになる!) 1990 年にようやく物理学と数学が盛大な儀式を行って復縁したと言うのであれば, これはそれ以前にあった激しい戯れの恋とでも言うべきか.

　ヒルベルトの問題では, 代数体に対して定義されるゼータ関数の類似物やリーマン予想の類似物に関する研究についても示唆されている. この類似物に関する問題はもとの問題よりも扱いやすく, 1917 年にエーリッヒ・ヘッケ (1887-1947) によって解決されている.

　また関数体に対して定義されるゼータ関数の類似物についても, アルティン, ハッセ, ヴェイユらによって数多く研究されている——これらの類似物も, その出所こそさらに複雑そうに見えるが, 代数体に対する類似物と同じように扱いやすいものであることがわかってきている. リーマン・ゼータ関数はいまなお, こ

の上なくシンプルで，魅惑的で，謎めいていて，至極難解な対象だ．それは，ラマヌジャンのように正統な専門性を身につけていない人々を魅了し続けているだけではない．現代の傑出した数学者たちでさえその半数以上は，人生のどこかの時点でその虜になっている．

天空の城を追うように
第9問題，第11問題，第12問題

―高木，アルティン，ハッセ―

大学の図書館へ出掛けて，書架から類体論の本を取り出してみよう――ちなみにアメリカ議会図書分類表の分類番号は QA241 だ．アルティン-テイトの講義録，ハッセの本，ラングの本がいくつか，それに彌永，ヴェイユなどが見つかるはずだ．それらを机の上に積み上げてみる．実際のところ，あまり多くはない．類体論そのものは難解な理論だが，その発展の過程は決してまとまりを欠いていたわけでも，専門用語の食い違いによって分裂をきたしていたわけでもない．数学者というものは，用いた言葉や手法を通して眺めるとそれぞれに時代を感じさせるが，手掛けた数学だけを通して見れば時間の埒外にいる．数学者それぞれの生涯はやがて，その名前と年代と1つの定理，あってもせいぜい2つか3つの定理に還元されることになる．ハーディは言う．「アイスキュロスが忘れられてもアルキメデスが忘れられることはないだろう．言葉は朽ちていくが数学的発想は不滅だからだ」[1]．

高木貞治は第一次世界大戦中，日本で研究に取り組んだ．高木の評伝によれば「完全なる」[2] 孤独の中での研究だった．エミール・アルティンはヴァイマール共和政下のドイツで研究をしていたが，ナチ党が台頭してくるとドイツを逃れ，その後アメリカに家族を残したまま，死の数年前に単身ハンブルクへ戻ってきた．保守的で民族主義的だったドイツ人のヘルムート・ハッセはナチスに協力したため，戦後いわゆる「非ナチ化」の対象となったが，その後は再び数学者として受け入れられ，その人生をまっとうした．過去に自らが取った立場については生前その一部を撤回してさえいる．

さて第9問題，第11問題，および第12問題は代数的数に関するものだ．代数

的数とは整数を係数とする代数方程式の解になる数のこと．無限に存在し，中には具体的にどのような数かを言い表すのさえ困難なものもある．代数的数は個々別々に研究するのではなく「体」あるいは「拡大体」の要素として研究する．体とは，標準的な算術演算が定義され，かつそれらの演算について「閉じている」集合のことだ——つまり，体に属する数どうしの掛け算，足し算，引き算，割り算（ただし割る方の数は0でない）によって得られる数もまたその体に属する．数ある体の中で研究対象として最も一般的なのは，有理数全体のなす体にその他の代数的数を添加して得られる体だ．「拡大体」とは，基になる体とそこに属さない数とが最初に与えられたとき，それらの数どうしの加減乗除を次々に行って得られる数全体のなす集合のことである．（この拡大体の元に対しても，加法や乗法などに関する法則は成り立つ．）有理数体上 $\sqrt{2}$ で生成される拡大体においては，$2 = \sqrt{2}\sqrt{2}$ であるから，もはや2は明らかに素数ではない．こうした非常に単純な拡大体でさえ，どのような元が「整数」や「単数」になるのかはあらためて明確にしなければならず，個々の素因数分解の様子も驚くほど複雑になる．この拡大体では，$(2+\sqrt{2})(2-\sqrt{2})$ もまた2に等しくなる——$2+\sqrt{2}$ や $2-\sqrt{2}$ はそこでは一体どんな数なのか？ $\sqrt{2}$ は整数なのだろうか？

　数論における初期の議論はすべて，「素因数分解の一意性」をめぐって行われた．「素因数分解の一意性」というのは，任意の自然数が素数の積に一意的に分解できることを主張するもので，算術の基本定理とも呼ばれている．ピエール・ド・フェルマー（1601-1665）は整数について成り立つ結果にとりわけ強い関心を持った．例えば「$4n+1$ の形をした素数はいずれも2つの平方数の和として一意的に表される」とか，「2^n-1 が素数ならば n は素数である」などがそれに当たる．フェルマーが用いていた手法はどれも，かなりの技巧を必要とする．当時の数論の研究者は誰もが数と戯れていた．彼らの着想や直観は計算による実験から湧き出したものだ．やがて数学研究の進展とともに複素数（実部と虚部からなる数）が取り入れられ代数的数に関する理解が深まると，数学者たちは「素因数分解の一意性」が成り立つ対象をもっと広げることができるのではないかと考えるようになる．こうしてより一般的な立場から定義された「整数」の概念を基に（これにより素数の概念も変わってくる），有理数体の有限次代数拡大体における素因数分解について考察されるようになった．当時は「体」という呼び方こそされていなかったが，のちに類体論へとつながっていく考え方はここに始まったと言える．

　計算の結果から，当初は一般にも素因数分解の一意性が成り立つことは確かだと思われた．1700年代の半ば，オイラーは素因数分解の一意性を用いてフェル

マーの最終定理の $n = 3$ の場合を証明している．フェルマーの最終定理とは，$n \geq 3$ なる自然数 n に対して $x^n + y^n = z^n$ という形の方程式はいずれも整数解を持たないことを主張するものだが，オイラーはその証明の中で，有理数体に $\sqrt{-3}$ を添加した拡大体においても素因数分解の一意性が成り立つことを（証明することなく）使った．

　1801 年，当時まだ 24 歳だったガウスが『整数論』を出版すると，数論における論証のあり方が一変する．ガウスは 20 歳のときすでにこの本の原稿を書き上げていたが，出版元がなかなか見つからず，とうとう自費で出版することになった．ガウスは複素数を体系的に用いた．『整数論』の中では平方剰余の相互法則を証明しているほか，1 の n 乗根の構造についても詳しく調べている*．また合同式（$2 \equiv 9 \bmod 7$ という形の式）の理論を展開し，それを巧みに利用した．さらには 2 次形式に関する研究もある．ガウスは整数に関する定理を証明するのにこうした 2 次形式の理論を用いたが，これらの理論はそれ自体が興味深く，ヒルベルトに第 9 問題や第 11 問題を提起する動機を与えたものでもある．現代的な類体論に至る道筋にはガウスを出発点とするものがいくつもあり，それらは相互に関連し合っている．後年ガウスは，ある意味で整数を拡張した，いわゆるガウスの整数についても研究を行った．ガウスの整数とは，いわば i（つまり $\sqrt{-1}$）を付加した整数というべきもので，$a + bi$（a, b は整数）という形の数のことだ．オイラーとは違ってガウスは，ガウスの整数に対して素因数分解の一意性が成り立つことを証明する必要があると考え，実際にそれを証明してみせた．

　ガウスやオイラーらが扱ったのは，拡大体と言っても個別具体的なものだ．それに対し，「体」を 1 つの概念としてよりはっきりと意識したのがガロアだった．1829 年ガロアは，5 次（以上）の代数方程式を代数的に解く方法が一般には存在しないということを証明しようとする中でガロア群なるものを生み出す．有限個の生成元によって生成される拡大体を有限次拡大体というが，その拡大体の構造を変えることなくそれらの生成元を互いに入れ替える操作（体の「自己同型」）全体のなす群をガロア群という．ガロアは，このガロア群を用いることにより，目的とする拡大体の構造を研究できるようになった．だが 1832 年，ガロアは果たし合いに敗れ，21 歳の誕生日を迎えることなくこの世を去ってしまう．ガロア

＊ $1^n = 1$ だから 1 はつねに 1 の n 乗根である．また，n が偶数ならば -1 も 1 の n 乗根で，つまり $(-1)^n = 1$ が成り立つ．一方，1 の n 乗根あるいは「単数」は n 個存在するということを示すことができる．1 の n 乗根は 1 と -1 以外すべて虚数である．さらに 1 の n 乗根はすべて，単位円周上に存在する．これらのなす体を円分体という．

の書き残したものは難解だったことに加え，1826 年にはすでにアーベルによっ
て 5 次方程式が一般には代数的に解けないことが証明されており，しかもその手
法は当時としてはより直接的であるように思われた．（アーベルもまた，肺病のため
に 26 歳で夭折している．）そのため，ガロアのアイデアが数学に取り入れられるま
でに死後 40 年の歳月を要した．もっとも，取り入れられるまでに時間はかかっ
たが，このアイデアはその後，数学の基礎をなすものとなった．

　フェルマーの最終定理に対する関心も依然として高く，それを解決しようと努
力する中で育まれたさまざまな知見が，素因数分解の一意性についての理解をい
くらか深めることにつながっていく．何人もの数学者がフェルマーやオイラーと
同じような論法を用いて，少しずつではあるが前進を続ける中，ソフィー・ジェ
ルマン（1776-1831）が $n = 5$ の場合のフェルマー方程式に関する定理を証明する.
今日ではソフィー・ジェルマンの名を冠した定理として知られているものだ．以
下の一節はウィリアム・ダンハム著『数学の知性——天才と定理でたどる数学史』
からの抜粋である．これを読むと，なぜ本書には女性の数学者がほとんど登場し
ないのかがよくわかる．

　　　子供の頃ソフィー・ジェルマンは，数学について書かれた本を父親の書架で何
　　冊も見つけ，それらにすっかり魅了されてしまった．特に引きつけられたのはア
　　ルキメデスの死について書かれたプルタルコスの文章だった．アルキメデスにと
　　って数学は命よりも大切なものだった．ソフィーがもっと本格的に数学を勉強し
　　たいと申し出ると，両親は愕然とした．数学の勉強を禁止されたソフィーはやむ
　　なく，こっそりと本を部屋に持ち込み，夜更けにロウソクを灯してそれらに読み
　　耽った．娘が数学の本を隠れ読んでいることに気づいた両親は，ロウソクを取り
　　上げたばかりか，衣服まで脱がせてしまった．そうすれば，夜中にうろうろする
　　気にはならず寒くて暗い部屋の中にじっとしているだろうと思ったからだ．だが,
　　このような過酷な仕打ちを受けても，ソフィーは決して屈しなかった．それはソ
　　フィーの数学に対する愛情の証しであり，おそらくは身体的な忍耐力の証しでも
　　ある．[3]

さらにダンハムによると，ソフィーは女性だという理由で講義への出席を許され
なかったが，講義の内容を少しでも聴き取れないか，あるいは誰かから講義のノ
ートを借りられないかと期待して，教室の出入口近くにこっそり身を潜めていた
という．

1825 年，当時まだ 20 歳になったばかりの P・G・ルジューヌ・ディリクレ（1805-1859）が，ソフィー・ジェルマンの定理を基にして，$n = 5$ の場合のフェルマーの最終定理が 2 つの場合に帰着できることを証明し，さらにその第一の場合には確かに整数解が存在しないことを証明した．第二の場合についてはその後すぐに，ルジャンドルによって証明が与えられた．エドワーズは自著『フェルマーの最終定理——代数的整数論入門 (Fermat's Last Theorem : A Genetic introduction to Algebraic Number Theory)』の中で，「あるいはルジャンドルがすでに高齢であったことやその長すぎる経験の表れかもしれないが，第二の場合についてルジャンドルが与えた証明はずいぶんと人工的で，動機の釈然としない操作がかなり見られる」[4]と語っている．この第二の場合に対するより自然な証明は，その数か月後にディリクレ自身が与えた．その後 1832 年に再びフェルマーの最終定理に着手したディリクレはその $n = 14$ の場合を証明し，1839 年にはガブリエル・ラメ（1795-1870）が $n = 7$ の場合を証明した．（ラメの証明に不備がないかどうかは疑わしい．）これらの証明は，スタイルや技法こそ似通っているものの，個々の内容に共通する点は見られない．

1847 年 3 月 1 日，パリ科学アカデミーの会合に姿を現したラメは興奮した様子で，素因数分解の一意性を土台とした議論によりフェルマーの最終定理を証明したと訴えた．ラメの方法は 1 の n 乗根を使ってフェルマー方程式の左辺を因数分解するというものだった．そこまでは良い．それだけなら代数的な操作で事足りる．律儀にもラメが，この方法を思いついたのはリューヴィルに負うところが大きいと言うと，リューヴィルは立ち上がりそれを否定した．すでに同じような着想を得ている数学者は他にも大勢いるとリューヴィルは主張したのだ．エドワーズの表現を借りれば，「ラメが思いついたことは優れた数学者ならばこの問題に着手してまず最初に思い浮かぶ発想の 1 つだと断じたも同然」[5]ということになる．リューヴィルは，既存の証明が成功しているのは素因数分解の一意性が成り立つ整数（あるいはそれを拡大したもの）を対象としているからだと指摘した上で，ラメの方法で用いられる 1 の n 乗根を付加した整数に対しても素因数分解の一意性が成り立つかどうかは疑わしいとした．

続いて発言したコーシーははるかに楽観的で，以前自分も同じような考えに思い至り，半年前にそれをアカデミーで発表したばかりだと言った．ただコーシーにはその考えをさらに追究する時間がなかったのだ．その後しばらく騒然とした空気が流れる中，1847 年 3 月 15 日の会合でピエール・ヴァンツェル（1814-1848）が，1 の n 乗根を付加した整数に対しても素因数分解の一意性が成り立つことを

証明したと発表した．3月22日，今度はコーシーがヴァンツェルは素因数分解の一意性を証明できていないと指摘し，自らその証明を試みた論文を次々と発表し始めた．この日の会合でコーシーとラメはそろって「秘密の小包」をアカデミーに提出した．「秘密の小包」というのは，同じアイデアを蔵している者が複数名いるがいずれもその論文をまだ発表できない場合に，アカデミーがそのアイデアの優先権を判定できるようにするための手段だ．ただ当の本人たちは，研究を進めながらも論文発表となると予告するにとどまった．

こうした状況はその後もしばらく続いたが，5月24日になってリューヴィルが1通の手紙に目を通したことが転機となる．差出人はエルンスト・クンマーというドイツの数学者だった．ブレスラウ大学（ブレスラウは現在ポーランドにあるヴロツワフの当時の呼称）の教授だったクンマーは当時ほとんど無名の存在で，その5年前まではリーグニッツ（現在のレグニツァ）のギムナジウムで教鞭を執っていた——クロネッカーはそのときに教えた生徒の1人だ．クンマーの手紙は，1の23乗根を付加した整数に対しては素因数分解の一意性が成り立たないということを知らせるものだった．また，それに関する論文なら3年前に発表済みであるとも書かれていた．その論文は発表されたもののほとんど注目されなかったのだ．さらにクンマーは，フェルマーの最終定理を攻略する方法としてなおも素因数分解の一意性を活かすためのアイデアに言及した上で，その実現を目指す研究はかなりの進展を見せており，詳細を近くベルリン・アカデミーの紀要に発表する予定だと書き添えていた．この手紙をきっかけにラメは最終定理の研究から即座に手を引いたが，コーシーは何か月にもわたって論文を発表し続けた．

クンマーは1のn乗根を付加した整数について，その構造を詳しく探るため膨大な計算を行っていた．当時の大多数の数学者と同様，素因数分解の一意性が成り立つというのがクンマーの直観だった．クンマーは素因数分解の一意性が成り立つような具体例を数多く知っていたし，一意的な素因数分解がどのようになされるのかについても計算を通して正確に理解していた．クンマーはこの「直観」に対して十分深い確信を持っていたため，素因数分解の一意性という秩序が1の23乗根を付加した整数では破綻することを発見したときも，その場に踏み留まって事態を打開しようとした．クンマーは非常に保守的な人だった．新たな地平を切り開こうと根拠の薄い冒険的な研究を行うことには関心がなかった．それよりも，優れた数学者たちが築き上げた揺るぎない成果を拡張したり精密化したりする方を好んだ．そもそもクンマーが1のn乗根に関心を持ったのも，その直接のきっかけはガウスであり，そこにヤコビも介在している．クンマーが特

に取り組もうとしていたのは，ガウスの平方剰余の相互法則を高次に拡張することだった．

素因数分解の一意性は初等的整数論にとって基本的だが，代数的整数論にとってもそれと同じくらい基本的なものだ．その素因数分解の一意性を固守するための試みに挑むにあたって，クンマーはこれまでにない革新的なことをやってのけた．拡大体という釜の中に「理想」数なるものをいくらか投入すれば，期待どおりのものができあがるとクンマーは主張する．当時この理想数がどのようなものと考えられていたのかははっきりしない．新しい役割を担わせるべく選ばれた複素数の一種か？　それともまったくの別世界から連れてこられた異形のものか？実は，そのことが具体的に特定されなくても，これらを数学的に有効な理論として扱うことはできる．理想数は，証明の中で用いられても，その証明が完了する前に姿を消してしまうことが多い．（その意味で理想数は，その役割を担うのに理想的な存在だった．）理想数は，証明の論理を損なわない有用な虚構と見ることができる．言ってみれば，まだ大人への道をひた歩む成長途中の子供に空想の中の友人が良い影響を与えるようなものだ．あとを追って考えてみれば，クンマーが理想数を用いた証明から，理想数を完全に排除する方法を見出すことさえできる．

クンマーは，おそらく理想数の考え方がフェルマーの最終定理と関わりを持っていることに早くから気づいていたが，平方剰余の相互法則を高次に拡張することの方をより重視し，フェルマーの定理については「数論の問題として興味をそそるものではあるが主要な問題ではない」[6]と言っていた．ところが，パリ科学アカデミーでの例の騒ぎをきっかけにしてフェルマーの最終定理に関わることとなり，1847 年 4 月 11 日までには理想数の理論を完成していた．クンマーの理論によって，フェルマーの最終定理そのものが証明されたわけではないが，それでもそれまでとは比較にならないほど多くの場合について定理が成立することが証明されるようになった．

クンマーはディリクレの研究からも影響を受けていた．ディリクレは，a と b が「互いに素」（6 と 35 のように公約数を持たない）ならば，$a+b$, $a+2b$, $a+3b$, $a+4b$, ……という算術級数には素数が無限個含まれることを証明したほか，任意の拡大体の単数全体からなる集合がどのような構造を持つかを明らかにしたディリクレの単数定理を証明した．単数とは拡大体の中に現れる 1 の分身のようなものだ．素数と単数を区別しないと素因数分解の一意性は成り立たなくなる．

素因数分解の一意性は必ずしも成り立つわけではないということが理解されるにつれて（クンマーが行ったような素因数分解の一意性を固守しようという試みはなされ

ないまま），素因数分解の一意性が成り立たない度合いを測るための尺度となる「類群」および「類数」という概念が導入されるようになる．類群とは，考え得る素因数分解の仕方の中から相異なるものをすべて集めて構成される群であり，類数とはその類群の「位数」——大きさの尺度——である．もし類数が1ならば素因数分解の一意性が成り立つ．類体論の「類」という語は，この「類群」や「類数」という用語の中に見られる「類」のことである．数体，特に有理数体の有限次拡大体はそもそも，代数的数や複素数とは別個に存在するものとして研究されるべき数学的対象だった．重要な手段となる素因数分解の一意性は理想数の導入により，ある意味では固守された．だが1870年代にはまだ，こうした対象を系統立てて表現するための言葉が存在しなかった．有限次拡大体にしても，それを生成する手続きは有限だが，ものの集まりとしては明らかに無限だ．体や拡大体，類群，イデアルといった概念について語るためには，集合論，あるいはそれに類するものが必要だった．

　ここで登場するのがリヒャルト・デデキント（1831-1916）だ．デデキントはガウスの指導のもと1851年にゲッティンゲン大学で博士号を取得する．リーマンとは学友として深い親交を結んだ．1854年にはともに私講師になったが，2人の親交はそのときも続いていた．その間デデキントは，ベルリン大学でヤコプ・シュタイナー（1796-1863）やヤコビ，ディリクレにも師事している．（シュタイナーは14歳になるまで読み書きを教わらず，学校にも行かなかった．）1855年，ディリクレがガウスの後任としてゲッティンゲン大学の教授に就任すると，若きデデキントはディリクレのさまざまな講義に出席し，その内容に従順に耳を傾けるようになる．当時のデデキントは，ディリクレに「もう少し明確に言うと，何の話をなさっているのか？」などと質問をぶつけるにはこのうえなく好都合な立場だったろう．1858年の時点でデデキントには早くも，有理数のなす集合たちを基にして実数全体を構成する，いわゆるデデキント切断の考えが頭の中にあった．この発想は教員として赴任したチューリッヒ工科大学で解析学の講義を行うための準備をする中で生まれたものだが，デデキントは何年もの間，それを広く公にするようなことは一切しなかった．完結した無限について論じていたため，面倒に巻き込まれることは目に見えていたからだ．デデキントが息を潜めていたところへカントールが現れて非難を一身に引き受けた．それ以降はデデキントの発想も穏健なものとして受け止められるようになる．

　ディリクレの講義録を編集する任にあたっていたデデキントは，ディリクレの理論をわかりやすく説明するため補遺を加筆することになったが，この編集作業

が自然にイデアルの概念へと結びついていく．1871 年，デデキントは第 2 版の補遺の中で，すでにイデアルの現代的な定義と言えるものを与え，さらに 1879 年と 1894 年の改訂版の補遺では，整数のなす「環」のイデアルを用いて拡大体や素因数分解の一意化の現代的な扱い方を提示した．デデキントが環や単数という概念を現代的な形で導入したことにより，素因数分解の一意性は本来どのように成り立つべきなのかを詳細かつ明瞭に述べることができるようになったのだ．この枠組みの中では，体や環などの代数的対象は，加法や乗法といった演算が定義され，それらがある種の規則を満たしているような集合と捉えられる．デデキントはこのイデアルという発想をさらに抽象化し，複素数のみならずその基となるあらゆる数概念から論理的に独立させた．こうしてイデアルは数ではなく，体または環のある種の部分集合として捉えられることになったが，依然として「掛け合わせる」こともできるし，既約なイデアル，あるいは「素な」イデアルの積に分解することもできる．しかも多くの場合，この分解は一意的である．1880 年，デデキントはヴェーバー——ヒルベルトがケーニヒスベルク大学時代に初めて指導を受けた教授——との共著論文を発表する．この大部な論文の中で 2 人は，一般のリーマン–ロッホの定理に対して初めて，解析学ではなく新しい代数的整数論の手法による厳密な証明を与えた．これは数論の専門家にとって，エベレストの無酸素登頂と同じくらい魅力的なことだ．もちろん，その数論の専門家が何の装備もなしに徒手空拳で挑むことを好むとしての話だが．そしてヴェーバーを介して集合論の威力を認識するようになった最初の人物はおそらくヒルベルトだろう．この研究でデデキントは，既存のアイデアを明瞭化するとともに，のちにネーターらを牽引役に近代の抽象代数学として花開くことになるその基礎部分を劇的に進展させた．

　素因数分解がようやく類数と類群の視点から（ある程度）理解されるようになると，すかさず今度は拡大体をさらに拡大すると何が起きるかという問いが提起され，拡大するもとの体の類群はその拡大について何かを表しているのではないかという推測がなされた．この考えは，1882 年にクロネッカーが発表した研究成果を通じて初めて世に示された（ただし名称は現在とは異なる）．その中でクロネッカーは類群とガロア群との類似性に言及している．1891 年になるとヴェーバーが「類体」という用語を用いるようになる．ヴェーバーは 1896 年にこの概念を拡張してその対象範囲を広げ，1908 年にもさらなる拡張を行った[7]．（ジーゲルが少年時代に勘違いをして図書館から借り出したのがヴェーバーの書いたこの「代数学」の本だ．）一方ヒルベルトは 1897 年に独自の定義を与え，拡大体のガロア群と拡

大するもとの体の類群との関係をより明瞭にした上で，いくつかの問題を提起した．

ヒルベルトは『数論報告』（1897 年）で代数的数と数体の統一的な理論を展開したが，これは後へ続く研究にひときわ大きく寄与するものとなった．また1898 年と 1899 年の論文では，自身が定義した類体の構造について先見的な一連の予想を提示した．例えば，代数体を 1 つ任意に選ぶと，その代数体の「アーベル拡大」であって，ガロア群に反映されたその拡大の構造ともとの代数体の類群の構造とを同一視できるようなものが一意的に存在する，というのはその 1 つだ．ヒルベルトが提示したこれらの予想は，1907 年のフルトヴェングラーによる証明と，1930 年のフルトヴェングラーおよびアルティンの証明によって解決された．ただし，ヒルベルトによるこの理論の定式化は，もっと一般化される余地が残っていたようだ．

類体論

類体論は，高木貞治（1875-1960）の仕事をもってたちまち完成された理論となる．高木はまず，ヴェーバーが 1908 年に与えたより一般的な定義にのっとってイデアル類を考察した．これにより，ヒルベルトが定義したイデアル類や類群を扱うよりも考察の範囲は広がることになる．そして，ヒルベルトが予想した存在定理をより一般的な形で証明することに成功した．拡大するもとの体（基礎体）で類群を 1 つ選ぶ．ヴェーバーの理論では類群が多数考えられるが，その 1 つを選ぶわけだ．するとその類群がそのまま反映されたような構造を持つ拡大体がただ 1 つ存在する．だがもっと驚くべきは，その基礎体のアーベル拡大はどれも，ヴェーバーの定義による一般化された類群の 1 つに対応する類体であるという結果だ．これは，アーベル拡大の一般的な構造に関してわれわれが知り得るもの（少なくともそのガロア群に反映されたもの）は，そのすべてがすでにもとの体の類群の 1 つに含まれていることを意味する．高木は当初，この結果が信じられなかった．体を繰り返し拡大していくということは，数のすみかをどんどん増築していくようなものと考えられるが，増築しようとするたびに，どちらの方向へ増築するかにはいくつもの可能性がある．だが，すみかを増築していったどの段階においても，（類群の概念で表現された）素因数分解の一意性が成り立たなくなる様子を知ろうとすることで，次はどちらの方向へ増築すべきかがわかることになる．こうして類体および類体論は，代数的整数論や代数幾何学においてより複雑な構

造を考察する土台となった.

　ヒルベルトの 23 問題の中には高木自身の手によって決着がつけられたものはない. だが, アルティンによる第 9 問題の解決には高木類体論がその中心的役割を果たしたし, ハッセによる第 11 問題の解決にも高木類体論が部分的に関与している. どちらの成果も高木の理論が完成したほんの数年後に生み出されたものだ. また第 12 問題に関する研究を進展させる上でも高木類体論は欠かせない存在となっている.

　高木貞治は 1875 年 4 月 21 日, 日本の中部に位置する岐阜市から西へ 8 キロほどのところにあった数屋村〔現在の本巣市〕の農家に生まれた. 高木の生家の母屋には土間があり, 同じ屋根の下で馬を 1 頭飼っていた. 1970 年代になってもその一帯は田園風景に囲まれていたという. 高木の評伝を書いた本田欣哉は, 熟した柿, 小鳥の群れ, 清らかですがすがしい風のことなどが心に残ったそうだ. この節の内容は, 自身も数学者である本田が英語で執筆したこの高木の評伝が基になっている.

　高木の曾祖父である初代勘助は酒造業で財をなした人で, 「広大な田畑」[8]を残して亡くなった. 一説によると初代勘助は, 早野 (ときの) という土地まで遠出するときも, 自分の所有地から足を踏み出す必要がなかったという. だが嘆かわしいことに, 高木の祖父である二代目勘助は逆に散財するばかりで, ついには破産してしまう. その後二代目勘助は家族を残したまま大阪に出奔し, ある寺に転がり込んで祐筆などをしていたが 1853 年に亡くなる. 妻子は変わらず田舎で暮らした. その二代目勘助の娘である徒禰 (つね) が高木の実母だ. 彼女の兄であり, 二代目勘助の息子である三代目勘助は 6 歳のとき, 債権者が家を取り壊すのを目の当たりにした. 幼い少年はその債権者に食ってかかったが, もちろん何の甲斐もない. この家はもう他人様のものなのだと高木の祖母が言って聞かせたという. 高木の伯父は「きわめて厳格で勤勉な人物」[9]になった.

　まだ若かった三代目勘助は「よその家へ」[10]働きに出て, 何とかしてかつて家族が所有していた財産を買い戻した. 一方, つねは田畑で耕作に励んだ. 1874 年, つねは 31 歳で北方町の農家, 木野村光蔵に嫁いだ. 31 歳というのはおそらく当時としては婚期を過ぎた年齢だろう. 一方, 光蔵はこのとき 55 歳. 前妻との間に生まれた息子が 2 人おり, 町役場でも働いていた. つねは木野村家の田んぼ仕事を手伝うようになったが, その田んぼには大量の蛭がいた. つねは, 田んぼ仕

事には抵抗はなかったが，蛭には我慢がならなかった．ほどなくして身ごもった
つねは，お産のために実家へ戻った．この頃すでに裕福になり数屋村の収入役も
務めていた三代目勘助は，いをという名のいとこと結婚していた．いをには前夫
との間に生まれた娘が1人いた．しかし，三代目勘助といをの間には子供ができ
ず跡取りがいなかった．嫁ぎ先へ戻るのを嫌がる妹に男の子が生まれたことは三
代目勘助夫婦にとって僥倖だった．高木は三代目勘助と妻いをの子として届け出
された．このようなことは当時の日本では珍しくはなかった．つねは高木の実母
として実家に留まった．

　高木は小柄な子供だった．近所の川で泳ぐことや危ない目に会いそうなことは
もちろん，他の子供と遊ぶことすら基本的には禁じられた．仏への信心が深かっ
たつねに連れられて，高木はあちこちへ寺参りに出掛けた．5歳の頃，「御伝鈔」
というお経を暗唱して大人たちを驚かせたことがある．隣の家に野川杏平という
かなりの教養人が住んでおり，高木はその野川が開いていた私塾に入った．医業
の傍らで塾を開いていた野川は，「漢学，漢詩，書道，南画，華道，茶道」[11]に通
じており，塾では主に孔子や孟子などの漢学を教えていた．本田によると，後年
高木の文章が「簡潔で崇高さを感じさせる」[12]文体で書かれたのは，このとき漢
学を学んだことが影響しているのだろうということだ．

　1882年，高木は村の小学校に入学する．成績は抜群で，6年の課程を3年で修
了した．村の収入役だった三代目勘助の職場は小学校の隣にあったので，高木は
学校が終わると，他の子供たちとは遊ばず，いつもその職場へ行って勉強をした．
近所の親たちは，自分の子供に向かってこれを見習えと言っていたようだ．他の
子供たちがそれをどう思っていたのか，ついつい安易に想像してしまいがちだが，
同級生だった女の子の1人はのちにこう語っている．

　　　可愛らしい小柄な少年だったので，触ってみたいような気もしたが，その一方
　　で，成績は飛び抜けて良く口数も少なかったので，近寄り難い存在だった[13]．

　岐阜日日新聞は，まだ10歳だった高木の学業ぶりを紹介した記事で，「実に後
世頼もしき神童なり」[14]と伝えている．ところが，さらに驚くことには，高木と
首席争いをする同級生がいた．隣に住む医師で高木がかつて塾で教えを受けた野
川の娘，田鶴子だった．彼女は美少女だったが，「男の子のように気が強くお転
婆で，塀の上を歩くのも木に登るのも上手かったようだ」[15]．野川家で柿を食べ
るとき，木に登って柿を取るのはいつも田鶴子だった．学校の成績は高木が1番

のときもあれば，田鶴子が1番のときもあった．高木が2番になると，三代目勘助は小柄な高木に重い机を背負わせて家の外に立たせておいた．だが，そのせいで高木が田鶴子に対して敵意を抱くことはなかった．

1886年，高木は岐阜県尋常中学校に入学する．高木の自宅からその中学校までは何キロも離れていたが，おそらくは自宅からも通学できる程度の距離だった（本田はそれには触れていない）．この学校の教育課程については高木本人による手記がある．1868年の明治維新以降，日本には西洋流の教育が導入された．高木が尋常中学校に入学した当時，教科書はまだ輸入されたものしかなかった．高木は英語の綴り方の教科書がとりわけ難しかったと回顧している——生徒たちは意味を知らない単語の綴りを覚えさせられたという．

高木は数学の教師をいつも唸らせた．この教師は高木の解けそうにない試験問題を見つけては出題することに精を出したが，それが原因で教えている生徒の間から不満の声が上がったという．1891年3月31日，高木はこの学校を首席で卒業した．そして同じ年の9月，京都にある第三高等中学校に入学する．高木は三代目勘助とつねに大きな荷物を背負って駅まで運んでもらい，そこから汽車で郷里をあとにした．このとき，高木の後ろ髪を引くものはおそらく何もなかっただろう．ところが京都に到着して1か月余り経った10月28日，「濃尾大地震」[16]が発生する．美濃・尾張地震とも呼ばれるこの大災害では22万戸以上の家屋が全半壊し，死者は7000人を超えた．岐阜市も甚大な被害を受けた——本田によると，岐阜市では死者が230人，倒壊した家屋が906戸，2017戸の家屋が火災で焼失したという．高木は急ぎ家族のいる実家へと向かった．汽車で行けるところまでは汽車で行き，そこから先は徒歩だった．家族は動揺していたものの全員無事だと知って高木は胸をなで下ろした．だが三代目勘助は，高木が学業を放り出してきたと言って激怒し，高木を家の中に入れようとしなかった．つねはその晩だけでも泊めてやってほしいと三代目勘助に頼み込んだが，その甲斐もなく高木はそのまま京都へ戻った．それから50年経って高木は，自分が数学で大成できたのはあのとき三代目勘助が自分を家に入れなかったおかげだと友人に語ったそうだ．

高木が数学者になろうと決意したのはこの第三高等中学校時代だった．高木の指導教授である河合十太郎は，ドイツに留学しクラインやヴェーバーの講義を聴講したことがあった．関数論の専門家である河合は，高木が初めて接した現職の数学者だった．河合には1つのことに没入する性向があり，それにまつわる逸話がいくつも残されている．その1つ．あるとき河合は数学書を読みながら道を歩

いていた．やがて電柱に突き当たったが，河合はその障害物をよけて通らず，その場に立ち止まって切りの良いところまで本を読み続けたという．

1894 年 7 月，高木は帝国大学〔現在の東京大学〕に入学する．当時この大学自体，設立されてから 25 年〔前身である開成学校の設立から数えて〕しか経っていなかった[17]．数学科で教えていたのは，近代日本の数学界の中心人物である菊池大麓と藤沢利喜太郎の 2 人だった．明治維新前にも，日本には「和算」と呼ばれる独自の数学があった．菊池はわずか 11 歳でイギリスに留学した．日本の学校教育に初めて西洋の数学を取り入れたのはこの菊池だ．一方，藤沢はドイツに留学し，楕円関数に関する独創的な論文を書いている．本田によれば，近代日本で初めて数学を研究したのは藤沢だそうだ．藤沢が入学間もない新入生たちに微分積分学の試験を行ったとき，非常に出来が良かった高木は 100 点満点のところ 140 点をもらった．（数学者はともすれば満点以上の点数をつけたがる傾向があるが，それが文化を越えたほぼ世界共通の傾向であることを知って私は驚いた．）

帝国大学には野川田鶴子もいた＊．尋常小学校のとき，成績でたびたび高木を打ち負かしたあの美少女だ．物語の流れからすれば，2 人は再会して恋に落ちたのでは，と考えたいところだろう．少なくとも高木の方は田鶴子に恋心を抱いていたようで，結婚の申し込みもしている．もっともそれは三代目勘助とつねを通して田鶴子の両親に伝えられたものと思われるが，この話は野川家の方が断った．おそらくは二代目勘助が破産して体面を損なったことが原因だろう．田鶴子本人がこの求婚のことを知っていたかどうかは定かでない．田鶴子が女性なのに帝国大学に在籍していたことと，高木からの結婚の申し込みを当事者なのに知らされなかったかもしれないという事実の描くコントラストは際立ったものがある．田鶴子はのちに英文学者と結婚したが，その夫が若くして亡くなったため，腕を活かして美容院を開いたところ「東京でも指折りの美容院」と言われるまでになった．田鶴子は高木に対してどのような感情を抱いていたのだろうか．本田は次のような話を紹介している．

　　戦後，高木はラジオ番組でインタビューを受けたことがあるが，たまたまそれを聴いていた田鶴子はうれしそうに「貞治さんがラジオに出てる」と言って家族を呼んだ．懐かしそうにしてラジオに耳を傾けていたそうである．[18]

　＊〔訳註〕これは著者の勘違いのようである．本田欣哉『高木貞治の生涯』には，「田鶴子は女学校は名古屋の学校にはいり，……石巻へ行き，守拙学校という，塾のような小さな女学校へ通った」とある．

大学時代，高木は「如来」[19]というあだ名で呼ばれていた．このあだ名が（一説にあるように）高木の明晰な頭脳にちなんだものなのか，それとも長時間勉強するときいつも不動の姿勢で座っていたことにちなんだものなのかはよくわからない．高木は1897年7月に大学を卒業すると，そのまま大学院へ進んだ．大学院の最初の年，高木は2冊の本を著している．1冊は『新撰算術』という本で実数をハイネとデデキントの流儀で扱ったもの，もう1冊は『新撰代数学』という本でこちらはヴェーバーの『代数学教科書（*Lehrbuch der Algebra*）』（1895年）の第1巻を参考にしたものだ．この頃すでに高木は代数的整数論についても考察しており，その分野ではかなり重要である現代的な表現形式をものにしていた．

1898年5月，高木は文部大臣名で発表される海外留学生の1人に選ばれた．それは学生にとって最も名誉なことだった．本田によると「数学研究ノタメ満3ヶ年間独国留学ヲ命ズ」[20]というのがそのときの辞令だ．素晴らしく簡潔である．8月31日，高木はベルリンへの長旅に出発する．指導教授の藤沢のほか，三代目勘助とつねも横浜まで見送りに来た．藤沢は，マルセイユに着いたら是非ともサバを食ってみろと高木に勧めたが，高木は上陸すると大慌てで留学先へと向かってしまった．それなりの長期留学だったこともあり，高木が帰国したとき三代目勘助はすでに亡くなっていた．マルセイユまでの航海はおよそ40日間に及んだ．日本の汽船で上海まで行き，そこからフランスの船で各地に寄港しながらの船旅だった．

高木がやって来た当時のベルリンは，ドイツ帝国の首都としてこの上ない活気に満ちあふれていた．辻馬車や鉄道馬車がそこかしこを騒々しく行き交っていた．人口は180万人と東京よりもさらに多い．ソーセージにビール．どこへ行っても聞こえてくるのはドイツ語ばかり．プロイセン軍将校の姿も見える．高木が住んだ地区には劇場が1つあった．軍の兵営と通りを挟んで向いに建っていたのだが，本田によればそれは日本人からするとかなり奇妙なことなのだそうだ．本田曰く，「そこがプロシア趣味というものだろう」[21]．

高木の下宿はシューマン街18番地にあった．ベルリン大学までは歩いて15分ほどの場所だ．高木はベルリン生活を満喫した．劇場にはしょっちゅう出掛けた．だが，数学に関して言うと大学は彼の期待に満たなかったようだ．本田によれば，「当時の日本の若者の目にはヨーロッパの大学の教授は神様のように映った」[22]のだという．しかし当時，ベルリン大学の数学科はすでに全盛期を過ぎていた．フックスは65歳，ヘルマン・シュヴァルツは55歳，フロベニウスも50歳になろうとしていた．高木はドイツへ発つ前に，ちょうどドイツから帰国したばかりの

帝国大学の若い教授から，フロベニウスには用心するよう忠告を受けていた．何でもその教授によると，フロベニウスは学科長の就任演説の際，「ドイツで科学を学ぼうと大勢の外国人がこの国へやって来る．アメリカ人などはもちろん，最近では日本人までやって来るようになった．そのうち猿までやって来るに違いない……」[23]というような話をしたということだった．高木はこの話を信じていいものかどうかよくわからなかったが，高木にとっての第一印象には影響しただろう．ただ蓋を開けて見れば，フロベニウスの生き生きとした講義は，内容こそ日本ですでに学んだものとそれほど変わらなかったが，高木にとっては味わい深いものだった．高木が質問に行っても，フロベニウスは誠実に応対してくれた．

高木はベルリン大学に 3 学期間滞在した．その間に日本の友人，吉江琢児がゲッティンゲン留学のためドイツへやって来た．高木が当時吉江宛てに書いた葉書がいまも残されているが，その中の 1 枚にはこうある．「今日は小生来伯の一週年に相当り申し候．誠に月日は早きものにて，顧みて少しの進境なきは汗顔の次第に御座候」[24]．1900 年の春，高木はヴェーバーが教鞭を執るシュトラスブルク大学へ向けて出発する．ところが，その途中ゲッティンゲンに立ち寄った高木は，その魔力にかかったのか，その地に留まることになった．この小さな大学の町はベルリンと違って高木の心を引きつけたのに違いない．高木は大学からほんの 7, 8 分のところに下宿を見つけた．本田によるとこの町では，高木が幼少期を過ごした田舎を彷彿とさせるかのように小鳥が多く飛び交い，夜明けには教会の鐘が鳴る．当時ゲッティンゲンの人口はおよそ 3 万人だった．ところでリードも『ヒルベルト』の中で触れているように，当時ゲッティンゲンの学生たちの間ではよく決闘が行われた．高木や周囲の友人たちもそうしたことにまったく無関心というわけにはいかなかったが，やはり最も重要なのはゲッティンゲンの数学だった．高木はこう述懐している．

此処はベルリンとは様子がまるで変ってゐるので驚いてしまった．当時は毎週一回大学で談話会があったが，それは独逸は勿論，世界各国の大学からの，言はば選り抜きの少壮学士の集合で実際，数学世界の中心であった．そこで私ははじめて，二十五にも成って，数学の現状に後るること正に五十年，といふやうなことを痛感致しました．この五十年といふものを中々一年や二年に取り返すわけにゆくまいと思はれましたが，それでも其の後三学期すなわち一年半の間ゲッティンゲンの雰囲気の中に棲息してゐる裡に何時とはなく五十年の乗り遅れが解消したやうな気分になりました．雰囲気といふものは大切なものであります．[25]

高木はクラインの講義に6週間だけ出席した．それは，最初の6週間は体験期間として無料だったが，それが過ぎると聴講料を支払わなければならなかったからだ．高木の述懐はこう続く．

　　それで十分であったのである．この六週間ずつの聴講が，例の五十年の取返しに大いに役立ったのである……よくクラインは「三つの大きなA」といふことを言うた．それは Arithmetik, Algebra, Analysis の花文字の A である．クラインの意味は，そうと明言したわけではないけれども，そんな風に A の 1，A の 2，A の 3 などと数学の中にギルドのような分界を立てて，やっているけれども，俺なんか俺の幾何学でもってそれらを統御するのだと，さういふ事らしく……[26]

　高木にとって，この時期にドイツへ留学したことは，ついていたとも言えるし，ついていなかったとも言える．すでにヒルベルトは代数的整数論の研究にひと区切りをつけ，この分野の研究は行っていなかった．当時，ヒルベルトが取り組んでいたのは解析学であり，つまり類体論のあと2つの研究テーマを経てすでに3つ目の研究テーマに移っていた．そのため，高木がヒルベルトから直接指導を受けることはなかった．高木がヒルベルトに会ったとき，彼はヒルベルトから受けた質問に的確な答えを返すことができず，この数学の師（高木はヒルベルトのことを「先生」と呼んでいる）は高木の数学の素養がどの程度のものか疑わしそうだった．2人がヒルベルトの自宅まで一緒に歩きながら話をしていたとき，高木は「クロネッカーの青春の夢」に挑戦しようと思っていると告げた．「クロネッカーの青春の夢」というのは，第12問題にも関連するもので，拡大体がどのように生成されるかを問う問題だ（詳細は後節「第12問題」で）．ヒルベルトは「それもいいだろう」とだけ言ったという[27]．

　ヒルベルトの個人的な関心は他へ移っていたとしても，ゲッティンゲン大学の代数的整数論には依然としてヒルベルトの精神が息づいていた．高木はそれに呼応した．おそらく高木は，『数論報告』というヒルベルトの代数的整数論に関する著書をすでにベルリン滞在中に読んでいたはずだが，その後も繰り返し再読した．本田は言う．「この書物は，研究生活を送る高木にとってバイブル的な存在だった[28]．対象の複雑さの中に単純な考え方を見出してその対象を統一的に説明するという能力がヒルベルトにはあったが，高木が特に引きつけられたのはそこだった．本田はこの視点あるいは能力を「高度本質主義」と呼び，高木の研究の中にも同じものが見られると指摘する．1年半の間にひとまわり大きくなった

高木は，実際に「クロネッカーの青春の夢」の研究を進展させ，その特別な場合を証明した．めざましい成果だった．やがて日本に帰国する日が来た．

1901年12月4日に日本へ帰り着いた高木は，数屋村に帰郷する．人力車に乗って姿を現した高木を，村の人たちがしきたりにならって御鍬堂という小さなお堂の近くにある5本の大きな松の下で迎えた．かつて高木が優秀な成績で卒業した村の尋常小学校の在校生300人を含め，村中が総出だった．海外への留学によって高木は，大きな栄誉に浴したばかりか，恵まれた境遇をも手に入れた．東京帝国大学の助教授に任命され講義を受け持つようになった高木は，家を借りると，上京したつねに身の回りの世話をしてもらった．高木は帰国後も留学先での習慣そのままに，上等な洋服を身にまとい，鼻眼鏡をかけ，ヴィルヘルム2世ばりの口髭をたくわえていた．そのため近所の人からは「あそこの家のハイカラな旦那さん」[29]と呼ばれた．

留学から戻った高木は縁談の相手として引くてあまただったろう．帰国からひと月ほど過ぎた頃，東京高等商業学校の教授をしていた借家の家主が，高木に1人の女性を正式に引き合わせた．妻となる谷としである．初対面のとき，高木はほとんど口をきかず，それにいささか困惑したとしは，急にくしゃみがしたくなったのを必死にこらえたのだそうだ．それでも見合いはうまくいき，2人は4月6日に祝言をあげた．つねは3か月ほど一緒に生活し，2人の暮らしぶりをひと通り見届けてから田舎へ帰った．

高木の大学での昇進は早かった．それはドイツでの研鑽に加えて「クロネッカーの青春の夢」に関する重要な成果に負うところが大きい．高木は，さして重要でない短い論文を5編発表したあと，1903年になってドイツ留学中に書いた論文を公にし「クロネッカーの青春の夢」に関する成果を報告した．その年，理学博士の学位を授与され，翌年には教授に昇任した．その後1914年までの11年間，高木は論文を1つも発表しなかったが，講義をする日々の中で周囲からは尊敬される存在だった．また洒落者でもあった．高木ととしの間には8人の子供が生まれ，家庭では厳格な家長だった．一方としは，「快活で社交的な女性であり，よく客と大きな声で話をした」[30]．来客中も高木は黙って話を聞いているだけだったが，妻が日付けを間違えたりすると咎め立てたそうだ．高木は客の人としての特徴，とりわけその欠点を見抜くことに長けていた．高木の義父は明治維新まで武士だった人で，娘たちの座る姿勢が少しでも乱れようものならキセルで打ちつけて姿勢を正させるほど厳格だったが，その義父も「貞治と話をしていると肩が凝ってしまう」[31]とぼやいていたという．こうして見ると，高木のふるまいに周

囲の人々は気苦労を感じていたのではないかとも想像したくなる．高木はこう述べている．

　　全体私は殊にさういふ人間であるが，何か刺戟がないと何もできない性質である．今と違って，日本では，つまり「同業者」が少ないので自然刺戟が無い．ぼんやり暮してゐてもいいやうな時代であった．
　　ところが，1914年に世界戦争が始まった．それが私にはよい刺戟であった．刺戟といふか，チャンスといふか，刺戟ならネガティヴの刺戟だが，つまりヨーロッパから本が来なくなった．その頃誰だったか，もうドイツから本が来なくなったから，学問は日本ではできない——といふやうなことを言ったとか，言はなかったとか，新聞なんかで同情されたり，嘲弄されたりしたことがあったが，さういふ時代が来た．西洋から本が来なくなって，学問をしようといふなら，自分で何かやるより仕方が無いのだ．恐らく世界戦争が無かったならば，私なんか何もやらないで終わったかも知れない．[32]

　本田は，このとき高木の置かれていた状況を「完全なる（学問的）孤独」[33]と呼んでいる．このあたりまでは，帰国した高木は俗世的に恵まれた境遇に浸って，創造的な仕事をしていなかったように映る．だが戦争の影響で外国の出版物が手に入らなくなったのを機に，高木は自己の内奥に深く沈潜していく．そこから生み出されたのが，本田の言う「壮麗な大伽藍たる類体論」だった[34]．ワイルはこう述べている．

　　　繊細さと複雑さという点で，類体論などのような数学理論にわずかにでも太刀打ちできるような科学理論は他に存在しない．[35]

　高木が創造した理論は難解であり，その証明も容易に理解できるものではない．彌永昌吉によれば，「発表された当時，証明は……そのほとんどがかなり複雑なものだった．これらの証明を簡略化しようと，これまでにさまざまな試みがなされてきた」[36]という．また本田は，リヒャルト・ブラウアー（1901–1977）と同じように，[37]「高木の定理の長く難解な証明」という表現をしている．[38]
　相談できる相手がいなかった高木にとって，最初の壁となったのは自分自身だった．

当時これは，あまりにも意外なことなので，それは当然間違ってゐると思うた．
間違ひだらうと思ふから，何処が間違ってゐるんだか，専らそれを探す．その頃
は，少し神経衰弱に成りかかったやうな気がする．よく夢を見た．夢の裡で疑問
が解けたと思って，起きてやってみると，まるで違ってゐる．何が間違ひか，実
例を探して見ても，間違ひの実例が無い．大分長く間違ひばかりさがしてゐたの
で，其の後理論が出来上がった後にも自信がない．どこかに一寸でも間違ひがあ
ると，理論全体が，その蟻の穴から毀はれてしまう．外の科学は知らないが，数
学では「大体良ささうだ」では通用しない．[39]

　高木は結果を日本語の論文にまとめて発表した．おそらく，その内容を読んで
理解できる人はいなかっただろう．戦争終結後，再びフランス領となったストラ
スブール（シュトラスブルク）で，1920年9月22日から国際数学者会議があらた
めて開催されることになった．高木は133ページにも及ぶ長い論文をドイツ語で
書き，それを日本の論文誌に投稿した．この論文誌は日本人による研究成果を欧
文で世界に知らしめる役割を担っていた．当時ヨーロッパでこの論文誌が広く読
まれていたわけではないにしても，別刷を配布することは可能だ．ところが，
1920年に開催されたこの国際数学者会議には，代数的整数論の中でも高木が発
表する方面の内容を唯一理解していたドイツの数学者たちが招待されなかった．
そのため高木は内容を理解できそうにない畑違いの聴き手たちに向かってフラン
ス語で講演しなければならなかった．オープニング・レセプションで高木は，1
人の数学者がこうささやいているのを耳にした．「あの日本人が数論について講
演をするそうだ．フェルマーの問題について話すんじゃないか．きっと面白いこ
とになるぞ」[40]．すでに見たように，当地のパリ科学アカデミーではかつて，フェ
ルマーの問題をめぐって面白い見せ場が繰り広げられたことがある（p. 294）．だ
が，だからと言って，その3日後に行われた高木の講演から少しでも「厳格さ」
が失われるようなことなどあるはずはない．高木は黒板を使わなかったが，これ
は数学の講演としては異例のことだろう．高木のフランス語も完璧とは言い難い
ものだったに違いない．高木はフランスで暮らした経験がなかったし，ヨーロッ
パで付き合いがあるのはほとんどドイツ人ばかりだったからだ．高木の講演に対
する反応は皆無だった．
　会議に先立ってパリにひと月ほど滞在していた高木は，ストラスブールの会議
が終わるとパリへ戻り，愛読書だったゲーテの『イタリア紀行』に誘われてイタ
リアを旅した．特にフィレンツェでの滞在が感慨深かったようだ．その後，再び

高木貞治（転載許可：ナターシャ・アルティン・ブランズウィック）

ゲッティンゲンの地を訪れた高木はヒルベルトに再会する．滞在中，才気あふれる数論の若き研究者，カール・ルートヴィッヒ・ジーゲルの噂を耳にした．高木はこのときジーゲルとは面会しなかったようだが，日本に戻るとドイツ語で書いた長い論文の別刷をジーゲルに送った．ジーゲルはこの論文と同じ分野の研究をしていたわけではない．だが，この論文の重要性を見て取ったジーゲルは1922年の初めにこの別刷をアルティンに貸した．そしてこのアルティンこそ，高木の論文の真価を見抜くのにふさわしい人物だった．

大半の数学者がこの理論の難しさに言及するのに対し，アルティンは1962年に本田と会ったとき，「〔高木の論文に〕深く感嘆した．きわめて明晰に書かれていて，難解なところなどなかった」[41]と語っている．1922年，高木は相互法則に関する論文を発表する．この論文を通じて高木は，相互法則についてすでによく知られたいくつかの定理を，類体論に基づいてより明瞭かつ簡潔に証明してみせた．相互法則に関するこれらの結果を論じるにあたって高木が用いた表現方法から示唆を得たアルティンは，のちにいわゆるアルティンの一般相互法則を定式化し，ヒルベルトの第9問題を解決することになる[42]．アルティンが一般相互法則を定式化したのは1923年のことだが，その時点ではまだ特別な場合についてしか証明できなかった．

アルティンは若きハッセに，この高木の2編の論文を読むよう勧めた．論文を読んだハッセは，高木の理論をわかりやすい形に整理して数学者の間に広く知らしめようと奮起した．その他ヘッケも高木の信奉者の1人だった．

ハッセは類体論を広く紹介するにあたり，まずはドイツ数学会で講演を行い，その後1926年から1930年にかけて報告論文をいくつか発表した．それらは，高木の理論を単に説明するだけでなく，まったく異なる視点から論じたものでもあった．この一連の報告論文では，アルティンが寄与した内容や第9問題の解決についても触れられている．ハッセは高木の理論を扱う上でp進数と呼ばれるものを土台にし，新しい概念や記法も導入した．p進数というのは実数とは別種の

数概念で，それを基に幾何学を展開することもできる．p 進数には物理学者も関心を持つようになっており，p 進数を基礎とした量子力学の研究もある．

　類体論は，研究する者の気持ちを強く突き動かすところがあるようで，その複雑な歴史が示すとおり幾度となく再構成が繰り返されてきた．ハッセによる再構成はその始まりにすぎない．ヴェイユ，エルブラン，シュヴァレーといったエコール・ノルマル（高等師範学校）出身の若きフランス人数学者の一団も成果を挙げ始めていた．彼らは全員ドイツへの留学経験があり，特にエルブラン，シュヴァレー，ハッセ，アルティンは互いに協力して類体論の証明を簡易化する研究を行っている．このうちシュヴァレーは類体論に対する算術的なアプローチを見出し，1932 年に学位論文としてその成果を発表した．その手法は複素解析学を一切使わないものだが，まだ完全に算術的というわけでもなかった．シュヴァレーが完全に算術的な手法による理論を実現したのは 1940 年のこと．それには 1936 年に自身の手で考案した「イデール（ideles）」という概念を用いた．前にも述べたように，数論の研究者は純然たる算術的手法のみによって物事を遂行できるかどうか知りたがる傾向にある．ハッセは 1930 年代にさらに別のアプローチを発案した．いわゆる単純代数の理論を駆使したものだが，ここでも p 進数が再び用いられている．一方ヴェイユは「アデール（adeles）」という一般性の高い概念を導入した．(idele（イデール）も adele（アデール）も，もともとクンマーが理想数（ideal number）という名前に用いた「ideal」の母音を少し変えただけの気まぐれな名前ではあるが，非常に有用な概念である．) 1950 年代になると，アルティンやジョン・テイトがホモロジー代数の手法を用いて類体論を扱うようになったほか，ヴェイユが再び類体論の研究に取り組んだ．この難解な理論は，強力な手法や表現手段を新たに生み出しながら，愛着を持って繰り返し研究の対象とされてきた．アルティンの弟子の 1 人であるサージ・ラングはこう述べている．

　　これまでのあらゆる研究成果が，理論としてあるいは具体例として，この理論のさらなる進展に寄与しているということが，長い年月をかけて明らかになってきたように思う．古めかしく一見無関係に見える特殊な事実であっても，続々とその意義が見直されている．その中には半世紀以上時を隔てたものも少なくない．[43]

また，同じ著書の後半部分ではこうも述べている．

数あるアプローチのうち 1 つだけに習熟しても，それ以外のアプローチを通して実現される手法や理解される内容にはたどり着けないということを注意しておこう．[44]

　高木は日本数学界の重鎮となっていた．日本人の数学者の中で欧米でも名を知られるようになったのは高木が初めてだが，1930 年代になると日本にも世界的な数学者がたびたび現れるようになる．その中には高木の教え子が何人もいた．これまで何度か引用した本の著者である彌永はその 1 人で，彌永自身も 1930 年代に類体論の分野で独自の成果を上げている．高木の最大の業績は何と言っても類体論であり，彼は類体論に関する論文を 1920 年と 1922 年に 1 編ずつ発表しているが，ページ数に換算すると，この 2 編の論文だけで彼が生前に発表した欧文論文全体の半分の量を占めている．1930 年以降，高木は自身が講義したさまざまな分野の教科書を出版するようになる．その中の『解析概論』は，日本では時代を越えて最もよく読まれている数学書の 1 つだ．その他『近世数学史談』や『数学雑談』といった著書もあり，これまでにいくつも版を重ねている．

　1932 年，高木はヨーロッパへ赴き 5 か月にわたって滞在する．9 月初旬にチューリッヒで開催された国際数学者会議への出席が主な目的だった．高木はこの会議の副議長の 1 人だった．チューリッヒ湖に面するホテル・エーデンに宿泊していた高木は，そのホテルの個室の広間で晩餐会を催した．招待客の名前を挙げてみれば，シュヴァレー，ハッセ，彌永，三村征雄夫妻，守屋美賀雄，南雲道夫，ネーター，タウスキー，Ｂ・Ｌ・ファン・デル・ヴェルデン，Ｎ・Ｇ・チェボタレフと，さながら類体論版の名士録のようになる．タウスキーは，ゲーデルの章において彼にまつわるエピソードを紹介した女性で，類体論に関して重要な成果をいくつも挙げている．タウスキーは高木の理論に深く心酔していた．いつか高木と直接話をするときのために日本語の勉強を始めたほどだった．宴席で日本人の参会者の印象に残ったのは，ヨーロッパ人が総じておしゃべりで快活であることだったという．第一次世界大戦のときのことをあれこれ話していたハッセは，ロシア人のチェボタレフに向かって「戦争がもっと続いていたら，君の町に攻め込んでいただろう」[45]と冗談を言ったそうだ．一番よくしゃべったのはネーターだった．チェボタレフが話しているのを両手で制止して自分がしゃべり出すほどだったらしい．宴もお開きとなった頃，ネーターは日本式のお辞儀の仕方を教えてほしいと言い出した．本田によると「彼女は，太った体を前へ傾けながら『こんな感じ？　もっと？』と聞くのだった．そのおどけた振る舞いは日本の若い数学

者の記憶に長く残った」という（この晩餐会に招待された数学者の中でネーターが最年長者だったのでなおさらだった）．本田はこう書いている．

　　この晩餐会は高木の長い生涯において至福のひとときであったように思える．
　　高木が日本にいる妻に宛てた手紙にはこの晩餐会のことにも触れた箇所があり，
　　客に振る舞うワインは入念に選んだと書いてあったそうだ．[46]

　高木は，ウィーンでタウスキーからフルトヴェングラーを紹介された．フルトヴェングラーもまた，類体に関する一連の重要な定理を証明した1人だ．ハンブルクではアルティンに会った．また，ゲッティンゲンではネーターと連れ立って，めっきり衰えたヒルベルトを訪ねた．高木はこう書き記している．「くどくどと独り言のやうにつぶやく老先生を見て，僕は暗涙を禁ずることを得ませんでした」[47]．日本に戻った高木はほどなくして，かつてのように再び周囲との関係が希薄になっていく．本田の言う「長く地味な生涯の中で唯一の華やかな時期」[48]はこうして終わりを迎えることになる．1936年，高木は大学を退職する．高木の手になる名著は，その多くが大学を辞してから生まれたものである．1951年に妻を肺癌で亡くしたあとは，若い頃に学んだ日本の古典文学を読み返しながら最後の10年ほどを過ごしたという．1960年，高木は脳出血のためこの世を去った．

第9問題

　エミール・アルティンは1898年3月3日にウィーンで生まれた．父親は画商で，祖父は手織り絨毯を商うアルメニア商人だった．アルティンが生まれた年，ウィーンでは歌劇『こうもり』が大流行していた．アルティンの母親はその歌劇の中で小間使いの役を演じていたという．のちにアルティンの母親は，アルティンが著名な数学者になったことを聞かされると，驚いた様子でとても信じられないと言った．かつてのアルティンは通りを歩いていても誰も気づかないような影の薄い存在だったからだ．4歳のときに父親を亡くしたアルティンは，祖母のもとに預けられ，それからわずか2年後にその祖母も亡くなると，今度はイエズス会が運営する学校へやられた．アルティン家にはいまも，その学校で使っていた食器類がいくつか保管されている──アルティンの番号は43番だった[49]．アルティンの幼少期が語られるとき決まって用いられるのは「孤独」という言葉だが，

これだけでは幼いアルティンがその頃に経験した辛い思いを十分にくみ取っていないように思う.

　母親が再婚したのを機にアルティンは再びその母親のもとへ引き取られた. 母親の再婚相手はボヘミアのライヒェンベルク（現在のリベレツ）で毛織物工場を経営していた. ボヘミアは, 現在で言えばチェコ共和国の北西部にあたる地域で, オーストリア＝ハンガリー帝国領だった当時はズデーテンラントと呼ばれていた. 世界が第二次世界大戦への道をひた走っていた時期には係争地として非常に注視された地方だ. アルティンの母親はライヒェンベルクに移ってからも歌劇に出演していたが, すでに脚光を浴びるような存在ではなかった. 彼女は新しい夫との間に息子を1人授かった. この異父兄弟は年がかなり離れていたため, 一緒に遊ぶようなこともほとんどなかったが, この2人に連なる親族たちは現在も交流がある. ライヒェンベルク時代のアルティンにはアルトゥール・ベアーという友人がいた. ベアーはのちに天文学者となり, イギリスのケンブリッジ天文台に勤めることになる. アルティンも手製の望遠鏡を作ったり[50], 2人して互いの家の間で電信をやり取りできるようにしたりした[51].

　アルティンは地元の高校に通った. 当初は数学よりも自然科学, 特に化学に興味を持っていた. 妻としてアルティンと長年連れ添ったナターシャ・ブランズウィックによると, 彼が初めて数学に強い興味を抱いたのは14歳のときパリへ1年間留学したときだという——アルティンにとってこの年が人生の転機になったことは確かだ.

　1916年, 18歳で高校を卒業したアルティンは, ウィーン大学に1学期間在籍したあとオーストリア陸軍に召集される. ブランズウィックによると, アルティンは陸軍に召集される前, ニールス・ニールセンが書いた関数論の本の内容にいくつか誤りがあるのを見つけ, それらを指摘した手紙をニールセンに書き送っていた.（アルティンの遺品の中には, この本に載っているすべての演習問題の解答を清書したノートがある.）アルティンが戦争から戻るとニールセンから礼状と印刷し直されたものが届いており, 宛名は「アルティン教授」となっていたという. その後アルティンはライプチヒ大学に入りヘルグロッツのもとで学んだ. ヘルグロッツは数論だけでなく物理学のさまざまな科目の講義を受け持っていたのだが, このヘルグロッツについては, シャルロッテ・ヨーンという人物がこう述べている.

　　彼には19世紀的な雰囲気が漂っていたが, それは自ら身につけたものだと思う. 19世紀的に優雅だった. 実際, ゲーテのような身なりをし, 目は輝きを放っ

ていた．見るからに，物事を心底楽しむ人であり，いろいろなことを想像している人のようだった．その講義を聴くと，彼の想像の世界を垣間見るような気分になった．[52]

アルティンは，兵役に就いていた期間があるのに加え，ライプチヒ大学では化学も学んでいたが，それでも数学の学位を取得するのにさして時間はかからなかった．博士号を取得したのは23歳のとき．学位論文の内容も数学的に重要なものだった．この論文中でアルティンは有限体上の代数関数体とその拡大体の構造を詳しく調べた．ここで扱われる代数関数ど

グスタフ・ヘルグロッツ（転載許可：ナターシャ・アルティン・ブランズウィック）

うしは加減乗除の演算が可能であり，しかもそれらの演算は体の公理をすべて満たしている．もちろん任意の体に対して成り立つ定理はすべて，この特定の体に対しても成り立つ．そしてこの考え方を利用すれば，詳しく調べようとしているこの特定の体について，詳細な点まで考慮することなく多くの事実を知ることができる．ネーターやそのあとに続く数学者たちが実践したように，研究の手段として公理論的方法を用いることの本質はここにある．アルティンは，形式的な構造を把握しそれを掘り下げていこうとした．これは高木の「高度本質主義」に通じる姿勢であって，それを体現する有能な研究者がまた1人ここに現れたことになる．ただしブラウアーは，アルティンの学位論文について，「非常に巧みな計算技能が見て取れ，これは誰にでも期待できる能力ではない」[53]とも指摘している．またジャン＝カルロ・ロタは，後年プリンストン大学にいた頃のアルティンについて，計算がとても好きだったと証言しているし[54]，息子のミヒャエル・アルティンも，父親の若い頃のノートにはさまざまな特殊関数のグラフが描かれていたと話してくれた．またジョゼフ・シルヴァーマンとテイトによるとアルティンは，初期のコンピュータの1つであるMANIACができたとき，フォン・ノイ

エミール・アルティン．背後に見えるのはハンブルク大学（撮影：ナターシャ・アルティン・ブランズウィック）

マンとハーマン・ゴールドスタインに，ガウスが証明したある定理に端を発する素数の分類問題の計算を MANIAC で実行してみてはどうかと提案したそうだ[55]．アルティンの研究論文の多くは，抽象的で，一般性の高い，形式的な書き方がなされていて，詳しい計算過程まではっきりと書かれていない——歴史的な背景や研究の動機に至っては皆無だ．だがアルティンにとっては，熟達した計算の能力も，自身が取り組む数学の1つの源泉となっている．

　学位論文の中でアルティンが特に興味を持って考察したのは，代数関数体に対して定義できるゼータ関数の挙動だった．このゼータ関数は，第8問題で取り上げたゼータ関数の類似物だ．ゼータ関数の原点は，すべての自然数に関する和とすべての素数に関する積とを結びつけるオイラー積公式にあったことを思い出そう．除法および乗法の規則に従ってこのオイラー積全体を展開すると，素数の考え得るすべての組み合わせ，ひいてはすべての自然数が現れる．代数学や数論では，あるものの集まりが，別の集まりをなす（根元的な）要素のあらゆる組み合わせとして得られるならば，それはつねに積公式として表現することが可能であり，さらにそれを基にして解析的なゼータ関数を定めることもできる．アルティンは，さまざまな関数の集まりについての情報をゼータ関数へ取り込むことによって新たな成果を生み出そうとした．こうした試みは数学ではよく行われる．ある結果を導く上で有効な手段がすでに知られている場合，新たな問題設定でもそれが有効かどうかを試してみるのだ．代数的整数論は長きにわたって盛んに研究が行われてきた分野であり，その研究の蓄積の分厚さには時として驚かされることがある．アルティンが学位論文の中で考察したのはごく限られた場合でしかな

天空の城を追うように　317

1927年にハンブルク市庁舎の地下食堂（Ratsweinkeller）で開かれた夕食会にて．左から右へ，1. ハンス・ペータソン，3. エミール・アルティン，4. グスタフ・ヘルグロッツ，5. ハンス・ラデマッハー，11. オットー・シュライアー，12. ヴィルヘルム・ブラシュケ，15. B・L・ファン・デル・ヴェルデン（転載許可：ナターシャ・アルティン・ブランズウィック）

いが，そこで打ち立てられた理論は将来に向けて発展性のあるものだった．

　アルティンは学位論文を書き上げると，ヘルグロッツの助言に従って1年間ゲッティンゲン大学に滞在した．リードによると，アルティンの才能に気づいたクーラントは，（ジーゲルに対してと同じように）アルティンをゲッティンゲン大学の仲間内に「引き入れ」ようとした．そこでクーラントは自宅で催した夜会音楽会にアルティンを招待するが，おそらくはこれは間違いだった．クーラントは景気よく鍵盤を鳴らした．解析学の専門家にして相当の策士でもあり，ナチスにゲッティンゲン数学研究所を追われたときもニューヨークに渡り，そこで新たに研究所を立ち上げてしまったほどの行動派だから，躊躇なく愉しんだだろう．だがリードは言う．「アルティンが音楽に相対する姿勢は数学に対するのと同じくらい純粋で厳格だった．そのためアルティンは，クーラントの自己流の弾き方に寒気さえ覚えた」[56]．アルティンはゲッティンゲン大学に1年間だけいたあと，1923年に私講師としてハンブルク大学に移る．アルティンには，数学に対する確固とした独自の展望があり美意識があった．ネーターの発想には多くの点で共鳴していたが，決してネーターの「門弟」ではなかった．数年後の1926年には創設間もないハンブルク大学で正教授職を得て，アルティンは自らの学派を形成していくことになる．

話を戻すと，ゲッティンゲン滞在中，アルティンはジーゲルから類体論に関する高木の重要な論文の別刷を借りて読む機会を得た．アルティンは，高木のこの論文が難解ではないと言ったほとんど唯一の数学者だ．その彼が高木の結果を一般化することに着手する．類体論はアーベル拡大体を特徴づけると同時にその存在を主張するものである．これだけでも対象となる範囲は広いが，すべての拡大体が含まれているわけではない．アルティンは最初，任意の拡大体に対しても同様の結果が見出せるかどうかを調べた．このとき，さらに別のゼータ関数と，現在ではアルティンのL関数と呼ばれるまったく新しいL関数を構成した．これはディリクレのL関数とは異なり，高木が使ったL関数とも関連はあるが異なる．また，アルティンがすでに学位論文の中で用いた関数体に対するL関数とも異なるものだ．（L関数にはウサギ並みの繁殖力がある．）また，高木による相互法則についての論文も読んだアルティンは高木のある指摘に触発されて，いわゆるアルティンの相互法則を予想として提出した[57]．これらの研究成果は1923年に2編の論文として発表されたが，その2つ目の論文の中でアルティンは一般相互法則を予想として述べ，いくつかの特別な場合にそれが成り立つことを証明した．ブラウアーはこう述べている．

　　　1923年の時点では，この新しい定理が証明される可能性は絶無に見えた．ただ，実際に［相互法則に関する論文を］読んでみると，アルティンはそのときこそ自身が立てた予想にどう切り込んでいけばよいかわからなかったが，遅かれ早かれ自身の手でそれを証明する日が来るだろうという確信を抱いていたような印象を受ける．こうした自らを頼む一青年に，当時の老練な数学者の中には眉をひそめる人たちもいたのではないか．もちろん，そのような人たちも数年後にはアルティンの力量を思い知ったのだが．[58]

　ガウスの平方剰余の相互法則は，まさしく「平方剰余」に関するものだ．ここで，ある素数 q が別の素数 p の平方剰余であるとは，x^2-q が p で割り切れるような整数 x が存在することを言う．逆に p が q の平方剰余であるとは，x^2-p が q で割り切れるような整数 x が存在することを言う．「q は p の平方剰余である」という命題と「p は q の平方剰余である」という命題は対称的な形で述べられているが，両者がどのように関係づけられるのかは明白でない．ガウスは，それまで予想されてはいたものの証明はできなかった両者の深い関係性に証明を与えた．それによると，もし q が p の平方剰余であるかどうかがわかれば，簡単

な計算によって p が q の平方剰余であるかどうかもわかる.

ルジャンドル記号 ( ) を使うとガウスの公式は次のように表すことができる.

$$\left(\frac{p}{q}\right)\left(\frac{q}{p}\right) = (-1)^{(p-1)(q-1)/4}$$

ここで,ルジャンドル記号

$$\left(\frac{p}{q}\right)$$

は p が q の平方剰余であれば 1 に等しく,そうでなければ -1 に等しいものと約束する.続いてガウスは 4 次剰余の相互法則を証明した.4 次剰余とは,平方剰余の場合の x^2 の方程式の代わりに x^4 の方程式を考えたものだ.この x の次数を大きくしていくにつれて状況は次第に複雑になり,ついには表記法そのものが研究の対象となる.この表記法は,整数に関する諸結果を証明するための強力かつエレガントな手段として用いることが可能で,それが魅力の 1 つでもある[*].19 世紀が始まる頃にはすでに数論は,ガウスに導かれて他の数学分野よりも複雑かつ現代的な様相を呈していた.

相互法則のさらなる進展は高木とアルティンによる.このときから相互法則は,類体に関する命題として表現されるようになる.新たに定式化された相互法則からは,旧来の相互法則を導くこともできる.すでに述べたように,あるアーベル拡大体のガロア群が,もとの体のイデアル全体をもとに構成される類群と構造的に同一視される(同型である)という事実は高木類体論の核心の 1 つだ.そしてこの類群は,素因数分解の一意性が成り立たなくなる様子をある意味で体現した

---

[*] ガウスの結果について論じたものを見てみても,数論の研究者がなぜそれほどこの結果に引きつけられるのかをうかがわせるものはあまりないが,ジェラルド・ヤヌシュの著書『代数体 (*Algebraic Number Fields*)』の 68 ページに良い具体例が紹介されているので,ここではそれを見てみよう.43 が 3319 を法として平方剰余になるかどうかを知りたいとする.可能性を 1 つずつ確かめようとすると,3000 個あまりの数字をひとつひとつ計算することになる.これでは先行きに興味がわかない.だが平方剰余の相互法則を使えば,この 2 つの数字を入れ替えることができる.つまり,3319 が 43 を法として平方剰余になるかどうかがわかれば,最初の疑問に対する答えがわかるというわけだ.3319 が 43 を法として平方剰余になるかどうかを知るには,単に 3319 を 43 で割った余り(つまり 8)が 43 を法として平方剰余になるかどうかを見ればよい.8 は 43 を法として平方剰余になるだろうか? これはかなりやさしい問題だ.ガウスが示した補充法則を適用すれば,最初の疑問に対する答えはイエスとなる.これと同様の問題は,一方の数が他方の数に比べてはるかに大きな場合でも,平方剰余の相互法則を用いれば同様に解決される.

ものだった．アルティンはこの2つの群を同一視する明示的な方法（つまり同型写像）を与えた上で，それを用いれば一般の相互法則を導けるということを指摘した．一般に，この分野で（少なくともアーベル拡大に関して）捉えられるものはすべてアルティンの相互法則によって捉えられると考えられている．アルティンの相互法則は，これまでのところ一般化も再構成もされていない．事実，アルティンの相互法則はきわめて一般性が高いため，いったん証明されてしまえば，類体論に関するその他の結果はその多くがそこから導かれる．

　ヒルベルトの第9問題は「任意の数体における最も一般の相互法則の証明」という表題になっている．先に引用したブラウアーの一文にもあるように，アルティンは1923年の時点では彼の相互法則をまだ証明できていなかった．ここで話はロシアに飛ぶ．1922年，N・G・チェボタレフ（1894-1947）がいわゆるチェボタレフの密度定理（ある素数の集まりを特定の方法で類別した各類の密度に関する定理）を証明する．その方法はきわめて独創的で，当時チェボタレフがまだ知り得なかった類体論に依拠したものではない．（この人物こそ10年後に高木の晩餐会に招待されたあのチェボタレフだ．）『科学者伝記事典』のユシュケヴィッチが執筆した項目を見ると，チェボタレフは1921年から1927年までオデッサ大学で教えていたことになっている（これが書かれたのは1970年代であり，真実をあからさまにできるようになる前であった）．*Mathematical Intelligencer* 誌にはもっと興味深い論説がある．P・シュテーフェンハーヘンとH・W・レンストラ・ジュニアが書いた『チェボタレフとチェボタレフの密度定理（*Chebotarev and his Density Theorem*）』だ．チェボタレフの父親はウクライナにある地方裁判所の裁判長だったが，ロシア革命で職を追われて一家は困窮した．キエフで「家庭教師や高校の講師をして生活費を稼ぎながら学生のような」[59]生活を続けていたチェボタレフは，両親を助けるため1921年にオデッサ〔現在はウクライナのオデーサ〕へ移り住む．だが，オデッサ大学の数学者たちとは取り組んでいる数学の毛色が違ったため，そこで職を得ることはできなかった．1922年に父親がコレラで亡くなると，母親はキャベツ売りをして何とか家計を支えた．

　後年チェボタレフは手紙にこう書いている．「この上なく素晴らしい考えにたどり着くのは，町の低い土地（オデッサのペレシピ）から高い土地へ水を運んだり，母が一家を養うために売っていたキャベツの入ったかごを市場に運んだりするときだった」[60]．1923年，チェボタレフは結婚する．相手は以前パブロフの助手を務めていた生理学者で医師の女性だった．彼女に仕事口があったおかげで，少しだけ暮らし向きが良くなった．

チェボタレフの密度定理は 1923 年にロシアで発表された．チェボタレフはモスクワのある研究所に職を見つけたが，着任するやいなや周囲から白い目で見られていることに気づいた．この職の前任者というのが，政治的な理由で解任されたエゴロフだったのだ．このエゴロフはルジンとともに解析学のモスクワ学派を創始した人物で，ゲルフォントについて詳述した箇所ですでに紹介した．チェボタレフは 7 か月でこの職を辞してオデッサに戻り，「ある教育機関の科学研究部門の事務員という給料の安い中途半端な職」[61] に就いた．ただ，オデッサではセミナーを開くことができたし，1925 年に初めてヨーロッパを訪ねたときには，ドイツの数学者たちと交流を持ち深い感銘を受けた．やがて意にかなった職が見つかる．それはモスクワから東へ 700 キロ余り離れたカザンの大学だった．そのカザンにある刑務所病院にエゴロフが移送されてきたのは 1931 年のことだ．その病院にはチェボタレフの妻が医師として勤務していた．一説によると，彼女はエゴロフを自宅に引き取って面倒をみたとも，エゴロフはチェボタレフの家で最期を迎えたとも言われている．

1925 年にドイツでチェボタレフの論文が発表されると，アルティンは彼の相互法則の証明にチェボタレフの結果が援用できることを見抜き，1927 年その証明に成功する．同じ年の夏，チェボタレフは郊外の別荘で，まだ始めて間もない類体論の勉強に打ち込んでいた．秋になってカザンへ戻ったときには，アルティンが予想した相互法則を証明する手立てについてある着想を得たことで意気揚々だったが，ほどなくしてアルティンの論文を目にすることになる．その中でアルティンは，チェボタレフの考え方を援用するにあたってその表現方法を大幅に修正したにもかかわらず，自身の成果についてはチェボタレフに負うところが大きいと指摘していた．チェボタレフは，先を越されたことは残念に思ったものの，のちにこう語っている．「どの研究成果が誰によるものかということに対するアルティン氏の几帳面さに私は心打たれた．アルティン氏の論文と私の論文とでは……手法の用い方に類似した点はわずかしかなかったからだ」[62]．

一般相互法則は，ヒルベルトの第 9 問題のおかげでその研究が脚光を浴びるようになったが，実際のところその定式化も証明も，類体論というもっと大きな枠組みの中から生まれたものであり，類体論は現在はそれ自体として発展する一領域となっている．類体に関するヒルベルトの予想が一般相互法則の研究を後押ししたのは確かだが，実質的に言って第 9 問題を解決するための素地ができたのも解決する望みが出てきたのも，高木によって初めて類体論の完成形が確立されたあとのことである．

エミール・アルティンとナターシャ・アルティン（転載許可：ナターシャ・アルティン・ブランズウィック）

　アルティンは1925年にハンブルク大学の員外教授に任命され，翌1926年には正教授になった．このときアルティンわずかに28歳．若くしての昇進ではあるが，相互法則に関する諸結果を1927年に発表することを考えれば，これは賢明な人事だと言えるだろう．もっとも，その年にアルティンが発表した重要な研究成果は他にもある．なんとアルティンは第17問題も解決した．ヒルベルトの問題を鮮やかに2つも解決した者はアルティンをおいて他にいない．それも2つを同じ年に解決したとなればなおさらだ．アルティンがこれらの問題を解決したことについてブラウアーは，「いわゆる『抽象』代数学が大成功を収めた初めての例だろう」[63]と語っている．第17問題の解決には，「形式的実体(じったい)」というある特定の公理を満たす体についての理論が関わる．その公理とは，この体に属するどのような平方数の和も -1 に等しくなることはないというものだ．実数全体は「形式的実体」になる．一方，複素数全体は $i^2 = -1$ が成り立つから「形式的実体」ではない．アルティンはこの抽象的な理論を駆使していくつかの事実を導き，ヒルベルトの第17問題に関わる具体的な実例にそれを適用した．ここでもアルティンの眼は，混乱を招きかねない細部から離れ，考察の対象となる構造の抽象的な本質に向けられている．

　その後もアルティンは類体論について，十分に簡潔で有効な定式化を見出そうと繰り返し検証を重ねていた．結局それは生涯を通して続けられることになる．また，組みひもの分類についても1925年に重要な論文を発表したほか，「超複素数」に関する意義深い論文もいくつか執筆した．

ナターシャ・アルティン（撮影：エミール・アルティン氏，転載許可：ナターシャ・アルティン・ブランズウィック）

　さらにアルティンは博士課程の学生を指導することにも熱心で，優れた教え子を何人も輩出している．初めての指導学生だったケーテ・ハイは1927年に博士課程を修了したが，そのときに書き上げた超複素数とゼータ関数に関する学位論文は非常に有意義で，ハンス・ツァッセンハウスやブラウアーもアルティンへの追悼文の中で言及するほどだった．1929年，アルティンは教え子のナターシャ・ヤスニーと結婚する．彼女こそ，ナターシャ・ブランズウィックの名ですでに何度か登場している女性だ．この年若い2人は数学界で1，2を争う魅力的なカップルだったに違いない．夫婦はほどなくしてミヒャエル，カリンという2人の子供を授かる．さらに，アメリカへ移住後には3人目のトムも生まれた．ブランズウィックには，会話の糸口や接ぎ穂をつかむことにかけては天与の才がある．彼女は夫の同僚から指導を受けながら勉強を続けることが不道徳であるように感じていたため，学位は取得しなかったのだそうだ．だが，その後も数学には関わり続け，クーラントが1948年にニューヨーク大学で創刊した Communications on Pure and Applied Mathematics 誌の編集委員を長年にわたって務めた．2000年の時点でもまだブランズウィックは SIAM (Society for Industrial and Applied Mathematics) でロシア語の翻訳の仕事をしていた．

　1921年から1931年までの間にアルティンがなし遂げた数学上の業績には驚嘆すべきものがある．高度な研究成果が非常に多く，中でも1927年に発表されたものは注目に値する．だがそれに続く10年間，アルティンは実質的に1本も論

エミール・アルティン（撮影：ナターシャ・アルティン・ブランズウィック）

文を発表していない．ただしブラウアーもツァッセンハウスも，アルティンはこの時期も変わらず数学の研究成果を挙げていたと強く主張している．ブラウアーによれば「アルティンはただ発表するためだけに論文を書くことに強い嫌悪感を抱くようになっていた」[64]という．2人はアルティンの講義録に言及しているが，これは未刊行ながら広く出回ったもので重要な結果がいくつも盛り込まれている．またアルティンは（同時期にデーンがそうしたように）学生に惜しみなくアイデアを授けたが，その一方ですでに自分の頭の中にあるアイデアであっても，学生自らがそれに気づくよう仕向けることもあったと2人は証言している．さらに1930年代には，ファン・デル・ヴェルデン，彌永，エルブラン，シュヴァレーなど，すでに一家をなした数学者（まだ年若い者もいたが）の中にさえアルティンに魅了され影響を受ける者も現れた．シュヴァレーは1933年に学位論文の中で完全とは言えないながらも類体論の算術的な証明を試みたが，この重要な論文にはアルティンの講義が色濃く影響している．一方ファン・デル・ヴェルデンは，広く影響を与えた著書『現代代数学』を執筆できたのもアルティンの存在が大きかったと打ち明けている．同じようなことを言っている数学書の著者は他にもいる．ツァッセンハウス然り，架空の数学者で，その実体はシュヴァレーやヴェイユらをメンバーとする数学者集団であるニコラ・ブルバキもまた然り（このフランス人数学者たちはナポレオン軍の無名の将軍ブルバキの名を共著書の著者名として使ったのだが，私はそれを知ったときロックバンドの名前を考える若者たちみたいだと思った）．次に引用するのは，アルティンの教育者ぶりをとりわけ印象的に称えたブラウアーの一文だ．

> G・バーナード・ショウの格言に，物事を自ら実践する人たちと物事を教える人たちについて語ったものがある．もしショウがアルティンに会っていたら，教えるときでさえ創造的な人というものが存在することに気づいたかもしれない．もちろん，ソクラテスに関する本を読んでもそのことに気づくことができたのだろうが．[65]

ハンブルク大学にいたこの時期，アルティンにはのちのちまで気に入っていた
ニックネームがつけられた．学生も友人もアルティンのことをもっぱら「Ma」
と呼んだ．「Ma」とは Mathematics（数学）の省略形だ[66]．アルティンは数学そ
のものだった．ツァッセンハウスはアルティンの講義の進め方を何段落にもわた
って説明している．アルティンの講義では，最初に動機づけのための議論が行わ
れ，そののちに論証が徹底した厳密さをもって進められるが，その過程はわかり
やすいいくつもの段階に細分されている．そして最後に，その論証の組み立てと
厳密性が最初から再度検証される．またツァッセンハウスは，アルティンが運動
感覚を重視したことについても触れている．

　　　身振り手振りで伝えようとしたため，運動感覚や時間経過の感覚に訴え掛ける
　　効果は非常に大きかった．アルティンは散歩に見立てるため，あえて教壇の上を
　　端から端まで行ったり来たりした．また，いくつもの文を板書するときも，非常
　　に表現力豊かな手振りを交えつつ，適度なテンポで文字が書き出されていくよう
　　に配慮がなされていた．後年にはこのやり方を通じて，聴講しているある特定の
　　学生に答えを導くよう誘っているように思えるときもあったが，結局は見事，聴
　　講するほぼすべての学生ひとりひとりの中に知的な知覚力を植えつけることにな
　　った．[67]

　アルティンは 1953 年にブルバキの代数学に関する著書の書評を書いているが，
その中で自らの信条を雄弁に語っている．

　　　われわれ数学者は皆，数学を 1 つの芸術だと思っている．書物を著す者も教室
　　で講義をする者も，それぞれ読者なり聴講者なりに数学の持つ構造的な美しさを
　　何とか伝えようと苦心するものだが，それがうまくいくことはまずない．確かに
　　数学は論理的である．どの結論もすでに証明された命題から導き出される．しか
　　し，真の芸術作品たる数学全体は，命題をただ一直線に積み重ねていくようなも
　　のではない．それどころか数学に関する知覚は瞬時にしてなされなければならな
　　いほどだ．数学者なら誰しもごくまれに経験することだが，自身の講義を通じて
　　眼前の聴講者が一瞥のうちに全体の構造をその枝葉末節に至るまで理解したと感
　　じるときは歓喜の念を覚える．ではそれはいかにして実現されるのか？　論理の
　　流れだけに固執すれば全体像を一望のもとに把握することは妨げられる．だがそ
　　うだとしても論理的な構成は何にもまして尊重せざるを得ない．さもなければ行

き着く先は混沌だからである.[68]

そして,この書評は次のように締めくくられる.

　　最後に,本書の出来栄えは見事であるともう一度強調しておきたい.本書の表
　現は抽象的,情け容赦ないほど抽象的と言ってよい.しかしながら,その取っつ
　きにくさを乗り越えることのできる読者は,その十分な見返りとして洞察をさら
　に深め,理解をより確かなものにすることができるだろう.[69]

　全体を1つのものとして捉えることに重きが置かれ,その構造を「一瞥のうち
に」理解できるようになることが目標となるならば,往々にして興味は瑣末な問
題から遠ざかることになるだろうし,類体論で言えばその証明を繰り返しより簡
潔なものにしようという方向へ向かうことになるだろう.類体論の構造を大方反
映するのみならず,それまでに知られていた種々の相互法則をすべて包摂するア
ルティンの相互法則は,こうした高い目標を成就した数学的成果の一例だが,こ
のような成果を生み出す機会は頻繁に訪れるわけではない.アルティンの後半生
にあたる1931年以降の研究や教育活動は,こうした背景を踏まえた上で理解す
べきだと私は思う.数学者の中には探検家のごとく広大な新天地を切り開こうと
する者が数多くいる.ポアンカレとコルモゴロフの2人は多方面に新領域を開拓
した数学者の代表格だ.アルティンの場合その視線は,ある領域に関する完全な
地図をも同時に手に入れるにはどうすればよいかという点に向けられていた.そ
こには神秘を感じさせる何かがあったのだ.アルティンが新たに模索していたの
は非可換類体論への道だったが,それはあまりにも困難な道だった.
　類体論はいまなお,一瞥のうちに理解することは難しい.P・シュテーフェン
ハーヘンとH・W・レンストラは,類体論が依然こうした状況に留まっている
ことについて,アルティンの相互法則の証明に用いられたチェボタレフの手法に
言及しつつ,次のような捉え方をしている.「チェボタレフの手法は有効である
にもかかわらず,多くの人がその必然性を感じられないでいる.それは類体論の
大方の証明と同様,直観と相容れないものなのだ」[70].現代の類体論はと言えば,
創始者たちは数学人生の大半をその研究に捧げており,彼らの最も有能な教え子
たちの中にもその研究に多大な労力を注ぎ込む者がいる.その重要性ゆえに,数
学者たちは何世代にもわたって,類体論をより洗練されたものにすべく並々なら
ぬ努力を惜しまないできたのだ.

アルティンは数学者として抜群の資質を持つ人物だが，全体というものを重視する傾向があったためか，数学以外にもさまざまな知的活動に関心を持った．天文学や物理学，生物学，化学にも造詣が深かったほか，生涯を通して音楽と音楽の歴史を愛好し，フルートやチェンバロ，クラヴィコードを演奏した．また日本を訪れたときには仏教を学んだ．父親になってからのアルティンは，子供たちと過ごすことが多く，とりわけ1人目と2人目の子供とは始終一緒だった．そして子供たちにはきちんとした教育を受けさせたいと気にかけていた．

1930年代に入るとドイツにいたアルティン一家は危険な立場に置かれるようになる．ナターシャはユダヤ系のハーフだった．当然，子供たちにもユダヤ人の血統が受け継がれていることになる．ナターシャと子供たちの名前はナチスの把握するところとなった．アルティン一家はやがてドイツを離れることになるが，それはデーンほど遅くはなかったにせよ，同じような境遇にあった研究者たちよりもいくらか時間がかかった．アルティンは露骨にナチ党を非難した．ブランズウィックから聞いた話だが，アルティンはセミナーでナチ党に対する批判を延々とまくしたてたこともあるらしい．同じくブランズウィックによると，このときブラシュケが，自身はナチ党員だったにもかかわらず，慌てた様子で廊下を歩いてきてセミナーが行われている部屋の扉を閉めてくれたという．おかげでアルティンの批判した内容が世間に知れることはなかった．ブランズウィックは，当時住んでいた自宅前の袋小路で車の音が聞こえるたびに，ナチ党の手の者が来たのではないかと不安になったそうだ．これは本人がリードに語っていることで，私も直接聞いた話だ．ナターシャはロシアにいるとき父親がメンシェヴィキの一員だったため，若い頃はボルシェヴィキから逃げ回る日々だったという．

1936年から1937年の時期になると状況はますます切迫していく．ついにアルティンはアメリカの大学で職を探し始めた．いくつかの大学から申し出があったものの出国ビザを取得できず，その上，彼自身も納得できる職を望んでいたので容易ではなかった．最終的には決断することになるわけだが，それでもすんなり出国ということにはならなかった．ノートルダム大学以外に選択の余地が無くなってようやく彼はその招請を応諾した．ただリードによると，アルティンには1つ懸念があった．それは自身がカトリック教徒の家の生まれだということが知れると，当地の神父らは子供たちをカトリックに改宗させようとするのではないかということだ．もっとも蓋を開けてみれば，ノートルダム大学はアルティンにとって居心地の良い場所だった[71]．ブランズウィックによるとその間ハッセから，アルティンを慰留しようとする強い働き掛けがあったようだ．だがブランズウィ

ックは，これを道義にもとる行為だと感じて憤慨したらしい．ハッセはアルティンの子供たちのためにアーリア人証明書を融通する話を持ちかけたのだが，それは裏を返せばナターシャを考慮の外に置いていることになるからだ[72]．当初アルティンは，ドイツにとって欠くべからざる人物と判断され出国を許可されなかった．だがその数か月後に早期退職（Ruhestand）という形で職を失ってしまう．しばらくして，アメリカ領事館が発給するビザが必要になったときのこと．アルティンは大学教授だったためアメリカの移民割当制限の対象からは除外されていたが，それでも申請書類記入のためにアメリカ領事館へ出向いた．このとき，アルティンのあまりの痩身ぶりを目にした職員がこれは結核かもしれないと判断したため，アルティンは医者へ行って診断書を書いてもらう羽目になった．ところが，その診断書を持って領事館へ出掛ける当日，今度は目が炎症を起こしたせいでアルティンは一層ひどい形相をしていた．それでもともかく領事館へ行ってみると，ビザを発給してもらうことはできた．こうして1937年の秋，アルティン一家はようやくアメリカ行きの船に乗った．到着した港にはクーラントとワイル，それにナターシャの父親ナウム・ヤスニーが出迎えに来ていた．当時ナウム・ヤスニーは，アメリカ国務省でソ連の農業と教育に関する顧問を務めていた．

　ドイツから離れられたことをナターシャが喜んでいたことは間違いない．しかし，アルティンの心中は違っていた．ブラウアーは言う．「当時ドイツ国内の大学にみなぎっていた知的雰囲気をじかに知る者ならば誰であろうと，それを思い出すたび郷愁に駆られるものである」[73]．アルティンにとって文化とはドイツ語を介して存在するものだった．アルティン一家はアメリカに来てからも自宅ではドイツ語を話した．その当時のことがあるからか，ミヒャエルはいまでもドイツ語にはぬくもりを感じるという．

　アルティンはノートルダム大学に1年間在籍したあと，インディアナ大学に職を得た．当時インディアナ大学は，若きハーマン・ウェルズ（1902-2000）が学長を務めていた．ウェルズは，この大学の質を高めるには亡命してきた研究者たちを雇い入れるのが一番手っ取り早いと考えていた．そうしたウェルズの働き掛けにより亡命研究者らのコミュニティが形成されたことで，アルティンの居心地はさらに良くなり，インディアナ大学のコミュニティ全体も友好的な雰囲気になった．アルティンはインディアナ大学に移ってからもノートルダム大学に通い，1938年から1943年まで毎年講義を受け持った．その頃のことを，ブランズウィックは「素晴しい時期だった」と振り返り，カリン・アルティンは「楽しかった．本当に楽しかった」と話した．トム・アルティンもほぼ同じような言い回しをし

ている．アルティンの自宅は，広く開放感のあるアーツ・アンド・クラフツ風の住宅で大きなポーチもあった．感謝祭の日がやって来るとアルティンは『ブリタニカ百科事典』で七面鳥の肉の切り分け方を調べた．アルティン一家は，ドイツから現金を持ち出すことは許可されなかったが，家財道具を大きな箱に収めてアメリカへ送ることは許されたので，ブルーミントンの自宅には，チェンバロ，クラヴィコード，ターフェルクラヴィーア（テーブルピアノの一種）など，ドイツから運んだ品々が所狭しと並んでいた．アルティンは若い頃に親しんだロマン派の作曲家たちにはすでに見切りをつけていた．実を言えば彼は，バッハよりあとの時代の音楽があまり好きではなかった．おそらくモーツァルトも好きではなかったし，ベートーヴェンだってたまにしか弾かなかったとトムは言う．そういうわけでアルティンはターフェルクラヴィーアを売りに出し，その代金でハモンド・オルガンを買ったのだが，あまり調子が良くなかった．彼は何か月もかけて分解し，バロック・オルガンの音色により近づくよう配線やはんだづけを施したという．また最低音部の足鍵盤も5本追加した．カリンはバッハのオルガン・ソナタを全曲聴かされたことを覚えている．アルティンは概してアメリカの大衆文化には反感を抱いており，子供たちには病気で寝ているときでもなければ当時人気だったラジオ番組を聴くことは許さなかった．その代わりに毎晩子供たちに物語を読み聞かせた．たいていはドイツ語だった．カリンがよく覚えているのは『アラビアン・ナイト』やドイツ文学のいろいろな名作だそうだが，時にはディケンズの『クリスマス・キャロル』やマーク・トウェインの作品，『不思議の国のアリス』など，英語の物語を読んでくれることもあったという．

　やがてインディアナ大学の優秀な大学院生の中にもアルティンの門をたたく者が何人か現れるようになる．彼らはセミナーが終わるとアルティンの自宅に集まった．論文もいくつか発表され始める．アルティンにとって1940年代半ばに若きジョージ・ウェイプルズと行った一連の共同研究は，数学への意識をある意味で再び呼び覚ますものとなった．事実，アルティンはこのときを境にして再び，定期的に論文を発表するようになる．ところが，1946年になって彼は，プリンストン大学から誘いを受けた．しかも辞退するには惜しいほどの好条件だ．このときウェルズは，ギリシャでの第二次大戦後初の選挙を監視するため大学を留守にしていた．カリンによると，ウェルズだったら講じたかもしれない有効な対抗手段を，インディアナ大学はウェルズ不在のために講じることができなかったのだという．インディアナ大学は不本意ながらも，去り行くアルティンを見送るほかなかった．

プリンストン大学に移ってからのアルティンは印象的な人物として人々の記憶に残った．文化的な話をするとき，アルティンは相変わらず英語を使わなかった．また，年季の入った黒の革ジャケットを着ることもあれば，腰にベルトのついた冬用のロングコートを着ていることもあった．学生の中にはアルティンの装いやしぐさを真似る者もいた．アルティンの服装は1つの「表明」だったが，それは彼が若い頃に身につけたウィーンの「文化 (Kultur)」の表明であり，当然ながらアルティンのことをどう判断すればよいのかよくわからない人もいた．

インディアナ大学にいた頃からアルティン宅を訪れる客の顔ぶれはほとんど数学関係者ばかりだったが，プリンストン大学へ来てからはその傾向がさらに徹底された．客人の中にはジーゲルもいた．アルティン家では犬を1匹飼っていて，「大食いジーゲル (der Siegel Fresser)」と呼ばれていた．頭部がグレイハウンド犬，胴体がボクサー犬の特徴を持ったブリンドル柄の雑種犬で，「とても頭が良かった」が，アルティン家に引き取られる以前に虐待を受けていたため，たとえ危害を加えられなくても人と見れば誰彼かまわず吠え立てた．フリスキー——というのがその犬の別名だった——はジーゲルに向かって敵意をむき出しにするので，ジーゲルの方もこの犬のことを怖がっていた．何とか手なずけようと思ったジーゲルはアルティン宅を訪れるたびにホットドッグを持ってくるようになったが，まったく効果がなかった．そういうわけでフリスキーはしょっちゅう地階の部屋に閉じ込められる羽目になった．アルティンは昔のように望遠鏡を作ったり，子供たちと遠くまで散歩に出掛けたりもした．望遠鏡の鏡面を完璧な放物面になるよう手間をかけて研磨しては，その形状に狂いがないかどうか調べるという作業を繰り返し行っていた．カリンは，ハッブル宇宙望遠鏡に不具合が起こったと聞いたとき，きっと放物面の形を入念に確認しなかったからだろうととっさに思ったそうだ．

アメリカで生まれたトムもアルティンの服装について話をしてくれた．トムは例のコートのことも覚えていた．だが彼にとって何より記憶に残っているのは，講義に出掛けなかった日に自宅にいるときの父親の身なりだった．アルティンはよくパジャマを着たまま，丈の長いガウンをはおり，腰をベルトで縛っていた．そして，客間にあったほとんどデイベッドのような大きなソファに寝そべるか，12メートルほどある2間続きの居間の中を行ったり来たりしながら，数学について あれこれ考えを巡らしていた．トムは，放課後にアメリカ人の友だちを自宅へ連れてきたときなど，そういう父親に出くわしてずいぶんと恥ずかしい思いをした．トムは12歳の頃に学校でトロンボーンを演奏するようになる．トムには

プリンストンにあるアルティンの自宅のポーチでくつろぐヘルマン・ワイル（撮影：トム・アルティン）

それが一番かっこいい楽器に思えたからだ．だがアルティンはトロンボーンという楽器があまり好きではなかった．彼の愛好したバロック音楽やクラシックの室内楽の演奏には不向きだったからだ．アルティンがトロンボーンと聞いて連想するのはワグナーだった．のちにトムは，父親が若い頃「ワグナー主義者」だったことを知ったそうだ．アルティン家の中で数学に関わる職に就かなかったのはトムだけだった．（ミヒャエル・アルティンは MIT で数学の教授をしており，カリン・アルティンは高校やカレッジで数学を教えている．）かつてトムは，ウィリアム・フェラーやフォン・ノイマンのいる前で，父に「応用数学って要するにどんなものなの？ 工学と一緒なの？」というような質問をしたことがあるそうだ．トム曰く，「純粋数学の研究者であり数学を科学ではなく芸術だと考えている私の父と，（数ある功績の中でも特に）コンピュータの生みの親として名高いフォン・ノイマンとの間には良い意味でのライバル意識があった」[74]．ちなみにフェラーは確率論の研究で知られ，その理論は遺伝学にも応用されている．アルティンはトムの発言を「名言（bon mot）」だと言って，いつものように褒美としてトムに小遣いをやった．トムは比較文学を学び，中世ヨーロッパ文学の研究によりプリンストン大学で博士号を取得した．15年間研究生活を送ったあと大学を辞め，いまはジャズのトロンボーン奏者として生計を立てている．

　アルティンがプリンストン大学で指導した学生たちもまた錚々たる顔ぶれだ──ツァッセンハウスが書いた追悼文にはアルティンが指導した学生全員の名前

が掲載されている．もしアルティンがとびきり優秀な大学院生を探す目的もあってプリンストン大学に来たのだとしたら，この異動は成功だったと言える．アルティンがテイトと行った共同研究は特に実り豊かなものだった．1951 年から1952 年にかけてアルティンは，コホモロジー代数の視点で捉えた類体論について講義を行う．このときすでに，コホモロジー代数による類体論の研究は成熟段階に達していた．アルティンはその講義録の改訂版を 1967 年にテイトとの共著として出版したが，テイト自身もその講義を受けたあとほどなくして，類体論の一般化に大きな進展をもたらした．アルティンは長年にわたって類体論の講義を行った．その講義録にはいくつかの版があっていずれも評価の高いものばかりだが，このうちアルティン本人によって出版されたのがこのテイトとの共著だ．ちなみにテイトはカリンの結婚相手でもある．アルティンとは家族としてのつながりを持つようにもなった．

　アルティンの結婚生活にはすでにいくつかの問題が生じていた．1956 年，サバティカル休暇を取ったアルティンはアメリカへ来て以来初めてドイツに帰国し，ゲッティンゲン大学とハンブルク大学でそれぞれ 1 学期間ずつ講義を行った．アメリカへ戻ったときにはすでにドイツへ永住帰国する決心がついていた．1958 年，ハンブルク大学から教授への就任要請があるとアルティンはこれを受諾する．だが，そこには難点があった．ハンブルク大学にいる数学者の中には，かつてナチ党員だった者が何人かいたからだ．すでに述べたようにブラシュケは以前からアルティンに対して好意的だった．だがブランズウィックによると，エルンスト・ヴィット (1911-1991) は『我が闘争』と聖書しか読まないと公言していたそうだ．ハッセもハンブルク大学にいた．ミヒャエルはこのときの父親の心境について，母語への思い入れだけでなく，プリンストン大学の教授陣の中で自分が「年寄りの部類に入りつつある」という感覚と，ハンブルク大学で自分が必要とされているという感触があったのではないかと語った．一方カリンは，プリンストン大学の定年退職年齢が 65 歳であるということがアルティンにとって問題だったのではないかと言った．トムは次のように話してくれた．

　　私の見たところ，父エミールはアメリカでは最後まで，真に心安らげるようにはならなかった．父にとってアメリカは，その全盛期にあってさえ，つねに文化不毛の地と言ってよかったように思う．そんな中で父は疎外感を覚えただろうし，居心地も悪かっただろう．もちろん，そうした感情には葛藤が付きまとわざるを得ない……とは言え，ドイツは依然としてバッハの国であり，ベートーヴェンの

国であり，ゲーテの国であり，ヒルベルトの国だった．広くはヨーロッパ，とりわけドイツは，父にとって西洋文化の中心であり続けた．1958年にドイツへ戻ったとき父は，良くも悪くも，再び故郷に帰ってきたと感じたのではないか．[75]

1959年，アルティンとナターシャは正式に離婚する．その頃ハンブルク大学にはヘル・ブラウンがいた．アルティンとブラウンの間には，私生活の面でも数学研究の面でも親密な協力関係が生まれた．2人は代数的トポロジーの本を共同で執筆もしている．ハンブルク大学で過ごした晩年のこの時期，アルティンは猛烈な勢いで数学の研究に取り組んだと言われている．1962年12月20日，アルティンは心臓発作のためこの世を去った．数年来狭心症を患っていたとは言え，その死は唐突だった．ブラウアーはこう書き記している．

　　私がアルティンと最後に会ったのは1958年11月．場所はハンブルクだった．アメリカでの暮らしや研究のことを満足げに話していた．プリンストン大学ではジョン・テイトもサージ・ラングもアルティンの教え子だった．「誰にしたってこんなことはめったに起きるもんじゃない．こんな好運に恵まれた数学者はそう多くはないだろうね」とアルティンは言っていた．彼は新しい生活にも満足していた．もう一度アメリカを訪れようという考えも漠然とあったようだが，ハンブルクが彼にとっての終のすみかであることははっきりしていた．
　　ある日の午後，私たちは時間をかけて散歩をしながら昔話に花を咲かせた．霧の立ち込める物悲しく憂鬱な一日だった．晩秋になると北ドイツの港町はどこもこんな日が当たり前になる．私たちは街の通りを延々とさまよいながら何かを探していた．何を探しているのか自分でもよくわからない．だが，はたと気づいた．もはやここには存在しないかつてのハンブルクを，永遠に過ぎ去ってしまったかつての時代を，私たちは探しているのだと．私が思うに，このときアルティンの眼前には，30年前この同じ通りをはつらつとした様子で歩く若きアルティンの姿があったに違いない[76]．

ミヒャエルによると，父親から届く手紙には変化が見え始めていたという．なんでも彼の書く英文の中にドイツ語の文法構造が目立つようになったというのだ．アメリカにいたときのアルティンは英語を話すのも書くのも不自由はしなかった．
　ナチ党台頭の時代以降に亡命して来たドイツ人数学者たちは当然，大人になってからアメリカへ渡ってきたわけだが，その中には誰もが羨むほど達者な英語を

書く人たちがいる．本書で引用したワイルやブラウアーなどはその例だ．母国語以外の言語を使ってこれほどのレベルの文章を書くことができるのを見ても，彼らの恵まれた才能を推し量ることができる．彼らを受け入れたことはアメリカにとって有益なことだった．フランスで寄稿されたアルティンへの追悼文では，アルティンの業績のうち本書の中で十分に取り上げられなかった側面が強調されている．もちろん，どの追悼文もそうであるように，アルティンの数学上の業績それ自体についても触れられてはいるが，それだけでなくアルティンの研究方法について，フランス人特有の視点に立った論評が加えられている．ただし，アルティンに対する名誉の印として「代数学者（algébriste）」という称号が用いられているが，アルティンは単なる代数学者などではなく，その域をはるかに超えた存在であると言わねばなるまい．シュヴァレーが書き記しているところに従えば，直観のひらめきと連動した系統的な考察におけるアルティンの意識と無意識との協働は，フランスの偉大な詩人マラルメやヴァレリーのそれに匹敵するものがある．アルティンへの追悼文はどれも，心のこもったものばかりだ．

　トムによると，父ならば葬儀を行うことなどひどく嫌がっただろうということだが，ともかく大学はアルティンの葬儀を執り行った．地面が凍りつく季節だったため，埋葬は春を待って行われた．ハンブルクの墓地の曲がりくねった小道を葬列が進み，その中の1人の大学院生がアルティンの遺灰を運んだ．

第11問題

　ヘルムート・ハッセは1898年8月25日，ゲッティンゲンにほど近いカッセルで生まれた．ハッセの母親マルガレータ（・クエンティン）はアメリカのウィスコンシン州ミルウォーキーで生まれ，カッセルの叔母の家で育てられた．ハッセの父親パウル・ラインハルト・ハッセは裁判官で，作曲家のフェリックス・メンデルスゾーンは母方の親戚にあたる．類体論の歴史に登場する数学者の中にはその他にもディリクレ，クンマー，ヘンゼルと，メンデルスゾーン家の親類が3人もいる．血筋に違わずハッセもまた音楽を愛好した．1913年，ハッセの父親に転任の辞令が下りたため一家はベルリンに転居．ハッセはベルリンにあるフィヒテ・ギムナジウムに通う．ハッセに数学を教えたのはヘルマン・ヴォルフという教師だった．おそらくハッセが数学の道へ進もうと決意をしたのはこの頃だろう．1915年6月，ハッセは特別に実施された「ノートアビトゥーア（Notabitur）」（緊急時のギムナジウム修了試験）に合格したあと海軍に入隊する[77]．バルト海での戦

闘に参加したほか，いくつもの艦船に乗務した．1917 年にはキールにあった海軍の司令部に配属され，1918 年 12 月まで駐在した．ハッセは軍務をこなしながら余暇を使って数学を勉強したばかりか，キール大学に入学までしてオットー・テープリッツ（1881-1940）の講義をいくつも受講した．またヴォルフとも連絡を取り合っていた．ヴォルフは慧眼にもデデキントがまとめたディリクレの数論に関する講義録を読むようハッセに勧めた．

　第一次世界大戦が終結するとハッセはゲッティンゲン大学に入学する．ランダウ，ヒルベルト，ヘッケ，クーラント，カール・ルンゲ，ペーター・デバイなど，当時この大学にいた著名な教授たちの講義は大方受講した．ネーターの講義は，まだ若き学生だったハッセには難しすぎたため 1 回しか出席しなかった．ハッセが最も心引かれたのは解析的整数論に対するヘッケの手法だったが，ヘッケは 1919 年に新設されたハンブルク大学へ移ってしまった．あるときハッセは古本屋で『数論（*Zahlentheorie*）』という本に偶然出会う．この本はハッセの遠縁にあたるクルト・ヘンゼル（1861-1941）が 1913 年に出版したものだ．クロネッカーに師事していたヘンゼルは，1891 年にクロネッカーが亡くなったあと，その師の全集を編纂する作業に携わっていた．数学に関しては自身の手で重要な成果をあまり挙げられないでいたヘンゼルだったが，1899 年になって p 進数と呼ばれる概念を考案する．この p 進数を用いれば，代数的整数論に関するある種の問題や証明に対して，これまでとは違ったアプローチが可能になるだろうとヘンゼルは考えた．p 進数全体のなす体（p 進数体）は有理数全体のなす体（有理数体）の拡大体で，その拡大の仕方は素数 p ごとに異なる（具体的に言えば，2 進数体や 3 進数体もあれば，5 進数体もある）．これまでに本書の中で言及した拡大体とは異なり，p 進数体は有限個の元によって生成される拡大体ではない．どの p についても p 進数体は，根本的に相異なる無限個の特別な数を有理数体に付け加えたものである．p 進数体は通常の代数的性質を持っているが，幾何学的に見た場合は非アルキメデス的になる．つまり，どこかの場所へ向かって同じ歩幅で歩き出したとしても，必ずそこに到達できるとは限らない．ヘンゼルはそれ以降の数学人生を費やして，自らが生み出したこのアイデアを練り上げ，掘り下げたのだった．

　ゲッティンゲン大学では当初，p 進数は奇矯なアイデアのように受け止められていた．だがハッセは，p 進数の秘めた可能性に気づいていた．ヘッケがハンブルク大学に移ったとき，ハッセはヘッケに付き従う道でもゲッティンゲンに残る道でもなく，ヘンゼルが教授を務めていたマールブルク大学へ行って研究する道を選んだ．1920 年の 10 月にはすでにハッセは「局所–大域原理」を発見していた．

ハッセは1921年に博士論文，1922年私講師のときに教授資格論文を書き上げているが，この「局所-大域原理」はそのどちらの論文にとっても題材として十分すぎるものだった．局所-大域原理というのは，任意の有理数，あるいはすべての有理数に対してある一般性を持った事実が成り立つことを証明するためには，(場合が少なくない) 各pに対するp進数体，および実数体に対してその事実が成り立つことを確かめればよいと主張するものだ．一見すると，この原理には得るものがないように思える．どのp進数体にも，有理数体がその部分体として含まれており，なおかつそこには拡張された構造が付与されているからだ．すべてのp進数体についてある事実を確認するためには，すべての素数ひとつひとつについてその事実を調べなければならないように思える．だが実際には，拡張された構造を介して多くの計算がさらに簡素化される．また，あるpに対するp進数体と別のpに対するp進数体とは非常によく似た振る舞いを見せることが多いため，ある汎用的な方法に基づいてすべてのp進数体の振る舞いを検証することもできる．ハッセの局所-大域原理によって，p進数を用いることの深い意義が明らかになったわけだ．これ以降10年余りにわたって，この若き数学者は優れた成果を次々と生み出し，ついには数論の分野において一流の研究者としての地位を確立する．ハッセは自ら編み出した新しい手法を用いて数多くの問題に挑戦した．1923年に解決したヒルベルトの第11問題はその中の1つだ．

第11問題の全文を見てみよう．

　　　現在有している2次体についての知識のおかげで，私たちは**変数の数が任意であり，係数もまた任意の代数的数である2次形式の理論を首尾よく攻略できる**地点に立っています．この問題は特に，次の興味深い問題，すなわち，代数的数を係数とする，変数の数が任意の2次方程式が与えられたとき，それを係数から定まる代数的有理域（代数体）に属す整数または有理数の範囲において解け，という問題へとつながります．

脚注には参考文献として3編の論文が挙げられている．うち2編はヒルベルトの論文だが，1編がミンコフスキの論文であるという点は非常に重要だ[*]．この問題は，「**2次形式の理論を首尾よく攻略**」するという，ヒルベルトが構想した

---

[*]　［訳註］第11問題の参考文献に挙げられている文献はすべてヒルベルトによるものであり，この部分には著者の誤りがある．しかし，第11問題に対するミンコフスキの関わりに対する著者の見方を尊重し，この部分は削除あるいは修正しないこととした．

さまざまな計画の1つであるかのように読める．そのように読めば，ジーゲルが1930年代に行ったいくつかの研究もこの第11問題の範疇に属するものと言えるだろうし，それ以降に行われた研究の中にも同じように見なせるものはたくさんある．だが，ミンコフスキの論文が脚注に挙げられているのは，この問題における考察の対象を限定するためだとも考えられる．カプランスキーによれば「第11問題は単に，代数体上の2次形式を分類するという問題にすぎない」[78]ということだが，有理数体上の2次形式に関して言えば，それはすでにミンコフスキがなし遂げたことだった．

2次形式（2次方程式と関連はあるが同じものではない）とは各項に変数がちょうど2個ずつ現れる多項式のことである．係数はすべて整数でなければならない．例えば，$ax^2 + bxy + cy^2$ は2変数2次形式の一般形だ（x^2 には x が2個現れている）．いま任意に与えられた2次形式の各変数に特定の整数を代入した結果，ある整数が得られたとする．このときその2次形式はその整数を表示するという．例えば，$x^2 + y^2$ は5を表示する．x に1を，y に2を代入すると結果は5になるからだ．だが，x と y にどのような整数を代入しても結果は6にならないから，この2次形式が6を表示することはない．

ガウスやそのあとを受け継ぐ研究者たちは，（不変式論のところで述べるように）2次形式の変数をある種の方法で変換すると，変換後の2次形式が変換前の2次形式と見た目には別物であっても同じ整数を表示すること，また変換後の2次形式の方が解釈が容易になる場合があることを見出した．ガウスはこの2次形式の同値性に関する理論を用いて，整数論のさまざまな結果を証明した．例えば，ラグランジュは任意の自然数が高々4個の平方数の和として表されることを示したが，ガウスは2次形式の同値性に関する理論を使ってこれを証明した．具体的には2次形式 $x^2 + y^2 + z^2 + w^2$ がすべての自然数を表示するということを示した．これに対してミンコフスキは，分数係数の2次形式に対して同様の理論を構築し，それに関する証明を与えた．一般に考えられているように，ヒルベルトの第11問題が要求しているのは，代数的数を係数として許した場合に対しても同様の理論を構築すること——本質的には，1つの分類方法を定めた上である2次形式が別の2次形式と同値であるか否かを判定できるようにすること——だと言える．そしてハッセは，自ら確立した局所-大域原理と，p 進数体に対しては理論が比較的単純になるという事実を基にして，目的に適う理論を打ち立てた．その証明は「今日でも」難解だと言われる（カプランスキー，1977年）[79]．

1922年，ハッセは私講師としてキール大学に赴任する．さらにクララ・オー

左から:クララ・ハッセ,クルト・ヘンゼル,ハッセの娘(セーラー服を着た少女),フラウ・ヘンゼル,ナターシャ・アルティン,ヘルムート・ハッセ(撮影:エミール・アルティン,転載許可:ナターシャ・アルティン・ブランズウィック)

レという女性と結婚――2人はのちに息子と娘を1人ずつもうけた.1923年には,キールからさほど離れていないハンブルク大学へアルティンが移ってくる.先に触れたアルティンとハッセとの書簡のやりとりや共同研究が始まったのはこのときからだ.1925年,ハッセはハレ大学の正教授に任命される.さらには1930年にヘンゼルがマールブルク大学を定年退官しその後任を打診されると,ハッセはそれに応じた.ヘンゼルは非常に喜んだという.この時期,ハッセは多くの研究成果を挙げた.1926年と1927年,それに1930年の3回にわたって発表した類体論に関する報告論文の中でハッセは高木の手法の簡易化を試みているが,数学者の間で広く類体論が理解されるようになったのはこの報告論文に負うところが大きい.また1930年代初頭にはハッセによって,p進数と「非可換代数」(可除環上の行列環)を基に類体論が扱われるようになる.エドワーズは,代数に関するハッセの研究成果と,新しい形の類体論の中でハッセが見出した代数の役割は,「局所–大域原理の一つの頂点」[80]と評している.

　ハッセが非可換代数の研究を始めた頃,その分野に関する文献はすでにいくつもあったが,多くは英語で書かれたものだった.ハッセにはルイス・ジョエル・モーデル(1888-1972)というイギリス人の研究者仲間がいたが,1930年代になるとそのモーデルの教え子だったハロルド・ダヴェンポート(1966年にジーゲルと昼食をともにしたときマス料理ばかり振る舞われたあの人物だ)が,ハッセに英語を

教えつつ自分もハッセから数学を学ぶため，夏休みのたびにマールブルク大学へやって来るようになった．2 人は英語の文献も輪読した．モーデルとダヴェンポートは，たとえば $y^2 \equiv f(x) \bmod p$ の形をした合同方程式のような，さまざまな合同関係式の性質を研究していたが，ダヴェンポートの働きかけもあってハッセもこの問題に目を向けるようになる．そして，当初はモーデルとダヴェンポートが取り組んでいる合同関係式についての問題とアルティンが学位論文の中で扱った問題との間に関係があるようには思われなかったのだが，やがて両者が同値な問題であることにハッセは気づいた．自然数における素数の概念を代数体のイデアルに対する類似の概念に拡張できるのとまったく同じように，代数体に対してはリーマン・ゼータ関数やリーマン予想の類似物を考えることができる．（これは第 8 問題の中でも考察の対象として取り上げられているもので，1917 年にヘッケがそれについて成果を挙げたことはすでに述べた．）代数曲線を定義する方程式のなす集合には加減乗除の演算を定義することができる．つまり，それ全体として体をなす．その中では素因数分解が可能であるため，代数曲線から構成される体とゼータ関数とを関連づけることで，さらなる類似を考えることが可能となる．アルティンの学位論文は，こうした文脈の中でゼータ関数を扱ったものだった．

代数方程式の解集合をグラフと見て研究する分野を「代数幾何学」と言うが，ここで述べたことを「代数幾何学」の話だと考える数学者はおそらく大勢いるだろう．1 つの代数方程式の解全体は空間内の点の集まりに対応すると考えられる——曲線はそうした点の集まりの一例だ．あるいは，もっと次元の高い場合や方程式が複数ある場合を考えることも可能で，解全体に対応する点の集まりのことを一般に代数多様体と呼ぶ．このような見方をすることで，代数方程式の解集合にとどまらず，代数方程式の研究にいくらかでも利用できそうな数学的内容であればほぼ何でも，代数幾何学的な内容に置き換えることができる．そして場合によっては，これらの代数的構造に関する幾何学が「代数幾何学」の問題として重要視されることがある．ヒルベルトの第 15 問題や第 16 問題の前半部分などはこの種の問題だ．一方，方程式そのものが興味の中心になる場合もある．具体的には，方程式を解く場合や，代数幾何学的手法を用いて数論に関する問題を解決する場合などがこれにあたる．（このような場合は，見かけ上「幾何学的代数学」と呼ぶ方が良いのかもしれない．）例えば，ある曲線上の 2 点を通る直線を引く．その直線がもとの曲線と別の共有点を持つかどうか，また持つとすればその共有点はどこにあるかということを確かめれば，代数方程式が代数的に解けるかどうかを判断できる．つまり，図から代数計算を実行するための手がかりが得られるわけだ．

ただし，図を「見る」ことができないとしても，あたかも見えているかのように図を想像できれば新しいアイデアが生まれるきっかけになることもあるだろう．アルティンが学位論文で扱ったのは有限体上の関数体に対するゼータ関数だが，このようなものを対象にして視覚化を試みることは不可能に思える．にもかかわらず，シルヴァーマンとテイトはそれについて適確に表現している．「このような状況に対して自らの幾何学的直観が通用するのか気にかかるかもしれない．［このような空間の］点や曲線や方向を視覚的に捉えるにはどうすればよいか？……これまでどおり通常のユークリッド平面を考え続ければよい．点や直線に関する幾何学直観はこのように転換した空間においても正しい」[81]．そしてこの一節のあとには，次のような枠で囲まれた格言が書き記されている．[82]

> 幾何的に考え，代数的に証明せよ

代数幾何学はきわめて精妙かつ複雑な発見的手法だと言える．

　1933 年，ハッセは代数的な手法と言葉を用いることにより，アルティンが導入した新しいゼータ関数に関してアルティン自らが予想した事実を，特別な場合について証明する．アルティンの予想は 1940 年にヴェイユによって完全に解決されたが，その先駆けとなったのがこのハッセの仕事だった．ハッセが証明した定理は，$y^2 \equiv ax^3 + bx^2 + cx + d \bmod p$ という形の合同方程式が与えられたとき，この方程式の解の個数は $p+1$ で近似されて，その誤差は $2\sqrt{p}$ よりも小さいということを主張するものだ．（p の値が小さいとこの誤差の割合は大きいが，p の値が大きくなれば精度は良くなっていく．p が 100 前後であれば誤差の割合は 20% を超えない．p が 100 万程度なら誤差の割合はせいぜい 0.2% 前後，p が 1000 億程度なら誤差の割合は 0.0002% 前後，……などとなる．）ハッセの成果以降，この分野では盛んに研究が行われてきた．ハッセ自身も 30 年代が終わるまではほぼ一貫して自身の結果を一般化する試みを続けた．だがヒトラーが権力を握ると，直接的な危険こそないものの，その政治情勢はハッセの研究をも妨げるようになった．

　保守的な民族主義者であり海軍での兵役経験もあったハッセは，ヴェルサイユ条約とそれによる戦後体制によって大いに辛酸をなめさせられていた．ヒトラーの台頭にはおそらく肯定的だったことだろう．1933 年はハッセにとって数学の面で実り多い年だった．ハッセはまだマールブルク大学に在籍していたが，ヒトラーの政権掌握後ほどなくしてゲッティンゲン大学で騒動が起きる．1933 年 4 月 26 日，ネーター，マックス・ボルン（のちにノーベル物理学賞を受賞），クーラントなど，ユダヤ系の教授 6 名が「停職」させられた．ノーベル物理学賞受賞者

だったヤーメス（ジェイムズ）・フランクは，抗議の意を示してすでに辞職していた．この6名の教授は自らの停職処分を地元新聞の記事で知った．その後も停職者は続出したことだろう．停職させられた数学者の多くは，心痛もさることながら，その唐突さに大きな驚きを感じた．クーラントはハラルト・ボーア宛ての手紙にこう書いている．「このような事態に立ち至って私は精神的にかなりこたえている．覚悟はしていたものの，ここまでのことになるとは考えていなかった．私は当地での仕事や周囲の田園地帯，大勢の人々，そしてこのドイツという国に総じて強い愛着を感じている．だから，こうした"排斥"によって私が受けた打撃はほとんど耐え難いと言ってよい」[83]．1933年が終わる頃にはすでに，ゲッティンゲン大学は事実上，壊滅状態にあった．ただし，そのことにはっきりと気づいていた人はまだ多くはなかった．1933年の4月，ヒルベルトはかかりつけのユダヤ人医師に花束を贈ったあとでこう話したという．「ドイツ国民がヒトラーの正体を見破るのもそう先の話ではあるまい．そのときは奴の頭を便器の中に突っ込んでやることになるだろう」[84]．

　ゲッティンゲン大学にいた数学者やその知人らは，自身の周囲に吹き荒れる嵐をものともせず，ゲッティンゲン大学の数学教室とドイツの数学界がこうむる損失を可能な限り抑えようと策を講じた．中でも数学研究所を指揮するクーラントの後任を見つけることは最優先事項の1つだった．指名されたのは，かつてクーラントのもとで研究していたオットー・ノイゲバウアー（1899-1990）だが，その職にあったのはほんのわずかの間だった．公式にはたった1日だったかもしれない．ナチズムを支持する学生らはノイゲバウアーに不服を唱えていた．またノイゲバウアーは，新政権に対して忠誠を誓う宣誓書に署名するよう要求されたがそれを拒否した．すると直ちに停職処分になり，「untragbar（容認できない）」[85]との宣告が下された．代理の所長を任されたのは，ゲッティンゲン大学でヒルベルトなきあとを担う偉大な数学者とほとんど誰もが認めるワイルだった．クーラントとネーターに対する「停職」の取り消しを認めさせようと動いていたワイルは，クーラントの功績を証言する手紙を集めるために骨を折り，実際に何通か入手することができた．そしてしばらくのちに，それらの手紙の内容とその他いくつかの資料とをまとめて，クーラントに関する請願書を作成した．数学者たちはこうした請願書に署名するのを恐れるようになっていたものの，最終的にはハッセをはじめ錚々たる数学者たちから署名を得ることができた．

　ワイルも数学研究所の所長を長くは務められなかった．妻はユダヤ人であり，したがって子供たちもユダヤ系と見なされた．その前年ワイルは，1930年に新

設されたばかりのプリンストン高等研究所から誘いを受けていた．応諾する旨の電報と辞退する旨の電報がしばらくの間，送信されないまま机の上に並べられていたが，結局ワイルは誘いを断った．家族の身に危険が及ぶのを恐れたのだ．その後もゲッティンゲン大学で停職になった同僚たちの地位回復のためできる限りの活動を続けたが，もともとワイルは陣頭に立って指揮を執るような気質ではなかった．再び高等研究所から誘いを受けると，今度はそれに応じた．ワイルの息子は，一家で引っ越しの荷造りをしているときに，父親がいつものように家の中を歩き回りながら詩の一節を「詠唱」していたことを覚えている．そのときの詩というのが，「野蛮なる圧政者，国を簒奪したりなば，松明持ちて我が家に火をかけ，この地を去らん」[86]というものだった．ワイルはハッセに連絡を取り，もし要請があったときは所長を引き受けてくれるよう説得した．ハッセはナチズムに賛同しているものの，研究所の水準を維持するよう努めるだろうし，数学者に対しては公正であるだろうとワイルは感じていたのだ．1933 年もクリスマスを迎える頃には，ワイルはプリンストンにいた．

　排斥される教員や職員の数はさらに増えていった．ランダウは在職期間が長かったため（彼の教授職は，帝政時代に皇帝により任命されたものである），1933 年の秋の時点でもまだ教授職にあった．騒動が起きていた春学期，ランダウは自身の講義を助手に任せていたが，秋学期には再び自ら微分積分学の講義に立つことにした．ランダウは教えることが心底好きだったが，やむなく講義から遠ざかることになってようやく，それがどれほどのものだったかということに気づかされた．1933 年 11 月 2 日，講義に向かうランダウの目の前に 70 人ほどの学生が立ちはだかった．その中にはナチ党の制服を着ている者もいた．教室への通路を封鎖していたのだ．教室に入ろうとする学生は追い返された．学生たちを先導していたのは私講師でかつてはランダウの助手をしていたヴェルナー・ヴェーバー，学生の代表者はオスヴァルト・タイヒミュラーだった．タイヒミュラーは，クーラントによれば「狂気じみていると評判の」[87]人物だったが，のちに優れた数学者となり 20 代を通じて活躍した．このときランダウは，暴徒の中に数学の才能に恵まれた学生が何人も含まれていたために，より一層苦々しい思いをしたに違いない．この一件については，ナチ党を支持していた数学者ルートヴィッヒ・ビーベルバッハが 1934 年に行った悪評高い講演の中で「勇敢なる拒絶」と評した．ランダウの「非ドイツ的な」考え方は，感化されやすい学生の生まれ持った「ドイツ的」精神に悪影響を与えるだろうというのがビーベルバッハの主張だった．こうしてクリスマスの時期を迎えた頃，ゲッティンゲン大学の数学研究所には実質

的に，主だった数学者は1人も残っていなかった．

　その後しばらくして，よこしまな人物がまた1人登場する．エアハルト・トルニエだ．トルニエは長らくナチの秘密党員だった．1933年の騒動が起きる以前，トルニエは表向きヴィリー・フェラー（1906–1970）と共同研究を進めるという名目でキール大学に転籍していたが，このときすでにその騒動が起きることを察知していた．ユーゴスラヴィア出身のフェラーは1920年代，微分積分学の講義を受講しているとき，それを担当していたクーラントが目に留めた人物だ．当時クーラントはフェラーが研究していた独創的な数学がどのようなものかを見極めるため学生部屋に押し掛けたという．フェラーはのちにアメリカで確率論の専門家として輝かしい業績を収めた．トルニエはキール大学へ転籍するとき，正教授だったA・A・フレンケルにそれを請願したのだが，その目的はただ1つ，ユダヤ系の教職員が放逐される現場に大学関係者として立ち会い，自身はフレンケルの後釜に座ることだった．あきれたことに，どうやらトルニエは，のちにフレンケル宛ての手紙の中でそのことを認めているようだ[88]．のみならずトルニエは，フェラーの出自が「アーリア人の血筋でない」ことの立証に自ら関与して，計画の障害となるものを取り除いた．こうしてトルニエは，数学者としては二流であるにもかかわらず，フレンケルの後任に収まってしまった．ヒトラーが権力の座に就いて間もない当時は，数学者の間でもナチ派が混乱を引き起こした時期だった．その後，かろうじて居残った指導的立場の数学者らは，数学界を守るための道をいろいろと模索することになる．1934年も初夏を迎える頃，トルニエはゲッティンゲン大学でランダウの後任に指名される．この職はかつてミンコフスキが担っていたものだ．嘆かわしい一連の事態の中でも，おそらくはこれが最悪の出来事だろう．しかも数学研究所では，新しい所長が赴任するまでとは言え，トルニエが所長代理を務めることになった．その新しい所長がハッセだった．

　こうした状況にあってもなお，発言力を持ったまっとうな数学者は何人もいた．実際1934年の復活祭の頃にはすでに，ハッセは所長就任の要請を受けているが，これはワイルだけでなくクーラントからも引き受けるよう依頼されていたものだ．ただし，タイヒミュラーをはじめとするナチ派の学生たちはハッセの所長任命に反対した．ハッセが所長就任の要請を受けたその同じ頃，ビーベルバッハが数学における人種類型論について講演した内容が記事となって出回り始める．その講演は，ハラルト・ボーアが先頭に立って非難したこともあって，海外でも注目を集めるところとなった．ビーベルバッハはドイツ数学会（DMV）を通じて，自身への支持を呼び掛けると同時に，公に向けて反論を試みた．ハッセはDMVが発

行する年次会報（Jahresbericht）の編集委員だったことから，この論争に巻き込まれることになる．5月中旬，ボーアからハッセのもとに書面が届く．そこにはビーベルバッハの暴論に異議を唱えるにあたって力を貸してほしいと書かれていた．ハッセは返事を先延ばしにした上，6月6日に出した手紙では意に沿えない旨を明かさずに取り繕おうとした．だが，ボーアはそれに対する返信で，事態は明白であり，ハッセが態度を明確にしようとしないことに自分は憤慨していると綴った．これに対する返事としてハッセは，ボーアの主張はもっともだが，意に沿えないことを厳しく責めないでもらいたい，手紙ではうまく説明できないのだと伝えた．ハッセは自分が手紙に書いたことは公にしないでほしいとボーアに頼んだ上で，自分の立場をもっと詳しく説明できるように秋になったら直接会う機会を設けようと提案している．一方，ボーアはプリンストン大学にいたヴェブレンへの手紙にはこう書き記している．

　　　ゲッティンゲン大学が置かれている状況はまったくもってばかげている．数学研究所の助手たちは，政府公認の新しい教授として赴任したハッセに鍵を渡すのを拒否したのだ．[89]

　この時期の話にはいくらか錯綜が見られる．S・L・セガール（Segal）――数学者であり歴史家でもある．C・L・ジーゲル（Siegel）と混同しないこと――は，この鍵の一件が起きた時期を5月末だとしているが，リードの記述によると，ゲッティンゲン大学にやって来たハッセが「タイヒミュラーに率いられたナチズムを支持する数学科の学生たちから不愉快なデモ」による出迎えを受けたことに「うんざりしてマールブルクへ帰ってしまった」[90]のは7月だということになっている．この2つの事件が同じものかどうか私にはわからない．6月下旬にはすでにトルニエはゲッティンゲン大学に赴任していたようだが，結局それは状況をさらに悪化させただけだった．セガールはボーアがヴェブレンに宛てて書いた1934年8月11日付の手紙の一節を引用しているが，そこにはもっと奇怪な事件のことが書かれている．

　　　誰もが知るあの6月30日の夜[*]，マールブルクにいたハッセのもとにトルニ

---

　[*]［訳註］1934年6月30日に発生した「長いナイフの夜（Nacht der langen Messer）」事件のことを指す．この事件により突撃隊（SA）を率いていたレームが粛清される．この事件以降，SAは力を失う．シュナイダーの章にある「SA……すでに弱体化していた．」はこのことを指している．

エから速達が届いた．その手紙でトルニエは，ハッセが（クーラントやエミー・ネーターといった人たちに対し，いわゆる好意的な態度を取ったことで疑いの目を向けられており，それがために）命の危険にさらされているようなので，身の安全が保証されるようにするためにも，いますぐゲッティンゲン行きの列車に乗り，トルニエのいるホテルへ来ることを是非とも勧めると伝えてきた．ハッセはそれに従ったわけだが，［F・K・］シュミットの見たところトルニエの目的は，ハッセの主体性を奪いながら，ゲッティンゲン大学における数学の象徴的存在としてハッセを引き留めておくことにあったようだ．[91]

ハッセは，ゲッティンゲン大学の職を引き受けようとしたとき，抵抗に遭ったのは間違いない．時には身の危険を感じたこともあっただろう．それでも夏が終わる頃には，数学研究所の所長に就任していた．

ビーベルバッハをめぐる論争は，1934 年の秋に開かれた DMV の集会で大詰めを迎える．ビーベルバッハはトルニエの助力を得て，自らドイツ数学界の「総統 (Führer)」の座に就こうと目論んでいた．これは，ドイツの数学界と数学の研究機関への影響力を高めようとするナチスのあからさまな企てが増長した結果だった．ハッセはビーベルバッハに異を唱える側に与した．これがきっかけとなって，ゲッティンゲン大学内でのトルニエの力は弱まることになる．教育省はトルニエを別の大学の職に就けようとするも，手を挙げる大学はどこにもなかった．1936 年になってようやくトルニエはベルリン大学に移ったが，歴史学者のヘルベルト・メールテンスが述べているように，それは「無遠慮にものを言うナチ派の数学者にとっての最後の拠り所だったように見える」[92]．リードによると，「ベルリンで名うての娼婦と腕を組み，紐につないだペットの亀を連れて賑やかな大通りを歩いていたトルニエの写真が新聞に載ったため，数学科の教授たちは閉口した」[93]という．1935 年にハッセと和解したタイヒミュラーはハッセのセミナーに参加するようになるが，依然ナチズムの熱烈な信奉者で，その後陸軍に志願し，生涯のうちで最も価値ある数学の論文をテントの中で何編か書き上げると，ロシア戦線で戦死した．

これ以降ハッセは，数学研究所の運営についてある程度の裁量権を持つようになる．しかし，政治的内紛は依然として続いていたし，人事に関してもすべてがハッセの思惑どおりに運んだわけではない．例えばフラウカやファン・デル・ヴェルデンは招聘できなかった．ただ，ゲッティンゲンに招くことができた人材の中には有能な数学者もいる．テオドール・カルツァ，ロルフ・ネヴァンリンナな

どの面々だが，中でも特筆すべきは，歯に衣着せぬジーゲルがやって来たことだろう．ジーゲルは 1938 年の 1 月からドイツを逃れるまでそこに在籍した．ハッセは第二次世界大戦が始まるとゲッティンゲン大学を離れ，ベルリンにある海軍所管の研究所で所長を務めた．

ナチ・ドイツの時代にハッセの取った行動がどれもこうした公的な性質を帯びたものばかりだったら，戦後になって批判されることもほとんどなかっただろう．ハッセは数学の水準を維持するために力を尽くしたし，祖国の戦時活動にも携わった．ただ，ナチズムへの傾倒は見せかけのものではなかった．1937 年，ハッセはナチ党への入党を申請する．後年ハッセ本人が語ったところによると，それはゲッティンゲン大学における自らの政治的立場を強固にするためにしたことだが，ユダヤ系の遠縁がいたためきっと却下されるだろうと思っていたのだという．確かにこのときの申請は却下されているが，のちに再申請し入党を許可された証拠がいくつも残っている[94]．1939 年 3 月 22 日にジーゲルがクーラントに宛てて書いた手紙にはこうある．

　　　［フランクフルトへの旅行*から］戻ったのは 11 月に起きた虐殺事件［水晶の夜（Kristallnacht）］の後だったが，……ドイツの名誉という名のもとに行われたこの残虐非道に私は嫌悪感と怒りでいっぱいになった．ナチ党の記章を身につけたハッセを初めて見たのはそんなときだ！　知性豊かで良心的な人物にどうしてそのようなことができるのか，私にはまったく理解できない．ハッセが確信を持ってヒトラーを支持するようになった要因は，ここ数年の間に打ち出されたいくつもの外交政策にあるということをあとになって知った．ハッセは，このような暴力行為がドイツ国民に恩恵をもたらすのだと本気で思っているのだ．[95]

ハッセは 1975 年にリードが行ったインタビューの中でこう述べている．

　　　政治に対する私の考え方は，国家社会主義というよりはむしろ（ヴィルヘルム 2 世統治下の）ドイツ第二帝国の保守党の流れをくむドイツ国家人民党が主張する意味での「民族主義」だと言える．私にとって思い入れが強かったのは，1871 年にビスマルクによって樹立されたドイツだ．そのドイツが 1919 年のヴェルサイユ条約によって壊滅的な損害を被ったことに，私は途轍もない憤りを感じた．

---

　*［訳註］マックス・デーンの 60 歳の誕生祝いをするための旅行のこと．マックス・デーンの章を参照のこと．

この条約に基づいてなされたドイツに対する不当な措置をヒトラーは帳消しにしようと画策したわけだが，私はその企てに心の底から賛同した．大学の教授会からは，その一員がこのような考え方を持つことは容認できるものではないとそれとなく指摘されたが，そのとき私が反論したのもこうした真に民族主義的な見地からだった．それは，例のアメリカ人たちに対する私の発言の根底にあったものでもある．彼らがドイツの再教育ということを話すので，私は辛辣な言葉遣いでそれに異を唱えた．ヒトラーを否定することはすべて望ましく，ヒトラーの行ったことはすべて間違いだとすることに私は苛立ちを覚えた．私はその後も変わらず民族主義的なドイツ人だったわけで，ドイツが他国によって蹂躙されることには強い怒りを感じたのだ．[96]

ヘルムート・ハッセ（転載許可：オーバーヴォルファッハ数学研究所資料室）

　当時を振り返るための歳月はこのときまで30年もあった．にもかかわらずこのように語ったハッセは，どう控えめに見ても頑迷な人物と言わざるを得ない．たとえ死の収容所をその目で見なかったとしても，ジーゲルの言う「虐殺事件」は目撃しているのだ．戦後ハッセはいかにも危うい無邪気ぶりを発揮して，アメリカの占領軍に抗議する姿勢を見せた．戦時中のハッセの行動についてセガールは，次のように鋭くも寛大な見方をしている．

　　ブルジョア民族主義とナチスの構想との間には質的な違いがあるが，ハッセはそれを理解していなかったようだ．このような大学教授はハッセ以外にもいたし，ヘルムート・クーンが指摘しているように，両者が混同されてもさして驚くにはあたらない．教養あるブルジョアジーの保守的な民族主義は，不満を募らせた急進主義の色合いを帯びることでナチズム運動との隔たりが小さくなっていった．これに，知識階層が「庶民」たるナチスを侮っていたことや「ハルツブルク戦線」の政治動静を考え合わせれば，高い教養を身につけているとは言え政治的立場の

違いにあまり関心のない保守的な民族主義者が，ナチスのことをやや右寄りの集団であるにすぎないと見てしまうのは無理からぬことだろう．[97]

占領軍の意向によりハッセは，教壇に立つことを禁じられたが，研究者を続けることは認められた．ところが彼はそれを辞退した．この時期，ハーディが彼を擁護する発言をしている．ハッセは辛い1年を過ごしたが，1946年にはベルリン・アカデミーで研究教授の職に就くことができた．また個人授業を行うようにもなった．1948年になると再び公の場で講義することが許されるようになり，1949年にはハンブルク大学の教授に任命される．その後ハッセは亡くなるまでハンブルクで暮らした．戦後は批判にさらされたこともあって，外国での講演に招待される機会は少なかったが，ハッセの講義は相変わらず卓越したもので，優秀な学生を数多く指導した．また，書籍を何冊か執筆したほか，かつての研究のような重要性はないものの，それなりに有意義な研究を続けた．アルティンがハンブルク大学に戻ってくると，2人は互いに尊敬し合う間柄として付き合いを続けた．ハッセは1966年に第一線を退いたが，その後も意欲は衰えず，ハワイ大学，ペンシルヴェニア大学，サンディエゴ州立大学，コロラド大学へ客員教授として赴いた．長らく病を患った末の1979年，ハッセはその生涯を閉じた．

ハッセは非凡な数学者だった．とは言え，同じ時代を同じ場所で生きたヒルベルトとハッセを比べてみるとどうだろう．ヒルベルトは老いの下り坂にあってもなお物事をはっきりと見極める目を持っていた．数学研究を荒廃させ数学者たちに亡命を余儀なくさせた政治状況は害悪と言ってほぼ間違いない．だが，われわれの知る限り，ハッセは決してそう思ってはいなかった．

第12問題

代数的整数論や類体論が現在，交通量の多い州間高速道路の上を走っているのだとすれば，第12問題は古びた道路の傍で立ち往生しているようなものと言えるだろう．1877年クロネッカーは，有理数体のどのような有限次拡大〔有限次アーベル拡大〕も，指数関数 e^x にある種の簡単な数を代入したものから生成できるだろうと予想した．ハインリッヒ・ヴェーバーはこれを1896年に証明したが，その証明には誤りがあった．誤りが見つかったのは，ようやく1979年になってからのことだ．ヒルベルトも1896年にこの予想を証明している．ヒルベルト自身は別の方法による証明を与えたにすぎないと考えていたのだが，こちらの証明に

は誤りがない．したがって，この予想に対して本当に証明を与えたのはヒルベルトが最初ということになる[98]．そして高木の節ですでにたびたび触れた「クロネッカーの青春の夢」と呼ばれる問題は，大雑把に言うと，虚2次体のどのような拡大〔有限次アーベル拡大〕も楕円関数を使えばクロネッカーの予想と同様の方法で生成され得るし，その構造を把握することもできるという予想だが，当時これは予想というより大それた目標と言うべきものだった．（ちなみに楕円関数とは楕円を定義する方程式のことではない．その名の由来の1つとなっているのは，楕円の弧の長さを計算する試みに端を発した一連の理論である．）ヒルベルトは第12問題として，この「クロネッカーの青春の夢」を新たな段階に拡張することを取り上げた．そこでは，最初に代数体を任意に選んだとき，そのすべての有限次アーベル拡大を生成するような解析関数を見つけることが求められる．したがってこの問題は1つの構想だと言えるだろう．よほどの好運に恵まれてでもいない限り，個々の代数体ごとに目的の関数を見つける必要があると思われる．この問題を考察するためには，保型関数やその本拠地たるリーマン面を理解することが必要かもしれない．保型関数にはこの問題の答えが潜んでいる可能性があるからだ．この第12問題を介して，これに関連する代数学や数論に，複素解析学や代数幾何学が結びつくことになるだろう．

　ヒルベルトは，ヴェーバーや自身が打ち立てた新しい研究成果を土台にすれば，クロネッカーの青春の夢は「大きな困難なしに」解決されるだろうと語っているが，この点に関しては楽観的に過ぎた．ヒルベルトの弟子たちはこの代数的整数論に関するヒルベルトの構想を成就すべく研究に邁進したのだが，ヒルベルトが言及したクロネッカーの青春の夢はその主張する内容にやや不正確なところがあったのだ．だがヒルベルトの威光が絶大だったこともあってか，そのことが明らかにされたのはようやく1914年になってからだった．（ヒルベルトの言う楕円関数とは何を指しているのだろうか？——複数形で用いられるときもあれば，そうでないときもある．また，その中にはある種のモジュラー関数が含まれていると思ってよいのだろうか？）このあたりの詳しいことについては，ノルベルト・シャパハーの論文『ヒルベルトの第12問題の歴史——間違いの喜劇（*On the History of Hilbert's Twelfth Problem : A Comedy of Errors*)』を参照してほしい．クロネッカーの青春の夢が正しい命題として述べられ，かつその完璧な証明が与えられるためには，高木による類体論の成熟を待たねばならなかった．

　類体論が発展し精密化されるにつれて，第12問題のうち代数学と数論に関わる部分はその大半が類体論の中で扱われるようになり，同時に類体論自体も解析

学と結びつくようになる．類体論はこの問題を解決する方向に向かっていた．ただシルヴァーマンとテイトは，1992年に出版され1994年に改訂された共著の中でこう述べている．「前述の箇所でそれとなく言及した類体論を用いれば［アーベル拡大の］そのような記述が可能だが，その記述方法はいささか間接的である」[99]．その後も，アーベル拡大を生成する関数について，もっと直接的に理解することはできず，ヒルベルトが要請した働きを実際に持つような関数を見出しそれを詳しく理解しようという研究は，時が経つにつれて陽の当たらない仕事に堕して行った——そのような関数に関する知識はもはや，本質的なものではないように思われたのだ．R・P・ラングランズは1974年に書いたある文章の中でこう述べている．「正当な理由があったかどうかはともかく，第12問題に対してはこれまでほとんど関心が払われてこなかった」[100]．（私が思うにその原因は，当初知られていたアーベル拡大を生成する関数——例えば指数関数——があまりに強力で扱いやすいものだったことにある．もっと複雑な場合になるとその理論は明快さを失ってしまい，たとえ目的が達成されたとしても，それがどれほどの恩恵をもたらすのか判然としないのだ．）

1995年，現代的視点に立ってヒルベルトの問題を直接考察したロルフ・ホルツアプフェルの著書『球とヒルベルトの問題 (The Ball and Some Hilbert Problems)』が出版された．この中でホルツアプフェルは，いくつかの発想を束ねるいわば1つの大きな川の流れがあって，それに従えばヒルベルトの問題のうち第7問題，第12問題，第21問題，および第22問題の現代的な解決手法を同じ文脈のもとで実現することができるということを示してみせた．もともと別個のものだったこれらの問題は，この大きな川に流れ込む支流となったわけだ*．ホルツアプフェルはヒルベルトの第12問題の解決手法として球モデルなるものに言及しているが，それによってこの問題がいささか曖昧な形で定式化されている点に再び立ち戻ることになる．この分野に携わる新しい世代の研究者たちには，もし興味があるようなら，ヒルベルトの第12問題の——ヒルベルト本人が述べた——内容がどのような位置づけにあるのか明確にしてもらえたらと思う．

数学や物理学では，研究の時間的な序列を把握することはなかなか難しい——方程式というものは普通，未来であろうと過去であろうと同じように成り立つ．ホルツアプフェルは，もともと別々に扱われていた4つのヒルベルトの問題を，

---

*第7問題は特定の関数に特定の値を代入すると超越数が得られることを証明せよという内容だが，この問題が解明できれば，おそらくはそれと同じ手法，あるいはそれに関連する手法を用いることにより，特定の関数から代数的数が得られるのはどのような場合かを知ることができるだろう．したがって，これらの問題の間にはわりあい直接的な関係があるということになるわけだ．

いわば1つの統一的な扱い方のもとに注ぎ込む川の流れのごとく捉えたわけだが，ワイルはこの同じ比喩を逆向きに使った．40年以上も前にこう述べている．

　　　　世紀の変わり目以降発展を続ける物理学は，たとえるならば1つの方角に向かって勢いよく流れ進む大河のようなものだが，数学の方は幾筋もの流れがばらばらの方角に枝分かれしていくナイル川のデルタ地帯のごとき様相を見せている[101]．

　時とともに数学が，ヒルベルトの述べたような第12問題の内容から離れる方向に流れてきたとしても，またヒルベルトの述べ方が曖昧だったとしても，代数的整数論に関するヒルベルトの構想が重要なものであることは確かだ．フェルマーの最終定理が証明されたとき，類数などの概念もその証明の中では重要な位置を占めていた．また代数幾何学も駆使されたが，その代数幾何学に厳密な基礎づけを与える上で中心的な役割を果たすのがヒルベルトの基底定理と零点定理（Nullstellensatz）だ．しかしサイモン・シンとケネス・リベット（リベットはフェルマーの最終定理が証明される過程で重要な貢献をした人物の1人）がサイエンティフィック・アメリカン誌に寄稿したこの新たな成果に関する解説記事にはこうある．「ドイツの偉大な論理学者ダフィット・ヒルベルトは，なぜフェルマーの最終定理の証明に手を出そうとしなかったのかと聞かれてこう答えた．『それに着手するためには，あらかじめ3年間は集中して勉強しておかなければならなかっただろう．だが，成功の望みが薄いことにそれだけの時間を費やすことは私にはできなかった』[102]」．

　ヒルベルトが「偉大な論理学者」？　確かに論理学者でもあったが，それにしても数学という川の流れがあまりに激しいせいで，忘却の川レテまでもがその中に流れ込むことがあるらしい．この章の冒頭で「アイスキュロスが忘れられてもアルキメデスが忘れられることはないだろう」というハーディの言葉を引用した．アルキメデスが洞察した事柄はこれからも幾度となく思い起こされ，再発見されるだろうが，アルキメデス自身となると——少なくとも数学者からは——忘れられてしまうことも，あるいはあるかもしれない．数学を専攻する学生は，数学ではなく一般教養の講義でアルキメデスのことを知る．アルキメデスはプルタルコスの著作に登場するからだ．とは言え，だからこそソフィー・ジェルマンはアルキメデスのことを本で読み，数学に興味を持つようになったのではあるが．

代数学と幾何学に関する問題

❧ 14, 15, 16, 17, 18 ❧

代数学とは何か？

第 14 問題と第 17 問題

—永田—

この章で取り上げる 5 つの問題はそれぞれ，何らかの意味で代数学に関連する．「algebra（代数学）」という言葉は（折れた骨を接合するなどの）整骨術を表すアラビア語の「*al-jebr*」に由来するもので，代数方程式と代数演算についての理論は古くからある形式的体系の一例だ．場合によっては複雑なものになることもある方程式を簡約する，あるいは解くとは，矛盾なく定義された規則に従って x がこの方程式の解に等しいことを意味する単純な方程式を導くことにほかならない．機械的な方法が見つかることが多いが，時には見つからないこともある．数学の「素っ気ないが洗練された記法」を次の簡単な実例で見てみよう．

日常言語で表した文	代数記号で表した文
ある数は別の数の 2 倍よりも 1 大きい	$2x+1$ $\quad\quad$ x
	（ある数）$\quad$（別の数）
その 2 つの数を足し合わせると 73 になる	$2x+1+x = 73$
その数とはどのような数か？	目標は方程式の片側の辺を x だけにすること
x の項を 1 つにまとめることができる	$3x+1 = 73$
両辺から 1 を引くことができる	$3x+1-1 = 73-1$
引き算を実行する	$3x = 72$
両辺を 3 で割ることができる	$3x/3 = 72/3$
割り算を実行する	$x = 24$

このようにして方程式は簡約される（この 2 つの数が 24 と 49 であることもわかる）．ライプニッツは哲学にはびこる曖昧さを一掃するため記号言語（lingua characterica）と推論計算（calculus ratiocinator）を確立しようと考えた．このときライプニッツを触発したものに代数学の成功があった．またブールは，自らが創始した論理計算法を代数と呼んだ．

代数学の簡潔な記法を一度手にしてしまえば，自然言語を介してでは思いつかなかったような方程式を書き下すことができる．代数記号が取り入れられるまでには長い年月がかかった．しかし，それが取り入れられた後は，代数方程式に焦点があてられた．そして 1545 年までにはすでに，2 次方程式，3 次方程式，および 4 次方程式の一般解を求める方法が確立されていた．だが研究はそこで行き詰まってしまう．5 次方程式（x^4, x^3, x^2, x だけでなく x^5 も含む多項式で定義された方程式）については一般解を代数的に求める方法を見つけることができなかったのだ．

1824 年，アーベルは複雑な理論を用いて，5 次方程式の一般解を代数的に求める方法が実際に存在しないことを証明した．その 5 年後，今度はガロアがさらに一般的な理論を生み出し，代数学に革命をもたらした．ガロアはこう考えた．一般の 5 次方程式に対して 5 つの一般解が得られると仮定する．（5 次方程式の解は重複がなければ 5 つある．ここではあくまで 5 次方程式を扱うが，その議論は 5 次以上のすべての次数に対して通用する．）これらの解はわれわれから見れば 5 つのブラック・ボックスである．そのそれぞれに「第一の解」，「第二の解」，……とラベルを貼り付けることができるが，そうすることでこの 5 つの解が生成する拡大体のすべての要素にラベルを貼り付けることになる．もしこの 5 つの解に貼り付けたラベルを互いに入れ替えたらどうなるか？ この方程式は完全な一般性を持つ，つまり，考え得るすべての 5 次方程式を代表するような存在だ．その係数は 6 つあり，各係数とも自分以外の係数を用いて表すことはできない――もし係数の間に何らかの関係があれば，そのような方程式は完全な一般性を持つとは言えないからだ．一般解のうちいずれか 1 つが，（根号や数，係数を使って書き表された）何らかの条件を満たすことによってその他の一般解とは明確に区別されるとすると，それを基にして係数の間の関係を導き出すことが可能となってしまう．しかし，ここではそのような関係は存在しないと仮定している．したがって，一般解どうしは形式的に入れ替え可能でなければならない．ラグランジュも，1770 年から 1772 年にかけてある論文を発表したときすでにこのことを認識していたが，それを手がかりにして引き出そうとしていたのは肯定的な結論の方だった．もっとも，この研究にひと区切りをつける頃には，一般解を代数的に求める方法はおそらく存在しないだろうと考えていたようだ．

ガロアは，この入れ替えという操作の間に特有の代数的構造があることを見抜き，それを「群」と呼んだ．入れ替えを1回行い，さらにもう1回別の入れ替えを行うと，その結果は第三の入れ替えを1回行ったことと同じになる．何も入れ替えないというのは，すべてのものをそれ自身と入れ替える操作と考える．また，ある入れ替えを行ったとすると，それをもとの状態に戻すような入れ替えを行うことができる（逆の入れ替え）．さらに入れ替えは結合的である．一般の5次方程式のガロア群とは，「ブラック・ボックス」たる5つの解の考え得るすべての入れ替え操作（置換とも言う）のなす集合を指す．

　さて次の段階へ進もう．今度は，有理数，6つの文字（5次多項式に現れる6つの係数），および2乗根号，3乗根号，4乗根号などの根号を使って表現可能な式全体に目を向ける．もし5次方程式の一般解が存在するのならば，それはこのような式の中に含まれていなければなるまい．果たして，いま述べたような式の中からお互い自由に入れ替え可能な5つの式を見つけることはできるだろうか？実を言うとそれはできない．そのため5次方程式には，こうした式の形に表される一般解，言い換えれば「根号による一般解」は存在しない．ガロアは，根号による一般解が存在し得る場合のガロア群の構造を詳しく調べることになるのだが，そのためには緻密な作業といまで言う「可解群」の考え方が必要だった．（先に述べたような式の中から互いに入れ替え可能な4つの式を見つけることは可能で，4次方程式の一般解は，複雑ではあるが実際に存在する．）こうしてガロアは，与えられた代数方程式のガロア群を計算する一つの方法と，それが可解か否かを決定する方法の一つを見出した．これは代数学の新たな形である．群は代数的構造であって，なおかつ数と同じ規則には従わないものなのだ．

　ガロアの発想は，19世紀の後半になって広く理解されるようになると，それ以降なくてはならない考え方になっていく．クラインやリーなどが群の概念を用いて幾何学や微分方程式を理解するようになったのをはじめ，分類あるいは分析の道具としての変換群の考え方は数学の主要な分野に巧みに取り入れられていった．類体論にも群が用いられていることはすでに見た．同時に，群の構造それ自体が代数学の研究対象として扱われ始めることにもなった．

　イギリスでは，ジョージ・ピーコック（1791-1858），ダンカン・グレゴリー（1813-1844），ド・モルガン，ブールらが，必ずしも実数や複素数とは結びつかない記号演算としての代数を生み出しつつあった．ウィリアム・ローワン・ハミルトンもまたこのような環境の中で研究していた1人だ．ハミルトンは複素数の類似物を見つけようとしていた．複素数は2次元の構造を持つから，その類似物は

3次元の構造を持ち，いまで言う空間ベクトルを表すだろうとハミルトンは考えた[1]．このような数がもし存在すれば物理学にとっては大いに役立つだろう．ハミルトンの最大の関心事は，物理学のための数学を追究することだった．一方ドイツではグラスマンが，「広延論」と呼ばれるより一層複雑な複素数の一般化を提唱した．この中でグラスマンが扱った数を「多元数」という．実際のところグラスマンはもっと以前からこのアイデアを持っていたのだが，ハミルトンより1年遅れの1844年になってようやくそれを公表したのだった．

　群論，さらには代数的対象の概念の拡張に続いて，現代的な抽象代数学を生む第三の要因となったのが集合論，そして第四の要因となったのが公理論的体系の普及だった．この公理論的体系によって，何が重要で何が重要でないかが明確になるほか，独立性や無矛盾性の問題を検証することが可能となり，いわば，理論に「品質保証」の承認シールを付与することができるのだ．

　1900年の時点で，現代的な抽象代数学を構成する要素はすべて目の前に出そろっていたが，にもかかわらずヒルベルトの問題のうち代数学固有の問題は第14問題と第17問題の2つしかない．（もっともこれは，分類方法の然らしめるところだとも言える．代数的整数論の問題は明らかに代数学の問題だが，興味の中心が数の性質にあるため数論の問題と見なされている．）ただし第15問題は代数方程式によって定義される曲線と曲面の幾何学に関するもので，第16問題にも一部そのような側面がある．また第18問題は幾何学の問題だが，代数的に解決されている．1950年から1994年までのフィールズ賞受賞者を見てみても，その受賞業績の分野がどう分類されるかについて同じような偏りが見られる．36人の受賞者のうち，受賞業績の分野が純粋な代数学に分類されるのはジョン・トンプソン（1970年受賞）とエフィム・ゼルマノフ（1994年受賞）の2人だけだ．ただ，代数幾何学または代数的トポロジーの業績による受賞者は17人おり，それ以外の受賞業績の中にも代数学の要素は数多く見られる．代数学のことを数学の「小間使い」と呼ぶ人も中にはいるが，それは代数学の捉え方が単純に過ぎると言うものだ．

　新しい抽象代数学は，（すでに知られていたさまざまな課題を世界のあらゆる方面から取り込みながら）1920年代にゲッティンゲン大学で生まれたものだが，それが形作られていく上で欠くべからざる1人の数学者がいた．「大きなだみ声」で話す「精力的でひどい近眼の洗濯女」のようだと形容されたその人こそ，エミー・ネーター（1882-1935）である．マックス・ネーター（1844-1921）の娘として，不変式論の研究が盛んだった頃に生を享けたエミー・ネーターは，自らも不変式論で学位論文を書き，具体的な不変式をいくつも計算した．体調を崩した父親に代

わって彼女が講義をすることもあった．父親が現役を退くと，ネーターは自活する必要に迫られ，ゲッティンゲン大学に籍を置くことになった．時まさに第一次世界大戦真っ只中であった．ネーターは周囲の人々にとって外見的な魅力のある人物ではなかったようで，ワイルには「どうやら美の女神は彼女のゆりかごに目をかけなかったらしい」[2]と不躾に評されているし，言葉を器用に使える方でもなく，講義は難解なことが多かったため，出席するのはいつも決まった数名の学生だけだった．また，せっかちだったネーターは，講義すべき内容をごっそり飛ばしてしまうこともあったし，黒板の文字も書いたそばから消し始める始末だった．

明晰さを求め，おまけに美人に惚れやすかったヒルベルトは，ネーターには目をかけそうにないと思われるかもしれない．だが，ヒルベルトはそこに1人の偉大な数学者がいることを見抜いていた．しかも，当時ヒルベルトが相対性理論の研究に必要としていた知識にネーターは通じていた．ヒルベルトはまずネーターが私講師の資格を得られるよう大学側に掛け合い，それが不調に終わったため，ネーターにはヒルベルト自身の名義で講義をさせることにした．そして，その後もヒルベルトが彼女のために談判を続けた甲斐あって，やがてネーターは私講師の地位を得，最終的には「非公式の員外教授」という，ドイツ語で書くとやたらに長く要領を得ない肩書きの職に就くことになる．この職には課せられた職務がない代わりに給料も出なかったが，その後，私講師としての仕事に対してわずかではあるが給料が支払われた．ゲッティンゲンにあって，ネーターは1920年代から，ドイツ数学界の牽引役の1人だった．

しかし1933年，ネーターは〔ナチ政権による迫害のため〕やむなくドイツを去ることになる．ペンシルヴェニア州のブリンマー大学に移るも，その直後に見舞われた虫垂破裂のためこの世を去った．ネーターの研究は，教え子であるオランダのB・L・ファン・デル・ヴェルデン（1903-1996）に直接引き継がれ，さらなる発展を遂げた．アルティンも1923年にネーターの講義を聴き，大いに感化されたという．ネーターは，P・S・アレクサンドロフはじめゲッティンゲン大学のロシア人留学生たちからとりわけ人気があった．彼らは，ドイツ人たちは軟弱だと言わんばかりに，ワイシャツ1枚という薄着で出歩くようになるのだが，そのいでたちは「ネーター親衛隊服」[3]とあだ名された．

ネーターは代数学に公理論的手法を持ち込んだ．それは健全な論証を保証するためのたんなる手段としてではなく，証明の戦略としてだった．学校で代数を勉強したことのある人ならわかると思うが，代数では込み入った細部に足を取られ

がちである．しかもそれは，問題を単純化することにも解決することにも役立たないばかりか，問題をますますこじらせる原因となるものだ．ネーター流の代数学にとってこうした細部は，ビクトリア湖を覆い尽くす蓮のように，見通しの良さを妨げるものとなる．公理系を1つ定めることにより，ある代数系のクラスについて大前提となる事実が捉えられると同時に，窮屈な細部が取り払われたことで，推論を重ねていけばその公理系の中で捉えられるすべての代数系で成立するような一般的な事実を確立することができるのだ．そして，こうした公理系に適した言語が集合論ということになる．各代数系はいくつもの対象からなる1つの集合であり，代数演算は規則——あるいはもっとありていに言えば，順序づけられた3つの対象の組のなす集合——である．ネーターは多項式のなす環や体，およびそれらのイデアルについて，特定の細部に束縛されない理論を築き上げた．この理論によれば，その中で扱われるイデアルはいずれも有限の基底を持つことが証明される．これは不変式論から生まれたヒルベルトの基底定理の一般化になっている．裏を返せばヒルベルトの定理はネーターの定理の特別な場合ということだ．この他にも，ネーターの結果からその特別な場合として容易に導かれる事実は数多く，しかもその中にはまだ証明されていなかったものすらいくつも存在する．

　この手法がはっきりと認識され応用されるにつれて，研究は一気に隆盛を迎えた．例えば，行列と言えばそれまでは実数か複素数のどちらかしか成分として持たなかったが，もしそれ以外の体の要素を成分として議論するとどうなるかと考えることで新たな研究領域が開けた．精巧に生み出されたこうした成果はさまざまな実りをもたらしたが，他方で議論の的にもなってきた．それは，これらの成果によって代数学が小間使いの地位から脱却することになったからでもある．代数学や基礎論に関するヒルベルトの仕事は現代的な抽象代数学に寄与したが，彼が提示した代数学の問題は旧式のスタイルで定式化されたものだった．

第17問題

　第17問題として提示されたこの内容にヒルベルトが関心を持った理由の一端は，それを解決することがある種の幾何学的作図問題に関する結果を得る上で有用だという点にあった．ここでは次の例のように，多項式の割り算，あるいは比を取る操作をも許すことにしよう．

$$\frac{x^2+y^2}{x^2+2y^2+3}$$

このような形の式を有理関数と言う．ただし，係数はすべて実数であるとする．先に示したのは簡単な例だが，いつものことながら，こうした有理関数の中にはとんでもなく複雑なものもある．ところでいまある多項式があって，その変数にどのような実数を代入しても決して負の値を取らないとしよう．ヒルベルトは，この種の多項式の中に他の多項式の平方和として表せないようなものが存在するということを自ら証明した．それならばということでヒルベルトは，このような多項式がいつも完全平方式である有理関数の和として表されるか否かを問題にした．1つの込み入った具体例でもその代数計算はたちまち煩雑になる．完全な一般性を持つ多項式であればなおさらだ．

この問題はもともと現代的な内容を扱ったものではなかったが，1927 年エミール・アルティンは新しい抽象代数学を駆使してこれを解決した．これは抽象代数学がもたらした大きな成果の中では初めてのものとされている．アルティンはオットー・シュライアー (1901-1929) と共同で，「形式的実体」なるものの研究に取り組んだ——実数全体の集合は形式的実体の重要な具体例の 1 つだ．形式的実体では，平方数の和が −1 に等しくなることは決してない．ここでアルティンが気づいたことは，ある体に属する 1 つの要素がその体の要素の平方の和として表されるのは，その体の中にどのような順序構造が与えられてもその要素が負でない値になるとき，かつそのときに限るという事実だった．実数全体の集合それ自体はそもそもの初めから 1 つの順序構造を備えているが，その他の形式的実体にはいくつもの順序構造を定義することができる．有理関数のなす体に対しては，変数に実数を代入することで順序を定義することが可能だ．そして，もしこれによって本質的にすべての順序構造が得られるのであれば，つねに負でない値を取る多項式は有理関数の平方の和として表されることになる．こうした抽象的な観点からアルティンは，15 ページの論文の中で一般化された結果を証明し，ヒルベルトの第 17 問題を解決へと導いたのだった．

アルティンの証明は存在証明である．つねに負でない値を取る多項式を任意に取り出しそれを有理関数の平方の和として表す方法を示したということではない．それから 30 年後の 1957 年，ゲーデルの友人であるゲオルク・クライゼルは，エイブラハム・ロビンソン (1918-1974) が 1955 年に発表した結果を基にその明確な構成方法を提示した．クライゼルはその他にも，記号論理学の道具立てを用い

て，代数学に関する肯定的な結果をいくつも得ている．これは基礎論研究の生み出した大きな成果の1つだ．ただしアルティンは，$2^{2^{100}}$もの段階を踏まねばならない構成方法よりも，明快な存在証明の方が性に合うと述べている．（ちなみにクライゼルの研究は，DA-36-034-ORD-1622という契約番号でアメリカ陸軍の兵器研究局から一部資金援助を受けていた．今でも議論の的になる国防費の有効利用という課題には適っていたわけだ．）

第14問題

　ヒルベルトにとって不変式研究の中心は，文字を係数とする一般の多項式と，座標の回転に相当する変数変換（ただし，すべてを一斉に変換するとは限らない）にあった．多項式に変数変換を施すとき，もとの多項式の係数を組み合わせてできる式の中には，変数変換後も変化しないものがある．このような，係数を組み合わせてできる式のうち変数変換によって不変なもの全体は，その中から有限個の式を適当に選べば漏れなく構成できるというのがヒルベルトの基底定理の主張だ．
　第14問題の中でヒルベルトはこの研究を拡張するよう要求した．この問題は「ある完全関数系の有限性の証明」という表題で，本文の冒頭には「代数的不変式論においては，完全関数系の有限性の問題が，私の見るところ，ひときわ興味深いものです」とある．その本文の中でヒルベルトは，単なる多項式にとどまらず有理関数（第17問題のところでも述べたように有理関数とは多項式の比のこと）にまで言及し，有理関数の集合に対する変数変換まで許して考えている．有理関数の中には変数変換を介して多項式になるものが存在するが，ヒルベルトはそのような有理関数のことを一括して「相対的整関数」と呼んだ．相対的整関数全体は1つの環をなす．この環は有限基底を持つだろうか？　デヴィッド・マンフォードが語っていることだが，ヒルベルトは基底定理の証明に成功して以降，「代数学に属する他の文脈でも有限性が成り立つということに対してあまりに楽観的だった」[4]ようだ．第14問題やそれをより現代的に定式化した問題に関して言えば，一般に有限性は成り立たない．1959年，その証となる見事な反例を永田雅宜が構成したことで，この問題は解決されるに至る．
　永田雅宜は1927年2月9日，名古屋市の南にある大府町（現大府市）で生まれた．永田の父親は小さな町工場を営む一方，数年間にわたって町議会議員も務めた．永田が受けた学校教育はごく普通だ．小学校に6年間（1933-1939）通ったあと，隣の刈谷町（現刈谷市）にあった中学校に5年間（1939-1944），さらには名古

永田雅宜（写真提供：永田雅宜）

屋市にあった「第八高等学校」に3年間 (1944-1947) 通った．当時の日本の高等学校は，フランスで言えばリセの最終3学年，アメリカで言えば高校の最終学年と大学の最初の2学年を合わせたものに相当する．永田は私宛ての手紙の中で高等学校時代のことをこう書いている．「自分は数学がそれほど良くできるとは思っていなかったが，好きな科目と言えば数学しかなかった」[5]．永田には自分よりも優秀だと思える友人が何人もいた．また，「自分は大器晩成型でもないと思うが，ともかく数学の問題を考えるのが好きなごく平凡な少年だった」とも書いている．第二次世界大戦が始まったとき永田はまだ中学生だった．健康で丈夫な男性は徴兵されていたため，地方での農作業や都市部での工場労働に学生たちが駆り出されることになり，学校の授業も満足に行われなかった．1947年4月，永田は名古屋大学に入学する．どの戦争にも共通する戦後問題，すなわち物資の不足と物価の高騰のため生活は過酷だったが，窮乏のせいで学業が妨げられることはなかった．3年後，永田は大学を卒業する．当時の日本では大学院の位置づけが曖昧で，博士号の学位を取得することが大学院と結びついていたわけではなかった．大学を卒業した半年後に助手となった永田は，名古屋大学で2年半教えたあと，1953年の5月に京都大学に移り講師となった．以降，客員研究員として海外に滞在した時期以外は一貫して京都大学に籍を置いていたが，私が手紙を出した頃には岡山理科大学にいた．

　1953年，日本で開かれた代数的整数論の国際シンポジウムにアルティンが出席した．シンポジウムに先立って京都を訪れたアルティンはそこで永田と面会し，取り組んでいる研究内容などを尋ねた．永田の返答を聞いたアルティンは，ヒルベルトの第14問題を知っているかと言った．永田は第14問題のことを調べてみて，自分が取り組んでいる研究内容と似通っていることに気づいた．こうして永田は第14問題について考察することになる．1957年に「理学博士」の学位を取得した永田は1959年，特別研究員としてハーバード大学にいたとき第14問題に対する反例を発見した．永田の在職年数は長く，教え子の中には1990年にフィールズ賞を受賞した森重文がいる．

　この問題に関わる数学は物静かで，計算が重きをなすという側面がある．われ

われはまず，ドイツの田舎道を歩きながら不変式を計算するパウル・ゴルダンに出会った．そして，ゴルダンのもとを訪れたヒルベルトがゴルダンと連れ立って歩いていくうち，高い一般性を持つ基底定理を，計算することなく証明する方法を思いつき，それはゴルダンの計算を大方不要にするものだった．しかし永田が1つの結果を提示し，それによって，多分に抽象的ではあるが，われわれは再び計算へと連れ戻されている．ヒルベルトと言えど，いつも思惑どおりに事が運ぶわけではないわけだ．永田が構成した具体的な反例は突き詰めて言えば，緻密で地味な計算を土台としたものだった．

シューベルトの名人芸

第15問題

　ヒルベルトの第15問題は「シューベルトの数え上げ算法の厳密な基礎づけ」という表題で，その本文の強調表記の部分（2つあるパラグラフのうちの最初の部分）にはこうある．

　　問題は，特にシューベルトが，いわゆる特殊位置の原理あるいは個数保存の原理を基に，彼自身が発展させた数え上げ算法を用いて特定した，幾何学的図形に関するさまざまな数について，その妥当性の限界を明確にしつつその正当性を厳密に確立すること，にあります．

　ヘルマン・ツェーザー・ハンニバル・シューベルト（1848-1911）はギムナジウムの教師だった．以前にも触れたことだが，当時のギムナジウムがいかにエリート集団だったのかということがここからもうかがえる．シューベルトは1872年から1876年までヒルデスハイムのギムナジウムで教鞭を執った．のちにヒルベルトが友人として，また同僚の研究者としても懇意にしたアドルフ・フルヴィッツは，（ヒルベルトが書いたフルヴィッツへの追悼文によると）この時期シューベルトの学生にして共同研究者だった．1876年，シューベルトはハンブルクにあるヨハネウム学院の教諭（Oberleher）に任用される．肩書きは教授である[1]．ハンブルクに大学ができたのはようやく1919年のことだが，それ以前からこのヨハネウム学院では質の高い教育が行われていた．バロック期の作曲家ゲオルク・フィリップ・テレマンは40年以上にもわたって，このヨハネウム学院で聖歌隊の指揮者を務めながら音楽を教えた．

　シューベルトが考案した計算法は代数曲線や代数曲面を対象とするもので，その目的は「この曲面とあの曲面があるとき，その2つの曲面は何回交差するか？」，

あるいは，もっと一般に「ある種の性質を持つ図形の中に特定の代数的条件や幾何学的条件を満たすものはどれくらいあるか？」[2]といった問題を扱うことにある．このようにシューベルトの動機となったのは「数え上げる」ことだった．シューベルトの計算法は，それまで解けなかったさまざまな問題を解く上で威力を発揮した．ただシューベルト自身も認めているように，その基礎づけは完全に厳密なものとは言えず，当然ながらこの手法を用いることに違和感を抱く数学者もいた．ヒルベルトはこの第15問題に至ってすら，なおも基礎づけに関する問題を提起しているのだ．

　シューベルトの関心を引く類の問題について得られた結果のうち最も簡単なのは，同一平面上にある2つの直線はちょうど1点で交わるというものだろう．ところでこの2つの直線が平行な場合はどうなるのか？　無限遠点で交わる，というのがそれに対する答えだ．次に簡単なのは，1つの直線と1つの円は2点で交わるという結果だろう．ところで両者が交わっていない場合はどうなるのか？

今度は，2つの虚点で交わる，という答えになる．（連立方程式を立てれば2組の虚数解が得られる．）

　では直線が円に接している場合はどうなのか？

この場合は接点を2重の交点と見なす必要がある．（方程式を因数分解すると同じ因数が2重に現れる．）

　同様に，2つの円は互いに4つの点で交わる——そのうち2つは実点，もう2つは虚点だ．そして互いに接する2つの円はその接点で2重に交わり，虚の無限遠点で2重に交わるといった具合になる．いま直線と円について述べたこの簡単な規則には一貫して矛盾のない原理が根底に働いているのだが，問題がもっと複雑になってくると本当の難しさが立ち現れることになる．これらのアイデアはすでに1800年頃からそれ以降にかけ，ガスパール・モンジュ（1746-1818），ラザー

ル・N・M・カルノー（1753-1823），ジャン・ヴィクトル・ポンスレ（1788-1867）らによって確立され体系化されていた．彼らは無限遠点だけでなく虚点についても言及している．この分野の問題はつねに，連立代数方程式の解を探す問題に置き換えて表現することが可能だ．

シューベルトは，このような路線に沿って考察しながら，目を見張るような数値をいくつか計算してみせた．スティーヴン・クレイマンは私宛ての手紙の中で，シューベルトの手法を「壮大な仕掛け」[3]と呼んでいる．シューベルトの計算によれば，与えられた9個の2次曲面に接する2次曲面は666,841,048個存在し，「与えられた12個の2次曲面に接する空間3次曲線」[4]は5,819,539,783,680本存在する．

シューベルトはこの種の問題を解決するための拠りどころとして，「特殊位置の原理」あるいは「個数保存の原理」に絶対的とも言える自信を持っていた．自ら確立した計算法もこの原理が根拠となっている．どのようにしてこの原理を利用するのか，その一例を見てみよう．まず3次元空間内に4本の直線が与えられているとしよう．この4本の直線のどれとも交わるような直線は何本引けるだろうか？　この問題はシューベルト自身が早い時期に自著の中でその解答を示しているものだが，この問題を一般の場合のまま視覚化することは難しい．シューベルトは当初よりもいくらか限定された場合について考えるため，4本ある直線のうち2本の位置を「特殊化」した．具体的には，1本目と2本目の直線が交わり，かつ3本目と4本目の直線も交わると仮定した．この特殊化された問題であればもとの問題よりも答えは得やすい——答えは2本だ．実際，この場合にはその2本の直線の引き方を具体的に与えることができる．（1本は2個ある直線どうしの交点を通るもの，もう1本は1本目と2本目の直線によって決まる平面と3本目と4本目の直線によって決まる平面との交線だ．）その上でシューベルトは，平たく言えばこの種の問題の答えが一般の場合も特殊な場合も同じになることを主張する「個数保存の原理」に訴えることで，一般の場合の答えも2本だと結論づけた．

数学ではつねに言えることだが，ある特殊な場合をその一部として含むより一般の場合が証明されれば，その特殊な場合も証明されたことになる．ところがここでは，特殊な場合を考察することで一般の場合を証明しようとしているのだ．この原理がどのような場合にも正当性を持つということをシューベルトは証明していない．代数幾何学に虚点と無限遠点を導入した主たる目的は，この原理がつねに成り立つような幾何学とその表現手段を得ることにある．クレイマンによれば，実際この原理は，ヒルベルトが第15問題を提示するとすぐに「[エドゥアルト]

シュトゥーディと［G・］コーンによって激しく論駁された」[5]という．またクーリッジは1940年に出版された著書の中で，「幾何学の歴史の中でもこれほど議論を呼び起こした話題はない」[6]と語っている．

いま述べたように初期の頃の問題の扱い方は直接的だが，シューベルトの計算法を用いることでより形式的に扱うこともできる．（この章の終りに付録として1つの実例を示してある．）シューベルトは，「1本の直線が与えられた2本の直線と交わる」とか「直線が与えられた1つの平面と交わる」とかいった命題の代わりとなる記号を用意した上で，2つの命題（つまりは記号）を形式的に結合する演算を導入し，そこから方程式を導けるようにした．このうち和の演算は足し合わされた2つの命題のどちらかが真であることを意味するのに対して，積の演算は2つの命題がともに真であることを意味する．このようにしてシューベルトは，（推論計算（calculus ratiocinator）のような）ある種の「計算法」，あるいは記号に関するある種の「代数」を生み出した．これにより，数え上げ幾何学における問題は形式的な計算によって解くことが可能になった．代数の表記法が利用できるようになったとき計算できる対象は実質上格段に増えたが，それとまったく同じようにここでも扱える問題の数はそれまでよりずっと多くなった．それは，新しい何かを実際に付け加えたからではなく，表記法を改めたことで旧来の論証方法に比べて煩雑さが大幅に軽減されたからだ．シューベルトの計算法は，特殊な場合を記述し，その特性を把握し，それに関する論証を進めるための巧妙な体系と言える．このような形式的体系，あるいは形式的計算法の考え方は19世紀の最後の四半世紀に広まりを見せた．シューベルトは，おそらく論理学者のエルンスト・シュレーダーから最も直接的な影響を受けたのだろう．実際，名前を挙げてシュレーダーに言及してもいる．シューベルトは自ら考案した計算法を用いて，もともとの問題に対する答えを直接構成することなく，かなり大きな数をいくつも導き出した．この計算法なくしてこのような値を得ることは，理論上は可能であっても現実問題としては無理だっただろう．まさに迷路の中をさまよい歩くがごとき状況に陥っていたのではないだろうか．

カプランスキーは，1977年に出版された著書の中でこの問題について概説しているが，そこに次のような一文がある．「ヒルベルトの第15問題を現代風に言い換えるとすれば，代数多様体［1つ以上の代数方程式によって定義される曲線や「曲面」］に対して交わりの重複度［例えば，円とその接線との接点を2重の共有点と数える］を適切に定義した上で，期待される性質を証明せよ，ということになる」[7]．大まかに受け取れば，これは代数幾何学全般に対して厳密な基礎づけを与え，そ

の中で個数保存の原理が成り立つことを証明することだと言ってもよい．ファン・デル・ヴェルデンは 1930 年に発表した研究成果をもって，シューベルトの計算法に対する厳密な基礎づけへの大きな一歩を踏み出した．その考え方は，ソロモン・レフシェッツ（1884-1972）の研究を土台とする位相幾何学的なものだ．ただしこの進展がもたらされる以前から，そのためのさまざまな下地が代数幾何学の専門家フランチェスコ・セヴェリ（1879-1961）らによって整えられていた．そうして新たな論点となったのが，ファン・デル・ヴェルデンが用いた初等的とは言えない位相幾何学的手法を回避することだった．その研究については数多くの数学者の手によって進展を見た．アンドレ・ヴェイユは『代数幾何学の基礎（*Foundations of Algebraic Geometry*）』という本を 1946 年になって出版したが（実際には 1944 年に完成していたということが序文の中で述べられている．ヴェイユによるとこの序文は詩人の W・H・オーデンの手を借りて書かれたものらしい），その中には次のような記述がある．「いわゆる『数え上げ幾何学』を厳密に扱う上で必要となる結果はすべてこの中に述べられている．つまりは，本書によってヒルベルトの第 15 問題は完全に解決されたことになる」[8]．だが，不十分な点はまだ残されていた．クレイマンが指摘するように，1962 年に刊行された改訂版の 331 ページには，すべてのギャップが埋められたわけではないというヴェイユ自身による記述もある．1974 年にクレイマンが述べた次の一節は，研究の動向を概観したものとしてよくまとまっている．

　　シューベルトの発想は時間をかけて理解され，より精密に，より形式的に，かつより厳密になっていった．そこにはあまたの数学者が関わっている．セヴェリ，ファン・デル・ヴェルデン，エーレスマン，B・セグレ，トッド，ヴェイユ，ザリスキ，シュヴァレー，サミュエル，ホッジ，ペドー，チャウ，セール，グロタンディークといった名前が挙がるが，これもほんの一部にすぎない．こうして 1960 年頃には，それなりに厳密な理論と呼べるものが形成されるに至った．[9]

ただ，数え上げ幾何学の厳密な基礎づけが与えられても，実際の複雑な場合について数の計算を実行する効率的な方法が得られたかというと，必ずしもそうではなかった．クレイマンは私宛ての手紙にこう書いている．

　　実際の場面で数の計算を実行するのは第一段階にすぎないのであって，その数の意味するところについて調べることも必要である．ご存じのとおり，セヴェリ

やファン・デル・ヴェルデンらの研究成果がもたらされてもなお，シューベルトが自らの計算法を用いて間接的に算定した2つの数が妥当性を持つものかどうかわからなかった．シューベルトがその数を算出するにあたって，何か誤った仮定を設けたり，計算方法を間違ったりすることはなかっただろうか？　さらに言えば，仮にシューベルトの間接的な計算方法を正当化できたとしても，それだけでは十分でない．与えられた9個の2次曲面に接する2次曲面がちょうど666,841,048個存在し，それらの2次曲面がすべて円錐面ではなく，なおかつそれぞれが重複して数えられていないことも証明しなければならない．[10]

1970年代後半から1980年代初頭にかけて，クレイマンを含め数多くの数学者がこれらの手法をさまざまな個別の問題や問題群に適用した．次の一節はクレイマンからの引用文だが，そこからはこの試みが共同体的な様相を帯びていたことがうかがえる．

　円錐曲線に関する数え上げの理論や，より広範な平面上の相反変換に関する理論は，当初から早々と高次元の場合に一般化され，世代が移り変わってもなお数学者たちの関心を集め続けてきた．その傾向は数え上げ幾何学に属する他のどの理論よりも強い．1980年頃には新たに，いくつもの動きが一挙に現れ始めた．程度の差はあれ，その担い手となった数学者を見てみると，アベアシス，カサス，デ・コンチーニ，ドレクスラー，フィナト，ジャンニ，ゴレスキー，イーレ，クレイマン，宇澤，ラクソフ，ラスクー，マクファーソン，プロチェシ，シュプリンガー，シュテルツ，ストリックランド，トルップ，トラヴェルソ，ファン・デル・ヴェルデン，ヴァインシェンカー，ザンボなどがいる．[11]

3次曲線の研究に取り組む数学者に目を向けても，アベアシス，コレ，エリングスルド，ハリス，クレイマン，ピエネ，サッキエロ，シュレシンジャー，シュトレーム，ヴァインシェンカー，ザンボなど同じような名前が並ぶ．
　シューベルトが計算によって得た666,841,048および5,819,539,783,680という2つの数については現在，その正当性を示す根拠が与えられている．それを受けてクレイマンは1987年にこう述べている．

　この10年の間に見られた進展ぶりには凄まじいものがある．シューベルトの著書に書かれてあるすべての結果を完全に理解し，かつ厳密に取り扱うことがで

きる日もそう遠くないように思えるが，こんなことは一世紀を超える歴史の中で初めてのことだろう！[12]

そしてクレイマンはこう総括する．

　ヒルベルトは交叉理論と数え上げ幾何学を厳密な形で発展させることが20世紀の数学が取り組むべき重要な課題の1つになるだろうと予見したが，それはヒルベルトの慧眼の証しである．[13]

　物理学の分野では1980年代後半から1990年代にかけて超弦理論の研究が始まった．この理論では，時空は10次元でそのうちの6次元はカラビ-ヤウ空間にたたみ込まれているとされる．この小さくたたみ込まれた空間に，あるいくつかのパターンが現れることに気づいたエドワード・ウィッテンは，弦理論によって明らかになったその構造を，一般化された交叉数の研究に用いることを提唱した．また1991年には，キャンデラス，デ・ラ・オッサ，グリーン，およびパークスが重要な論文（最も単純なカラビ-ヤウ空間のミラー対称性を扱ったもの）を発表した．これをきっかけに多くの数学者や数理物理学者が続々とこの分野に参入し，物理学上の原理と方程式を足掛かりにして，シューベルトが算出したような巨大な数が計算されるようになった．その中から生まれた家内制手工業のような研究が少なくとも3つある．いずれも物理学に由来する数を調べるとともに，物理学から示唆を得た新しい手法を数学の問題に適用するものだった．その1つが量子コホモロジーだ．これまでに幾何学的な量を数多く生み出してきた驚くべき道具である．その研究に魅了されることになった数学者の1人，マキシム・コンツェヴィッチは，1998年にフィールズ賞を受賞している．こうして第15問題は，思いがけない形で花開くこととなった．元来の問題に立ち返ると，いまやシューベルトの計算法それ自体は確固たる基礎づけを与えられたと言ってよく，したがってヒルベルトの第15問題は本質的に解決されたことになる．この問題の研究に携わってきた数学者の多くは現在も存命だが，彼らの経歴はしばらくの間どこかへ小さくたたみ込まれ，直接知る者以外の目に触れることはないだろう．

補 遺

（この補遺はスティーヴン・クレイマンから受け取った手紙の内容に沿ったものである．）

問題：3次元空間内に4本の直線が与えられたとき，この4本の直線のどれとも交わるような直線は何本引けるか？　この問題はシューベルトの計算法を使って次のように解くことができる．

各命題を次のように記号へ変換する：

g　　ある1本の直線が与えられた1本の直線と交わる

g_p　　ある1本の直線が与えられた1点を通る

g_e　　その直線は与えられた1つの平面上にある

g_s　　ある1本の直線が与えられた直線の束と交わる

G　　その直線は与えられた直線と一致する

次にシューベルトは，形式的な方程式 $g^2 = g_p + g_e$ を証明する．（この方程式は，数え上げを目的とする場合に関して言えば，ある1本の直線が与えられた2本の直線と交わるという条件と，その直線が与えられた1点を通るか，または与えられた1つの平面上にあるという条件とが同値であることを意味する．この2つの条件が同値であることは個数保存の原理から導かれる．なぜなら，与えられた2本の直線を1点で交わるように特殊化しておけば，ある1本の直線がこの2本の直線と交わるのは，その交点を通るか，またはこの2本の直線により定まる平面上にある場合に限られるからだ．）

さらに，$gg_p = g_s$，$gg_e = g_s$，$gg_s = G$ も証明する．

次に，$g^2 = g_p + g_e$ の両辺に g を掛けると $gg^2 = gg_e + gg_p$ が得られるが，これは $g^3 = 2g_s$ と書き直すことができる（$gg_p = g_s$，$gg_e = g_s$ だから）．

さらに $g^3 = 2g_s$ の両辺に g を掛けると $gg^3 = 2gg_s$ が得られる．$gg_s = G$ であるから，これは $g^4 = 2G$ となる．

この最後の式は，与えられた4本の直線と交わる直線が2本あることを示している．これが示すべき結果であった．

その曲線のグラフを描け

第 16 問題

　いろいろな代数方程式のグラフを描けという問題は，代数学ではごく自然な問題であって，しかも頻繁に遭遇する．最も単純な方程式は $2x+3y=5$ という形をしたもので，そのグラフは直線だ．これに次いで単純なものは 2 次の項を持つ方程式で，$2x^2+6y^2=3$ や $xy=7$ という形をしている（xy は 2 次の項と考える）．一般には $ax^2+bxy+cy^2+dx+ey+f=0$ という形で表され，そのグラフは円錐曲線——楕円，放物線，双曲線になる．この種の方程式について古代ギリシャ人は深い知識を持っていた．アポロニウス（紀元前 262-190）の『円錐曲線論』はその 1 つの極点をなすものと言える．古代ギリシャ以降しばらくは，これと言った進歩は見られないが，1665 年になってニュートンが 3 次方程式（3 次の項を含む方程式）のグラフを 100 種類前後に見事分類してのけた（ニュートンが物理学者であると同時に数学者でもあることを私は納得させられた）．ニュートンは，その力作とも言える手稿の中で，漸近線や変曲点，あるいは各変曲点における接線相互の位置関係などを基に分類を試みている．だが，ニュートンの方法をもっと複雑な方程式に直接応用することは，実際上ほぼ不可能だろうし，たとえうまくいったとしても審美的な面では魅力に乏しいものとなるだろう．

　第 16 問題の表題は「代数曲線および曲面の位相の問題」となっている．考え得るすべての場合を詳細に説明しようとすれば冗漫にならざるを得ないことを承知していたヒルベルトは，解として実数解のみを許した場合の代数関数のグラフがどのような形状を取り得るのかを定性的に（ただし厳密に）記述することを要求した．（ヒルベルトはこの問題の本文の最後にもう 1 つ，極限サイクルと微分方程式に関する問題も提示している．その意味するところはこの研究分野を創始したポアンカレに親しんだあとの方が理解しやすいだろう．第 16 問題の後半部分についてはポアンカレに関する章で述べる．）

代数方程式のグラフは，実射影平面上に描くとその形の類似性がわかりやすくなるということに数学者たちは気づいた．射影幾何学は，遠近法をうまく扱おうという画家たちの試みが1つの発端となっているが，その後数学者らの手に掛かると，画家に必要な程度を何段階も超えるまでに発展した．射影平面とはユークリッド平面に「無限遠点の集まり」を付け加えたものだ．遠近法を用いて描かれた絵画では，無限遠点に相当する消失点が実際にその中に現れるが，それとまったく同じように射影幾何学では，各直線の両端に位置する1つの点としての無限遠点が実際にその「平面」の中に存在する．1本の直線は無限遠点で自分自身と交わると見なす．2本の平行線も無限遠点で（両端点で）交わる．このように得られる平面はそれ自体，幾何学的に複雑であって，3次元空間に埋め込むことはできない．この辺りのことは聞き覚えがあると思う．シューベルトも例の研究を行う際，射影空間内で考察していたのだった．この予行訓練には大きな見返りがある．射影平面の中で考えると，次数が偶数で特異点のない代数曲線のグラフには卵形線しか現れないことがわかるからだ*．

　第16問題について述べる中でヒルベルトは，2つの手段を用いてグラフの形の類似性を捉えるという研究方針を示唆している．その2つとは射影平面とトポロジーだ．トポロジーでは，曲線であれ何であれ幾何学的対象はいずれも伸び縮み可能なものと見なす．大雑把に言うと，2つのグラフは，一方を連続的に伸ばしたり，引っ張ったり，縮めたりしてもう一方に一致させることができるとき，同じ形と見なされる．そのような操作を具体的にどう行うのかについては専門的な話になるが，この問題では「アイソトピー同値」（あるいは「剛アイソトピー」）という言い方をすることが多い．ところで1つの「卵形線」は射影平面を内部と外部の2つに分ける．その内部は単なる円板だが，その外部はトポロジー的な意味でメビウスの輪になる．そして2つの卵形線は，トポロジー的に言えば，互いに他方の外部に存在しあうか，一方が他方の内部に存在するかのどちらかになる．

または

＊放物線には無限遠に向かう方向が2つあるように見えるかもしれない．その2方向に放物線をたどってみると，遠くへ行けば行くほどどちらの方向も垂直方向に近づいていくため，両者は次第に平行な状態になっていく．したがって，無限遠点が付け加えられていれば，放物線の両端はその図の中で交わる——つまり放物線は卵形線だということになる．同様に双曲線も卵形線，楕円も（言うまでもなく）卵形線である．

1876年，アクセル・ハルナック (1851-1888) は次数 n の曲線 (方程式に現れる各項の指数の和の最大値が n であるような曲線) について，そのグラフに現れる卵形線の個数が $(n-1)(n-2)/2+1$ 以下になることを示した．$n=2$ のとき，この式の値は 1 で，そのグラフは円錐曲線になる．どの円錐曲線も射影平面内では 1 つの卵形線だ．4 次方程式 ($n=4$) の場合なら，グラフは最大 4 個の卵形線からなる．$n=6$ の場合ならグラフは最大 11 個の卵形線からなり，以下同じようになる．第 16 問題では特に次の点が強調されている．

[平面の n 次代数曲線がもち得る] 互いに分離した [閉] 経路の数が最大のときのそれらの経路の相対的な位置関係を徹底的に調べ上げることは，私には，非常に興味深い問題のように思えますし，代数曲面に含まれる閉面の数，形，位置を調べることもまた同様です．

これはなかなか壮大な構想だが，一方で初等的な問題にも見えるため人をその気にさせるようなところがある——方程式はごく普通の代数に出てくるものだし，問題を論じる場合も次のような図を利用することができるからだ．

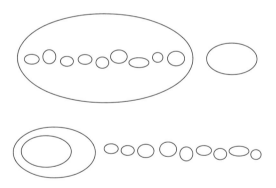

この図は，$n=6$ の場合に考え得る配置のうち，ヒルベルト自身が詳しく調べた 2 つを示したものである．ヒルベルトは，$n=6$ の場合に実現する可能性のある配置がこの 2 つで尽くされていると考えた．

さてここからは，これまでに得られた成果を駆け足で見ていこう．

ヒルベルト，ハルナック，およびクラインによる古典的な成果は，K・ローンとアメリカのヴァージニア・ラグスデールの研究に引き継がれた．続いてイタリアの L・ブルソッティと A・コメッサッティによっていくつかの進展があった．

コメッサッティとブルソッティの研究はその後も精力的に続けられたが，やがて舞台の中心はロシアへと移る．I・G・ペトロフスキー（1901-1973）は 1933 年と 1938 年に発表した論文を通じて，この問題の $n=6$ の場合の研究を大きく進展させたほか，より高次の方程式に関するいくつかの一般的な事実についても証明してみせた．特に 1938 年の論文では，$n=6$ の場合に実現し得ない配置があるというヒルベルトの主張に対して証明を与えている．このヒルベルトの主張については，おそらくそれ以前にローンが証明を得ていたが，完全な証明かどうかはっきりしないところがあったようだ．ペトロフスキーの論文により，この問題の代数的側面と代数的トポロジーの手法とが明確に結びつけられ，研究のさらなる展開につながる技術的な基盤が確立された．1949 年にはペトロフスキーとオルガ・アルセーニエヴナ・オレイニクがペトロフスキー–オレイニク不等式なるものを証明する．そこにはオイラー標数が用いられているが，これも代数とトポロジーとを結びつける具体的な方法の 1 つだ．（ゲッティンゲン大学に留学し，ヒルベルトとクラインに師事したラグスデールも 1906 年にはすでに，自らが打ち出した予想とオイラー標数との間には何らかの関係があるだろうと推測していたが，証明するには至らなかった．）この問題に対して提出される不等式には，他の卵形線の内部に存在する卵形線の個数に制約を与えるものが多い．

1969 年，D・A・グドゥコフ（1918-1992）は，ローンとヒルベルトの手法をさらに推し進めて $n=6$ の場合に実現し得る第三の配置を構成し，その上でその 3 個以外に配置は存在し得ないことを証明した．以下に示すのがその第三の配置だ．

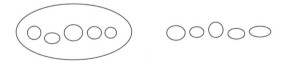

またグドゥコフは一般の場合に関する予想をいくつも提起したが，それがこの分野の研究に活力を与えることになった．（例えば，「偶数個の卵形線の内部にある卵形線の個数から，奇数個の卵形線の内部にある卵形線の個数を引いた数を 8 で割った余りと，方程式の次数の 1/2 の平方を 8 で割った余りは等しい」という予想を提起した．数式で表せば $p - n \equiv k^2 \bmod 8$ となる．グドゥコフの予想は大体こんな感じのものと思ってよい．）

1971 年，V・I・アーノルドが条件を弱めた形の（mod 8 を mod 4 とした）グドゥコフの予想を証明する．重要なのは，その結果よりもアーノルドの用いた手法だった．この問題で考察の対象となるのは代数方程式の実数解のグラフに限られる

が，アーノルドは実曲線を「複素化」することに目を向け，そこで得られた複素曲面に関する事実と実数の場合に関する事実との間に深い関係を見出した．クラインやフルヴィッツらが曲線を考察したときも，コメッサッティらが曲面を考察したときも，複素数の視点から実数の世界を眺めるのが常道ではあったが，複素数の世界で知ることのできる数多くの事実をどうすれば実数の世界へと引き継ぐことができるかということを初めて考えたのがアーノルドだった．それ以降，アーノルドの路線に沿った研究成果が続々と現れた．アーノルドについては，第13問題（ヒルベルトは代数学の問題としているが実際には解析学の問題）に関する章でも簡単に触れる．

　1972年には，ヴラジーミル・アブラモヴィッチ・ロホリン (1919-1984) が，アーノルドの手法を改良しつつ，トポロジーに関するいくつかの手法を切り捨てることで，グドゥコフの予想が条件を弱めなくても正しいことを証明した．また，ヴィアチェスラフ・ハルラモフが $n = 4$ の場合について，オレグ・ヴィロが $n = 7$ の場合について，それぞれ特異点を持たないすべての曲面の分類法を見出している．1975年から2000年までの間を見ても進展は著しく，第16問題の研究はいまなお精力的に進められている．第15問題と同様，共同体的な様相を帯びてもいる．主な研究者の名前としては，A・デグチャレフ，T・フィードラー，S・フィナシン，P・ギルマー，B・グロス，J・ハリス，I・イタンベール，I・カリーニン，A・ホヴァンスキー，A・コルチャーギン，V・クラスノフ，A・マラン，G・ミハルキン，N・ミシャチェフ，V・ニクーリン，S・オレフコフ，G・ポロトフスキー，E・シュスティン，A・スレピアン，G・ウィルソン，V・ズヴォニロフなどを挙げることができる．ロホリンは亡くなる前に，この分野の詳細な動向を2冊の本にまとめる計画を進めていた．その一方の本についてはハルラモフとヴィロによって執筆が続けられたが，この計画が頓挫しかけているところにこそ，第16問題を取り巻く活気の凄まじさを読み取ることができる．ハルラモフは，ロホリンの与えた影響について概観した論文の中で次のように述べている．「惜しいことだが，その本が世に出ることはないように思う（理由を1つ挙げれば，研究が進展するスピードに原稿の執筆が追いつかないからだ）」[1]．もっと詳しいことを知りたい人は，手始めにヴィロが1986年に公表した概説論文か，2000年にデグチャレフとハルラモフが連名で公表した概説論文を参考にするとよいだろう．

結晶は何種類あるか？
オレンジの山積み方法は八百屋に聞け
第18問題

—ビーベルバッハ—

　第18問題は「空間を合同な多面体によって埋め尽くすこと」という表題で，3つの問題からなるものとして扱うのが通例だ．最初の2つは完全に解決されている．3つ目はおそらく解決されただろうという段階だ．

　ヒルベルトが力点を置いているのは結晶群について論じた1つ目の問題で，これを第18問題と見なしても差し支えない．その名が示すとおり結晶群は，自然界で観察される結晶の形を考察するのに用いられる．この分野の初期の論文では，両者の関係は明確だ．1890年にE・S・フェドロフ (1853-1919)，1891年にアルトゥール・シェーンフリース (1853-1928)，1894年にウィリアム・バーロウ (1845-1934) が，それぞれ別々の方法を用いて独立に，（ユークリッド空間における）3次元の結晶群の種類は有限個であることを証明した．共通の数え方に従えば，その数は230になる．3人の証明はどれも，考え得るすべての場合を1つずつ検証した上で，確かにすべての場合を検証したこと——つまりは取りこぼしがないことを最後に確認するというものだった．
　ヒルベルトが問いかけたのは，（ユークリッド空間における）高次元の結晶群の種類も有限個かどうかという点だ．自然界には4次元の結晶など存在しないことくらい私も承知しているが，この問いは数学的に見れば意味のあるものであって，しかもごく自然な問いである．次元が高くなるにつれて，検証すべき場合の数は天文学的数字へと急速に膨れ上がり，それと同じ勢いで幾何学的直観はその効力を失っていく．（1970年代にはコンピュータを使った計算によって，4次元の結晶群は4783種類，もしくは4895種類あることがわかった——数が2つあるのは数え方の違いによる．）より一般的な原理がそれなりに求められるのももっともだと言える．

2次元の場合を考えてみると，これは「平面——例えばとても広い浴室——全体に対称形の合同なタイルを敷き詰める方法は何通りあるか？」という問題になる．（相異なる敷き詰め方のひとつひとつが各結晶群に対応する．）「対称」という言葉は，数学や物理学ではたいてい抽象的かつ形式的に定義された意味に用いられるが，この場合に関して言えば正確な数学的定義と日常的な感覚とは一致する．結晶とは分子が規則的な配列を繰り返しながら格子状に並んだものである．そして，その一部をなす分子の集まりであって，その配列をひたすら繰り返せば結晶全体が形成されるようなもののうち，最小のものが占める領域を基本領域という（2次元の場合の「タイル」に相当する）．

次の図は，平面全体に敷き詰めることのできる対称形のタイルの例を2つ示したものだ．

この2つのタイルは直線に関して対称である．つまり，どちらも適当な直線で2に分割し，一方をその直線で折り返すともう一方にぴったりと重なる．また回転に関しても対称である．正方形であれば，90度もしくはその倍数の角度だけ回転させても形は変わらない．正六角形であれば6分の1回転に関して同じことが言える．最初の図形の中に細い線で描かれた正三角形は，それ自体が1つの敷き詰めを与えている．

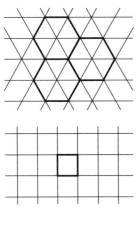

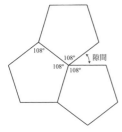

隙間ができる

正五角形にも同じような対称性がある．だが正五角形を平面全体に敷き詰めようとしても，角度がうまく合わない．

こうした幾何学的条件は，結晶群による表現を用いれば，群論，中でも行列式の値が±1であって成分がすべて整数であるような行列のなす群の理論の枠内で把握することができる．そして，「このような行列のなす群のうち，問題の制約条件を満たすようなものは何種類あるか？」というのが考えるべき問いとなる．成分が整数に限られているため，この問題は離散的であって，なおかつ組み合わせ論的だ．解析幾何学で行列が回転を表す手段になることを思えば，この問題が行列と結びつくのは自然なことである．証明の鍵は，扱

結晶は何種類あるか？　オレンジの山積み方法は八百屋に聞け　379

う整数があまりに大きいと，行列式の値が1である行列の集まりであって1つの
群をなすようなものを見つける見込みがなくなることにある．この問題はルート
ヴィッヒ・ビーベルバッハが1910年に解決した．

　ビーベルバッハは1886年12月4日にフランクフルト近郊の小さな町，ゴッデ
ラウの裕福な家庭に生まれた．父親はヘッペンハイムにある精神病院の院長で，
祖父もまた医師として同じ病院に勤務していたことがあった．ビーベルバッハは
家庭教師による教育を受けたあと，ベンスハイムのギムナジウムに通った．早く
もその頃には数学に関心を示していた．1905年から1906年までは徴兵で兵役に
就きハイデルベルクに配属されるが，その間に当地の大学で数学の講義に出席し，
そこで関数論に興味を持った．そして兵役期間を終えるとゲッティンゲン大学に
入学し，クラインとパウル・ケーベ (1882-1945) のもとで学んだ．ケーベは，ヒ
ルベルトが第22問題として提起した保型関数による解析的関係の一意化に関す
る問題を1907年に解決したが，それをきっかけにゲッティンゲン大学ではその
分野がもてはやされるようになっていた．ビーベルバッハが1910年に提出した
学位論文も保型関数に関するものだった．

　だが，ビーベルバッハに最も影響を与えたのはクラインだった．コンスタンティ
ン・カラテオドリ (1873-1950) はクラインについてこう書いている．「若い頃
はよく，とびきり難しい問題をじっと眺めてはその解答を言い当てていたもの
だ」[1]．クラインの主だった論文はいずれも19世紀に書かれているが，その書き
方と言えば当時普及しつつあったより簡潔で厳密な20世紀式の書き方に比べて
冗漫だった．ビーベルバッハはこの前時代的な書き方が気に入っていたために，
彼が活躍した20世紀の数学の主流からすると，その著述は散漫で直観的なもの
が多かった．

　そのクラインのセミナーで，ビーベルバッハは結晶群に関するシェーンフリー
スの研究成果と初めて出会う．そして，高次元においても結晶群の種類は有限個
しかないことを証明し，ヒルベルトの第18問題のうち1つ目の問題をたちまち
解決してしまった．その詳細な結果を1911年と1912年に論文として発表したビー
ベルバッハは，これによって教授資格を取得する．同時にシェーンフリースの
積極的な後ろ盾を得ることにもなった．

　1910年，ゲッティンゲン大学にいたエルンスト・ツェルメロがチューリッヒ
大学に招聘されたのにともなって，ビーベルバッハも私講師としてチューリッヒ
大学に籍を移すが，その年も終わらぬうちに今度はケーニヒスベルク大学へ移り，
シェーンフリースの口利きで特任教授の職に就任した．その後1913年にバーゼ

ルートヴィッヒ・ビーベルバッハ

ル大学の正教授に任命されたビーベルバッハは，1914年にヨハンナ・シュトーマーと結婚，1915年には新設されたフランクフルト大学から教授職への就任を要請され，これを承諾した．シェーンフリースは1911年にケーニヒスベルク大学を辞してフランクフルト大学へ移り，社会科学・商学アカデミーの教授に就任していた．それまでより格下の役職に思えるが，それでもシェーンフリースがこれを引き受けたのは新しい大学の創設に力を貸すためだった．主に裕福なユダヤ人実業家たちからの寄付を受けて1914年に開学したフランクフルト大学は，おそらくゲッティンゲン大学を除けば，ドイツにあったどの大学よりもユダヤ系の数学者を受け入れていた．もっとも，シェーンフリースの関心はユダヤ系の数学者を取り立てることにのみあったわけではない．ビーベルバッハがフランクフルト大学に招請された裏にはこのようなシェーンフリースの存在があった．

　フランクフルト大学に在籍中，ビーベルバッハは幅広い分野で研究を行いながら，微分積分学や等角写像，関数論についての著書も手掛けた．この時期，おそらくビーベルバッハの名を最も世に知らしめたのは関数論，とりわけ1916年に発表された単葉関数についての研究成果だろう．

　第一次世界大戦が始まったときビーベルバッハはまだスイスにいた．ドイツ国内にある大学の教授ではなかったため兵役免除の対象ではなかったが，にもかかわらずビーベルバッハはドイツ軍に召集されなかった．実は，かつて兵役に就いていたとき「軍務に不適格」[2]と判断されていたのだ．そのためビーベルバッハは，ドイツ数学界の中で着々とその地位を築いていくことができたし，何にも邪魔されることなく数学上の成果を生み出すこともできた．ただ，研究者としてはそれで良かったが，彼自身が抱く自己像に照らすとおそらくそれは好ましい姿ではなかったのだろう．戦争中，ビーベルバッハは最後までドイツの勝利を熱烈に願っていた．1918年に出版した積分論の本では序文に記された年が「勝利に満ちた(siegerfüllten) 1918年春」[3]となっている．休戦協定は衝撃を与えた．ドイツは依

然としてかなり広い地域を支配していたし，ドイツ本国内で戦闘が行われることもなかったからだ．こうして，この戦争に敗れた原因は軍事的なものではなく政府首脳らの背信行為にあるという見方が国民の間に浸透し，ヒトラー台頭の土壌が形成されていくことになる．ビーベルバッハが執筆する数学関係の著作の中には，愛国的な発言や政治的な発言が多く見られるようになった．

　数学そのものに対するビーベルバッハの考え方は次第に変化していくが，これものちの行動を予兆するものだった．シェーンフリース，フェドロフ，バーロウらが手掛けた結晶群に関する初期の研究は，3次元の結晶群の具体的な性質を分析したもので，ジョゼフ・ウルフによれば「個別の場合ごとに純粋幾何学が見事に駆使されている」[4]．初期の結晶学では，独特の分類用語を用いて結晶の種類が延々と論じられた．塩の結晶は立方晶系に分類され，その結晶系の中でも完面像晶族に属する．一方，ベニト石は六方晶系の二重三方両錐晶族に属する唯一の例だ．図書館には結晶群の幾何学的な特性を詳述した大判の要覧がいくつもあって，今日では特にX線回折の研究に役立っている．

　一方，ビーベルバッハが1911年に発表した結晶群に関する論文を見ると，幾何学的な性質を視覚的に表す図はほとんどなく，その内容は群論と行列だけで構成されている．ビーベルバッハが図を軽んじていたわけではない——100次元では図を描くこともできないし幾何学的直観も働かないというだけだ．この問題は群論の問題として扱う方が都合が良いのである．1914年，ビーベルバッハはヒルベルトの流れをくむ形式主義者の立場から数理哲学について講演を行い，純粋数学とは公理系の研究であると主張した．当時ビーベルバッハはゲッティンゲン大学を出たばかりの青年だった．戦中から戦後にかけての時期，フランスの数学界とドイツの数学界はお互いに敵意を露わにすることがたびたびあった．ビーベルバッハが取った立場もある意味では，形式的公理主義と対立するある種の直観主義に与していたフランスの数学者に対抗したものと見ることもできる．（ブラウワーはオランダ人で断然ドイツ寄りだったが，フランスの数学者の中にも直観主義者がいたために，ビーベルバッハはフランスの数学者をすべて直観主義者と見なしたのだ．）

　ところが1919年になってビーベルバッハは次のようなことを書いている．「形式主義的な傾向が強まるせいで，論理という骨格に肉づけされる血の通った数学的内容を忘れるようなことがあってはならない．……形式主義に即した大学の数学教育は，数学を応用することにも数学の持つ文化的意義にも目をくれなくなっている」[5]．1920年代になるとビーベルバッハは，論理にきわめて厳格な新しい様式の数学を拒否し，もっと図を多く取り入れようという考えに傾倒していく．

ビーベルバッハはすでに最も多産な時期を過ぎていた．ただ執筆した教科書は，数学的にずさんだと批判されはしたものの，読みやすく人気があった．ゲーデルはブルノとウィーンの図書館で，ビーベルバッハが書いた関数解析の本を借り出している[6]．またビーベルバッハの本は何冊かロシア語に翻訳され，解析学を主としたモスクワ学派の形成に重要な役割を果たした[7]．アメリカの大学図書館には現在でもビーベルバッハの本を所蔵しているところが多い．

　第一次世界大戦後，ドイツの数学者は国際学会から締め出され，国際会議に招待されることもなかった．こうした状況に対しドイツ人として敏感に反応したビーベルバッハは，それと同時に数学の新しい様式に対する不満を次第に募らせていった．1925年，『19世紀における非ユークリッド幾何学の発展について（*On the Development of Non-Euclidean Geometry in the19th Century*)』を発表する．その中でビーベルバッハは「Anschauung」〔通常は「直観」「直覚」などと訳される〕という概念について論じた．もちろん，この概念について論じたドイツ人はそれ以前にもいた．ビーベルバッハはそこに不満のやり場を見つけたのだろう．ハーバート・メールテンスは言う．

　　　これは，ブラウワーやカントの意味での「直観」だけでなく，視覚認知や幾何学的直観，視覚化とも関連する概念だが，何を指すのかかなり曖昧なまま用いられているため，文脈ごとに意味が変わり得る．この点に関しても形式的な操作や推論とは著しく対照的である．[8]

　「Anschauung」という概念は都合が良かった．のちにビーベルバッハは，ドイツ民族をその概念の体現者と見なすようになる．そして1926年に行った講演では，科学の相反する2つの様式あるいは理念がどのようなものかを明らかにした上で，ヒルベルトとの決別姿勢を明確にし，基礎論に関する論争についてはブラウワーを支持した．この頃になるとビーベルバッハは，あるフランス人の影響を受けるようになっていた．そのフランス人とは，好ましくない数学の姿を「練習の難易度を上げることに喜びを見出す器用な手品師の仕業であるかのような，無限に積み上げられた記号の体系」[9]と言い表したピエール・ブートルー（ポアンカレのおい）だ．ビーベルバッハの発言は徐々に増えていった．

　1921年，ビーベルバッハはベルリン大学のカラテオドリの後任に選出される．カラテオドリはわずか2年ほどベルリン大学に在職した後に，ギリシャ政府からスミルナでの大学新設に対する助力を求められてそちらに移っていた．（その大学

は1922年にトルコの攻撃によって壊滅的な被害を受けたためカラテオドリは1924年にミュンヘンへ戻った.) ベルリン大学の教授と言えば名目上は一流の役職だが, 第一次大戦後ベルリンの物価は高騰し, 数学科にもかつての栄光はなかった. この教授職は, ビーベルバッハが引き受ける前に, ブラウワー, ヘルグロッツ, ワイル, それにヘッケが辞退していた.

経緯はどうであれ, ベルリンへやって来たビーベルバッハは, 家族も増え (4人の息子を授かった) 満ち足りた日々を送った. 暮らし向きは良く, 仕事の環境も穏やかだった. メールテンス曰く, 「彼は肉体の面でも知性の面でもきわめてエネルギッシュな人物で, 時には度が過ぎて滑稽に感じられることすらあった. 講義はあまり理路整然としたものではないが, 学生に対しては非常に気さくで面倒見も良く, 少々うぬぼれたところはあるが決して横柄ではない. 全体として見れば, ちょっと変わり者だが, 思いやりのある人だった」[10]. 教え子の1人, ヘルムート・グルンスキーによると, ビーベルバッハは粗野で粗暴に振る舞うこともあったそうだが, それは彼の内気さやその場の気まずさのせいだったという. また, 個人的問題を抱えた学生にとってビーベルバッハは頼りになる存在だったようだ. さらにハンス・フロイデンタールは, 1919年にアインシュタインがマックス・ボルン夫人に宛てて送った手紙から次のような一節を引用している. 「ビーベルバッハ氏が自らと自らの霊感の源に対して抱く愛情と情熱は, なかなか持とうと思って持てるものではない. おそらくは神が授けたものだろうが, これこそ至上の生き方である」[11].

その間ゲッティンゲン大学はクーラントの指揮のもと, 出版業を営むフェルディナント・シュプリンガーやロックフェラー財団とのつながりを介して, また飛び抜けて優秀な数学者を何人も引き入れて, ドイツ数学界におけるその権威を確固たるものにしていた. こうした変化はクラインが統率した戦前から見られたが, 1920年代になってより顕著になった. 学術雑誌の編集方針をめぐってはいろいろと論争が巻き起こったが, その内容はと言えば, ドイツの学術雑誌はフランスの数学者の論文を掲載すべきか, もしすべきならそれは誰の論文か, といったくだらないものばかりだった. 国際学会とのつながりをどうするかということも依然, 問題点として残っていた. ヒルベルトは開かれた交流が必要だと訴えた. 1928年, 国際数学者会議がボローニャで開催されることになり, 戦後初めてドイツの数学者が招待された. ところが会議の資金援助をしている組織が, ドイツの科学研究の排斥運動を主導する組織とつながりを持っていた. 招待状が届いてみると, イタリア語で書かれたその文面の中に「解放された南チロル地域への観

384

光」[12]という予定案内があった．これは挑発的な文言だった[*]．それに対抗して
ブラウワーが参加拒否運動を立ち上げた（彼はドイツ人でもなければ塹壕の中で戦っ
たこともなかったのだが）．ヒルベルトはこれに憤慨し，ちょっとした揉め事が起
こった．ドイツ数学会（DMV）の幹事だったビーベルバッハは公には中立の立場
を取りながら，個人的には会議への出席を見合わせるよう会員たちに呼び掛けた．
だがヒルベルトの説得が勝り，ドイツの数学者たちは団体をなして会議に出席し
た（この会議でヒルベルトは，のちにゲーデルによって解決されることになる数学基礎論
についての4つの問題を提起した）．

　会議から帰国後，ヒルベルトの働き掛けにより，ビーベルバッハとブラウワー
の2人は *Mathematische Annalen* 誌の編集委員会から外された．その1年後，
ビーベルバッハはシュプリンガー社が発行する *Mathematische Zeitschrift* とい
う別の学術雑誌の編集委員会に加わる．おそらくこれは，社内に波風を立てない
ためにシュプリンガー社が講じた措置だろう．それでも雑誌の編集権をめぐる悶
着はさらに増えることになるが，ビーベルバッハの言い分が通らないことがほと
んどだった．1933年にはすでに，ビーベルバッハはドイツの主だった数学者た
ちから相手にされなくなっていた．1932年に開かれたヒルベルトの70歳の誕生
日を祝うパーティーでは，ビーベルバッハに話しかける者はほとんどいなかった
という．しかし次のフロイデンタールの文章からは，ビーベルバッハが初めから
ナチズムに肩入れしていたわけではないこともうかがえる．

　　　われわれベルリン大学の関係者はビーベルバッハのことを，少なくとも大学在
　　職者の多数を占めていた右派の人間に比べれば，中道左派寄りだと考えていた．
　　ビーベルバッハの「学問上の父」であるシェーンフリースはユダヤ系の人で，ビ
　　ーベルバッハにはシェーンフリースに大学の教授職を世話してもらった恩義もあ
　　った．一方，ベルリン大学のとある人物からは，ビーベルバッハの自宅で何人か
　　の共産主義者と対面したことがあるという話も聞いた．その人がこれまでに共産
　　主義者だと知って知り合ったのは彼らだけだそうだ．1933年4月1日と言えば，
　　あの誰もが知るボイコット事件が起きた日[**]で，ヒトラーが政権を奪取してか
　　ら何か月も経っていなかったが，まだその頃のビーベルバッハは敬愛する同僚で
　　友人のイサイ・シューアに対して同情心を示し，シューアが大学へ立ち入れない

---

　[*]［訳註］ドイツの同盟国だったオーストリアはイタリアとの間で長年領土争いをしていた南チロル
　　地域をはく奪された．この一文はそれを「解放」としている．
　[**]［訳註］ナチスによるユダヤ系企業のボイコット運動のこと．

ことに不平を漏らしていた.[13]

（シューアは 1935 年に職を追われたあと，1939 年にパレスチナへ移住し，1941 年心臓麻痺のためその地で亡くなった.）またフロイデンタールはビーベルバッハについてこうも述べている．「彼とは差し向かいで話ができなかった．そうすると彼は目を伏せてしまうからだ」[14]．メールテンスによると，ヒトラーが権力を掌握してから 2 か月余りのちの 1933 年 4 月 18 日に，ビーベルバッハはベルリン大学の同僚でユダヤ人のリヒャルト・フォン・ミーゼス (1883-1953) に誕生日カードを送った．「そのカードにはドイツの小さな町とその空に昇る太陽が描かれていたが，図案化されたその太陽の内側にはかぎ十字が刻印されていた」[15]．皮肉なことに，フォン・ミーゼスはボローニャの国際会議の際にはドイツ人の参加拒否を支持していた．（フォン・ミーゼスはトルコにしばらくいたあと，最後はハーバード大学の教授になった.）

　ビーベルバッハは，1920 年代に繰り広げた数学界での主導権争いにたびたび敗れる中で，ブラウワーに取り入りその後押しを期待するようになっていた．だがここへ来てビーベルバッハは，さらに強力な統率者に追従しようとする．1933年，彼は息子たちと一緒に突撃隊 (SA) の隊列に加わってポツダムからベルリンまで行進したかと思うと，その年の 11 月には正式に突撃隊の一員となった．活動にはすこぶる熱心で突撃隊のスポーツ勲章が授与されるほどだった．そして彼は数学の様式について講義や執筆を再開する．ただし今度は，ドイツ的だとはっきり認められる様式が良き様式であり，明らかにユダヤ的あるいはフランス的だと認められる様式が悪しき様式だと言い出した．ビーベルバッハは「Förderverein（数学・自然科学教育振興協会）」で人格構造と血統と人種と数学に関する講演を行い，その内容はドイツの国内外に伝えられた．ビーベルバッハ自身が講演内容として公表した文章の中に次のような一節がある．

　　最近の事例では，ゲッティンゲン大学の学生たちが優れた数学者であるエトムント・ランダウに対して勇敢なる拒絶 (mannhafte Ablehnung) の態度を示したが，このような事態が起こったのは，この人物の研究と教育に見られる非ドイツ的様式がドイツ人の感受性には耐え難いものだということがはっきりしているからである．異人種らの権勢欲が本質的な事柄をいかにして蝕んでいくのか，またドイツ人民の敵対者たちが非ドイツ的なやり方をいかにしてわれわれに強いようとしているのかを理解している人ならば，ドイツ人民にはなじまないこの種の教師を

拒否すべきである．[16]

ビーベルバッハは，ドイツの出版界からユダヤ人を排斥するよう扇動を始めるとともに，シュプリンガー社がユダヤ人に対して大らかすぎるという理由で *Mathematische Zeitschrift* 誌の編集委員を辞任する．また，オランダで *Compositio Mathematica* という学術雑誌を主宰していたブラウワーとは，ユダヤ系数学者の関与をめぐって対立し，大勢のドイツ人がその編集委員会を離脱した（その中にはナチスからユダヤ系と見なされるおそれがあった人物も含まれていた）．さらにビーベルバッハは年鑑（Jahrbuch）に対しても方針転換させるべく画策した．

ビーベルバッハが公の場で表明した見解に対して，ハラルト・ボーアが批判的な論説をデンマークの新聞紙上で発表した．ビーベルバッハは，それに対する反論として DMV の発行する年報（Jahresbericht）に「ハラルト・ボーア氏に対する公開書簡」を掲載するなど続けざまに反撃行動に出たが，これがドイツ数学界における自らの立場にとどめの一撃を加えることになる．DMV は，申し分のない経歴を持つ 1 人の数学者の巻き添えを食って，国をまたいでの私的で厄介なさかいに関わる羽目になってしまった．ビーベルバッハは自身が DMV の代表であるかのような印象づくりをする一方で，その穏やかならざる公開書簡を掲載するにあたっては，他の編集委員の許可を得なかったどころか，彼らの反対を強引に押し切ったのだ．フロイデンタールは言う．「ドイツの知識人はその大半が保守主義的か，君主制主義的か，国家主義的か，あるいはそうした性格を合わせ持っているかのいずれかだった」[17]．ビーベルバッハの行動は，次第に周囲を当惑させ混乱させるようになった．DMV は 1934 年 9 月の年次総会でビーベルバッハの件を議題として取り上げる決定を下す．メールテンスによると，ビーベルバッハが姿を現したとき，そのうしろには彼を「信奉する学生」の一団が突撃隊の制服姿で従っていたという．だが DMV 側は，ひるむことなくその一団を会場から締め出した．そしてビーベルバッハの釈明を聞いてみると，ボーアの論説はドイツ国家に対する攻撃であり，DMV の幹事である自分にはそれに応酬する義務があるというのがその言い分だった．DMV 側は一歩譲歩して，もしボーアが本当にドイツ国家を攻撃したのならば彼を「非難する」が，ビーベルバッハの反論も「遺憾である」とした．ビーベルバッハは「自ら DMV の総統（Führer）に就任」しようと企てたが，投票の結果，大差で敗れた[18]．年次総会の後もビーベルバッハは抗議を続け，厳に慎むよう命じられていたにもかかわらず，ボーアに対して「厳しい非難」を表明した．ナチスの官僚たちにとっては思うつぼだった．ビー

ベルバッハの軽率な行動のせいで，ドイツ数学会の理事会はナチス体制を支援すると表明せざるを得なくなり，これ以降は公式にナチスとの協調路線を歩むことになる．その結果ドイツの数学界は，表向きは存続しながらもナチ党政権下で弱体化していった．

DMV の総統になり損ねた 1 か月後，ビーベルバッハは新しい学術雑誌の創刊を申請する．この雑誌こそ，人種政治と「優れたドイツ数学」とを結びつけようと目論む悪名高き *Deutsche Mathematik* 誌だ．創刊号の発行部数は 6500 部だったが，1938 年には 700 部まで落ち込み，しかもその大半は売れ残った．1940 年になってもビーベルバッハは人種類型論に関する講演や執筆を続けていた．彼によると数学者には 2 つの類型がある．1 つは S 型（Strahltypus の省略形で，ユダヤ人やフランス人などがこれに当たる——劣等な数学者）．もう 1 つは J 型（anschauung があることを意味し，ドイツ人はこれに相当する——優等な数学者）である．J 型はさらに J1, J2, J3 の 3 つに分類される．結晶を鮮やかに分類してみせたこの人物は，社会的な地位を得るうち，分類の対象を人間にまで広げてしまった．それは，猥雑でずさんなタイルの敷き詰めであった．

なぜビーベルバッハはナチ党員になったのか不思議に思う向きもあるだろう．先述のようにメールテンスはビーベルバッハについて，「彼は肉体の面でも知性の面でもきわめてエネルギッシュな人物で，時には度が過ぎて滑稽に感じられることすらあった」と言い，フロイデンタールは「彼とは差し向かいで話ができなかった．そうすると彼は目を伏せてしまうからだ」と言った．これらの記述〔のちぐはぐさ〕には神経症すら思わせるものがあり，心の病の要素が暗示されているように私には思える．疎外され，煩悶し，そして反発する——しかしこれは当時のドイツ人の典型的な姿でもあったのだろう．

終戦後ビーベルバッハは，戦時中多少なりとも優越的立場にあったドイツ人の多くがそうだったように，「非ナチ化」プログラムの一環として占領軍の尋問を受けた．彼は尋問を担当したアメリカ軍将校に対して非常に協力的で，結晶の種類と数学の様式に関する自説を語ったばかりか，ナチスが純粋数学よりも応用数学の方を優遇したことに不満を訴えることさえした．ビーベルバッハはすでに公職から追放されていたが，戦時中の愚行を考えれば公職に復帰できないことは明らかだった．実際，再び大学の職に就くことはなかったが，驚くことに彼はその後も本や論文を発表し続けた．ビーベルバッハが戦後に執筆した文献は膨大な量に上る．一貫して懐の深いシュプリンガー社からは，ビーベルバッハの著書が多数，出版，再版されている．彼は旧知の数学者たちとも連絡を取り続けていた．

その中には彼を講師として招待した者もいる．バーゼル大学のアレクサンドル・オストロフスキー（1893-1986）は，率先してビーベルバッハを招待した数学者の1人だ．何でもビーベルバッハが「何軒かの家のセントラルヒーティングを保守修繕する仕事で生計を立てている」[19]という話を聞いて心を動かされたのだそうだ．オストロフスキーはもともとウクライナ出身で，彼自身はユダヤ人だった．第一次世界大戦が勃発したときすでにマールブルク大学で学んでいたオストロフスキーは戦時中，敵国外国人として抑留生活を送った．戦後ゲッティンゲン大学に移って優れた成果を挙げると，1927年にはバーゼル大学に招聘され，第二次世界大戦の戦中戦後を通じてそこに在籍した[20]．他の数学者もまた，驚くほどビーベルバッハには寛容だった．リードによると，クーラントは亡くなる直前，次のように語ったという．

　　もちろん，誰しも苦しみをすっかり忘れることなどできやしない．でも，私は常々ドイツに対して肯定的でありたい，再びドイツと交流を持ちたいと思っていた．かつてビーベルバッハのことはかなり嫌悪したが，それも遠い昔の話で――ずいぶんと月日は経ったのだから――彼のような人たちにとっては，わだかまりが薄らいで周囲と打ち解けられる環境になってきていると思う．あれ以来ビーベルバッハとは音信不通だが，もしいまここで再会したら，親しくできるのではないかと思う．[21]

最後にメールテンスの一節を引用する．

　　私は死の間際にいたビーベルバッハを訪ねた．当時彼は息子の家に住んでいた．私の目の前にいたのは，重い病に伏した小柄な老人だった．彼の記憶はかなり限られていたが，「ドイツ」的な様式と「非ドイツ」的な様式との間には優劣の差があるということに価値観の介入する余地はないという考えを依然として持ち続けていた．[22]

1982年9月1日，ビーベルバッハはその生涯を閉じた．95歳だった．

　第18問題の中の2つ目としてヒルベルトが提示したのは，結晶群とは無関係なある基本領域と合同な領域を集めて空間を埋め尽くすことができるかという問

題だ．できる，というのがその答えで，1928年にK・ラインハルトが3次元の場合の具体例を示した．示されてみれば，そのような具体例を構成することはいともたやすかったが，これをきっかけにして新しい研究分野が開拓されることはなかった．1974年にアメリカ数学会が開催したヒルベルトの問題に関する研究集会の報告書の中でジョン・ミルナーは，ラインハルトの構成した例を「かなり複雑な」と形容し，ハインリッヒ・ヘーシュ（1906-1995）が1935年に構成したもっと簡単な2次元の場合の具体例を提示した．それが右の図だ．（この形状は対称性に乏しいため結晶群の基本領域にはなり得ない．）

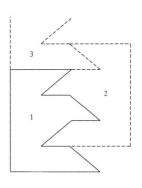

もしヒルベルトが視野をもっと広げ，周期性と対称性が関わるこの問題を必ずしも規則的でない場合も含めて考察していたとしたら，2種類の形状を繰り返し用いるとどのような敷き詰めが可能かという問い方になっていたかもしれない．1974年，非周期的であるにもかかわらず対称性を持つような敷き詰めがロジャー・ペンローズ（卿）によって発見されている．

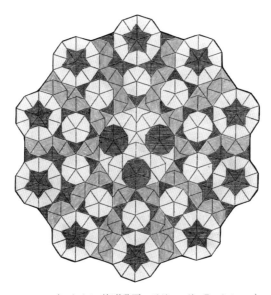

ペンローズ・タイル（転載許可：デヴィッド・E・クルマン）

また実世界でもこの種のパターンに従う「準結晶」が発見されたことで，こうした敷き詰めへの関心はさらに高まっている．外部の現実世界との間にこのような符合を見出せるという点は，むしろ結晶群が研究されるようになったそもそもの動機に近い．ヒルベルトの問題に関連する研究成果の中でトイレット・ペーパーをめぐる特許訴訟を引き起こしたのはおそらく，このペンローズの発見だけだろう．1997年ペンローズは，自身が特許を持つデザインをエンボス加工のトイレット・ペーパーに不正使用したとして，イギリスのトイレット・ペーパー製造会社を提訴した[23]．

第18問題の中でヒルベルトが3つ目に提示したのは，いろいろある標準的な立体を空間の中に最も効率良く詰め込むにはどうすればよいかという問題だ．これは，理論的な魅力があるのはもちろん，実用面でも大変興味深い．普段使っているコンピュータのモデムはおそらくこの理論を基に設計されている．このような問題の中でも歴史上最も重要かつ最も大きな関心を呼んだのは，球を空間の中に最も効率良く詰め込む，つまりは空隙あるいは隙間ができるだけ小さくなるように充填するにはどうすればよいかという問題である．

答えとしてもっともらしいのは，ごく当たり前の方法を用いるというものだ．要は八百屋がオレンジを山積みにするやり方である．直観的には自明に思えることを証明するところに難しさがある．ミルナーはこれに対する証明がないことを「恥ずべき状況」[24]と言った．（比較的自明な数学的事実を証明できないと数学者は憤慨するのだ．）

一体なぜ証明は難しいのか？　J・H・コンウェイとN・J・A・スローンは『球充填・格子・群（*Sphere Packings, Lattices and Groups*）』の中でこう述べている．

> ロジャースが指摘しているように，正解が0.7405...（つまり八百屋の方法）であることは「多くの数学者が確信するところであり，物理学者なら誰でも知っている」．ところが，……より広い空間内の領域で面心立方格子（八百屋の方法）よりも密な充填を部分的には実現できるという事実があるために，事態は複雑なものとなる．[25]

不規則な配列を許すような方法を除外することは容易ではないが，規則的な格子充填に話を限ったとしてもこの問題は難しい．コンウェイやスローンによる研

究のように，この問題はもっと高次元の場合についても考察されており，その研究が進むにつれて予期しなかった詳細な事実が続々と出てきている．数論の持つ複雑さのすべてが，$1, 2, 3, 4, 5, \dots$ と数えていくことに起因しているのとちょうど同じように，次元を大きくしていくと複雑な構造があれこれと現れてくるのだ．コンウェイとスローンは，前述した著書のまえがきの中でこう述べている．「この本を執筆しているうち，『これは驚くべき事実である』という言い回しがあまりにも頻繁に現れるように思えたため，それに代わる省略表現をわざわざ作ろうかと考えるようになった」[26]．

1990 年，カリフォルニア大学バークレー校の項武義（シァン・ウー・イー）が，八百屋の方法が最良であることを証明したと発表する．その長く複雑な証明は1993 年に発表されたが，多くの論文同様，項（シァン）本人が自明だと考えたいくつかの場合について詳しい論証がなされていなかった．この論文の正当性はいまだ広くは認められていない．コンウェイは，1998 年の 10 月に私と対談した際，項がいまも自らの主張を固守しているのかどうかはわからないと言った．また，トーマス・C・ヘイルズによる 250 ページもの論文の草稿が仲間内で出回っていることも教えてくれた．この論文には項とはまた違った，大変に長い，コンピュータを利用した証明が述べられているという．ヘイルズ本人から聞いた話によると，その論文では 10 万もの線型計画問題が扱われており，その問題ごとに100〜200 個の変数が現れる．そして，互いに独立した 5000 通りの場合について，幾何学的考察を基にコンピュータを利用して非線型不等式が証明されている．ただし，用いたのはスーパーコンピュータではなく，「大量動員した」サン・マイクロシステムズのコンピュータだそうだ[27]．この技術水準でもってこの研究水準に達したことは賞賛に値することかもしれないが，コンウェイは先に触れた1998 年の対談の際，ヘイルズの論文の査読はかなり時間のかかる作業になるだろうからそれを自ら買って出ようという人などいないと言っていた．ただしコンウェイは，それまでに自身が確認した内容から，おそらくヘイルズは証明に成功しているだろうと考えていた．ヘイルズの証明が正しいとする意見はいまも増えつつある．2000 年にはヘイルズが自らの研究成果を概説した論文が *Notices of the AMS* 誌に掲載された．1998 年の終わり頃に私は項にも話を聞いたのだが，そのとき彼はヘイルズの証明が持つ本質的な性格に批判的だった．ヘイルズの証明からは直接的な幾何学的洞察が得られないというのだ．項は世界の理解という

ことを強調しつつこう言った.「われわれは自然界の営みを理解するためにこそ必死になっているのだ」[28]. さらに言えば, ヘイルズの長大な証明の真偽を実際に確認するにはどうすればよいのかということもある. だがそれはいずれ決着がつく事柄だろう. コンピュータを利用したヘイルズの証明は正しいか間違っているかのどちらかである. 時間と手間をかければ白黒ははっきりするはずだ. そして, 私自身はと言えば, ヘイルズの証明は正しいのではないかと考えている.

ヒルベルトは 23 問題を提起したとき, 数学基礎論で見出された矛盾をきっちりと解消したいと思っていた. ヒルベルトは, クロネッカーが見ても納得するような有限主義的な証明は堅固であると考え, むしろカントールが数学的な議論や探究の対象を無限という領域にまで広げたために生じた基礎論に関わる問題を重く見ていたのだ. ヒルベルトの期待に反して, 新しい体系の公理はおろか算術の公理についてすら, それが無矛盾であることの証明は得られなかったが, やがて基礎論の問題は解決され, 無限集合という言語を用いた新しい論証方法のもとに, その後も数学は存続した. 一方, 球充塡をめぐっての賛否両論から浮かび上がるのは, 無矛盾性に関する基礎論の問題のようなものではなく, 証明の内容が有限ではあってもあまりに長いため, それを理解することもその真偽を確認することも困難もしくは不可能であるというタイプの問題だ. ヘイルズの証明の詳細はサンのコンピュータの中にあって, その全容を誰かに説明することはできない. すべての手順が紙の上に出力されることもないだろうし, されたところで誰もそれを検証しようとすらしないだろう. この証明を正しいと認めるかどうかは, 構成の正当性を拠りどころにしつつ, その内容をあらためて実際の別のプログラムとして複製し, それを他のコンピュータ上で実行することによって判断することになるだろう. そしてその判断は, コンピュータとその中で動くソフトウェアの基本的な信頼性に依存することになる. ただし, そこで実行されるひとつひとつの計算は全体としてきわめて膨大な数に上るため, 完璧にプログラムされたコンピュータであっても, いくつかの小さな誤りが生じないとも限らない. それはハードウェアの不具合によるものかもしれないし, ことによったら量子力学的な理由によるということだって考えられる.

証明の長さでは球充塡と双璧をなすテーマがもう 1 つある. ただし, こちらは証明が実際に書き記され公表もされている. そのテーマとはありとあらゆる有限単純群の構造を完全に解明するというもので, その証明には膨大な数の論文が寄与している. これは 20 世紀後半における抽象代数学の最も偉大な成果の 1 つだが, その証明を 1 つにまとめると 1 万 5000 ページに及ぶだろうと言われている.

だが，その証明にわずかな穴もあいていないばかりか，すべてを瓦解させてしまう高木の蟻〔本書 p.309〕も入り込むことはできないという絶対的な確信を持つためには，どうすればよいのだろうか？ 数学は証明済みの結果に基づいて新たな結果が導き出されるため，もし重要な事柄について不備があればその影響が些細な誤りという程度で収まるとは考えにくい．そして，こうした懸念ばかり募るがために，項が指摘した「理解する」という重要な点は見過ごされてしまうのだ．

　グリーソンは（第5問題に関する章ですでに引用したように），「実のところ証明とは，何かが真であることを納得するためにあるのではなく，その何かが真である理由を明らかに示すためにあるのだ」[29]と言った．ヘイルズの証明は，たとえその正当性を認めるとしても，何かが真である理由を明らかに示すものになっていないのは確かだ．またケネス・アッペルとヴォルフガンク・ハーケンによる4色定理の証明も，読む者に問題に対する直接的な洞察を与えるものではない．こうした長大な証明というものは単なる役立たずにすぎないのか？ 4色定理に対してエレガントで理解しやすい証明を与えることはおそらく可能だ．これまではそれについて十分考えてこなかっただけだろう．ただし，球充塡問題あるいは4色定理を扱うことのできる公理系が考え出されたとすれば，原理的には，考え得るすべての証明をその長さの順に列挙することができるわけだが，われわれはそのうちの，球充塡問題や4色定理という簡潔に表現された事実に対する証明でありながらきわめて長い証明しか見つけずに終わるという可能性もある．人間文化の総体は，指数関数的に複雑化しているにもかかわらず，おそらくあまり深化はしていないのだろう．すでにホメロスはとても素晴しい詩を詠っていたではないか．現代科学は「簡潔な」説明が存在することを基本的な前提として成功を収めたが，それにもかかわらず，簡潔に表現された事実が簡潔な論証によって証明できるという保証はどこにもないのである．

解析学に関する問題

❧ 13, 19, 20, 21, 22, 23 ❧

解析には少なくとも7年かかる

　ヒルベルトの23問題のうち最後の5つにあたる第19問題から第23問題までは，いずれも解析学に関する問題だ．この他第13問題も，表題こそ代数学の問題を思わせるものだが，実質的には解析学の問題である．また，物理学の公理化にかかわる数学の大半がどのようなものかを考えれば，第6問題も根本的には解析学の問題に分類されるべきだろう．さらに，第16問題の後半部分は微分方程式に関する問題だ．つまりヒルベルトの23問題の中には解析学の問題が7個半あることになる．だが，もしも応用数学の専門家も含めた数学の研究者を対象に調査を行ったとしたら，こんなに少ない数では20世紀の解析学研究に注がれた労力に到底見合わないという意見が大勢を占めるだろうし，確率論を測度論の一部と考えた場合にはなおさらだろう．ヒルベルトの23問題のうち，これまでに明確に解決され，しかも解決した数学者がはっきりと特定できる解析学の問題は，第13問題と第22問題の2つしかない．もう1つ，第21問題については1908年に一度解決されたことになっていたが，その後1989年にあらためて否定的に解決されたという経緯がある．その解決の内容自体は明快だが，そこへ至る道筋は決して見通しのよいものではなかった．このように明確に解決されることが比較的少ないのはなぜだろうか？

　第一に，解析学の構造は歴史的に見ると，これまでに論じてきた他の分野に比べて明快さに欠けるところが確かにある．解析学は，その他大半の数学分野よりも，計算のプロセスに関しては自由度が大きい．しかも，この分野では計算に誤りがあれば，自然がそれを教えてくれる——解析学の研究は安全網に守られているわけだ．一方，それなりに斬新な方策をとって計算した結果，自然現象の説明が一貫してうまくいくようになったという場合には，それがなぜそうなるのかを解き明かすことが数学者の仕事となる．ここで言う「なぜそうなるのかを解き明

かす」とは，そこで行われている内容を明確に述べ，それが数学的に正しい道筋をたどっていると証明することである．解析学は時に実験科学的な性格を帯びる．特にコンピュータを使って大規模な計算を行う場合，その傾向は顕著だ．

　第二に，1900 年の時点では，ヒルベルトはすでにまだ十分に解析学の研究をしていたとは言えず，実のところ解析学の問題を提起する立場にはなかったのだ．そのためこれら解析学の問題は他の分野の問題に比べると問いの輪郭に不明瞭なところがある．第 19 問題，第 20 問題，それに第 23 問題は，組織的な研究を必要とするものだ．第 22 問題と第 13 問題の章ではそれぞれポアンカレとコルモゴロフについて述べるが，その際に解析学の主要なテーマについても触れることにする．

関数論の研究者は
どれだけ有名になれるか？

第22問題

―ケーベとポアンカレ―

　パウル・ケーベは，旅行をするとき偽名を使ってホテルに宿泊した．給仕係や女性客室係から，関数論の研究で有名なあのケーベの親戚かと質問攻めに遭うのを避けるためだ．ホテルの従業員たちがその客こそ偉大なるケーベその人だと気づいたら，気が安まらないから，と．これほど周囲の目を気にしなければならない数学者はほとんどいないと言ってよい．この短い章に述べられている評伝的な内容の大半は，*Mathematical Intelligencer* 誌にあるハンス・フロイデンタールの論稿が典拠になっているが，そのフロイデンタールがこう書いている．

　　　それは，私がベルリン大学の数学研究所の一員として研究生活の第一歩を踏み出したその日のこと．私がルッケンヴァルデの出身であることをどこかで聞きつけたビーベルバッハが私のところにやって来てこう尋ねた．「ということは君も『あそこに有名な関数論の研究者がいるぞ』と叫びながらケーベを追いかけるルッケンヴァルデの連中と同類なのか？」[1]

　ルッケンヴァルデというのは，まさにそのケーベの出身地である．フロイデンタールによれば，ケーベの実家は「有名な消防車工場を経営していた」[2]．それを聞くと，ルッケンヴァルデの水には何かが含まれていて，その何かのせいで地元出身者は「有名な」消防車工場（関数論の研究者でもよいが）のことをついつい話してしまうように仕向けられているのではないかと思えてくる．ルッケンヴァルデはケーベにとって恵み多い街だった．1882年に生まれたケーベは，裕福な家庭で何不自由なく育ち，高い教育を授けられた．ベルリンのギムナジウムに通ったあと，1900年にキール大学に入学して学業を続け，1905年にベルリン大学を卒業した．またケーベは，実務教育に重点を置いたシャルロッテンブルク工科

大学にも通っていた．おそらくこれは，消防車工場の経営に必要な素養を身につけるためだろう．1907 年にはゲッティンゲン大学で教授資格を取得するが，その頃ケーベの周囲には一意化理論とヒルベルトの第 22 問題について研究する数学者が大勢いた．同じ 1907 年，ケーベはポアンカレとは独立に第 22 問題を解決し，真の名声（少なくとも数学の世界における）と言えるものを得ることになる．その後も解析学の研究者として，脇道にそれることなく，ひたむきに研究に専念し続け，第 22 問題以外にもこの分野における重要な成果をいくつも挙げた．ケーベは 1910 年までゲッティンゲン大学

パウル・ケーベ

に在籍したあと，ライプチヒ大学に員外教授として赴任．さらに 1914 年には正教授としてイェーナ大学に移り，1926 年にライプチヒ大学へ戻ってきた．

　ゲッティンゲン大学でのケーベは，その才能ゆえに尊敬されてはいたが，「自惚れの強い不快な人物」と見られていた[3]．また，若い数学者のアイデアを盗用しているという噂もあった．リードの本の中にはクーラントとの一件が紹介されている．それによると，クーラントの学位論文について本人から話を聞いたケーベは，それが発表される前にそのアイデアを拝借してしまったというのだ．ケーベはクーラントの学位論文と同じテーマの論文を大急ぎで書き上げ，それを自身が独自に見出した結果だと主張した．さらに彼は，クーラントが学位論文の内容を発表することになっていたセミナーに現れると，年長者であることにものを言わせて第一発表者の座を横取りしてしまった．リードによると，クーラントの友人たちはケーベのこの行動を快く思わなかったらしい．彼らは手の込んだ仕掛けを作り，それを尿瓶の中に入れてケーベが講義をする教室の教卓の下に隠しておいた．講義中，警報音が不規則な間隔で繰り返し鳴るので，ケーベが仕方なく尿瓶の中からその仕掛けを引っ張り出すと，学生たちは爆笑した．さらに首謀者の 1 人であるクルト・ハーンは，この一件が地元新聞の記事に取り上げられるよう根回しをしていたという．

　フロイデンタールによると，ケーベが変わり者であることは有名な話だったた

め，「若い人たちはケーベを紹介されると，ほとんど反射的に『ああ，かの高名な関数論の先生ですね』と応対した」[4]．そこに含まれている真意にケーベ自身は気づかなかった．フロイデンタールの知り合いには，そういう挨拶をしたおかげで助手になった者もいたという．

同じくフロイデンタールによれば，ある日ゲッティンゲンのとある印刷屋に，大きめの帽子をかぶり外套の襟を立て黒眼鏡をかけた「正体不明の」男が侵入し，一意化に関するブラウワーの論文の脚注に，その結果に対する優先権がケーベにある旨の但し書きを挿入するという出来事があったとされる．この一件が起きたのは 1912 年のことだと言われているが，その年すでにケーベはライプチヒへ移っている．わざわざ遠出してきたという可能性もあるが，それもまた不自然な話だ．フロイデンタールは，この件が事実かどうかについて断言はしていない上，のちにケーベ本人がこれは自分への悪意あるいたずらだと言ったことに触れてもいる．ただこの話は，少なくともケーベがゲッティンゲンでどのような人物だと思われていたかについて，何がしかのことを物語ってはいるだろう．

さらにフロイデンタールが執筆した『科学者伝記事典』のケーベに関する項は次のように締めくくられている．

> ケーベの数学のスタイルは，冗長で，仰々しく，雑然としている．一般的な理論が 1 つあると，何はばかることなくその特殊な場合をいくつもいくつも，さまざまな手法で扱うことが多かった．そのため，ケーベの代表的な論文を選んで目録にすることは容易でない．ケーベの生活スタイルもまた同様だ．戦間期のドイツではケーベにまつわる逸話がいくつも出回った．生涯独身だった．[5]

ケーベは 1945 年 8 月 6 日にこの世を去った．

一方，フランスの国民的英雄であり，数学や科学に関する啓蒙書のベストセラーをいくつも執筆したジュール・アンリ・ポアンカレは，正真正銘の有名人だったと言える．ポアンカレのことを重要な哲学者と見る人々もいる．またポアンカレは，アカデミー・フランセーズの会員でもあった．40 人の会員で構成されるアカデミー・フランセーズは，正しいフランス語の語彙や用法の規範を示す役割を担う組織だが，ポアンカレ本人は自分の書いた文章を修正しなかったと言われている．ともあれ，ポアンカレは一時代を代表する優れた数学者だった．肩を並

べられるのはヒルベルトくらいのものだろう．数学者の中にはポアンカレをガウスになぞらえる者すらいるが，それは最高の栄誉と言える．第22問題を解決したことは，ポアンカレの数学に関する膨大な業績全体の中では目を凝らさなければ見逃してしまうような仕事だが，その問題を最初に提示したのも誰あろうポアンカレ自身なのだ．

　ポアンカレが生涯を通じて発表した論文は，自らの独創になる研究論文だけでも500編近くに上る．ポアンカレの『全集』は全11冊に及び，しかも各冊とも大部で「第〜巻（tome）」という番号が割り振られている．第1巻はポアンカレの死から4年後の1916年に刊行されたが，最終巻が刊行されたのはようやく1954年のことで，出版すべき著作物を選ぶ作業も含め編纂作業はそれほどの大事業だった．また別途3巻構成で出版された天体力学に関する著書も重要である．さらにポアンカレは，ソルボンヌ大学でもエコール・ポリテクニークなどの研究機関でも毎年違ったテーマで数理物理学の講義を行ったが，その中には聴講者によって書籍化されたものも多い．

　ポアンカレは多産ではあるが，数学者として深い洞察力を備えてもいた．数学者たちは，ゼータ関数に関するリーマンの8ページの論文に盛り込まれたアイデアを何十年もかけて理解し使いこなすようになったのとまったく同じように，ポアンカレが持つリーマンと同種の深遠さを繰り返し再発見している．そうして見えてきた洞察の数々は，当時からはっきりと表現されていたものではあった．ただ，それらを扱う上で必要となる正確な数学的用語や数学的手法を手に入れるまでに数十年を要したのだ．

　ポアンカレは，技術職をはじめさまざまな専門家を数多く輩出したフランスの名家に生まれた．母親は非常に聡明で，愛情深い人だった．ポアンカレの若年期について本書で述べる内容はほぼすべて，1914年のフランス学士院科学アカデミー論文集（*Mémoires de L'Académie des Sciences de L'Institut de France*）に掲載されたガストン・ダルブーによる追悼文『アンリ・ポアンカレの生涯を讃えて（*Éloge Historique D'Henri Poincaré*）』に拠っている．この追悼文はポアンカレの『全集』第2巻の巻頭にも収められている．ダルブー自身もフランスの数学者で，ヒルベルトが無謀にも第一次世界大戦のさなかにもかかわらず賛辞を贈ったというほどの人物だ．ポアンカレとの付き合いは長く，ポアンカレの学位論文を審査した1人であるばかりか，ポアンカレがエコール・ノルマルの入学試験を受けたときの試験官でもあった．ダルブーによる追悼文は，大仰な褒め口調が見られはするものの，丁寧に書かれており内容も正確だと私は思う．

ポアンカレに言及した文章はよく目にするし，彼の業績についてもそのさまざまな側面が数多くの書籍で取り上げられてもいる．ところが驚いたことに，ポアンカレが没してから〔本書の執筆時点で〕90 年近くも経つというのに，学術上の業績を含めたポアンカレの包括的かつ現代的な人物伝は，英語のみならず私がこれまでに調べ得たいかなる西欧言語でもいまだに書かれていない．E・T・ベルは 1937 年に出版した著書『数学をつくった人びと』の中でこう述べている．「ポアンカレが心血を注いだこの膨大な研究業績について十分満足のいく説明をするためには第二のポアンカレを必要とする．そのためここでは，彼の仕事の中でもとりわけよく知られているものをいくつか取り上げて簡単に説明することとしよう」[6]．この一節は，1915 年にロンドン王立協会発行の論文誌に掲載された H・F・ベイカーによる追悼文の中の次の一文とも相通じる．「彼の研究をどういう形であれ完全に解説することは，その守備範囲があまりに広いがゆえにほとんど不可能な仕事だと言ってよい」[7]．

ポアンカレの両親は，ダルブーが「2 人ともロレーヌ人」[8]と述べているとおり，フランス北東部にあるアルザス・ロレーヌ地方の生まれである．父方の家系はもともとヌシャトーの出で，1750 年に亡くなった父方の祖先はヌシャトーの法廷官吏だった．また縁者の中には，ヌシャトーに近いブルモンのコレージュで数学を教えていた人もいる．薬剤師だったポアンカレの祖父ジュール・ニコラは，1794 年にヌシャトーで生まれた．ナポレオン戦争さなかの 1814 年にサン＝カンタンの軍病院に配属され，1817 年，23 歳のときに両親と妹たちを連れてナンシーに移り住んだ．一家は，ロレーヌ公宮殿とクラフ門の間にある立派な住まいで暮らすことになった．その建物に関しては，ポアンカレがアカデミー・フランセーズへ入会するに際しての歓迎スピーチの中でフレデリック・マソンが，「どっしりと重厚で飾り気がない」[9]と表現している．

1828 年，その家でポアンカレの父親レオン・ポアンカレが生まれる．レオンは優れた内科医となり，ナンシー大学の医学部で教授も務めた．ダルブーは，科学アカデミーがレオンから提出された研究報告書を高く評価したことに触れた上で，レオンのことを「きわめて独創的な (très original)」[10]精神の持ち主としている．1829 年に生まれたレオンの弟アントニは，エコール・ポリテクニークを優秀な成績で卒業した．科学アカデミーにも気象学に関する学術論文を数多く提出し，その後は橋梁や堤防などの土木工事の検査官となった．アントニの息子レイモン・ポアンカレは，第一次世界大戦中にフランス共和国大統領を務めた人物で，首相にも通算 4 度にわたって就任した．ポアンカレにとってレイモンは最も歳の

近いいとこだった．アントニのもう 1 人の息子リュシアンは，「公教育・芸術省中等教育部局の部局長」を務めた．ダルブーは，この他にもポアンカレの家系から輩出した有能な人物を何人か挙げている．また，ポアンカレという名前の由来をさかのぼってみると（おそらくは）1403 年にパリ大学の学生だったペトルス・プーニクワドラーティという人物にたどり着くことを脚注に記している．

　一方，父方と同様に裕福だったポアンカレの母方の家系にどのような人物がいたのかについては詳しくは書かれていない．それどころか，ベルが指摘するように，少なくとも母親の初出箇所では母方の姓（ローノワ）に言及すらしていない．ただ，母親の実家がアランシーという田舎町に大きな屋敷を所有していたことや，ポアンカレが幼少期の最も良い時期によくこの屋敷に滞在したことには触れている．ポアンカレの母親については，「大変に人柄が良く，至って活発で，きわめて聡明な (très bonne, très active et très intelligente)」[11] 人だったとダルブーは評する．一方，ガストン・ジュリアは『アンリ・ポアンカレ生誕 100 周年記念文集 (Le Livre du Centenaire de la Naissance de Henri Poincaré1854–1954)』の中で，ポアンカレの母方の祖母には数学の才があったと書いている[12]．

　1854 年 4 月 29 日，ポアンカレはこの精力的で知的な血筋を引く家に生を享けた．彼には妹が 1 人いた．その妹の息子であるピエール・ブートルー (1880–1922) も数学者の道を歩んだ．

　ダルブーによると，ポアンカレは非常に満ち足りた，この上なく幸福な幼少期を過ごしたという．「ポアンカレの面倒を見る母親の心配りは思慮に満ちていた」[13]．彼は言葉を話し始めるのがかなり早かったが，最初の頃は次々とわき出す自分の考えをうまく言い表すことができなかったという．5 歳のときジフテリアにかかった．いまとなっては，どのような症状をともなうのかほとんど忘れられた病気だろう．最初は喉に軽い痛みが出る程度だが，病状は急速に進行し，それとともに喉の表面に偽膜が形成され，全身が毒素におかされるようになる．急死に至ることも珍しくない．ポアンカレの場合は喉頭の麻痺が 9 か月続いた．この病気を患ったことでポアンカレは気弱で臆病になり，その性格はしばらく治らなかった．ひとりで階段を下りることにすら怖気づき，同年代の子供たちの乱暴なふるまいに耐えることができなかった．そうしてこの時期ポアンカレは，貪るように読書をするようになる．同じ本を読み返すことはなく，その頃からポアンカレの記憶力は目に見えて優れていた．ダルブーによると，ポアンカレは読んだ本の内容を，どのページのどの行に書いてあるのかまで記憶することができたという．誇張はあるかもしれないが，書いてある場所を記憶していたというところ

は真実味がある．ポアンカレが特に魅了されたのはルイ・フィギエが書いた『大洪水以前の地球（*La Terre avant le déluge*)』という自然史の本だと言われている．これは科学本ベストセラーの先駆けとも言えるもので，読む者の興味を刺激する筆致で書かれた豪華装丁本だった．さまざまな地質時代におけるヨーロッパ大陸の地図が美しく彩色されて各章に掲載されているが，それを見ると思いも寄らないかつての陸地の位置関係や形状に驚かされる．

　ポアンカレは，定評のある教科書を何冊も手掛けてきたアンゼランという家庭教師のもとで本格的な教育を受け始めた．アンゼランは幼いポアンカレにさまざまな教科に関する知識を惜しみなく伝授したが，何かを文章にまとめるという作業を課すことはあまりなかった．ポアンカレが8歳になってリセに入学するとき母親が心配したのはその点だったが，初めて書いた作文でポアンカレは最高点を取った．学校の成績は，明らかな例外をいくつか除けばつねにトップだった．第1学年のときのノートがいまも残されているが，それを見ればポアンカレの資質がずば抜けていたことは一目瞭然だとダルブーは言う．歴史と地理の出来栄えが際立っているほか，フランス語の作文に至っては「ちょっとした名文」[14]との評価をもらったそうだ．ただし，その悪筆ぶりはかなりのものだったとも指摘している．

　ポアンカレにとって学校は取り立てて居心地の悪いところではなかった．宿題なども，気ままに要領よく片づけていたようだ．ポアンカレの幼なじみである（ポール）ザルデル将軍（ダルブーは一貫してザルデル将軍としか表記していない）が当時のことを語っているが，それを読むと，教科書や宿題を広げた机の傍らでポアンカレが部屋の中をうろついたり，部屋を出たり入ったり，気が向くと雑談したり，宿題について質問されるとそれに答えたりする様子が思い浮かぶ．ポアンカレは何かものを書こうとするときには，左右どちらでも空いている方の手で書いていたという．

　しかし，将来科学アカデミーの一員となるこの少年はむしろ遊ぶことのほうが好きだった．力がなく手先が器用でもなかったポアンカレは，想像力や思考力がより重要になる遊びを好んだ．時には友人の姉妹たちと遊ぶこともあった．アランシーにある母方の祖父母の屋敷で夏休みを過ごしているときは，広々とした庭や田舎に広がる自然の中を自由に散策することができた．杖を携えて庭の中を早足で歩き回ることが多かったが，時々立ち止まって砂の上に杖で何かを描いていることもあった．また大の動物好きだったポアンカレは，庭の中で遭遇したいろいろな生き物たちを観察することもあった．あるとき木にとまっていた小鳥をう

っかり銃で撃ち落としてしまい，ひどく心を痛めたことがある．それ以来彼が銃を撃つことは決してなかった．

ダルブーによると，ポアンカレは親思いの息子であり，妹思いの兄だった．慎み深い性格で，他人に対して自らの優秀さを誇示しようなどとは決してしなかった．ただし，自分の方に理があるときは頑なに「受動的抵抗」[15]の姿勢を見せることもあった．ポアンカレとザルデル将軍は1865年の長期休暇を家族ぐるみで過ごしたが，ダルブーの追悼文にはザルデル将軍が語ったそのときの様子が引用されている．「アンリはすべてのことを見，すべてのことを理解し，そして私たちにすべてのことを説明しようとした」[16]．エコー・ド・ランベルシャンとして知られる有名なこだまを聞いたときには，こだまについて完璧な理論的説明を披露した．ポアンカレについてザルデル将軍は「子供らしい快活さや屈託のなさと，大人の理性とを持ち合わせていた」[17]と述べている．

13歳のときパリ万博に出掛けたポアンカレは，政治についてもいろいろな考えを抱くようになる．それをきっかけに，ポアンカレは妹といとこと3人でアランシーの庭に「トリナジ（Trinasie）」という名の共和国をつくった．それは3つの地域からなる連邦国家で，3人がそれぞれに1つの地域を治める．三者三様の言語を持つだけでなく，共通語も定められており，それを用いて連邦政府を運営する．このときポアンカレは，それと悟られることなく事実上の全権掌握が可能であることに気づくが，気づいてしまってからは決してそれを実行に移そうとしなかった．「トリナジ」は何年にもわたって続き，その中でさまざまな遊びが育まれていった．

こうして子供どうしが2，3人ばかり集まって思いきり遊びまわるうちに夏の日々は大方過ぎていったが，近隣に住む親戚たちがやって来て1週間ほど滞在し連日パーティーが開かれることもあった．ポアンカレは素人芝居やジェスチャー・ゲームに進んで加わった．13歳か14歳のときには，ジャンヌ・ダルク——彼女もまたロレーヌの人だった——を主人公とする詩劇を書いている．ポアンカレはダンスをするのも好きだった．ダルブーによると踊り出すと止まらなかったそうだ．こうした活動的で社交的な生活は学校へ行くようになっても変わらなかったが，そのために勉強がおろそかになることは決してなかった．

遊びに明け暮れていたこの時期，ポアンカレは勝負事であれ，読書であれ，考え事であれ，何か彼の気を引くものがあると凄まじい集中力を発揮した．ひとたび興味を引く対象に出会うと，たとえ時間が足りなくてもそれを途中で放り出そうとはしなかった．物事に没入するこうした気質のせいで，ポアンカレは外界へ

の注意力が散漫になることがあった．食事をしたかどうか覚えていられないことさえあったのだ．のちにポアンカレは自身のことを記憶力に問題があると述べていたが，本で読んだ内容をすべて記憶してしまう人物のそのような自己評価は，この種の不注意のエピソードに基づくのだろう．ダルブーはこんな話も紹介している．ポアンカレが7歳か8歳のときのこと．母親と妹と3人で散歩しながら物思いに耽っていたポアンカレは，ふと気づくと2人とは小川を挟んで反対側にいた．そして再び2人に合流するため，腰までの深さがある小川をまっすぐ歩いて渡り，もとの道に戻ったという．

　15歳になったポアンカレは，数学に対する自らの情熱を自覚するようになる．ダルブー曰く，「この瞬間から数学が天職であるという意識は膨らむばかりで，それは時とともにますます抗いがたく魅惑的なものになっていった」[18]．ただし，ラマヌジャンのような極端なものではなく，それによって数学以外の勉強が妨げられるようなことはなかった．ダヴィ・リュエルによると，精神の成熟は数学的才能が開花した瞬間に止まるというのがコルモゴロフの自説だったという．なんでも，ある同僚が子供じみた行動に出る原因を説明するためだったらしい[19]．コルモゴロフの説に従えば，このときすでにポアンカレは精神年齢が比較的高かったことになる．

　バカロレアの第1群試験に好成績で合格し，人文系のバカロレアを取得したポアンカレは，その3か月後に自然科学系のバカロレアも取得する．ラテン語の試験はフランス語の試験よりもさらに出来が良かったが，妙なことに数学の筆記試験はあまり良い出来ではなかった．収束する等比級数についてのやさしい問題だったが，試験に遅刻したためかどうやら問題の内容を誤解したらしい．ただ口頭試験の方はかなりうまく行った．ポアンカレの評判は試験官たちにも伝わっていた．試験官の1人は，このような筆記試験の出来では他の受験者だったら不合格だっただろうと語っている．ポアンカレが17歳で取得したバカロレアという資格は，アメリカで言えば高校の卒業認定に相当する．しかしフランスのエリート養成校である，いわゆる「グラン・ゼコール」に進学しようとする生徒は，さらに2年間リセに通うことになる．ポアンカレは「初等数学」という講座を受講した．

　普仏戦争が勃発するとナンシーのあるフランス北東部はその大半が戦場となり，リセに通うポアンカレも平穏な生活を送れなくなった．攻撃を仕掛けたのはフランス軍だったが，アメリカ独立戦争の戦訓を学んでいたプロイセン軍は，新式の銃火器を持って守備隊を待ち構えさせておけば，進撃してくる敵軍を撃破できる

と考えていた．そしてそのとおりフランス軍は完敗を喫し，プロイセン軍に包囲されたのだった．フランスの政治体制は崩壊し，パリ・コミューン（1871 年）を支持する機運が高まる一方で，プロイセンがパリを包囲し，やがて脆弱で不安定な第 3 共和制が成立する．アルザス地方とロレーヌ地方の一部はプロイセンに併合されたが，ナンシーはフランス領に留まった．以前よりも国境線が近くはなったが，それでもポアンカレにとってこれは幸運なことだった．プロイセンによる占領統治は粗暴なものだったからだ．まだ年が若く病弱でもあったポアンカレは兵役にこそ就けなかったが，父親に付いて移動式野戦病院で傷病兵の世話にあたった．彼は戦争の残酷さを間近で目にしていたが，母親と妹に付き添ってアランシーへ出掛けたとき目撃した破壊の光景には，この地への個人的な思い入れから居たたまれない気持ちになった．付近一帯はサンプリヴァの戦いの主戦場だった．3 人は，アランシーへ向かう途中，「凍えるような寒さの中，家屋が焼き払われ人影の消えたいくつもの村々を通り」[20]過ぎざるを得なかった．幾度となく夏を過ごした祖父母の家は打ち壊され，家財は略奪されていた．略奪が行われたその日，1 人の貧しい村人がポアンカレの祖父母に食べ物を分け与えてくれたそうだ．余談だが，それまでフランスの軍事戦略を手本にしていた日本は，この普仏戦争をきっかけにドイツの軍事戦略に乗り換えた．高木の留学先がパリではなくゲッティンゲンになったのも，そこに理由の一端があったのだという．

　ポアンカレが生涯にわたって愛国心を抱き続けた背景には，このとき体験したいくつもの出来事があったとされる．そしてこれらの出来事は，より深く政治と関わりたいとこのレイモンの考え方にも間違いなく影響を与えている．プロイセンによる占領中，入手できる新聞は限られていたが，ポアンカレはそれを読むためにドイツ語を勉強した．当時プロイセン兵士の振る舞いはひどいものだったにもかかわらず，ポアンカレは生涯にわたりドイツ人数学者を努めて公正に評価しようとした．彼が最初期に取り組んだ主要な研究には保型関数が現れる．現在では（少なくとも英語では）「automorphic function（保型関数）」という呼び名の方がむしろ一般的だが，ポアンカレは自分よりもいくらか先んじてそれを研究していたドイツ人数学者ラザルス・フックスの名にちなんでフックス関数と呼んだ．また同じ研究の中でポアンカレはクライン群という名称を用いているが，これもフェリックス・クラインが同時期にその群について研究していたことによる．1909 年，ポアンカレはヒルベルトの招きで 6 回にわたる連続講義をゲッティンゲン大学で行ったが，そのうちの 5 回はドイツ語で話をした（もっとも，ゲッティンゲン大学の関係者の中にはポアンカレに少々腹を立てる者もいた．厚かましくもポアン

カレが，当時ヒルベルトによって本質的な進歩を遂げつつあった積分方程式論について講義したというのがその理由だった）．

　フランスの政治体制同様，ポアンカレの学究生活も，1870年から71年の断絶の時期を過ぎて以降は，長きにわたって途絶えることなく継続した．1872年，ポアンカレはフランス全土のリセの学生を対象に行われる学力コンクール「コンクール・ジェネラール」に参加し，最優秀賞を獲得している．またその翌年には「上級数学」という講座を受講し，ここでも首席になった．このときリセの最終学年になっていた彼は，自身と同様のちに著名な学者となる2人の若者と出会う．ポール・アッペル（1855-1930）とコルソン（おそらくクレマン・コルソン，1853-1939）だ．アッペルは，故郷のストラスブールがドイツ帝国領に編入されたためナンシーへ逃れてきていた．ドイツ人にはなりたくなかったからだという．授業初日，アッペルとコルソンは早速ポアンカレの品定めを始めた．教室の座席は階段状に並んでいたので，2人はポアンカレのすぐうしろの席に陣取ると，ポアンカレがメモ用紙に何を書き留め，何を書き留めないかを観察することができた．ポアンカレがメモ用紙として使っていたのは葬儀の案内状だった．ポアンカレは来る日も来る日もその案内状を手元に置き，時折メモを1，2行ばかり走り書きするのみだった．2人は唖然とした．さては不真面目な輩なのかとも思った．だが，前年の「コンクール・ジェネラール」では全国でトップの成績を収めているではないか．2人は上級生の1人をつかまえて，「飛びきり難解な」問題をポアンカレに吹っ掛けてみてくれないかと頼み込んだ（このリセの最終2学年に在籍する生徒はナンシーにあるエコール・フォレスティエールという林業の学校に出向いて授業を受けたり，そこの学生と合同で授業を受けたりしていた）．だがポアンカレは，「1分も考えないうちに」[21]その問題を解いてしまった．

　アッペルは学生時代のポアンカレのことをこう回想している．

　　　彼が頭脳明晰であることは，新学期が始まってすぐさま，われわれ同級生のみ
　　ならず，担任のエリオット教授にも知られるところとなった．どのような問題も，
　　その具体的な詳細，背景にある一般的な発想，および全体の中の位置づけを瞬時
　　のうちに理解してしまうという天与の才が彼にはあった．また生涯を通して，飾
　　り気がなく，見栄を嫌い，ロレーヌ人らしい良識があり，友情に堅かった．[22]

　ポアンカレはエコール・ポリテクニークとエコール・ノルマルを受験した．どちらもフランス屈指のエリート養成機関で，官僚をはじめフランス社会の最上位

階層に属するための入り口となる学校だ．パリには途方もない数の高等教育機関が存在する．同時に複数の大学で教鞭を執る研究者も大勢いる．博士号はそれらの大学で取得することになる．ポアンカレは家風の影響もあってエコール・ポリテクニークへ行くことにした．入学試験の成績は同期生の中でトップだった．エコール・ノルマルの入学試験の方は振るわず（フランス全体で）5位に終わった．どちらの試験でも数学は特に重視された．5位というこの成績についてダルブーは，些細なミスがあったのだろうと見ている．成績が2位だったアッペルはエコール・ノルマルへ入学した．

　ダルブーによる追悼文が書かれたのはこれらの試験から40年後のことだが，当時はまだポアンカレが試験の際に見せた行動を事細かに記憶している人たちが大勢いた．例えばこんな話がある．ゆっくりとした口調で試験官に証明を示していたポアンカレがしばらくして目を閉じると，証明をいったんやめてもよいかと試験官に尋ね，テーブルの角をじっと見つめていたかと思うと，もっと簡潔で明解な別証明を披露したいと申し出たという．他にもある．ティソという人物が試験官をしたときの話だ．ポアンカレが相当にできる学生だと考えたティソは，もっと難度の高い問題を探すため試験を45分間中断し，上級者向けの幾何学の本の中からそのような問題を見つけだした．ポアンカレはその問題の内容を聞かされると図を描いた．そして，かなり長い間その場に立ったまま床を凝視していたかと思うと，高度な手法を用いた解答を述べ始めた．もっと初等的な解答はできないかとティソが言うので，ポアンカレは黒板を離れティソの机まで歩み寄ると，ティソの目の前の机の上で三角法による解答を示した．ティソは思わずこう言った．「私は君たちに初等幾何学を忘れないでほしいのだよ」[23]．ポアンカレがその願いに応じたことにこの試験官は満足した（それにこの時点では間違いなく，それ以上ポアンカレと渡り合わず済むことに感謝していただろう）．ティソは彼に最高点をつけた．

　ポリテクニークの講義もポアンカレは座って聞いているだけでノートは取らなかったという．ポアンカレにとっては，学校の廊下という廊下を行ったり来たりしながら思索に沈潜するのがお気に入りの勉強方法だった．休み時間には同じナンシー出身の学生たちと一緒に過ごすこともあった．よく全員で腕を組んで歩いたり話をしたりしたが，友人らがあの「危機の時代」に起きた出来事について熱っぽく語り合っているときでも，ポアンカレは座ったまま口も開かず身じろぎもせず思索に耽っていることがよくあった．

　ポリテクニークの必須科目には運動や体操，軍事教練，図画などもあったが，

ポアンカレはこれらの科目が大の苦手だった．友人らは，特にポアンカレが絵を描こうとするとそれを面白がって，その絵を目立つ場所に何枚も張り出した．それぞれの絵にはギリシャ語で「これは馬なり」などと書いた札を貼り付けたが，札の方が間違っていることもあった．ダルブー曰く，「若者というものは子供と同じで情け容赦がないものである」[24]．これはダルブーも引用している非常によく知られた話であるが，ポアンカレはデッサンの腕前があまりにもひどく，エコール・ポリテクニークの入学試験では0点だった．普通であれば，0点を取った時点でその受験生が入学を認められることはない．ところが，0点だったはずのポアンカレの得点は1点に変更され，それを記録した公式文書も残っているというのだ．もっともこの話には事実と異なる点がある．ポアンカレが1点を取ったのは淡彩画（lavis）の試験で，デッサンは20点満点中12点だった．ともあれ，このように不得意な分野がいくつかあるにもかかわらず，ポアンカレは入学試験の総合点で次席の学生を7%近くも上回ったのだった．ただし，図を器用に描けなかったがために，卒業成績では首席の座を逃すことになった．幾何学の試験のとき図を描くのに手間どってしまい，試験官の不興を買ったからだ．ポアンカレ本人は試験の成績にそこまでのこだわりは持っていなかったようである．彼が従うのはあくまで内なる基準であり，内なる声に忠実な好奇心なのだ．

　ポアンカレはエコール・ポリテクニークを卒業すると鉱山学校に入学する．誰しもがポアンカレは鉱山技師になるのかと思っただろう．数学者や理論物理学者の中には技術工学を学ぶために大学へ進学した者が大勢いる．彼らの両親にはその方が堅実で現実的な進路に思えたからだ．例えば，すでに見たようにカントールやケーベは少なくとも一時期は技術者への道を歩んでいたし，物理学者ではディラックやファインマンなどがそのような例として思い浮かぶ．ただ，その多くは大学卒業後に数学なり物理学なりの道へ進むのだが，ポアンカレの場合は，大学を卒業したあとに実際に技術者の養成課程へ進み，そして実際に鉱山技師として働いた．彼はこの職に喜びを感じていたし自信を持ってもいた．また，有能な技師になるだろうと期待もされていた．ポアンカレは自らに課せられた職務を十二分にこなした．1875年から1879年の初めまではおおむねパリにいたが，採掘法を研究するためにハンガリーなど遠方へ出掛けることもあった．1879年の初め，彼はナンシーから南へ120キロほどのところにあるヴズールに現場の鉱山技師として派遣される．ヴズールの炭鉱で16名の死者を出す爆発事故が起きた際には，直ちに立坑へ入って調査にあたった．彼は職務に対する情熱とともに「冷静さ（sang-froid）」も持ち合わせていたとダルブーは述べている．[25]

鉱山学校の学生として，さらには鉱山技師として過ごしたこの間にも，ポアンカレの数学に対する関心は高まるばかりで，その手腕にもますます磨きがかかった．彼は仕事の傍らパリ大学に通って博士号を取得するための準備を進め，1878年に初めて独自の研究論文を発表する．内容は微分方程式に関するものだった．さらに学位論文として，同じく微分方程式に関するより重要な結果をまとめた論文を提出した．（ポアンカレはエコール・ポリテクニークの学生だった 1874 年に幾何学に関する論文を発表しているが，それはすでに証明されていた結果の別証明を与えたものにすぎなかった．）ポアンカレの学位論文の査読を担当したダルブーはいくつも

ジュール・アンリ・ポアンカレ（転載許可：オーバーヴォルファッハ数学研究所資料室）

の論点について十分独創的な発想が見られることに感銘を受けたが，その一方で不明確な点や修正が必要な点もかなりあった．ポアンカレは，自分が重要だと思う箇所でない限り，細部にはあまり気を配らなかったからだ．ダルブーによると，ポアンカレは指摘された箇所の修正をいずれもすんなり承諾した．しかし，のちに本人がダルブーに語ったところによれば，そのときすでにポアンカレの関心は別の対象に移っていて執着がなかったらしい．ともあれ，この学位論文は 1879 年に学術雑誌に掲載され，その年の 8 月にポアンカレは学位を取得した．まだヴズールで仕事をしていたときのことだ．

1879 年 12 月には，鉱山技師の仕事がまだいくつか片づけられないでいる中，カーン大学の教員に任命される．そのときすでに微分方程式に関する独創的な研究成果をいくつか挙げていたポアンカレは将来を嘱望される若手数学者ではあったが，それでもこの最初の研究成果は火山が噴火する前触れの怪しげな地鳴りのようなものだった．研究に専念し始めたその後数年間のポアンカレの仕事ぶりは，まさに「噴火」という言葉で形容する他はない．

1880 年の 5 月に入ってまだ間もない頃，彼はある特殊な微分方程式に関するフックスの論文を読む．そして 5 月 28 日，パリ科学アカデミーが 1880 年の懸賞論文を募集したのに合わせて 1 編の論文を科学アカデミーに送る．それこそ保型

関数論の要となる発想がいくつも盛り込まれた論文だ．ジョン・スティルウェルは言う．「ポアンカレは微分方程式の未開の地から歩みを始め，長い時間をかけてそこにある密林を切り拓くと，ようやくにして幾何学の光が射す場所にたどり着いたのだった」[26]．（この論文には誤った図が1つ描かれている．ポアンカレはそれに気づいていて，間違っている部分は無視するよう読者に促している．彼はそのページを差し替えることも，図を修正することもしなかった．）ポアンカレのその当時の生活や数学者としての実り多き思索の過程については，断片的にではあるが本人が語っている．1908年に出版されたポアンカレの著書『科学と方法』の中には次のような一節がある．

　　いわゆるフックス関数のような類の関数は存在し得ないことを証明しようと，私は2週間余りにわたって悪戦苦闘した．そのときはまだ，てんでわかっていなかったのだ．毎日机に向かったまま1，2時間，膨大な数の組み合せを試してみるものの，何の結果も得られない．ある晩，いつになくコーヒーをブラックで飲んだせいかうまく寝つけなくなってしまった．雑多な考えが群れをなしてわき起こる．と，それらが互いにぶつかり合い，しっかり結びついて次々と対をなしていくように感じられる．いわば揺るぎない組み合わせが確立されたような感じだ．翌朝には，……一群のフックス関数が存在するということは確固たる事実となっていた．あとはその結果を書き上げさえすればよいだけだ．数時間もあれば十分だった．

　　続いて私は，それらの関数を……具体的に表そうと考えた．……このような級数は，もし存在するならば，どのような性質を持たねばならないかを自問し，……難なく成功した．

　　ちょうどその頃，私は鉱山学校が主催する地質調査旅行に同行するため，当時住んでいたカーンを出立した．旅程の慌ただしさで数学のことは忘れていた．クータンスに着いたあと，どこかへ出掛けるため乗合馬車に乗り込んだのだが，馬車の踏段に足を置いたその瞬間だった．フックス関数を定義するために用いた変換が非ユークリッド幾何学の変換とまったく同じものであるという考えが私を捉えた．それまで積み重ねてきた考察の中に，その下地になると思われるようなものは何ひとつなかったのだが．乗合馬車の座席に腰かけるとすぐに会話の続きが始まったため，この考えをその場で吟味する余裕はなかったが，私には絶対的な確信があった．カーンに戻ったあとでこの結果についてゆっくり時間をかけて検証してみたが，それも単に安心のためだった．

その後は数論に関する問題の研究に打ち込み始めたが，大した成果を挙げられそうにもなく，それ以前に行っていた研究と関係があるのではないかと考えることもなかった．一向に埒が明かず嫌気がさしてきたので，海辺へ出掛けそこで2，3日過ごすことにした．しばらくは他事を考えていた．ある朝，崖上を散歩していたときのことだ．不定値3元2次形式の数論的変換が非ユークリッド幾何学の変換とまったく同じものであるという考えが，またしても一瞬のうちに，突如として，直接的な確信とともに私の脳裏にひらめいた．

カーンに戻った私は，この結果についてじっくりと考えをめぐらし，そこからいくつもの結論を導き出した……［ただし，ある問題に突き当たってしまうのだが］．

その後すぐに，私はモン・ヴァレリアンへ向かった．兵役に就くためである．これまでとは似ても似つかない職務に忙殺されるようになった．ある日，大通りを横切っていると，袋小路に陥っていたあの問題の解決策が突然，目の前に立ち現れた．私はすぐさま深入りしようとはしなかった．その問題に再び取り掛かったのは兵役を終えたあとだった．材料はすべてそろっている．後はそれらを整然と配置して1つにまとめ上げさえすればよい．私は論文の完成稿を何の苦もなく一気呵成に書き上げてしまった．[27]

印象深い一節である．この頃のポアンカレは，勤務のある日でも1，2時間は数学に時間を割いていたようだ．またこの一節からは，ポアンカレの自信のほどもはっきりと読み取れる．ポアンカレが大きな困難の打開策を思いつくのは，決まって数学以外にやるべきことを抱えているときで，そのために自らの洞察をすぐには吟味しないが，ポアンカレはそれが正しい解決策であるということをすでに見抜いているのだ．

ポアンカレは保型関数についての理論を創始したことで，数学者としての名声を確固たるものにする（1880年に応募した懸賞論文は入賞を逃したが）．1881年，保型関数に関する研究成果の概要を2本の短い論文にまとめてフランス科学アカデミーの報告誌に発表すると，その同じ年にパリ大学へ招聘された．さらには1882年から1884年にかけて，それらの研究成果を詳述した一連の論文4編を*Acta Mathematica*誌に発表した．ポアンカレによる保型関数の理論，そして保型関数とその成り立ちに深く関わる離散群の理論こそ，ヒルベルトの第22問題の理論的土台となったものだ．

19世紀の初め頃には，数学の世界で知られている関数もまだそれほど多くはなかった．その大半は代数学に由来するものだが，それ以外にも正弦関数や余弦関数といった三角関数，指数関数，それに微分積分学や物理学から生まれた特殊な関数などはすでにあった．ただし，これらはすべて実数変数の関数である．19世紀も時代が下っていく中で実数に関する理解が深まり複素数が受け入れられるようになると，関数の種類は爆発的に増えた．関数論というのは，その爆発的に増えた関数全体を整理し，理解した上で，より豊穣なものとするための試みだと言えよう．

関数とは何だろうか？　もともとの考え方は直観的である．ある1つの値を入力として受け取り，ある別の値を出力として返す，それが関数だった．関数のグラフはいつでも描くことができた．また関数は，その値を計算するための規則そのものと見なされるのが普通だった．$f(x) = 2x+3$ などはその簡単な一例だ．x の値が変化すると，x を2倍しそれに3を加えた計算結果も変化する．正弦関数 $\sin(x)$ であれば，その値を決める規則はもっと複雑になる．現代のような集合論的に定式化する立場では，関数はある集合（定義域）からある集合（値域）への写像として定義される（まったく任意の写像でよい）．このような関数は，滑らかである必要もなければ，その値の計算方法が指定されている必要もないのである．ただし1つだけ制約がある．それは，定義域の各要素に対して値域の要素がただ1つに定まるということだ．

関数についていろいろと説明するため，まずは正弦関数の様子を見てみよう．

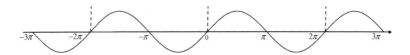

正弦関数のグラフは周期的である．0から 2π までの部分を繰り返しつなぎ合わせればグラフ全体ができ上がる．正弦関数にたどり着く方法はいくつもあるが，半径1の円について考えてみるのが正弦関数の歴史的な出発点であり，この関数を導く最も自然な方法でもある．

半径1の円を座標平面上に置き，その円周上を反時計回りに移動する．そして円周上の道のりを 2π だけ進むと，出発した地点に戻ってくる．（角度を使って説明することもできるが，数学者は移動した道のりを使って説明するのが普通だ．）

正弦関数は，このような円の図を通して理解するのが自然であり，そもそも現れた当初からこの方法によって理解されてきたのだ．もしわれわれが歴史の中でこれとは別のやり方で正弦関数にたどり着いていたとして，誰かが半径1の円を描き，正弦関数との関連性を指摘したなら，その簡潔さに誰しも目からうろこが落ちる思いをするのではないだろうか．実は19世紀前半に，楕円関数なるものに対してこれと同じようなことが起きた．それは，これらの関数に「楕円」という名称がつけられたときではなく，のちに楕円関数とトーラスとの関連が明らかになったときのことである．楕円関数が発見されたのは，数学者が楕円の周長または弧長を計算しようとしたのがきっかけだった．惑星が太陽の楕円軌道上を周回していることを考えると，これはごく自然なことだ．ところがいざ計算しようとすると，利用できる既存の関数をどのように用いても値を求めることができないような積分[*]に行き着いてしまう．このような経緯を経て発見された関数に対して「楕円」という名称が定着したわけだが，やがて数学者たちは楕円そのものとはほとんど関係のない楕円関数を研究するようになる．

楕円関数というのは，複素関数であり，正弦関数と同様に周期的である．ただし，楕円関数は独立した2方向に周期性を持つ．その2つの方向を w', w'' で表そう．正弦関数の場合には任意の整数 n に対して $\sin(x) = \sin(x+2n\pi)$ が成り立つのとまったく同様に，楕円関数 $f(z)$ は m と n を任意の2整数として $f(z) = f(z+mw'+nw'')$ という規則性に従う．このような関数のグラフを（定義域と値域を合わせて）描くことはできない．定義域が2次元，値域も2次元，両者合わせて4次元になるからだ．ここでは定義域のみを図示しておく．これだけでもこの関数の周期性がどのようなものかわかるだろう．

---

[*] $\int \dfrac{dx}{\sqrt{(1-x^2)(1-k^2x^2)}}$ という形の積分のこと．

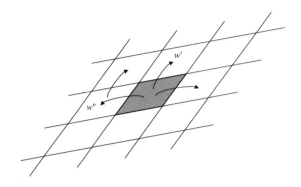

　影をつけた領域を繰り返しつなぎ合わせていくと複素平面全体が覆い尽くされる．ある領域のコピーをいくつも作り，それらを平面全体に敷き詰めることができるとき，その領域を「基本領域」という．正弦関数が「生息」する円周上を周回することで正弦関数全体が得られたが，ここでもそれと同じようなことが可能だ．まず1つの基本領域——平行四辺形——を切り取り，向かい合う辺と辺を互いに貼り合わせる．一方の辺から見ると向かいの辺は楕円関数の次の周期が始まる場所だ．まず w'' と向かい合う辺とを貼り合わせると円筒ができ，さらに w' について同様にするとトーラス（ドーナツ）ができる．

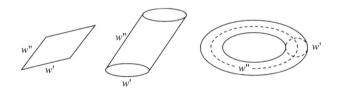

　そして，破線で表した一方の円（ドーナツの穴の周りをめぐる円）の上を周回すると，1周するごとに関数は繰り返し同じ値を取る．また，破線で表したもう一方の円（ドーナツ表面の峰に沿う円）の上を周回しても同様，1周するごとに関数は繰り返し同じ値を取る．リーマンは，1851年に学位論文として提出した画期的な論文の中で，楕円関数にこうした事実があることを指摘している．この論文により，十分に一般性を持った複素関数論が初めて切り開かれた．
　複素解析学には，その根幹をなす驚くべき事実がある．それは，解析関数の小さなかけらが1つ与えられれば，それを延長していくことで関数全体を構成できるというものだ．しかもその関数は，あらゆる細部にわたって，最初に与えられた小さなかけらにより一意的に決まってしまう．延長されるにしたがって，関数

は（その定義域も含めて）もともと備わっているそれ固有の姿を次第に形作っていく．最初のうちは複素平面の中にある道筋をたどりながら延長されていくのだろうと思いがちだ．それもそのはず，解析関数がもともといた場所は複素平面なのだから．そして，小さなかけらから全体を構成する過程でわれわれがたどる道筋は，所々にある道標を経由しながら最後は円環をなすように思われる．当然ながら，再び出発点に戻ったものと考えるだろう．ところが関数はそこで新しい値を取る．これは奇妙なことであって，容易には納得できない．関数というのは1つの値に対して1つの値しか取ってはならないからだ．この状況についてリーマンは，われわれがたどる道筋は計算上帰り着くはずの場所には帰り着かず，目下考察している関数の本当の故郷であるリーマン面というもっと複雑な場所へ入り込んでいくのだと解き明かした．リーマン面の中には何枚もの葉がつながり合ったような構造を持つものもある．回転しながら上下するスクリューに似ていなくもない．こうしてリーマン以降は，与えられた複素解析関数のリーマン面についてその形状と特性を決定することが関数論における主要なテーマの1つとなった．これらすべてのきっかけを与えた楕円関数はというと，その確固たる周期性ゆえに，トーラスさえあれば事足りるのである．

　ポアンカレが保型関数の研究を始めたのはリーマンが論文を発表してから30年近くあとのことだが，ある意味では幸運なことにポアンカレはリーマン面というリーマンのアイデアを知らなかった．ジャン・デュドネは次のように書いている．

　　　研究を始めた頃のポアンカレは，信じ難いと言ってよいほど数学の文献に不案内だった．自身の研究テーマについても，知っていることと言えばせいぜいモジュラー関数に関するエルミートの研究成果くらいのものだった．リーマンの論文も読んだことはまずなかったろうし，「ディリクレの原理」など聞いたことさえなかったとポアンカレ本人が語っている．もっともそれから数年後，ポアンカレは見事な想像力をもってしてこの原理を応用した．[28]

　ポアンカレの生誕100周年記念文集に収載されているフロイデンタールの文章には，ポアンカレの「驚くべき知識不足（ignorance merveilleuse）」についてもっと詳しい記述がある．（この文集にはポアンカレの愛国心を称える文のほか，実家の写真，幼い頃の試験の成績の写し，ポアンカレの手稿の複写なども掲載されている．）ポアンカレ本人も言葉少なではあるが，「あの頃の自分は知らないことがあまりに多すぎ

た」と語っている.

　ポアンカレが先に述べたエルミートの論文の中で出会ったモジュラー関数は，$z \rightarrow (az+b)/(cz+d)$（ただし，$a, b, c, d$ は整数，かつ $ad-bc=1$）という形の非線型変換からなる群のもとで，楕円関数よりもさらに複雑な「周期性」を示す．ポアンカレはフックスが1880年に発表した論文に触発されて，ある種の微分方程式とそれに由来する関数についての問題を研究するようになり，その中でにわかに保型関数の研究にも取り組むようになった．そのある種の微分方程式に由来する関数なるものがもし存在するならば，それらは $(az+b)/(cz+d)$（ただし，この場合 a, b, c, d は実数としてよい）という形の変換からなる離散群の作用に関して不変となる．変換のなす離散群を1つ取ろう．すると，どのような変換も（それがこの離散群に属しているかいないかにかかわらず），この離散群に含まれる他の変換によりそれを近似しようとしても，その精度には必ず限界がある．楕円関数の場合には基本領域というものがあってそれを繰り返しつなぎ合わせていくと定義域を埋め尽くすことができたが，それとまったく同じようにポアンカレが保型関数を研究する中で考察したこれらの群にも，より複雑な多角形領域（基本領域）が存在し，それを用いて保型関数の定義域である複素平面の上側半分（上半平面）を埋め尽くすことができる.

　ポアンカレは微分方程式と代数的変換の視点からこの研究に取り組み始めたため，今日われわれが知っているような明確な図は描けていなかった．それは正弦関数が円とどのような関係にあるのかを知らないようなものである（ポアンカレの研究対象はそれよりもはるかに複雑だが……）．この研究は1880年代初め頃のものだ．結晶群のことを思い浮かべる人もいるかもしれない．実際に，ヒルベルトは〔結晶群と関連する〕第18問題を提示するにあたってポアンカレの研究に言及しているのである.

　しかし先の引用文で見たように，ポアンカレはコーヒーをブラックで飲んだある晩，こうした変換からなる群の作用に関して不変な関数を構成するにはどうすればよいかをすっかり見抜いてしまった．すでにこの種の離散群の基本領域については，一定の規則のもとで歪みを繰り返しながら上半平面全体を埋め尽くすということが広く知られていたのだが，ポアンカレは，クータンスで乗合馬車の踏段に足を置いた瞬間，このような代数的変換が非ユークリッド幾何学に現れる変換と同じ形であるということに思い至ったのだった．次の図はモジュラー群の基本領域により上半平面が埋め尽くされる様子を示したものだ.

モジュラー群の基本領域による敷き詰め．黒の領域と白の領域を1つずつ組み合わせたものが1つの基本領域になる．

　この図（やフックス群の基本領域による上半平面の分割を表すもっと複雑な図）が非ユークリッド平面全体の歪みを表すものであって，これらの基本領域は互いを正確にコピーし合ったものであることにポアンカレは気づいたのだ．微分方程式の研究から出発したポアンカレがこの図を「見る」ことができたというのは，とりわけ吃驚に値する．

　ポアンカレは，非ユークリッド幾何学から洞察を得ることにより，多方面にわたる結果について証明を与えた．例えば，適当な幾何学的性質を持つ多角形が与えられると，それを基本領域とするフックス群を特定できるということを示したほか，体系的な分類方法を見出し，いくつかの具体例について詳しく調べてもいる．また，各基本領域の辺たちはフックス群の作用によってお互いに自然に結びつくことを見て取ったポアンカレは，基本領域を切り取り辺どうしを貼り合わせるということを考えた．これは楕円関数の場合に平行四辺形の辺どうしを貼り合わせてトーラスを構成したのと同じだ．しかも，こうして得られる2次元曲面はトポロジー的に複雑な構造をしているため，通常の3次元空間の中に（ねじれな

く）埋め込むことはできないということをポアンカレは早々と見抜いていた．そしてトーラスが楕円関数の本拠であるのとちょうど同じように，これらのより複雑な曲面こそ保型関数の本当の故郷なのだ．さらにポアンカレは，コンパクトな基本領域が与えられれば，そこから構成される曲面のトポロジー的性質は種数——その曲面の穴の数——によって特徴づけられることも証明した．ポアンカレはリーマン面の概念も独自に見出していたが，同じくこの問題に取り組んでいたクラインと1881年まで続いた手紙のやり取りの中で，リーマン面に関する文献がすでに存在することを知らされたため，リーマンによって得られていたすべての結果を一から自力で導く必要はなかった．この時期，ポアンカレとクラインは互いにライバル心を抱いていたが，クラインの方がその気持ちは強かったようだ．

　1882年，ポアンカレは離散群についての成果を *Acta Mathematica* 誌上で発表する．その内容は土台や背景まで詳しく論じたものだった．同誌に発表した2つ目の論文では，任意に与えられた離散群に関する保型関数の構成方法を明らかにした．これは古典解析学の職人芸とも言える論文だ．さらに同誌に発表した3つ目の論文では，フックス群を一般化した群について考察した．彼はクラインに敬意を表してこの群をクライン群と呼んだ．（ポアンカレがある種の保型関数のことをフックスにちなんでフックス関数と呼ぶようになった頃，フックスはすでにその関数の研究をしていなかった．一方，ポアンカレがクライン群という呼び名を使い始めた頃，クラインはまだクライン群の研究をしていなかった．）クライン群は，フックス群とほぼ同様に定義される．唯一異なるのは，a, b, c, d の取る値が実数だけでなく複素数まで許されるという点だ．しかし，この違いがもたらす影響は決して小さくない．スティルウェルは1985年に書いた文章の中で次のように語っている．

　　平面に対するクライン群の作用は，詰まるところ3次元非ユークリッド空間の運動のなす不連続群のちょうど影に相当する……フックス群とクライン群の違いは2次元と3次元の違いであると理解できる．もちろんこの違いは相当に大きなものであって，クライン群の理論はポアンカレ以降，3次元の幾何学とトポロジーのさらなる発展を待たなければならなかったが，それが十分に達成されつつあるのはようやく近年になってのことである．[29]

　次の図はコンピュータを使って描いたあるクライン群の極限集合である．（極限集合とは，定義域内の各点がクライン群の反復的な作用により近づいていく点全体の集合のことを指す．）

クライン群の極限集合（転載許可：ピーター・リエパ）

　同じ *Acta Mathematica* 誌に発表した4つ目の論文は保型関数を扱ったものだった．その内容はきわめて多様な発展性を秘め，かつ示唆に富むものだが，厳密性には非常に乏しい．ポアンカレにはこうした論文が他にも数多くあるが，それらを読むとポアンカレがずっと先の数学をいかに深く見通していたかを垣間見る思いがする．あたかもそれは，未来へ通じる虫穴ほどの瓶口からボトルシップを組み立てているかのようだ．この論文では，ヒルベルトの第22問題の主題である保型関数による一意化についても論じられている．

　フックス関数についての論文と同じ時期に，ポアンカレは『微分方程式によって定義される曲線族について (*Memoir on the curves defined by a differential equation*)』という長編論文の着想を得てこれを執筆し，発表にこぎ着けた（これも4つに分けて発表された）．この論文にあるアイデアの多くはすでに学位論文の中に見られる．ダルブーによると，ポアンカレは論文を仕上げるのがとても速かったが，いったん書き上げた原稿には決して手を加えなかったこともその一因だ

という．（若き日にパリを訪問したヒルベルトがポアンカレの研究に疑念を示した理由も
そこにある．）デュドネは言う．

> 　ポアンカレが生み出した成果の中でも白眉と言えるのは，微分方程式の定性的
> な理論である．これはポアンカレがひときわ創造性を発揮した時期（1880年から
> 1883年）の仕事だ（1797年から1801年の時期のガウスの日記を連想させる）．降っ
> てわいたかのごとき数学理論がその創始者の手によってたちまちのうちに完成の
> 域にまで到達することはめったにあることではないが，ポアンカレの理論はその
> 稀有な実例の1つである．ポアンカレが1880年から1886年にかけて発表したこ
> の理論に関する4編の重要な論文のうち最初の2編は，何から何まで斬新だっ
> た．[30]

　微分方程式とは，何かあるもの（働く力など）に対する別のあるもの（物理的な
位置など）の変化率について何事かを述べたものである．数ある微分方程式の中
でもとりわけ有名なのは，力が質量と加速度の積に等しいことを表す $F = ma$
というニュートンの方程式だろう．この方程式の中で，力は何らかの形で指定さ
れるもの，質量とはその力で押されている物体の質量のことで，加速度はその押
されている物体の速度の変化率にあたる．ちなみに速度とは，物体の位置の変化
率のことだ．ニュートンの方程式は各瞬間の加速度と力に関するものだが，これ
を基にして時間の経過とともにその物体がどのように運動するのかを記述するこ
とが次なる目標となる．この他にも，流体の流れ，惑星の軌道周回，電磁気の伝
播，熱流からノミの繁殖に至るまで，微分方程式によって書き表すことのできる
現象は多岐にわたる．だが，太陽，地球，および月に対して成り立つ微分方程式
系を厳密に解くことはできないし，もっと複雑な状況ともなればその微分方程式
を解くことはより一層難しくなる．科学の数学的道具として中心的な役割を担う
微分方程式は，これまで熱心に研究が重ねられてきたし，ポアンカレの数学的関
心の中心もはっきりと微分方程式にあった．幾何学やトポロジーの分野で画期的
な研究成果を上げるときも，ポアンカレがその研究を始めるきっかけは大体が微
分方程式だった．ポアンカレにとっては，初めて書いた論文のテーマが微分方程
式なら，最後となった論文のテーマもまた微分方程式だった．さらに（デュドネ
が指摘するとおり）ポアンカレは研究生活を送る間，微分方程式に関する論文をほ
ぼ毎年のように少なくとも1本は書いていた．ポアンカレが取り組んだ天体力学
の研究とは，取りも直さず微分方程式についての研究だ．ポアンカレは数学者と

して万能なタイプだったが，それがために微分方程式の研究へと駆り立てられたのではない．むしろ，微分方程式に対する興味が数学のあらゆる分野にあふれ出したのだと言えるだろう．

微分方程式の難点は，そのほとんどが簡単には解けないというところにある．例えば，曲線の長さ，あるいは曲線で囲まれた領域の面積を計算するとしよう．最初のうちは，すべてが見事なほどうまくいく（少なくとも大学初年度の微分積分学の授業ではそうなる）．円周について考察すると不思議なことに（すでによく知られていた）三角関数にたどり着き，さらにそこから円周率 π が出てくる．ところがすでに見たように，楕円の弧の長さを計算しようとすれば，それだけでたちまち行き詰まってしまうのだ．

1880 年の時点では，厳密解を持つ微分方程式は簡単なものに限られ，その種類もごくわずかだった．また，解の存在定理もいくつか知られてはいたが，ある領域内に解が存在することを主張するのみで，そこから具体的な解を求めることはできなかった．さらに，ある種の級数展開を用いて，与えられた領域での近似解を導く手法もあったが，妥当性を疑問視されるものが多かった．ただし，巧妙で実用上有効なものも中にはあった．最近ではパソコンで微分方程式を「解く」ためのソフトウェアが売られているが，これらのプログラムの中にはそのような当時からあった手法を利用したものも少なくない．

ポアンカレは，ある一般的な形をした非線型微分方程式の大域的な解について，何事かを述べることはできないかと考え始めた．中でもポアンカレが着目したのは，$dx/X = dy/Y$ という形の微分方程式だ．ただし，X, Y は多項式で，その変数の値としては実数のみを許すものとする．ポアンカレは手始めに，このような方程式の「臨界」点について考察した．臨界点とは X と Y がともに 0 となる点だ．ここでは 0 で割るという操作が現れることになるため，方程式は（どのように書き表したとしても）意味を持たなくなる．このような点に関してはすでにコーシーやシャルル・オーギュスト・アルベール・ブリオ（1817–1882）による研究があり，「結節点」，「鞍点」，「渦状点」，「中心点」という分類もなされていた．だがポアンカレは，まったく独自の視点でこの問題を考察した．無限のかなたまで続く曲線を図に描くため，ポアンカレは平面をその上に置かれた半球の上に射影した上で，その半球を平坦にするという方法を取った．これによりあらゆる曲線の全体像を 1 つの円板の上に描くことができる．ここには，ポアンカレの仕事にきわめて顕著に見られる例の飛躍的発想がまた 1 つ現れている．突如，考察の対象が非ユークリッド空間となり，微分方程式の問題に幾何学とトポロジーが突

然介入してきたのだから，彼の思考はどうすれば両者のさまざまな要素がぴったりと対応し，得られる結果も互いに符合させられるのかを見出す途上にあるのだ．

ポアンカレは，この問題を「探している曲線のすみかは多項式によって定義される曲面か？」と一般化した．早くも種数やベッチ数などのトポロジー的不変量が活躍し始めることになる．このような形で言い表されたこの問題，さらには幾何学やトポロジーとこの問題との関わり方を捉える1つの見方として，ここでは微分方程式によって定まるベクトル場を曲面の上一面に生えている髪の毛にたとえてみよう．ただし，これらの髪の毛は櫛でとかしつけられていなければならない．ベクトル場をなすベクトルはその曲面のあらゆる点から伸びている（ヒトの頭に生えている髪の毛はそういうわけにはいかない）．「結節点」，「渦状点」などは，それぞれが互いに様子の異なる逆毛に相当する．そしてどの曲線（微分方程式の解）も，その振る舞いはこれらの点によって決定づけられる．一般には，どこにも逆毛をつくることなく曲面上の髪の毛をとかしつけることは決してできない．

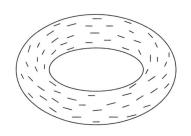

ただし例外もある．その1つがトーラスだ．トーラスの上に生えている髪の毛はみな，櫛を使ってぐるりと同じ方向にとかしつけられる．

臨界点には次のような種別がある．

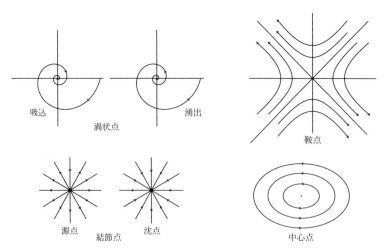

(2つの水の流れが互いに正面衝突するような場合に鞍点が現れる.)

ポアンカレは, 曲面の穴の個数を表す種数という概念を導入し, 次のような驚くべき結果を証明した.

$$種数 = (鞍点の個数 - 渦状点の個数 - 結節点の個数 + 2)/2$$

またポアンカレは, 方程式がごく単純な場合に多く現れる中心点について, 方程式がもっと複雑になると例外的にしか現れなくなることを示した. ポアンカレは証明できなかったものの, 現在で言うエルゴード仮説に近いものも現れる. ポアンカレは右のような図もいくつか示しているが, そのいくつかを眺めながら, のちにカオス理論が広まったことやその理論にこれらと似たような図が数多く現れることを思うにつけ, ポアンカレの先を見通す洞察力がこれほどまでに深いものだったのかと感慨を覚えずにはいられない.

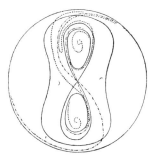

ある微分方程式の解を定性的に表した図.『アンリ・ポアンカレ全集』(第2巻, p.71)より転載.

ポアンカレは, 1886年に発表したこの論文の最後の章で, この問題を高次元の場合にまで広げて考察している. また3体問題や天体力学の諸問題にもすでに目を向け始めていた.

ポアンカレは微分方程式の定性的理論について研究していたわけだが, ヒルベルトの第16問題の後半部分はその分野に属する問題だ. 結節点(源点と沈点), 渦状点, 鞍点はいずれも, 解が特異点に近づいていくその様子に基づいて定義される. ここで言う特異点とは, 関数が定義されない点のことを指す. 特異点の周辺領域からさらに離れた所には極限サイクルなるものが現れることもある. 極限サイクルとは1つの周期解——閉軌道——であって,「円環状」の近傍を適当に取ればその中に自分以外の周期解が存在しないようなもののことである. 次の図はその一例である.

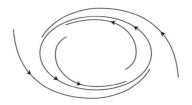

　これらの曲線は渦を巻いているようにも見える．実は極限サイクルの付近にある解はすべて，ほかならぬその極限サイクルに引き寄せられ，漸近的に近づいていくのだ．ヒルベルトは，与えられた方程式に対して極限サイクルがいくつ存在し得るかということに大きな関心を持っていた．（これは未解決問題の1つである．）

　1923年，フランスの数学者アンリ・デュラックは，いま考えているような方程式に対する極限サイクルの個数が有限であることを「証明」した．また1957年，ペトロフスキーとE・M・ランディス（1921-1997）は，その個数がどの程度になるのかについての評価を与えた．ペトロフスキーとランディスが1957年に発表したこの論文は，ヒルベルトの第16問題を「解決」するものとして称讚されたが，ほどなくしてその論証に不備が見つかったため，数年後に取り下げられることになった．ペトロフスキーとランディスが見出した結果は極限サイクルの個数の上限で，それが正しいかどうかについてはその後ほとんど顧みられなくなっていたが，1980年に史松齡（シ・ソンリン）がその反例を示した．さらに1981年に，ユーリ・S・イリヤシェンコがデュラックの証明にも不備があることを発見したことで，存在し得る極限サイクルの個数は，単にわからないだけでなく，有限であるかどうかさえ不確かになってしまった．最終的には，イリヤシェンコ（1991）とジャン・エカール（1992）がそれぞれ独立に別々の方法を用いて，極限サイクルの個数が有限であるというデュラックの結論に対する厳密な証明を与えた．2人の証明方法はどちらも，デュラックが用いた方法よりもはるかに高度なものである．

　近年，第16問題は重要視されるようになってきている．1998年にスメイルが提起した数学の問題群の中にもこの第16問題が含まれている．もちろんそれは，解決できるかもしれないといういくらか楽観的な見方の表れでもある．もし第16問題の後半部分についての研究がもっと進めば，気象現象など，循環を繰り返す現象が見られるような複雑系の解明がまた一歩前進するだろう．2000年の終わり頃，私はイリヤシェンコにその辺りの状況について尋ねてみた．彼もまた楽観的ではあったが，すぐに解決されるとは考えていなかった．イリヤシェンコ

によると，自身とヤコヴェンコとの共著論文とそれに続くヴァディム・カロシンの研究により，第16問題の特殊な場合について「ヒルベルト型」の上限が与えられたという．このことは，この種の上限が初めて見出されたという点で重要な意味を持つ．

　1885年，スウェーデンのオスカル国王が国際的な学術論文コンテストの開催を表明する．テーマは n 体問題の解となる収束級数を導くというものだった．適切な解が導かれれば，それを用いることで太陽系の安定性を証明できるかもしれないのだ．これはポアンカレにとってまたとない機会だった．太陽系の安定性については，ピエール＝シモン・ド・ラプラス（1749-1827），ラグランジュ，シメオン・ドゥニ・ポワソン（1781-1840），ディリクレなどの数学者たちが，それぞれに証明できたと主張していた．だが，ディリクレは自らの証明を書面に書き留める前に亡くなってしまったし，書面に残されたその他の証明はいずれも説得力に欠けるところがあった．これらの証明を概括すれば，収束性が定かでない無限級数を基に惑星の運動を近似的に計算すると同時に，それを未来にわたって無制限に拡大適用する試みだと言ってよい．このような無限級数展開は，現実の問題を扱う上では有効な場合も多い．だが，展開していくにつれて，遅かれ早かれ必ず「非常に小さな分母」を持つ項が現れてくる．近似の次数が低い場合にどれほど整然とした法則性が認められるように思われても，いずれはそのような項が現れてその法則性は破綻する可能性があるのだ．ところが，これらの方法を用いて惑星のあるべき位置を計算した結果は，以前から信頼できるものだった．

　それについてポアンカレは重大な問い掛けをする．「このような不完全な方法が現実に適合する，しかもかなりの頻度で適合するのはなぜか？」扱われる無限級数の多くが漸近級数だからだ，というのがポアンカレの答えだった．このような級数は，一般にはどれか1つの解に収束するということはないが，発散の仕方が非常にゆっくりであるため，近似に用いた場合，誤差それ自体は消えないものの，誤差の割合はどんどん小さくなっていくということをポアンカレは示した．さらに，計算の回数が少ない場合でもこの誤差の割合が小さくなることは珍しくない．1886年，ポアンカレとヤン・スティルチェス（1856-1894）はそれぞれ独立に，漸近級数の一般理論の先駆けとなる論文を発表した．

　ポアンカレは，優れた古典的手法の数々に加え，自ら確立した明解な漸近級数理論と新たな定性的図式を駆使することで，3体問題，さらには n 体問題に挑ん

だ．まず天体力学における安定性についての過去の「証明」は論拠が不十分であることを厳密に示した．扱われていた級数は一様収束しないものだったのだ．ただ，だからと言ってかつての理論が数学としての価値を失ったわけではない．3体問題は複雑であり，それを正確に定式化する方法もさまざまである．（ニュートン方程式における質点のように）何かを近似するところからでも手をつけられるのなら，それは上出来というものだ．ここでは「証明」という言葉がかぎ括弧で囲まれているが，これはこの分野におけるこれまでの研究の歩みを理解する上で重要なことである．天体力学はポアンカレ式の論述方法によって新たな時代を迎えたと言ってよい．これ以降は定理の内容もその証明も，より厳密な基準にのっとって評価できるようになった．ポアンカレは，オスカル国王のコンテストに先立つ1883年に発表したこの分野に関する最初の論文の中で，G・W・ヒル(1838-1914)が1878年に見出したある種の制限3体問題に対しては解が無限個存在することを証明していたが，実のところヒルもポアンカレもその解の収束性を証明してはいなかった[31]．だが，このコンテストに際して再びこの制限3体問題を考察したポアンカレは，もし第2体の質量が十分に小さければ周期解が存在することを証明したのだった．ただし，制限3体問題に対する特殊解は（ポアンカレによるものを含めて）次第にさまざまなものが知られるようになったが，どのような軌道のずれに対してもそれがわずかであれば安定が保たれるということは，どの特殊解についても証明されなかった．

　ポアンカレは，太陽系の安定性に関する問題を解決したわけではなかったが，対象の方程式に関する研究にめざましい進展をもたらしたことで，1889年にオスカル賞を授与される．ポアンカレは，「ホモクリニック」点なるものの存在を証明した．「ホモクリニック」点とは，複数の方向から近づくことも複数の方向に向かって離れていくこともできる安定的な点のことだ．そのような点が存在する系は，わずかな乱れによってひどく不安定になる——現代風に言えばカオス的である．解となる軌道を図にすると，いわゆるホモクリニックなもつれになる．この図についてポアンカレは，描いてみる気にならなかったと述べている．

　オスカル賞を受賞したとされる273ページの論文については近年，実際に提出された論文そのものではないということが何人かの研究者によって明らかになった．何でもポアンカレは，掲載された論文誌の印刷が仕上がったあとに誤りが見つかったため再考してみたところが，当初考えていた以上に深刻な誤りだったことから，論文誌のその号を自費で印刷し直したという経緯があるらしい．ちなみに，このときポアンカレが負担した費用はオスカル賞で受け取った賞金を上回る

額だったという．だが，最終的に出版された論文に誤りはなく，再考の末に得られた結果は見事なものだった．ポアンカレは現在で言うカオス理論を見出していたが，そこに至る経緯はいささか乱雑（カオティック）だ．

1890 年代の半ば頃にはすでに，ポアンカレの着想は当時の数学用語では捉えられない範囲にまで及ぶようになっていた．例えば，安定性の問題を定式化しようとする中で，ポアンカレは現代の目から見れば測度論と呼び得る理論を展開するに至っている．結局このときは確率論の用語を使う羽目になったが，その確率論も，当時はまだ存在しなかった測度論に比べれば，その基礎づけが明確だったとはとても言えない．ポアンカレは天体力学に打ち込むとき，計算を決しておろそかにしなかった．ポアンカレが天体力学で用いた古典的な近似法は，V・I・アーノルドの『古典力学の数学的方法』（ロシア語版 1974 年，英語版 1978 年）などにもあるように，いまなお優れた手法として紹介されている．太陽系の理論に関する古典的な計算についてポアンカレが執筆した論文は 100 編近くに上る．

ポアンカレはその他にも物理学の問題を数多く手掛けた．難解な非線型問題にも果敢に立ち向かった．重力のみの作用によってまとまりをなす回転流体が洋ナシ型の形状で安定するという結果は，洋ナシ型の天体が存在することを示唆するもので，非常によく知られた業績の 1 つだ．またポアンカレは，熱伝導，流体の流れ，弾性現象といった物理現象に関わる偏微分方程式についても考察し，その結果を論文にまとめている．この種の偏微分方程式に関する研究は当時，まだごく基本的なレベルにしか達していなかった．現代物理学の中でもこうした分野では，ポアンカレと関わりのある手法を目にすることが多いだろう．L・ガルガーニはカオス理論に関する論文の中で次のように述べている．

　　確かに，革命と呼ばれるものも実際には正真正銘の革命ではない．それどころか，ある意味どれを取ってみてもそのほとんどはすでにポアンカレの仕事の中に見出せるものばかりだ．カオスをもたらすホモクリニック現象についてははっきり述べられているし，振動数が適当なディオファントス条件を満たすような不変トーラスが存在する可能性についても明確な考察がなされており，その可能性を排除できないことも示されている……．

　　その関連で言えば，［数値計算を高速で実行できるコンピュータの］……役割を考慮に入れることで，科学者が持つ認識の現状を理解できるかもしれないという指摘は興味深い．実のところ，ホモクリニック点についてポアンカレが考察した内容はおそらく，純粋数学を専門とする研究者たちにとってすら相当先を行く

もので，広く理解されるようになるのはようやくエノンが［1964 年に］その意味を明らかにしたあとのことだった．[32]

　研究の進展が特に必要とされたのはトポロジーだった．ポアンカレはこう述べている．「これまでに私が挑んできたどの問題も，行き着くところは位置解析学 (Analysis situs) だった」[33]．位置解析学あるいは位置幾何学 (geometria situs) の考え方や用語は少なくともライプニッツにまでさかのぼる．ライプニッツは，代数を駆使するデカルトの解析幾何学に負けず劣らず強力であって，なおかつ本質的には幾何学的な空間の解析を目指していた．位置解析学（トポロジー）は，ライプニッツが早くからその必要性を説いていたにもかかわらず，1894 年の時点でもまだ体系化された分野として確立されておらず，個々別々の特殊な結果がほとんど直観的に導かれるだけのものだった．リーマンは，連結度（1 つの曲面を互いに分離されたいくつかの単純な領域に切り分ける上で必要となる切断の回数）や多様体（局所的にはユークリッド空間と同一視できる曲面）の考え方など，トポロジーの基本的な概念を導入した．エンリコ・ベッチ (1823–1892) は連結度という概念を高次元化したが，一般性のある基礎づけはしなかった．ヨハン・リスティング (1806–1882)，アウグストゥス・フェルディナント・メビウス (1790–1868)，それにクラインはそれぞれ，片面しかない奇妙な曲面を発見した．そして，すでに研究生活の大半でトポロジーの問題と向き合い，その捉えどころのなさを嫌というほど経験していたポアンカレが，1895 年に代数的位相幾何学（代数的トポロジー）を創始した．もっとも，代数的トポロジーという呼び方が一般的になるのは 1920 年代以降のことで，代数の色合いが強くなったのもその後しばらく時間が経ってからのことだ．
　ポアンカレ自身はこの件について次のように書いている．

　　どのような絵でもよい．一枚の原画とそれを腕の拙い絵描きが模写した複製画とを思い浮かべてほしい．複製画の方を見ると全体の均整は崩れ，定まらない手つきで引かれた描線は本来の位置から大きくずれて，とんでもない方向へ流れてしまっている．距離を考慮する立場からすれば，何なら射影幾何学の立場からであっても，この 2 枚の絵を同じものとして扱うことはできないが，位置解析学［すなわち，トポロジー］の立場に立てば，両者は同じものと見なされるのである．[34]

トポロジーというのは，大雑把に言うと，切断を許さず伸縮のみを許したとき，どのような形状と形状を互いに同じものと見なすことができるかという問いに答える試みだと言える．してみると，ポアンカレが若い頃に描いた絵は，やはり馬の絵だったのか？　ともあれ例を見てみよう．ここに球，トーラス，クラインの壺がある（ただし，これらは曲面であって中身の詰まった立体ではない）．

これらの図形の間にはどのような違いがあるだろう？　トーラスには穴が1つあるが球にはない．この点で両者は区別される．また，球とトーラスはどちらにも面の内側と外側があるが，クラインの壺にはない．こうした考え方はすでに知られていたものだ．ポアンカレの前に問題として立ち現れたのは，どうすればこれらの考え方を精密化し，一般化することができるかということだった．それに対してポアンカレは2通りの方法を導き出す．1つは今日で言うところのホモロジーの理論，1つは1次ホモトピー群（基本群とも呼ぶ）だ．デュドネは言う．「1933年に高次のホモトピー群が確立されるまで，代数的トポロジーはもっぱらポアンカレの考え方と手法に基づいて発展したと言われているが，これは正しい見方だ」[35]．

　ポアンカレは，パリ大学に招聘された同じ年ルイーズ・プランと結婚する．1881年のことだ．ルイーズはエティエンヌ・ジョフロワ・サンティレールの曾孫にあたる．サンティレールと言えば，化石学と比較解剖学の先駆的な研究で名高い博物学者キュヴィエの論敵だった人物である．学問上の主張については両者相容れなかったが，キュヴィエに国立自然史博物館の職を斡旋したのはサンティレールだった．サンティレールの血を引く人たちの中にもこの博物館と関わりのある人物が何人かいる．ダルブーによると，実際ポアンカレの義母は長年にわたってこの博物館に住み込みで働いていたという．ポアンカレはルイーズとの間に1男3女をもうけた．ポアンカレの親族はその多くがパリに自宅を構えるか，そうでなくても頻繁にパリを訪れていた．ポアンカレは妹のブートルー一家と一緒

に過ごすことが多かった．親族の集まりや休暇旅行の写真を見ると子供たちが大勢写っている．想像するにポアンカレは，大人になってからも幼少期と同じような暮らしを続けていたのだろう．名声を博した才人でありながらその性格は温和で飄々とした気質だったがゆえに，ポアンカレは過度に世間の注目を集めず，本人もそれに満足していたのではないか．

　1890 年代，さらには 1900 年からの 10 年間にかけて，ポアンカレはますますもてはやされるようになっていく．あちこちを飛び回りながらさまざまな研究集会に出席したポアンカレは，どこへ行ってもその講演に注目が集まった．もっとも，1900 年にパリで開催された国際数学者会議では，「数学の問題」と題して講演したヒルベルトに少しばかり引けを取ったが．アメリカを訪れたことも何度かある．ダルブーによると，1903 年にミズーリ州セントルイスを訪れた際にはとりわけ気分を高揚させていたという．晩年になると，政治のことから流星が天候に与える影響に至るまで，ありとあらゆる話題についてポアンカレの見解が求められるようになった．デュドネによれば，一般向けに数学や自然科学の解説をするという仕事も，「手間のかかる作業だがポアンカレはまんざらでもなさそうだった」[36]という．ポアンカレはさまざまな栄誉や肩書を与えられ，鉄道事業者，逓信省，国立天文台，教育機関などの委員会に名を連ねた．また，1899 年，1909 年，1910 年の 3 度にわたって経度局の局長も務めている．所属した海外の学術団体は少なくとも 21 に上るほか，海外にあるさまざまな協会組織の会員でもあり，少なくとも 9 つの名誉博士号を授与されている[37]．さらに国際書誌活動にも積極的に関わったし，実を言うと鉱山技師も辞めたわけではなく，その身分はずっと公共事業省の管轄下にあり，大学には出向という形で赴任したにすぎなかった．現に 1893 年には鉱山技師の主任，1910 年には鉱山監察官になっている．もちろん，受賞歴も数多い．

　ポアンカレには，数学と自然科学に関する一般向けの著書が 3 作ある．『科学と仮説』(1902 年)，『科学の価値』(1905 年)，それに『科学と方法』(1908 年)だ．フックス関数発見の経緯が綴られた文章を先に引用したが，これは『科学と方法』の中の一節だ．この 3 作はいずれも科学論の名著として名高いもので，ポアンカレがフランス語の番人たるアカデミー・フランセーズの会員に選出されたのもうなずける．また科学史の研究者らが時間や，エーテル，幾何学，さらにはカオス理論の背景にある考え方などについて述べる際には，一次資料としてこれらが参照されることもある．アブラハム・パイスによれば，アインシュタインは特殊相対性理論を打ち立てた 1905 年よりも前に『科学と仮説』に目を通していたという．

特殊相対性理論の確立に対する功績を，ポアンカレにもアインシュタインと同等に認めるべきかどうかという議論は以前からある．議論のきっかけとなっているのは，1905年にポアンカレが発表した論文，さらにはポアンカレがそれ以前から一般向けの著書をはじめさまざまなところで特殊相対性理論の基本原理をはっきり述べていたという事実だ．確かに，ポアンカレほど電磁気学の数学的理論に精通した者は他にいなかった．特殊相対性理論なくしては解消されない問題点をポアンカレは承知していたし，それらの問題点を解消するための数学理論を導くだけならば，ポアンカレにとっては児戯のようなものだった．だが，その物理学的な意味についてはどうなのか？　手の内にすべての手札がそろっていたポアンカレは1905年，相対性に関する理論を発表する．その内容はアインシュタインの理論にかなり近い．ただし，特殊相対性理論には2つの簡明な前提がある．1つが光の速度はつねに一定であるという前提，もう1つが物理法則はいかなる慣性系でも同じ形で成り立つという前提だが，特殊相対性理論がこの2つの前提からどのように導かれるのかをポアンカレは1905年の時点でもそれ以降も十分には理解していなかったとパイスは指摘している．このパイスの見解には説得力がある．実はこの2つの前提から長さが収縮するという事実を導き出すことができるのだが，ポアンカレは1909年になってすら，ゲッティンゲン大学で行ったある講演の中で長さが収縮するということを3つめの前提として述べているのだ．そのようなわけで，特殊相対性理論に関してポアンカレにもアインシュタインと同等の功績を認めるというのは過大評価のように思われる．

　ポアンカレは，思いついたアイデアを次々と論文にしていった．そのテーマには数論もあれば代数学もある．解析学に端を発する特殊な話題にいたっては枚挙にいとまがない．ポアンカレの全集の中では，アーベル関数と代数幾何学に関する論文が，保型関数についての論文にほぼ匹敵するほどの紙数を占めている．ただし，当時ポアンカレが代数幾何学の分野で重きをなす人物だったかというと，はっきりそうだとは言えない．（これがポアンカレであればこそ，われわれは50年もたってから代数幾何学の研究成果がポアンカレの仕事の中で最も深遠なものだということに気づくのかもしれない．）デュドネによると，ポアンカレが執筆した数論に関する論文の中では，「現在で言う有理数体上の代数幾何学について初めて書いた論文」[38]が最も重要なものだという．これこそ「数論的代数幾何学」[39]の草分けだ．ディオファントス方程式についてモーデルが1921年に示した定理もジーゲルが1929年に得た結果も，この論文に端を発していると言ってよい．数学者のイザベラ・G・バシュマコワはこう書き記している．「ポアンカレは代数曲線の数論

に関わりのある先達の仕事をまったく知らなかったらしい．知っていたのはディオファントスの方法だけだ」[40]．

1904年，ポアンカレは位置解析学に関するものとしては最後となる論文を発表したが，これによって1880年に乗合馬車での一件から始まった発展的な創造の時期は1つの区切りを迎える．もっとも，ポアンカレの研究に月並みなものなどない．ポアンカレの晩年の仕事の大部分は，その時までに自らを含め何人もの数学者がさまざまな技法や表現方法を案出してきたことに拠るところが大きい．それらがあったからこそ，この時期までは彼も暗闇で手探りするように考えるほかなかった問題を，より精密に解釈できるようになったのだ．

代数的トポロジーを創始したポアンカレは，代数関数あるいは解析関数についての方程式によって定まる曲面の一意化の問題に再び取り組めるようになった．ポアンカレはもともと1884年にその証明を試みたのだが，そのときの結果は不十分なものだった．そこでヒルベルトは，このポアンカレの構想に決着をつけることを第22問題とした（ただしヒルベルトには，ポアンカレが実際よりも首尾良く事を運んだと考えていた節がある）．おそらくはポアンカレにも，いまだやり遂げていない仕事だという思いがあっただろう．

曲面を一意化するとは曲面をパラメータ表示することだと心得ておけば，この問題は簡明に言い表すことができる．一意化されるべき曲面は，代数方程式によって定義されるものもあれば，それ以外の手段で定義されるものもある．ヒルベルトが要求したのは，「代数的ではなく解析的」関係によって定義されるどのような曲面も保型関数を使ってパラメータ表示できることを証明すること，とりわけ「与えられた解析的領域のすべての正則な点が実際に到達され，結果として，そのような点全体がこのようにして表されるように選択できる」ということをはっきりと示すことだった．このような曲面の一部分のみをパラメータ表示することは容易であって，ポアンカレもすでに *Acta Mathematica* 誌に発表した論文の中でそれを示している．そして1907年，ポアンカレが総当たり法や（代数的トポロジーの）普遍被覆空間という概念を用いて完全な証明を与えたことで，「ヒルベルトの」第22問題は解決を見た．時にポアンカレ53歳．その同じ年，ケーベもポアンカレとは独立にこの問題を解決する．ケーベはより綿密さに勝る結果を得ようと独自の解決策を追究していた．

ところで，こうした一見技巧的な結果がなぜ役に立つのだろうか？　パラメータの何たるかを理解するため，円の方程式 $x^2+y^2=1$ を考えてみよう（この簡単な例では複素数は考えない）．x と y を第三の変数 t（パラメータ）の関数として表す

ことは簡単で，次のようになる．

$$x = \frac{2t}{1+t^2} \qquad y = \frac{1-t^2}{1+t^2}$$

　代数方程式の有理数解を求めることは数論の重要な目的の 1 つだが，このようなパラメータ表示が得られてしまえば，円の方程式の有理数解をどうしたらたくさん見つけられるかは一目瞭然だろう．どれでもよいから有理数を 1 つ t に代入すれば，有理数解が 1 つ得られるからだ．保型関数全体は，考え得るすべての解析関数の中でごく限られた一群にすぎないように思えるのは事実だが，第 22 問題の解決を通じて，ヒルベルトが問題にした広範なクラスの曲面を漏れなくパラメータ表示するために必要な要素を一式備えたものと考えられるようになった．保型関数というのはポアンカレがその存在を証明したが，それさえ大変な偉業だったことを思い出してほしい．その保型関数が，先に簡単な例として述べた t に関する 2 つの関数の代役を担うようになったばかりか，無数に存在する新たな問題の手がかりとなる可能性をも秘めることとなった．ここでもヒルベルトは，数学の新たな道具をまた 1 つ仕入れる役目を果たしたことになる．

　1908 年，ポアンカレに初めて死の気配が訪れる．折しもローマでの第 4 回国際数学者会議に出席するところだった．前立腺肥大の症状が現れたため，予定していた数学の将来についての講演を中止せざるを得なかった．イタリア人外科医による手術を受け，いったんは回復したように思われた．トビアス・ダンツィーグは当時のポアンカレの印象を次のように語っている．

　　　私が彼をよく見かけたのは 1906 年から 1910 年にかけての時期で，当時私はソルボンヌ大学の学生だった．いまでも思い出すのは，何をおいてもその独特の目つきだ．近視ではあったが，眼光炯々としていた．また，男性としては小柄だったこと，猫背だったこと，手足の動きがぎこちなかったことも記憶に残っている．板書するときなどは特にそのぎこちない印象が強かった……[41]

　ポアンカレは，自身の論文の中でもおそらくは最も内容の深い代数幾何学の論文を 1909 年と 1910 年の 2 回に分けて発表するも，その後再び体調不良に見舞われたため，1911 年にはパレルモ数学会報（*Rendiconti del Circolo Matematico di*

ジュール・アンリ・ポアンカレ（転載許可：オーバーヴォルファッハ数学研究所資料室）

Palermo）の編集委員宛てに，年齢のことや健康状態のことがあって発表用の論文原稿は未完成のものしか送れない旨の手紙を書いている．ポアンカレはすでに3体問題の研究も再開していた．この研究にはポアンカレも相当に苦しめられていたが，重要な問題であるとの思いから自身のアイデアを公表しておこうと考えた．その内容は「ポアンカレの最後の定理」とも呼ばれる．ポアンカレは，制限3体問題の周期解が存在するかどうかの問題を，ある種の境界条件を満たしなおかつ面積を保存するような円環上の写像に関するトポロジーの定理に帰着させることに成功した．その定理とは，このような写像がいずれも不動点（自分自身に写されるような点）を持てば，制限3体問題の周期解が存在するというものだ．これについてデュドネは，「代数的トポロジーの手法を用いた解析学の存在証明としてはおそらく初めての例だろう」[42]と指摘する．1913年に若きアメリカ人数学者ジョージ・D・バーコフ（1884-1944）がこの定理を証明したが，それ以降これと同種の定理が続々と生み出されている．この定理は，周期解の存在を証明すると同時にその周期解がどのようなものかを理解するための新たな方法を切り開いたものであり，その直接の後継にあたるのがKAM理論におけるモーザーのツイスト写像に関する定理だ．今日の力学の理論を見ると，誤って代数的トポロジーのフォーラムに迷い込んでしまったかのような錯覚に陥る．

ポアンカレが自身の目でこの定理の証明を見ることはなかった．1912年7月9日に再び手術を受け成功したかに見えたが，その8日後に急逝した．死因は塞栓症だろうとされている．人々は深い悲しみに暮れた．数学者でありのちに首相を務めたポール・パンルヴェはポアンカレを評して「理性的学問の生ける頭脳」と言った．大げさな物言いではあるが，実像からかけ離れたものとは言えない．

それにしても，一体どのようにすれば，これほど豊穣な成果を生み出すことができるのだろうか？　ポアンカレの甥であるピエール・ブートルーがマグヌス・ミッタク＝レフラーに宛てて書いた手紙の文面から，その1つの答えを読み取

ことができる.

　彼はソルボンヌ大学へ向かう通りを歩いているときも，学会に出席しているときも，昼食後の習慣だった遠出の散歩をしているときも考え事をしていた．研究所の控室でも，会議場でも，緊張した面持ちで鍵の束を揺らしながら小股で歩いているときも考え事をしていた．また親族が集まった夕食の席でも，居間にいるときですら考え事をしていた．話の途中でそっけなく会話を中断し相手をほったらかしにしたまま，頭をよぎった考えについて吟味を始めることも珍しくなかった．彼にとって謎を解き明かす作業はすべて頭の中で行われるものであって……紙の上での検算などめったなことでは必要なかったのだ.[43]

ジュール・アンリ・ポアンカレ（転載許可：郵便博物館）

　つまり答えはこうだ．素早く考え，つねに考え，すべての結論は発表する際に一度だけ書く．だが，そのためには何よりもまず，奇跡的とも呼べる天賦の才がなくてはならない．ポアンカレはどうしてもヒルベルトと比較されやすい．2人は7歳しか違わないが，ポアンカレが比較的早世だったのに対しヒルベルトは長命だったことから，もっと年齢差があると思われがちだ．E・T・ベルの定義に従えば，2人とも万能の数学者だった．また，どちらも数学上の成果を数多く生み出すようになったのは20代半ばと比較的遅く，学生のときも飛び級で進級するようなことはなかった．各々が相手のことを唯一の真のライバルと考えていたが，にもかかわらず2人はおよそ対照的な人物だった．
　ヒルベルトは自らの文章に厳格だったほか，文献の調査についても手間仕事のほとんどを任せられる助手を雇い，興味のわかないものも含めて系統的に行った．研究分野は代数学，数論，幾何学，解析学（解析的整数論を含む），数理物理学，数学基礎論と多岐にわたったが，研究をするときは1つのテーマに集中し，それ以外のテーマには目もくれなかった．そして，いったん研究し終わったテーマをのちに研究の対象として再び取り上げることはほとんどなかった．これに対してポアンカレは，執筆の速さが凄まじく，その上いったん書き終えた文章にはめっ

たに手を入れなかった．研究を始めた頃のポアンカレは，信じ難いと言ってよい
ほど既存の文献に不案内だった．やがてはポアンカレも文献に関してかなりの知
識を身につけるが，それは系統的な文献の調査を通じてというよりは，活発な精
神の為せるわざであり，一度目を通しさえすればその内容を理解し記憶してしま
うという能力のおかげだった．ポアンカレがいちどきに研究するテーマは1つに
とどまらず，そればかりか異種のテーマを融合させて研究が進められることさえ
あった．

『数学の将来』という論文からは，ポアンカレがわれわれに伝えておきたかっ
た視点をいくつか読み取ることができる．この論文は，1908年にローマで開催
された国際数学者会議で行う予定だった講演の内容をまとめたものだ．この講演
は病気を初めて発症したのと時期が重なって実現しなかったが，おそらくはヒル
ベルトの「数学の問題」に対する1つの返答を意図したものだろう．ただし，数
学の質的な側面が前面に押し出された内容になっている．全体を通して論じられ
ているのはいくつかの方向性であって，特定の問題が取り上げられることはない．
この中でポアンカレは，数学にとって新しい言葉を生み出すことが持つ重要性，
さらには言葉それ自体が持つ重要性を説いている．「エネルギー」という言葉は
その一例で，ポアンカレは労力を軽減する機械を引き合いに出しつつ，その言葉
のもたらした効果は驚くほど大きかったと指摘する．また，思考の手段が持つ優
美さや，1つの事柄について述べたことが別の事柄にも等しく当てはまるときの
「異なるものに同じ名前を与える術」[44]にも言及している．言葉にあまり敏感でな
い数学者であれば双対理論などと言い出しそうな箇所で，ポアンカレは「類似」
という言葉を使っている．16ページのこの論文の中には「analogie（類似）」や
「analogue（類似した）」という言葉が繰り返し現れる．ポアンカレは，保型関数
の構成に必要な方程式のことを考えつつクータンスで乗合馬車の踏段に足を置い
たとき，非ユークリッド幾何学のことに思い至った．有理数でない解を持つ代数
方程式の解の中から有理数解のみを求めることについて考えを巡らしていたとき
は，個々の有理数解を図の中で捉えた．これはある種の数論的代数幾何学と言え
る．また，微分方程式について考察していたときには，次から次へと図を眺めた．
力学や3体問題，非線型微分方程式に関するポアンカレの仕事を見ると，それぞ
れの具体的な研究結果もさることながらそれ以上に重要なのは，これらの問題を
表現するための数学的な言語が再構成された点だと言える．ある特定の瞬間に何
かが存在する位置を表す座標は，静止画像のような情報しか持っておらず，その
何かが移動する方向や速さをそこから読み取ることはできない．ポアンカレは，

いまで言う「相空間」内の位置を示す座標を速度まで含めて考えた．これによって静止画像は，系の状態が次々と変化していくさまを表したより複雑な空間の図に姿を変える．個々の解は，この図の中で明瞭な直線や曲線となる．そうして髪の毛や逆毛の考え方，つまりは定性的な理論の出番となる．こうした視点の変更によってもたらされた恩恵は計り知れない．「可微分多様体上の力学（mechanics on a differentiable manifold）」——この単語の組み合わせはそれまでなかった——を展開するという発想のすべての源泉がポアンカレにあるというわけではないが，断片の寄せ集めだったものを体系的な構想に生まれ変わらせ，それまで扱うことのできなかったいくつもの問題をその枠組みの中で研究できるようにしたのは彼だ．ポアンカレの発想は現在も精力的に探究されている．

　カントールの集合論をめぐる論争についてはこれまでも何度か振り返ってきた．ゲーデルに関する章では，ポアンカレの直観主義にこそ言及しなかったものの，私はポアンカレについて，ヒルベルトのプログラムや集合論に対してたとえいかなる疑念を抱いていたとしても，数学に制約を課そうとする立場に与していたわけではないと述べた．だが『数学の将来』の中で自らの立場を簡潔に語っているところによれば，単に機械的な言語や純粋に形式的な体系が持つ限界に対してはほとんど本能的な反応を示しているように見える．ポアンカレにとって機械というのは，レバーがあり潤滑油を要し滑車を備えたものであり，鉱山の立坑の中へ下りていくための道具なのだ．確かにポアンカレは同じ『数学の将来』の中で，カントールの集合論から生じるある種の結果に有用性があることを認めてはいる．（何しろ集合論の言葉というのは，すでに見てきたように，数学の諸々を語る上できわめて有効な道具なのだから．）だがその少しあとでこう述べている．「有限個の語をもってして十全に定義できないような代物は取り入れないことが重要だと私は考える．そして，そう考えるのは私だけではないと思う」[45]．この一節にはどこか，ポール・コーエンの最小モデルを思い出させるところがあるように思える．この最小モデルには，「いずれの元も『指名』可能」という性質があった．このモデルの中で連続体仮説は真になるが，さらにコーエンは最小モデルを基にして連続体仮説が偽になるような第二のモデルを構成し，それによって連続体仮説の独立性を証明した．もしポアンカレがコーエンの方法を知ったら，かなり明瞭な成果だと受け止めたに違いない．だが，コーエンの研究より50年以上も前の当時，こうした問題は曖昧さをともなうものだというのがポアンカレに働いた直観だった．また，なぜそうなのかという直観もポアンカレは持っていた．

　ところで，この本はヒルベルトの問題の意義を讃えるものであるが，ヘルマ

ン・ワイルは 1951 年に発表した『数学の半世紀（*A Half-Century of Mathematics*）』
という論文の中で次のように記していた.

　　ダフィット・ヒルベルトは……次なる時代に数学が発展していく上で重要な役
　割を果たすと思われる 23 題の未解決問題を提起した. 政治家たちは新世紀の到
　来とともに戦争と恐怖が人類のもとへ次々ともたらされるだろうと予見したが，
　数学の将来に対するヒルベルトの見通しは政治家たちのいかなる予見よりもはる
　かに的確だった. われわれ数学者はこれまでも，数学の研究がどの程度進歩した
　のかを測るとき，その間にヒルベルトの問題のうちどれが解決されたかを目安と
　することが多かった. 本論文で試みたような調査研究を行うにあたっても，ヒル
　ベルトの問題を道しるべとしたくなるだろう.[46]

しかしポアンカレについて述べてきたこの章には，いくつかの意味で，ヒルベル
トの 23 問題に取りこぼしがあることが示されている. 20 世紀全体，とりわけそ
の後半をも射程に収めるためには，ポアンカレに端を発するいくつかの問題を取
り上げる必要があるだろう. ただし，ポアンカレ本人はそのような問題を整然と
列挙するようなことはしなかった. 取り上げるべき 9 つの問題を次に掲げる. こ
れらは本節で触れられているが，ポアンカレの存命中には解決されなかった問題
だ. 同様の問題はこれ以外にも容易に見つかるだろう.

1. クライン群のすべての極限集合を特徴づけること.

2. いまで言うタイヒミュラー空間を研究すること——このような空間は，ポア
   ンカレが 1884 年に *Acta Mathematica* 誌に発表した保型関数に関する第四の
   論文の中で初めて提起された.

3. いわゆるヒルベルトの第 16 問題の後半部分を解決すること. また微分方程式
   の研究におけるポアンカレの定性的手法をより一般の場合に拡張すること.

4. n 体問題における小分母の困難について，さらなる結果を導き出すこと.
   (1954 年から 1963 年の間に KAM 理論によって実現された.)

5. n 体問題においてホモクリニック点およびホモクリニックなもつれの意義を
   明らかにすること. (20 世紀後半にカオス理論で扱われた.)

6. ポアンカレの代数的トポロジーに関する研究成果——ホモトピーとホモロジ

ーの理論――の確固たる基礎づけをすること．また，これらのアイデアから直ちに得られる結果について考察すること．（1900 年から 1940 年の間に多数の研究者によって成就した．）

7. 3 次元のポアンカレ予想――3 次元球面と同じホモロジー群を持つ滑らかな単連結 3 次元閉多様体は 3 次元球面と本質的に同じ（同相）である――およびその高次元の場合を証明または反証すること．（5 次元以上の場合は 1960 年から 1961 年にスメイルが解決，4 次元の場合は 1982 年にマイケル・フリードマンが解決した．3 次元の場合は 2000 年現在，未解決である[*]．）

8. ポアンカレが 1901 年に発表した有理数体上の代数幾何学に関する論文のアイデアを掘り下げて，ディオファントス方程式に関する諸結果を証明すること．この分野は現在，数論的代数幾何学と呼ばれる．（1994 年にワイルズがなし遂げたフェルマーの最終定理の証明では中心的役割を果たした．）

9. ポアンカレの最後の定理――死の直前に証明なしで発表された定理――を証明すること．（1913 年にジョージ・バーコフが証明した．）より一般に，このトポロジー的手法を力学や安定性の理論に適用できるよう拡張すること．（目下，研究が進められている．）

---

[*]［訳註］現在では，グレゴリー・ペレリマンが 2002 年から 2003 年にかけて発表した一連の論文によりポアンカレ予想は解決されたと考えられている．

乱流の中の学び舎

第13問題

―コルモゴロフ，アーノルド―

ヒルベルトの第13問題はアンドレイ・ニコラエヴィッチ・コルモゴロフが解決した．本人もいささか思いがけなかったようだが，このときコルモゴロフは54歳だった．力学系や太陽系の安定性というポアンカレが好んだテーマについての研究に進展があったばかりだった．日頃から非正則関数や関数論の基礎に関心を寄せていたコルモゴロフは，第13問題についてのセミナーを開くことにし，その最初の講義でこう語った．「私はこれまで，ヒルベルトの第13問題を解決することは，かなり望みが薄くほとんど現実的ではないと明言してきた」[1]．すでにコルモゴロフは，第6問題の部分的解決に相当する確率論の公理化をなし遂げていた．第13問題が解決するのは，その研究に取り組み始めてから2年後のことだった（セミナーが始まったのは1955年）．ただし，解決に至る最後の段階はコルモゴロフの指導学生だったV・I・アーノルドの成果だ．その後コルモゴロフは主要定理に立ち返り，それを強い形にした定理をあらためて証明したのだった．

ロシア数学研究（*Uspekhi Mathmaticheskikh Nauk*）というロシアの数学研究誌に掲載されたV・M・ティコミロフによるコルモゴロフへの追悼文は次のように始まる．「1987年10月20日，人類史上まれに見る偉大な数学者がその生涯を閉じた……」[2]．また，これと同じ発刊号にアーノルドが寄稿した一文にはこうある．「われわれの学問分野はその誕生以来，5世代を経てきている．ニュートン，オイラー，ガウス，ポアンカレ，そしてコルモゴロフだ」[3]．

A・N・コルモゴロフは1903年4月25日に生まれた．ただし，当時のロシアではまだユリウス暦が使われていた．（ユリウス暦では4月12日生まれということになる．）母親のマリア・ヤーコヴレヴナ・コルモゴロヴァは，ヤコヴ・ステファノヴィッチ・コルモゴロフという貴族階級に属する人物の娘だった．ヤコヴは，モスクワの北に位置するヤロスラヴリ地方やモスクワの北東に位置するヴラジー

ミル地方に広大な土地をいくつも所有していた．マリアには姉妹が２人いたが，数学者のＡ・Ｎ・シリャエフによると彼女らは３人とも「崇高な社会理念を抱く独立心の強い女性だった」[4]という．マリアは「両親に背いて」[5]農学者であり作家でもあったニコライ・マトヴェーヴィッチ・カターエフと駆け落ちをした．これがコルモゴロフの父親となる人物だ．２人は結婚には頓着しなかった．Ｄ・Ｇ・ケンドールがロンドン王立協会に寄稿したコルモゴロフへの追悼文によると，カターエフはおそらく革命運動に関わったために追放されてヤロスラヴリへたどり着き，そこでマリアと知り合うようになったということらしい．マリアは最初女の子を出産したがその子をすぐに亡くし，しばらくしてコルモゴロフを出産すると今度はマリア自身が命を落としてしまった．夫婦が暮らしたタンボフという町は，クリミア半島とヤロスラヴリのほぼ中間地点にあった．コルモゴロフの名は『戦争と平和』に登場するボルコンスキー家の子息アンドレイ・ニコラエヴィッチ・ボルコンスキーにちなんで名づけられたものだ．

　コルモゴロフは革命後になってようやく正式にコルモゴロフの姓を名乗ることができるようになった．母親の親族が私生児だったコルモゴロフの養育を引き受けたからだ．そのことを了承したカターエフは定期的に息子に会いには来たが，息子の育て方には一切口出ししなかった．（革命後，カターエフは農業省内のある部局の局長になったが，1919 年，革命に続いて起きた内戦のさなかに「消えた」[6]あるいは「何の痕跡も残さずに失踪した」[7]と言われている．）生まれて間もなく母親の親族の屋敷に引き取られたコルモゴロフは，ヴォルガ川の支流の１つであるコトロスリ川河畔の町トゥノシュナで育った．養育を買って出た母親の姉妹の１人ヴェラ・ヤコヴレヴナがコルモゴロフを養子に迎えた．

　コルモゴロフの叔母や両親，祖父母らが生まれたのは，ゴーゴリ，ツルゲーネフ，ドストエフスキー，トルストイ，チェーホフといった作家たちが生きた世紀であり，それはロシアにとって大動乱の時代だった．コルモゴロフと同様，富貴な家柄の出であるソフィア・コワレフスカヤ（1850-1891）が書いたものには，コルモゴロフが幼少期を過ごした環境を彷彿とさせるところがあって興味深い．1889 年に出版されたコワレフスカヤの美しい回想録『ロシアでの子供時代』には，日頃の生活習慣や，秋になって誰もがわれ先にとキノコ狩りへ出掛けたことなど，ロシアの田園地方にあった屋敷での当時の暮らしぶりが綴られているほか，子供の頃に初めて高等数学を目にしたときの印象的な話も紹介されている．それはコワレフスカヤ一家が屋敷内の壁紙を貼り替えていたときのこと．壁紙が１部屋分足りなくなってしまったが，人に壁紙を買いにやらせるのも費用がかさむという

ことで，手近にある紙類を寄せ集めて代用することになった．その中に微分積分学の教科書が紛れこんでいた．寄せ集めの紙を壁に張ったその部屋は，実にコワレフスカヤが使っていた子供部屋だった．コワレフスカヤ本人はこう語る．

見慣れぬ不可解な数式がそこかしこに記された何枚もの紙に，私はたちまち夢中になった．子供の頃，互いに切り離された1文1文のいくつかでも理解できないか，また数式の記された紙と紙とが本来どのような順序で並んでいるべきなのかを突き止められないかと思い，この謎めいた壁の前に何時間もひたすら立ち尽くしていたことを覚えている．そうやって来る日も来る日も壁を眺めているうちに，それらたくさんの数式が見たままの姿で私の記憶に焼きつけられてしまった．実を言えば，そこに書かれてあった本文でさえ，私の脳髄に深く刻み込まれていた．それを目で追っているときはその内容を理解できなかったにもかかわらずである．

それから何年かが過ぎ，すでに15歳になっていた私は，かの高名なサンクトペテルブルク大学のアレクサンダー・ニコラエヴィッチ・ストラノリュブスキー教授から初めて微分法の手ほどきを受けた．私が極限や導関数といった概念をすんなり理解し自分のものにしてしまうことに驚いた教授は，「まったくもって君は前から知っていたかのようだね」と言われた．教授の言葉遣いもまったくこのとおりだったと記憶している．実際のところ，教授がこれらの概念について説明されたその瞬間，私には突如として，壁に貼られたあのオストログラツキーの教科書の紙片に記されていたすべてが鮮明な記憶として蘇ってきた．私にとって極限の概念は，幼なじみのように思われた．[8]

コワレフスカヤにとって19世紀ロシア文学界の目まぐるしい動きは，決して縁遠い噂話などではなかった．姉のアニュータが書いた小説をドストエフスキーが文芸誌『世紀』に掲載することを承諾したのだ．やがて2人は恋仲になる．この家では毎年女性たちだけでサンクトペテルブルクに出向くのが恒例になっており，若いコワレフスカヤもその際にドストエフスキーと会うことが何度かあったが，このときの休暇は彼女にとって文化的なものに触れる機会となった．コワレフスカヤには，この文豪の側にあった2人の関係の主導権が次第に姉の方へ移りつつあるように思えた．転機となったのは，あるパーティーでアニュータがドストエフスキーに恥をかかせたときだった．『白痴』にはこの出来事を基にした場面が出てくる．ハイシュキンが長広舌を振るい花瓶を壊したあと，てんかんの発

作を起こす場面だ．ドストエフスキー自身はコワレフスカヤを自らのアニュータへの恋の駆け引きに利用していたのだが，当時15歳だったコワレフスカヤはドストエフスキーにのぼせ上がってしまったという．のちに剛体の回転に関する力学の基礎研究に取り組んだコワレフスカヤは，オスカル賞の授与に際して意見を求められたこともあり，その賞を受賞したのがポアンカレである．

さてコルモゴロフだが，彼が幼少期に暮らした住居をティコミロフが詳しく描写した一文がある．

> いまも残る何枚かの写真には大きくて古い2階建ての屋敷が写っている．19世紀初頭に建てられたものと見てまず間違いないだろう．基礎部分はさらに古く，正面玄関には4本の巨大な柱が立っている．1階には大きな窓が並び，建物に隣接してテラスもある．この屋敷には大きな間と小さな間がひと続きになった部屋がいくつもあり，小さな間にはそれぞれ，壁の色やカーテンの色に応じて「緑の間」，「青の間」，「桃の間」といった名前がつけられている……隣接する翼棟には厨房がある……主館および翼棟の周囲には中庭もある——表側と裏側にそれぞれ花園があるほか，菜園，庭園（公園と言っていいほど広い），納屋，牛小屋，馬小屋，更衣所があった．要するに，何もかもが現在のわれわれの暮らしから遠くかけ離れており，いまとなっては本の中でしかお目にかかれないものばかりである．[9]

この宏壮な邸宅は，外国にいる革命家たちと連絡を取る際に郵便物の送付先として使われていただけでなく，秘密の印刷所が設けられ，そこで反体制運動に関わる文書が印刷されていた．家宅捜索の手が及んだとき，違法な文書は生後3か月だったコルモゴロフのゆりかごの中に隠されたという．叔母のヴェラは別の一件で逮捕され，しばらくサンクトペテルブルクで軟禁状態に置かれていた時期がある．ティコミロフによれば，「彼女は干し草作りを『課された』ため，しばらく田舎の女たちと一緒に干し草を梳いたり丸めたりする日々を送った（コルモゴロフ家の人たちは，人々とともに働くことがすなわち自らの幸福のために働くことであるというトルストイの力強い道徳哲学を信奉していた）」[10]ということだ．この場合，どうしたら干し草作りがヴェラへの本当の懲罰になり得たのかは定かでない．ただ，幼いコルモゴロフの面倒を見るため，ヴェラが革命運動とはある程度距離を置くようになったことは確かなようだ．

コルモゴロフは，ヴェラ・ヤコヴレヴナにいざなわれて，身の回りの物理的世界に潜む不思議さを感じ取るようになった．ヴェラはコルモゴロフを連れて屋敷

にある野原や森を散策しながら，花，動物，薬草，樹木など，そこに息づく生物たちの豊かさについて話してくれた．夜には2人で空を見ながら，ヴェラが星座や明るく輝く星々のことを教えるのだった．またヴェラはハンス・クリスチャン・アンデルセンやセルマ・ラーゲルレーヴなどの物語を読み聞かせてもくれた．コルモゴロフが学齢に達すると，ヴェラは友人のマチルダ・イサドロヴナ・ドゥベンスカヤとともに，進歩的な教育方針を掲げる学校を運営し始めた．ドゥベンスカヤはピョートル・サーヴィッチ・クズネツォフ（のちに著名な言語学者となった人物）の養母だった人だ．この学校では『春の燕たち（Vesennie Latochki）』[11] という学校新聞を発行していたが，コルモゴロフはその数学欄を担当した．初めて書いたのは5, 6歳の頃だったが，その中に $1 = 1^2$, $1+3 = 2^2$, $1+3+5 = 3^2$, $1+3+5+7 = 4^2$, ... という規則性の発見について述べたものがある．また，1個のボタンの縫いつけ方として考えられるすべてを分析したものもある．一家が信奉するトルストイの理念を実践する一環として，幼いコルモゴロフも自分でボタンを縫いつけ，庭仕事をし，薪集めを手伝わなければならなかった．もっとも，モスクワの北にあってなおかつこれだけ広大な屋敷である．冬ともなれば暖を取るための薪は，集めたもの以外にも別途大量に運び入れる必要があったに違いない．

1910年，コルモゴロフ6歳のとき，何かが足りないと考えたヴェラは2人でモスクワへ移り住み，コルモゴロフをE・A・レプマン・ギムナジアという学校に入学させる．この学校は，当時モスクワでは2校しかなかった男女共学の初等教育機関の1つで，エフゲニア・アルベルトヴナ・レプマンとヴェラ・フェドロヴナ・フェドロヴァという2人の女性によって運営されていた．実験的な指導方法が取り入れられており，良くできる子供は年長の生徒たちと一緒に学ぶことができた．才能の兆しがあれば，それを奨励し，相応の見返りを与え，さらに伸ばすという考え方だ．また学年というものはなかった．当局からはこうしたすべてのことに不審の目を向けられたため，学校が閉鎖されはしまいかと誰もが絶えず気を揉んでいた．革命後，学校は閉鎖されず，校名新たに第23地区小学校として引き継がれた．小規模の学校でわずか10年しか存続しなかったが，卒業生の中にはコルモゴロフやクズネツォフ以外にもソヴィエト科学アカデミーの会員になった者が2名，通信会員になった者が1名，「アメリカアカデミーの会員」になった者が1名いるほか，大学教授になった者は相当数に上る．コルモゴロフはこう話す．「このギムナジアの教室はどれも手狭で，収容できる生徒数は15名から20名ほどだった．教師は皆，科学に対する情熱にあふれ，何人かは大学でも

教えていた．地理を教わった教師は面白そうな探検旅行に何度も出掛けるような人だった．競い合うようにして自習に精を出す生徒は多かった．もっとも，新米の教師を恥じ入らせる魂胆も時にはあったのだが」[12]．本人によると，コルモゴロフは数学の成績はトップ「に属して」いたが，数学よりも生物学と歴史の方に興味があったそうだ．14 歳のときにはすでに，『ブロックハウス・エフロン百科事典』で高等数学の勉強をしていた．この百科事典は記述に粗略なところがあるため，コルモゴロフはその行間を補うようにして学んだという．

　この学校でコルモゴロフは，生涯にわたって続くような交友関係をいくつも築くことになった．それまでコルモゴロフが生きてきた環境には，ほとんど叔母とその友人たちしかいなかった．ティコミロフによると，コルモゴロフはこの学校に通う少年たちの「いたずら好きで，向こう見ずで，勇敢で，抜け目がなく，陽気なところ」[13]を好意的に感じたという．この頃彼は，ちょうど「トリナジ」をつくったポアンカレ同様，「国——無人島の生活共同体——の創設」を夢想し，「より高い正義の原則が実現されねばならないとしてその国の憲法を起草した」[14]．またコルモゴロフには森林監督官になりたいという願望もあった．同級生の中にアンナ・ドミトリエヴナ・エゴロワという生徒がおり，のちに 2 人は結婚することになる．が，それはさらに先の 1942 年になっての話である．

　コルモゴロフがレプマン・ギムナジアで過ごした最後の数年は，ちょうどソヴィエト連邦という国が形成されていった時期と重なる．コルモゴロフは言う．「カザンとエカテリンブルクを結ぶ鉄道の建設工事に加わるため，私は年上の生徒たちと一緒にモスクワを離れた．この労働に従事しながらも，その傍らで私は独り勉強を続けた．中等学校の入学試験のための勉強もしたし，そして中等学校の学外学位認定を取得するための勉強もした．だからモスクワに戻ったときはいささか拍子抜けした．わざわざ試験を受けなくても卒業証明書（中等学校の学位認定）は発行されると言うのだ」[15]．

　1920 年，コルモゴロフはモスクワ大学に入学すると同時に D・I・メンデレーエフ化学技術研究所に入所する．研究所の方では冶金学の研究をするつもりでいた．この頃になると数学の勉強に重きを置くようになってはいたが，歴史についても学ぼうと S・V・バフルーシンのセミナーにも参加した．バフルーシンはロシアの演劇史の専門家だった人だ．コルモゴロフは，ノヴゴロド地方から自身が幼少期を過ごした土地の北西にあたる地域にかけての一帯に関する 15 世紀と 16世紀の土地登記簿の内容を分析することにした．この文書はいわゆる地籍簿と呼ばれるもので，その中には入植地と定住者が合わせて記載されている．イヴァン

3世がノヴゴロド共和国をモスクワ公国に「併合」したことにともなって，ノヴゴロドの領主たちがその土地を追われ，そこへモスクワ公国の領民が移住することになるが，そののちの1490年代に始まるこの地籍簿の記録には，徴税と新たな所有権の確定とを目的としたこの地域一帯の測量調査の内容も含まれる．イヴァン3世によるノヴゴロド共和国の併合は，ロシアという国が形作られる1つの重要な契機となった出来事だが，その当時の地籍簿の記録が1915年に全6巻立てで出版されたのだ．コルモゴロフが大学に入って初めての論文を書くにあたってこの6巻分の内容の分析を始めた段階ではすでに，この地籍簿に関する歴史学的な研究はあらかた終わっていた．

　この文書は基本的に数字を羅列したものだが，当時残されていた地籍簿の原本には明らかに抜け落ちている箇所がいくつもあった．しかもノヴゴロド地方は広大なため，地形や気候，経済の成り立ち方，人口密度にはところによって相当な違いがある．加えてこの地籍簿には，何を数えているのか曖昧な部分が少なくない．根本的なところでは，例えば「人」というのが正確に何を指しているのか定かでないのだ．世帯主のことだろうか？　そもそも世帯とは何か？　そういうわけで，全人口とか村落や入植地の総数とかいった全般的な指標を算出することは困難だった．

　コルモゴロフは，のちに主流となる手法を駆使して，この土地登記簿の分析に猛然と取りかかる．煩雑さをものともせず，一見まとまりのない数字の羅列にただならぬ興味を抱き，しかも大部の文書（この場合はそれが何巻もある）を処理する力量をも備えていた．コルモゴロフはすべての数字を丹念に調べ上げた．数字に規則性や齟齬が見出された場合には，確率論，特にベイズの公式を用いて，それらが偶然のものなのか，背後に隠れている系統立った原理に従うものなのかを確率的に計算した．この作業に見られる独特な点は細部にまで目を配ったところにある．こうした分析を通してコルモゴロフがたどり着いた結論は，当時の学説とは異なるものだった．具体的に言うと，「人」という言葉は「世帯主」というよりも労働人口という色合いが濃く，租税は個々の畑ではなく地所全体を単位として割り当てられていたというものだ．コルモゴロフは他にもさまざまな成果を挙げているが，中でも「オブジャ」という言葉に関する成果はかなり重要なものである．土地登記簿にはこうある．「1人の男が1頭の馬に乗って耕すのが1オブジャ，1人の男が3頭の馬を使い自分は3頭目に乗って耕すのが1ソハ」[16]．これが言わんとするところを察するに，1オブジャというのは土地や労働の単位というより1つの地所から得られる総収益の単位であるように思われる．農奴の

数を把握することは到底たやすいことではなかったが，国家の財政にとっては重要な事業だった．ロシアではこの辺りのことが文芸などのちょっとした題材にもなっている．ニコライ・ゴーゴリの『死せる魂』(1842年)という作品があるが，これはチチコフという人物がロシアの農村地帯をあちこち巡りながら，すでに死亡しているのに戸籍には名前が残っている農奴の名義を買い取り，それを移転させてツァーから金を引き出そうとする物語だ．

1970年代初頭，歴史研究に新しい手法を持ち込んだ「計量経済史」という分野がタイム誌やニューズウィーク誌で取り上げられた．その考え方は，まとまりがなくしかも断片的な記録からでも，最新のコンピュータの助けを借りつつ数学的手法を駆使すれば，歴史上の事実を引き出すことができるというものだ．17歳のコルモゴロフが独創的な分析を行ったのは1921年のことである．どれほどの困難と対峙していたか想像に難くない．もっとも，指導教授からはその分析の結果について少なくともある程度の評価を受けてはいた．だが，コルモゴロフがその成果を公表することはできないかと尋ねると，バフルーシンは「とんでもない，まだ無理だ．証拠がたった1つしかないじゃないか．歴史家の仕事とするにはあまりに少なすぎる．少なくとも5つは証拠が必要だ」[17]と答えた．のちにコルモゴロフは好んでこの話をしたそうで，歴史家のV・L・ヤーニンによると彼はこう語っていたという．「科学の道へ進むことに決めたよ．科学なら結論を下すのに証明が1つあれば十分だろ」[18]．自らも例の地籍簿の調査に携わっていたヤーニンは「本当に惜しいことをした」と漏らしている．「もしアンドレイ・ニコラエヴィッチ〔コルモゴロフ〕のあの論文が，書かれた直後に発表されていたとしたら，今日われわれの持つ知識ははるかに豊かだったろうし，何よりも，もっと精密だったことだろう」[19]．

こうしてコルモゴロフは数学に一心に打ち込むようになった．同時に生活がもう少し楽になるよういろいろと手段を講じた．まず試験を受けて大学の第1学年の課程を早々に修了してしまった．第2学年の学生には，食料——毎月1プード（約16キログラム）のパンと1キログラムのバター——が支給されたからだ．また木底靴を自前で作り，収入を増やすために中等学校で数学と物理を教えた．コルモゴロフの授業は熱のこもったものだった．教えるのが楽しかったのだ．

コルモゴロフの才能が認められるのにそれほど時間はかからなかった．もっとも，コルモゴロフは以前から目立つ存在ではあった．あるときルジンが解析関数の授業の中で1つの予想を提示したところ，コルモゴロフはその反例を見つけ授業中にそれを披露した．このときその場に居合わせたP・S・ウリゾーン

(1898-1924) が，自分のところで研究しないかとコルモゴロフを誘った．ウリゾーンはある講義の中でちょっとした間違いを犯したことがあったが，この新しい弟子から早速それを指摘され，ますます感心したという．また P・S・アレクサンドロフのもとでも研究を始めていたコルモゴロフはその指導を受けながら，自身最初の本格的な研究として記述集合論の研究に取り組んだ．さらにステパノフのセミナーでは三角級数の研究も行った．

コルモゴロフが最初に見出したのは，フーリエ級数に関して収束速度の下限は存在しないという重要な結果だった．さらに，19歳になって間もない 1922 年 6 月には，ルベーグ積分可能な関数であってそのフーリエ級数がほとんどいたるところで発散するものを発見した（その後すぐにコルモゴロフ本人が「いたるところで」という条件に拡張している）．フーリエ級数の一般論に関する問題の中には，この結果を根拠とするものがいくつもある．つまりこの関数は，物理学者であれば単に「病的な現象」として片づけてしまうような突飛な例外などでは決してないのだ．この成果によってコルモゴロフは国際的に知られるようになる．ここに始まったコルモゴロフの研究成果の数々は，その量，質，幅ゆえに大雑把な概括ですら容易ではない．コルモゴロフの著作目録は 500 以上の項目からなる．そこから研究論文でないものを除いたとしても，残ったものの中には根本的な重要性を持つ論文が次から次へと見つかる．コルモゴロフは実際に「少数なれど熟したり」というガウスの格言に従おうとしたかに見えるが，どの枝にも果実がたわわに実っていた．

17歳で研究を始めて以降，1929 年を過ぎて学生から教授に立場が変わるまでの間，コルモゴロフはさまざまな研究対象を最も根本的な視点で眺めてきた．カントールは三角級数の研究を通じて集合論を創始するに至ったが，対してコルモゴロフの初期の論文は記述集合論に関するものだ（どのような集合に言及できるかという問題を扱った）．ただし，これらの論文は 1928 年になるまで放置されていた．ルジン教授がいくつかの点で問題があると誤解していたため，かなり長い間にわたって教授の机の中にしまい込まれていたのだ．コルモゴロフも真剣に向き合うほどの価値があるとは思っていなかったようである．ただコルモゴロフは生涯一貫して，集合論の中でも具体的に構成できるような対象のみを認めるものや具体的な問題に対して重要な意味を持つものを重視した．ゲーデルの章でも触れたように，コルモゴロフはより慎重な立場を取る直観主義数学に共鳴した．直観主義数学はもとをたどれば，純論理的な存在証明に対してクロネッカーが異を唱えたことにさかのぼる．

コルモゴロフが 1925 年に発表した『排中律の原理について』という論文は論争を巻き起こした．ケンドールによると，この論文とその次に発表した論文は「この分野の専門家たちから一目置かれているもの」[20]だという．排中律（どの命題もそれ自身が真であるかその否定が真であるかのどちらかだという主張）を無限に関わる推論に適用することの妥当性には根拠がないとするのが直観主義者の立場だ．コルモゴロフは，「排中律を超限的に用いて得られる有限の結果はすべて正しいこと，そしてそれらは排中律を超限的に使用しなくても証明できるということをわれわれは証明することになるだろう」[21]と述べて，排中律をそのように用いても矛盾は生じないことを示した．その大まかな論法は，ヒルベルトが幾何学の公理を論じたときに用いた証明と同じものだ．非ユークリッド幾何学はユークリッド幾何学の中にいわば埋め込むことができるがゆえに，少なくともユークリッド幾何学が無矛盾であれば同様に無矛盾である．コルモゴロフも標準的な古典的数学を直観主義の体系に埋め込むことを考える．そのためにコルモゴロフは，ハイティングに先立って直観主義の体系を形式化することになる．直観主義の側に立ちその立場から研究していたコルモゴロフだったが，「カントールの楽園」からの追放を回避しようというヒルベルトの目論見に加担することになったわけだ．コルモゴロフの仕事の中にはいたるところに集合論が顔をのぞかせる．

まだ 20 代前半の頃，コルモゴロフは積分と微分の概念についても根本から見直そうとした．考え得る最も普遍的な関数概念に適用できるような微分の概念を，考え得る最も普遍的な形で定義するにはどうすればよいか？　積分について考察する中でコルモゴロフは，測度の概念を可能な限り一般的な形で定式化することに目を向けるようになった．測度論とは，長さや広さといった素朴な概念を拡張することによって，集合の「大きさを測るための尺度」を実現する試みと言える．「大きさを測る」集合は，関数といった複雑な要素で構成されたものでもよく，幾何学的な空間の点集合だけに限定されるわけではない．別の見方をすれば測度論は，大きさの比較や評価を 1 対 1 対応あるいは数え上げという束縛から解放する試みとも言えるわけだ．

1924 年になって早々，コルモゴロフは確率論の研究に着手する．数学の中でもコルモゴロフと聞いて真っ先に思い浮かぶ分野がこの確率論だろう．ロシアには，P・L・チェビシェフ（1821-1894）とそのもとで形成された，A・A・マルコフ（1856-1922），A・M・リャプノフ（1857-1918）らのサンクトペテルブルク学派に始まる確率論の長い伝統がある．きっかけとなったは，またもやフーリエ級数の理論だった．研究を始めてまだ間もないこの時期コルモゴロフは，時に A・

Ya・ヒンチン（1894-1959）との共同研究を通じて，古典的な確率論の基礎に着目するようになった．コルモゴロフ本人はこう語っている．「確率論に関するヒンチンとの共同研究はもとより，私がこの時期全体を通して行った確率論の研究はすべて，関数の測度論的な理論の中で確立された手法を応用したものだ．大数の法則が妥当性を持つための条件や独立確率変数の級数が収束するための条件といったテーマに関する研究は，実のところ，N・N・ルジン先生とそのお弟子さんたちが三角級数の一般理論の中で確立した手法を駆使したものだった」[22]．

確率論の基礎づけというのはなかなか厄介な仕事だった．歴史的に現実世界の問題と対応して発展してきた確率論を公理論的に扱おうという試みは，フォン・ミーゼスやセルゲイ・ベルンシュテイン（1880-1968）といった研究者たちの間でそれ以前から行われていたし，その当時も続けられていた．フォン・ミーゼスは頻度（frequency）というものを中心的土台に据えたが，これは魅力的な発想だった．それは，自然界で生起する可能性がある事柄はその背後に働く調和的でさまざまな周期（frequency）を持った一連の作用によって生起するのだという考え方があったことによる．ここにはフーリエ級数との明らかな関連性を見て取ることができる．フーリエ級数は幅広い関数をさまざまな周期（frequency）の関数に分解するものだからだ．だが，コルモゴロフがこの頃すでに見出していたフーリエ級数が収束しないような可積分関数の存在は，頻度そのものを確率論の土台に据えるという発想に疑問を投げかけるものだった．彼のこの仕事の重要性にはさまざまな側面があるが，頻度に関するこの示唆はその1つである．頻度という概念は，確率論の中で扱われるべきすべての事柄を扱うための土台としては十分ではない．頻度を基礎とした確率論においては，コルモゴロフが見出したこの関数は対象から除外されなければならないことになる．しかし確率論では無作為に起こり得るすべての事象を把握する必要があり，コルモゴロフの関数は，かなり変則的ではあっても，明らかに起こり得る事象に対応している．

微分，積分，測度といった概念を根本から見直したことで，コルモゴロフは確率論全体を統御し得る数学的に厳密な公理系の設定を目指すようになる．集合の測度に関する理論や，測度論を基にした収束に関する理論には，組織的に発展してきた確率論に見られる手法や特質と構造的に一致する点がいくつもあることにコルモゴロフは気づいた．こうしてたどり着いたのが，測度論の枠組みの中で簡単な公理群を定め，そこから出発しようという結論だった．これによって数学的な体系から厄介な哲学的問題が切り離されることにもなった．ひとたび数学的な構造が整うと，哲学的な問題は実際的な状況への適用という問題に昇華された．

コルモゴロフは1929年に初めて公理系を発表すると，1933年にはさらに広範な話題を扱った論文を発表した．コルモゴロフが提示した，この明確かつ簡潔，しかも説得力のある公理系は，現代確率論が構築されていく際の模範となった．コルモゴロフは起こり得るすべての事象からなる集合に着目する．確率関数とは，起こり得るすべての事象からなる集合の部分集合に対して，0%から100%までの間にある値を割り当てる関数のことだ．起こり得るすべての事象からなる集合に対しては100%という値が割り当てられる．一日中暑くてカラっとした天気か一日中寒くて雨降りの天気かというように，事象からなる2つの集合が互いに排反の関係にある場合，この2つの集合の和集合に割り当てられる確率は，一方の集合に割り当てられた確率ともう一方の集合に割り当てられた確率との和になる．ただし，技術的に細かい点をさらにいくつか考慮する必要はある．すべての部分集合に確率が割り当てられるわけではない——部分集合の中には極端に変則的なものがあるからだ．ただ，普通に考察できる集合であれば確率は割り当てられる．

ヒルベルトの第6問題の本文冒頭には，「これらの幾何学の基礎についての研究が示唆しているのが，**物理学的科学であって数学が重要な役割を果たす諸領域を，それと同じ方法［ヒルベルトが幾何学について行ったのと同じ方法］で，すなわち公理論的に，取り扱うことはできないかという問題です．そのような領域として真っ先に挙げられるのは確率論と力学でしょう．**」という強調表記された一文があるが，確率論の公理系を定めたコルモゴロフの研究成果は結果的にその問題提起に対する1つの解答を与えるものだった．だが，第6問題はもっと幅広い分野の公理化を意図したものであり，近年この問題について論じた文章の中にもコルモゴロフに言及すらしていないものは数多いが，ケンドールはコルモゴロフが第6問題に対し一度ならず二度までも貢献していると指摘し，のちになし遂げる第二の功績の方にも触れている．

1929年，コルモゴロフは大学院の課程を修了する．すでに18編の論文を発表し，大学やそれに準ずる機関で教える資格も得ていた．自身の能力を証明する必要があった分野については，試験を受ける代わりに論文を書いたのだ．その中には現在よく知られているものも数多い．当初は年功の問題があって，彼がモスクワ大学に残れるかどうか怪しい状況だったのだが，結局は良識的な判断が勝り，引き続きモスクワ大学に在籍することになった．1929年から1931年まではモスクワ大学の数学・力学研究所で教えながら，K・リープクネヒト産業・教育研究所でも教鞭を執った．そして1931年にモスクワ大学の教授に就任した．

コルモゴロフがモスクワ大学に残れるよう尽力した1人がアレクサンドロフだった．コルモゴロフより年上とは言えいくつかしか違わなかったが，アレクサンドロフはすでに位相幾何学の分野では世界をリードする研究者になりつつあったのである．2人の友情のきっかけは旅だという．コルモゴロフは，夏休みになると何人かの仲間たちと計画を立ててボート乗りやハイキングの旅に出掛けるようになった．その習慣は生涯にわたって続くことになり，そうしてコルモゴロフが出掛けた先は，ついにはソヴィエト連邦の大半の地域に及んだ．アレクサンドロフをその旅に誘ったのは1929年の夏休みだった．ただし，このときアレクサンドロフは3番目に声を掛けられたいわば追加要員で，コルモゴロフとアレクサンドロフはこのときまで，ほとんど研究上の付き合いしかなかったという．コルモゴロフはこう述べている．「その後53年間続いたパヴェル・セルゲエヴィッチ・アレクサンドロフと私の友情は……［1929年のこの旅から］始まった……．私としてはこの53年にわたる親密で揺るぎない友情があったからこそ，まずは幸せに満ちた生涯を送ることができたのだと言える．私がとりわけ恵まれていたのは，アレクサンドロフが絶えず思いやりを持って接してくれたことだった」[23]．

　この1929年の旅はプロレタリア観光旅行協会というところを通して手配した．コルモゴロフたちはボートとテントを借りてヴォルガ川の川下りに出た（出発地点はコルモゴロフが幼い頃に住んでいた場所からそれほど遠くはなかった）．コルモゴロフ，アレクサンドロフ，ニコライ・ドミトリエヴィッチ・ニュベルクの3人は6月16日にヤロスラヴリを出発する．地図やガイドブックは一切持って行かず，唯一持参した本はホメロスの『オデュッセイア』だった．目的地もボートを返却後に何をするのかもはっきりとは決めていなかった．ボートはどの町で返却してもよいことになっていた．そこで3人は世界有数の大河をあてもなくボートで下ることにした．ロシア数学研究誌には，この旅のことやコルモゴロフとアレクサンドロフの初期の友情がどのようなものだったかについて，コルモゴロフ本人が語った印象的な手記がある．アレクサンドロフからコルモゴロフに宛てた手紙の内容もいくつか記されている．そのコルモゴロフの手記の一部を引用しよう．

　　オカ川にせよ，ドニエプル川にせよ，ドン川にせよ，ヴォルガ川にせよ，中央ロシアを流れる大河一帯の特徴的な風景に大差はない．このような大河は普通，いくつもの川筋に分かれて，湿地牧野やヤナギが繁茂する砂地の中州の間を縫うように流れている．ヴォルガ川の両岸は砂が洗い流されて，ほぼ純白に近い白さをたたえていた（これはヴォルガ川に巨大な貯水池が建設される前の1920年代から

1930 年代の頃の話だ）．

　もちろん，こうした田舎の風景にはそれなりに雄大なところがある．アレクサンドロフはたちまちそれが気に入ってしまった．後年，私たちは頻繁にベラヤ川やカマ川，ヴォルガ川，ドニエプル川へ川下りに出掛けた．

　ヴォルガ川を下るときはたいていヴォロシュカ（ヴォルガ川一帯の方言で細い川筋を意味する）を通ることにしていた．ヴォロシュカにもかなりの水流があったので，主流に出られるかどうかは心配なかった．

　砂地の中州でキャンプをすることが多かった．テントは中州の上流側もしくは下流側の突端に張った．水の流れを特に感じることができたからだ．出発して最初の何日かは大体夜になると川で泳いだ．夏の白夜，方々から鳥のさえずりが聞こえる中を，ヤナギの生い茂る岸辺に沿って川面を滑るように泳いだあのときの感動はいつまでも消えることはなかった．私たちは，これが永遠に続けばいいのにと思った．[24]

　3 人はいったんボートから岸へ降りて，シンビルスク県（現ウリヤノフスク州）にあるニジェゴロツキー城塞を訪れた．そしてヴォルガ川の川沿いにそびえる岩壁の上に登った．「たゆまず川を流れ下ればすべてを征服す」．3 人は『オデュッセイア』を読んでいた．時間は十分にあったので，「どんなことでも」話題になった．21 日間に及ぶ旅の末，ついに 3 人は出発地から 1300 キロ離れたサマラにたどり着く．そこでボートを返却すると，蒸気船に乗ってカスピ海沿岸のアストラハンまで行き，そこからさらにバクーへと向かった．バクーからは内陸に進路を取り，イランとの国境からほど遠からぬセヴァン湖にまで足を延ばすと，そこにある小さな島へ渡った．島では，無人になった修道院の院長とそのお手伝い，気象台の台長とその家族，それにモーターボート 1 隻と遊覧船数隻を保有する「セヴァンスキ船団」の「団長」らと交流を持った．アレクサンドロフは着ていたものを全部脱ぎ捨てて数学を始めた．コルモゴロフ曰く，「数学をするとき，私は日陰に入るが，アレクサンドロフは日差しが燦々と照りつける中，サングラスと白いパナマ帽だけで何時間も寝そべっていた．焼けつくような日差しを浴びながら真っ裸で数学をするというアレクサンドロフの習慣は年を取っても変わることはなかった」．3 人はセヴァン湖で 20 日ほど過ごしたあとエレバン（現アルメニア領）に向かう．「気温は摂氏 40 度，空は青く霞み，日が沈むとアララト山の山頂が青い空に浮かぶかのように姿を現した」．さらにエチミアジンを経由してアラガツに着いた 3 人は，「宇宙線シャワーについて研究している」物理学者の一団

と遭遇し，しばらく一緒にいた．アラガツ山に登ったあと，今度はトビリシへ向かう．トビリシではオルベリアニ浴場に行った．アレクサンドロフは列車と蒸気船を乗り継いで黒海沿岸のガグラに向かったが，コルモゴロフはその前にトビリシ周辺にある山に登るため徒歩で出掛けた．山は雪が降っていた．コルモゴロフがアレクサンドロフに合流したとき，数学者のグループが一緒だった．「私たちは波がかなり激しい中，全員で海水浴をしたのだが，体力を消耗しないよう波をすんなりかわすには，相応のやり方というものがある．どうするかというと，頭を下げて波の下に潜り込めばよいのだ」．逗留した家には海の上に張り出したバルコニーがあって，その真下には波が激しく打ち寄せていた．何でもその家の所有者は「かつてアブハジアで身分の高かった女性」ということだったが，大量のトコジラミに嫌気がさしたため，内陸の方に向かって出発することにした．

　コルモゴロフとアレクサンドロフは旅から戻ると，モスクワ郊外にある一軒家の半分を共同で借りた．コルモゴロフを育ててくれた叔母のヴェラ・ヤコヴレヴナが家事の面倒を見るために引っ越してきた．この家のもう半分は家主たちが使っており，コルモゴロフによると，その家主らが乳牛を一頭飼っていて，そこから「牛乳を分けてもらっていた」という．

　コルモゴロフとアレクサンドロフは1930年から1931年の初めにかけて国外へ旅行に出る．ベルリン大学に短期間滞在したあと，ゲッティンゲン大学を訪れた．ゲッティンゲンには依然としてヒルベルトを筆頭に，クーラント，ネーター，ランダウらが君臨していた．コルモゴロフは，ナチズムと共産主義への二極化によってドイツが混乱に陥っている様子を目のあたりにし，2人はその後に起こりうる事態について冗談を言い合ったりした．コルモゴロフはこう記している．「失業者が群れなしており，彼らは大方ひどい身なりをしていた」[25]．

　ゲッティンゲン大学ではこれと言って大した出来事もなかったが，ミュンヘン大学ではカラテオドリと対面した．カラテオドリは，コルモゴロフがそれまで研究してきた現代的な測度論を創始した人物の1人だ．その後，コルモゴロフとアレクサンドロフはバイエルン・アルプスを訪れ「シュピッツィンク湖の湖畔にある小さな宿」に泊まった．コルモゴロフはこう書いている．「そこから『ロートヴァント登山』に赴いた．ロートヴァントの観光用登山道には，羽根の付いた帽子，バイエルン風の革の半ズボン，ニットの靴下に登山靴，手にはアルペンストックといういでたちのたくましいバイエルンの人たちが列をなして歩いていた．このような身なり正しいバイエルンの人たちをからかってやろうという気持ちもあって，私たちは最後まで裸足で山を登り切った（アレクサンドロフと私は概して

裸足で歩くのが好きだった)」[26].

　2人はウルムとフライブルクにあるゴシック様式の大聖堂も見物しに行った. ウルムでは街中を流れるドナウ川を全裸で泳ぎ下り, 川の土手を走ってもとの場所に戻った. (実を言うと, 当時のドイツでは全裸で「肉体の鍛錬をする」ことが流行っていたし, 現在でもドイツの一部の地域では全裸で海水浴をするのがごく一般的である.) その後, 2人はフランスに入る. ミュルーズを訪れ, アルプスの高地にある「7つの湖」を散策し, ローヌ川の川沿いで2日, アヌシー湖の湖畔で1日過ごしたあと, マルセイユを経由して南フランスのトゥーロンにほど近いサナリー・シュル・メールにやって来た. そこにはフランスの数学者モーリス・フレシェ (1878-1973) がバカンスで滞在していた.

　アレクサンドロフとコルモゴロフはそこからブルターニュ地方まで足を延ばしている. コルモゴロフの最初の指導教官の1人だったウリゾーンが以前ここに滞在していたとき, 海で溺れて命を落としたのだった. アレクサンドロフとウリゾーンはその日も, 数週間前からの日課だった海水浴に出掛けていた. そこはロワール川の河口からすぐのバ・シュル・メールという町だったが, ブルターニュ沖に広がる北大西洋は黒海とは違う. 途方もなく巨大な波が2人を襲った. アレクサンドロフは岩礁を越えたところまで投げ出されたが, ウリゾーンは岩礁に叩きつけられた. アレクサンドロフの手で引き上げられたものの, ウリゾーンは岸辺で息を引き取った. アレクサンドロフはこう書き記している. 「その後しばらくして私は自分の部屋へ戻り, ようやく着替えをした. (そのときまで私は水着を着たままだった.) パヴェル・ウリゾーンはベッドの上に寝かされていた. 上にはシーツが掛けられ, 枕元には花がたむけられていた. 私はそのときになって初めて, 何が起きたのかということに考えが及んだ. その夏の間に, いや実際にはそれまでの2年という歳月の中で, 経験したり深く感じ入ったりしたことのすべてが私の意識の中にありありと甦ってきた. そしてそのすべては, やがてある1つの自覚に変わった. それは, まだほんの1時間前まで私たちは何と満ち足りていたことか, 何とこの上なく満ち足りていたことかという自覚だった」[27]. コルモゴロフとアレクサンドロフはウリゾーンの墓に詣でたあと, 無言のまま海辺を歩いた. 数日をブルターニュで過ごしたあと, 2人はパリに向かった.

　コルモゴロフはパリで, エミール・ボレル (1871-1956) やアンリ・ルベーグ, さらにはポール・レヴィ (1886-1971) といった年配のフランス人数学者と対面したが, 多忙のあまり若手の数学者たちと会う機会はあまりなかった. コルモゴロフ全集の第1巻には60編の論文が収載されているが, その中に名前が現れるコ

ルモゴロフ以外の数学者は93人しかいない．しかも，うち15編の論文には参考文献がまったく記載されていない．これについてティコミロフは，次のようなコルモゴロフ本人の談を紹介している．「当時，私の頭の中はアイデアであふれ返っていたから，他人からアイデアを拝借するどころか，自分のを誰かに譲ってもよいくらいだった」[28]．

　ひどい風邪をひいたコルモゴロフは，病人のままゲッティンゲンに戻ると当地で入院し，回復するまでに2か月かかった．2月，アレクサンドロフは代数的トポロジーの講義を行うためプリンストン大学へ赴く．そのときアレクサンドロフからコルモゴロフ宛てに出された手紙の一部がロシア数学研究誌に掲載されているが，そこにはアレクサンドロフが毎日泳いでいたプリンストン大学のプールが広くて清潔であること，とりわけ誰でも泳ぐ前に体を洗えるよう泡立ちの良い石鹸がふんだんに用意されていることに感心したと記されている．また，プールにいる誰もが何も身につけていないことや，プリンストン大学の若者たちが見苦しいヘルニアなどとは無縁の「見事な肉体の持ち主」であることをアレクサンドロフは喜んでいる．この光景は，水着を着ているのにヘルニアが完全に隠れていない人たちが大勢いるフランスの海岸とは対照的だ，と．実はアレクサンドロフは陸上競技場の中で衣服を身につけることにも異議を唱え，陸上競技場の中が公道から見えること承知の上でそう主張していた．アレクサンドロフはコルモゴロフにどんな運動をするつもりかと尋ね，さまざまな衣料品から大きめのボートまで，ロシアに帰国する前に購入した方がよい品物について提案もしている．そして，「どれも買いそびれないように．不意にモスクワへ帰らなければならないとも限らないのだから（あいにくこれはあり得ない話ではないと思う．）」と付け加えた．祖国で起きている出来事についてアレクサンドロフが不気味な発言をしたのはそれが初めてだった．そのすぐあとに彼は，栄養について力説し始める．アメリカではクリームが手に入ることや，乳製品の価格が「ほぼ完全にその栄養価に応じて」決まっていることが気に入ったのだ．また，アメリカの主婦たちが栄養に関する合理的な意見に耳を傾けることを褒める一方，クリームよりも牛乳の方が良いという考えを頑なに信奉している「ドイツの主婦たち」を難じている．そして最後にこう忠告する．「もっとも君は（コーヒーにはクリームを入れるし牛乳はそのまま飲むので）クリームも牛乳も買わねばならんだろうが，何と言ってもクリームをそのまま飲むのが一番良いのだ」[29]．（アレクサンドロフは80歳を超えても健康だった．）

　そのあとに届いた手紙の中には，アレクサンドロフがプリンストン大学周辺の田園風景にどれほど惚れ込んだかを綴ったものがある．彼は「ストーニー・ブル

ック」という川にすっかり魅了された．まだ冬だというのにそこで泳いだことも
ある．その川へ行くときはいろいろと回り道をした．アレクサンドロフによるス
トーニー・ブルックの描写にはどこかツルゲーネフを思わせるところがある．そ
こは魅惑的な場所で人の気配もないかと思いきや，空き缶とキャンプファイアの
跡を見つけたと書かれている．アレクサンドロフは雑木林の中を 30 分ほど歩く
ことになるが，そこがまた美しい雑木林だった．この手紙の冒頭では次のような
話が語られている．

　　　数日前，4 時間かけてストーニー・ブルック沿いを歩いてきた．距離にすると
　　15 キロほどになるだろうか．途中いくつも難所があり，危険な場所すらあった．
　　道のない雑木林の中を通り抜けねばならないのだからやむを得ないが単にそれだ
　　けではない．はるかに厄介だったのは私有地を通らざるを得なくなったことだ．
　　そこは鉄条網で囲まれていて，有刺鉄線こそなかったが，代わりに「部外者はこ
　　れより立入禁止．違反した者は合衆国の法律により罰せられます」と書かれた看
　　板が約 3 メートル間隔で掲げてあった．もっとも，幸いにして私は罰せられなか
　　ったが[30]．

　1931 年 7 月，コルモゴロフとアレクサンドロフはロシアに帰国するが，それ
からほどなくしてカーテンが下ろされた．アレクサンドロフは 1932 年にも再び
ヨーロッパを訪れ，ヒルベルト，ワイル，ランダウ，ネーター，ノイゲバウアー
らと会っている．彼らと顔を合わせるのはそれが最後の機会となった．アレク
サンドロフはこう書き記している．「『ドイツよ，目覚めよ』という大合唱のせいで
目を覚ます朝が幾度となくあった……『ヒトラー・ユーゲント』の若者たちが
この歌を高らかに歌いながら街頭を何度も行進していたのだ」[31]．これ以降スタ
ーリンが死去するまで，いくつかの学術雑誌の交換やたまにやり取りされる通信
を除けば，西側との接触はほぼ完全に遮断された．ただ，ロシアでのコルモゴロ
フとアレクサンドロフの暮らし向きはそれほど悪くはなかったようだ．1935 年，
2 人はモスクワ郊外に古い邸宅を購入する．そこは数学者たちの集いの場となっ
た．

　さて，1930 年代に入るとコルモゴロフの数学研究は目に見えて本格化する．
執筆した論文のリストはまるで『イーリアス』中の「軍船カタログ」のようにな
り始めていた．主要な学術雑誌の中には 1 つの号全体を使って，数学の専門家向

アンドレイ・ニコラエヴィッチ・
コルモゴロフ

けにコルモゴロフの研究成果に関する実態調査の結果を掲載したものもある．ロシア数学研究誌はそのような目的に1つの号を全部あてているし，確率論に関するソ連の専門誌も，主として確率論に寄与したコルモゴロフの研究成果の紹介に1つの号全体を費やしている．またロシア数学研究誌では以前からコルモゴロフの誕生日に合わせてコルモゴロフ特集号が刊行されており，その数は全部で5つを数える．

コルモゴロフの数学への取り組み方は厳格だった．ワイエルシュトラスやヒルベルトと同様，自身が定義する事柄，展開する数学的内容の限界，およびそれらの哲学的土台を可能な限り明瞭かつ詳細に理解しようと努めた．直観主義論理についての論文を執筆したのも，測度，微分，積分といった概念を研究し直したのも，確率論を公理論的に扱ったのもそうした姿勢の表れと言える．後年の研究では基礎的な概念に重点が置かれることはあまりなかったが，数学的な厳密性と論理的な明晰性を志向する態度は変わらないままだった．

コルモゴロフの研究に関して変わらないものがもう1つある．それは研究の動機だ．コルモゴロフの最大の関心は数学を使って物理学の問題を分析することにあった．まず目を向けるのは物理学であって，しかも何度でもそこへ立ち返る．のみならず，生物学や地質学，科学技術，歴史，言語学にまで目を向けて問題を見出す．コルモゴロフの研究の本質は，難しく複雑な問題の中でも，特にそれに関する十分なデータを入手することがこれまでは望めなかったようなものを扱うところにある．そのため，コルモゴロフは問題に取り組むにあたっては確率論や統計学の考え方を糸口にすることが多かった．もっとも，その考え方の多くは自らの手で考案したり大幅に明瞭化したりしたものだ．

マーク・カッツは，自叙伝『偶然の謎 (Enigmas of Chance)』の中で次のように語っている．「われわれの共同研究が始まった頃 [1935年] というのは，確率論がようやく不遇の100年を抜け出て，徐々に純粋数学の確たる一分野として認知され始めた時期だった．この大転換の要因となったのが，ソ連の偉大な数学者 A・N・コルモゴロフが1933年に出版した確率論の基礎に関する1冊の本だった．

ただし，われわれにはひどく抽象的に思えた」[32]．アメリカの数学者ノーバート・ウィーナーは，コルモゴロフと話をしたことも手紙をやり取りしたこともなかったが，コルモゴロフが見出した結果と同じものを数多く発見していた．ウィーナーは，先に刊行した自叙伝の続編にあたる『サイバネティックスはいかにして生まれたか』の中で次のように述べている．「ロシアの第一級の数学者たちとは，それまで会ったことも……なかったが，長らく妙な接点があった．20 年以上にわたって，われわれ［ここにコルモゴロフの初期の共同研究者だったヒンチンも含まれている］はお互いに先手を取ったり後手を取ったりし合っていた．私がそのときまさに証明しようとしていた定理を彼らが証明してしまったこともあれば，私が彼らに僅差で先んじたこともあった」[33]．彼らのように優れた数学者にとって，現に研究しているものがそもそもなぜ研究の対象になったのかといえば，そこにはほとんど手つかずの肥沃な大地が広がっているからなのだ．

　アーノルドは *Physics Today* 誌に寄稿したコルモゴロフへの追悼文の中で，「確率論の基礎づけ，（定常過程を含む）確率過程の理論，マルコフ連鎖とマルコフ過程，フォッカー–プランク方程式，およびブラウン軌道に関するコルモゴロフの研究は現代確率論の基盤をなすものだ」[34]と述べている．ここに出てくる専門用語の定義をいくつか見てみれば，コルモゴロフの貢献度の高さがよくわかるだろう．確率論の基礎をなすものの 1 つとして大数の法則が挙げられる．これは確率という考え方の正当性を数学的に保証するもので，サイコロをふるなどの何らかの試行を十分な回数繰り返せば，確率計算から導かれる結論と一致した結果がほぼ確実に得られるということを主張している．この大数の法則は，これ以降の確率論の展開すべての出発点である．1920 年代にコルモゴロフは大数の法則がいつ適用可能であるかを明確にし，かなり一般的な場合について厳密な証明を与えた．さらに，古典的な結果をより強い形にしたいわゆる「大数の強法則」をヒンチンと共同で証明した．

　マルコフ連鎖というのは，さまざまな事象が離散的かつ偶然的に次々と起きるもので，直前の事象より前に起きた事象については一切「記憶」を持たない（この点は確率の本質に近い）．ブラウン運動（アーノルドの言い方ではブラウン軌道）はその具体例の 1 つだ．これは，水面に浮かぶ 1 粒の小さな花粉が水分子との不規則な衝突によってあっちへ行ったりこっちへ来たりする現象のことだが，果たしてこの花粉はどのように移動していくだろうか？　あるいは，所定の時間内にどのくらい遠くまで移動するのだろうか？　はたまたどの程度の範囲を動きまわるのだろうか？　この問題は事象が連続的に起きる過程として扱うこともできる．

「確率過程（stochastic processes）」の中の「確率（stochastic）」という語は単に偶然的というほどの意味だが，ここで使われている「過程（processes）」という語の方には，実際のところ本義以外の意味も暗に込められている．確率過程は，時間に対して連続的に変化していくようなものを扱うことも多いからだ．確率論で扱おうとする偶然的な過程は多岐にわたるが，そこには離散的な事象の系列として現れるものだけでなく，連続的に事象が変化していくものも含まれる．

　物理学者たちは，物理的直観と試行錯誤によって，確率に関する特殊な方程式をさまざまに見出している．フォッカー–プランク方程式は，例えば室内に持ち込まれたバラの芳香が拡散する過程や，突然変異した遺伝子がある生物集団内で伝播する過程といったさまざまな拡散過程を記述するものだ．また，スモルコフスキーとアインシュタインが明らかにしたさまざまなブラウン運動についての関係式もある．コルモゴロフはこの種の方程式を分析した論文を 1931 年に発表しているが，これは彼の数ある論文の中でも非常に重要なものの 1 つだ．この中でコルモゴロフは確率論から説き起こして，この種に属する微分方程式全体を厳密に導出し，数学者が確立した連続型確率過程に関する理論と物理学者が導いた微分方程式との関連性を明らかにした．今日，この種の方程式は数学者の間でチャップマン–コルモゴロフ方程式と総称されることが多い．この論文がどれほどのものかと言うと，発表後大勢の数学者たちがそこから派生する研究を行うようになったため，いくつもの大学のキャンパスにそのための研究棟が建てられるほどだった．

　コルモゴロフは，本人の興味からすれば副業のように見える数学の研究にも幅広く取り組んでいる．ただし副業のように見えるとは言え，それらの研究だけでも十分に高い評価が得られるような内容だ．まず幾何学に関する基礎的な論文が 2 編ある．具体的には 1930 年に曲率が一定である古典的な幾何学に関する論文，1932 年に射影幾何学に関する論文をそれぞれ発表している．また 1930 年代の半ば代数的トポロジーの分野では，コホモロジー群の概念を導入した上で，そのコホモロジー群に対し積を定義してコホモロジー環を構成した．まったく同時期プリンストン高等研究所にいた J・W・アレクサンダーも，コルモゴロフとは独立にこれと同じ考え方に到達していた．（アーノルドが言うにはコルモゴロフの方が少しだけ早かったそうだ.）これよりも前にポアンカレがホモロジー群を導入していた．これは多様体（曲面）どうしをある種の特性に関して区別することを目的としたもので，多様体をいくつもの小片に分割し，それら小片どうしの関係に基づいて計算される．コホモロジーの計算方法はそれとは異なるが，ホモロジーとコホモ

ロジーとは「双対的」である（生成される代数的な群が同じである）ことが多く，お互いに同じ事柄を導くための代替手段となる．

代数的トポロジーのように，その内容が「手ごわい」しかも専門の研究者にも有能な人物が大勢いる分野にとってこれほど重要な考え方を，専門外の人物が創造できようとは驚嘆するほかないように思える．1935 年にモスクワで開かれた国際的な研究集会に集ったトポロジーの専門家たちは間違いなく驚いただろう．その中へ確率論の専門家が 1 人で姿を現したかと思うと，そのような重要な結果を披露したのだから．ハスラー・ホイットニーによると，コルモゴロフは「その研究集会に出席するとは思いも寄らない人物」[35] だったという．しかし，コルモゴロフはアレクサンドロフとの親交を通して，トポロジーという分野の動向には日頃から精通していた．アレクサンドロフは，1920 年代に生まれたホモロジー理論の中の主流派の 1 つを創始した人物と目されている．アーノルドによれば，コルモゴロフがコホモロジー理論の着想を得たのは，空間における電荷と電流の分布について考察しているときだったらしい．一方ティコミロフは，「多様体上の流体の流れ」[36] を記述する試みからこの発想が生まれたのだと言う．コルモゴロフは流体の流れのエネルギーや電磁場といった従来からある考えを，幾何学的に表現された問題に「当てはめ」ようとしたのだと思われる．

アレクサンドロフから受ける刺激と，フーリエ級数がほとんどいたるところで発散するような可積分関数をかつて構成したときの記憶とに背中を押されたコルモゴロフは，ある 1 次元のコンパクト位相空間を構成した上で，そこから 2 次元のコンパクト位相空間（これもコルモゴロフが構成した）への全射連続写像であって開集合を開集合に写すようなものを構成してみせた．この 2 つの位相空間はどちらも，順次構成されていく位相空間の列の極限として得られるもので，それぞれ 3 次元と 4 次元の空間に埋め込むことができる．具体的には，穴をいくつもあけ，その穴をメビウスの帯でふさぐという操作によって位相空間を構成していく．ここでもコルモゴロフは，存在するはずがないと誰もが思うものを具体的に構成できる類まれな能力の持ち主であることが明らかになった．

コルモゴロフは近似理論をはじめ，自ら打ち立てた確率論に関連するさまざまなテーマについても研究を行い，それを通じて確率論を科学の具体的な問題に応用した．金属の結晶化に関する研究（もともと大学に入った頃は冶金学を勉強するつもりでいた）や，ある種の物理現象が持つ可逆性についての研究のほか，前に触れたような確率論のもとでの拡散理論を生物学にかなり広く応用した研究もある．生物学への応用は，イギリスの R・A・フィッシャー（1890–1962）とは独立に行

われたものだ．コルモゴロフは，生物のある生息環境内で遺伝子が伝播していく様子を詳しく検証し，その絶滅確率を計算した．1939 年から 1940 年にかけて，コルモゴロフはある生物学上のデータをどう解釈するのが妥当かということをめぐって，1 人の生物学者との公然たる論争に巻き込まれた．その生物学者とは，政治的イデオロギーと結びつき非科学的な妄説を唱えていたルイセンコという人物だ．コルモゴロフが目を向けたのは，そのルイセンコの教え子である N・I・エルモラーエヴァという学生の公表したデータだった．このデータが収集されたときの条件では予測される平均からの統計的誤差がどのようなものになるかを検証することで，コルモゴロフは，このデータとメンデルの法則とがあたかも矛盾するかのように見える理由を明らかにした．実は，このデータの散らばり具合や誤差はまさしく慎重に行われた実験にこそ見られる類のものであって，その実験で（故意にであれ無意識にであれ）データが仮説によく合うよう歪曲されたりしていないことを示していた．そのためコルモゴロフは，この実験を行ったエルモラーエヴァの注意深さに賛辞を贈った．ただ，おそらくこれは，データの信頼性という点でコルモゴロフの目をごまかせるような高度な操作ができるほど，エルモラーエヴァとルイセンコがデータの統計分析に通じていないということを遠まわしに皮肉ったものだろう．当時のような危険な時代の中で，巧みに自分の立場を表明したコルモゴロフにむしろ敬服するべきだろう．

　第二次世界大戦が始まると，コルモゴロフは応用分野の問題に取り組むようになる．これは数学者や物理学者ならばどこの国でもそうだった．砲弾の発射あるいは正確な照準に関する問題は一見すると平凡に思えるがその重要度は高く，アメリカではウィーナーがこの問題に大きな関心を寄せていた．実を言えば，これは深い問題でさえある．戦時中は機密統制のため，他国が何をしているのかお互い知らなかったし，戦後も当時の資料の大半は長い間極秘のままだった．ウィーナーは自叙伝の中でこう語っている．「とは言え，真に本質的な着想はいずれも私自身の中に芽生えるよりも前に，コルモゴロフの研究の中ですでに得られていた．もっとも，それを知ったのはいくらか時間が経ってからの話だが」[37]．このときに至ってもなお無念さは隠せない様子だが，誰がどのような順序でどのような成果を挙げたのかについて公正になされた証言と言えるだろう．当時のような状況にあっては，研究結果が独立に得られたのであれば，その優先権の問題がそれほど重要だとは思えない．コルモゴロフは砲弾の発射に関する問題に対して，現実におけるある特定の状況下では，時折狙いをわざと外した方が良い結果につながるという考え方を持ち込んだ．照準の制御をきわめて精密に行いながら，そ

の一方で狙いの分析が間違っているとすれば，砲弾はことごとく命中しないだろう．コルモゴロフは，いつ，どのように狙いを外すのが最適かを分析した．

コルモゴロフは砲弾発射と着弾の予測理論の研究を通じて，戦時下でも素直に興味の持てるアイデアをさまざまに探求できたが，それ以外にも戦時中に取り組んだ重要な研究があって，コルモゴロフにとってはこちらの方がより一層好運なめぐりあわせとなった．それが乱流の研究だ．きわめて難解な研究対象ではあるが，それについて得られたいくつかの結果はコルモゴロフの仕事の中でもとりわけ重要なものと言ってよい．1930年代，コルモゴロフは測度論を確率と結びつけ，確率を微分方程式や積分方程式と結びつけ，さらにこれらすべてを，新しい手法による統計集合の考察を通して複雑な物理状況と結びつけた．また1930年代後半にはすでにエルゴード理論に関する成果も挙げていた．当時エルゴード理論では，力学系の問題に現れる複雑ではあるがもともと統計学的ではないような状況の扱い方について進展があったばかりだった．こうしてコルモゴロフは，彼の中でますます豊富に蓄えられていた数学的手法のいくつかを，乱流の研究に現れる物理系に応用したのである．その系は，古典的かつ決定論的ではあるがあまりに複雑であるため，統計学的な手法や見方の方が適していた．

例えば空気などの流体は，飛行機の翼のような十分に滑らかな物体に沿って流れるとき，層流になることもあれば乱流になることもある．層流とは，視覚的にたとえるなら，飛行機の翼の形に沿ってカーブした何車線もの高速道路といったところだろう（つまり層流の「層」とは積層のことだ）．この比喩を続けると，この道路を走行するどの「自動車」もすべてのカーブをうまく走り抜けて車線内に留まっていれば万事問題はない．しかも，高速の自動車が走行する車線に低速の自動車が進入することはない．ところが，全体として自動車の速度が上がり，ガードレールに接触したり車線からはみ出したりする自動車が相当数に達すると，地獄のような大混乱に陥ることになる．

乱流というのは無秩序な流れであって，正確に記述することは容易ではない．風が山にぶつかったとき，激しい雷雨に見舞われたとき，海中や大気中で対流どうしが衝突したときなど，乱流はさまざまな状況で発生し得る．管の中を通る高速な水流も乱流になる場合がある．また，かなり激しい乱流もあれば穏やかな乱流もある．再び飛行機の翼の例に戻ろう．風洞内に煙を送り込むと微小な旋回流や渦流が観察できるようになるが，これらは空気の温度がわずかに上昇しても維持されるのに，最終的にはすべて散乱し消滅してしまう．どのような仕組みでそうなるのかというのは主要な問題の1つとなっている．コルモゴロフは自己相似

性やスケーリングといった概念を提起したが，これらはのちに幅広い影響力を持つことになったもので，その範囲は統計物理学だけでなく，驚くことに量子場理論にまで及ぶ．

　乱流媒質中の渦流系に着目し，そのほんの一部分を拡大すると，統計的にはもとの渦流と同一視できるより小さな渦流が観察される．その一部分をさらに拡大すると，さらに小さな渦流が現れ，これも統計的にはもとの渦流と同一視される．ただ，当然ながらこのようなことは無限には続かない．巨視的な流体運動のエネルギーが原子レベルにまで段階的に伝達されていくとすると，それはどのような仕組みによるのか？　コルモゴロフは，十分に多くのスケールで相似形状の渦流が実現するという条件のもとで，この問題の分析方法を見出す．物理学的直観と次元解析から引き出されたいくつかの仮定を置いた上でコルモゴロフが導いたのが，いわゆる「コルモゴロフの2/3則」だ．これは，ある種の仮定が満たされれば，「(遠すぎず近すぎない) 距離 r だけ離れた 2 点における速度の差の 2 乗平均は $r^{2/3}$ に比例する」[38] ことを主張する．

　この法則は物理学や工学の中のさまざまな分野で利用される．天文学の分野にもこれに興味を示す研究者は何人もいる．地球大気中を進む光の経路内の屈折率の変動には乱流と同様のパターンが見られるため，この法則を拡張すれば屈折率の変動を予測できるからだ．大気中の旋回流のさらに内部に現れる個々の旋回流は，非常に弱いが焦点の合っていないレンズとして働く．これにより光が散乱する——つまりは入射波面に歪みが生じる——ため，星が瞬いて見えたり，望遠鏡の焦点を合わせても像が不鮮明になったりする．だが，自明とは言わないまでも平明な古典光学の計算をコルモゴロフの2/3則が指し示すパターンに適用することで，理想的な望遠鏡の角分解能の公式が導かれる．地上にある (受動的) 望遠鏡である限り，たとえその光学系が完全だとしても，像が不鮮明になることは避けられない．

　乱流に関するコルモゴロフの研究論文は，あたかも数学に長けた物理学者が書いたかのような趣きがある．コルモゴロフが 1 つの問題を考察すると，そこから導き出される解答は実際的なものだった．また要領の良い人物だったコルモゴロフは，もし「ひどく抽象的であること」が有益なときはそのようにし，次元解析のようにその場限りのものであっても (ただし強い動機づけがあってのことだが)，必要ならばそれを利用した．

　しばらく前のことだが，カオス理論が熱烈にもてはやされた時期があった．科学に関心のある読者ならばご存じだろう．あるいはジェイムズ・グリックの『カ

オス——新しい科学をつくる』(1987年) を読まれたことがあるかもしれない．この本の中でも自己相似性やスケーリングといった概念は重要な位置を占めている．その中でグリックは，欧米でカオス理論の研究が「活発」になったことに対し，「[ロシアでは] かなりの戸惑いが広がった．新しいとされるその理論の大半が，モスクワではさほど目新しいものではなかったからである」[39]と述べている．ソ連と欧米諸国との間で知識の交流がなかったことについてグリックは，言語の違いだけでなく，冷戦下にあって人の行き来がしづらかったことに原因があると指摘する．この指摘はある意味で正しいが，アメリカで草創期のカオス理論に関わった研究者たちの専門分野が種々雑多であることも1つの要因ではある．加えてその専門分野には，集団生物学や気象学のほか，基礎的な実験を行うような物理学の分野も含まれていた．こうした分野の研究者は，この理論の持つ純粋に数学的な側面について，必ずしも十分な知識を持っていたとは言えないだろう．小さな旋回流にとって大きな旋回流の振る舞いが「預かり知らぬ」ものだとすれば，カオス理論という分野それ自体の中にも旋回流と同様の自己相似性が現れているように思えてくる．ロシア的な研究のあり方には1つの強みがあった．それは科学的という点では低級で怪しいところすらある問題にも数学を応用しようとする傾向が受け継がれてきたことだ．その傾向はコワレフスカヤが活躍した時代のサンクトペテルブルク学派にさかのぼるものであって，それはボルシェヴィキ革命とそれにともなってあらゆるものの科学化（大体がまやかしだった）が唱えられた時期よりもはるか以前のことである．アメリカにおけるトポロジー研究と解析学研究を新たな段階へと飛躍させたスメイルのような理論的な数学者の発言を見てみると，全体像がさらによくわかる．スメイルは1961年にソ連を訪問したときのことをこう語っている．「キエフからモスクワに戻ると，アノソフがアーノルド，ノヴィコフ，シナイの3人に引き合わせてくれた．私はこれほど有能な若手数学者4人組と対面して，途方もない感銘を受けたと言わねばなるまい．それからの数年間，私は事あるごとに，こんなことは欧米ではあり得ないと主張した」[40]．

　ロシア的な研究のあり方の強みだったと考えられる点がもう1つある．それは，ソヴィエト体制下で社会が集産主義的になって以降はもちろんだが，歴史的に見てもロシアの研究者たちは学派を形成し，学派と一心同体になる傾向があったという点だ．乱流のようなものの研究にとって，この点は明らかな強みとして働いた．コルモゴロフは，1946年から1949年まである研究所の所長を務めたが，その後60歳代後半になってもなお，調査船ドミトリー・メンデレーエフ号に乗り組み，測定調査の対象が妥当かどうかを確かめた．このように，理論を細々とし

た実際的問題に応用したり集団で共同研究を進めたりする伝統があったことを考えると，当時はまだいろいろな物を動物に引かせているような国だった（しかもそのような動物は相当な数いた）ソ連が，驚くほど短期間のうちに核兵器を製造し，ロケット開発ではさまざまな点でアメリカを凌駕するに至ったのも大いに頷けるのではないか．確かにソ連は第二次大戦後，ドイツからそれらのノウハウを取り入れ，専門家を招き入れもしたが，そうだとしてもソ連がこれらをなし遂げたということは，そのための基盤となる設備や施設が脆弱であったことを考えれば驚嘆に値する．

　1950年代初め頃になると，スターリン時代に蓄積されてきたコルモゴロフの精神的疲弊が表立って現れるようになった．おそらくは単に中年になったせいだろうが，数学の研究もやや停滞気味になっていた．あるいは機密研究に取り組んでいた可能性もある．コルモゴロフは，まだ若手だった1936年，ソ連科学アカデミーでルジンに関する聴聞会が行われたとき，ルジンを非難する側に引き入れられた（ゲルフォントの節を参照のこと）．コルモゴロフはそれほど熱心に非難したわけではないが，ルジンがそれを好意的に受け取るはずもない．ルジンを非難した面々のうちアレクサンドロフだけは，報復として科学アカデミーの正会員選出を妨害された．この頃は陰鬱な時代で，一歩間違えれば即，身の危険にさらされるという場面が少なからずあった．例えば，1937年の夏，コルモゴロフの教え子だったB・V・グネデンコ (1912-1995) が何人かの数学者たちと連れ立ってコーカサス地方へハイキング旅行に出掛けたときのこと．コルモゴロフも途中まで同行したその道すがら，みな思い思いに語り合っていたところ，誰かがグネデンコを非難し始めた．そして12月，グネデンコは逮捕される．彼が刑務所にいた半年の間，コルモゴロフが「人民の敵」であることを匂わせる何かを引き出すため相当に厳しい圧力がかけられたが，グネデンコはそれに屈しなかった．もしそんなことをすれば2人とも身の破滅だと思ったからだ．その後グネデンコは，突然釈放される．コルモゴロフとヒンチンは，自分たちもかなり危険な立場になることを覚悟で，グネデンコを何とか大学に復職させた[41]．

　1946年，ルジンはアレクサンドロフの科学アカデミー正会員選出を支持することに一度は同意したかに思われたが，その後それを撤回した．コルモゴロフは科学アカデミーでルジンの顔を平手打ちにした．A・P・ユシュケヴィッチによると，このとき科学アカデミーの会長だったS・I・ヴァヴィロフはコルモゴロ

フに向かってこう言ったという.

「おい，君という人はまったく大層なことをするものだな. ロモノーソフの時代からこのかた，アカデミーでこんなことが起こるなんて前代未聞だよ」. 事の次第をヴァヴィロフがスターリンに報告した. スターリンはこう言ったという. 「いや，そういうことはわれわれにもあるじゃないか」. 事態はそれで落着したが，コルモゴロフはこの一件を肝に銘じたに違いない.[42]

ちなみにヴァヴィロフにはN・I・ヴァヴィロフ（1887-1943）という兄がいた. 彼はイラン，アフガニスタン，エチオピア，中国，南アメリカなどに赴いて，植物の品種改良実験のための試料を採集していた. 1916年から1933年までの間に持ち帰った試料は小麦だけで1万9000種，その他の野生植物も全部で5万種に上る. だが1934年，ルイセンコからメンデル主義について糾弾されると，1940年に逮捕され，1943年に収容施設で亡くなっている.

1940年代の後半になると，コルモゴロフは以前から取り組んできた遺伝学の研究をやむなく断念する. ルイセンコがソ連の農業政策のほぼ全権を握るようになっていたからだ. この頃には他者のことを密告させようとする圧力に絶えずさらされるようになっていた. コルモゴロフは，グネデンコのときのように誰かの力になれる場面もあったが，それでもその置かれた状況は辛いものだった. アーノルドが書き記した次の一節からは，そのことがよく伝わってくる.

「君にはいつか，すべてを話そう」. コルモゴロフ先生は，自らの信条とははっきり相容れない行動を取るたびにそう言っていた. どうやら，絶大な影響力を持つよこしまな人物に目をつけられて背後から圧力をかけられているようだった（その仲介役として立ち回っていたのは名の知れた数学者たちだ）. ただ，コルモゴロフ先生が生きている間に，そのような圧力について話ができるような時代はやってこなかった. 1930年代から1940年代を生き抜いた先生と同世代のほとんど誰もがそうだったように，先生は最期の日まで「彼ら」を恐れていた. だが忘れてはならない. 当時の大学教授は，学部生や大学院生の扇動的な言動を見聞きしてそれを当局に報告しなければ，翌日にはその扇動的な思想に共鳴した疑いで（しかも実は当局の回し者であるその学生の訴えによって）告発される危険が高かったということを.[43]

コルモゴロフを見舞った研究生活の停滞期は，スターリンの死とともに終わりを告げた．1954 年にはかなり重要な論文もいくつか現れ始める．その口火を切ったのが 3 体問題に関する論文だ．その斬新なアイデアの出所に興味を抱いたアーノルドは，コルモゴロフの研究から生まれたいくつかのアイデアを互いに結びつけて 1 つの理論を組み立てることで，この問題の解明が進むのではないかと考えた．後年これについてコルモゴロフに尋ねてみると次のような答えが返ってきた．「私にはまったく思いつかなかった．1953 年になって解決の望みが出てきたように思えたときもあったが，それが精一杯のところだったよ．何だか妙に夢中になってね．天体力学の問題については子供の頃からずっと考えてきたんだが……何度挑戦してもうまくいかなかった．でも，それのおかげで私も研究をいくらか進展させることができたよ」[44),45)]．それまでコルモゴロフは目がくらむほど多彩なテーマについて幅広く研究を行っていたが，そこにある一定の焦点が現れ始める．

コルモゴロフは，自らが直接経験する世界を理論的な数学を駆使して理解するための方法を見出すこと――複雑な状況を対象とする従来の科学――にいつも関心を寄せてきたが，1950 年代の半ばから後半には，そうした関心の持ちようがはっきりと中心的な位置を占めるようになっていた．そうなると，コルモゴロフがそれまでに研究してきた数学のほぼすべてが，人間に観察できるようなそうした問題に何らかの形で結びついているという見方もできるだろう．フーリエ級数，記述集合論，微分および積分の基礎づけ，何なら直観主義論理でさえ，そのような問題のための舞台装置に思えてくる．すでに指摘したとおり，物理学者は歴史的に見ると，絶え間なく方向を変える関数といった，数学者が構成する奇妙な関数を「病的な」例として拒絶する傾向にあった．そのようなものに興味を持つのは数学者だけであって，実際の物理現象には病的な関数は現れないというのがその言い分だ．だが，すでに見たように，ブラウン運動を正確に捉えるには複雑で抽象的な確率論が必要となる．ブラウン運動を数学的に突き詰めて考えれば，水分子と不規則に衝突しながら動き回る 1 粒の花粉は，絶え間なくその方向を変えていることになる．つまり，花粉の経路は連続でありながら，どの点でも微分できない．これは昔からある病的な例そのものである．

コルモゴロフの研究生活最後の黄金期は，力学系（シリヤエフが「微小摂動のもとでのハミルトン系の準周期運動」[46)] と表現し，ポアンカレが「力学の基本問題」と呼んだもの）の研究によって始まったと言えるだろう．惑星の軌道とその安定性の研究などは力学系研究の具体例の 1 つである．コルモゴロフは 20 年ぶりにロシア

国外へ出掛ける機会を得る．1954年にアムステルダムで開催された国際数学者会議で講演するためだ．この講演は，1900年に数学研究の重点と方向性を示したヒルベルトの講演と同様，広範な影響力を及ぼすことになったもので，冒頭ではコルモゴロフ自らヒルベルトの講演を引き合いに出している．大変な評判となったため，コルモゴロフはドイツ語とフランス語でそれぞれ1回ずつ，計2回講演をすることになった．アーノルドに従えば，コルモゴロフの結果は「『木星』による摂動を受ける楕円軌道上の小惑星の運動の安定性を示唆するもので……．ニュートンにまで起源をさかのぼる3体問題の典型的な運動について初めて得られた厳密な結果」[47]ということになる．

　次に引用するのはコルモゴロフ本人がこの問題について説明した文章だが，これを読めばこの講演がどういった趣のものだったかをうかがい知ることができる．

　　　保存系では漸近的に安定な運動は実現し得ない．したがって，例えば個別の周期運動を決定することは，数学的にどれほど興味深くとも，保存系に関して言えばその実際の物理学的な意義はかなり限られたものでしかない．保存系にとって基本的に重要なのは測度論的な手法で，それを介して運動の主要な特性を研究できるようになる．その実現のため，現代の一般的なエルゴード理論によってさまざまな概念が体系化されてきているが，その発想は物理学的に見ても非常に説得力のあるものだ．ただし，こうした現代的な手法を応用して古典力学の特定の問題群を分析する試みは，これまでのところほとんど進んでいない．[48]

その後，コルモゴロフは自らエルゴード理論を進展させるべく研究に邁進した．

　この頃はまだ，古典的な問題ではあっても，エネルギーが失われない系（「保存」系）に関する複雑な問題については，どのように手をつければよいのかほとんどわかっていなかった．特に相互作用する物体が3つになると，問題はたちまち複雑になる．保存系の現在の状態を測定することはできるし，比較的近い将来の状態であれば近似計算や単なる数値の計算によって算定を試みることは可能だ．あるいは，全体の調和が完全に保たれているような，したがってコルモゴロフの言う「その実際の物理的な意味がかなり限られている」ような，厳密に定まる個々の初期状態もしくは軌道を求めるというやり方もある．だが実際問題としては，限定的であるのみならずきわめて厳密に定められるこのような状態に，1つの系が偶然行き着くことなどはまずないだろうし，たとえあったとしても，そのような状態に行き着いたかどうかを見分けられるだけの十分な正確さをもって測定す

ることなど果たしてできるだろうか？

　エルゴード仮説に基づいて考察するというのは，別の視点に立ったアプローチ
だ．エルゴード仮説によれば，個々の問題に由来する特殊な要因がない限り，相
空間ではどのような状態も偏りなく実現される．したがってどの系も，全体の調
和が保たれて完全に周期的である場合を除けば，時間の経過とともに考え得るす
べての状態またはそれに近い状態を取り尽くすことになる．一般性のあるこの考
え方は何人もの数学者によって見出され，そこに具体的な数学的表現が与えられ
た．すでに見たように，ポアンカレは微分方程式や天体力学を研究する中でエル
ゴード仮説に近いものを定式化している．おそらくこの仮説を初めて明確に述べ
たのは，統計力学の創始者の1人であるルートヴィッヒ・ボルツマン（1844-1906)
だろう．ただし，「エネルギーの通り道」という意味のギリシャ語に由来する「エ
ルゴード」という名称はボルツマンによるものではないらしい．熱力学では，エ
ントロピー（無秩序の度合い）はつねに増大するが，このエントロピーが増大する
理由を説明するためにボルツマンが考えたのがエルゴード仮説だった．例えばあ
る部屋の中の空気を考えてみよう．この部屋の一方の側にすべての空気が集まっ
ているとする．これも考えられる1つの状態ではある．だが，このような事態を
実現する状態というものは数が非常に限られており，部屋全体に空気が拡散した
状態の数の膨大さと比較すれば，その出現頻度は想像を絶するほど低い．何らか
の状態が出現する頻度を求めるときは，相空間の中でその状態に対応する点全体
の測度を考え，それを相空間全体の測度と比較する．ここは，コルモゴロフによ
る確率の測度論的定式化と結びつく部分だ．

　その後しばらくすると，エルゴード理論に関する定理がいくつも証明されるよ
うになる．その嚆矢となったのが1931年にバーコフが証明した定理だった．こ
れは，いわゆる「エルゴード定理」としてよく知られているものだ．コルモゴロ
フは1938年に発表した論文でその証明を簡略化したが，講演の中で自ら指摘し
たように，この方法は古典力学の具体的な問題には応用されなかった．一般の物
理的な系が考え得るすべての状態を取り尽くすという定性的な仮説は神秘主義的
な信念のようなもので，依然として一般には証明されていなかったばかりか，何
らかの意味で主張を弱める必要があるだろうということが次第に明らかになった．

　コルモゴロフは例の講演の中で，1つの研究構想についてその概略を語ってい
る．それは微分幾何学，位相空間論，微分方程式論，測度論，数論，確率論など
に関する深い洞察と技法を取り入れ，エルゴード理論と同様，考察している相空
間の分析にそれらを応用しようというものだった．実際に物理的な意味を持つい

くつかの場合について，初期点または摂動がある範囲内にあれば安定な解が実際に存在するという結果にたどり着いていたコルモゴロフは，おそらくエルゴード仮説はその最も一般的な形では成り立たないだろうと指摘した．つまり，系によっては相空間内のいたるところを通過するのではなく，永続的に安定な領域内に留まる場合があるということだ．その系は相空間のある1つの領域内を動き回ることができる一方で，相空間には力学的に互いに分離できる領域がいくつも存在することになる．コルモゴロフらしいことだが，本人はこの構想にのっとった研究に自ら手を下さなかった．自身が主張したことにも完全な証明は与えなかったが，証明の方法はわかっていたようだ．この構想のもとでの研究はアーノルドとユルゲン・モーザーによって成就され，その後長きにわたって，いまで言うKAM（Kolmogorov-Arnold-Moser）理論が発展していく．ちなみにYa・G・シナイによると，1957年に彼が受講していた講義の中でコルモゴロフはこの主定理の完全な証明を与えたという．

　すでに述べたように，ポアンカレは「小分母の困難」が原因となって3体問題の解を近似する級数が一様収束しないことを示した．また1941年にはジーゲルが，「小分母の困難」を生じるような点は単に数が多いだけでなく，いたるところ稠密に存在することを証明した．ただしジーゲルは，「（「小分母の困難」が生じない）正則点の分布に関する情報も合わせて得ることが重要になるだろう……だが，これはかなり難しい問題のように思える」[49]とも指摘している．ここでは，太陽系の安定性のような基本的な問題に対して，数学から生まれた秘術のごとき手法がどのように用いられるのかという見事な実例に出会う．ところで有理数はいたるところ稠密に存在する．ということは小分母の困難が生じるような点も有理数と同じように存在するということになる．数学者たちは集合論がもたらす表現手段を使うことによって，有理数がいたるところに存在するにもかかわらず，ほとんどすべての数が超越数であることを知った．さらに測度論によって，任意の線分上に存在する有理数全体の測度は0であり，その線分の長さはその上に存在する超越数全体の測度に等しいこともわかった．安定性の定義を与えたあと，こうした道具立ての助けを借りることなく問題と格闘したポアンカレは，確率が0であるような結果，あるいは結果の集まりは無視してもよいと主張した．また，この問題を相空間の微分幾何学として捉えた．そして，集合論と測度論を基に，厳密さを備えた数学の一分野として確率論を打ち立てたコルモゴロフは，1954年の講演の中でこれらすべてを結びつけた．

　小分母の困難が生じる点は遍在してはいるが考えられているほどではないとい

うのがコルモゴロフの主張だった．事実，n体問題で実際に起こることを考えるとき，ある領域内では小分母の困難が生じる点全体の集合を無視できる場合もある．それはちょうど，長さについて論じる場合には有理数全体の集合は無視できるのと同じだ．有理数を見つけることは容易であり，超越数であると証明できる数を具体的に見つけることは難しいが，実数全体の前面に吊るされた有理数のカーテンがあちら側の透けて見えるものだったのと同様，解を近似する級数の中で微小な係数たちを小分母の影響が凌駕してしまうような点全体はうっすらとした霞のようなもので，真相を覆い隠すことはない．ジーゲル同様，コルモゴロフもまた，級数のある種の超収束性によってその中に現れる小分母の効力が打ち消されるような具合の良い振動数が存在することに気づいた．のみならずコルモゴロフは，多くの場合この具合の良い振動数が実は例外的な存在ではなく，ごく一般的なものであることを証明した．またジーゲルも，小分母が問題とならないような点が存在することを証明していた．ただし，ジーゲルの証明は具体的な数値を用いた計算によるものであって，その方法はより一般的な結果に直接つながるようなものではなかった．

その一方でコルモゴロフは，かなり具合の悪い振動数があって，その付近での不安定性の原因になるということにも気づいていた．土星の環には小さな空隙がいくつもあるし小惑星帯にも空隙があるが，これらはもともとあったさまざまな物体が，安定した軌道に乗ることができずに飛び去ってしまった領域である．KAM理論は1つの理論と言うよりもむしろ手法と言ったほうがよい．カオス理論については，コルモゴロフが1954年に公表した論文と，その同じ年にエンリコ・フェルミ，J・R・パスタ，スタニスワフ・ウラムが計算機で得た結果がその端緒を開いたのだという見方も多い．そのフェルミらの結果というのは，単純な系にもカオスが存在すること，またカオス的な系にも意外な規則性が存在することを計算機で実証したものだ．（メアリー・カートライト（1900-1988）とJ・E・リトルウッドが1945年に発表した論文にも，カオス的な側面がはっきりと認識されていることがうかがえる——戦時中，2人はレーダーの研究に従事していた．）

コルモゴロフが考察していたのは力学ばかりではない．1952年に提出されたV・A・ウスペンスキーの学位論文を指導する中で，ロシアでは「アルゴリズム」と呼ばれていた計算可能な関数という概念についても研究し，1953年には自らも『アルゴリズムの概念について（*On the Concept of an Algorithm*）』という論文

を発表した．またクロード・E・シャノン（1916-2001）が 1948 年に発表した『通信の数学的理論』という革新的な論文に出会ったコルモゴロフは，1953 年の後半期にシャノンの情報理論に関する講義を行っている．

1954 年，若き数学者 A・G・ヴィトゥシュキンが滑らかな関数の合成について考察した論文を発表する．例えば 2 変数関数 $f(x, y)$, $g(x, y)$ が与えられたとき，この 2 つから $f(x, g(y, z))$ という 3 変数関数を構成することができる．これを合成（superposition）と言う．ヴィトゥシュキンは，第 16 問題の章で触れたペトロフスキーとオレイニクによるトポロジーの巧妙な道具立てを利用した．この研究にもコルモゴロフの食指が動いた——このようにして分野の壁を飛び越えることには，いつだって興をそそられるものである．ヴィトゥシュキンの結果は明らかに，ヒルベルトの第 13 問題と関連があった．

コルモゴロフはこの問題について独自に考察を始めた．第 13 問題には代数方程式とその「計算図表」による近似解について言及された箇所があるが，この問題の真のねらいは，本質的に 3 変数の関数であって，なおかつ連続な 2 変数関数の合成関数としては表せないような連続関数が存在するかどうかを問うことにある*．コルモゴロフはその研究を進める中でどういった困難と向き合ったのか．その一端をケンドールはこう指摘する．「言うまでもなく，連続関数は幅広いクラスをなしているためその中には実用的な見地からすればとんでもない（ブラウン軌道のような）性質を持つものも含まれるという点に細心の注意を払う必要がある」[51]．だがコルモゴロフはすでに，ブラウン軌道については経験豊富だった．

コルモゴロフは，本人が言うところの「近似計算図表の問題を含む多変数関数の近似表現に関する理論」についてセミナーを開くことにした．近似理論については 1936 年と 1948 年に論文を発表したことがあった．1955 年に第 13 問題の研究に取りかかったときは，この問題が全面的に解決してしまうとは思っていなかったが，意外なことにすっかり片がついた．2 つの関数を合成した関数 $f(g(x))$ を考える場合，2 番目の関数 f の定義域は g の値域に相当する部分しか必要とされない．目指すは，相異なるいくつもの断片を束ねた 1 つの関数と，変数の値をしかるべき場所に写すいくつかの関数を構成するということになる．コルモゴロフは，いくつもの断片を 1 つの関数に束ねるにあたって，A・S・クロンロッド

＊第 13 問題におけるヒルベルトの興味が本当に代数方程式にあったのならば，この問いは解析関数，もしくは代数関数が対象にされるべきだったという意見もあるが，第 13 問題の本文の強調表記された箇所にははっきり「連続」——より広いクラス——と記されている．アーノルドに従えば「……奇妙ではあるが，ヒルベルトはそのようにしたのだ」[50]ということになる．

が研究した「樹形曲線」や「普遍樹形曲線」について考察するようになり、1956年にはすでに、任意の連続関数はその変数の個数にかかわらず、連続な3変数関数の有限回の合成によって構成できることを証明していた。コルモゴロフによると、自身の研究生活の中でもこの証明をなし遂げたときほど長らく1つの問題に集中しなければならなかったことはないという。[52]その後、コルモゴロフの頭は再び他の問題に向かい始めたため、この問題は教え子の手に託された。

　1957年、当時19歳の大学3年生だったアーノルドによって第13問題は完全に解決される。アーノルドは、一般化した問題を解決することで、合成する関数が2変数でも十分であることを証明した。コルモゴロフは自身が最初に与えた証明の方法について考えを巡らしていた。その方法は抽象的で直観的な明瞭さに欠けると感じていたからだ。そして1957年、その結果を改良する方法を見出し、1つの定理を証明するに至る。それは数学者の間で「注目すべき」とか「驚くべき」とかいった表現で形容されるものだった。コルモゴロフは最初に与えた証明をたたき台に、その内容をさらに分析して関数を明示的に構成する方法にたどり着いた。本質的に2変数の関数となる加法演算を許せば、多変数の連続関数はすべて連続な1変数関数の合成として構成できる。しかもその形は驚くほどすっきりとしている。ただし、その論文は大変に難解で、（カプランスキーに従えば）「込み入って」[53]すらいる。コルモゴロフはこれをドクラディ誌に発表した。ドクラディ誌は新たな研究成果を発表するための学術誌としてソ連で第一級のものだったが、いかなる論文も最長4ページまでという規定が設けられていた。

　この論文は、$\lambda_{k,q}^{p,i}$のように4つの添え字を持つ記号が多数現れるが、おそらくは（3次元の場合には）単位立方体を互いに隙間で隔てられたいくつもの小さな立方体に細分していくアルゴリズムあるいはコンピュータ・プログラムを記述したものと思って読んだ方が理解しやすいだろう。これらの各立方体を1つの線分上にあるそれぞれに固有の位置へ写す。立方体間には隙間があるため、立方体どうしをわざわざ分離させる必要はない。これに続けてもう一度同じ操作を行ったら、今度は線分上へ写したものをその線分に沿って少しだけずらす。これをさらに何度も繰り返す。こうして、立方体に属するどの点も線分上の少なくとも4つの位置に写されるようにする。次に、小さく細分された各立方体に対していま述べたのと同じ操作を行う。このようにして最終的には、必要としている関数に収束するような近似関数の列が得られることになる。この部分は解析学の出番となるところだが、証明のそれ以外の部分は離散的であり初等的である。立方体に属する各点が写された先の線分上の複数の位置はすべて足し合わせることができて、し

かも各々の位置が持つ情報はそれによって失われることはない．新しい数学的アイデアはかなり難解なればこそ，それを捉えるもっと平易な方法がなければならないとヒルベルトは考えたが，コルモゴロフの場合は，"すべて理解はできているが，きっと微分積分学を利用してもこの問題を解くことができるに違いないよ（ジーゲルが代数をさまざまな問題に利用したようにね）"という見方であるように思える．

　この後，コルモゴロフの興味の中心は複雑性そのものへと移り始める．シャノンの情報理論は数学的に厳密な枠組みの中で構築されているわけではない．ベル研究所の研究者だったシャノンにとってその関心は，1つの信号にはどの程度の量の情報を詰め込むことができるのか，あるいは信号を送受信する際に生じる偶然誤差（雑音とも言う）の影響によってその信号の持つ情報がどのように破損するのかという点にあった．シャノンが論じたのは，符号化された情報（あるいは数の列）の「エントロピー」——ここでも無秩序の度合いを表す——や「エルゴード情報源」，確率などについてだが，コルモゴロフはかつて確率論の研究を共同で行ったヒンチン同様，この情報理論を数学的に厳密化する研究に取り組みその内容を拡充させた．1950 年代後半，コルモゴロフは離散的な数の並びを扱う情報理論の考え方を，連続的な数の並びに適用できるよう拡張した．具体的に言えば，前者がモールス信号——点（・）とダッシュ（—）からなる離散的な列——として伝達した情報，後者が人間の声で伝達した情報という対比が成り立つ．このように連続的な場合への一般化を考えようとすると，シャノンによるエントロピーの定義では都合が悪い．自然に一般化するだけではどうやっても，連続的な数の並び，あるいは実変数関数のほとんどすべてが限りなく無秩序なものになってしまうのだ——だが人間の声は無秩序ではない．コルモゴロフはこの頃すでに，第 13 問題や近似関数の考え方について考察する中でイプシロン・ネットという概念を用いるようになっていた——こうしたテーマについてコルモゴロフは1955 年と 1956 年に論文を発表している．

　続いてコルモゴロフは，自ら見出した情報理論に関する新しい概念と，同じく自らの手で改良したエルゴード理論に関する新手法を，流体力学的不安定性の研究に結びつけた．実を言うと，コルモゴロフはまだ乱流の研究から完全に離れたわけではなかった．例えば，1949 年には『乱流中の液滴の崩壊について』，1952年には『管内の乱流における速度分布と抵抗則について』という論文をそれぞれ発表している．コルモゴロフが確立したいくつもの新しい概念はやがて 1 つの研究プログラムを形成するようになり，アーノルドやシナイといったとりわけ有能

な教え子たちが数多くそれに関わった．その中でコルモゴロフが公にした重要な成果とされるのが，情報理論を介してこの分野にエントロピーの概念を導入したことだった．コルモゴロフはいまで言うカオス的な挙動を記述するための方法を模索していた．本質的に確率的な過程で構成される系の研究など，確率という視点に立った研究に一生の大半を費やしてきたコルモゴロフがここへきて挑もうとしたのは，古典的な系に現れる不規則な挙動の研究だった．この古典的な系とは，微分方程式によって規定されてはいるが，あまりに複雑なためにその挙動が実質的には不規則になるというものだ．KAM 理論によって開かれた扉のその先に目指すもの，それは，カオス的な系が何らかのパターンにはまり込んで準安定状態に至ることがあるとすればそれはどのようなパターンなのかを，そのさまよう軌道の中に見出すということだった．例えば，木星の赤斑は長い間ひとところに留まっている．コルモゴロフ自身は確たる結果だと思えるようなところまでたどり着くには至らなかったため，エントロピーを導入することは公にしたが，自身が予想したいくつかの内容については公表しなかった．ただしアーノルドによると，「先生が予想した内容は，現代の『ストレンジ・アトラクター』を軸とする一連の研究内容と比べて見ると，その言葉遣いに違いがあるだけだ」[54]という．

　1961 年になるとコルモゴロフは，自身にとって最後の大仕事を本格化させる．それは，複雑性を分析するための基礎となるアルゴリズムの理論に関する研究だ．アルゴリズムとは問題の解を計算する実効的な方法のことで，考え方としては実効的に計算可能な関数と同じものである．コルモゴロフが重点を置いたのは自然数の列を生成するアルゴリズムだった．この研究は以前からウスペンスキーと共同で取り組んできたものだが，ここへ来て発想にさらなる磨きをかけた 2 人はチューリングと同じく，ある種の理想化された仮想の計算機を考案するに至る．それがコルモゴロフ–ウスペンスキー機械と呼ばれるものだ．チューリング機械は極限まで単純化された造りになっているため，それを使って実際に何かを計算する手順を知ることは必ずしも容易でない．現実の世界で計算を行う方法が与えられている場合，コルモゴロフ–ウスペンスキー機械でそれを実行するためのプログラムを作る方が明らかに効率的である．このコルモゴロフ–ウスペンスキー機械で計算するためのプログラムを作ることについてコルモゴロフは，計算対象の数の列が直観的な意味で規則的な場合は「容易」であり，直観的な意味でより不規則に見えるほど「難しくなる」ことを示した．（ここで，数の列の計算が「容易」であるとは，そのためのプログラムを簡潔に記述できることを言う．）ゆえに，コルモゴロフに従うならば，数の列の不規則性あるいは複雑性を測る合理的な尺度とは，

それを算出するプログラムとして考えられるすべてのものの中で最も簡潔に書かれたそのプログラムの長さということになる。さらにコルモゴロフは、こうした計算の機械を構成する際の仕様がどのようなものであっても、その仕様が持つ特有の性質にこの尺度が依存することは本質的にないということを証明した。アルゴリズムの複雑性に関する同じような定義は、R・J・ソロモノフやグレゴリー・チャイティンによっても独立に与えられている。こうして、情報理論も確率論もアルゴリズムという概念から自然な形で構築できるということが、コルモゴロフによって実証されるようになった。

　1962 年、コルモゴロフは自らが愛好するロシアの詩の韻律構造を統計学的に分析した論文を発表し始める。その数全部で 11 編。いっときの気まぐれとはとても言い難い。分析したのは、エドゥアルド・バグリツキー、アンナ・アフマートヴァ、プーシキン、ヴラジーミル・マヤコフスキーといった詩人たちの作品だ。またコルモゴロフは、韻律そのものや、口語ロシア語のリズムと古典的な韻律との関係についても論じている。ロシアの数学史をひもとくと、こうした研究の先例はいくつも見つかる。マルコフ連鎖で知られる A・A・マルコフ（父親の方）は、『エフゲニー・オネーギン』に見られる母音と子音の並びについて、まさしくマルコフ連鎖の典型例そのものだと断じた。

　数学者を生み育てるために重要なのは学校教育であるというのがコルモゴロフの信条だった。それまで、年長の数学者たちが歳とともに研究活動が衰えていくにもかかわらず、何食わぬ顔で大学に居座り続ける例をいくつも見てきたコルモゴロフは、主として新たな数学者を世に送り出すことに力を注ぐようになった。大学のさまざまなセミナーに出席してはいろいろなアイデアを提供するなどして、いくつもの部門を牽引する役目を担った——マルコフの死後はモスクワ大学の論理学部門の長を務めている。また、モスクワ大学の統計学研究所創設にも尽力した。論文発表の頻度は減らしつつも創造的な数学研究は依然として続いていたが、1963 年以降は第 18 物理数学学校を設立することや、教師としてだけでなくさまざまな立場からこの学校を支援することが活動の中心を占めるようになった。この第 18 学校（コルモゴロフ学校と呼ばれることも多い）は、数学や科学に高い才能を示す生徒を各地から集めていたが、とりわけ重視されたのが一流の数学教育を受ける機会に乏しい地方の生徒を受け入れることだった。マチャセヴィッチも——レニングラード出身ではあるが——この学校に通っていた 1 人だ。1970 年

コルモゴロフと第18学校の生徒たち

にはこの学校を舞台に,『若者たちよ,疑問を抱け』というドキュメンタリーが制作された. ただし,学校の雰囲気はこの題名から連想されるものよりも開放的だった.『コルモゴロフ——人と業績 (Kolmogorov in Perspective)』の裏表紙には,コルモゴロフとその周囲を取り囲む生徒たちを写した心和ませる写真が掲載されている——この中には女子生徒も何人かいる.

コルモゴロフは15年間にわたってこの学校の運営に精力的に取り組んだ. しかも無報酬だった. 比較的年かさの生徒を指導することもあったし,学校のキャンプ旅行にも同行した. また,生徒たちに音楽や文学について語ることもあった. コルモゴロフと親しい数学者も大勢この学校の教壇に立ったが,コルモゴロフ同様,そこでは教えることの喜びを感じることができた. コルモゴロフは,高校数学のカリキュラムや教科書の作成に関わったほか,『量子』という高校生向けの科学雑誌の編集にも携わっていた. この雑誌はアメリカでも出回っていたものだ. また長年にわたって『ソヴィエト大百科事典』の項目執筆者に名を連ねた. おそらくは,自分が百科事典で初めて数学を勉強していたときのことを思い出しながら執筆したのではないか. 1980年代にはロシア数学研究誌の編集長も務めた.

コルモゴロフにも体力の衰えが見え始めた. 晩年にかけては神経疾患のせいで活動はままならなくなった. パーキンソン病だと言う人もいたが,最も深刻だったとも言われる筋力の低下と視力の喪失はパーキンソン病の症状には該当しない. 疾患の末期には寝たきりになり話すことすらできなかったが,発症したばかりの

頃には介護人の目を盗んで，より一層水の冷たいロシアの川や池で水浴びをしたという話がいくつもある．ちなみにその頃は，アレクサンドロフもまだ肉体の鍛錬にいそしんでいた．B・A・ローゼンフェルドはこう述べている．「彼（アレクサンドロフ）と最後に会ったのはリトアニアのクルシュー砂州にいたときだ．彼はけがの療養中だった．水中を泳いでいた彼の上方をモーターボートが通過したために負傷したということだった」[55]．コルモゴロフが最期を迎える頃には，彼の指導する学生やかつての教え子たちが駆けつけ，寝ずの世話をしていたコルモゴロフ夫人を手助けした．

1986年4月，83歳の誕生日を迎えたコルモゴロフの郊外の邸宅には大勢の人々が集まった．この邸宅はかつてアレクサンドロフ（このときすでに他界していた）と共同で購入したものだ．コルモゴロフの教え子たち——中には比較的年配者もいた——はそれぞれに師への賛辞を表した．コルモゴロフはその日話をすることができなかったため，翌日に次のような返礼文を口述筆記させた．

　　　私はどうやら，いつまでも精神的な若々しさを失わないでいるようだと思われているらしい．そう思ってくれるのはありがたいことだが，それはちょっと買い被りすぎだと言わねばなるまい．年を取るということは，どうあろうと客観的な事実なわけで，誰しもそこから逃れることはできない．幸せな老境……そこに到達する術は何か？　それは，新たな成果を生み出そうとしないこと，もしくは実に深みのない生活であってもそれを甘受することである．それはさておくとしても，この老人は今この時期を明るく幸せなものと見ているが，それでもあれやこれやについて自分はまだそれをすることができるのか，それとももうできないのかを考えると，やはりどうしたって悲哀を感じずにはいられない……．[56]

コルモゴロフは，ノヴゴロドの地籍簿のように不完全で誤解を与えるようなものだろうと，ヒルベルトの第13問題のように厳密で内容が明確に述べられているものだろうと，何かを考察するときはその対象を問わず決して自己を瞞着することのない人物だった．肉体的な衰えや死と向き合っても，不誠実なところは微塵もない．ただし，そこには敗北もまた存在しない．コルモゴロフはこの引用箇所のあとで，なおも自分にできることについて少しばかり語っている．

1987年10月20日，コルモゴロフはこの世を去った．教え子たちと誕生日を祝ったあの日から約1年半後のことだった．

……夏の白夜，方々から鳥のさえずりが聞こえる中を，ヤナギの生い茂る岸辺
　　に沿って川面を滑るように泳いだあのときの感動はいつまでも消えることはなか
　　った．私たちは，これが永遠に続けばいいのにと思った．〔本書 p. 455〕

　不思議なことだが，ロシアの数学は弾圧と粛清の時代に全盛期を迎えた．コル
モゴロフとともに第 13 問題を解決し，第 16 問題の進展にも寄与した V・I・アー
ノルドは，そのような時代にも実直であり続けた．アーノルドの言葉はすでに何
度か引用しているが，興味深い内容が興味深い口調で語られているものが多く見
られる．仮に存命中の優れた数学者たちで会を組織することになったとしたら，
アーノルドはその設立会員に選ばれるだろう．いまなお現役の研究者として活動
するアーノルドの生涯と業績については，同時代の人々による評価や解説が出回
り始めたばかりだ*．
　ヴラジーミル・イーゴレヴィッチ・アーノルドは 1937 年 6 月 12 日にオデッサ
で生まれた．父親のイーゴリ・ウラジーミロヴィッチ・アーノルド（1900-1948）
は数論の著名な研究者で，アーノルドは 11 歳のときその父親を亡くした．アー
ノルドによれば，「父が亡くなったときに私たち家族の生活を助けてくれた」[57]の
は，物理学者の M・A・レオントヴィッチだったという．1954 年，アーノルド
はモスクワ大学に入学する．師であるコルモゴロフについてこう述べている．

　　　先生は一切説明せず，ただ問題を提示するだけで，それについて議論するこ
　　ともなかった．学生の自主性を全面的に認め，学生に何かを強制することも一切な
　　く，学生の方から見るべき発言が出てくるまでじっと待っているのが常だっ
　　た．[58]

このような環境の中で成長したアーノルドは 1957 年，19 歳のときに，ヒルベル
トの第 13 問題の解答をコルモゴロフに見せた．それはコルモゴロフ自身が着手
した研究を完成させたものだった．アーノルドはその内容を学位論文にまとめ，
1961 年に博士候補号〔欧米諸国の Ph.D. に相当する〕を取得した．
　その後コルモゴロフは，アーノルドに自分自身で問題を 1 つ選んでみてはどう
かと勧めた．アーノルドによると，今度は「コルモゴロフ先生が取り組んできた
どの研究ともまったく違うものを選ぼうと思ったが，これがまた簡単なことでは

---

　*〔訳註〕アーノルドは原著刊行後の 2010 年 6 月に亡くなった．

なかった．先生の研究テーマは実に多種多様だったからだ．それでも何とかして独自の問題をひねり出そうともがいていた私は，ヒルベルトの23問題を1つずつノートに書き出した．（イズライル・M・ゲルファントはそれを見て大笑いした）」[59]という．第13問題を研究するにあたってアーノルドは，樹形曲線の上で定義される関数を考察したが，閉じた曲線を含むような，もっと複雑な曲線の上で定義された関数について研究することもまた自然であるように思えた．こうして彼は，ポアンカレと，3体問題のような力学系の問題における周期性というテーマにたどり着く．彼はいくつかの定理を証明し，それをコルモゴロフのところに持っていった．まだ年若かったアーノルドは，読んだことのある文献の種類もごく限られていたので，コルモゴロフは，自身が1954年に発表した3体問題における小分母の困難に関する論文を読むよう勧めた．論文を読み終えたアーノルドは，自分の研究がいまだにコルモゴロフの歩んだ軌跡をたどっているにすぎなかったことを思い知ったのだが，実を言えばコルモゴロフはその論文の主定理に関する完全な証明を発表していなかった．このコルモゴロフの論文には証明に至る詳細な過程が示されていないことや，現状ではこの論文に述べられている証明の概略に本質的な困難がいくつもあることを指摘したのはモーザーである（彼がその指摘をした査読評は，1ページ足らずにもかかわらず書くのは最も難しい部類のものだ）．この問題に引きつけられたアーノルドは1963年，その主定理に対する完全な証明を他に先駆けて発表する．そして1961年から1963年にかけて発表された一連の論文を通じて，KAM理論はその幅を広げ深みを増した．この研究によりアーノルドはロシアの博士号を取得した．

　さらに1964年アーノルドは，KAM理論が指し示す解の挙動について，その多くの場合に不安定性が現れ得るということを具体例によって示した．ごく一部の初期状態からの挙動が，時間とともにその他大多数の初期状態からの挙動とは大きく乖離していくという現象で，現在ではこれを「アーノルド拡散」と呼ぶ．1966年には流体力学に関する論文を発表する．この中でアーノルドは，解の形状を分析することにより，流体の流れというものが基本的に不安定である理由を数学的に説明した．（アーノルドはこれを無限次元リー群を介して考察した．）この結果を踏まえると，天気の予測が相当に難しいということもさらによく理解できる．データ収集能力や計算能力がいくら向上してもなお天気の予測が難しいのは，方程式の中にその根深い原因があったわけだ．1971年になると今度は第16問題に関する論文を発表し，これをもって実代数幾何学の分野は新たな一時代を迎えることになる．アーノルドもまた幅広い分野で重要な仕事をいくつも手掛けてきた．

484

これまでに発表した論文は 300 編を優に超える.

アーノルドの研究, とりわけ平面曲線や平面曲線群に対する焦線の問題や, 波の伝播や反射の研究, 流体力学の研究など, 一般的に言えば複雑系について何がしかのことを解明しようとする研究には, (関数の値が定義されない, もしくは無限大になる場所を表す)「特異点」という言葉が繰り返し現れる. 決定論的にふるまう数学的システムがどこで破綻するのかを理解しようとする試みは, 1 つの研究プログラムを形成するに至っている. (そのうちのある 1 つのアプローチについて言えば結晶群の研究が際立った役割を果たしている.) またアーノルドは数多くの教科書を執筆し, 大勢の学生を指導した.

彼は 1965 年にモスクワ大学の正教授になったが, 1986 年に大学との関係を断ってしまう. 1973 年にペトロフスキーが亡くなって以降, 大学は「歴代の党員総長たち」によって荒廃してしまったというのがアーノルドの言い分だった. その後はモスクワのステクロフ数学研究所で研究を続け, 1993 年以降は 1 年の半分をパリ大学で過ごすようになった. ソ連崩壊後は自身が望む場所で研究できるようになったが, それでも 1 年の半分はモスクワにいた.

アーノルドは, 「難解な」テーマに心引かれるたちではあったが, 物事を説明するときはできるだけ平易な言葉を使おうとした. そのことは次の一節からも読み取れる.

> いまどきの数学者が書いたものは, 私にはほとんど読めたものではない. 彼らは「ペーチャは手を洗った」と言うところを, 「$t_1 < 0$ なる t_1 が存在して, 自然な写像 $t_1 \to \mathrm{Petya}(t_1)$ による t_1 の像が汚れた手のなす集合に含まれ, かつ $t_1 < t_2 \leq 0$ なる t_2 が存在して, 同じ写像による t_2 の像が前述の文により定義される集合の補集合に含まれる」などというばかげた書き方をするのだから.[60]

アーノルド本人が書くものを読むと, このような苦言を呈するのも大方うなずける. 自説を曲げることのなかったアーノルドは, 「嘆かわしきブルバキかぶれ」[61], 「一部の嘆かわしい代数学者たち」[62], 「オークの木の下で話をする豚たちのごとき, 多くの国の指導者たち」[63] などという物言いをし, さらに次のような見解を述べている.

> ところで, ホイヘンス, ニュートンの時代の後, リーマン, ポアンカレの登場までの 200 年間は, 計算ばかりに埋め尽くされた数学不毛の時代だったように私

には思える.[64]

あるいは,

　フェルマーの問題や素数の和に関する問題のような奇妙なものが，あたかも数学の中心的問題であるかのように祭り上げられている．（「なぜ素数を『足す』のか？」．偉大な物理学者であるレフ・ランダウはそう言って目を丸くした．「素数は掛けるものであって，足すものではない！」）[65]

　アーノルドはロシア伝統の激しい肉体鍛錬を熱心に励行している．彼にインタビューをしたスミルカ・ズドラフコフスカによると，「長距離のハイキング，サイクリング，水泳，クロスカントリー・スキーのいずれかをほぼ毎日のようにこなす」[66]という．その熱意がよく伝わる話を私も1つ聞いたことがある．それは1989年の夏にアーノルドがサンフランシスコのバークレーを訪れたときのこと．マリナ・ラトナーにゴールデン・ゲート橋〔世界最長級の長さの吊橋〕が架かる湾を泳いで渡りたいと言い出したのだ．2人は日を選んで橋へ赴いた．アーノルドからビデオ・カメラを渡されたラトナーは，彼が泳ぐ様子を撮影するため橋の上に移動した．橋上はかなり風が強くカメラを飛ばされないようにするだけで一苦労だった．1つ目の橋脚付近を見下ろすと懸命に泳ぐアーノルドの姿があったが，前に進んでいる様子が一向に見えない．ラトナーは気を揉み始めた．「しばらくすると，アーノルドが引き返していくのがわかった．アーノルドという人はよほどの理由がない限りうしろへは引き下がらないので，何かとんでもない異常事態が起きたのだと思った．戻ってきたアーノルドはかなり腹を立てており，自分を押し戻そうとする途方もない力に打ち勝つことができなかったと私にこぼした」[67]．ヤコフ・エリアシュバークによると，その翌日講演のためにカリフォルニア大学サンタクルーズ校へやって来たアーノルドは，誰かから「どう，調子は？」と聞かれて「ひどいもんだよ，昨日ゴールデン・ゲート海峡を泳いで渡ろうとして失敗したんだ」[68]と答えたらしい．同じくアーノルド本人からこの冒険譚を聞いたというリチャード・モンゴメリはこう話した．「かなり確信を持って言えるが，アーノルドが潮の流れを壁のように感じたのは幸運なことだった．もし潮の流れを乗り越えていたら，全体の3分の1ほど進んだところで引き潮に巻き込まれ，沖に向かって何キロも流されていただろう．あの辺りの引き潮の速さは6ノット近くある．カヤックですら流れに逆らうのがやっとなんだ．人ならば

ゴールデン・ゲート橋の上に立つヴラジーミル・イーゴレヴィッチ・アーノルド

おそらく，全速力で泳いでもせいぜい4ノットくらいだろう」[69]．もちろん，物理学の数学的理論について数々の業績を持つ人物が，その程度のことも考えつかなかったというのは妙にも思える．モンゴメリから聞いた話がもう1つある．同じ月，カヤックに乗ってエンジェル島まで繰り出したモンゴメリとアーノルドは，途中であるヨット・レースのコースに入り込んでしまった．「12メートルもあるヨットがものすごい速さで私たちの脇を次々とすり抜けていく」のでモンゴメリは引き返そうと訴えたが，アーノルドはなかなか耳を貸さなかったそうだ．

またアーノルドは，自身の研究上の習慣について次のように語っている．

> 証明がうまくいかないときは，スキーを装着して（たいていは水泳用のトランクスをはいて）40キロから60キロほどのクロスカントリーに出掛ける．そうして滑っているうちに大体は困難がひとりでに解消し，首尾整った証明を携えて戻ってくる……．[70]

これに続けてアーノルドは，思いついた証明が間違っていることもよくあるが，その場合はその問題点を新たな視点で考えることになるのだと述べている．

アーノルドが関心を持つ研究分野はきわめて多岐にわたる．万能型の数学者というものはもはや存在しないかもしれないが，アーノルドのウェブサイトにはこうある．

> 関心のある研究分野：
> 力学系，微分方程式，流体力学，磁気流体力学，古典力学・天体力学，幾何学，トポロジー，代数幾何学，シンプレクティック幾何学，特異点理論[71]

なぜか，この中には数論が見当たらない（アーノルドは数論に関する論文をいくつか

発表しているのだが）．1997 年のロシア数学研究誌では，60 歳の誕生日を祝ってアーノルドのそれまでの足跡をたどる特集記事が組まれたが，その執筆者には各専門分野で活躍する数学者 22 人が名を連ねた．また，ウラド・アルノルダという全長 6 キロメートルほどの小惑星があるが，これはアーノルドにちなんで命名されたものだ．さらには本稿執筆中〔2001 年〕に，アーノルドのウルフ賞受賞が決まった．

1994 年にチューリッヒで開催された国際数学者会議のあと，アーノルドは「数学は生き残れるか？――チューリッヒ会議の報告（*Will Mathematics Survive? Report on the Zurich Congress*）」という記事を執筆している．本章で紹介したアーノルドの見解の中にはこれを引用元としたものがいくつかあるが，次に引用するのはこの記事の締めくくりの一節である．

　　退屈な会議のあと，私はジュネーヴ近郊にある旧友の A・ヘフリガーの自宅を訪ね，そこで一日を過ごした．さらにわれわれは，ユングフラウとマッターホルンのほぼ中間に位置するローヌ渓谷にほど近い山地へ出掛け，標高 1500 メートルから 3000 メートルあたりまで山を登った．氷河湖があったので私はそこで泳ぐことにした．帰り道，私はキノコ，ギシギシ，ブルーベリー，野イチゴを摘んだ．そして，……夕食を作りヘフリガー一家にふるまった．[72]

チェルナヤ川を渡って，
はるばるサヴシュキナ通り 61 番地まで

第 21 問題

―プレメリ，ボリブルッフ―

　ヒルベルトがここで提起する問題は「与えられたモノドロミー群を持つ線型微分方程式が存在することの証明」を与えよというものだ．この問題では，係数（1変数の有理関数）が特異点（無限大となるような点）を持つような線型微分方程式が考察の対象となる．このような微分方程式（あるいは，係数が有限個の特異点を持つような微分方程式系）を解こうとする中で構成されるのが「モノドロミー群」と呼ばれるものである．複素解析学では珍しいことではないが，この種の微分方程式に対する解は1価関数ではない．1つの特異点の周りを（競馬場を走る馬のように）1周すると，解の局所的な値は別の値へと飛び移るが，その様子はモノドロミー群によって捉えられる．モノドロミー群の各要素は，1つの解に対して別の解を与えるという働きをすることから，この群は個々の解が互いにどうつながり合っているかを表した地図のようなものと見ることができる．リーマンはこれを逆方向から考えるとどうなるか，つまりは最初にモノドロミー群と特異点を与えたとき，それらに適合するような方程式を見つけることができるかと問い掛けた．しかも，そのような方程式は見つかるだろうとリーマンは予想していたため，ならばその証明を与える必要があるとヒルベルトは考えたわけだ．

　この問題は，リーマン–ヒルベルトの問題と呼ばれることも多い．強調表記された箇所には「与えられた**特異点とモノドロミー群をもつフックス型の線形微分方程式がつねに存在することを示せ**」とある．（ただし，ヒルベルトは単独の微分方程式ではなく「微分方程式系」を考えていたはずだというのが数学者の間では通説となっている．というのも，この問題は単独の微分方程式に限定すると肯定的には解決されないことが当時すでにわかっていたからだ．しかも，表記の仕方を工夫すれば，微分方程式系は単独の微分方程式のように書き表すこともできる．）これについてD・V・アノソフとA・A・ボリブルッフは，「これは明確に定式化された問題であって，白か黒

かの結論を出さなければならない（……ヒルベルトの 23 問題の中にはあまり明確には定式化されていないものもある。）」[1] と述べている。結局ヒルベルトが問題としているのは，モノドロミー群と特異点が与えられたとき，それらに適合するようなフックス型の微分方程式系をいつも見つけられるかどうかということになる。

この第 21 問題に関しては，ヒルベルト自身も 1905 年に，少なくとも部分的な解決を与えたと主張する複雑な内容の論文を発表した。（この論文についてフロイデンタールは問題を解決したものだとしている。）ところが，それから 1，2 年してヨシップ・プレメリ（1873-1967）が，より一般的な定理の証明をもっとすっきりとした形で提出した。その内容はプレメリ独自の手法によるもので，手法そのものにも価値があった。この研究成果はさらに拡張されて 1908 年に発表されるが，この新たに与えられた証明は見通しが良かったため，より一般性に乏しいヒルベルトの証明のほうはことさらに詳細に検証することもないという風潮になった。こうして第 21 問題はプレメリによって肯定的に解決されたと広く認められるようになった。

プレメリは 1873 年 12 月 11 日，現在のスロヴェニア北西部，ジュリア・アルプス山脈の小さな湖を取り囲むグラッドという小村に生まれた。父親はいわゆる「指物師」，おそらくは家具職人だったと思われるが，プレメリが 2 歳のときに妻と 5 人の子供を残してこの世を去ってしまう。ただ，その後教育を受ける機会に恵まれたプレメリは，初等教育課程の数学を 4 年間で修了し，12 歳のときにリュブリャナのギムナジウムに入学すると，同級生たちに数学を教えるまでになった。その後ウィーン大学に進学する。当初は天文学を学ぶつもりでいたものの，次第に数学に引かれていった。1898 年，プレメリは微分方程式に関する研究で学位を取得する。この研究は，結果だけ見ればすでに知られた内容だったが，その結果を得るための手法がこれまでよりも簡略化されたものだった。その後，1899 年から 1902 年までベルリン大学とゲッティンゲン大学に留学し，クラインやヒルベルトのもとで研鑽を積んだ。プレメリはこの頃すでに微分方程式とモノドロミー群の研究を行っていたが，その研究成果をもって大学教授資格（venia legendi）を取得し，ウィーン大学の私講師になった。

プレメリはヒルベルトの問題（本人はリーマンの問題と捉えていたのだが）を解決したあと，勅令によってオーストリア＝ハンガリー帝国の東端（現在のウクライナのチェルニウツィー）にあったチェルノヴィッツ大学の員外教授に任命され，その後正教授となる[2]。1919 年にはリュブリャナに戻り，建国間もないユーゴスラヴィアに新設された大学の教授に就任。1957 年，83 歳のときにスロヴェニア科学・

ヨシップ・プレメリ（転載許可：ボヤンケ・ブスト）

芸術アカデミーの教授に任命されるまでその職にあった．彼は『リーマンの問題とクラインの問題 (Problems in the Sense of Riemann and Klein)』という英語で書かれた本を 1964 年に出版しているが，この中にもヒルベルトの第 21 問題を解決したとされる自身の証明について述べた箇所がある．このときプレメリは 91 歳だった．1967 年，彼は自らの手で第 21 問題を解決したと信じたままその生涯を閉じた．

　アンドレイ・ボリブルッフは 1950 年 1 月 30 日にモスクワで生まれた．父親のアンドレイ・ヴラソヴィッチ・ボリブルッフはウクライナ生まれで，村の学校では最も出来の良い生徒だった．キエフ大学への入学資格を得たが，第二次世界大戦の勃発とともに陸軍へ召集されたため入学することはなかった．七度の戦傷を負いながら少佐に昇進．戦後も陸軍に残り，フルンゼ陸軍士官学校，さらには陸軍統合司令部学士院に進学した．フランス語で会話することができたほか，ドイツ語も多少は話すことができた．また文学と歴史にも精通していた．一方ボリブルッフの母，タチヤナ・イヴァノヴナ（・ピマニキナ）は数学が得意で大学に入学したものの，19 歳で結婚すると軍人である夫の転属にともなって住まいを転々とする生活を送った．ボリブルッフの回想によると，6 歳の頃一家の住まいがあったのはベラルーシの森の中で，そこには建物が 2 つしかなかったそうだ．ボリブルッフはこう書いている．

　　6 歳になった私に父は学校へ入る準備をさせることにした．その頃すでに読み書きや足し算はできるようになっていた．そこで，父は私に数学を教えることにした．詳しく言えば，父が教えようとしたのは何と円の面積を計算する方法だった．とてもよく覚えているが，私は父の言っていることが理解できなかった．父

はこう言った.「円の面積は π と r の 2 乗とを掛けたものに等しい.わかる
か?」.わかんない,と私は答えた.かずをかくんでしょ."めんせき"ってなー
に?……いまになってみればわかることだが,父は数学者ではなかったわけで,
面積とは可測な図形からなる集合上の関数であってこれこれの性質を満たすもの,
などという説明はできるはずもなかった.[3]

ボリブルッフは,のちに学校へ入ると円の面積の公式を扱うのがかなり得意にな
ったそうだが,「面積って何?」という「子供らしい問い掛け」をそれから長ら
くの間しなかったことについては悔やんでいるという.
　ボリブルッフの父親は多忙だったが,長期休暇をおろそかにすることはなく,
一家そろって自動車や鉄道に乗り,カリーニングラード(ヒルベルトの故郷である
旧ケーニヒスベルク)にほど近いバルト 3 国や,クリミア半島にある名所や行楽地
を訪れた.ボリブルッフにとってとりわけ思い出深いのは,本人が「円板釣り」
と称するカワカマス釣りを父と一緒に楽しんだときのことだそうだ.[4] 釣り針に
小魚をつけて池に投げ入れる.釣り糸には浮きの役割をする直径 20 センチほど
の円板が取りつけてある.この円板は裏面が赤く塗られていて,カワカマスが釣
り針にかかると円板がひっくり返って赤い面が見える仕掛けになっている.2 人
はテントで眠っている間もひと晩中,釣り糸を池の中に垂らしておいた.ボリブ
ルッフは言う.「こういった釣りの仕方は他ではあまり見たことがないし,僕た
ちが円板を使い始めた理由もいきさつもよく覚えていない.この仕掛けは池釣り
のときだけ使うもので,川釣りに使うことはできない.しかも円板はしょっちゅ
う失くなる.でも,円板が赤くなっているのに気づいたときは,それはもう本当
に天にも昇る心地がする」[5].ある日の朝,円板が赤くなっているのに気づいた
ときのこともボリブルッフはよく覚えている.父親と 2 人で魚をボートに引き上
げ,生きたまま川岸まで運んだ.魚は大きさがボリブルッフの身長ほどもあった
が,土手の上で釣り針からすっぽ抜けたため取っ組み合いになった.なんとかお
となしくなった魚をボリブルッフが抱きかかえているそのときの写真がいまも残
っている.
　ボリブルッフは(マチャセヴィッチ同様),さまざまなことに重点を置いて学習
する「クルゾーク」という特別授業のこともよく覚えていて,「無線通信,数学,
電子工学,スポーツ(水泳,チェス,フェンシング)」の「クルゾーク」は特に思い
出に残っているらしい.また彼の回想には「ピオネール・キャンプ」〔ソ連のボー
イスカウトのような組織が主催したキャンプ〕のことも出てくる.ボリブルッフはこう

話してくれた.

　　この種のキャンプにはよく参加した. 参加費はただ同然だったし, 場所も素晴
　らしかった. 大方の人にとって人生で一番良い時期は子供の頃だろうが, 私が子
　供だった時期はちょうどフルシチョフの「雪解け」の時代と重なってもいる. も
　ちろん, 当時の私にこの国の政治や経済がどのような状況にあったのかわかろう
　はずもない……. ただ, ソ連にとって最も良い時代だった, あるいは最も良い時
　代だったと思われるのはその頃だろう. 国内が（比較的）活気づいていた時期で
　もあり, その雰囲気は当時の生活全体に好影響を与えたと思う.[6]

　ボリブルッフが子供時代を過ごしたのは主にモスクワ, タリン（現在はエスト
ニア領）, カリーニングラードだった. 11歳から14歳までを過ごしたカリーニン
グラードでは学校の演芸活動に熱心に取り組み, 朗読会で賞を取ったこともある.
彼は文学に傾倒していたが, 12歳のときに良き数学の女性教師と出会う. この
教師は興味をそそるような問題, 特に幾何学の問題を数多く出題した. この頃数
学への興味が芽生えたボリブルッフは, 14歳の頃から数学の勉強に本腰を入れ
るようになる. そしてその年, ボリブルッフはカリーニングラードの数学オリン
ピックで優勝すると, 全ソ連数学オリンピックでも第2位になった. このときボ
リブルッフと第2位の座を分け合ったのがA・ススリンとI・クリチェヴェル.
どちらも, いまでは著名な数学者だ. この好成績をきっかけにしてボリブルッフ
は, （モスクワの第18寄宿学校と同様）数学や物理の教育に力を入れていたレニン
グラードの第45寄宿学校に勧誘される. ウェブページを見ると, 第45寄宿学校
の卒業生たちは, 旧ソ連領域だけでなくイスラエルやアメリカの各所を拠点に活
躍しているようだ. 1994年に数学科の同窓会が開かれたのを機に, ほぼ論文集
と言ってよい内容の文集が出版されたが, その文集にはボリブルッフも『第45
寄宿学校の思い出』という文章を寄稿している.
　ボリブルッフによると, 「当時この寄宿学校があったのは……チェルナヤ川を
渡ったサヴシュキナ通り沿い」で, 街の中心部からはわずか30分から45分程度
の距離だった. また1966年の冬には毎週, 生徒全員でエルミタージュ美術館へ
出向き, ガイドの見事な解説を聞きながら「印象派からピカソまで」の現代絵画
を鑑賞したという[7]. ボリブルッフは特に演劇に夢中になった. コンサートや
「非公認の詩人たち」による朗読会が日常的に開かれ, それが終わると決まって
議論が交わされた. また, 実質的には非合法な内容の劇が演じられることも少な

くなかった．ボリブルッフによれば，「私たちの学校の生徒はみな，詩を書いていた」[8]という．彼が読んでいた詩は，ヴェリミール・フレブニコフやボリス・パステルナーク，マリーナ・ツヴェターエワといった非公式詩人たち〔ソ連の体制側から作品を芸術として認められなかった詩人〕の作品だった．こうした作品は，実際のところ禁止されていたわけではないが，出版されることがほとんどなかったため手に入りにくかった．ボリブルッフはこのような詩を読んでいたせいで面倒に巻き込まれることはなかったようだ．

彼によると，「1966年の冬，詩にまつわるこれらの活動は最高潮に達した」[9]．生徒たちが作った「楽観的な」詩が学校新聞に掲載され，それが学校中に貼り出された一方で，学校の寄宿舎内では楽観的とは言えない詩を掲載した同類の文芸新聞が何種類も出回った．ちなみにボリブルッフのいた寄宿舎は舎長のヴィクトール・トムにちなんで「アンクル・トムの小屋」と呼ばれていた．ボリブルッフは『静かな池』という文芸新聞の編集長とただ1人の編集委員を兼務していたが，この『静かな池』は「陰気な言葉」が多用されていたため，クローゼットの内側に掲示された．ちょうどその頃，学校へ文部大臣がやって来た．校内を視察していた大臣がクローゼットを開くと，『静かな池』が出てきた．「どうやらこれがこの学校の実態のようだね」．大臣はそう言い残してモスクワへ帰って行ったという[10]．この文部大臣は，一部の専門分野に特化したエリート校には反対の立場を取っていた．こうした学校は，能力に基づいて選抜した生徒により優れた教育を施すからだ．不遜な詩作が露見したことは，文部大臣が学校を攻撃する格好の材料になる．うまく手をまわして学校を閉鎖してしまう可能性だってあったのだ．「そのとき私たちはまだ教室にいたが，『悪事，千里を走る』もので，私たちは想像し得る最悪の雰囲気の中うなだれて寄宿舎に戻った」[11]．しかし，教師たちは寄宿舎に入ってくると，生徒たちを叱責するどころか，「現代詩を理解できない一部の大人の振る舞い」を謝罪し，「何もわかっていないあのような人たちに恨みを抱かないでほしいと生徒たちに懇願した」．教師たちは，寄宿舎で詩作していた生徒たちに，近く学校で開かれることになっていた詩の朗読会で朗読してはどうかと持ちかけた．幸いこの学校はその後も存続し，ボリブルッフは卒業時に金メダルを授与された．ボリブルッフが文集に寄せた一文は次のように締めくくられている．

　　われらが第45寄宿学校は現在，新しい大学のキャンパスにほど近い市内の別の地区に校舎を構えているが，私はサンクトペテルブルクへ来るたびに（なかな

か思うようには来られないが），80 系統のバスに乗り込み，チェルナヤ川を渡って，はるばるサヴシュキナ通り 61 番地まで出掛ける．[12]

その後ボリブルッフはモスクワ大学に入学する．「数学を学ぶ者にとってこの大学は，ことによると世界で最高の場所かもしれない」とボリブルッフは語っている．「当時モスクワ大学に在職していた数学者はと言えば，その一部を挙げただけでもコルモゴロフ，アレクサンドロフ，アーノルド，ノヴィコフ，シナイ，アノソフ，マニンといった名前が並ぶ……．数学に打ち込んだ私の生活は，毎日が尽きせぬ興味に満ちていた」[13]．その頃モスクワには「かなり魅力的な」劇場もいくつもあり，格安の学生チケットで入ることができたという．彼はついでにモスクワの図書館のことも教えてくれた．

ボリブルッフは最初，代数的トポロジーに興味を持ち，M・M・ポストニコフのもとで学んだが，大学院生になってからは複素多様体上のパフ系について研究した．これを通して代数的トポロジーの手法と解析学の手法とが融合するというのがその理由だった．そして，V・A・ゴルベワと V・A・チェルナフスキーが行っていた複素多様体上のフックス型微分方程式に関するセミナーに関心を持つようになる．ゴルベワとチェルナフスキーは，ジェラール，ドリーニュ，レール，ヘインらのアイデアに従って，ヒルベルトの第 21 問題を高次元の場合に一般化する研究を行っていた．ボリブルッフが 1977 年にまとめた学位論文もそれをテーマにしたものだった．ヒルベルトの第 21 問題として述べられたような古典的な場合については，それに関わった誰もが肯定的に解決されたものと思っていた．

学位論文を仕上げたボリブルッフは，その後 13 年間にわたってモスクワ物理学・技術研究所に勤務する．そこで研究していたのは，ボリブルッフによると「弾性流体力学」あるいは「トライボロジー」と呼ばれる分野だそうだが，これはあくまで収入を得るための研究だった．それは潤滑現象に関する数学的な理論に属しており，ボリブルッフは主として純粋数学の研究者として仕事をしていたのではなかったわけだ．彼がこの研究所に勤めていた頃，アルマンド・トレイヴィッチ・コーン（1983 年の論文）や，アーノルドとイリヤシェンコ（1988 年の論文）らが，プレメリの証明論文に欠陥があることを指摘する．すでにこのテーマに関する考察を独自に再開していたボリブルッフは，プレメリの結果をより現代的な形へと拡張する研究に再び取り組むようになった．ボリブルッフがこれらの研究対象の間をすんなり行き来できたということは，どちらかと言えば抽象数学の部類に属する解析学の話題と応用数学の結果との間に関連性があることの表れであ

る．ボリブルッフは再び，ゴルベワ，チェルナフスキー，V・P・レクシンらと
ともにフックス型微分方程式系の研究に目を向けるようになった．彼らは，この
種の微分方程式系には基礎となるところに不確かなところがあると感じていたた
め，この問題の変種を考察してみたのだが一向に埒が明かなかった．そこで
1987年，ボリブルッフは第21問題の原形に立ち返ることにした．そして1989年，
ついにプレメリの結果に対する反例を発見するに至る．プレメリの証明には欠陥
があっただけでなく，その結果自体も誤っていた．この反例がどのようなものか
を述べるのは簡単だが，それが実際に反例であることを証明するのはそれほど簡
単ではない．

　第21問題を扱ったアノソフとボリブルッフの共著には，次のように冷ややか
に書いてある．「もちろん，人間の営みに勘違いは付きものだが，数学における
勘違いが70年以上も放置されるというのは滅多にあることではない」[14]．こうし
た事態が数学の世界にもたらした困惑は二倍にも三倍にも膨らんだ．というのも
第21問題に関しては，長年にわたって何度も何度も「別証明」が与えられてき
たからだ．例えばニコラス・カッツは，1974年にアメリカ数学会が開催したヒ
ルベルトの問題に関する研究集会の報告書の中でこう述べている．「伝統的にこ
の第21問題は『関数論』の問題と捉えられ，そうした文脈のもとでジョージ・
バーコフ，プレメリ，直近ではレールといった人たちによって繰り返し証明が与
えられてきた．だが，リップマン・ベアスが一意化の問題に関する講演の中で指
摘したように，解く価値のある問題は何度でも解く価値があるのだ」[15]．

　第21問題をめぐる混乱は，フックスの意味での特異点と「確定」特異点との
意味のずれに原因があった．フックスの意味での特異点とは「1位の極」である
のに対し，確定特異点とはそこへ近づく点列上で関数の取る値がそれほど急速に
は増加しないような点のことだ．1位の極に近づく点列上では関数の取る値がそ
れほど急速に増加することはなく，したがってフックスの意味での特異点が確定
特異点であることは容易にわかる．プレメリは当初，目的に適った確定特異点型
の微分方程式系が存在することを証明したのだが，さらにそこからの思いつきと
して——とは言え大変な労力を費やしてのことだが——その手法を用いることに
より「同じモノドロミー群と特異点を持つ別の微分方程式系であって，場合によ
っては除外すべき点が1つあるかもしれないがそれ以外の点ではフックス型微分
方程式系になるもの」[16]を構成できることを示した．ただプレメリは，除外すべ
き1つの点にはまったく手をつけるに至らなかった．

　プレメリが得た結果とそこに用いられた手法は，それ自体として意義のあるも

のだった．ボリブルッフは言う．「プレメリの結果が発表されてからというもの，リーマン–ヒルベルト問題に関連する論文の主題は基本的に，与えられたモノドロミー群を持つフックス型微分方程式系を実際に構成するという点へと移っていった……」[17]．前提となる存在定理は問題にされなくなったのだ．もしプレメリがさらに一般の場合に対する反例を見つけていたとしたら，プレメリが証明した肯定的な結果はおそらく，肯定的な意味で1つの解決を与えたものと受け止められただろう．プレメリの論文が発表されてから数年の間に，数学に用いられる言葉は劇的に変化した．ヘルムート・レールが現代的な解答（かつ，より広範で質の異なる問題に対しての解答）を示した頃にはすでに，扱われる問題も用いられる言葉も，元来ヒルベルトが提示したものとは実質的につながりを失っていた．それゆえレールが証明した結果は，正しくはあっても，実際のところヒルベルトの問題を解決したものとは言えない．カッツは『ヒルベルトの第21問題に関するドリーニュの研究の概要（*An Overview of Deligne's Work on Hilbert's Twenty-First Problem*）』という論説の「要旨」の中で次のように述べている．

> 　与えられた点を**確定特異点**として持ち，なおかつ与えられたモノドロミー群を持つような微分方程式系の存在を問うヒルベルトの第21問題は，代数的な対象と解析的な対象とを対比させる……問題と解釈される．ここではドリーニュの結果について概説する．また未解決問題もいくつか紹介する．［強調は本書筆者による］[18]

肯定的に解決するという方向で問題を考えた場合にどのようなことが証明できるのかについて言及したものだとすれば，ここに述べられている内容は正しい．特異点を確定特異点とした命題は証明できるからだ．それではこのヒルベルトの問題が実は解決していなかったという事実は，コーン，アーノルド，イリヤシェンコらがその過去の研究をさかのぼって考察したことによりようやく判明した．しかしこの問題の解釈についていったん流布してしまった理解の仕方は，簡単には消え去らない．例えばロルフ・ペーター・ホルツアプフェルは著書『球とヒルベルトの問題（*The Ball and Some Hilbert Problems*）』の中で，「このヒルベルトの問題は，最終的にH・レールによって解決された」[19]と書いている．

　ヒルベルトの第21問題が肯定的に解決されたということを前提とした研究成果はこれまでにどのくらいあるのだろうか？　ボリブルッフはこう書いている．

ヒルベルトの第21問題に対する結論が誤っていたがために生み出された誤った研究成果がどれくらいの数に達するのか私には見当もつかないが，それが相当な数に上るということだけはわかる．この件に関してはおそらく，「プレメリの誤った結果を援用しているがゆえに誤りだと判明した研究成果の中に重要なものは存在するか？」という問いの立て方をした方がより適切だろう．私が知っている範囲でもこのような研究成果は少なくとも1つある．それは日本のある高名な数学者が1970年に発表したものだ．シュレジンジャー方程式には動く特異点が一切存在しないという非常に重要な結果の証明を試みたものだが，「ヒルベルトの第21問題が肯定的に解決されたこと」を前提としていたため実際には誤りだった．[20]

ともあれ，誤りが見つかったことは不幸中の幸いだった．後年になって正しい結果が得られると，それらが援用されることも多くなった．これらの結果は実のところヒルベルトの第21問題を解決したものとは言えないが，それでも正しいことは確かだ．

ボリブルッフは，ヒルベルトの第21問題を解決したとされていた結果に対し反例を示した，その意味において第21問題を解決したことで，順風な研究者人生を送ることになる．1990年，ステクロフ数学研究所から研究員として招かれると，翌1991年には第21問題に関する成果によってロシアの博士号を取得する．また，1994年にロシア科学アカデミーの通信会員，1997年には正会員に選出．同じく1994年にステクロフ数学研究所の副所長となる一方，アーノルドが会長を務めていたモスクワ数学会の副会長にも選出された．さらに，これも1994年のことだが，チューリッヒで開催された国際数学者会議では招待講演を行っている．

ボリブルッフの勤務日程や雇用形態からは，20世紀も終わりを迎えようとしていた頃のロシアの数学者たちがどう暮らしを立てていたのかについていろいろなことがうかがえる．俸給は月に80ドル程度と低く，「ほぼ全員」がいくつかの仕事を掛け持ちしていた．マチャセヴィッチも受け取っていたソロス基金からの助成金は，当時も現在も重要な役割を担っているが，この他にもロシア基礎研究財団，ヨーロッパのINTAS，アメリカ国立科学財団からの助成金や，ドイツやフランスとの共同助成金もある．モスクワの家賃は月額10ドルから15ドル程度と安く，公共交通機関も低料金で利用できるが，それ以外の物価水準はほぼフランス並みの高さだ．ただし，ボリブルッフはロシア国外で収入を得ることもでき

アンドレイ・ボリブルッフ（転載許可：
アンドレイ・ボリブルッフ）

る．1993 年から 1997 年までは毎年 3 か月間，フランスのニース大学で非常勤職を務め，1999 年の時点ではストラスブール大学で同じような職にある．また，これまでにボンのマックス・プランク研究所に滞在した時期があるほか，メキシコ，アメリカ（プリンストン大学，ペンシルヴェニア州立大学，カリフォルニア大学バークレー校），ブラジル，オランダ，イタリアなどにも招かれたことがある．アーノルド同様，ボリブルッフもまた，1 年のうち半分はモスクワで過ごすようにしている．1999 年 4 月 2 日付の私信にはこう書かれている．

　［このように海外へ出向くことで］数学の研究に取り組めるだけでなく，西側の研究者仲間と交流することができるし，もちろんロシアでの生活に必要な収入を得ることもできる．このような生活はかなり面倒ではあるが，反面とても面白くもある．良いも悪いもひっくるめて変化に富んでいるからだ．状況はいま急速に変化している．[21]

研究せよ

第 19 問題，第 20 問題，第 23 問題

第 19 問題

ニュートン以降の物理学が舞踏会のごときにぎわいを見せ始める中，変分学は早々にその洗練された姿をもって登場した．変分学はある前提を拠り所としている．それは，自然の好むところとして世界はある種の数学的な関数が最小値を取るように調整されるという前提だ．舞踏会の踊り手たちは，運動エネルギーと位置エネルギーの差（ラグランジュ関数）を積分したものが最小となるように足を運ぶ．つまりは，最も労力を要しない踊り，最も効率の良い配列，「費やす」エネルギーが最小となる経路など，何かが最小となるようなものを見出すのが変分法の目指すところとなる．例えば，石鹸の泡はつねにある数学的な関数が最小値を取るような形状に収まろうとする．第 18 問題のところで触れたように，結晶が取り得る形状を理解するためには，幾何学的な対称性に注目しそれらを代数的に分析すればよかった．だが変分法を用いたアプローチも可能であって，結晶はある種の関数が最小値を取るような形状になる．また，ニュートン方程式は変分法を用いて書き改めることが可能で，これによりいくつもの問題が簡単に解けるようになる．ステファン・ヒルデブラントとアンソニー・トロンバの著書『形の法則──自然界の形とパターン』には変分学に関する優れた解説があるほか，変分学の歴史についても述べられている．

ヒルベルトが第 19 問題として提起したのは，「正則な変分問題に対する解はつねに必然的に解析的であるか？」という問題だ．第 19 問題の本文中の強調表記された箇所には，「**正則な変分問題におけるラグランジュ型の偏微分方程式は，その解として解析的なものしか許容しないという性質をもつのか？**」とある．ヒルベルトは，「ラグランジュ型の偏微分方程式」，「正則な変分問題」，「変分」な

どの一般性を持った用語を用いているが，これらの意味するところは人によって異なる場合もある．また，考察の対象となる問題についても，もっと正確な言葉遣いができそうなところを，「この種の」問題などと呼んでいる．第19問題は変分法の文脈の中で語られているが，これまで解決に結びついた結果はある種の偏微分方程式に関する命題を証明する形で与えられてきた．

第19問題は純粋数学以外の分野においてもかなり重要な意味を持つ．科学者であれ技術者であれ，変分法によって方程式を導いたとき，その方程式に解が存在し，なおかつその解は「十分に」滑らかだということがもしわかっていれば，解はべき級数の形になるという前提でそれを構成するためのコンピュータ・プログラムを記述することができるだろう．つまり実用面から見れば，この分野の従事者にとっては，ヒルベルトが「正則な (regulär)」という言葉の意味を数学的にどう定義したかということよりも，通常の意味での「普通の (regulär)」という言葉の方が重要な関心事だということになる．

1904年，ロシアのセルゲイ・ナタノヴィッチ・ベルンシュテインが「楕円型偏微分方程式」についての一般性のある結果を学位論文にまとめてソルボンヌ大学に提出し，この論文によって第19問題は解決に向けて大きく一歩前進することになった．ベルンシュテインの父親はオデッサ大学で解剖学と生理学の講師をしていた．ベルンシュテインは1902年から1903年にかけて2学期間ゲッティンゲン大学に滞在し，主にヒルベルトのもとで研究した．パリ大学から学位を授与されたばかりか学位論文も非常に優れた内容だったが，にもかかわらずロシアに帰国後もロシアの「修士号」（ロシアでは最高学位ではない）を取得するまでは教授資格を認められなかった．ベルンシュテインがユダヤ人だったこともその一因だったようだが，それにしてもパリ大学でポアンカレ，アダマール，ピカールといった面々による学位論文審査に合格したのだ．何が不足だと言うのだろう！ ベルンシュテインは1906年にサンクトペテルブルク大学で修士号審査に合格し，その後しばらくは高校の教師をした．故郷ウクライナのハルキウに戻ると，1908年に二度目の修士号審査に合格し，学位論文の審査にも再度合格する．こうしてようやく，地元の地方大学での教授資格を認められることになった．1913年，ベルンシュテインはハルキウ大学でロシアの博士号を取得する．このときの学位論文はというと，今度はヒルベルトの第20問題を「解決する」ものだった．第20問題については，このすぐあとで詳しく述べる．ベルンシュテインが教授に任命され，大学の正式な一員として認められたのは，ようやくロシア革命後のことだった．

1917年,ベルンシュテインは他に先駆けて確率論の公理論的扱いについて論じ,それをテーマとする基礎的な研究成果をいくつもの論文としてまとめた.彼はその後,ソ連科学アカデミーやパリ科学アカデミーの会員に選出されるなど,数々の栄誉を受けている.1936年にルジンに関する聴聞会が行われた際,ルジンの擁護を試みた数学者が2人いたが,その1人がA・N・クルィロフ,もう1人がベルンシュテインだった.この一件があって間もない58歳のときには,自身が手掛けた論文の中でもとりわけ重要な構成的関数論に関する論文を発表している.ベルンシュテインは70歳を過ぎても論文を発表し続け,88歳でこの世を去った.

セルゲイ・ナタノヴィッチ・ベルンシュテイン (転載許可:オーバーヴォルファッハ数学研究所資料室)

　第19問題は誰が解決したと考えるべきかについては,これまでにもさまざまな意見がある.アメリカ数学会が開催したヒルベルトの問題に関する研究集会の報告書の中でエンリコ・ボンビエリは,ベルンシュテインの定理について「当時はヒルベルトの第19問題を解決したものと考えられた」と述べている.また,アレクサンドロフ,N・I・アヒエゼル,グネデンコ,コルモゴロフによるベルンシュテインへの追悼文には,「ベルンシュテインはヒルベルトが第19問題の中で予想した定理を証明し,さらに一般化した……」[1]とある.ところが,アレクサンドロフはその数年後に発表したオレイニクとの共著論文の中で,1940年代にペトロフスキーが取り組んだ研究に言及しながら,「この結果はヒルベルトの第19問題を完全に解決すると同時にベルンシュテインの定理を広く一般化したものである」[2]と述べている.またミハイル・モナスティルスキーもフィールズ賞に関する自著の中で,第19問題を解決したのはペトロフスキーだと書き添えている.ペトロフスキーがこの問題に関連して重要な仕事をしたのは事実だが,この問題の解決をペトロフスキー1人の功績とすることに関して国際的なコンセンサスは得られていない.誰が解決したのか決着をつけ難いのは,この問題の提

示の仕方が漠然としているためでもある.

　イヴァン・ゲオルギエヴィッチ・ペトロフスキーは，第19問題に関して重要な仕事をしたばかりか，第16問題の前半部と後半部どちらの進展にも貢献したと言って差し支えないだろう. ペトロフスキーは1901年，モスクワの南南西に位置する，ウクライナにもほど近い町セフスクの裕福な家庭に生まれた. 商人だった祖父からは家業を継ぐことを期待されていたものの，ペトロフスキーは化学を学ぼうと1917年にモスクワ大学に入学した. だが，10月革命が勃発したせいで学業は早々に中断することになる. 家族に危険が迫っていることを悟ったペトロフスキーは急ぎ故郷へ戻って家族を説得し，財産を打ち捨てて現在のアゼルバイジャンにあるエリザベトブルクへ避難した. エリザベトブルクで雑用のような仕事をいくつもこなしながら数か月を過ごしたあと，機械製造を学ぶため現地の専門学校に入ったペトロフスキーは，そこで1冊の本格的な数学書に出会う. 生涯にわたる数学への関心が芽生えたのはこのときだ. その後モスクワに戻って用務員の仕事を得ると，1922年に再びモスクワ大学に入学する. ペトロフスキーは無産階級者になっていた.

　その頃ルジンのもとには大勢の学生が集まって一派を形成していたが，ペトロフスキーもその集まりに顔を出していたことがある. ランディスによると，「ペトロフスキーは，ルジンのもとで学ぶ多くの学生たちとは違って，才気あふれる人ではなかった」[3]という. その後エゴロフの指導を受けることになったペトロフスキーは，数学書を徹底的に読み込んだ. 慎重なスタイルではあったが，最終的にはそこから独創的で鋭いアイデアが生み出されるのだった. 1933年，1938年，および1949年には第16問題の前半部の部分的解決となる重要な結果を発表. 一方では偏微分方程式に関する論文も数多く発表したほか，確率論に関してもコルモゴロフとともに重要な研究を行った.

　ペトロフスキーは1940年にモスクワ大学力学・数学学部の学部長に選出され，1951年には総長に就任した. 彼は愛書家でもあった. ソヴィエトは集産主義社会だったにもかかわらず，彼は多種多様な分野の書籍3万冊（うち5000冊が数学書）を苦心して収集し，十分な広さの場所にそれらを保管して個人蔵書とした. 蔵書目録はなかったが，ペトロフスキーは必要な本をすぐに見つけることができたと言われている. この蔵書は彼の死後，夫人によって大学に寄贈され，1976年にペトロフスキー文庫が開設された. ランディスによると，幅広い学問分野に興味を示したペトロフスキーは，総長になってからもさまざまな分野の勉強会を主宰したほか，ノヴゴロド周辺で実施された考古学の発掘調査に自ら加わったこ

とすらあったという．またランディスはこのようにも語っている．「ペトロフスキーは絵画に対しても造詣が深かったが，実は色盲だったというから，なおのこと驚きだ」[4]．

　パオロ・マルチェッリーニが1997年に発表したイタリア語の論説に，第19問題と第20問題の進展について，ヒルベルトによる本文を一部参照しつつ詳細に論じたものがある．第19問題については，「いずれの楕円型偏微分方程式も解析的な解しか持たないか？」というのがその趣旨だとの認識が広まっているように思える．ヒルベルトによる「正則性」の定義は厳密である．一方「楕円型偏微分方程式」の定義は，当初の捉え方が拡張され一般化されていくに従って時代とともに変化してきた．今日では「楕円型作用素」という言葉を用いた表現も多く見られる．ただし，ヒルベルトによる「正則性」の定義および「楕円型」の歴代の定義との間にも一致する点が1つある．それは，不等式によって表される方程式のある特性が場所によって変わらない——つまりある特性値が0になることもその符号が変わることもない——という点にある．マルチェッリーニが指摘していることだが，「正則性」について述べる際「現代的な言葉遣いを用いるのであれば（例えば，L・ニーレンバーグ［1955］を参照のこと），楕円性（あるいは強楕円性）に関する条件を述べることになる」[5]．

　数学者で歴史家のモリス・クラインによれば，ある種の偏微分方程式が初めて楕円型と呼ばれたのは1889年，ポール・ダヴィッド・ギュスターブ・デュ・ボア＝レイモン（1831-1889）が「特性曲線の射影化」[6]を用いた一般の斉次2階線型微分方程式の分類方法を発表したときだという．特性曲線の射影化とは $Tdx^2 + Sdxdy + Rdy^2 = 0$（$T, S, R$ は x, y の滑らかな関数）という形をしたもので，この方程式により，与えられた点の近傍におけるもとの偏微分方程式の挙動が近似的に表されている．$TR - S^2 > 0$ の場合，この方程式は形の上で楕円の方程式と同じになる．同様に，$TR - S^2 = 0$ の場合は放物線，$TR - S^2 < 0$ の場合は双曲線にそれぞれ対応する．楕円型の偏微分方程式（少なくとも滑らかな関数を係数とする2階線型偏微分方程式）は，変数変換によって平面の保存力場を記述するラプラス方程式の形に変換することができる．同様に，放物型の偏微分方程式は本質的には熱流に関する方程式と同等であり，双曲型の偏微分方程式は振動膜に関する方程式，つまりは波動方程式と同等である．ただし，1つの偏微分方程式が楕円型かどうかはある領域内での話だ．もし $TR - S^2$ の符号が場所によって変わる場合（つまり対応する変分問題が正則でない場合）は，偏微分方程式をこのように分類することはできない．一方でこの分類方法は一般化，拡張，および修正を経て，変

数の個数がもっと多く，場合によってはより高次の導関数が現れるようなより複雑な偏微分方程式に対しても適用できるようになっている．今日，楕円型，放物型，双曲型という分類区分はいずれも，より一般化された「楕円型」の概念を基準にして述べられることも多い（ジェラルド・フォーランドの『偏微分方程式入門 (*Introduction to Partial Differential Equations*)』などを参照のこと）．その定義はすべての教科書で一致しているわけではないが，まともな教科書であればどれも，その定義の扱い方には一貫性があり，証明の内容も用いられている定義に合致したものになっている．楕円型という概念からは局所楕円型や大域的楕円型，強楕円型，固有楕円型 (properly elliptic)，擬楕円型，階数〜の楕円型から果ては準楕円型に至るまで種々の概念が派生している．読み手が混乱をきたしてもおかしくはない．一方，滑らかさを測る方法も，一般化と精密化がますます進んでいる．

　いかなる楕円型偏微分方程式もその解が解析的でなければならないのはなぜだろうか？　これは強い条件だと言える．ヒルベルトは「解析関数の理論の基礎領域において最も注目すべきことのひとつは」，解析的な解しか持たない「偏微分方程式が存在するという事実」と述べている．どうしてそう言えるのかについては，複素解析学のコーシー–リーマンの条件（あるいは方程式）を考えればピンとくるだろう．コーシー–リーマンの方程式は簡単な偏微分方程式である．その一方で複素解析学にはその根幹をなす驚くべき事実がある．それは，ある点において微分可能（滑らか）な関数は同時に解析的（何度微分しても滑らか）でもあるという事実だ．そしてコーシー–リーマンの方程式を満たす関数は微分可能なので，結局は解析的だということになる．第19問題に関する諸結果は，これを一般化した相当に驚くべき成果だと考えることができる．

　マルチェッリーニはこの問題の主な進展の歴史的経緯を簡潔にまとめているが，私としてはこの中で述べられているマルチェッリーニの見解をもって，ヒルベルトの第19問題を解決したのは誰かという問いに対する本稿執筆時点での私の結論にしたいと考える．まず「初めて解答を与えたのはS・ベルンシュテイン (1904) だった」．そこで扱われたのは2変数の2階偏微分方程式だ[7]．2変数の偏微分方程式の解は，第3階偏導関数が滑らかならば解析的——つまり何度偏微分しても滑らかである，というのがベルンシュテインの定理の主張である．マルチェッリーニはベルンシュテインの手法の概略を述べたあと，続けて「L・リヒテンシュタイン (1912) がベルンシュテインの結果を改良した」と述べる．第2次偏導関数が滑らかな解は，その第3階偏導関数も滑らかであり，したがって解析的であるというのがリヒテンシュタインの結果だ．そして1929年，E・ホッ

プが技巧的な手法を用いてこの結果をさらに改良した．マルチェッリーニは次のように続ける．

　　数多くの研究者の尽力によって，これらの結果は $n \geq 2$, $m \geq 2$ ［方程式の数が2以上，かつ変数の個数が2以上］なる一般の場合にまで拡張された．名前を挙げれば，ルレイ＝シャウダー (1934)，ペトロフスキー (1939)，カチョッポリ (1934, 1905-51)，モーレイ (1958) などだ．
　　大雑把だがわかりやすく言えば，50年代には誰もが，**正則な変分問題の十分滑らかな解はいずれも解析的だと断言できたのである**．[8]

本質的にヒルベルトが問題とした点はここにある．
　いまや論点は必然的に，「十分に滑らかである」ことをより厳密に定義することへと移っている．例えば，関数が滑らかであることを，ある種の「ソボレフ空間」に属することとして考察した一連の結果が知られているほか，ホップは「ヘルダー連続」である関数について考察した結果を1929年に発表している．また，1938年にはC・B・モーレイが2変数の方程式について非常に強力な結果を証明した．
　モーレイの論文が発表されてから20年の間，その結果を3変数以上の方程式に拡張することは誰もできなかったが，その後この問題について独立に研究していたエンニオ・デ・ジョルジとジョン・ナッシュが，それぞれ1957年と1958年に互いに異なる方法を用いて拡張に成功した．また1960年にはモーザーがこれらの結果に対して，はるかに簡明で洗練された証明を与えた．この証明はその後の研究の土台となったもので，その中に現れるいくつもの発想は，モーレイ (1966)，グイド・スタンパッキア (1966)，O・A・ラドイジェンスカヤとN・N・ウラルツェバ (1968) らによってさらに掘り下げられた．
　秩序の起源がわかれば，その秩序がいつ破綻するのかもわかるようになる．そうすると次には，秩序を回復しようとする試みと，数学的秩序の破綻に対応する自然界の特異現象を探り出す試みとが同時に行われることになる．本人から聞いた話だが，ピーター・ラックスはこの問題の中でも特に面白いと感じるのがこの破綻に関する部分なのだそうだ．1968年デ・ジョルジは，解析的でない解——ただ1点で解析的でない解——を持つ楕円型変分問題の具体例を示すことにより，自身とナッシュが以前に見出した結果が（多変数の）微分方程式系には拡張できないということを証明する．そこで，変分問題の解がほとんどすべての点におい

て解析的であることが保証されるのはどのような場合かというのが次の論点になった.

デ・ジョルジとナッシュ. この2人はどちらも興味深い人物だ. 先に結果を発表したのはデ・ジョルジの方だった. 1957年のことだが, 掲載されたのが無名の学術雑誌だったこともあってナッシュはその結果そのものを知らなかった. にもかかわらずデ・ジョルジの結果がほどなくして知られるようになったのは, その1957年に大使館付き海軍武官としてロンドンに赴任していたスタンフォード大学のポール・ガラベディアンが長期のドライブ旅行に出掛けたことがきっかけだった. ガラベディアンはローマで何人かの数学者たちに会い, かなり長い時間をかけて昼食をともにしたが, その席ではデ・ジョルジの新しい研究成果に触れる者は誰もいなかったという. デ・ジョルジのことを耳にしたのはナポリにいたときだ. シルヴィア・ナサーの著したナッシュの伝記『ビューティフル・マインド——天才数学者の絶望と奇跡』にはこうある.

> ローマを経由して帰途についたガラベディアンは途中, デ・ジョルジのもとを訪ねた. 「うす汚い身なりをし, 体つきは細く小柄で, 見るからに貧しそうな男だったが, その論文を書いたのは確かにその人だった」.
> デ・ジョルジは, 南イタリア, [ブーツの形をしたイタリア半島のヒールの部分に位置する]レッチェの極貧家庭に生まれ, 1996年にこの世を去った. のちに若い世代の偶像的存在となるものの, 数学以外のことには興味を示さず, 家族も親しい友人もなく, 中年期を過ぎてさえほとんど自分の研究室で寝泊まりしていた. イタリアで最も権威ある数学教授職に就いてからも, 禁欲的で質素な生活を送りながら, もっぱら研究と講義に明け暮れた. 年齢を重ねるにつれてますます神秘主義に傾倒し, 神の存在を数学的に証明しようと試みるようになった.[9]

デ・ジョルジは亡くなる年, 自らが重んじる信念を吐露している. 「私はそれを旅のようなものだと思っている. その旅を続けている間, 人は最期のときを迎えるまで知を愛し続けなければならない. しかも, その愛は死後も形を変えて続くことを願うのである」[10].

そんなデ・ジョルジだが, ナッシュと並べるとこれでもまだ平凡に思えてくる. 1958年, ナッシュは重要な研究成果を挙げたものの, 同じ発見をした人物が他にもいることを知りショックを受ける. 当時講師をしていたMITの同僚たちが自分に対して奇妙な態度を取っていると考えるようになったのはそのあとのこと

だ．ナッシュは，赤いネクタイをした人がいるとそのことを気にするようになり，やがて赤いネクタイを身につけている人はきっと共産党の秘密党員に違いないと思うようになった．この頃ナッシュは「地球外にいる得体の知れない存在が，……ニューヨーク・タイムズを通して自分に連絡を取ろうとしている」[11]と口走ったことがあったという．ナッシュの妄想はひどくなっていった．あるときナッシュは，参加していたセミナーの真っ最中，同席していたアル・ヴァスケスに向かって，ライフ誌の表紙に自分の写真が載っているのだと話しかけた．だが，ヴァスケスにはナッシュが何を言っているのか理解できなかっただろう．表紙に載っているのは間違いなくローマ教皇ヨハネ 23 世の写真だった．にもかかわらずナッシュは，その写真に写っているのは自分だと確信していた．23 という数字がナッシュの好きな素数だからというのがその理由だった．さらにナッシュはシカゴ大学から提示された好待遇の職を辞退したが，このときナッシュが送った詫び状には，南極大陸の皇帝に就任する予定につき申し出を受けることができないと書かれていた．何度か入院した彼は，当初は閉鎖病棟に収容されたが，そこの収容患者の中には詩人のロバート・ローウェルもいた．世界政府という考えに取りつかれていた彼は，パリに向かい，そこからさらにスイスやルクセンブルクへと足を伸ばして，アメリカ合衆国の国籍を放棄し，世界市民（*Citoyen du Monde*）になろうとした．

のちにナッシュは少しずつ数学への関心を取り戻した．プリンストン大学ではコンピュータに触れるようになり，プログラミングもかなりの腕前になった．また，かつては天才的な数学者だった人物として「ファインホールの幽霊」とあだ名された．例のニューヨーク・タイムズ紙の一件のときのように，数字にはある種の暗号としての深遠な意味が隠されているのだという考えに取りつかれていたナッシュだが，1990 年頃にはすでにその関心は数論的な問題へと移っていた．ある日，セミナーを終えたピーター・サルナックのもとへナッシュがやって来て，サルナックが書いたゼータ関数に関する論文のコピーをもらえないかと頼んだ．ナッシュに対して優しく接したいと思っていたサルナックは彼にコピーを渡した．ナサーの著書にはその後の出来事が記されている．

数日後，お茶の時間にナッシュは再びサルナックのところへやって来た．そしてサルナックの顔から視線をそらしながら，聞きたいことがいくつかあるのだがと言った．初めのうちサルナックは静かに話を聴いていただけだったが，何分も経たないうちにかなり集中して耳を傾けざるを得なくなっていた．後日サルナッ

クは，そのときのやり取りを思い返していて愕然とさせられた．ナッシュは，サ
ルナックの論証のある箇所に重大な問題点があることを指摘したのだが，それだ
けでなくその問題点を回避する方法まで示唆していたのだ．のちにサルナックは
こう述べている．「ナッシュのものの見方は，他の人たちとはまるで違っていま
した．私にはとうてい思いつき得ないような考えをたちまちのうちに見通してし
まうんです．それは実に優れた洞察，まったく尋常ではない洞察です」．[12]

　ナッシュは快復した——少なくとも，かなりの程度快復したと言ってよかっ
た*．ナサーは，開発されつつあった新しい抗精神病薬の投与が功を奏したわけ
ではなく，ナッシュ本人の内面の変化が病状の改善へとつながったように思える
としている．
　若き日のナッシュが生み出した数々のアイデアは時を経てもなお価値を失って
おらず，その重要性はますます高まっているように見える．1994 年，ナッシュ
はノーベル経済学賞を受賞する——実際に賞が授与された場合に起こり得る事態
について，いくつもの懸念がある中での決定だった．ナッシュは受賞者としてス
ウェーデン国王に個別に謁見したが，その謁見時間は通常より長かった．2 人は
左側通行の道路で自動車を運転することの難点について会話を交わしたという．
1990 年代になってナッシュは数学の論文を新たにいくつか発表した．
　数学者は，明晰さの光り輝く時期が少しでもあれば，それが評価の対象になる．
そして，そのような時期がある数学者ならば，高く評価されるだろう．要するに，
狂人のごとき奇行奇癖があったとしても，数学者としての地位を確立していく上
ではさほど大きな障害にはならない．他の職業ではそうはいかないだろう．数学
者の中にはあえて奇人のイメージ作りをする者もいる．数学者は一般の社会通念
に順応したところでそれで称賛されることはない．もっとも，（ナッシュのように）
重篤な精神疾患を発症する人の割合は，数学者の中で見ても普通一般の人々の中
で見てもそれほど大きな違いはないように思える．ただ，数学者の中でも少数派
であるこうした人たちの中にこそ，数学の歴史に名を刻んだりさまざまな賞を受
けたりするほどの並外れた研究業績を残す者が多いように見えるのもまた事実だ．
そうした点で言えばこの少数派の数学者たちは，先に登場したローウェルのよう
な，ほんの数編の真に美しい詩があれば事足れりとする詩人たちに近い存在なの
かもしれない．

　＊［訳註］ナサーはこの当時のナッシュの状態を寛解（remission）と表わしている．

第20問題

ヒルベルトの第20問題の表題は「一般の境界値問題」となっている．第19問題で問われたのは，（解が存在すると仮定した上で）求めるべき解が解析的なものに限られることを保証し得るかという点だったのに対し，第20問題では「……**正則な変分問題は……解をもたないことがあるのだろうか？**」ということが問われている．これだけだと問題が広すぎて論点を定めるのが難しいが，正確に言うと，境界条件を制限したときこの種の問題がいずれも解を持つということを保証し得るかというのがこの第20問題である．ヒルベルトは23問題を発表する前年にディリクレの原理を再定式化して復活させたが，この成果こそヒルベルトが第20問題というより一般性を持った問題を通じて実現しようとしたことのひな型となったものだ．この第20問題は，その高い一般性にもかかわらず良問とされてきた．ジェイムズ・セリンはアメリカ数学会が開催した研究集会の報告書の中で次のように述べている．

> ヒルベルトの有名な23問題の中には先見的な問題がいくつもあるが，第20問題もその1つに数えるべきだろう．これは楕円型偏微分方程式の一般的な境界値問題である．このテーマは1900年当時まだ萌芽でしかなかったが，20世紀のうちに突如花開き，ヒルベルトが思いもしなかったようなさまざまな方向へと発展してきた．現在では広範な研究成果が生み出されているが，もし75年前の数学者がこれを知ったらほとんど驚愕に近いものを覚えたことだろう．この理論の進展に功績があった数学者の名前を並べてみると，それだけでもう圧倒されてしまう．事の始まりは，リーマンが取り上げたディリクレの原理を正当化するものとして1900年に発表された研究成果だが，これはヒルベルト本人が手掛けたものだ．その後の半世紀の間に重要な進展をもたらした数学者を見てみると，セルゲイ・ベルンシュテイン，ジャック・アダマール，アンリ・ルベーグ，エーベルハルト・ホップ，リヒャルト・クーラント，O・ペロン，ノーバート・ウィーナー，ユリウス・シャウダー，ジャン・ルレイ，K・O・フリードリヒス，G・ジロー，B・モーレイ・ジュニア，ラーシュ・ガーディンといった名前が並ぶ．さらに1950年からの25年間に目を向ければ，それだけでも名前の挙がる数学者の数はさらに増えるだろうし，参考文献を網羅しようとすれば途方もない数になるだろう．[13]

この問題に関する研究成果を詳しく知るには，D・ギルバーグとN・S・トゥルディンガーの標準的な教科書『2階楕円型偏微分方程式（*Elliptic Partial Differential Equations of Second Order*)』の後半部分を参考にすると良い．その他には，1969年にセリンが発表した『ディリクレ問題に関して……（*On a Problem of Dirichlet...*)』と題する長大な論文も参考になる．この論文では境界値問題の可解性条件について詳しい考察がなされているほか，ルレイ，シャウダー，ベルンシュテイン，ロバート・フィンらの業績をはじめ，過去のさまざまな研究成果を取り上げつつこの分野の歴史的な側面についても詳細に論じられている．

第20問題もまた，ベルンシュテインによってその重要な一歩が踏み出された．ベルンシュテインの取った方法は「先験的」評価というアイデアに基づいたもので，現在では基本的な手法として偏微分方程式のいろいろな教科書に載っている．1910年から1912年にかけて発表した一連の論文を通してベルンシュテインは，ある特定のクラスに属する偏微分方程式には解が存在することを示した．そこで用いられた方法は複雑かつ難解だったため，「その根底にある見事なアイデア」にベルンシュテイン自身でさえ20年間も気づかなかったが[14]，ひとたびそれが明確に認識されると，堰を切ったように新しい結果が続々と現れた．その中にはベルンシュテインによるものもある．

この第20問題には根本問題の風情がある．ヒルベルトの要請は，すべての境界値問題に解が存在するという事実を保証することだ．そうすれば，われわれが十分賢明に探索しさえすれば解は存在するという保証のもとで，安心して解を探すことができる．物理学などの自然科学に現れる問題には境界値問題として記述されるものがきわめて多い――私としては「大多数」と言いたいくらいだ．したがって，この第20問題の対象となっている式は，要するに現実世界に関する方程式だということになるのである．

第23問題

ヒルベルトは第23問題「変分法のさらなる展開」の本文冒頭で次のように述べている．

> ここまでのところ，私は可能な限り明確かつ限定的なかたちの問題を述べてきました．それは，まさにこのような明確かつ限定的な問題が私たちを最も強く引きつけ，また，しばしば科学に対して最も長く影響を与え続けるという見解にし

たがってのことであります．それにもかかわらず，ある一般的な問題，すなわち，この講演においてここまで繰り返し触れてきた数学の 1 つの分野——その分野に対して，近年，ワイエルシュトラスによって注目に値する成果がもたらされたにもかかわらず，私見ではありますが，然るべき正当な評価をこの分野は受けてはいないと思うのです——を指し示すことで，この講演を締めくくるべきであると私は考えています．私が言っているのは変分法のことです．

変分法は，第 19 問題および第 20 問題のテーマとしてすでに登場した——この 2 つの問題ですらどちらも十分に一般性のある問題である．それでも不十分でだったのだろう，ヒルベルトはここでは変分法全般を取り上げる．そして要は，変分法を研究せよ，と言っているわけだ．このあとには問題の主旨を述べた文が続くが，この問題の本文は他の問題に比べるとはるかに長い．その中で主眼が置かれているのは，具体的な方程式を解くために用いられる実際的な手法を発展させることである．

　現在まだ研究の途上にあるこの問題について論じてみてもあまり意味のあることではないし，解決した具体的な人物に至ってはなおさらだ．ここでは，数学者たちがヒルベルトの提言に応えてきたか否か，というのが当を得た問いの立て方だろう．そしてその答えはイエスだ．数学者たちはこれまで，ヒルベルトの示した方向に沿って変分法の研究に取り組み，実り豊かな成果を挙げている．

　第 23 問題に関するヒルベルト自身の研究成果については，1924 年にドイツ語版が出版されたヒルベルトとクーラントの『数理物理学の方法』を参照のこと．また，ギルバート・エイムズ・ブリス (1876-1951) の『変分法 (*The Calculus of Variations*)』にも変分法に関する初期の研究についての解説がある．一方，それよりももう少し時代を下った頃の変分法に関する研究を大局的に解説したものとしては，アメリカ数学会が主催した研究集会の報告書に収録されているスタンパッキアの論文や，*Mathematical Intelligencer* 誌に掲載されているチャーンの大域的幾何学の立場から書かれた論文がある．

振り返るべき時がきた

解決したもの，していないもの

さて，ヒルベルトの 23 問題の中ですでに解決されたものはいくつあるだろうか？

これまでに解決された問題は全部で 16 ある．それぞれ個別に解決された．いずれもヒルベルトが提起した問題の核心部分に対する解答が与えられており，かつその解答が当初の問題内容に照らしても申し分なく，数学的に厳密であって，将来も飛躍的に進展する可能性は低い．具体的には，第 1，第 2，第 3，第 4，第 5，第 7，第 9，第 10，第 11，第 13，第 14，第 15，第 17，第 18，第 21，および第 22 の各問題がこれにあたる．

第 12，第 19，第 20，第 23 の 4 つはいずれも 1 つの研究構想と言ってよく，提起されている問題の内容にはやや漠然としたところがあるが，それでもこれらを契機として生み出された研究成果はこれまで相当な数に上っている．したがってこれら 4 つについても，ヒルベルトの問題としてはもうそろそろ「解決済み」と見なしてよいのではないかと私は思う．懸案とされる部分は，新たな数学的言語で表現された問題としてあらためて提示されることも考えられる．

第 6，第 8，第 16 の 3 つは未解決である．物理学の公理化を主題とする第 6 問題は 1 つの研究構想のようにも見えるが，現在ではある 1 つの数学的枠組みの中ですべての物理現象を扱うことができると主張する理論がいくつか存在するため，今後物理学が実際に公理化されることは十分に考えられる．第 6 問題については，解決不可能だという確信があるわけではないのだから，いまある種々の手法を基に，はっきりとした形で解決される可能性はあるだろう．第 16 問題のうち代数学に関する部分は 1 つの研究構想であって，それに沿った研究が現在も活発に行われている．第 16 問題のうち解析学に関する部分，および第 8 問題はどちらも，問われている内容は明確だが，いまだ解決されていない．ともに難問である．ス

ティーヴン・スメイルが1998年に提起した数学の問題群の中にもこの2つは含まれている.

本書を締めくくるにあたっては,実のある総括をするのが自然であるようにも思えるが,そうすることはダフィット・ヒルベルトと数学の精神に反しているようにも感じられる.ヒルベルトがまとめ上げた23問題のひとつひとつはどれも興味深い.それらの問題が持つ魅力のために数学のあり方が若干歪められたと言われるほど優れて興味深いものなのだ.その大半はすでに解決をみた.次の100年を歩む数学においても,同じく明快で説得力のある組織化の原理が新たに見出されることを私は願う.

謝　辞

　本書の草稿段階を部分的にではあるが，多くの方に読んでいただいた．あるいは，草稿全体を読んでいただいた場合もある．その方々のおかげで本書は様々に改善された——最も多いのは誤りを指摘していただいたことであり，場合によっては新しい素材やつけ加えるべき逸話を示唆していただいたこともある．私は次に名前をあげる方々に感謝の意を表したい．フアン・カルロス・アルバレス，トム・アポストル，カリン・アルティン，マイケル・アルティン，トム・アルティン，ニーナ・ベイム，アンドレイ・ボリブルック，ポール・コーエン，マーティン・デイヴィス，ジョン・W・ドーソン・Jr.,　エヴァ・デーン，ヘルムート・デーン，H・W・エドワーズ，ベネディクト・フリードマン，アンドリュー・グリーソン，ジェイムス・グリマン，ユーリー・イリヤシェンコ，アーヴィング・カプランスキー，ヴィアチェスラフ・ハルラモフ，スティーヴン・クライマン，ピーター・ラックス，トゥルーマン・マックヘンリー，ユーリ・マニン，ユーリ・マチャセヴィッチ，永田雅宜，ヴァージニア・ネアフッド，マリア・デーン・ピータース，ヒラリー・パットナム，コンスタンス・レイド，ナンシー・A・シュラウフ，ジェームズ・セリン，ジム・スタシェフ，ジョン・スティルウェル，そして，オレグ・ヴィロ．

　特に，マーティン・デイヴィスにはこちらがお願いしたこと以上のことをしていただいた．また，（ベストセラー小説を書いたことのある数少ない数学者の一人である）ベネディクト・フリードマンは，執筆の初期の段階から，一貫して私の書き方の良くない点を指摘してくれた．本書に残っているであろう誤りはどれも私の責任である．

　高等研究所のメアリー・ジェーン・ヘイズに感謝を申し上げたい，彼女にはよく助けていただいた．

　各国の図書館司書の方々にも感謝を申し上げたい．彼／彼女たちは本当に親切な人たちである．

　写真の使用を許可してくださった人たちにも感謝を申し上げたい．

　ドイツ語の文献について私を助けてくれたナンシー・A・シュラウフとザビーネ・

ガールマンにも感謝を申し上げたい．本文中で引用されているドイツ語からの翻訳は，原典で翻訳者が明記されていないもの——特にジーゲル，ブラウン，シュナイダーらの文およびシュナイダーに関わる文——はナンシーによるものである．

私の友人であるダグ・ラヴィンは図を書き直してくれた．

最後に，AKピータース社のアリエル・ジャフィー，キャスリン・マイヤー，クラウス・ピータースに感謝を申し上げたい．

付　録

数学の問題

ダフィット・ヒルベルト

(1900 年，パリで催された国際数学者会議における講演)

[日本語版編集部注] 原著には巻末付録として，ヒルベルトの講演論文のメアリー・ウィンストン・ニューソンによる英訳［"Mathematical problems," *Bulletin of the American Mathematical Society* 8 (1902), 437–479］が再録されている．本邦訳では，ヤンデルの記述との整合性の観点，および，「数学の問題」の英訳がこの講演を知る足がかりとしてグローバルに読まれている現状にも鑑み，重訳にはなるが，英訳文からの日本語訳を掲載する．ドイツ語原文は "Mathematische Probleme," Vortrag, gehalten auf dem internationalen Mathematike-Congress zu Paris 1900, *Nachrichten von der Gesellschaft der Wissenschaften zu Göttingen, Mathematisch-Physikalische Klasse* (1900), 253–297, および，*Archiv der Mathematik und Physik* 3d Ser., vol. 1 (1901), 44–63, 213–237．ドイツ語原文からの日本語訳として，一松信訳・解説『ヒルベルト数学の問題』（増補版，現代数学の系譜 4, 正田建次郎，吉田洋一監修，共立出版，1972）が刊行されているので，あわせて参照されたい．

　私たちの中で，未来をその奥に隠しているであろうヴェールをかき上げ，将来の数世紀に私たちの科学がいかなる進歩を遂げるのか，また，その進歩にはいかなる秘密があるのかを進んで垣間見ようとしない者がいるでしょうか？　次の世代の第一級の数学的精神の持ち主たちは何を目指して奮闘するのでしょうか？　新しい世紀は数学的思考の肥沃なる大地に，いかなる新手法と新事実を見出すでしょうか？

　歴史が教えているように科学は連続的に発展してきました．周知の通り，どの時代もその時代に固有の問題を有していました．それらの問題は次の時代が解決するか，あるいは，無益なものとしてそれ自体は捨て置かれつつ，新しい問題に置き換わるのです．もし，近い将来に数学的知識はどのように発展するのか，その発展した姿を想像しようとするなら，未解決のまま残されてきた問題をひとつひとつ思い起こし，今日の科学によって提起されており将来において解決されることが期待されている問題がどのようなものなのかを，見渡してみる必要があります．そのような問題を検討するのに，2 つの世紀が相まみえるこの日は，とてもふさわしいように私には思えるのです．偉大なる世紀が幕を閉じようとしているこのようなときには，私たちは過去を振り返る心持ちへと誘われ，しかも，まだ見ぬ未来に思いをめぐらす方向へと心を向けられるからです．

　ある種の問題が有している数理科学全般の発展のための深い意義，また，それらが個々の研究者の研究において果たす重要な役割は，疑うべくもないものです．科学のある分野が問題を豊富に提示し続ける限りその分野が生命を失うことはありま

せん．反対に，問題が枯渇することは，その分野の死滅，すなわち自立した発展が止むことを暗示するものです．人は誰しも何かしら特定の課題を追い求めていますが，まったく同じように数学研究もまた，それ自身のための問題を必要としています．研究者が自ら鍛えあげた鋼の出来栄えを確かめるのは，まさに問題を解決することによってであり，問題を解決することで研究者は新しい手法と新しい見地を発見し，それにより，より広く，かつ，より自由な研究の地平を獲得するのです．

　問題の価値をそれが解決される前に正確に判断するのは，難しいことですし，しばしば，不可能なことでもあります．なぜなら，その問題から科学が何を得るのか，それによってその問題の最終的な評価が下されるからです．そうであるにもかかわらず，数学において良い問題を特徴づける一般的な指標は存在するのか，と問うことは可能です．フランスのある老齢の数学者はこう言っていました．「数学の理論というものは，それを街に出て最初に出会った人に説明できるくらいに明快なものにするまでは，完成したものとみなすべきではない」．そのような明快さ，そして，理解が容易であることの二点は，ここでは数学の理論に対して言われているものですが，私は数学の問題に対しても，もしそれが完全なものであるというのならば，この二点はさらに要求されるべきであると思います．なぜなら，明快かつ理解が容易なものは私たちを惹きつけ，理解が困難なものは私たちを遠ざけるからです．

　さらに数学の問題は，それが私たちにとって魅惑的なものであるためには，十分に難しくある必要があります．それでいて，私たちの努力をあざ笑うようなものではいけません．それは，私たちにとって，迷宮に隠されている真実へと導く道標となるべきですし，また，究極には，その解決の成功において，私たちに喜悦を憶えさせるものでなければなりません．

　過去数世紀の数学者たちは，難しい特別な問題を情熱的に追究するのに全力を捧げることを厭いませんでした．彼らは難しい問題の価値を理解していました．ジョン・ベルヌーイによって提示された「最速降下曲線問題」を思い出してもらえれば十分でしょう．この問題を発表する際，ベルヌーイはこう説明しています．経験が教えているように，気高き精神をもつ人々は，困難であると同時に有益なる問題を彼らの目の前に差し出しさえすれば，科学の発展のために尽力するであろう，それゆえに，メルセンヌ，パスカル，フェルマー，ヴィヴィアーニといった先達に倣って，自分が同時代の優れた解析学者の前に試金石としてこの問題を提示することが，数学界への貢献となるだろうことを願う——数学者たちはそれによって自らの手法の価値を検証し，また，自身の力を測ることになるであろう，と．このベルヌーイの問題や，それに似た問題のおかげで変分法はその起源を得たのです．フェルマーは，よく知られているように，ディオファントス方程式

$$x^n + y^n = z^n$$

（x, y, そして，z は整数とする）は，ある自明な場合を除いて，解けないと主張しました．この不可能性を証明しようとした一連の試みは，このようにきわめて特殊であって一見したところ重要にも思えない問題が，科学に対して深い結果をもたらし得ることを示す目覚ましい例です．フェルマーの問題に駆り立てられたクンマーは，理想数（イデアル数）を導入し，円分体の整数が素なイデアル因子に一意的に分解されるという法則の発見にまで到達しました——それは，今日では，デデキントとクロネッカーにより任意の代数体にまで拡張され，現代的数論の中心に位置している法則であり，しかもその意義は数論の枠をはるかに越えて，代数学の領域あるいは解析学の理論にまで及んでいます．

まったく別の分野の研究について言えば，3 体問題を思い起こしてみましょう．ポアンカレによって，豊かな手法と広範囲に影響を与えることになる原理が天体力学に導入され，今日の実地の天文学においてもその価値が認められていますが，それはポアンカレが 3 体問題という難しい問題を新たな視点で取り上げ，解のより近くへ迫ろうとしたことから生まれた成果でした．

ここに述べた 2 つの問題，すなわち，フェルマーの問題と 3 体問題は，私たちにはほとんど対極にあるもののように見えます．前者は抽象的な数論に属していて，純粋な思考の赴くままに発明されたものです．一方，後者は天文学により私たちに課せられた問題であり，自然界の最も単純な基本的現象の理解に必要とされるものです．

しかし，同じ特殊な問題が，互いに似ても似つかぬ複数の領域のそれぞれにおいて応用されることもまたしばしば起こることです．ですから例えば最速降下曲線の問題は，幾何学基礎論においても，曲線と曲面の理論においても，力学および変分法においても，主要かつ歴史的な役割を果たしてきました．また，F・クラインが彼の正二十面体の研究によって，正多面体の問題が初等的幾何学にも，群論にも，方程式の理論にも，線形微分方程式の理論にも関連づけられることを非常な説得力をもって示したことも，思い起こされます．

ある種の問題の重要性に光をあてるために，ワイエルシュトラスにも言及した方がよいでしょう．研究生活のまさに入口において，自らが取り組むべき問題としてヤコビの逆問題のように重要な問題とめぐり会えたことは幸運なことであったと，彼は言っていました．

ここまで，数学における問題の重要性について見てきました．今度は，この数学という学問がどのような源から問題を導き出すのかという点について考えてみまし

ょう．まず確かなことは，どの分野においても，その分野の最初の，したがって最も古い問題は，人々の経験から湧き出てきたものであり，外的世界に起こる現象を通して示唆されたものだということです．整数の演算法則でさえも，人類の文明の原初的な段階において，そのようにして見出されたに違いありません．今日の子供たちが経験を通してそれら演算法則の使い方を学ぶのとまったく同じです．幾何学の最初の問題，すなわち，立方体の倍積問題，円積問題のような，古代の人々が遺してくれた問題に対しても同じことが言えます．あるいは，方程式の理論，曲線の理論，微分積分学，変分法，フーリエ級数の理論，ポテンシャルの理論などにおける最も古い問題に対しても同じです——元来，力学，天文学，そして，物理学に属しているさらに数多くの問題についてもまた同じであるのは言うまでもありません．

しかしながら，数学の各分野がさらに発展していく中で，人間の知性は，問題を解決したことに触発されて，それ自体が自立したものであることを意識するようになります．しばしば，はっきりとした外的世界からの作用なしに，論理の組合せ・一般化・特殊化，あるいは，概念を分離・統合することによって，新しく豊穣なる問題を，それ自体のみから創出するようになり，そのとき人間の知性は真の問題提起者として姿を現したのです．このようにして生れたのが素数の問題をはじめとする数論の問題，ガロアの方程式の理論，代数的不変式の理論，アーベル関数あるいは保型関数の理論です——実際のところ，現代の数論や関数論における数々の良い問題のほとんどは，そのようにして生まれたものです．

一方，純粋な理性の創造力がはたらいているその間に，外的世界が再び重要な役割を果たすようになります．すなわち，現実場面での経験を通して私たちに新たに問題が課され，そのことによって数学の新しい分野が拓かれ，数学者がこの新しい知の領域を克服して純粋な思考の領域へ組み入れるための模索を重ねているうちに，しばしば，未解決のまま残されていた古い問題の解決が見出され，そのようにして古い理論が最も望ましい形で発展することもよくあるのです．私が思うに，数学者たちは数学のさまざまな異なる領域における問題や手法や概念どうしの間に数多くの驚くべき類似，あるいはあらかじめ存在していたかのような調和を非常にしばしば見て取るのですが，それらは，この思考と経験の間の絶えることのない相互作用を源としているのです．

数学の問題に対する解の満たすべき条件は何かということについて簡単に述べておく必要があります．何よりも先に，次のことに言及しておくべきでしょう．解は，有限個の仮定に基づく有限回の推論によって正しさを確立できるものでなければならないでしょう．その際の仮定とは，問題の設定に含み込まれているものであり，かつ，つねに明確に定式化されていなければなりません．有限回の推論による論理

的演繹である必要があるということは，簡単に言えば，推論に厳密性が求められているということです．実際のところ，推論の厳密性は，数学の世界ではすでに当然の前提となっていますが，私たちが物事を理解するのに必要とされるひとつの普遍的な哲学的要請であると言えます．またその一方で，推論の厳密性を満たすことによってのみ，思考の内容や問題の潜在的意義を完全に引き出すことができるのです．新しい問題は，とりわけ，それが外的な経験の世界からもたらされたものであるときには，接ぎ木される若い枝のようなもので，この若い枝は，古い幹——すなわち数学の世界においてその確かさが立証された領域——に基づく厳格な栽培のルールに沿って，慎重に接ぎ木されたときに限り，生きた枝として定着して果実を実らせるのです．

それに，証明の厳密さが簡潔さの敵であると考えるのは誤りです．むしろ反対に，厳密な証明は同時により簡潔でもあり，かつ，より理解しやすいことが，数多くの例によって確認されています．厳密性を追求する努力そのものが，より簡潔な証明を発見することへと私たちを後押しするのです．またそれが，厳密性の点で劣る古い方法と比較してより大きな発展が望める新しい方法へと，私たちを導くこともよくあることです．そのようなわけで，例えば代数曲線の理論は，より厳密な関数論的手法とそれに合致する超越的道具の導入によって，大幅に簡略化され，そして飛躍的に発展を遂げてきました．さらに言えば，べき級数に対して基本的な四則演算だけでなく，項別微分と項別積分も適用可能であることの証明，および，その証明を通して得られたべき級数の有用性の認識は，実質的に，すべての解析学の簡略化に貢献しました．とりわけ，消去の理論と微分方程式の理論，あるいは，これらの理論において必要とされた存在定理の簡略化に大きく貢献したのです．しかしながら，私の言わんとするところを最も的確に表している例は変分法です．定積分の第1変分と第2変分を扱うには，ある部分では非常に込み入った計算が必要とされ，しかも，昔の数学者によって用いられた計算方法の中には十分な厳密性を備えていないものもありました．そのような中，ワイエルシュトラスが変分法の新しく確かな基礎づけへとつながる道を指し示してくれたのです．このワイエルシュトラスの示した手法のおかげで変分法はたちまちのうちに驚くくらいに単純化されますが，それがどのようになされるのかという点については，この講演の最後において，単積分と2重積分の実例を通して示す予定です．ともあれそれによって，最大値と最小値が存在するための必要かつ十分である判定方法を求めるのに，第2変分の計算，またある部分では第1変分に関係する本当にうんざりする推論の連鎖が，まったく不要となるのです——しかも言うまでもなくそこには，変分を与える関数の微分係数は変化するが，それはごくわずかであるべし，という制約が除去されたことによ

る大きな進歩もあります.

　問題に対する解が完全であるためには厳密性が必要とされることを強調してきましたが, その一方で, 私が異議を表明したいのが, 解析学の概念だけが完全な厳密性に対して鋭敏である, あるいはあまつさえ, 算術の概念だけがそうであるという見方です. この見方はしばしば著名な方々によって支持されていますが, 私は, それはまったくの誤りであると考えます. 厳密さの必要性に対するこのような一面的な見方は遠からず, 幾何学, 力学, そして, 物理学から生まれてくるすべての概念を無視することへとつながり, 数学の外の世界から数学へと流れ込む新しい資源の流れを止めてしまうことになるでしょうし, 挙句の果てには, 実に, 連続体や無理数の概念を拒絶することにさえつながるでしょう. 数学という生命体から幾何学や数理物理学を摘出することは, 数学が生命を維持するのに欠くことのできない重要な中枢神経を切り出してしまうようなものなのです! むしろ, すでに知識として蓄えられた理論または幾何学の理論の側から, あるいは, 自然科学や物理学の理論の側から数学に新たな概念がもたらされた場合はいつも, その概念の背景にある原理を明らかにし, それを, 単純かつ完全な公理によって構築するという問題が数学の中に生まれます. その場合, 新しい概念の精確さやそれらが推論に適用可能であることの重要性は, それまでの古い数学の概念に対するものに決して劣るものではないのです.

　新しい概念には, 必ず, 新しい記号が対応します. 記号は, それに対応する概念を定式化するきっかけとなった現象を明瞭に思い描くことができるように選択されます. したがって, 幾何学的図形は空間に対する洞察を励起するための記号, あるいは, 心的シンボルであり, 数学者は皆, 図形をそのように用いています. 「2つのものの間にある」という概念を表すのに, 2つの連続する不等式 $a > b > c$ とともに, その概念を表す図形として, 直線上に続けて3点をとった図を使わない人がいるでしょうか? 関数の連続性や集積点の存在に関する難しい定理を完全な厳密さをもって証明する必要があるときに, 線分あるいは長方形が入れ子になった図をあえて使わない人がいるでしょうか? 三角形, 中心の位置が与えられた円, あるいは, 互いに直交する3本の軸といった図なしに済ませられる人はいるのでしょうか? ベクトル場をあらわす図, すなわち, 曲線あるいは曲面の束とそれらの包絡線の図は, 微分幾何学, 微分方程式の理論, 変分法の基礎だけでなく, 他の純粋数学の理論においても重要な役割を果たします. そのような理論について考える際, これらを使った表現を諦める人がいるでしょうか?

　算術上のシンボルは文字で書かれた図式であり, 幾何学上の図形は視覚化された数式です. したがって, これらの視覚化された数式なしに済ませられる数学者はい

ません．それは，計算のときに括弧を挿入したり，省いたりすること，あるいは，他の解析学上の記号を使用することを避けられないのとまったく同じです．

厳密な証明の手段として幾何学上の記号を用いるには，これらの図形の基礎となる公理系を正確に理解し，それらを使いこなすのに熟達していることが前提となります．したがって，これらの幾何学上の図形を一般的な数学記号の体系に組み入れるためには，それらの背景にある抽象的概念を厳密に公理的に調べて把握しておくことが必要となります．例えば，2つの数を足すとき，桁が揃うように，その2つの数に含まれる数字を互いに正しい順に並べなければなりませんが，そのような数字の正しい使い方は，計算の規則，すなわち，算術の公理のみによって決められるものです．それと同じように，幾何学上の記号の使い方は，幾何学の公理とそれらを組み合わせたものによってのみ決定されるのです．

幾何学的思考と算術的思考の間の共通点は，幾何学上の議論とまったく同じように，算術上の思索においても毎回推論を公理にまでさかのぼるようなことはしないという点においても見られます．それどころか私たちは，問題攻略の初期の段階において特に，素早く，無意識に，完全には確信のもてないまま，いくつかの推論の組合せを試してみるのであり，その際には算術上の記号の振る舞いといったものに対するある種の算術上の直観を頼りにしているのですが，ここで言う算術上の直観は，幾何学上の心象なしに幾何学を考えることはできないのと同じくらいに，算術においてそれなしにすませることはできないものです．幾何学の概念と記号を厳密に扱った算術的理論としてはミンコフスキの研究，『数の幾何学 (*Geometrie der Zahlen*)』[1]が例に挙げられるでしょう．

ここで，数学の問題が示す難しさと，それを克服する方法に関しても，少し述べておくべきかと思います．

数学の問題がうまく解けなかったとき，その原因が，より一般的な観点から問題を認識できなかったせいであること，すなわち，目の前の問題は互いに関連する一続きの問題のひとつとして現れているにすぎないことを見てとるような観点に気づいていなかった，ということがよくあります．一度そのような観点が見出されると，その問題がしばしば私たちにとって調べやすいものとなるだけでなく，関連する問題に対しても適用可能となる新たな手法までも手に入るということがよくあります．コーシーによって〔定積分の理論に〕複素の積分路が導入されたこと，あるいは，数論においてクンマーが「イデアル」の概念を確立したことは，その実例と言えるでしょう．より広い範囲に適用可能な手法を発見するこのようなアプローチは，確か

---

1) Leipzig, 1896.

に最も実際的であると同時に最も確実でもあります．一方，心の中にはっきりとした問題をもたないまま手法だけを追い求めようとすれば，その努力の大半は徒労に終わるでしょう．

数学の問題を考える上で，特殊化は，私が思うに，一般化よりもさらに重要な役割を果たしています．おそらく問題に対する解を探し求める努力が無駄に終わる場合の大半において，失敗の原因は，いま考えている問題よりも単純かつ易しい問題がまったく解決されていなかった，あるいは，不完全にしか解決されていなかったことにあります．よって，すべては，そのようなより易しい問題を見つけることができるか，そして，それらを可能な限り完全な手法と一般化可能な概念によって解決できるか，ということにかかっています．この手続きは数学の困難を克服するための最も重要な梃子のひとつであって，私たちはつねに，おそらく無意識のうちにも，その梃子を用いているように私には思われます．

ときには，不十分な仮定に基づいて解を求めたり，あるいは問題の捉え方を誤ったまま解を捜したりしている場合があり，それが原因でうまくいかないことがあります．そのようなときには当然，ひとつの課題が浮かび上がります——与えられた仮定のもと，あるいは，そのような問題の捉え方のもとでは，解を得るのが不可能であることを示すという課題です．このような不可能性の証明は古代から行われてきました．例えば，直角二等辺三角形の斜辺の，直角を挟む辺に対する比の値は無理数であることの証明がそうです．それよりも後の数学においても，ある種の解の不可能性に関する問題は際立って重要な役割を果たしています．実際，現在の私たちの認識によれば，平行線の公理の証明，円と同じ面積をもつ正方形の作図，5次方程式の解を根号によって表すといった古くて難しい問題は，その不可能性が示されることによってようやく十分に満足できる厳密な解が与えられました．もちろん，本来目指されていた解決とは異なる意味においてですが．そしておそらくこの重要な事実が，哲学的理由とあいまって，ひとつの信念をもたらすのです（どの数学者もその正しさを確信してはいますが，しかし，いまだかつて誰もその正しさを立証したことはない信念です）．すなわち，明確な数学の問題は，問われている問題に対する実際の解が与えられる形で解決されるか，あるいは，その問題に対する解は存在しないことが証明され，したがってすべての試みが失敗に終わるのが必然であることが判明するか，いずれかの形で必ず明確な決着を見る，というものです．明確ではあるが未解決の問題，例えばオイラー–マスケローニ定数 C が無理数であることの証明，あるいは，2^n+1 の形をした素数が無数に存在することの証明といった問題を考えてみましょう．いかに手の付けようがないように見えても，いかにいまはこれらの問題の前でわれわれが力なくただ立ちすくんでいるとしても，それにもかかわ

らず私たちは，純粋に論理的手続きを有限回積み重ねることで，解に到達できるに違いないと堅く信じています．

　このように，いかなる問題も解決可能であるという信念を原理とするのは数学的思考だけに見られる特質でしょうか？　それとも，いかなる問題も，一度それが問われたならば，必ず答えられ得ると考えるのは，人間の知性というものに生来備わった一般的な作用なのでしょうか？　というのも，他の科学においても，それらが解決不可能であることが証明されることで最も優れて有用な形で定式化された古い問題に出会います．永久運動の問題を例にあげましょう．永久機関を構築しようとした努力はすべて徒労に終わってしまいましたが，その結果，永久機関が不可能であるのならば，自然界の力の間に，永久機関が不可能であることの根拠となる何らかの関係が潜んでいるに違いないと考えられるようになり[2]，その関係が探求されました．そして，この逆問題はエネルギー保存の法則の発見へとつながり，この法則によってまたもや，もともと考えられていた意味の永久運動が不可能であることも説明されたのです．

　いかなる数学の問題も解決可能であるというこの信念は，それを研究する者を駆り立てる強力な原動力となりました．私たちは心の中に絶えずこう呼びかける声を聞きます——「問題がある．解を求めよ．純粋な思考の積み重ねによってそれを発見できる．なぜなら，数学に不可知 (ignorabimus) などないのだから」——と．

　数学において問題の源泉は汲めども尽きないものです．1つの問題が解決されても，たちまちのうちに，それに代わる夥しい数の新しい問題が姿を現すのです．そのため暫定的なものとなりますが，以下において，数学のさまざまな分野，あるいは，科学を進歩させるかもしれない議論から，特定の明確な問題について言及することをお許しいただきたいと思います．

　まず解析学と幾何学の原理について見てみましょう．この分野における前世紀の最も示唆に富み，かつ，最も注目すべき成果は，私が思うに，コーシー，ボルツァノ，カントールらの研究における連続体の概念の算術的定式化と，ガウス，ボヤイ，ロバチェフスキーらによる非ユークリッド幾何学の発見です．したがって，まずはこれらの分野に含まれる問題に関心を向けていただきたいと思います．

---

　2) Helmholtz, "*Über die Wechselwirkung der Naturkräefte und die darauf bezülichen neuesten Ermittelungen der Physik.*"; *Vortrag, gehalten in Könisberg* (1854)〔邦訳として，三好助三郎訳，ヘルムホルツ『自然力の交互作用』，大学書林語学文庫 (814) (1999) がある〕を参照せよ．

1 連続体の濃度に関するカントールの問題

　通常の実数，あるいは直線上の点のなす任意の2つの系，すなわち，集合について，一方の集合のどの数に対しても，もう一方の集合の数が1つ，しかも，ただ1つ決まるような関係があるならば，（カントールに従って）この2つの集合は同値である，あるいは，同じ「濃度（cardinal number）」をもつと言います．このような点の集合についてのカントールの研究は，まったく疑いようのない1つの定理を示唆しました．しかし，多大な労力が払われたにもかかわらず，誰も実際にその定理を証明することに成功しなかったのです．その定理とは：

　無限に多くの実数からなる系，すなわち，数（あるいは，直線上の点）の無限集合は，どれも，すべての自然数 $1, 2, 3, \ldots$ のなす集合に同値であるか，あるいは，すべての実数のなす集合，よって，連続体，すなわち，直線上の点たちに同値であるかのどちらかである，つまり，**同値関係でみれば，数のなす無限集合には可算無限集合と連続体の2つしかない**，というものです．

　この定理が成り立つのならば，直ちに連続体は可算無限集合の濃度のすぐ後に続く濃度をもっていることがわかります．したがって，この定理の証明が可能となったならば，それは可算無限集合と連続体との間に新しい橋を掛けることになるのです．

　ここに述べた定理に密接に関係していて，さらには，おそらくその証明の鍵を握っているであろう，もうひとつ別の注目すべきカントールの主張について言及しておきましょう．実数のどの系についても，その系の任意の2つの数について，一方が他方の前にあるか，あるいは，後方にあるかのどちらであるかが決まり，さらに同時に，この決定の仕方について，a が b の前にあり，かつ，b が c の前にあるのならば，a は c の前にある，となるとき，この系は順序づけられると言います．数の系の最も自然な順序づけの仕方は，数を小さいものから大きいものへと順に並べる方法と言えるでしょう．しかしながら，容易にわかるように，数の系のこれと異なる順序づけの方法は無限にあるかもしれません．

　明確に順序づけられた数の並びを考え，その中から，これらの数の特定の系——それは部分系あるいは部分集合とよばれます——を選んだならば，この部分系もまた順序づけられることが証明できるでしょう．さらにカントールは，順序づけがなされた集合であって，それ自身だけでなく，それに含まれるどの部分集合にも最初の数が存在するという特徴をもつ特別な順序づけられた集合を考え，それを整列集合とよんでいます．整数 $1, 2, 3, \ldots$ の系は，その自然な順序に関して整列集合になっています．一方，すべての実数のなす系，すなわち，連続体は，その自然な順

序に関して，明らかに整列集合ではありません．なぜなら，部分集合として，直線に含まれる線分の点たちから線分の左端の点を除いたようなものを考えれば，それは最初の要素をもたないからです．

ここで，すべての数を他の並べ方をしてどの部分集合にも最初の要素が存在するようにできるのか否か，すなわち，連続体を整列集合と考えることができるのかという問題——カントール自身はこの問題は肯定的に解決されるに違いないと考えています——が浮かび上がってきます．カントールのこの注目すべき主張に対しては，おそらく，どの部分集合においても最初の要素が指摘可能であるような具体的な数の並べ方を与えることによって，直接的な証明を得ることが最も望ましいように思います．

2　算術の公理の無矛盾性

ひとつの科学の基礎の研究に取り組むときには，その科学の基本的概念の間にある関係を正確かつ完全に記述する公理系を構築する必要があります．そのように構築された公理は，同時に，これら基本的概念の定義でもあります．また，われわれがその基礎を精査しようとしている科学の領域にある主張で，これらの公理から始まる有限回の論理的推論を経ることなしに，それが真であることが担保されるようなものは存在しません．さらに緻密な考察を加えれば，ある問いが浮かび上がります．それは，ひとつの公理系に含まれるある種の命題たちが何らかの意味で互いに**依拠しているのか否か，したがって，その公理たちはある種の共通する部分——もし，それに含まれるどの公理も互いに完全に独立している1つの公理系に到達しようとするのならば，それは除かなければならない——を含むのか否か**，という問題です．

しかし，公理系について数多くある私たちが問い得る問題の中で，私が最も重要なものとして提示したいのは次の問題です．それは，**それらは矛盾しないことを証明せよ．すなわち，それらから始まる有限回の論理的推論は決して矛盾した結果を導き出すことはないことを証明せよ**，というものです．

幾何学においては，公理の無矛盾性の証明は，適切なかたちで数のなす領域を構成することによって，つまり，その領域に含まれる数の間に，幾何学の公理たちに対応して類似の関係があるようなものを構成することによって，達成できるでしょう．幾何学の公理から導き出される矛盾はどれも，この数の領域における算術上の矛盾として検知されるに違いないのです．このようにして，目指すべき幾何学の公理の無矛盾性の証明は，算術の公理の無矛盾性の定理に依拠するものになるのです．

一方で，算術の公理の無矛盾性の証明には直接的な方法が必要です．算術の公理は，本質的には，よく知られた演算の規則に連続性の公理を付け加えたものに他なりません．私は最近，算術の公理を整理し[3]，その中で，連続性の公理をそれよりも簡単な2つの公理，すなわち，すでに良く知られているアルキメデスの公理と次のような新しい公理――数は，他のすべての公理が成り立つ限り，それ以上拡張のしようのないものの系をなす（完備性の公理），というもの――に置き換えました．算術の公理の無矛盾性に対しては，無理数の理論におけるよく知られた証明方法を注意深く研究し，それに適切に手を加えることによって，直接的な証明が見つけられるだろう，そう私は確信しています．

　この問題を別の視点に立ってみたときの意義を明らかにするために，ひとつの考察を加えたいと思います．もし，ある概念について，それが有している属性の間に矛盾を生じるのならば，**その概念は数学的には存在していない**，と言ってよいでしょう．よって，例えば，平方根が -1 であるような実数は数学的には存在しないのです．逆に，ひとつの概念が有している属性について，それらが決して矛盾を導かないことが有限回の論理的推論を経て証明できるのであれば，（例えば，ある条件をみたす数，あるいは，関数といった）その概念の数学的存在が証明されたと言えます．私たちが直面している，実数の公理に関係する場合においては，公理の無矛盾性の証明は，同時に，実数の完全な系，あるいは連続体の数学的存在の証明でもあるのです．実際に公理の無矛盾性の証明が完全に成し遂げられたとき，しばしば投げかけられてきた，実数の完全な系は実際には存在しないのではないかという疑念はまったく根拠のないものとなるでしょう．実数の全体，すなわち，まさにいま示唆した視点から見た連続体は，あり得るすべての十進小数の集まりでもなければ，基本列の極限である要素が満たし得るすべての法則の集まりでもありません．むしろ，それは互いの関係が公理系によって統制されていて，この公理系に含まれる公理から始めて有限回の推論を経て導き出される命題はすべて真であり，かつ，そのような命題に限って真であるような系です．私自身は，連続体は，この意味においてのみ，論理的に承認し得るものであると考えています．また，それが，経験と直観が私たちに教えることに最も適合しているように私には思えるのです．そして，連続体の概念，あるいは，すべての関数のなす系の概念でさえ，例えば整数や有理数のなす系，あるいは，カントールの超限数や濃度とまったく同じ意味において実際に存在するのです．と言うのも，私は，後者の存在もまた，連続体の存在に対するの

---

　3)『ドイツ数学者協会年会報第8巻』(*Jahresbericht der Deutschen Mathematiker-Veringung,*) vol. 8（1900），p. 180.

と同じように，ここに述べた意味において証明可能であると確信しているからです．しかし，その一方で，すべての濃度，あるいは，カントールのすべての $\aleph$（アレフ）のなす系に対しては，当然のことながら，私が言っている意味で無矛盾の公理系を構築することはできないのです．したがって，どちらも，私が与えた定義の意味において，数学的には存在しないのです．

幾何学の基礎の領域からは，次のような問題を挙げたいと思います．

3 底面積と高さが等しい2つの四面体の等積性

ガウス[4]はゲーリングに宛てた2通の手紙の中で，立体図形に関するある種の定理が，とり尽くしの方法，すなわち，現代的な表現をすれば，連続性の公理（あるいは，アルキメデスの公理）を拠りどころとしていることへの不満を表明しています．ガウスは特に，高さが等しい三角錐の体積は底面積に比例するというユークリッドの定理に言及しています．いまや平面図形に対する類似の定理が証明されています[5]．ゲーリングはまた，対称的な多面体の等積性を，それらを合同な小片に分割することによって証明することに成功しています．しかしながら，私の見るところでは，ここに述べたユークリッドの定理に対しては，この種の一般的な証明は不可能であり，むしろ，その不可能性を厳密に証明することが課題となるでしょう．そして，それは，**底面積と高さが等しい2つの四面体であって，それらを合同な四面体たちには分割できないものを決定するか，あるいは，それらにそれぞれ合同な四面体をどのように付け加えても，そうやってできる2つの多面体が合同な四面体たちに分割できるようにはならないものを決定すること**[6]のいずれかに成功すれば，直ちに証明されるでしょう．

4 2点間の最短経路としての直線の問題

幾何学の基礎に関連するもうひとつの問題がこれです：通常のユークリッド幾何学を構築するのに必要な公理の中から平行線の公理を取り除く，あるいはそれが成

---

4) 『ガウス全集第8巻』(Werke, vol. 8), pp. 241, 244.

5) 前掲書を参照せよ．また，ヒルベルト『幾何学基礎論』(*Hilbert, Grudlagen der Geometrie*) (Leipzig, 1899) の第 IV 章も参照せよ．〔邦訳として，中村幸四郎訳，D・ヒルベルト『幾何学基礎論』，ちくま学芸文庫 (2005) がある．〕

6) これが書かれたのち，デーン氏によってこの不可能性が証明された．彼の研究論文『同形の多面体について (Über ranugleiche Polyeder)』，*Nachrichten d. K. Geselsh. d. Wiss. zu Göttingen* (1900) および *Math. Annalen* 誌に掲載予定の論文 (vol. 55, pp. 465–478) を参照せよ．

り立たないと仮定し，他の公理はそのままにしたならば，よく知られているように，ロバチェフスキー幾何学（双曲幾何学）が得られます．したがって，これはユークリッド幾何学のすぐ隣に位置する幾何学と言ってよいでしょう．さらにそこから，ある直線上に 3 つの点があるとき，そのうちの 1 点，しかもただ 1 点のみが他の 2 点の間にあるという公理も満たされないとすると，リーマン幾何学（楕円幾何学）が得られますから，この幾何学はロバチェフスキー幾何学のすぐあとに続くものと考えられます．アルキメデスの公理についても同様の考察をしようとすれば，これ〔アルキメデスの公理〕が満たされないと見なす必要がありますが，実際そうすることによってヴェロネーゼと私自身が研究してきた非アルキメデス的幾何学に行き着くのです．さて，このように考えると，さらに一般の問題が浮かび上がります．それは，その他の示唆に富む視点から，ユークリッド幾何学と同等の資格を持ってユークリッド幾何学と並び立つ幾何学を考えられないか，という問題です．ここで，実際には多くの数学者たちが直線の定義として採用してきた，直線は 2 点間の最短経路であるという定理にみなさんの関心を向けたいと思います．この定理の本質的内容は，三角形の 2 つの辺の和はつねに第三の辺よりも長いというユークリッドの定理に帰着されます．そして，その定理は基本的な概念，すなわち，公理から直接に導き出されるような概念だけを扱ったものであり，したがって，論理的考察に親和的であることが容易にみてとれます．ユークリッドはこの定理を，外角の定理の助けを借りて，合同に関する定理を基礎として証明しました．さて，すぐに示されることなのですが，このユークリッドの定理は，線分と角度の適用に関連する合同に関する定理に基づくだけでは証明できなくて，三角形の合同に関する定理の 1 つがその証明に必要です．ならば私たちの求めるべきは，通常のユークリッド幾何学に対する公理の中で，特にその三角形の合同に関する 1 つの公理だけを除き（あるいは，二等辺三角形の 2 つの底角は等しいという定理だけを除き），それ以外の合同に関する公理はすべて成り立っていて，さらに，除外した公理の代わりに，三角形の 2 つの辺の和はつねに第三の辺よりも長いという命題を公理とする幾何学であることになります．

　このような幾何学は，実際に存在して，それはミンコフスキが著書『数の幾何学』[7]において構築し，彼の算術研究の基礎とした幾何学に他なりません．したがって，ミンコフスキ幾何学もまた通常のユークリッド幾何学に隣接していると言えます．そして，それは本質的には次の規定によって特徴づけられます．

　1. 1 つの定点 O からの距離が等しい点は通常のユークリッド幾何学における O

---

[7] Leipzig, 1896.

を中心とする凸閉曲面上にある.

2. 2つの線分は,一方を通常のユークリッド幾何学における変換によって他方に重ね合わせることができるときに等しいと言える.

ミンコフスキ幾何学においては平行線の公理もまた成り立っています.私は,直線が2点間の最短経路であるという定理を研究することによって,平行線の公理は成り立たないがミンコフスキ幾何学の他の公理はすべて成り立つ幾何学に到達しました[8].直線が2点間の最短経路であるという定理,あるいは,これと本質的には同値である三角形の辺に関するユークリッドの定理は,数論においてだけでなく,曲面の理論や変分法においても重要な役割を担っています.この理由に加え,この定理が成り立つための条件についての徹底的な研究が,距離の概念に対しても,あるいは例えば平面の概念などの他の基礎的概念に対しても,さらには,直線の概念によって距離を定義することの可能性に対しても,新しい光を投げかけるであろうと私が信じていることも合わさって,このような場合に存在し得る幾何学を構築し,それを体系的に扱うことが願わしいと私には思えるのです.

5 群を定義する関数の微分可能性の仮定を除いた,連続変換群についてのリーの概念

よく知られているようにリーは,連続変換群の概念を援用して,ひとつの幾何学的公理系を構成し,さらに,彼の群の理論の視点から,この公理系が実際に幾何学を構築するのに十分なものであることを証明しました.しかしながらリーは,彼の理論の最も基礎となる部分において群を定義する関数が微分可能であると仮定しているので,リーの理論が発展する中で,この微分可能性の仮定が幾何学の公理系の問題と関連して実際に不可避であるのか,あるいはそれは,むしろ群の概念やそれ以外の幾何学的公理の結果として現れるものではないのではないか,ということが未解決のまま残されています.この考察は,他の算術の公理に関する問題と合わせると,次のような一般的な問題をもたらします:関数の微分可能性を仮定しないで,どの程度にまでリーの連続変換群の概念に近づくことができるのだろうか?

リーは,有限連続変換群を,変換

$$x_i' = f_i(x_1, \ldots, x_n; a_1, \ldots, a_r) \qquad (i = 1, \ldots, n)$$

の系であって,これらの変換の中から任意の2つを選び,それを

---

8) *Math. Annalen*, vol. 46, p. 91.

$$x_i' = f_i(x_1, \ldots, x_n; a_1, \ldots, a_r)$$
$$x_i'' = f_i(x_1', \ldots, x_n'; b_1, \ldots, b_r)$$

とするとき，この2つの変換を続けて適用して得られる変換もまた最初に定義した系に含まれ，したがって，それは，

$$x_i'' = f_i\{f_1(x, a), \ldots, f_n(x, a); b_1, \ldots, b_r\} = f_i(x_1, \ldots, x_n; c_1, \ldots, c_r),$$

の形で表されるものと定義しています．ただし，$c_1, \ldots, c_r$ は，それぞれ，$a_1, \ldots, a_r$ と $b_1, \ldots, b_r$ の1つの定まった関数です．このように，群の性質は関数方程式の系により完全に表されていて，それ自身はこれらの関数 $f_1, \ldots, f_n$; $c_1, \ldots, c_r$ に対して何らかの制約条件を付け加えるものではありません．しかしながら，リーによるこれらの関数方程式のさらに進んだ考察，すなわち，よく知られた基本的な微分方程式の導出においては，必然的に，群を定義する関数が連続であり，さらに，微分可能であることを仮定しているのです．

連続性に関していえば，この前提は確実に当面保持されるでしょう．それは，幾何学あるいは算術への応用に限って見ても，問題の関数の連続性は，連続の公理からの帰結として現れるからです．一方，群を定義する関数の微分可能性を仮定することは，幾何学的公理に，かなり強引かつ込み入った方法でしか表すことのできない前提を含めることになります．よって，適切な新しい変数または助変数を導入することにより，群をそれを定義する関数が微分可能であるようなものに変換することがつねに可能か，あるいは，少なくとも何らかの単純な仮定を設けることで，リーの方法が適用可能な群への変換が可能か，ということが問題となるのです．解析的群への還元については，当初，リー[9]によって主張せられ，シューア[10]によって最初に証明された定理によると，群が推移的であり，かつ，群を定義する関数に対して1階微分とある種の2階微分が存在するときは，つねに，これが可能となります．

無限群についても，これに対応する問題を研究することは，私はそう思っているのですが，興味深いことです．さらに私たちはこのようにして，これまではそこに含まれる関数の微分可能性が仮定された中でしか研究されてこなかった関数方程式

---

[9] リー–エンゲル『変換群の理論』(*Theorie der Transformationsgruppen*)，第3巻，Leipzig (1893) の§82 と§144.

[10] 『有限の連続変換群の表わす関数の解析性について』(Über den analytischen Charakter der eine endliche Kontinuierliche Transformationsgruppen darstellen Funktionen)，*Math. Ann.*，41（1893）.

のさらに広大かつ興味深い領域へと導かれるのです．特に，アーベル[11]がきわめて巧妙に扱った関数方程式，差分方程式，あるいは，数学の文献に現れるその他の方程式に関して言えば，実際のところこれらは，対象となっている関数が微分可能であることの必要性に直接つながるものは何も含んでいません．私自身，変分法におけるある種の存在証明を模索する中で直面したのが，差分方程式の存在から考察下にある関数の微分可能性を証明せよ，という問題でした．したがって，ここに述べたすべての場合において，次のような問題が生じます：**微分可能な関数に対して確かめられた主張は，関数に関するこの仮定をとり除いて適切な修正を加えた場合，どれほどが真のままであるのだろうか？**

さらに注目すべきは，H・ミンコフスキが，上に掲げた『数の幾何学』において，関数不等式

$$f(x_1+y_1,\ldots,x_n+y_n) \leq f(x_1,\ldots,x_n)+f(y_1,\ldots,y_n)$$

から始めて，実際に，問題の関数に対するある種の微分方程式の存在を証明するのに成功したのです．

その一方で，解析的な関数方程式であって，ただ1つの解をもち，さらに，その解自体は微分可能な関数ではないものが実際に存在するという事実も強調しておきたいと思います．例えば，一様連続ではあるが，微分可能ではない関数 $\varphi(x)$ であって，2つの関数方程式

$$\varphi(x+\alpha)-\varphi(x) = f(x), \qquad \varphi(x+\beta)-\varphi(x) = 0,$$

のただ1つの解を表すものが構成可能です．ただし，α と β は実数であり，$f(x)$ は，すべての実数 x に対して，正則な解析的一様関数をあらわすものとします．このような関数は，三角級数を使って，（最近のピカールによる報告[12]にある）ある解析的な偏微分方程式に対する2重周期をもつ非解析的な解を構成するためにボレルが使ったのと同様の方法によって容易に得ることができます．

6　物理学の公理の数学的扱い

これらの幾何学の基礎についての研究が示唆しているのが，**物理学的科学であっ**

---

[11]　Werke, vol. 1, pp. 1, 61, 389.

[12]　『数学解析における基本定理について』(Quelques théories fondamentales dans l'anlyse mathématique)，Conférence faites à Clark University, *Revue générale des Sciences*（1900），p. 22.

て数学が重要な役割を果たす諸領域を，それと同じ方法で，すなわち公理論的に，取り扱うことはできないかという問題です．そのような領域として真っ先に挙げられるのは確率論と力学でしょう．

確率論の公理[13]について言えば，これらについての論理的考察は，数理物理学，特に気体の力学における平均値の方法（the method of mean values）の厳密な，そして，満足し得る程度までの発展を伴うことが望ましいと私は考えています．

物理学者による力学の基礎についての重要な研究成果を私たちは手にすることができますが，私はマッハ[14]，ハーツ[15]，ボルツマン[16]，ヴォルクマン[17]らの著書を挙げておきたいと思います．したがって，数学者によっても力学の基礎が議論されることが強く望まれます．その視点に立てば，ボルツマンの力学の原理に関する研究は，原子論的観点から連続体の運動法則を導き出す極限過程（the limiting processes）の手法——これについては，ボルツマン自身はごく簡単に記述しただけですが——を数学的に発展させよという問題を示唆しているともとれます．逆に，極限過程により，すべての空間を連続的に満たす物質の連続的に変化する条件——助変数によって定義される条件——によって決まる公理系から，剛体の運動法則を導き出すことに挑戦してもよいかもしれません．というのも，異なる公理系の同等性についての問題は，つねに，理論上興味深いものだからです．

もし，幾何学が物理学的公理の扱いに対するモデルとしての役割を果たすのならば，私たちはまず，少数の公理によってなるべく大きなクラスの物理学的現象が考察対象に含まれるようにし，その次に，新しい公理を付け加えていって，より特殊な理論に徐々に近づくようにするでしょう．それは，リーの細分化原理を無限変換群の重要な理論から導き出すことがおそらく可能なのと同様です．数学者はまた，そのような現実に則した理論だけでなく，幾何学においてそうであるように，論理的にあり得るすべての理論を考えに入れなければなりません．数学者は，仮定された公理系から導き出されうるすべての結論についてひとつの見落としもなきよう，つねに注意深くあらねばならないのです．

---

13) 右を参照のこと．ボールマン『保険数学について』(Bohlmann, Über Versicherungsmatik und Physik)，クライン-リーケ編『数学と物理学の応用について』(Klein-Riecke, *Über angewandte Matheatik und Physik*) に収録 (Leipzig, 1900).

14) 『力学発展史（第4版）』(Mach, *Die Mechanik in ihrer Entwickelung*, 4th edition) (Leipzig, 1901).

15) 『力学原理』(Hertz, *Die Prinzipien der Mechanik*) (Leipzig, 1894).

16) 『力学原理講義』(Boltzmann, *Vorlesungen über die Principe der Mechanik*) (Leipzig, 1897).

17) 『理論物理学入門』(Volkmann, *Einführng in das Studium der theoretrischen Physik* (Leipzig, 1894).

さらに，数学者は，個々の実例において新しい公理がそれよりも前からあったものと無矛盾であるのか否かをその都度検証する義務を負っています．物理学者は，理論が発展するにつれて，実験結果によって新しい仮説を立てることを強いられることがよくありますが，その一方で，新しい公理の古い公理との無矛盾性に関しては，物理学者はそれらの実験結果や自身の物理学上のある種の直観だけを拠りどころとしているのであり，それは論理的かつ厳密に理論を構築する上で許容できる態度ではありません．すべての仮定の無矛盾性についての然るべき証明もまた重要であると私は思っています．なぜなら，そのような証明を完成させるための個々の努力は，つねに私たちを最も効果的に公理系の正しい定式化へと押し進めるからです．

ここまでは，数理科学の基礎に関わる問題だけを考えてきました．実際，ある科学の基礎の研究はつねにひときわ魅力的であり，その基礎を検証することはつねに研究者たちにとって最も重要な問題の中のひとつであるでしょう．ワイエルシュトラスは，かつて，「つねに心の中に留めておくべき最終目標は，科学の基礎の正しい理解に到達することである．……しかしながら，科学において進歩を成し遂げるためには，特別な問題の研究が，当然，不可欠である」と言いました．事実，ある科学について，それに含まれる個々の理論を隅々まで理解することがその科学の基礎をうまく取り扱うためには必要です．建築物の目的を隅から隅まで詳細に理解している建築家のみがその建築物の確かな基礎を敷設する立場にあるのです．よって，ここで私たちは，数学の中で枝分かれしたさまざまな分野の特別な問題に目を向けることにして，まずは，数論と代数について考えることにしましょう．

7　ある数の無理数性と超越性

エルミートの指数関数についてのいくつかの算術的定理とリンデマンによるそれらの拡張は，間違いなくあらゆる世代の数学者から賞賛を集めています．そして，課題が直ちに姿を現すのですが，それはすでにA・フルヴィッツが2つに分割して発表した興味深い論文『ある超越的関数の算術的性質について』[18]において成し遂げたように，そこで示された道筋に沿ってさらに深く切り込んでいくというものです．よって，続いて攻略されるべきと思われる一連の問題たちを，ここでは概観し

---

[18] "Über arithmetische Eigenschaften gewisser transzendenter Funktionen." *Math. Annalen*, vols. 22, 32（1883, 1888）.

ておきたいと思います．ある種の特別な超越的関数——それは解析学において重要な意味をもつものなのですが——について，変数がある種の代数的数を値にとるときそれらの関数の値は代数的数であるいう事実は，ひときわ興味深いことであるし，また，徹底した研究に値するように見えます．実際のところ私たちは超越的関数については，一般的に言って，変数の値が代数的数であっても関数の値は超越数であるだろうと思っていますし，また，超越的整関数の中には，変数がどのような代数的数をとっても関数の値は有理数であるようなものが存在することがよく知られているにもかかわらず，私たちは依然として，例えば指数関数 $e^{i\pi z}$ について，これは明らかに任意の有理数変数 z に対して代数的数を値にとるのですが，その一方で変数 z が代数的無理数を値にとるときには，この関数はつねに超越数を値にとる可能性が高いと考えているのです．ここに述べたことを，次のように幾何学的に表現することが可能です：

二等辺三角形について，底角の頂角に対する比の値が代数的ではあるが，有理数ではないとき，この二等辺三角形の底辺と斜辺の間の比の値はつねに超越的である．

この主張の単純さ，および，エルミートやリンデマンによって解決された問題との類似性にもかかわらず，この定理の証明はとても難しいものであろうと私は考えています．それは，次の主張に対する証明についても同様です．

式 α^β は，例えば，$2^{\sqrt{2}}$ や $e^\pi = i^{-2i}$ のように，代数的数である底 α と代数的無理数である指数 β に対しては，つねに，超越数を表すか，もしくは，少なくとも無理数を表す．ここで確かなのは，これらの問題あるいは類似する問題を解決することは，まったく新しい手法と特殊な無理数あるいは超越数の本質に対する新しい洞察をもたらすに違いないということです．

8　素数の問題

素数の分布の理論における本質的な進歩が，近年，アダマール，ド・ラ・ヴァレ・プーサン，フォン・マンゴルトらによってもたらされました．しかしながら，リーマンの論文『与えられた数より小さな素数の個数について』[*]により提示された問題の完全な解決のためには，ひときわ重要なリーマンの命題，すなわち，**級数**

---

[*]　［訳註］"Über die Anzahl der Primzahlen unter eigner gegebenen Grösse," *Math Annalen*, vols. 22（1883, 1888）.

$$\zeta(s) = 1 + \frac{1}{2^s} + \frac{1}{3^s} + \frac{1}{4^s} + \dots$$

で定義される関数 $\zeta(s)$ の零点は，よく知られた負の実数の零点を除けば，すべて，実部が 1/2 である，という命題の正しさを証明する必要がありますが，その課題は依然残ったままです．もしこの証明が首尾よく確立されたならば，次の問題は，与えられた数より小さな素数の個数に対するリーマンの無限級数をより精密に評価すること，特に，x より小さな素数の個数と x の対数積分関数との差は，x が無限大になるとき，実際に x の 1/2 乗よりも大きくはない位数で無限大となるのか否かを決定すること[19]にあります．さらに，素数を数える際に時折見られる素数の凝縮が，実際に関数 $\zeta(s)$ の最初の複素数の零点に関連するリーマンの公式の中の項に起因するものなのか否かを決定すべきでしょう．

　素数についてのリーマンの公式に対して徹底的に議論がなされた後には，いつの日か，ゴールドバッハの問題[20]，すなわち，どの偶数も 2 つの素数の和として表されるか，という問題に対する厳密な解答を試みるべき地点，さらには，差が 2 の素数の組は無限に存在するのかというよく知られた問題，あるいはこれを一般化した問題，すなわち，（係数が，どの 2 つも互いに素であるように与えられた）線形ディオファントス方程式

$$ax + by + c = 0$$

はつねに素数の解 x, y をもつか，という問題に挑戦すべき地点に立つことになるでしょう．

　しかしながら次に述べる問題は，興味深さの点で決して劣るものではなく，おそらくより幅の広い問題であると私は考えています．それは，**有理素数の分布に対して得られた結果を，与えられた数体 k の素イデアルの分布の理論へ拡張せよ**，という問題で，すなわち，その数体に付随する級数で定義される関数

$$\zeta_k(s) = \sum \frac{1}{n(j)^s},$$

の研究に向かう問題です．ただし，この和は与えられた数体 k のすべての素イデ

---

19) H・フォン・コッホによる論文，*Math. Annalen* 誌，vol. 55 の 441 項を参照せよ．

20) P・スタッケル『ゴールドバッハの経験則に基づく定理について』(P. Stäckel, "Über Goldbach's empirisches Theorem")，*Nachrichten der K. Ges. der Wiss. zu Göttingen* (1896)，および，同誌に掲載されたランダウの論文を参照せよ．

アル j についてのものであり，$n(j)$ は，その素イデアル j のノルムを表すものとします．

数論の分野から，3つのさらに特殊な問題について述べることにしましょう．ひとつは，相互法則についての問題，もうひとつは，ディオファントス方程式についての問題，そして，3つめは2次形式の領域からの問題です．

9 任意の数体における最も一般の相互法則の証明

任意の数体に対して，l 乗剰余に対する相互法則が証明されるべきでしょう．ただし，l は奇素数，あるいは，より広く，l は2のべき乗または奇素数のべき乗を表すものとします．この法則は，その証明に不可欠な手法とともに，私自身が構築した1の l 乗根の体の理論[21] と相対2次体の理論[22] の適切な一般化の結果として得られるだろうと私は信じています．

10 ディオファントス方程式の可解性の決定

任意の数の未知数と有理整数係数のディオファントス方程式が1つ与えられたとき，このディオファントス方程式が有理整数の範囲で解けるのか否かを，有限回の手続きで決定できるような方法を考えよ，というのが問題です．

11 任意の代数的数を係数とする2次形式

現在有している2次体についての知識[23] のおかげで，私たちは変数の数が任意であり，係数もまた任意の代数的数である2次形式の理論を首尾よく攻略できる地点に立っています．この問題は特に，次の興味深い問題，すなわち，代数的数を係

---

21) *Jahresbericht der Deutschen Mathematiker Vereingung*, 4（1897），Part V.

22) *Math. Annalen*, vol. 51 および *Nachrichten der K. Ges. der Wiss. zu Göttingen*（1898）.

23) ヒルベルト『ディリクレの双2次数体について』（Über den Dirichlet'schen biquadratischen Zahlenkörper），*Math. Annalen*, vol. 45（1894），『相対2次数体の理論について』（Über die Theorie der relativquadratischen Zahlkörper），*Jahresber der Deutschen Mathematiker Vereingug*（1897），および，*Math. Annalen*, vol. 51.『相対アーベル体の理論について』（Über die Theorie der relativ-Abelschen Körper），*Nachrichten der K. Ges. der Wiss. zu Göttingen*（1898），『幾何学基礎論』（*Grundlagen der Geometrie*）の第 VIII 章，§ 83（Leipzig, 1899）．また，G・ルックルの学位論文（Göttingen, 1901）も参照せよ．

数とする，変数の数が任意の2次方程式が与えられたとき，それを係数から定まる代数的有理域（代数体）に属す整数または分数の範囲において解け，という問題へとつながります．

次に述べる重要な問題は代数学および関数論への架け橋となるでしょう．

12 アーベル体上のクロネッカーの定理の 任意の代数体上への拡張

アーベル数体はすべて有理数体に1のべき乗根を添加して得られる，という定理は，クロネッカーによるものです．この整数係数の代数方程式の理論における基本定理は2つの主張を含んでいます．

第一にこれは，有理数体に関して，与えられた次数，与えられたアーベル群，与えられた判別式をもつ方程式の個数とその存在についての問いへの解答を与えています．

第二に，これはまた，このような代数方程式の根が，$e^{i\pi z}$ の変数 z に有理数を次々に代入することによって得られるような代数的数全体とちょうど一致することを主張しています．

第一の主張は，ある種の代数的数を，それらの群と分岐によって決定できるのか，という問題に関係しています．したがってこの問題は，与えられたリーマン面に対応する代数関数を決定するという，以前から知られている問題に対応しています．一方，第二の主張は，必要とされる数を超越的方法，すなわち，指数関数 $e^{i\pi z}$ によって与えるものです．

すると，虚2次体は有理数体に次いで最も単純であることから，クロネッカーの定理をこの場合に拡張せよ，という問題が生じます．クロネッカー自身は，2次体のアーベル方程式は特異モジュラスをもつ楕円関数の変換方程式により与えられるから，有理数体に対して指数関数が果たしているのと同じ役割をここではおそらく楕円関数が果たしているだろう，と主張しました．このクロネッカーの予想の証明はいまのところ完成していません．しかし，私は信じているのですが，H・ヴェーバーが確立した虚数乗法の理論[24] を基礎とし，さらに，私自身が打ち立てた類体についての純粋に算術的な定理を合わせれば，それは，大きな困難なしに完成されるに違いないのです．

---

24) 『楕円関数と代数的数』(*Elliptische Functionen und algebraische Zahlen*)（Brunschweig, 1891）.

数学の問題　543

　最終的には，クロネッカーの定理を，**有理数体あるいは虚2次体の代わりに，任意の代数体を基礎体とする場合へと拡張すること**が，最も重要であるように私は思います．私はこの問題を，数論と関数論において最も深遠かつ最も遠大なものとみなしています．

　この問題は数多くの視点から着手可能であることがわかります．私は，任意に与えられた数体におけるl乗剰余に対する一般の相互法則が，この問題の数論の側面に対する最も重要な鍵であるとみています．

　この問題の関数論の側面についていえば，この魅力溢れる分野を研究する者は，1変数代数関数論と代数的数論の間に見られる際立った類似性を研究の道案内とすることができるでしょう．実際に，ヘンゼル[25]は，代数的数論の代数関数のべき級数展開に対する類似性を指摘すると同時にその類似性について研究しました．また，ランツベルク[26]は，リーマン–ロッホの定理の類似を扱いました．リーマン面の種数の概念と数体の類数の概念との間の類似性もまた明らかです．（最も簡単な場合を考えるために）種数$p=1$のリーマン面と，類数$h=2$の数体を考えてみましょう．そのリーマン面のいたるところで有限である積分が存在することの証明は，その数体に含まれる整数αで，数$\sqrt{\alpha}$が基礎体に対して相対的に不分岐である2次体を表すようなものが存在することの証明と対応しています．代数関数論においては，よく知られているように，境界値問題の方法（*Randwerthaufgabe*）によってこのリーマンの存在定理の証明は可能となったのです．その一方で，代数的数論においても，このような整数αが存在することを証明するのはたいへん難しいのです．その証明は，その数体に与えられた剰余指標をもつ素イデアルがつねに存在するという定理の本質的な助けがあってなされるのです．したがって後者の事実は，代数的数論における境界値問題の類似物といえるでしょう．

　代数関数論におけるアーベルの定理の方程式は，よく知られているように，リーマン面上の，問題としているいくつかの点が，その曲面の属す代数関数の零点であるための必要十分条件を表しています．このアーベルの定理の，類数$h=2$の数体の理論における厳密な類似が，平方剰余の相互法則[27]

---

[25]　*Jahresberische der Deutschen Mathemtiker Vereinigung*, vol. 6 (1899), pp. 83–88. 『代数的数のべき級数展開について』(Über die Entwickelung der algebraischen Zahlen in Potenzeihen), *Math. Annalen*, vol. 50 (1898).

[26]　*Math Annalen*, vol. 50 (1898).

[27]　右を参照のこと．D・ヒルベルト『相対アベール数体の理論について』(Über ber die Theorie der relativ-Abelschen Zahlkörper), *Gött. Nachrichten* (1898).

$$\left(\frac{\alpha}{j}\right) = +1$$

であり，これは，数 α のイデアル j に関する平方剰余が正であるとき，かつ，その
ときに限り，j はこの数体の単項イデアルである，ということを示しています．

　いまここで概略を述べた問題において，数学の基本的な 3 つの分野，すなわち，
数論，代数学，そして，関数論が，互いに密接につながっていることが見てとれる
でしょうし，私は確信しているのですが，**有理数体に対する指数関数，あるいは，**
虚 2 次体に対する楕円モジュラー関数と同じ役割を，任意の代数体に対して果たす
ような多変数の解析関数を発見し，それについて議論せよ，という問題が解決され
たならば，とりわけ多変数の解析関数の理論は，著しく豊穣なものとなるでしょう．

　ここで代数学へと移り，方程式論からの問題，そして，不変式論が私に提起した
ある問題について述べることにしましょう．

13　一般の 7 次方程式を 2 変数の関数だけで
　　解くことの不可能性

　計算図表学[28] においては，1 つの任意の助変数によって決まる曲線族を描くこと
によって方程式を解く，という問題を考えます．すぐにわかるように，係数が 2 つ
の助変数だけで決まる方程式の根，すなわち，2 つの独立変数の関数はすべて，計
算図表学の基礎となる原理により，多様な方法で表わすことが可能です．さらに，
この原理だけで不定の要素を付け加えることなく，3 変数，または，それよりも変
数の数が多い関数から成る大きな族を表わすことが可能です．すなわち，まず始め
に 2 変数の関数をとり，次に，これらの変数のそれぞれに同じ 2 変数の関数を代入
します．次に，この 2 変数を再び同じ 2 変数の関数に置き換えます．このように，
2 変数の関数の代入を有限回繰り返すことを許容できるものと認めて，以下同じよ
うに繰り返していくと，ここに述べたことが可能となります．よって，例えば，変
数の数が任意の有理関数は，このように計算図表によって構成される関数の範疇に
含まれます．というのも，それは，加法，減法，乗法，除法によって生成可能であ
り，これらの操作の各々は 1 つの 2 変数の関数を生成するからです．また，容易に
わかるように，自然な有理域において根号により解くことのできるすべての方程式
の根は，このような関数の範疇に含まれます．なぜなら，この場合，根号をとるこ

---

28) ド・オカーニュ『計算図表学』(d'Ocagne, *Traité de Nomographie*) (Paris, 1899).

とが算術演算に加わるだけであって，そして，実際のところこれは，1変数の関数を表しているからです．同じように，一般の5次および6次方程式も計算図表を適切に用いることにより解くことができます．なぜなら，根号だけを必要とするチルンハウゼン変換によって，これらは係数が2つの助変数だけで決まる形に帰着できるからです．

さて，7次方程式の根は，その係数の関数としては，このような計算図表によって構成可能な関数たちの範疇にはおそらく属していない，すなわち，7次方程式の根は2変数の関数の代入を有限回繰り返すことでは構成できないだろうと思われます．このことを証明するには，おそらく，7次方程式 $f^7 + xf^3 + yf^2 + zf + 1 = 0$ は，2変数の連続関数を使っただけでは，解くことはできないことの証明が必要となるでしょう．私自身，ある厳密な手続きによって，2変数関数の有限回の代入だけでは得られない3変数 x, y, z の解析的関数が存在すると確信するに至ったことを，ここで付言しておきましょう．

計算図表においては，補助の移動可能な要素〔移動関数〕を導入しておけば，変数の数が2個よりも多い関数を構成することができて，ド・オカーニュが最近，7次方程式の場合を証明した方法がその例です[29]．

14　ある完全関数系の有限性の証明

代数的不変式論においては，完全関数系の有限性の問題が，私の見るところ，ひときわ興味深いものです．L・マウアー[30]は最近，P・ゴルダンと私自身が証明した不変式論における有限性定理を，一般の射影群の代わりに任意の部分群を不変式の定義の基礎として選択した場合へと拡張するのに成功しました．

この方向における重要な一歩はすでに A・フルヴィッツ[31]によって記されており，彼は巧妙な手続きによって，任意の基本形式の直交不変式系の有限性のまったく一般の場合の証明をもたらすのに成功したのです．

不変式の有限性の問題についての研究は，私に，ある単純な問題を提起しました．この問題は上述の問題を特別な場合として含み，その解決にはおそらく，消去の理論とクロネッカーの代数的モジュラー系の理論がこれまでよりもさらに精緻になる

---

[29] 『7次の方程式の計算図法による解法について』(Sur la résolution nomographique de l'équation de septième degré), *Comptes rendus* (Paris, 1900).

[30] *Sitzungsberichte der K. Acd. der Wiss. zu München* (1899) および，*Math. Annalen*, 57 (1903) を参照せよ．

[31] 『積分による不変式の生成について』(Über die Erzeugung der Invarianten durch Integration), *Nachrichten der K. Ges. der Wiss. zu Göttingen* (1897).

よう研究を推し進めていくことが必要となるでしょう.

さて, n 変数 $x_1, x_2, \ldots, x_n$ の, m 個の有理整関数 $X_1, X_2, \ldots, X_m$ が次のように与えられているとします.

$$
\begin{aligned}
(S) \qquad
X_1 &= f_1(x_1, x_2, \ldots, x_n), \\
X_2 &= f_2(x_1, x_2, \ldots, x_n), \\
&\cdots\cdots\cdots\cdots\cdots\cdots \\
X_m &= f_m(x_1, x_2, \ldots, x_n).
\end{aligned}
$$

これら $X_1, \ldots, X_m$ のどの有理整結合も, 明らかに, それに上の式を代入すれば, つねに $x_1, \ldots, x_n$ の有理整関数になります. しかしながら, $X_1, \ldots, X_m$ の有理分数関数であっても, S を代入すると $x_1, \ldots, x_n$ の整関数となるということがよくあります. このように S を代入すると $x_1, \ldots, x_n$ の整関数となるものを $X_1, \ldots, X_m$ の**相対的整関数**と呼ぶことにします. $X_1, \ldots, X_m$ の整関数は, もちろん, 相対的整関数でもあります. また, 相対的整関数の和, 差, 積もまた相対的整関数です.

さてこのようにすると, 問題は, **$X_1, \ldots, X_m$ の相対的整関数からなる, ある有限の系であって, 他のすべての $X_1, \ldots, X_m$ の相対的整関数がそれによって有理的かつ整的に表わされるようなものを見つけることがつねに可能であるか否か**を決定すること, となります.

この問題は, 有限整領域の考え方を導入したならば, さらに簡単に述べることができます. ここで有限整領域とは, 関数のなす系であって, その中から有限個の関数を適当に選べば, この系に含まれる他の関数がすべてこれらによって有理的かつ整的に表わすことができるようなもののことをいいます. 私たちの問題は, そうすると, 任意に与えられた有理関数のなす領域に含まれるすべての相対的整関数は有限整領域をなすことを示すこと, となります.

この問題を, 次のように数論に由来する制約条件を付加して精密化するという考えも自然に湧きます. すなわち, 関数 $f_1, \ldots, f_m$ の係数は整数であると仮定し, $X_1, \ldots, X_m$ の相対的整関数には, これらを変数とする有理関数であって, それに S を代入したときに $x_1, \ldots, x_n$ の有理整数係数の有理整関数となるものだけを含むものとするのです.

次に述べるのは, この精密化した問題の単純かつ特別な場合です. すなわち, 1変数 x の有理整数係数の m 個の有理整関数 $X_1, \ldots, X_m$ と1つの素数 p が与えられたとき, x の有理整関数であって,

$$\frac{G(X_1, \ldots, X_m)}{p^h},$$

の形で表されるものの系を考察せよ、という問題です．ただし，G は変数 $X_1, \ldots, X_m$ の有理整関数であり，また，p^h は素数 p の任意のべき乗です．私自身の以前の研究[32]から，1つの固定された指数 h に対しては，このように表される式全体は，有限整領域をなすことが直ちにわかります．しかし，ここで述べたいのは，同じことがすべての指数 h に対して成り立つのか，すなわち，このように表される式を，有限個，適当に選べば，どの指数 h に対しても上のように表される他の式がすべて，それらによって有理的かつ整的に表されるのか，という問題です．

代数学と幾何学の間の境界領域からは，2つの問題について述べたいと思います．ひとつは，数え上げ幾何学に関するものであり，もうひとつは代数曲線および代数曲面の位相に関するものです．

15 シューベルトの数え上げ算法の厳密な基礎づけ

問題は，特にシューベルト[33]が，いわゆる特殊位置の原理あるいは個数保存の原理を基に，彼自身が発展させた数え上げ算法を用いて特定した，幾何学的図形に関するさまざまな数について，その妥当性の限界を明確にしつつその正当性を厳密に確立すること，にあります．

今日の代数学は，原理的には，消去法の過程を実行することが可能であることを保証しています．しかしながら，数え上げ幾何学の定理の証明に対しては，もっと多くのこと，すなわち，消去法の過程を，特別な方程式系の場合に最終的な方程式系の次数とその方程式たちの解の重複度が予測できるような方法で実際に実行することが必要となるのです．

16 代数曲線および曲面の位相の問題

平面の n 次代数曲線がもち得る互いに分離した閉経路の最大数はハルナック[34]によって決定されました．さらに問題となるのが，これらの経路の平面における相

---

[32] *Math. Annalen*, vol. 36（1890），p. 485.

[33] *Kalkül der Abzählenden Geometrie*（Calculus of Ennumerative Geometry）（1879）.

[34] *Math. Annalen*, vol. 10.

対的な位置関係です．6次の曲線についていえば，ハルナックによれば11個の経路が存在するのですが，それらすべてが他のものの外部に存在することは決してなく，その内部に1つの経路があり，そして，他の9個の経路がその外部にあるような経路が1つ存在するか，あるいは，その逆であるということを，私は，複雑な過程を経て確信するに至りました．互いに分離した経路の数が最大のときのそれらの経路の相対的な位置関係を徹底的に調べ上げることは，私には，非常に興味深い問題のように思えますし，代数曲面に含まれる閉面の数，形，位置を調べることもまた同様です．現在に至るまで，3次元空間の中の4次曲面が実際にもち得る閉面の最大の数でさえわかっていないのです[35]．

　この純粋に代数学上の問題に関連してひとつの問題を提示したいと思うのですが，その問題は，私の見るところでは，同様の連続的な係数変化の方法で攻略されるであろうし，また，この問題の解決は，微分方程式系によって定義される曲線族の位相に対しても意義があるものと思われます．それは，

$$\frac{dy}{dx} = \frac{Y}{X},$$

の形をした1階1次微分方程式に対するポアンカレの境界サイクル（極限サイクル）の最大の数と位置を問う問題です．ここで，X, Y は x, y の n 次有理整関数とします．同次化して書けば，この微分方程式は

$$X\left(y\frac{dz}{dt} - z\frac{dy}{dt}\right) + Y\left(z\frac{dx}{dt} - x\frac{dz}{dt}\right) + Z\left(x\frac{dy}{dt} - y\frac{dx}{dt}\right) = 0,$$

となります．ここで，X, Y, Z は x, y, z の n 次有理整同次関数であり，後者，すなわち，x, y, z は助変数 t の関数として決まるものとします．

17　定符号の式を平方で表わすこと

　変数の数が任意であり，係数が実数である有理整関数または式について，それらの変数にどのような実数を代入してもその値が負になることはないとき，これらは「定符号である」といわれます．すべての定符号のなす系は加法と乗法の演算に関して不変であり，一方，2つの定符号の式の商についても，それが有理整関数であ

---

[35]　ローン『四次曲面』(Rohn, Fläachen vierter Ordnung, *Preisschriften der Fürstlich Jablo-nowskischen Gessellschaft*)（Leipzig, 1886）を参照せよ．

る限り，定符号の式です．任意の式の平方は，明らかに，つねに定符号の式です．
しかしながら，私が示したように[36]，どの定符号の式も式の平方を足してできる
とは限りません．そこで，問題となるのが——私が3変数の式について肯定的に解
決したのですが[37]——どの定符号の式も式の平方の和の商の形に表されるのでは
ないかということです．同時に，幾何学上のある種の作図可能性を問う問題に対し
て，それを表示するのに用いられる式の係数を，表された式の係数によって与えら
れた有理域からとることがつねに可能であるかどうかを明らかにすることが望まれ
ます[38]．

　もうひとつ幾何学に関する問題を述べることにしましょう．

18　空間を合同な多面体によって埋め尽くすこと

　平面の運動群であって，その基本領域が存在するものを問題にした場合，考察さ
れている平面がリーマンの（楕円的）平面，ユークリッドの平面，ロバチェフスキー
の（双曲的）平面のどれであるかによって，異なる解答を私たちは手にすることに
なります．楕円的平面の場合，本質的に異なる種類の基本領域は有限個しかなく，
平面全体を隙間なく覆い尽くすのに有限個のそれらと合同な領域で十分であり，さ
らに，この場合の群は実際に有限個の運動だけを含みます．一方，双曲的平面の場
合，本質的に異なる種類の基本領域は無限に存在し，それらは，ポアンカレの多角
形として知られています．平面を隙間なく覆い尽くすことに関しては，無限個の合
同な基本領域が必要です．ユークリッドの平面の場合は，これらの中間にあるとい
えて，基本領域をもつ運動群であって，本質的に異なる種類のものは有限個しかな
いのですが，平面全体を隙間なく覆い尽くすためには，無限個の合同な基本領域が
必要です．

　これらにまさしく対応することが3次元空間においてもみられます．楕円的空間
において運動群は有限であるという事実は，C・ジョルダンの定理[39]から直ちに導
かれる結果であり，この定理自体は，n 変数の線形変換のなす有限群であって本質
的に異なるものの数が，n によって決まるある有限の値を超えないことを示したも
のです．双曲的空間における基本領域をもつ運動群については，すでにフリッケと

---

[36]　*Math. Annalen*, vol. 32.

[37]　*Acta Mathematica*, vol. 17.

[38]　ヒルベルト『幾何学基礎論』（HIlbert, *Grundlagen der Geometrie*）（Leipzig, 1899）の第7章，
　　　特に§38を参照せよ．

[39]　*Crelle's Journal*, vol. 84（1878），及び，*Atti. d. Reale Acd. di. Napoli*（1880）を参照せよ．

クラインが保型関数の理論についての講義の中で研究しています[40]. さらに最終的には, フェドロフ[41], シェーンフリース[42], そして, 新たにローン[43]が, ユークリッド空間においては, 本質的に異なる種類の基本領域をもつ運動群は有限個しかないことの証明を与えました. さて, 楕円的空間と双曲的空間に対する結果およびその証明方法は, 一般の n 次元の場合に対してもそのまま適用可能であるのに対して, ユークリッド空間に対する定理の一般化については, 明確な困難が待ち構えているように思います. したがって, 次に述べる問題に対する研究が待ち望まれます. それは **n 次元ユークリッド空間においても本質的に異なる種類の基本領域をもつ運動群は有限個しかないのか?** という問題です.

それぞれの運動群の基本領域とその群によって生じるその基本領域と合同な領域を合わせることで, 明らかに, 空間を隙間なく埋め尽くすことができます. そこで, 問題が提起されます. それは, **多面体であって, それが運動群の基本領域として現れるものではないにもかかわらず, それを写し取った合同な多面体を適当に配列すれば空間全体を隙間なく埋め尽くすことができるようなものが存在するのか,** というものです. さらに私は, これに関連していて, 数論に対して重要であり, またおそらく, ときには物理学と化学に対しても役に立つであろう次の問題を提示しておきたいと思います. それは, 無限に多くの同じ立体, 例えば, 半径が同じ球, あるいは, 一辺の長さが同じである正四面体を空間 (あるいは, あらかじめ決められた位置) にどのように配列すれば最も密になるのか, すなわち, これらを空間の中にどのように充填すれば, これらが占めている体積の, それらの間の隙間の体積に対する比が最も大きくなるのか? という問題です.

前世紀における関数論の発展を振り返ってみると, まず何よりも, 私たちが現在, 解析関数と呼んでいる関数の集まりの基本的重要性に気づきます——この関数の集まりはおそらく, これからもずっと数学の関心の中心にあり続けるでしょう.

考え得るすべての関数の中から徹底的に研究するのにふさわしい価値をもった関数のなす幅の広い集まりを選び出すにあたって, 立つべき視点は数多くあります. 例えば, **代数的常微分あるいは偏微分方程式によって特徴づけられる関数の集まり**を考えてみましょう. この関数の集まりは, 数論に起源をもっていてそれを研究することが最大級の価値をもつようなある種の関数たちを含んでいないことが見てとれます. 例えば, 前に述べた関数 $\zeta(s)$ は代数的微分方程式を満たさないのですが,

---

40) Leipzig (1897), 第 1 部の第 2 章と第 3 章を参照せよ.
41) 『図形の規則的な系の対称性』(*Symmetrie der regelmässigen Systeme von Figurenn*) (1890).
42) 『結晶の系と結晶の構造』(*Krystallsysteme und Krystallstruktur*) (Leipzig, 1891).
43) *Math. Annalen*, vol. 53.

そのことは，$\zeta(s)$ と $\zeta(1-s)$ との間のよく知られた関係式の助けを借り，ヘルダーが証明した定理[44]，すなわち，$\Gamma(x)$ は代数的微分方程式を満たさないという定理に依れば，容易に示されます．また，$\zeta(s)$ に密接に関係していて，無限級数

$$\zeta(s, x) = x + \frac{x^2}{2^s} + \frac{x^3}{3^s} + \frac{x^4}{4^s} + \dots,$$

で定義される，2 変数 s, x の関数はおそらく代数的偏微分方程式を満たしません．この問題の研究においては，関数等式

$$x\frac{\partial \zeta(s, x)}{\partial x} = \zeta(s-1, x)$$

を用いる必要があるでしょう．

その一方で，算術的あるいは幾何学的な理由によって，連続かつ無限回微分可能な関数全体の集まりを考えることに導かれたならば，それらを研究するにあたって，数学の柔軟な道具たる「べき級数」を用いることも，そして関数が，（たとえ狭い領域においてだとしても）割り当てられた値によって完全に決定されるという状況も，手放さざるを得ないのです．したがって，関数の範囲として前者が狭すぎるのに対して，後者は広すぎるように私には思えます．

一方，解析関数は科学にとって最も価値ある関数を広く含んでいます．すなわち，数論，微分方程式の理論，あるいは代数的関数方程式の理論のいずれに起源をもつものであろうと，あるいは，幾何学に由来するものであろうと数理物理学に由来するものであろうと，すべて含んでいて，したがって，すべての関数のなす領域において，解析関数はまさにゆるぎない優位性を有しているのです．

19　正則な変分問題に対する解はつねに必然的に解析的であるか？

解析関数の理論の基礎領域において最も注目すべきことのひとつは，偏微分方程式であって，その解が必然的に独立変数の解析関数であるもの，すなわち，簡単にいえば，解析関数以外の解を許さない偏微分方程式が存在するという事実であるように私には思えます．この種の偏微分方程式で最もよく知られているのが，ポテンシャル方程式

---

[44] *Math. Annalen*, vol. 28.

$$\frac{\partial^2 f}{\partial x^2} + \frac{\partial^2 f}{\partial y^2} = 0$$

やピカール[45] によって研究されたある種の線形微分方程式, さらには, 微分方程式

$$\frac{\partial^2 f}{\partial x^2} + \frac{\partial^2 f}{\partial y^2} = e^f,$$

および, 極小曲面の偏微分方程式などです. これらの偏微分方程式の多くは, 変分法のある種の問題に現れるラグランジュ型の微分方程式であるという共通する特徴をもっています. すなわち, そのある種の問題とは, 積分

$$\iint F(p, q, z; x, y) dx$$
$$\left[p = \frac{\partial z}{\partial x}, q = \frac{\partial z}{\partial y} \right],$$

を, F 自身は解析関数であって, 議論している範囲にある変数については, 不等式

$$\frac{\partial^2 F}{\partial p^2} \cdot \frac{\partial^2 F}{\partial q^2} - \left(\frac{\partial^2 F}{\partial p \partial q} \right)^2 > 0,$$

が成立するという条件のもと, 最小化せよという変分法の問題です. この種の問題を正則な変分問題とよぶことにしましょう. 幾何学, 力学, それに, 数理物理学において重要な役割を担うのが, 主としてこの正則な変分問題です. そして, 正則な変分問題の解は必然的に解析関数でなければならないのか, という問題が自然に浮かび上がります. 言い換えると, **正則な変分問題におけるラグランジュ型の偏微分方程式は, その解として解析的なものしか許容しないという性質をもつのか?** という問題です. さらに, 例えばポテンシャル関数についてのディリクレ問題のように, 境界値を与える関数について連続ではあるが必ずしも解析的ではなくてもよいと仮定した場合であってもこのようになっているのでしょうか?

ここで, 連続であって無限回微分可能ではあるのに解析的ではない関数によって表される, ガウス曲率が**負**の定数である曲面が存在すること; そしてその一方で, おそらく, ガウス曲率が定数であり, かつ, それが**正**である曲面はどれも必然的に解析的曲面であろうということを付け加えておきます. さらに, 正定数の曲率の曲

---

45) *Jour. de l'Ecole Polytech* (1890).

面は，正則な変分問題——空間内の閉曲線を境界とする閉曲面について，それと同じ閉曲線を境界とする他の定曲面と連結したものの体積が所与の大きさであるようにしながら，その表面積を最小化せよ——に密接に関係しています．

20　一般の境界値問題

　前述の問題に密接に関係していて重要なのが，定義されている領域の境界値があらかじめ与えられている偏微分方程式に対する解の存在を問う問題です．この問題については，大部分はポテンシャルの偏微分方程式に対するH・A・シュワルツ，C・ニューマン，そして，ポアンカレらによる鋭い手法によって解決されています．しかしながらこれらの手法は，境界に沿って，微分係数か，あるいはそれらと関数の値の間の関係かのどちらかが与えられている，といった場合への直接的な拡張は一般には可能ではないように見えます．それだけでなく，問われているのがポテンシャル曲面についてではなくて，例えば，所与の捩れた曲線を境界とする，あるいは，所与の環面上に張られるような最小曲面あるいは正の定曲率の曲面である場合へは，ただちに拡張できないようです．これらの存在定理については，その本質がディリクレの原理によって示される一般的な原理によって証明されるであろうと，私は確信しています．そうであればこの一般的な原理は，おそらく次のような問題に着手するのを可能とするでしょう，すなわち，**境界値が与えれた正則な変分問題は，その境界条件についてのある種の仮定**（例えば，それらの境界条件についての関数が連続である，あるいは，それらが区間上では1階またはそれ以上の階数微分可能であるなどの仮定）**が満たされていて，さらに，解の概念は**（もし必要なら）**それを適切に拡張するとしても，解をもたないことがあるのだろうか？**[46]という問題です．

21　与えられたモノドロミー群をもつ線形微分方程式が存在することの証明

　一個の独立変数 z の線形微分方程式の理論において，私はひとつの重要な問題を提示したいと思うのですが，それは，間違いなく，リーマン自身も心に描いたであろう問題です．その問題は以下の通りです：**与えられた特異点とモノドロミー群をもつフックス型の線形微分方程式がつねに存在することを示せ**．この問題は，変

---

46) 私の講義録『ディリクレの原理について』（*On Dirichlet's principle*），*Jahresber d. Deutschen Math-Vereinigung*, vol. 8（1900）の184項を参照せよ．

数zの関数であって，与えられた特異点を除いた複素z平面全体において正則であり，それらの点においては関数は有理関数程度の無限大となり，また変数zがそれらの点のまわりを周回するときには与えられた線形変換を受けるようなものをn個生成することを要求しています．このような微分方程式の存在は，おそらく，定数を数え上げることで示されるだろうと考えられてきましたが，しかしながら厳密な証明はいまに至るまで，与えられた線形変換の基本方程式の解がすべて絶対値が1であるという特別な場合に対するものしか得られていません．L・シュレジンジャーがこの証明を与えたのですが[47]，彼はフックスのζ関数についてのポアンカレの理論に基づいてそれを成し遂げました．ここで概略を述べた問題を，もしも何らかのまったく一般的な手法によって乗り越えることができたならば，線形微分方程式の理論は，明らかなことですが，より洗練された装いを身につけることになるでしょう．

22 保型関数による解析的関係の一意化

ポアンカレがそれを証明した最初の人なのですが，2変数の間のいかなる代数的関係も，1変数の保型関数を用いることでつねに一意化できます．すなわち，2変数の代数方程式が任意に与えられたならば，それぞれ，これらの変数に代入するとその与えられた代数方程式が恒等的に成り立つような2つの1変数1価保型関数を見つけることがつねに可能です．この基本的定理の，2つの変数の間の関係が代数的ではなく解析的である場合への一般化もまた同じくポアンカレ[48]によって試みられ，成功を収めるところとなりましたが，それは最初に述べた特別な場合において彼の役に立った手法とはまったく異なる手法によってです．しかしながらそのポアンカレによる2変数の間の任意の解析的関係が一意化可能であることの証明からは，一意化のための関数を，それらがある種の付加すべき条件に合致するように決定できるかどうかは明白にはならないのです．すなわち，1つの新しい変数の2つの1価関数を，この変数がこれらの関数が正則である領域上を渡って値をとることによって，与えられた解析的領域のすべての正則な点が実際に到達され，結果として，そのような点全体がこのようにして表されるように選択できるかどうかは，ポアンカレの証明によっては説明されないのです．それどころか，ポアンカレの研究からは，分岐点の他に，一般には解析的領域の離散的例外点であって，それらに対

---

[47] 『線形微分方程式論便覧』（*Handbuch der Theorie der linearen Differentialgleichungen*），vol. 2, part 2, No. 366.

[48] *Bull. de la Soc. Math. de France*, vol. 11（1883）.

しては新しい変数をその関数のある種の極限点に近づけることによってのみ到達できるようなものが無限に多く存在するように思われるのです．ポアンカレによる定式化がこの問題に対してもつ**本質的な重要性**を鑑みれば，この困難を解明し，そして解消することが，まったく待ち望まれるべきことのように私には思えるのです．

この問題に関連して，3変数あるいはそれよりも多くの複素変数の間の代数的関係あるいは任意の解析的関係の一意化もまた問題となるのですが，この問題については，多くの特別な場合において解決可能であることが知られています．この問題の解決に向けては，2変数の代数的関係についてのピカールの新しい研究を歓迎すべき重要な先駆的研究とみるべきでしょう．

23 変分法のさらなる展開

ここまでのところ，私は可能な限り明確かつ限定的なかたちの問題を述べてきました．それは，まさにこのような明確かつ限定的な問題が私たちを最も強く引きつけ，また，しばしば科学に対して最も長く影響を与え続けるという見解にしたがってのことであります．それにもかかわらず，ある一般的な問題，すなわち，この講演においてここまで繰り返し触れてきた数学の1つの分野——その分野に対して，近年，ワイエルシュトラスによって注目に値する成果がもたらされたにもかかわらず，私見ではありますが，然るべき正当な評価をこの分野は受けてはいないと思うのです——を指し示すことで，この講演を締めくくるべきであると私は考えています．私が言っているのは変分法のことです[49]．

この分野に対する関心が薄いことの理由のひとつは，おそらく，信頼できる現代的な教科書が足りていなかったことにあるでしょう．したがって，ごく最近に研究論文を発表したクネーザーが，その中で現代的視点に立ち，かつ，厳格さにおいて現代的基準をみたすかたちで変分法を扱ったことは大いに賞賛に値します[50]．

変分法とは，最も広い意味では，関数の変分に関する理論であり，微分法と積分

---

[49] 教科書としては，モワニョとリンデレーエフの『変分法講義』（Moigno–Lindleöf, *Leçons du calculus des variations*）（Paris, 1961），および，クネーザーの『変分法教程』（A. Kneser, *Lehrbuch der Variations-rechung*）（Braunschweig, 1900）を参照せよ．

[50] この論文の内容を示唆するものとして，次のことを註記しておく．この問題の最も単純な場合に対して，クネーザーは，積分区間の一方が変数である場合も含めて，極値が存在するための十分条件を導き出している．また，その極値に対するヤコビの条件の必要性を証明するために，彼はこの問題の微分方程式をみたす曲線群の包絡線を導入している．さらに，クネーザーがワイエルシュトラスの定理を，微分方程式により定義されるこのような数量の極値を調べるためにも用いているのは特筆に値する．

法の必然的拡張として生まれるべくして生まれたものです．その意味において，例えばポアンカレの3体問題についての研究は，すでに知られている惑星の軌道から，変分法の原理に基づいて，同じような性質の新しい軌道を導き出したという点で，変分法の1つの章を成すものと言えます．

この講演の冒頭に述べた変分法についての一般的な言明を支えるべく，ここで手短に説明を加えたいと思います．

純粋に変分法の問題といえるものの中で最も単純なものは，変数 x の関数 y で，定積分

$$J = \int_a^b F(y_x, y; x)dx, \qquad y_z = \frac{dy}{dx}$$

において，y を，y とは別の x の関数であるが最初の値と最後の値は y と同じであるものに置き換えて定積分の値を比較したときに，その値を最小にするものを見つけよ，というものです．

通常の意味の第1変分の消滅

$$\delta J = 0$$

は，求めるべき関数 y についてのよく知られた微分方程式

$$\frac{dF_{yx}}{dx} - F_y = 0, \tag{1}$$

$$\left[F_{yx} = \frac{\partial F}{\partial y_x}, F_y = \frac{\partial F}{\partial y} \right].$$

を与えます．

求めようとしている最小値の存在のための必要かつ十分な判定条件をさらに詳しく調べるために，積分

$$J^* = \int_a^b \{F + (y_x - p)F_p\}dx,$$

$$\left[F = F(p, y; x), F_p = \frac{\partial F(p, y; x)}{\partial p} \right].$$

を考えます．そして，この積分 J^* の値が積分経路に独立である，すなわち，変数 x の関数 y の選択の仕方にはよらないように x と y の関数 p を選ぶにはどのようにすればよいのか，を問うのです．積分 J^* は，

$$J^* = \int_a^b \{Ay_x - B\}dx,$$

という形をしています. ここで, A と B は y を含んでいません. 第 1 変分の消滅

$$\delta J^* = 0$$

は, 問題の新しい定式化が要求する意味においては, 方程式

$$\frac{\partial A}{\partial x} + \frac{\partial B}{\partial y} = 0,$$

を与えます. すなわち, 2 変数 x, y の関数 p に対する 1 階偏微分方程式

$$\frac{\partial F_p}{\partial x} + \frac{\partial (pF_p - F)}{\partial y} = 0. \tag{1*}$$

を得るのです. 2 階常微分方程式 (1) と 1 階偏微分方程式 (1*) は互いに密接な関係にあります. その関係は, 次の簡単な式変形から, 直ちに明らかになります.

$$\begin{aligned}
\delta J^* &= \int_a^b \{F_y \delta y + F_p \delta p + (\delta y_x - \delta p)F_y + (y_x - p)\delta F_p\}dx \\
&= \int_a^b \{F_y \delta y + \delta y_x F_p + (y_x - p)\delta F_p\}dx \\
&= \delta J + \int_a^b (y_x - p)\delta F_p \, dx.
\end{aligned}$$

　このことから, 次のようないくつかの事実が導き出されます. すなわち, もし, 2 階常微分方程式 (1) から**単一**の積分曲線族を構成し, 次に, 1 階常微分方程式

$$y_x = p(x, y) \tag{2}$$

であって, これもまた上に述べた積分曲線族を解とするようなものをつくったならば, 関数 $p(x, y)$ はつねに 1 階偏微分方程式 (1*) の積分解になっています. また逆に, もし $p(x, y)$ が 1 階偏微分方程式 (1*) の解を表しているとすれば, 1 階常微分方程式 (2) の非特異な積分解はすべて, 同時に 2 階微分方程式 (1) の積分曲線になっています. あるいは, 簡単にいえば, もし $y_x = p(x, y)$ が 2 階常微分方程式 (1) の 1 階積分方程式であるならば, $p(x, y)$ は偏微分方程式 (1*) の積分解を表していて, その逆も成り立ちます. 2 階常微分方程式 (1) の積分曲線は, したがって, 同時に 1 階偏微分方程式 (1*) の特性曲線でもあるのです.

いま考えている場合については，上に述べたのと同じ結果を簡単な計算によって導くことも可能です．実際，簡単な計算により，問題の微分方程式 (1) と (1*) はそれぞれ

$$y_{xx}F_{y_xy_x}+y_xF_{y_xy}+F_{y_xx}-F_y = 0, \tag{1}$$

$$(p_x+pp_y)F_{pp}+pF_{py}+F_{px}-F_y = 0, \tag{1*}$$

の形で与えられるからです（ただし，下付きの添え字は，x, y, p, y_x に関する偏微分を表します）．すでに確認された上の関係が正しいことは，これにより明らかです．

先に導出し，たったいま証明したばかりの 2 階常微分方程式 (1) と 1 階偏微分方程式 (1*) の間の密接な関係は，私の見るところでは，変分法にとって本質的な意味をもっています．なぜなら，積分 J^* は積分経路に対して独立であるという事実から，

$$\int_a^b\{F(p)+(y_x-p)F_p(p)\}dx = \int_a^b F(\bar{y}_x)dx, \tag{3}$$

が従います．ただし，左辺の積分は任意の積分経路 y に沿ったものとし，一方，右辺の積分の積分経路は，微分方程式

$$\bar{y}_x = p(x, \bar{y}).$$

の積分曲線 $\bar{y}$ に沿ったものであるとします．方程式 (3) の助けを借りれば，ワイエルシュトラスの公式

$$\int_a^b F(y_x)dx-\int_a^b F(\bar{y}_x)dx = \int_a^b E(y_x, p)dx, \tag{4}$$

に到達します．ここで，E は，y_x, p, y, x によって決まる，ワイエルシュトラスの表示式

$$E(y_x, p) = F(y_x)-F(p)-(y_x-p)F_p(p).$$

を表しています．したがってその解決が，いま考えている積分曲線 $\bar{y}$ のある近傍において 1 価であり，かつ，連続であるような積分解 $p(x, y)$ を見つけることだけに依拠していることから，まさにいま示した関係式から直ちに——すなわち，第 2 変分を導入する必要なしに，微分方程式 (1) に対する極過程を適用するだけで——ヤコビの条件の表示式が導かれ，さらに，次の問題の答えへと導かれることがわか

数学の問題　559

ります：このヤコビの条件は，ワイエルシュトラスの条件 $E > 0$ と併せて，最小値が存在するうえでどの程度にまで必要，あるいは，十分であるのか？

　ここに示唆したような発展は，これ以上の計算を必要とすることなく，必要とされる関数の数が2個，あるいは，それよりも多い場合，および，2重積分，あるいは，それよりも多重の積分の場合へと拡張されるでしょう．例えば，与えられた領域 ω における2重積分

$$J = \int F(z_x, z_y, z ; x, y)d\omega, \quad \left[z_x = \frac{\partial z}{\partial x}, \quad z_y = \frac{\partial z}{\partial y}\right]$$

の場合には，（通常の意味で理解された）第1変分の消滅

$$\delta J = 0$$

は，x と y を変数とする未知の関数 z に対するよく知られた2階微分方程式

$$\frac{dF_{z_x}}{dx} + \frac{dF_{z_y}}{dy} - F_z = 0, \tag{I}$$

$$\left[F_{z_x} = \frac{\partial F}{\partial_z}, \quad F_z = \frac{\partial F}{\partial_{z_y}}, \quad F_z = \frac{\partial F}{\partial_z}\right],$$

を与えます．

　一方，積分

$$J^* = \int \{F + (z_x - p)F_p + (z_y - q)F_q\}d\omega,$$

$$\left[F = F(p, q, z ; x, y), \quad F_p = \frac{\partial F(p, q, z ; x, y)}{\partial p}, \quad F_q = \frac{\partial F(p, q, z ; x, y)}{\partial q}\right],$$

を考えて，この積分の値が，与えられた振れた閉曲線を境界とする曲面の選択の仕方には独立である，すなわち，x と y を変数とする関数 z の選択の仕方に独立であるようにするには，x, y, z を変数とする関数 p, q をどのように選べばよいのかを問うてみます．

　　積分 J^* は

$$J^* = \int \{Az_x + Bz_y - C\}d\omega$$

の形をとり，第1変分の消滅

$$\delta J^* = 0,$$

は，問題の新しい定式化が要求する意味において，方程式

$$\frac{\partial A}{\partial x} + \frac{\partial B}{\partial y} + \frac{\partial C}{\partial z} = 0,$$

を与えます．すなわち，3変数 x, y, z の関数 p, q に対する1階微分方程式

$$\frac{\partial F_p}{\partial x} + \frac{\partial F_q}{\partial y} + \frac{\partial (pF_p + qF_q - F)}{\partial x} = 0.$$

を得るのです．

この微分方程式と，方程式

$$z_x = p(x, y, z), \quad z_y = q(x, y, z),$$

から得られる偏微分方程式

$$p_y + qp_z = q_x + pq_z, \tag{I*}$$

を合わせて考えるとわかるように，2変数 x, y の関数 z に対する偏微分方程式 (I) と3変数 x, y, z の2つの関数に対する2つの1階偏微分方程式のなす連立の系 (I*) は互いに，単積分の場合の微分方程式 (1) と (1*) との関係にまったく類似した関係にあります．積分 J^* は積分曲面 z の選択の仕方に独立であるという事実から，

$$\int \{F(p, q) + (z_x - p)F_p(p, q) + (z_y - q)F_q(p, q)\} d\omega = \int \{F(\bar{z}_x, \bar{y})\} d\omega,$$

が従います．ただし，右辺の積分は，偏微分方程式

$$\bar{z}_x = p(x, y, \bar{z}), \quad \bar{z}_y = q(x, y, \bar{z});$$

の積分曲面 $\bar{z}$ 上に取ります．そして，この等式の助けを借りれば，直ちに，等式

$$\int F(z_x, z_y) d\omega - \int F(\bar{z}_x, \bar{z}_y) d\omega = \int E(z_x, z_y, p, q) d\omega, \tag{IV}$$

$$[E(z_x, z_y, p, q) = F(z_x, z_y) - F(p, q) - (z_x - p)F_p(p, q) - (z_y - q)F_q(p, q)],$$

に到達しますが，これは，前に与えられた，単積分に対する等式 (4) と同じ役割を

2重積分の変分に対して果たします．そしてこの等式の助けを借りると，ヤコビの条件にワイエルシュトラスの条件 $E > 0$ を合わせたものが，最小値が存在するためにどの程度に必要なのか，あるいは，十分であるのか，という問題に答えることが可能となるのです．

これらの発展には，A・クネーザー[51]がワイエルシュトラスとは別の視点から始めて，ワイエルシュトラスの理論を修正したものが関連しています．ワイエルシュトラスは，極値が存在するための十分条件を導くのに，方程式 (1) の定点を通る積分曲線たちを用いたのに対して，クネーザーは，そのような曲線たちの族を考え，その各々の族に対して，その族を特徴づけるような，ヤコビ–ハミルトン方程式の一般化と解釈されるべき偏微分方程式の解を構成しています．

ここに述べた諸問題は，単に問題の見本例にすぎません．しかしながら，今日の数学がいかに豊穣であるか，いかに多様であるか，そして，いかに広大であるかはこれらで十分に示されているでしょう．その一方で，これらの問題によって私たちはひとつの懸念，すなわち数学もまた，いくつもの細かな分野へと分裂していき，その結果，各分野を代表する者たちは互いのことをほとんど理解せず，分野間の関係がますます希薄になっていった他の科学と同じような運命をたどるのではないかという懸念をもたざるを得ないのです．私は，そうなると信じていないですし，ましてや，そうなってほしいとも思っていません．数理科学は，私の見解ですが，互いに分かつことのできない要素が集まってできた統一体あるいは有機体であって，その生命はそれを構成する要素たちの互いの関係の上に宿っているのです．実際，多様な数学上の知識全体を見渡してみたならば，論理上の方策の間にある相似性，数学全体を通しての**アイデアの関連性**，異なる分野にある数多くの類似性といったものの存在を明瞭に感受することができます．また，ひとつの数学の理論が発展すればするほど，その構造はより調和のとれた，よりまとまりのあるものとなり，さらに，それまではまったく別のものと考えられていた分野の間に予想しなかったような関係が新たに見出されることに気づかされます．このように，数学が拡大するとき，その有機体としての本質は決して失われることはなく，むしろ，その本質がより鮮明に現れるのです．

しかし，それゆえに，私たちは問うのです，数学上の知識が拡大していくと，ついには，一人の研究者がこの知識をすべての部門にわたって把握することはできな

---

[51] 前掲した彼の教科書の第14章，第15章，第19章，第20章を参照せよ．

くなるのではないか？　この問いに対する答えとして私が指摘しておきたいのが，本質的な進歩はどれもそれと密接に関係する思考上のより鋭利な道具とより簡明な方法を伴うものであり，同時にその進歩は私たちにそれ以前の理論をより良く理解することを促し，またそれが古くて煩雑な結果を駆逐してしまうということが，数理科学の本性にいかに深く結びついているかという点です．それゆえに個々の研究者は，これら鋭利な道具，あるいは，より簡明な方法を我がものとすることができたときには，数学の幅広い諸分野において自らの道を容易に見出すことも，おそらく他の科学におけるよりは可能なことでしょう．

　数学の有機的統一性は，この科学が生まれながらにしてもっている本性です．なぜなら，数学は自然現象に関するあらゆる厳密な知識の基礎となるものだからです．数学のこの崇高な使命が完全に遂行されるために，新しい世紀が才能に溢れた指導者と情熱に満ちた学究の徒をもたらすことを願います．

原 註

　主な参考文献は，ほぼすべて本文中に記されている．知識ある読者のために，どのような資料を私が使ったのかについての道しるべをできるだけ本文に残すように努めた．ここでは補足説明と引用元を記すが，それも比較的簡潔にまとめるようにした．1 人の著者が付録の「参考文献」に複数回現れる場合，以下の註では該当する項目の年を付記して紛らわしくないようにした．情報を提供してくれた人たちとは，電話，電子メール，あるいは，従来の郵便でやり取りをした．たいていは，私が書いたものを相手に送り，それが正しいかどうかを確認してもらうという形である．多くの場合，本文中の個々の記述は，情報を提供してくれた人たちとの複数回のやり取りをもとにしている．そのため，そのやり取りの過程を，しばしば，「個人的やり取り (private communication)」と表現している．

この本の読み方について

　1) Reid 1986, p. 168.

座標軸の原点

　この章は，主としてコンスタンス・リードの著したヒルベルトの伝記とワイルによるヒルベルトの業績に関する評論を参考にしている．

　1) Reid 1986, p. 12.
　2) Reid 1986, p. 14.
　3) Reid 1986, p. 17.
　4) Reid 1986, p. 19.
　5) Reid 1986, p. 27.
　6) Reid 1986, p. 28.
　7) Reid 1986, p. 34.
　8) Weyl 1944, p. 622-623.
　9) Reid 1986, p. 40.
10) Minkowski in Reid 1986, p. 40.
11) Reid 1986, p. 47.
12) Reid 1986, p. 53.
13) Weyl 1944, p. 635.
14) Reid 1986, p. 57.
15) Weyl 1944, p. 636.
16) Weyl 1944, p. 636.
17) Reid 1986, p. 96.
18) Reid 1986, p. 115.
19) Reid 1986, p. 137.

20) Reid 1986, p. 144.
21) Reid 1986, p. 143.
22) Reid 1986, p. 142.
23) Weyl in Reid 1986, p. 216.
24) Reid 1986, p. 205.
25) Reid 1986, p. 209.
26) Reid 1986, p. 168.

では集合論から始めましょうか？

　カントールの伝記については主にドーベンとグラッタン＝ギネスの書に拠った．

　1) Dunham, p. 142.
　2) 表記法に関する資料 *Britannica* 1910–1911 in "Algebra" vol. 1, p. 619. 私がここで言いたいのは，どの記号についても，どこかの時点で誰かがそれを導入したということだ．さらに詳細を知りたい読者は，フロリアン・カジョリ (Florian Cajori) の 2 巻から成る『数学記号の歴史 (*A History of Mathematical Notations*)』を見るとよい．
　3) Bell, p. 569.
　4) カントールの引用「……（ニュートンのような）天才による偉大な成功は，その天才がいかに深い信仰の持ち主であろうとも，それ自体が真の哲学的かつ歴史的精神と結び付かないうちは，その成功とともに人類にもたらされるであろう善が，……」については，ドー

ベンによる引用は少し違っていて「……と結び付かないうちは（when it is not united）」のところが「いまや……と結び付いたとき（when is now united）」となっている．この点についてドーベン自身に問い合わせたところ，彼による引用の方に誤りがあることを教えてくれた．Dauben, p. 295.

5）Reid 1986, p. 177.
6）Dauben, p. 284.

私は嘘をついている（数学は無矛盾である）

ドーソン，フェファーマン，ルドルフ・ゲーデル，クレイゼル，タウスキー＝トッド，そして，ワンがこの章の人物評伝に関する最も重要な情報提供者である．私がこの章の初稿を書き上げたのは，ドーソンによる優れたゲーデル伝が出版される前だった．それが出版されたとき，私は彼による伝記に照らして自分の書いたものの誤りをチェックし，また，いくつかの箇所に加筆もした．

1）Hilbert second problem.
2）Brouwer, p. 4.
3）Troelstra.
4）Arnold 1995p. 7–8.
5）Weyl in Van Dalen, p. 147.
6）Wang, p. 54.
7）「1913 年，クルトが 7 歳のとき，家族は美しい庭園のある邸宅を建てた．」から始まる段落全体とこれに続く段落はルドルフ・ゲーデルの書いた文書の情報に基づいている．
8）Kreisel 1980, p. 153.
9）Kreisel 1980, p. 153.
10）Kreisel 1980, p. 153.
11）Wang, p. 77.
12）Taussky-Todd, p. 32.
13）Rudolf Gödel, p. 20.
14）Wang, p. 54–59 を見よ．
15）Cohen, p. 13.
16）Cohen, p. 16.
17）Davis, private communication.
18）Dawson 1997, p. 108.
19）van Heijenoort, p. 416.
20）Kolmogorov 1991, p. 454.
21）Gödel, vol. 3, p. 377.
22）Moore in *Dictionary* article on Gödel〔*Dictionary* の「Gödel」の項の記述にある Moore のくだり，を指す．以下，「Moore in *Dict.* Gödel」「Moore *Dict.* Gödel」などと

略記されている場合もある〕．
23）Kreisel 1980, p. 158.
24）Taussky-Todd, p. 39.
25）Kreisel 1980, p. 154.
26）Dawson 1984, p. 13.
27）Kreisel 1980, p. 152.
28）Taussky-Todd, p. 33.
29）Kreisel 1980, p. 156.
30）Dawson 1984, p. 15.
31）Dawson 1984, p. 15.
32）Wang, p. 100, 彼自身の表現．
33）Kreisel 1980, p. 157.
34）Straus, p. 422.
35）Wang, p. 31.
36）Kreisel 1980, p. 152.
37）Straus quoted in Wang, p. 32.
38）Feferman, p. 12.
39）Kreisel, p. 160.
40）Dawson 1997, p. 253.
41）Wang, p. 133.
42）Feferman, p. 32.

完璧なスパイ

私は何度となく電話でコーエンに話を聞く機会をもったが，大半の情報は 1996 年に得たものである．また，私たちは 2001 年の段階の原稿についてかなり長い時間をかけて話し合った．

1）Rice, p. 42.
2）Lewis, p. 51.
3）Lewis, p. 115.
4）Russell in van Heijenoort, p. 124.
5）*Dict.* on Skolem.
6）van Heijenoort, p. 299.
7）Skolem in van Heijenoort, p. 300.
8）Skolem in van Heijenoort, p. 300–301.
9）Wang, p. 271.
10）Wang, p. 108.
11）van Heijenoort, p. 202.
12）Royden, p. 18.
13）Moore 1982, p. 76.
14）Moore *Dict.* Gödel.
15）MMP, p. 43.
16）MMP, p. 44.
17）phone conversation 2001.
18）MMP, p. 45.
19）MMP, p. 45.
20）MMP, p. 46.

原 註　565

21) MMP, p. 47.
22) MMP, p. 48.
23) MMP, p. 48.
24) private communication.
25) Weil, p. 126.
26) MMP, p. 128-129.
27) phone conversation 2001.
28) Moore 1988, p. 155.
29) Moore 1988, p. 155.
30) MMP, p. 52.
31) Moore 1988, p. 161.
32) MMP, p. 54.
33) MMP, p. 55-56.
34) private communication.
35) Moore 1988, p. 155.
36) MMP, p. 53.
37) Moore 1988, p. 157.
38) Moore 1988, p. 161.
39) Moore 1988, p. 157-158.
40) Moore 1988, p. 159.
41) Cohen, p. 105. パラフレーズしてある. 強調
　　は本書筆者による.
42) Cohen, p. 107.
43) Cohen, p. 148.
44) Moore 1988, p. 160 or Cohen, p. 117.
45) Moore 1988, p. 164.
46) Moore 1988, p. 159.
47) Cohen, p. 148.
48) Baumgartner, p. 462.
49) MMP, p. 58.
50) private communication.

これってコンピュータでできないの？

　マチャセヴィッチとデイヴィスとは実に多くの
手紙のやり取りをしたし、それよりも数は少ない
がパトナムとも手紙のやり取りをした. また、デ
イヴィスとパトナムとは実際に会って話もした.
ハーバード大学は、その出版局が保有していた書
類——切り抜きや報道発表など——から、パトナ
ムに関する有益な情報を私に送ってくれた.

1) Davis 1982, p. 4.
2) Kleene in Davis 1982, p. 9.
3) Turing in Davis 1965, p. 135.
4) Post in Davis 1965, p. 373.
5) Davis 1982, p. 22.
6) Davis 1993, p. xxiv.
7) Post in Davis 1965, p. 289.

8) Boone et al., p. x.
9) private communication.
10) Davis 1993, p. xiii.
11) Davis 1993, p. xiv.
12) Davis 1993, p. xiv.
13) Preface Reid 1996.
14) Reid 1996, p. 11.
15) Reid 1996, p. 19.
16) Reid 1996, p. 27.
17) Reid 1996, p. 43.
18) Reid 1996, p. 45.
19) Reid 1996, p. 45.
20) Davis, private communication.
21) Smorynski, p. 78.
22) Quine, p. 45.
23) Davis 1993, p. xiv.
24) Davis 1993, p. xiv-xv.
25) Davis 1993, p. xvi.
26) Davis 1993, p. xvi.
27) Sanoff.
28) Davis 1993, p. xiii.
29) Reid 1996, p. 69.
30) Matiyasevich, private communication.
31) Matiyasevich, private communication.
32) クレイゼルは、デイヴィス、パトナム、ロビ
　　ンソンの論文について、米国数学会誌
　　Mathematical Review で次のように書いて
　　いる.「これらの結果は表面的にしか、（通常
　　の、すなわち、非指数的な）ディオファント
　　ス的方程式についてのヒルベルトの第10問
　　題には関連していないように見える. 著者た
　　ちによるその証明は、とてもエレガントなも
　　のではあるが、数論、あるいは、r.e.（帰納
　　的可算［recursuvely enumerable]）集合に
　　ついての深遠な内容が用いられている. そ
　　のため、それらの結果はヒルベルトの第10
　　問題と密接には関係していないと思われる.
　　また、すべての（通常の）ディオファントス
　　問題が一様に、特定の次数の特定の数の変数
　　の場合に帰着されるというのは、もしすべて
　　の r.e.集合がディオファントス的であるなら
　　ばそうなっているであろうが、実際には必ず
　　しもそうは言えなさそうである.」
33) Matiyasevich 1992, p. 40.
34) Preston.
35) Kaplansky, p. 71.

原典をひもとく最初の解決者

　私は，2000 年にデーンの 3 人の子ども，ヘルムート，マリア・デーン・ペータース，エヴァ・デーンと対話したし，また，彼らにインタビューもした．

　同じ 2000 年にトルーマン・マックヘンリーに話を聞き，また，手紙のやり取りもした．

　同じく 2000 年にピーター・ネメニイに二度，電話でインタビューした．私はポール・チェシンと電子メールで手紙のやり取りをした．

　ノースカロライナ州ローリー市のブラック・マウンテン文書局（the Black Mountain Archive at the Department of Cultural Resources）から数多くの文書の複写を送ってもらった．

1) Weil, p. 52.
2) Helmut Dehn interview.
3) Fisher in *Dict.*.
4) Magnus, p. 132.
5) Sah, preface.
6) Boltianskii, p. 100.
7) Helmut Dehn. ヘルムートは通りすがりの米軍大将とのあいだでこれと似たような経験があるという．
8) Maria Dehn Peters from a letter.
9) Stillwell, p. 971.
10) Siegel 1965, p. 10.
11) Weil, p. 52–53.
12) Weil, p. 53.
13) Dehn, p. 25.
14) Maria Dehn Peters in Stillwell 1999, p. 967.
15) フランクフルトでの生活に関する資料は 3 人の子どものものであり，具体的な引用元については本文に示した．
16) Maier, p. 33.
17) Siegel 1965, p. 10.
18) Siegel 1965, p. 10.
19) Eva Dehn interview.
20) Siegel 1965, p. 14.
21) Siegel 1965, p. 14.
22) Siegel 1965, p. 15.
23) Siegel 1965, p. 17.
24) Maria Dehn Peters in Stillwell 1999, p. 976.
25) Siegel 1965, p. 18.
26) Siegel 1965, p. 24.
27) Siegel 1965, p. 21.
28) インタビューのより完全な書き起こしは Martin Duberman を参照．

29) 同上の書き起こしの中のコーククランの発言．Martin Duberman 参照．
30) ［ダルバーグがデーンとの会話を楽しんでいたというくだり］Duberman, p. 305.
31) Chessin e-mail.
32) Nemenyi interview.
33) MacHenry private communication.
34) MacHenry private communication.
35) Mildred Harding, p. 86.
36) MacHenry e-mail.
37) 彼はウィスコンシン大学から 2750 ドル受け取った．ウィスコンシン大学提供の資料による．
38) Duberman, p. 366.

果てしない距離の問題

　私は 1999 年，電子メールを用いて何回かにわたってポゴレロフにインタビューを行った．

1) Busemann in *Proceedings,* p. 131.
2) Reid 1986, p. 330.
3) Reid 1986, p. 377.
4) Dembart.
5) Pogorelov, p. 2.
6) Pogorelov e-mail.
7) Pogorelov e-mail.
8) Pogorelov e-mail.
9) Pogorelov, p. 7.
10) Alvarez e-mail.

見返りの大きな投資

●グリーソン

　グリーソンとは 2000 年から 2001 年にかけて電話でインタビューしたほか，手紙のやり取りもした．

　ハーバード大学が，その出版局が保有していた書類——切り抜きや報道発表など——から有益な情報を私に送ってくれた．

1) Weil 1950, p. 295.
2) Harvard Gazette.
3) Kaplansky, p. 19.
4) C. T. Yang in *Proceedings,* p. 143.
5) private communication.
6) MMP, p. 81.
7) private communication.
8) MMP, p. 82.

原註　567

9) MMP, p. 82.
10) MMP, p. 83.
11) private communication.
12) private communication.
13) MMP, p. 88.
14) Gleason, p. 194.
15) private communication.
16) Nasar, p. 146.
17) MMP, p. 86.

●モンゴメリ
　モンゴメリに関する内容の大半は高等研究所の発行した小冊子『ディーン・モンゴメリ 1909-1992（*Dean Montbomery 1909-1992*）』に依拠している．研究所のメアリー・ジェーン・ヘイズは，親切にその写しを私に送ってくれた．モンゴメリが最期の時期をすごしたノースカロライナ大学のジム・スタシェフとは電子メールでやり取りをした．さらにミネソタ州のカウンティー・レコードにもとづいて，いくつか不明だった部分を埋めることができた．モストウとは手短ではあるが電話で話をした．

18) 郵便局に直接電話して教わった．
19) Mostow, p. 12.
20) Mostow, p. 12.
21) Mostow, p. 12.
22) Mostow, p. 13.
23) Selberg, p. 4.
24) Borel, p. 685.
25) Mostow, p. 13.
26) ラウル・ボットはあるパーティの最後をモンゴメリとともに過ごしたことを振り返っている．Bott, p. 22.
27) James Stasheff, private communication.
28) Yang, p. 15.

●ジッピン
　私はジッピンの2人の娘さん，ニーナ・ベイムとヴァージニア・ネルフードの電話でインタビューをし，また，電子メールを交換した．
　セントラル・ハイスクールのことは，かつてこの高校で歴史を教えていたサンダース博士の話によるものである．
　高等研究所のメアリー・ジェーン・ヘイズはジッピンの CV（職務経歴書）の写しとジッピンの記録ファイルにあるいくつかの情報を提供してくれた．また，クイーンズ・カレッジのダイアモンド教授からも追加の情報を受け取った．

29) Narehood e-mail.
30) Zippin の追悼冊子より．

くっついたり，離れたり——物理学と数学

1) Weyl 1944, p. 653.
2) Wightman in *Proceedings,* p. 147.
3) Lewy in MMP, p. 184.
4) Dyson, p. 635. この口頭の表現は彼の友人レス・ヨストの言がもとになっている．
5) Preface in *The Arnold-Gelfand Mathematical Seminars.*
6) Dyson e-mail 1999.

はじめに主題ありき

1) Kac, p. 92.
2) Ulam, p. 134-5.
3) Ulam, p. 174.
4) Ulam, p. 179.
5) Ulam, p. 135.
6) Pach, p. 42.
7) Stewart, p. 232.
8) Hardy, p. 131.
9) Weyl 1944, p. 634.
10) Dunham, p. 83.
11) ラマヌジャンからハーディへの手紙より．

それぞれの条件を超えて

1) Gelfond, p. 1.
2) 最初に述べた奇妙な数は，誤差と比較すると，$1/10$ により非常によく近似され，$1/10^{10}$ ではさらによく近似され，$1/10 + 1/10^{10} + 1/10^{10^{10}}$ では驚くほどよく近似される……などとなる．したがって，これが代数的でないことがわかる．

●ジーゲル
　私はジーゲルについてナターシャ・ブランズウィックと話をし，また，カリン・アルティン，トム・アルティン，マイケル・アルティンらからも話を聞いた．

3) Braun, p. 19.
4) Hlawka, p. 509.
5) Siegel 1968, p. 64.
6) Hlawka, p. 509.
7) Braun, p. 18.

8) Braun, p. 19.
9) Siegel 1968, p. 64.
10) Siegel 1968, p. 64.
11) Thue, p. xxx.
12) Siegel in 1968, p. 64.
13) Weil, p. 127.
14) Braun, p. 20.
15) Hlawka, p. 374.
16) Schneider, p. 148.
17) Braun, p. 21.
18) Braun, p. 20.
19) Grauert, p. 218.
20) Reid 1986, p. 310.
21) Reid 1986, p. 165.
22) Braun, p. 21.
23) Natascha Brunswick interview.
24) Hlawka, p. 510.
25) Dieudonné in *Dict*. Siegel, p. 827.
26) Schneider, p. 52.
27) Schneider, p. 152.
28) Silverman, Tate, p. 6.
29) Braun, p. 21-22.
30) Eva Dehn interview.
31) Braun, p. 7.
32) Braunb, p. 35-6.
33) Braun, p. 35-6.
34) Braun, p. 40-41.
35) Dieudonné in *Dict*. Siegel, p. 829.
36) H. Moser.
37) Braun, p. 44.
38) Davenport., p. 77.
39) Grauert, p. 218.
40) 20代前半の頃，ジーゲルはハッセとの会話の中でこう話していた．Davenport, p. 79.
41) Braun, p. 46-7.
42) Braun, p. 50.
43) Braun, p. 61.
44) Dawson 1997, p. 154.
45) Piatetski-Shapiro, p. 204.
46) Hlawka, p. 511.
47) Brunswick interview 1995.
48) Dawson 1997, p. 194.
49) Davenport, p. 79.
50) Siegel quote in Grauert, p. 218-19.
51) Freudenthal, p. 169.
52) Interview.
53) Schneider, p. 150.

●ゲルフォント

　私は，ゲルフォントについて *Dictionary* や訃報記事には載っていないような情報を少し仕入れようと，イリア・ピアテツキー＝シャピロと連絡を取ったところ，モスクワにいるアンドレイ・シドロフスキーに取り次いでくれ，シドロフスキーからピアテツキー＝シャピロのもとに，私がした質問に対する返信があった．そして，ピアテツキー＝シャピロはそれを私に転送してくれた．この節に出てくる人々に関する記述の詳細は，ピアテツキー＝シャピロを経由してのもの，あるいは，出版物からのものもあるが，その大半はシドロフスキーが情報源である．

54) Shidlovski e-mail.
55) Piatetski-Shapiro, p. 202.
56) Deutscher.
57) Demidov, p. 45.
58) Demidov, p. 42.
59) Shidlovski e-mail.
60) 彼は 1930 年に 4 か月にわたってドイツを旅行している．この 1930 年のドイツ旅行についての 6 ページの報告記事が，彼が亡くなって概ね 10 年経った 1977 年に出版された．ゲルフォントはもともとその内容を 1965 年に東ベルリンで行った講演で話していた．報告記事として出版されたものは，ソビエト連邦で出版されたのだが，粗末な紙に印刷されていて，また，高度の政治的配慮のため，内容はあくまで数学上の交流とその影響についての記述に制限されている．そして，私自身，その内容を理解できたとは言いがたい．ロシア人の友人が私ためにそれを翻訳してくれようとして，私たちは座ってお互いに論じ合いながら訳していったのだが，しまいにはそのロシア人の友人自身も理解に困っていた．この記事の中で最も個人的な情報は，ゲルフォントがヒルベルトとチェスについて話をしたという部分である．〔訳註：このエピソードに関する記述は本文にはない．本文には，ゲルフォントが，チェスの世界チャンピオンでありヒルベルトの指導を受けたこともあるラスカーと若い頃にチェスを指したことがあるとだけ書いている．〕
61) Hille, p. 654.
62) Demidov, p. 44.
63) Demidov, p. 44.
64) Demidov, p. 45.
65) Demidov, p. 49.

66) Demidov, p. 46.
67) Demidov, p. 49.
68) Demidov, p. 50.
69) Piatetski-Shapiro, p. 202.
70) Piatetski-Shapiro, p. 202.
71) Piatetski-Shapiro, p. 201.
72) Evrafov et al., p. 177.
73) Piatetski-Shapiro and Shidlovski, p. 238.

●シュナイダー
　シュナイダーについての比較的包括的な資料は
ブンドッシュらによる追悼記事とカッペらによる
追悼記事であった.

74) Bundschuh, p. 131.
75) Bundschuh 130.
76) Kappe, p. 113–114.
77) Kappe, p. 115.
78) Kappe, p. 118.
79) Kappe, p. 118.

素数の魅力は途方もない

1) Edwards, p. 2.
2) Edwards, p. x.
3) Reid 1986, p. 163.
4) Edwards, p. 136.
5) Kanigel, p. 13.
6) Hardy, p. xviii.
7) Hardy, p. xv.
8) Hardy, p. xvii.

天空の城を追うように

　エドワーズの書 (*Fermat's Last Theorem*) と
彌永 (Iyanaga) の書が, この章の最初のセクショ
ンの主要な情報源である.

1) Hardy, p. 81.
2) Honda, p. 141.
3) Dunham, p. 241.
4) Edwards, p. 70.
5) Edwards, p. 77.
6) Edwards, p. 80.
7) Frei, p. 425–426 or Hasse, p. 266.

●高木
8) Honda, p. 142.
9) Honda, p. 143.

10) Honda, p. 143.
11) Honda, p. 145.
12) Honda, p. 145.
13) Honda, p. 145.
14) Honda, p. 145.
15) Honda, p. 145–46.
16) Honda, p. 147.
17) 高木が学校に通った時期に関しては資料にい
　　くらか混乱がある. 彼は小学校を 3 年間飛び
　　級したとあるが, 大学に入学したのは 19 歳
　　のときであり, それは早すぎるようには思え
　　ない. しかし, それはともかく, 彼が進んで
　　いく道は国立大学まで続いていた.
18) Honda, p. 148.
19) Honda, p. 148.
20) Honda, p. 150.
21) Honda, p. 151.
22) Honda, p. 152.
23) Honda, p. 152.
24) Takagi in Honda, p. 152.〔本訳書では本田
　　「高木貞治の生涯」から直接引用した〕
25) Takagi in Honda, p. 153–154.〔本訳書では
　　高木『回顧と展望』から直接引用した〕
26) Honda, p. 154.〔本訳書では高木『回顧と展
　　望』から直接引用した〕
27) Honda, p. 155.
28) Honda, p. 154.
29) Honda, p. 156.
30) Honda, p. 157.
31) Honda, p. 157.
32) Honda, p. 158.〔本訳書では高木『回顧と展
　　望』から直接引用した〕
33) Honda, p. 141.
34) Honda, p. 141.
35) Weyl, p. 523.
36) Iyanaga, p. 496.
37) Brauer, p. 31.
38) Honda, p. 162.
39) Takagi in Honda, p. 159.〔本訳書では高木
　　『回顧と展望』から直接引用した〕
40) Honda, p. 160.
41) Artin in Honda, p. 161.
42) Honda, p. 161.
43) Lang, p. iii.
44) Lang, p. 176.
45) Hasse in Honda, p. 166.
46) Honda, p. 166.
47) Takagi in Honda, p. 165.〔本訳書では高木
　　「ヒルベルト訪問記」から直接引用した〕

48) Honda, p. 158.

●アルティン

私は 1995 年にナターシャ・ブランズウィック
にインタビューをした．そして，同じ年にマイケ
ル・アルティンにもインタビューをした．さらに
その後，カリン・アルティン，トム・アルティン，
そして，再びマイケル・アルティンにインタビュ
ーをし，また，彼らと話し合ったり，手紙のやり
取りをした．

49) Natascha Brunswick interview 1995.
50) Michael Artin.
51) Michael Artin.
52) Charlotte John in Reid 1986, p. 351.
53) Brauer, p. 35.
54) Rota, p. 13.
55) Silverman and Tate, p. 119.
56) Reid 1986, p. 311.
57) Iyanaga, p. 500.
58) Brauer, p. 32.
59) Stevenhagen and Lenstra, p. 27.
60) Stevenhagen and Lenstra, p. 27.
61) Stevenhagen and Lenstra, p. 27.
62) Stevenhagen and Lenstra, p. 35.
63) Brauer, p. 34.
64) Brauer, p. 36.
65) Brauer, p. 39.
66) Brauer, p. 27.
67) Zassenhaus, p. 3.
68) Artin, p. 475.
69) Artin, p. 479.
70) Stevenhagen and Lenstra, p. 35.
71) Reid 1986, p. 427.
72) Michael Artin private communication.
73) Brauer, p. 27.
74) Tom Artin.
75) Tom Artin.
76) Brauer, p. 28–29.

●ハッセ

77) Frei, p. 55.
78) Kaplansky, p. 84.
79) Kaplansky, p. 84.
80) Edwards in *Dict.* Hasse.
81) Silverman and Tate, p. 230.
82) Silverman and Tate, p. 230.
83) Reid 1986, p. 367.
84) Reid 1986, p. 364.

85) Reid 1986, p. 370.
86) Reid 1986, p. 381.
87) Courant, quoted by Reid 1986, p. 380.
88) Segal, p. 52.
89) Harald Bohr in Segal, p. 51.
90) Reid 1986, p. 386.
91) Segal, p. 53 に引かれている，Bohr 自身に
よる英語原文の表現．
92) Mehrtens, p. 158.
93) Reid 1986, p. 402.
94) Segal, p. 54.
95) Siegel quoted in Segal, p. 54.
96) Reid 1986, p. 474–475.
97) Segal, p. 55.

第 12 問題

98) Schappacher, p. 253.
99) Silverman and Tate, p. 185.
100) Langlands in *Proceedings,* p. 408.
101) Weyl 1951, p. 523.
102) Ribet and Singh, p. 69.

代数学とは何か？

1) 四元数の新しい代数をつくるためには，ハミ
ルトンが当初求めていた 3 個の基底の代わり
に 4 個の基底へと飛躍する必要があるという
ことになり，結果として得られた四元数は a
$+ bi + cj + dk$ と書かれる．それまでは，
すべての「乗法」は可換である，言い換える
と $ab = ba$ であるという深い信念があった．
ところがハミルトンの代数においては $jk =$
$- kj$ である．これは伝統的考え方を著しく
破壊するものであった．その後は，もし代数
構造の要素は乗法に関して可換であるという
公理を仮定しないとすればどうなるか？とい
う一般化された問いが問われるようになった．
2) Reid 1986, p. 143.
3) Reid 1986, p. 352.
4) Mumford in *Proceedings,* p. 431.
5) 永田の言葉は，1997 年から 1998 年にかけて
彼が私に送ってくれた私の質問に対する返答
からの引用である．修正が 2000 年に加えら
れた．

シューベルトの名人芸

この章に関してはスティーブン・クライマンが
大いに私を助けてくれた．

原註　571

1) Kleiman, p. 446.
2) Coolidge, p. 180.
3) Steven Kleiman e-mail.
4) Kleiman, p. 445.
5) Kleiman.
6) Coolidge, p. 181.
7) Kaplansky, p. 133.
8) Weil, p. viii. ただしすべてが十分に解決され
たわけではなく，ヴェイユ自身が彼の書の
1962 年の改訂版の p. 331 では，まだすべて
のギャップを埋めたわけではないと注記して
いることを，クライマンが指摘している．
9) Kleiman, p. 322.
10) Kleiman e-mail.
11) Kleiman, p. 360.
12) Kleiman, p. 327.
13) Kleiman, p. 327.

14) Freudenthal, p. 168.
15) Mehrtens, p. 217.
16) Shields, p. 9.
17) Freudenthal, p. 170.
18) Mehrtens, p. 221-222.
19) Mehrtens, p. 233.
20) Gautschi, p. 32-34.
21) Reid 1986, p. 501-502.
22) Mehrtens, p. 233.
23) *Los Angeles Times* 4/17/97.
24) Milnor in *Proceedings*.
25) Conway and Sloane, p. 3.
26) Conway and Sloane, p. v.
27) Hales private communication.
28) Hsiang telephone conversation October 1998.
29) MMP, p. 86.

その曲線のグラフを描け

　デグチャレフ，ハルラモフ，グドゥコフ，ヴィ
ロらによる文献を参照してほしい．私は，ヴィロ
とハルラモフと電子メールでやり取りをした．こ
の章は比較的専門的な内容であり，彼らとのやり
取りのお蔭でかなり原稿を改善することができた
と思う．

1) Degtyarev and Kharlamov, p. 4.

結晶は何種類あるか？　オレンジの山積み方法は八百屋に聞け

　ビーベルバッハについては，主にメールテンス，
フロイデンタール，グランスキー，シールズの文
献を拠りどころとしている．

1) Reid 1986, p. 146.
2) Mehrtens, p. 197.
3) Mehrtens, p. 203.
4) Wolf, p. 105.
5) Mehrtens, p. 202.
6) Dawson 1997, p. 53.
7) Yushkevich, p. 7.
8) Mehrtens, p. 205.
9) Mehrtens, p. 206.
10) Mehrtens, p. 199.
11) Mehrtens, p. 200.
12) Mehrtens, p. 214.
13) Freudenthal, p. 168.

関数論の研究者はどれだけ有名になれるか？

●ケーベ

1) Freudenthal 1984, p. 77.
2) Freudenthal 1984, p. 77.
3) Reid 1986, p. 257.
4) Freudenthal 1984, p. 77.
5) Freudenthal in *Dict.* on Koebe.

●ポアンカレ

　ポアンカレの生涯の詳細な点に関して私が見つ
けた資料の中ではダルブーによるものが際立って
いる．

6) Bell, p. 538.
7) Baker, p. vii.
8) Darboux, p. lxxxii.
9) Darboux, p. xxxii.
10) Darboux, p. lxxxiv.
11) Darboux, p. lxxxiv.
12) *Le Livre du Centenaire de la Naissance de Henri Poincaré,* p. 165.
13) Darboux, p. lxxxiv.
14) Darboux, p. lxxxv.
15) Darboux, p. lxxxvi.
16) Darboux, p. lxxxvi.
17) Darboux, p. lxxxvii.
18) Darboux, p. lxxxviii.
19) Ruelle, p. 8.
20) Darboux, p. lxxxix.
21) Darboux, p. xci.

22）Appell in Darboux, p. xci.
23）Darboux, p. xcii.
24）Darboux, p. xcii.
25）Darboux, p. xcvi.
26）Stillwell, p. 16.
27）Poincaré 1913, p. 388.
28）Dieudonné *Dict.*, p. 53.
29）Stillwell, p. 26.
30）Dieudonné in *Dict.*, p. 56.
31）Siegel 1970, p. 132.
32）Galgani, p. 246.
33）Dieudonné in *Dict.*, p. 59.
34）Monastyrsky 1987, p. 76.
35）Dieudonné in *Dict.*, p. 60.
36）Dieudonné in *Dict.*, p. 60.
37）*Le Livre du Centenaire de la Naissance de Henri Poincaré.*
38）Dieudonné *Dict.*, p. 55.
39）数論的代数幾何学：アンドリュー・ワイルズがフェルマーの最終定理を証明したとき，鍵となった段階は，整数 a, b を用いて $y^2 = x^3 + ax + b$ と表されるすべての（あるいは，少なくとも十分に多くの）関数（これらは楕円曲線とよばれる）が保形関数の中で限られたものがなすクラスであるモジュラー関数のみを用いてパラメトライズされ得ることを示すことであった．これは，時に谷山-志村予想と呼ばれるものである．もしフェルマーの最終定理の方程式が解を持つ，すなわち，整数 A, B, C で $A^n + B^n = C^n$, $n \geq 3$ を満たすものが存在するならば，方程式 $y^2 = x(x - A^n)(x + B^n)$ ——これは，異なった書き方がされているが，楕円関数である——がモジュラー関数によってパラメトライズされ得ないことはすでに知られていた．したがって，〔谷山-志村予想が証明されたとき〕フェルマーの最終定理の方程式がもし解を持てば矛盾が生じるから，これは解を持たないのである．
40）Bashmakova, p. 78.
41）Dantzig, p. 2.
42）Dieudonné, p. 60.
43）Boutroux in *Le Livre du Centenaire de la Naissance de Henri Poincaré,* p. 171.
44）Poincaré 1908, p. 171-172.
45）Poincaré 1908, p. 182.
46）Weyl 1951, p. 525.

乱流の中の学び舎

●コルモゴロフ

『ロシア数学研究（*Russian Math. Survey*）』43: 6（1988）と『確率論紀要（*The Annals of Probability*）』17: 3（1989）は A・N・コルモゴロフの生涯と業績を紹介するのに 1 つの号を費やしていて，また『ロンドン数学会紀要（*Bulletin London Math. Soc.*）』22.1（1990）でも同様の内容に 31 ページから 100 ページまでの紙面を割いている．

1）Shiryaev, p. 915.
2）Tikhomirov, p. 1.
3）Arnold 1988, p. 43.
4）Shiryaev, p. 867.
5）Tikhomirov., p. 21.
6）Kendall, p. 301.
7）Tikhomirov, p. 2.
8）Kovalevskaya, p. 122-3.
9）Tikhomirov, p. 2-3.
10）Tikhomirov, p. 3.
11）Tikhomirov, p. 4.
12）Kolmogorov in Shiryaev, p. 868.
13）Tikhomirov, p. 5.
14）Tikhomirov, p. 6.
15）Shiryaev, p. 868.
16）Yanin, p. 190.
17）Tikhomirov, p. 7.
18）Yanin, p. 184.
19）Yanin, p. 191.
20）Kendall, p. 303.
21）Kolmogorov in van Heijenoort, p. 416.
22）Shiryaev, p. 873.
23）Tikhomirov, p. 10.
24）Kolmogorov 1986, p. 229.
25）Kolmogorov 1986, p. 234.
26）Kolmogorov 1986, p. 237.
27）Aleksandrov 1980, p. 319.
28）Tikhomirov, p. 11.
29）Aleksandrov in Kolmogorov 1986, p. 242-243.
30）Aleksandrov in Kolmogorov, p. 244.
31）Aleksandrov 1980, p. 324.
32）Kac, p. 48-49.
33）Weiner, p. 145.
34）Arnold, p. 150.
35）Whitney, p. 110.
36）Tikhomirov, p. 25.

原註　573

37) Weiner, p. 261.
38) Shiryaev, p. 905.
39) Gleick, p. 76.
40) Smale 1980, p. 151.
41) Vere-Jones, p. 122.
42) Yushkevich, p. 25.
43) Arnold 1993, p. 134.
44) Arnold 1993, p. 130.
45) 1997 年の H・S・ルイによるインタビューの
なかでアーノルドは，KAM 理論がどこから
来たのかという点に関して，自身がコルモゴ
ロフに問うて得た答えよりもさらに単純であ
り，よりエレガントであり，しかも間違いな
くより愉快な説を展開していた．この問題に
ついてのコルモゴロフの研究は彼が学部の第
2 学年生に課した宿題が発端だという．コル
モゴロフは学生たちに，運動の仕方が変則な
ある種のハミルトン系を見つけるように言っ
た．彼自身の直観と知識から，それはたやす
いだろうと思われた．しかしながら，学生た
ちはこの問題を解決できなかった．そして，
コルモゴロフも解けなかった．彼にはこの一
件が我慢ならなかったのだ，というのである．
46) Shiryaev, p. 911.
47) Arnold 1989, p. 150.
48) Kolmogorov np. 356.
49) Siegel 1941, p. 808.
50) *The Arnoldfest: Proceedings of a Confer-
ence in Honour of V. I. Arnold for his
Sixtieth Birthday,* p. 3.
51) Kendall, p. 311.
52) Tikhomirov 1993, p. 117.
53) Kaplansky, p. 105.
54) Arnold 1989, p. 50.
55) Rosenfeld, p. 80. この療養中の事故は黒海
で起きたものと思われる．
56) Kolmogorov in Shiryaev, p. 935.

●アーノルド
57) Arnold 1999, p. 13.
58) Zdravkovska, p. 29.
59) Arnold 1999, p. 7.
60) Zdravkovska, p. 30.
61) Arnold 1995, p. 8.
62) Arnold 1996, p. 3.
63) Arnold 1996, p. 3.
64) Zdravkovska, p. 30.
65) Arnold 1995, p. 8.
66) Zdravkovska, p. 29.

67) Marina Ratner e-mail 2000.
68) Yakov Eliashberg e-mail 2000.
69) e-mail 2000.
70) Zdravkovska, p. 32.
71) http://elib.zib.de/IMU/EC/ArnoldVI.html
〔訳註：アーノルドが原書刊行後の 2010 年に
逝去したため，このウェブサイトは閉じられ
た模様．一部のコンテンツは右のウェブサイ
トに引き継がれている．https://www.pdmi.
ras.ru/~arnsem/Arnold/〕
72) Arnold 1995, p. 10.

チェルナヤ川を渡って，はるばるサヴシュキ
ナ通り 61 番地まで

　私はボリブルッフと電子メールでやり取りをし
た．

1) Anosov and Bolibruch, p. 7.
2) Dobrovolskii, p. 224.
3) private communication.
4) private communication.
5) private communication.
6) private communication.
7) Bolibruch 1996, p. 1.
8) Bolibruch 1996, p. 3.
9) Bolibruch 1996, p. 3.
10) Bolibruch 1996, p. 4.
11) Bolibruch 1996, p. 4.
12) Bolibruch 1996, p. 5.
13) Bolibruch private communication.
14) Anosov and Bolibruch, p. 8.
15) Katz in *Proceedings,* p. 541–542.
16) Bolibruch 1990, p. 6.
17) Bolibruch 1990, p. 6.
18) Katz in *Proceedings,* p. 527. 強調はヤンデ
ルによる．
19) Holzapfel, p. 45.
20) Bolibruch private communication.
21) Bolibruch private communication.

研究せよ

1) Aleksandrov et al., p. 170.
2) Aleksandrov, Oleinik, p. 3.
3) Landis, p. 70.
4) Landis, p. 71.
5) Marcellini, p. 330.
6) Kline vol. 2, p. 700.

7) Marcellini, p. 329.
8) Marcellini, p. 330.
9) Nasar, p. 220.
10) De Giorgi in Interview with Emmer, p. 1098.
11) Nasar, p. 241.
12) Nasar, p. 349.
13) Serrin in *Proceedings,* p. 507.
14) Serrin in *Proceedings,* p. 509.

解決したもの，していないもの

本書自体を参照してもらいたい．

ロシア人名についての付記

現在のところ，ロシア人の英語での名前の英語表記の仕方は確定していない．ピアテツキー＝シャピロ（Piateski-Shapiro）は彼の全集において彼自身の名前を少なくとも4通りの方法で表記している．ボリブルッフ（Bolibruch）はもうひとつ上をいっていて，私宛ての短い電子メールの中でさえ自身の名前を4通りに表記している．スミルカ・ズドラコフスカは彼女の著書『モスクワの数学──あの黄金の歳月（*The Golden Years of Moscow Mathemaics*)』の前書きに次のように書いている．「ここ数年の革命的な変化は，この巻にも影響を及ぼしています．ここでは，そのうちのいくつかを紹介しておきます：もともとはロシア人の人名表記については『米国数学会誌（*Mathematical Reviews*）』の翻訳例に倣うつもりでしたが，それは不可能になりました．というのも数多くの数学者が海外に渡航し，西側言語での表記を利用していますし，また，論文において言及する人物について，その人たちの名前を表記するのに特定の表記の仕方にこだわる人たちもいるからです．そのため，私たちは人名表記において一貫性を持たせることは断念せざるを得なかったのです」．ズドラコフスカは，私が思うに，*Mathematical Reviews* 誌によって一貫した綴りの仕方が与えられるだろうと気軽に考えていたのだろう．しかし，同誌はボリブルッフ（Bolibruch）とピアテツキー＝シャピロ（Piateski-Shapiro）の2人に対しても数多くの異なる表記の仕方をしている．

Smilka Zdravkovska and Peter Duren, *The Golden Years of Moscow Mathemaics.* 〔『モスクワの数学──あの黄金の歳月』安藤韶一訳（同朋舎，2012)〕

参考文献

　この「参考文献」に挙げているのは，本書の中の評伝にあたる部分の資料として用いた原典のうちの主なものであり，また数学に関しては主要な文献に限定して挙げている．本書の本文や註記の中で私が特に勧めている本は，このリストの中に含まれている．〔邦訳文献の書誌，および本文中で用いた訳題は〔　〕入りで示す．〕

人物の評伝に関する資料

Dictionary of Scientific Biography. Edited by Gillispie, Charles Coulston. New York: Scribner (1970–90).
　　この本を参照するときには *Dictionary* または *Dict.* と略記する．

Mactutor History of Mathematics page: Biographies. 〔『科学者伝記事典』〕
https://mathshistory.st-andrews.ac.uk/Biographies/
　　この Web サイトは現在も更新され続けている．私自身はこのサイトを *Dictionary of Scientific Biography* ほどには信頼が置けるものだとは思えなかった．間違った資料が載っていたり，時間が経つと記事が変更されていたりする——それは主に新しい資料が付け加えられるときではあるが．とは言うものの，とりわけ参考文献表は便利でそれをよく見に行った．私にとって何か新しいことがあれば，この Mactutor の資料を探索するようにした．

Biographies of Women Matheamticians の Web サイト．
https://mathwomen.agnesscott.org/women/women.htm
　　（同様の論評が MacTutor にもある．）

More Mathematical People. Edited by Albers, Donald J.; Alexanderson, Gerald L; Reid, Constance. Boston, San Diego, New York: Harcourt Brace Jovanovich (1990). 〔『アメリカの数学者たち』好田順治訳（青土社，1993）〕
　　この本を参照するときには MMP と略記する．

ヒルベルトの問題の数学的内容に関する資料

　ヒルベルトの問題の数学的内容を研究する人は，Felix E. Browder 編の次の本，および Kaplansky の本から始めるべきだろう．ここに挙げる本にはたいてい数学に関する優れた参考文献リストが付録されている．

Mathematical Developments Arising From Hilbert Problems. Edited by Browder, Felix E. Volume 28 of *Proceedings of Symposia in Pure Mathematics*. Providence, Rhode Island: American Mathematical Society (1976).
　　この本を参照するときには *Proceedings of AMS Conference* と略記するか，あるいは単に *Proceedings* と略記する．

Proceedings では，それぞれの問題について，次のような人たちが執筆している.

1　Martin, Donald A.
2　Kreisel, G.
4　Busemann, Herbert
5　Yang, C. T.
6　Wightman, A. S.
7　Tijdeman, R.
8　Bombieri, E.; Katz, Nicholas M.; Montgomery, Hugh L.
9　Tate, J.
10　Davis, Martin; Robinson, Julia; Matiyasevich, Yuri
11　O'Meara, O. T.
12　Langlands, R. P.
13　Lorentz, G. G.
14　Mumford, David
15　Kleiman, Steven L.
17　Pfister, Albrecht
18　Milnor, J.
19　Bombieri, Enrico
20　Serrin, James
　　　第19問題と第20問題はヒルベルトの問題の中では比較的明確ではない表現がされており，Bombieri と Serrin はどちらも両方の問題について書いている.
21　Katz, Nicholas M.
22　Bers, Lipman
23　Stampacchia, Guido

Kaplansky, Irving. *Hilbert's Problems*. Lecture notes, Department of Mathematics, University of Chicago（1977）.

　以下に挙げたようにそれぞれの問題に特化した参考文献があるので，個々の問題についてはそれを参照してほしい．これらはたいてい，問題を手際よく提示したうえで，解答あるいは部分的解答の説明も含んでいる．第1問題についてはコーエン（Cohen）の本（この本では第2問題も取り扱っている），第3問題についてはボルチャンスキ（Boltianskii）の本，第4問題についてはポゴレロフ（Pogorelov）の本，第5問題についてはモンゴメリとジッピン（Montgomery and Zippin）の本，第7問題についてはヒレ（Hille）の本，そして，第8問題の背景についてはエドワーズ（Edwards）の本を参照のこと．ジュナスク（Junusuc）の本は類対論とアルティンの相互法則の定理（これはまた第11問題と第12問題に関連している）を簡潔に扱ったものである（とはいえ200ページを超えてはいるが）．個別の問題に対する重要な文献のリストを続けると，第10問題についてはマチャセヴィッチ（Matiyasevich）の本があり，第12問題についてはシャパハー（Schappacher）の本，第14問題については永田（Nagata）の本，第15問題についてはクライマンとソラップ（Kleiman and Thorup）の本，第16問題の半分，すなわち代数的側面についてはヴィロ（Viro）の本，同じ第16問題の残り半分についてはイリヤシェンコとヤコシェンコ（Ilyashenko and Yakoshenko）の本，第18問題の最初の部分についてはアウスランダー（Auslander）の本，同じ第18問題の第3の部分についてはヘイルズ（Hales）の本がある．また，第19問題と第20問題についてはマルセリーニ（Marcellini）の本，第21問題についてはアノソフとボリブルッフ（Anosov and Bolibruch）の本，第22問題の背景についてはレーナー（Lehner）の本を参照.

個別の参考文献

Abraham, Ralph and Marsden, Jerrold E. *Foundations of Mechanics, A Mathematical Exposition of*

Classical Mechanics. London: Benjamin Cummings Publishing Company（1978）.

Aleksandrov, A. D.; Marchenko, V. A.; Novikov, S. P.; Reshetnyak, Yu. G. "Aleksei Vasil'evich Pogorelov（On his Seventieth Birthday）." *Russian Math. Surveys* 44: 4（1989）, 217–223.

Aleksandrov（Alexandrov）, P. S., editor. *Hilbertschen Probleme.* Translated from Russian into German by Bernhardt, Hannelore. Leipzig: Akademische Verlags（1971）.

Aleksandrov, P. S. "Pages From an Autobiography, Part One." *Russian Math. Surveys* 34: 6（1979）, 267–302.

Aleksandrov, P. S. "Pages From an Autobiography, Part Two." *Russian Math. Surveys* 35: 3（1980）, 315–358.

Aleksandrov. P. S.; Akhiezer, N. I.; Gnedenko. B. V.; Kolmogorov, A. N. "Sergei Natanovich Bernstein." *Russian Math. Surveys* 24（1969）, 169–176.

Aleksandrov. P. S.; Oleinik, O. A. "On the Eighteenth Anniversary of the Birth of Ivan Geogrevich Petrovskii." *Russian Math. Surveys* 36: 1（1981）, 1–8.

Alvarez, J. C.; Gelfand, I. M.; Smirnov, M. "Crofton Densities, Symplectic Geometry and Hilbert's Fourth Problem." *The Arnold-Gelfand Mathematical Seminars.* Edited by Arnold, V. I. et al. Boston: Birkhäuser（1994）, 77–92.

Anosov, D. B. et al.（21）. "Vladimir Igorevich Arnold（on his sixtieth birthday）." *Russian Math. Surveys* 52: 3（1996）, 1117–1139.

Anosov, D. V. and Bolibruch, A. A. *The Riemann-Hilbert Problem.* Braunschweig-Wiesbaden: Vieweg（1994）.

Appell, Paul. *Henri Poincaré.* Paris: Plon-Nourrit et cie.（1925）.

Apostol, Tom. "A Centennial History of the Prime Number Theorem." *Engineering and Science*（Caltech）59: 4（1996）, 18–28.

Arnold, V. I. "Distribution of Ovals of the Real Plane of Algebraic Curves of Involutions of Four-dimensional Manifolds and the Arithmetic of Integer-valued Quadratic Forms." *Functional Analysis Appl.* 5（1971）, 169–176.

Arnold, V. I. *Mathematical Methods of Classical Mechanics.* Translated by Vogtmann, K. and Weinstein, A. New York: Springer-Verlag（1978）.

Arnold, V. I. "A Few Words on Andrei Nikolaevich Kolmogorov." *Russian Math. Surveys* 43: 6（1988）, 43–44.

Arnold, V. I. "A. N. Kolmogorov." *Physics Today*（October 1989）, 148–150.

Arnold, V. I. "On A. N. Kolmogorov." In *Golden Years of Moscow Mathematics.* Edited by Zdravkovska, Smilka and Duren, Peter. Providence: AMS（1993）, 129–153.〔『モスクワの数学 ——あの黄金の歳月』安藤韶一訳（同朋舎, 2012）〕

Arnold, V. I. "Will Mathematics Survive? Report on the Zurich Conference." *Mathematical Intelligencer* 17: 3（1995）, 6–10.

Arnold, V. I. "Topological Problems of the Theory of Wave Propagation." *Russian Math. Surveys* 51: 1（1996）, 1–47.

Arnold, V. I. "From Hilbert's Superposition Problem to Dynamical Systems." In *The Arnoldfest*（1999）, 1–18.

Arnold, V. I. "On A.N. Kolmogorov." In *Kolmogorov in Perspective.*（2000）, 89–108. Arnold, V. I. et al. "Vladimir Abramovich Rokhlin." *Russian Math. Surveys* 41: 3（1986）, 189–195.

Arnold, V.; Atiyah, M.; Lax, P.; Mazur, B., eds. *Mathematics: Frontiers and Perspectives.* International Mathematical Union and AMS（2000）.

The Arnoldfest: Proceedings of a Conference in Honour of V. I. Arnold for his Sixtieth Birthday. Edited by Bierstone, Edward; Khesin, Boris; Khovanskii, Askold; Marsden, Jerrold E. Providence, Rhode Island: American Mathematical Society（1999）.

Artin, Emil. *The Collected Papers of Emil Artin.* Edited by Lang, Serge and Tate, John T. Reading, Mass.: Addison-Wesley（1965）.

Artin, Emil. "Review of Bourbaki's Algebra." *Bulletin AMS* 59 (1953), 474–479.

Auslander, Louis. "An Account of the Theory of Crystallographic Groups." *Proc. AMS* 16 (1965), 1230–36.

Baker, H. F. "Jules Henri Poincaré. 1854–1912." *Phil. Trans. Royal Society London A* (1914), vi–xvi.

Barrow-Green, June. *Poincaré and the Three Body Problem. History of Mathematics Volume 11.* AMS and London Mathematical Society (1997).

Bashmakova, Isabella Grigoryevna. *Diophantus and Diophantine Equations.* Updated by Silverman, Joseph. Translated by Schenitzer, Abe. *Dolciani Mathematica Expositions: Number 20.* Mathematical Association of America (1997).

Bashmakova, Isabella and Smirnova, Galina. *The Beginnings and Evolution of Algebra.* Mathematical Association of America (2000).

Baumgartner, James E. A review of *Set Theory. An introduction to Independence Proofs* by Kenneth Kunen in *Journal of Symbolic Logic* 51: 2 (1986), 462–464.

Bell, E. T. *Men of Mathematics.* New York: Simon and Schuster (1986) (originally published 1937) 〔『数学をつくった人びと』田中勇・銀林浩訳（早川書房, 2003）〕.

Beaulieu, Liliane. "A Parisian Café and Ten Proto-Bourbaki Meetings (1934–1935)." *Mathematical Intelligencer* 15: 1 (1993), 27–35.

Bers, Lipman. "Finite Dimensional Teichmüller Spaces and Generalizations." In Browder, Felix, ed. *The Mathematical Heritage of Henri Poincaré.* (1983).

Bliss, Gilbert Ames. *Calculus of Variations.* Chicago: Published for the Mathematical Association of America by the Open Court Pub. Co. (1925).

Blum, Lenore and Smale, Steve. "The Gödel Incompleteness Theorem and Decidability over a Ring." In *From Topology to Computation: Proceedings of the Smalefest.* Edited by Hirsch, M. W.; Marsden, J. E.; Shub, M. New York etc.: Springer- Verlag (1993), 321–339.

Boas, R. P. "Bourbaki and Me." *Mathematical Intelligencer* 8: 4 (1986), 84.

Bolibruch, A. A. "The Riemann-Hilbert Problem." *Russian Math. Surveys* 45: 2 (1990), 1–47.

Bolibruch, A. A. "Some memories of Boarding School #45." *Translations AMS* 174 (1996), 1–5.

Boltianskii, Vladimir G. *Hilbert's Third Problem.* Translated by Silverman, Richard A. Washington D.C.: Winston and Sons (1978).

Bombieri, Enrico. "Problems of the Millennium: The Riemann Hypothesis." *http://www.claymath. org/prizeproblems/riemann.htm*

Boone, W. W.; Cannonito F. B.; Lyndon, R. C. *Word Problems: Decision Problems and the Burnside Problem in Group Theory.* Amsterdam: North-Holland Publishing Company (1973).

Borel, Armand. "Deane Montgomery 1909–1992." *Notices AMS* 39: 7 (1992), 684–686.

Brauer, R. "Emil Artin." *Bulletin AMS* 73 (1967), 27–43.

Braun, Hel. *Eine Frau und die Mathematik 1933–1949 − Der Beginn einer wissenschaftlichen Laufbahn.* Berlin: Springer-Verlag (1980).

Brezis, Haïm and Browder, Felix. "Partial Differential Equations in the 20th Century." *Advances in Mathematics* 135 (1998), 76–144.

Brouwer, L. E. J. *Collected Works: Philosophy and Foundations of Mathematics.* Vol. 1. Edited by Heyting, A. Amsterdam: North-Holland Publishing Co. and New York: American Elsevier Publishing Co. Inc. (1975).

Browder, Felix E., ed. *The Mathematical Heritage of Henri Poincaré.* 2 vols. Volume 39 of *Proceedings of Symposia in Pure Mathematics.* Providence, RI: AMS (1983).

Bundschuh, Peter and Zassenhaus, Hans. "Nachruf: Theodor Schneider (1911–1988)." *Journal of Number Theory* 39 (1991), 129–143.

Cajori, Florian. *A History of Mathematical Notations.* 2 Vols. Chicago: Open Court Publishing Company (1928–29).

Cartan, H. "Emil Artin." *Abhandlungen aus dem Mathematischen Seminar der Universität*

Hamburg 28 (1965), 1-5.

Chern, Shiing-shen. "Remarks on Hilbert's 23rd Problem." *Mathematical Intelligencer* 18: 4 (1996), 7-8.

Chevalley, C. "Emil Artin, [1898-1962]." *Bulletin de la Société mathématique de France* 92 (1964), 1-10.

Cipra, Barry. "A Prime Case of Chaos." *http://www.ams.org/new-in-math/cover/prime-chaos.pdf*

Cohen, Paul J. "A Minimal Model for Set Theory." *Bulletin AMS* 69 (1963), 537-540. Cohen, Paul J. "The Independence of the Continuum Hypothesis, Parts I and II." *Proc. Nat. Acad. Sci. U.S.A.* 50 (1963), 1143-1148 and 51 (1964), 105-110.

Cohen, Paul J. *Set Theory and the Continuum Hypothesis*. Reading, Mass: W. A. Benjamin (1966). 〔『連続体仮説』近藤基吉, 坂井秀寿, 沢口昭聿訳（東京図書, 1990）〕

Conway, J. H.; Hales, T. C.; Muder, D. J.; Sloane, N. J. A. "On the Kepler Conjecture." *Mathematical Intelligencer* 16: 2 (1994), 5.

Conway, J. H., and Sloane, N. J. A. *Sphere Packings, Lattices and Groups*. New York: Springer-Verlag (1988).

Coolidge, Julian Lowell. *A History of Geometrical Methods*. Oxford: Clarendon Press (1940).

Dantzig, Tobias. *Henri Poincaré. Critic of Crisis: Reflections on his Universe of Discourse*. New York: Scribner (1954).

Darboux, Gaston. "Éloge historique d'Henri Poincaré." *Mémoires de l'Académie des Sciences* 52 Paris: Gauthier-Villars (1914), lxxxi-cxlviii.

Dauben, Joseph Warren. *Georg Cantor: His Mathematics and Philosophy of the Infinite*. Princeton: Princeton University Press (1979).

Dauben, Joseph Warren. "Peirce's Place in Mathematics." *Historia Mathematica* 9 (1982), 311-325.

Davenport, Harold. "Reminiscences of Conversations with Carl Ludwig Siegel." Edited by Davenport, Mrs. Harold. *Mathematical Intelligencer* 7: 2 (1985), 76-79.

Davis, Martin. "Arithmetical Problems and Recursively Enumerable Predicates." *Journal of Symbolic Logic* 18: 1 (1953), 33-41.

Davis, Martin. *Computability and Unsolvability*. New York: McGraw Hill (1958). 〔『計算の理論』渡辺茂, 赤攝也訳（岩波書店, 1966）〕

Davis, Martin, editor. *The Undecidable: Basic Papers on Undecidable Propositions, Unsolvable Problems and Computable Functions*. Hewlitt, New York: Raven Press (1965).

Davis, Martin. "Why Gödel Didn't Have Church's Thesis." *Information and Control* 54 (1982), 3-24.

Davis, Martin. "Foreword." In Matiyasevich, Yuri. *Hilbert's Tenth Problem*. Cambridge, Mass: MIT Press (1993), xiii-xvii.

Davis, Martin. "Emil L. Post: His Life and Work." Introduction in *Solvability, Provability, Definability: The Collected Works of Emil L. Post*. (1994), xi-xxviii.

Davis, Martin. "American Logic in the 1920s." *Bulletin of Symbolic Logic* 1: 3 (1995), 273-278.

Davis, Martin; Matiyasevich, Yuri; Robinson, Julia. "Hilbert's Tenth Problem. Diophantine Equations: Positive Aspects of a Negative Solution." *Proceedings of AMS Conference.*

Davis, Martin; Putnam, Hilary; Robinson, Julia. "The Decision Problem for Exponential Diophantine Equations." *Annals of Mathematics* 74: 3 (1961), 425-436.

Dawson, John W. Jr. "Kurt Gödel in Sharper Focus." *Mathematical Intelligencer* 6: 4 (1984), 9-17.

Dawson, John W. Jr. *Logical Dilemmas: The Life and Work of Kurt Gödel*. Natick, Mass.: A K Peters (1997). 〔『ロジカル・ディレンマ――ゲーデルの生涯と不完全性定理』村上祐子, 塩谷賢訳（新曜社, 2006）〕

Deane Montgomery 1909-1992. Princeton: Institute for Advanced Study (1992).

Degtyarev, A. and Kharlamov, V. "Topological Properties of Real Algebraic Varieties: Du Côte de Chez Rokhlin." Preprint (2000).

Dehn, Max. "The Mentality of the Mathematician. A Characterization." *Mathematical Intelligencer*

5: 2 (1983), 18-26.

Dehn, Max. *Papers on Group Theory and Topology*. Translated and Introduction by Stillwell, John. New York: Springer-Verlag (1987).

Dembart, Lee. "An Unsung Geometer Keeps His Own Place." *Los Angeles Times* July 14 (1985), Opinion 3.

Demidov S. S. "The Moscow School of the Theory of Functions in the 1930s." In *Golden Years of Moscow Mathematics*. Edited by Zdravkovska, Smilka and Duren, Peter. Providence: AMS (1993), 35-54. 〔『モスクワの数学』安藤韶一訳（同朋舎, 2012)〕

Deuring, Max. "Carl Ludwig Siegel, 31.12.1896-4.4.1981." *Acta Arithmetica* 45 (1985), 92-107.

Deutscher, Isaac. "Introduction." In Lunacharsky, Anatoly Vasilievich. *Revolutionary Silhouettes*. Translated and edited by Michael Glenny. New York: Hill and Wang (1968).

Diacu, Florin and Holmes, Philip. *Celestial Encounters: the Origins of Chaos and Stability*. Princeton, New Jersey: Princeton University Press (1996).

Dieudonné, Jean. "Poincaré, Jules Henri." In *Dictionary*. Dieudonné, Jean. "Siegel, Carl Ludwig." In *Dictionary*.

Di Francesco, P. and Itzakson, C. "Quantum Intersection Rings." In *The Moduli Space of Curves*. Edited by Dijkgraaf, Robert et al. Boston: Birkhäuser (1995).

Dobrovol'skii, V. A. "Josip Plemelj (on the centenary of his birth)." *Russian Math. Surveys* 28: 6 (1973), 223-226.

Duberman, Martin. *Black Mountain: An Exploration in Community*. New York: E. P. Dutton (1972).

Dunham, William. *Journey Through Genius: The Great Theorems of Mathematics*. New York: John Wiley and Sons (1990). 〔『数学の知性——天才と定理でたどる数学史』中村由子訳（現代数学社, 1998)〕

Dyson, Freeman. "Missed Opportunity." *Bulletin AMS* 78: 5 (1972), 635-652.

Edwards, H. M. *Fermat's Last Theorem: A Genetic Introduction to Algebraic Number Theory*. New York: Springer-Verlag (1977).

Edwards, H. M. *Riemann's Zeta Function*. New York: Academic Press (1974). 〔『明解 ゼータ関数とリーマン予想』鈴木治郎訳（講談社, 2012)〕

Edwards, H. M. "Dedekind's Invention of Ideals." *Bulletin of the London Mathematical Society* 15 (1983), 8-17.

Emmer, Michele. "Interview with Ennio De Giorgi." *Notices of the AMS* 44: 9 (1997), 1097-1101.

Encylopædia Britannica, 11th edition. Edited by Chisholm, Hugh. New York: Encyclopædia Britannica Company (1910-1911).

Enderton, H. B. "In Memoriam: Alonzo Church: 1903-1995." *Bulletin of Symbolic Logic* 1: 4 (1995), 486-488.

Evgrafov, M. A.; Korobov, N. M.; Linnik, Yu. V.; Pyatetskii-Shapiro, I. I.; Fel'dman, N. I. Aleksandr Osipovich Gel'fond." *Russian Math. Surveys* 24: 3 (1969), 177-178.

Feferman, Anita Burdman. *Politics, Logic, and Love*. Wellesley, Mass: A K Peters (1993).

Feferman, Solomon. "Gödel's Life and Works." In *Gödel's Collected Works*. Vol. 1.

Feferman, Solomon. *Julia Bowman Robinson: 1919-1985*. Washington, D.C.: National Academy Press (1994).

Figuier, Louis. *La Terre avant le Déluge*, fifth edition. Paris: Librarie de L. Hachette et cie. (1866).

Fisher, C. S. "Max Dehn" In *Dictionary*.

Folland, Gerald B. *Introduction to Partial Differential Equations,* second edition. Princeton: Princeton University Press (1995).

Frei, Günther. "Helmut Hasse (1898-1979)." *Expositiones Math.* 3 (1985), 55-69.

Frei, Günther. "Heinrich Weber and the Emergence of Class Field Theory." In Rowe, David E. and McCleary, John. *The History of Modern Mathematics, Volume I: Ideas and Their Reception*. Boston: Academic Press: Harcourt Brace and Jovanovich (1989).

参考文献 581

Freudenthal, Hans. "A Bit of Gossip: Koebe." *Mathematical Intelligencer* 6: 2 (1984), 77.

Freudenthal, Hans. "Commentary." In Mehrtens (1989), 167-70.

Freudenthal, Hans. Notes on Koebe incident. In Bouwer's *Collected Works*. (1975), 572-587.

Freudenthal, Hans. "David Hilbert." In *Dictionary*.

Fuchs, D. B. "On Soviet Mathematics of the 1950s and 1960s." *Golden Years of Moscow Mathematics*. Edited by Zdravkovska, Smilka and Duren, Peter. Providence: AMS (1993), 213-222.〔『モスクワの数学』安藤韶一訳（同朋舎, 2012)〕

Galgani, Luigi. "Ordered and Chaotic Motions in Hamiltonian Systems and the Problem of Energy Partition." In *Chaos in Astrophysics*. Edited by Buchler, J. R. et al. Dordrecht: D. Reidel Publishing Company (1985), 245-257.

Gardner, Richard J. *Geometric Tomography*. In the series *Encyclopedia of Mathematics and its Applications*. Cambridge, England: Cambridge University Press (1995).

Gautschi, Walter. "Ostrowski and the Ostrowski Prize." *Mathematical Intelligencer* 20: 3 (1998), 32-34.

Gelbart, Stephen. "An Elementary Introduction to the Langlands Program." *Bulletin AMS* 10: 2 (1984), 177-219.

Gelfond, A. O. *Transcendental and Algebraic Numbers*. Translated by Boron, Leo I. New York: Dover Publications Inc. (1960).

Gelfond, A. O. "Some Impressions of a Scientific Visit to Germany in 1930." *Istor. Mat. Issled. 22* (1977), 246-251.

Gleason, Andrew. "Groups Without Small Denominators." *Annals of Mathematics* 56: 2 (1952), 193-212.

Gilbarg, D. and Trudinger, N. S. *Elliptic Partial Differential Equations of the Second Order. Grundl. der Math. Wiss.* 224. Berlin: Springer-Verlag (1977) c. 1957.

Gleick, James. *Chaos: Making a New Science*. New York: Viking Penguin (1987).〔『カオス——新しい科学をつくる』大貫昌子訳；上田睆亮監修（新潮社, 1991)〕

Gnedenko, B. V. and Kolmogorov, A. N. "Aleksandr Yakovlevich Khinchin (1894-1959) Obituary." *Russian Math. Surveys* 15: 4 (1960), 93-106.

Gödel, Kurt. *Collected Works*. 3 Vols. Edited by Feferman, Solomon et. al. New York, Oxford: Oxford University Press (1986-1995).

Gödel, Rudolf. "History of the Gödel Family." In *Gödel Remembered*. Edited by Weingartner, P. and Schmetterer, I. Napoli: Bibliopolis (1987).

Golden Years of Moscow Mathematics. Edited by Zdravkovska, Smilka and Duren, Peter. Providence: AMS (1993).〔『モスクワの数学』安藤韶一訳（同朋舎, 2012)〕

Goldstine, Herman H. *The Computer: From Pascal to von Neumann*. Princeton: Princeton University Press (1972).〔『計算機の歴史——パスカルからノイマンまで』末包良太, 米口肇, 犬伏茂之訳（共立出版, 2016)〕

Golomb, Solomon W. "Tiling Rectangles With Polynminoes." *Mathematical Intelligencer* 18: 2 (1996), 38-47.

Grattan-Guinness, I. "Towards a Biography of Georg Cantor." *Annals of Science* 27 (1971), 345-391.

Grauert, Hans. "Gauss und die Göttinger Mathematik." *Naturwissenschaftliche Rundschau* 47: 6 (1994), 211-219.

Gray, J. J. "Algebraic Geometry in the Late Nineteenth Century." In *The History of Modern Mathematics, Volume I: Ideas and Their Reception*. Edited by Rowe, David E. and McCleary, John. Boston: Academic Press: Harcourt Brace and Jovanovich (1989).

Grunsky, H. "Ludwig Bieberbach zum Gedächtnis." *Jahresbericht der Deutschen Mathematiker Vereinigung* 88 (1986), 190-205.

Gudkov, D. A. "The Topology of Real Projective Algebraic Varieties." *Russian Math. Surveys* 29: 4 (1974), 3-79.

Guedj, Denis. "Nicholas Bourbaki, Collective Mathematician: An Interview with Claude Chevally." Translated by Grey, Jeremy. *Mathematical Intelligencer* 7: 2 (1985), 18–22.

Hales, Thomas C. "The Status of the Kepler Conjecture." *Mathematical Intelligencer* 16: 3 (1994), 47–48.

Hales, Thomas C. "Cannonballs and Honeycombs." *Notices AMS* 47: 4 (2000), 440–449. Harding, Mildred. "My Black Mountain." *Yale Literary Magazine* 151: 1 (1982).

Hardy, G. H. with a foreword by Snow, C. P. *A Mathematicians Apology.* Cambridge: Cambridge University Press (1969). 〔『ある数学者の生涯と弁明』柳生孝昭訳; シュプリンガー・ジャパン編集 (丸善出版, 2012)〕

Hardy, G. H. *Ramanujan: Twelve Lectures on Subjects Suggested by his Life and Work.* New York: Chelsea (1959). 〔『ラマヌジャン――その生涯と業績に想起された主題による十二の講義』高瀬幸 一訳 (丸善出版, 2016)〕

Hardy, G. H. "The J-type and the S-type Among Mathematicians." *Nature* 134 (1934), 250.

Hardy, G. H. "Srinivasa Ramanujan, 1887–1920." *Proc. London Math. Society: Series A* 19 (1921), xiii–xxv.

Harvard Gazette. "A Theory for Everything: Andrew Gleason says mathematics embodies a unifying structure." May 8 (1962), 3–4.

Hasse, Helmut. "History of Class field Theory." In Cassels J. W. S. and Frölich, A., editors. *Algebraic Number Theory.* London: Academic Press (1967), 266–279.

Hasse, Helmut. "The Modern Algebraic Method." Translated by Schenitzer, Abe. *Mathematical Intelligencer* 8: 2 (1986), 18–25.

Henkin, Leon. "In Memoriam Raphael Mitchel Robinson." *Bulletin of Symbolic Logic* 1: 3 (1995), 340–343.

Hilbert, David. "Mathematical Problems." *Bulletin AMS* 8 (1902), 437–479.〔本書 p.520 参照．独語 原文からの日本語訳および解説は『ヒルベルト 数学の問題』(増補版, 現代数学の系譜 4) 一松信訳・ 解説, 正田健次郎, 吉田洋一監修 (共立出版, 1972)〕

Hilbert, David. *The Foundations of Geometry,* second edition. Translated by Townsend, E. J. Chicago: Open Court (1910). 〔『幾何学基礎論』中村幸四郎訳 (ちくま学芸文庫, 2005), ほか〕

Hilbert, David. "Adolf Hurwitz." *Math. Annalen* 83 (1921), 161–168.

Hilbert, David and Courant, Richard. *Methoden der mathematischen physik.* Berlin: Springer-Verlag, (1924). 〔『数理物理学の方法』(上下巻) 藤田宏, 高見頴郎, 石村直之訳 (丸善出版, 2013), ほか〕

Hildebrandt, Stefan and Tromba, Anthony. *The Parsimonious Universe: Shape and Form in the Natural World.* New York: Copernicus Springer-Verlag (1996).

Hille, Einar. "Gelfond's Solution of Hilbert's Seventh Problem." *American Mathematical Monthly* 49 (1942), 654–661.

Hlawka, Edmund. "Carl Ludwig Siegel." *Jour. Number Theory* 20 (1985), 373–404.

Holzapfel, Rolf-Peter. *The Ball and Some Hilbert Problems.* Basel: Birkhäuser (1995).

Honda, Kin-ya. (本田欣哉) "Teiji Takagi: A Biography."〔日本語版は「高木貞治の生涯」『数学セミ ナー』1975 年 1–6 月号〕*Commentarii Mathematici Universitatis Sanct. Pauli* 24: 2 (1975), 141–167.

Hsiang, Wu-Yi. "A Rejoinder to Hale's Article." *Mathematical Intelligencer* 17: 1 (1995), 35–42.

Igoshin, V. I. "A Short Biography of Mikhail Yakovlevich Suslin." *Russian Math. Surveys* 51: 3 (1996), 371–383.

Illman, Soren. "Every Proper Smooth Action of a Lie Group is Equivalent to a Real Analytic Action: a Contribution to Hilbert's Fifth Problem." In *Prospects in Topology: Proceedings of a Conference in Honor of William Browder.* Edited by Quinn, Frank. Princeton: Princeton University Press (1995), 189–220.

Ilyashenko, Y. and Yakovenko, S., editors. *Concerning the Hilbert 16th Problem. Translations AMS*

2: 165（1995）.

Iyanaga, S.（彌永昌吉）*The Theory of Numbers*. Translated by Iyanaga, K. Amsterdam: North-Holland（1975）, 479–518.〔『数論』彌永編（岩波書店, 1969, オンデマンド版 2014）〕

Janusz, Gerald J. *Algebraic Number Fields: Second Edition*. Providence: AMS（1996）.

Johnson, Dale M. "L. E. J. Brouwer's Coming of Age as a Topologist." In *Studies in the History of Mathematics*. Edited by Phillips, E. Mathematical Association of America *Studies in Mathematics* 26（1987）, 61–97.

Jones, Landon Y. Jr. "Bad Days on Mount Olympus." *Atlantic Monthly* February（1974）, 37–46.

Kac, Mark. *Enigmas of Chance: An Autobiography*. New York: Harper and Row（1985）.

Kanigel, Robert. *The Man Who Knew Infinity: A Life of the Genius Ramanujan*. New York: Charles Scribner's Sons（1991）.〔『無限の天才――夭逝の数学者・ラマヌジャン』田中靖夫訳（工作舎, 2016）〕

Kantor, Jean-Michel. "Hilbert's Problems and Their Sequels." *Mathematical Intelligencer* 18: 1（1996）, 21–30.

Kaplansky, Irving. *Hilbert's Problems*. Lecture notes, Department of Mathematics, University of Chicago（1977）.

Kappe L.-Ch.; Schlickewerei H. P.; Schwarz W. "Theodor Schneider zum Gedächtnis." *Jahresberichte der Mathematiker Vereinigung* 92（1990）, 111–129.

Kanimori, Akihiro. "The Mathematical Development of Set Theory From Cantor to Cohen." *Bulletin of Symbolic Logic* 2: 1（1996）, 1–71.

Kendall, D. G. "Andrei Nikolaevich Kolmogorov." *Biographical Memoirs of Fellows of the Royal Society of London* 37（1991）, 299–320.

Kennedy, Hubert C. *Peano: Life and Works of Giuseppe Peano*. Dordrecht: D. Reidel（1980）.

Kleiman, Steven, with Thorup, Anders, editors. *Enumerative Algebraic Geometry— Proceedings of the 1989 Zeuthen Symposium*. Providence, Rhode Island: American Mathematical Society（1991）.

Kleiman, Steven, with Thorup, Anders. "Intersection Theory and Enumerative Geometry: A Decade in Review." *Proceedings of Symposia in Pure Mathematics*. AMS 48（1987）, 321–370.

Klein, Felix, *The Evanston Colloquium: Lectures on Mathematics*. New York: Macmillan and Co.（1894）.

Kline, Morris. *Mathematical Thought from Ancient to Modern Times*. New York: Oxford University Press（1972）.

Kolmogorov, A. N. "Memories of P.S. Akeksandrov." *Russian Math. Surveys* 41: 6（1986）, 225–246.

Kolmogorov, A. N. *Selected Works of A. N. Kolmogorov* three volumes. Edited by Tikhomirov, V. M. et al. Translated by Volosov, V. M. et al. Dordrecht: Kluwer（1991–1993）.

Kolmogorov in Perspective. History of Mathematics 20. AMS and London Mathematical Society（2000）.

Kovalevskaya, Sofya. *A Russian Childhood*. Translated, edited and introduced by Stillman, Beatrice. New York: Springer-Verlag（1978）.

Kreisel, George. "Sums of Squares." *Summer Institute for Symbolic Logic, 1957* 2nd ed.（1960）, 313–330.

Kreisel, George. "Mathematical Significance of Consistency Proofs." *Journal of Symbolic Logic* 23: 2（1958）, 155–182.

Kreisel, George. "Kurt Gödel." *Biographical Memoirs of Fellows of the Royal Society* 26（1980）, 148–224; corrigenda, 27（1981）, 697.

Kreisel, George. "A3061: Davis, Martin; Putnam, Hilary; Robinson, Julia. The Decision Problem for Exponential Diophantine Equations." *Mathematical Reviews* 24A（6A）:573（1962）.

Kreisel, George and Newman, M. H. A. "Luitzen Egbertus Jan Brouwer." In *Biographical Memoirs of Fellows of the Royal Society of London* 15（1969）, 39–68.

Kullman, David E. "Penrose tiling at Miami University." *Mathematical Intelligencer* 18: 4 (1996), 66.

Kuznetsov, P. S. "From Autobiographical notes." *Russian Math. Surveys* 43: 6 (1988), 193–209.

Landis, E. M. "About Mathematics at Moscow State University in the late 1940s and early 1950s." In *Golden Years of Moscow Mathematics*. Edited by Zdravkovska, Smilka and Duren, Peter. Providence: AMS (1993), 55–74.〔『モスクワの数学』安藤韶一訳（同朋舎, 2012）〕

Lang, Serge. "Mordell's Review, Siegel's Letter to Mordell, Diophantine Geometry, and 20th Century Mathematics." *Notices AMS* 42: 3 (1995), 339–350.

Lang, Serge. *Algebraic Number Theory*. Reading, Mass.: Addison Wesley (1970).

Los Angeles Times. "Mathematician Sues Toilet Paper Maker over Use of a Patented Design." (April 17, 1997), p. B2.

Lehner, Joseph. *A Short Course in Automorphic Functions*. New York: Holt, Rinehart and Winston (1966).

Le Livre du Centenaire de la Naissance de Henri Poincaré 1854–1954. Paris: Gauthier-Villars, (1955).

Leopoldt, H. W. "Obituary: Helmut Hasse." *Journal of Number Theory* 14 (1982), 118–120.

Lewis, C. I. *A Survey of Symbolic Logic*. Berkeley: University of California Press (1918).

Levin, B. V.; Feldman N. I.; Shidlovski, A. B. "Alexander O. Gelfond." *Acta Arithmetica* 17 (1971), 314–336.

Lozinskii, S. M. "On the Hundredth Anniversary of the Birth of S.N. Bernstein." *Russian Math. Surveys* 38: 3 (1983), 163–178.

Lui, S. H. "An Interview with Vladimir Arnol'd." *Notices of the AMS* 44: 4 (1997), 432–438.

Mac Lane, Saunders. "Mathematics at Göttingen Under the Nazis." *Notices of the AMS* 42: 10 (1995), 1134–1138.

Macrae, Norman. *John von Neumann*. New York: Pantheon Books (1992).〔『フォン・ノイマンの生涯』渡辺正, 芦田みどり訳（筑摩書房, 2021）〕

Magnus, Wilhelm. "Max Dehn." *Mathematical Intelligencer* 1 (1978–79), 132–43.

Magnus, Wilhelm and Moufang, Ruth. "Max Dehn zum Gedächtnis." *Math. Annalen* 127 (1954), 215–227.

Maistrov, L. E. *Teoriia veroiatnostei*. English: *Probability theory; a historical sketch*. Translated and edited by Samuel Kotz. New York: Academic Press (1974).

Mandelbrot, Benoit B. "Self-Inverse Fractals Osculated by Sigma Disks and the Limit Sets of Inversion Groups." *Mathematical Intelligencer* 5: 2 (1983), 9–17.

Marcellini, Paolo. "Alcuni recenti sviluppi nei problemi 19-simo e 20-simo di Hilbert." *Bollettino UMI* 7: 11-A (1997), 323–352.

Matiyasevich, Yuri. "Enumerable Sets are Diophantine."*Sov. Math. Dokl.* 11: 2 (1970), 354–358.

Matiyasevich, Yuri. "My Collaboration with Julia Robinson." *Mathematical Intelligencer* 14: 4 (1992), 38–45.

Matiyasevich, Yuri. *Hilbert's Tenth Problem*. Cambridge, Mass.: MIT Press (1993).

Mehrtens, Herbert. "Mathematics in the Third Reich: Resistance, Adaptation and Collaboration of a Scientific Discipline." In *New Trends in the History of Science*. Edited by Visser, R. P. W. et al. Amsterdam: Rodopi (1989), 151–166.

Mehrtens, Herbert. "Ludwig Bieberbach and 'Deutsche Mathematik.'" In *Studies in the History of Mathematics*. Edited by Phillips, E. Mathematical Association of America *Studies in Mathematics* 26 (1987), 195–241.

Monastyrsky, Michael. *Riemann, Topology, and Physics*. With a forward by Dyson, Freeman J. Translated by King, James and King, Victoria. Edited by Wells, R. O. Jr. Boston: Birkhäuser (1987).

Monastyrsky, Michael. *Modern Mathematics in the Light of the Fields Medals*. Natick, Mass.: A K Peters (1997).〔『フィールズ賞で見る現代数学』眞野元訳（筑摩書房, 2013）〕

Montgomery, Deane and Zippin, Leo. "Topological Group Foundations of Rigid Space Geometry." *Transactions AMS* 48 (1940), 21–49.

Montgomery, Deane and Zippin, Leo. "Small Subgroups of Finite Dimensional Groups." *Annals of Mathematics* 56: 2 (1952), 213–241.

Montgomery, Deane and Zippin, Leo. *Topological Transformation Groups.* New York: Interscience (1955).

Moore, Gregory H. "Kurt Gödel." In *Dictionary.*

Moore, Gregory H. *Zermelo's Axiom of Choice: Its Origins, Developments, and Influence.* New York: Springer-Verlag (1982).

Moore, Gregory H. "The Origins of Forcing." *Logic Colloquium '86.* Edited by Drake, F. R. and Truss, J. K. North-Holland: Elsevier Science Publishers (1988).

Moser, Helmut A. "Das Beispiel de Mathematikers Carl Siegel." *Frankfurter Allgemeine Zitung* (May 8, 1981).

Myshkis, A. D. and Oleinik, O. A. "Vyacheslaus Vasil'vich Stepanov (On the Centenary of His Birth)." *Russian Math. Surveys* 45: 6 (1990), 179–182.

Nagata, Masayoshi. *Lectures on the Fourteenth Problem of Hilbert.* Notes by Murthy, M. Pavaman. Bombay: Tata Institute of Fundamental Research (1965). 〔参考：永田雅宜「Hilbert の第 14 問題について」『数学』1961 年 12 巻 4 号 p. 203–209. https://doi.org/10.11429/sugaku1947.12.203〕

Nasar, Sylvia. *A Beautiful Mind.* New York: Simon and Schuster (1998). 〔『ビューティフル・マインド――天才数学者の絶望と奇跡』塩川優訳（新潮社, 2013）〕

Nirinberg, Louis. In Mather, John N.; McKean, Henry; Nirenberg, Louis; Rabinowitz, Paul H. "Jürgen K. Moser (1928–1999)." *Notices of the AMS* 47: 11 (2000), 1392–1405.

Ono, Takashi. *An Introduction to Algebraic Number Theory*, second edition. New York: Plenum Press (1990). 〔『数論序説』小野孝著（裳華房, 2001）〕

Pach, Jáno. "Two Places at Once: A Remembrance of Paul Erdös." *Mathematical Intelligencer* 19: 2 (1997), 38–48.

Pais, Abraham. *'Subtle is the Lord...': The Science and the Life of Albert Einstein.* Oxford: Oxford University Press (1982). 〔『神は老獪にして…――アインシュタインの人と学問』金子務 [ほか] 訳（産業図書, 1987）〕

Parshall, Karen Hunger. "Toward a History of Nineteenth-Century Invariant Theory." In Rowe, David E. and McCleary, John. *The History of Modern Mathematics, Volume I: Ideas and Their Reception.* Boston: Academic Press (1989).

Piatetski-Shapiro. "Étude on Life and Automorphic Forms in the Soviet Union." In *Golden Years of Moscow Mathematics.* Edited by Zdravkovska, Smilka and Duren, Peter. Providence: AMS (1993), 199–212. 〔『モスクワの数学』安藤韶一訳（同朋舎, 2012）〕

[Pitetski-Shapiro] Pyatetskii-Shapiro, I. I. and Shidlovskii, A. B. "Aleksandr Osipovich Gel'fond (On his Sixtieth Birthday)." *Russian Math. Surveys* 22: 3 (1967), 234–242.

Plemelj, Josip. *Problems in the Sense of Riemann and Klein.* Edited and Translated by Radok, J. R. M. New York: Interscience Publishers (1964).

Pogorelov, A. V. *Hilbert's Fourth Problem.* Translated by Silverman, Richard A. Washington D.C.: V. H. Winston and Sons, Scripta Mathematica Series; New York: John Wiley and Sons (1979).

Poincaré, Henri. "L'avenir des mathématiques." *Atti de IV Congresso Internazionale dei Matematici.* Vol. 1 (1908), 167–182.

Poincaré, Henri. *The Foundations of Science: Science and Hypothesis, The Value of Science, Science and Method.* Translated by Halsted, George Bruce; with a special preface by Poincaré, and an introduction by Josiah Royce. New York: Science Press (1913). 〔『科学と仮説』伊藤邦武訳（岩波書店, 2021, ほか邦訳複数）,『科学の価値』吉田洋一訳（岩波書店, 1977, ほか邦訳複数）,『科学と方法』吉田洋一訳（岩波書店, 1953）〕

Poincaré, Henri. *Ouevres de Henri Poincaré.* 11 Vols. Paris: Gauthier Villars et cie. (1916–1954).

Poincaré, Henri. *Mathematics and Science: Last Essays* (*Dernières Pensées*). Translated by Bolduc, John W. New York: Dover (1963). 〔『晩年の思想』河野伊三郎訳（岩波書店, 1939）〕

Poincaré, Henri. *Papers on Fuchsian Functions.* Translated by John Stillwell. New York.: Springer-Verlag (1985).

Post Emil L. *Solvability, Provability, Definability: The Collected Works of Emil L. Post.* Edited by Davis, Martin. Boston: Birkhäuser (1994).

Prasad, Ganesh. *Some Great Mathematicians of the Nineteenth Century: Their Lives and Their Works.* Benares: Benares Mathematical Society (1933).

Preston, Richard. "The Mountains of Pi." *New Yorker* 68: 2 (March 2, 1992).

Purkert, Walter and Ilgauds, Hans Joachim. *Georg Cantor: 1845-1918.* Basel: Birkhäuser (1987).

Putnam, Hilary. "Peirce the Logician." *Historia Mathematica* 9 (1982), 290-301.

Putnam, Hillary. *Philosophical Papers.* 3 Vols. Cambridge: Cambridge University Press (1975-1983).

Quine, W. V. "Autobiography of W. V. Quine" In *The Philosophy of W. V. Quine.* Edited by Hahn, Lewis and Schilpp, Paul. Series title: *The Library of Living Philosophers.* Vol. 18. La Salle, Ill.: Open Court (1986), 1-46.

Quine, W. V. *The Time of My Life: An Autobiography.* Cambridge, Mass.: MIT Press (1985).

Reid, Constance. *Hilbert-Courant.* New York: Springer-Verlag (1986).

Reid, Constance. *Julia: A Life in Mathematics.* Washington D. C.: Mathematical Association of America (1996).

Rice, Adrian. "Augustus De Morgan (1806-1871)." *Mathematical Intelligencer* 18: 3 (1996), 40-43.

Robinson, Abraham. "On Ordered Fields and Definite Functions." *Math. Annalen* 130 (1955), 257-271.

Robinson, Julia. "Existential Definability in Arithmetic." *Transactions of AMS* 72 (1969), 437-449.

Röhrl, Helmut. "Das Riemann-Hilbertsche Problem der Theorie der Linearen Differentialgleichungen." *Math. Annalen* 133 (1957), 1-25.

Rosenfeld, B. A. "Reminiscences of Soviet Mathematicians." In *Golden Years of Moscow Mathematics.* Edited by Zdravkovska, Smilka and Duren, Peter. Providence: AMS (1993), 75-100. 〔『モスクワの数学』安藤韶一訳（同朋舎, 2012）〕

Rota, Gian-Carlo. *Indiscrete Thoughts.* Edited by Palombi, Fabrizio. Boston: Birkhäuser (1997).

Rovnyak, James. "Ernst David Hellinger 1883-1950: Göttingen, Frankfurt Idyll, and the New World." In *Topics in Operator Theory: Ernst D. Hellinger Memorial Volume.* Edited by de Branges, L.; Gohberg, I; Rovnyak, J. Basel: Birkhäuser (1990).

Rowe, David E. " 'Jewish Mathematics' at Göttingen in the Era of Felix Klein." *Isis* 77 (1986), 422-49.

Rowe, David E. "Gauss, Dirichlet and the Law of Biquadratic Reciprocity." *Mathematical Intelligencer* 10: 2 (1988), 13-25.

Rowe, David E. and McCleary, John. *The History of Modern Mathematics, Volume I: Ideas and Their Reception.* Boston: Academic Press (1989).

Royden, H. L. *Real Analysis: Second Edition.* London: Macmillan Company, Collier-Macmillan Limited (1968).

Ruelle, David. *Chance and Chaos.* Princeton: Princeton University Press (1991). 〔『偶然とカオス』青木薫訳（岩波書店, 1993）〕

Russell, Bertrand. *The Autobiography of Bertrand Russell: 1972-1914.* Boston: Little, Brown and Company (1967). 〔『ラッセル自叙伝』（全 3 巻）日高一輝訳（理想社, 1968-1973）〕

Sah, C. H. *Hilbert's Third Problem: Scissors Congruence.* San Francisco: Pitman (1979).

Samuel Putnam Papers: Collection 59 "Biographical Note." *http://www.lib.siu.edu/spcol/ SC059. html*

Sanoff, Alvin P. "Bringing Philosophy Back to Life." *U.S. News and World Report* (April 25, 1988) 12.

参考文献 587

Schappacher, Norbert. "On the History of Hilbert's Twelfth Problem, A Comedy of Errors." In *Matériaux pour l'histoire des mathématiques au XXe siècle, Actes du colloque à la mémoire de Jean Dieudonné* (*Nice, 1996*), *Séminaires et Congrès* (Société Mathématique de France) 3 (1998), 243–273.

Schneider. Theodor. "Das Werk C L Siegels in der Zahlentheorie." *Jahresberichte der Deutschen Mathematiker Vereinigung* 85: 4 (1983), 147–157.

Scott, Dana. "Foreword." In Bell, J. L. *Boolean-Valued Models and Independence Proofs in Set Theory*, second edition. Oxford: Oxford University Press (1985).

Segal, S. L. "Helmut Hasse in 1934." *Historia Mathematica* 7 (1980), 46–56.

Serrin, James. "The Problem of Dirichlet for Quasilinear Elliptic Differential Equations With Many Independent Variables." *Phil. Trans. Royal Society London* 264 (1969), 413–496.

Shafarevich, I. R., editor. *Algebraic Geometry I: Algebraic Curves Algebraic Manifolds and Schemes.* Berlin: Springer-Verlag (1994).

Shafarevich, I. R. *Basic Algebraic Geometry.* Translated by Hirsch, K. A. New York: Springer- Verlag (1974).

Shen, A. "Entrance Examinations to the Mekh-mat." *Mathematical Intelligencer* 16: 4 (1994), 6–10.

Shields, Allen. "Klein and Bieberbach: Mathematics, Race, and Biology." *Mathematical Intelligencer* 10: 3 (1988), 7–11.

Shiryaev, A. N. "Kolmogorov: Life and Creative Activities." *Annals of Probability* 17: 3 (1989), 866–944.

Shiryaev, A. N. "Andrei Nikolaevich Kolmogorov (April 25, 1903 to October 20, 1987): A Biographical Sketch of His Life and Creative Paths." In *Kolmogorov in Perspective* (2000).

Siegel, Carl Ludwig. "On the Integrals of Canonical Systems." *Annals of Mathematics* 42: 3 (1941), 806–822.

Siegel, Carl Ludwig. *Gesammelte Abhundlungen.* 4 Vols. Berlin: Springer-Verlag (1966–79).

Siegel, Carl Ludwig. *Zur Geschichte des Frankfurter mathematischen Seminars.* Frankfurt/Main: Victorio Klostermann (1965). この文献は *Gesammelte Abhundlungen* の中に再収録されている. 本書の記述で引用した部分は Nancy Schrauf による翻訳に基づく. Kevin Lenzen による翻訳は *Mathematical Intelligencer* 1: 4 (1978/79), 223–230.

Siegel, Carl Ludwig. "Erinnerungen an Frobenius." In *Gesammelte Abhundlungen* (piece was published first in 1968), 63–65.

Siegel, Carl Ludwig. "Axel Thue." Preface in *Selected Mathematical Papers of Axel Thue.* Edited by Nagell, Trygve et al. Oslo: Universitetsforlaget (1977).

Siegel, C. L. and Moser, J. K. *Lectures on Celestial Mechanics.* Translated by Kalme, C. I. New York: Springer-Verlag (1971).〔『天体力学講義』伊藤秀一, 関口昌由訳 (丸善出版, 2024)〕

Silverman, Joseph H. and Tate, John. *Rational Points on Elliptic Curves.* New York: Springer- Verlag (1992).〔『楕円曲線論入門』足立恒雄 [ほか] 訳 (丸善出版, 2012)〕

Sinai, Ya. G. "Kolmogorov's Work on Ergodic Theory." *Annals of Probability* 17: 3 (1989), 833–839.

Sinai, Ya. G. "Remembrances of A. N. Kolmogorov." In *Kolmogorov in Perspective* (2000).

Singh, Simon and Ribet, Kenneth A. "Fermat's Last Stand." *Scientific American* (November 1997), 68–73.

Smale, Stephen. *The Mathematics of Time: Essays on Dynamical Systems, Economic Processes, and Related Topics.* New York: Springer-Verlag (1980).

Smale, Steve. "Mathematical Problems for the Next Century." *Mathematical Intelligencer* 20: 2 (1998), 7–15.

Smith, David Eugene and Mikami, Yoshio. *A History of Japanese Mathmatics.* Chicago: Open Court (1914).

Smorynski, C. "Julia Robinson, In Memoriam." *Mathematical Intelligencer* 8: 2 (1986), 77–79.

Sossinsky, A. B. "In the Other direction." *Golden Years of Moscow Mathematics.* Edited by

Zdravkovska, Smilka and Duren, Peter. Providence: AMS（1993）, 223-244.〔『モスクワの数学』安藤韶一訳（同朋舎, 2012）〕

Stevenhagen, P. and Lenstra, H. W. Jr. *Mathematical Intelligencer* 18: 2（1996）, 26-37.

Stewart, Ian. "Hilbert's Sixteenth Problem." *Nature* 326: 19（1987）, 248.

Stewart, Ian. *Does God Play Dice? The Mathematics of Chaos.* Cambridge Mass. and Oxford, England: Blackwell（1989）.〔『カオス的世界像』須田不二夫, 三村和男訳（白揚社, 1992. 増補新版 1998）〕

Stewart, Ian and Tall, David. *Algebraic Number Theory,* second edition. London: Chapman and Hall（1987）.

Stillwell, John. "Max Dehn." In *History of Topology.* Edited by James, I. M. Amsterdam, New York: Elsevier Science B. V.（1999）.

Stone, Marshal H. "Reminiscences of Mathematics at Chicago." *Mathematical Intelligencer* 11: 3（1989）, 20-25.

Straus, Ernst G. "Reminiscences." In *Albert Einstein: Historical and Cultural Perspectives.* Edited by Holton, Gerald and Elkana, Yehuda. Princeton: Princeton University Press（1982）.

Szabó, Z.I. "Hilbert's Fourth Problem, 1" *Advances in Mathematics* 59（1986）, 185-301. Taussky-Todd, Olga. "Remembrances of Kurt Gödel." In *Gödel Remembered.* Edited by Weingartner, P. and Schmetterer, I. Napoli: Bibliopolis（1987）.〔『ゲーデルを語る』前原昭二, 本橋信義訳（遊星社, 1992）〕

Takagi, Teiji.（高木貞治）『回顧と展望』岩波文庫, 1955.〔この本からの引用文は原著では［Honda 1975］から孫引きされていたが, 本書では日本語原点に倣った.〕

Takagi, Teiji.（高木貞治）「ヒルベルト訪問記」『近世数学史談』岩波文庫, 1995.

Thurston, William P. "Three Dimensional Manifolds, Kleinian Groups and Hyperbolic Geometry." In Browder, Felix ed. *The Mathematical Heritage of Henri Poincaré.*（1983）.

Tikhomirov, V. M. "The Life and Work of Andrei Nikolaevich Kolmogorov." *Russian Math. Surveys* 43: 6（1988）, 1-39.

Tikhomirov, V. M. "A. N. Kolmogorov." In *Golden Years of Moscow Mathematics.* Edited by Zdravkovska, Smilka and Duren, Peter. Providence: AMS（1993）, 101-128.〔『モスクワの数学』安藤韶一訳（同朋舎, 2012）〕

Troelstra, A. S. "Arend Heyting" In *Dictionary.*

Ulam, Stanislaw. *Adventures of a Mathematician.* New York: Scribner（1976）.〔『数学のスーパースターたち——ウラムの自伝的回想』志村利雄訳（東京図書, 1979）〕

Van Dalen, Dirk. "Hermann Weyl's Intuitionistic Mathematics." *Bulletin of Symbolic Logic* 1: 2（1995）, 145-169.

Van der Pooten, Alf. *Notes on Fermat's Last Theorem.* New York: John Wiley and Sons（1996）.

van Heijenoort, Jean, editor. *From Frege to Gödel: A Source Book in Mathematical Logic, 1879-1931.* Cambridge, Mass: Harvard University Press（1967）.

Vere-Jones, D. "Boris Vladimirovich Gnedenko, 1912-1995. A personal tribute." *Austral. J. Statist.* 39: 2（1997）, 121-128.

Vershik, A. "Admission to the Mathematics Faculty in Russia in the 1970s and 1980s." *Mathematical Intelligencer* 16: 4（1994）, 4-5.

Viro, O. Ya. "Progress in the Topology of Real Algebraic Varieties Over the Last Six Years." *Russian Math. Surveys* 41: 3（1986）, 55-82.

Wang, Hao. *Reflections on Kurt Gödel.* Cambridge, Mass.: MIT Press（1987）.〔『ゲーデル再考——人と哲学』土屋俊, 戸田山和久訳（産業図書, 1995）〕

Weil, André. "The Future of Mathematics." *American Mathematical Monthly* 57（1950）, 295-306.

Weil, André. *Foundations of Algebraic Geometry.* Providence: AMS（1962）.

Weil, André. *Number Theory: An Approach Through History: From Hammurpi to Legendre.* Boston: Birkhäuser（1984）.〔『数論　歴史からのアプローチ』足立恒雄, 三宅克哉訳（日本評論社, 1987）〕

参考文献　589

Weil, André. *The Apprenticeship of a Mathematician*. Translated by Gage, Jennifer. Basel: Birkhäuser (1992).〔『アンドレ・ヴェイユ自伝——ある数学者の修業時代』(全 2 巻) 稲葉延子訳 (丸善出版, 増補新版 2004)〕

Weyl, Hermann. "David Hilbert and His Mathematical Work." *Bulletin AMS* 50 (1944), 612-654.

Weyl, Hermann. "A Half-Century of Mathematics." *American Mathematical Monthly* 56 (October 1952) 523-553.

Whitney, Hassler. "Moscow 1935: Topology Moving Toward America." In *A Century of Mathematics in America*. 3 Vols. Edited by Duren, Peter. Providence, RI: AMS (1988-89).

Wiener, Norbert. *I Am a Mathematician*. Cambridge, Mass.: MIT Press (1964) originally published 1956.〔『サイバネティックスはいかにして生まれたか』鎮目恭夫訳 (みすず書房, 1983)〕

Wolfe, Joseph A. *Spaces of Constant Curvature*, fifth edition. Wilmington, Del.: Publish or Perish, Inc. (1984).

Yanin, V. L. "Kolmogorov as Historian." *Russian Math. Surveys* 43: 6 (1988), 183-191.

Yushkevich, A.P. "Encounters with Mathematicians." In *Golden Years of Moscow Mathematics*. Edited by Zdravkovska, Smilka and Duren, Peter. Providence: AMS (1993), 1-34.〔『モスクワの数学』安藤韶一訳 (同朋舎, 2012)〕

Zassenhaus, H. "Emil Artin and His Work." *Notre Dame Journal of Formal Logic* 5: 1 (1964), 1-9.

Zdravkovska, Smilka. "Listening to Igor Rostislavovich Shafarevich." *Mathematical Intelligencer* 11: 2 (1989), 16-28.

Zdravkovska, Smilka. "Conversations with V. I. Arnold." *Mathematical Intelligencer* 9: 4 (1987), 28-32.

訳者あとがき

　原著 *The Honors Class* が刊行されたのは 2002 年の初めです．それから 3 年も経たない 2004 年 8 月に著者，ベンジャミン・H・ヤンデルさんは亡くなられます．さらにその 4 年後の 2008 年，ヤンデルさんにオイラー図書賞（Euler Book Prize）が贈られました．この賞は数学に関する優れた書籍の著者に贈られるもので，MAA（アメリカ数学協会，Mathematical Association of America）によって 2005 年に創設され，オイラーの生誕 300 年にあたる 2007 年に *Prime Obssesion*〔邦訳：松浦俊輔訳『素数に憑かれた人たち──リーマン予想への挑戦』日経 BP 社 (2004)〕の著者ジョン・ダービーシャーさんに第 1 回の賞が贈られました．したがってヤンデルさんは第 2 回の受賞者ということになります．

　1900 年に発表した「数学の問題」を通してヒルベルトは 20 世紀の数学のあるべき姿を思い描いたのですが，実際に 20 世紀の数学はいかなる歴史をたどったのか，それを「数学の問題」自体を軸として総括しよう，それが本書の著者ヤンデルさんの意図したところでしょう．ですから，20 世紀が幕を閉じて間もない 2002 年に原書が刊行されたのは必然のようにも思えます．そして，数学界，少なくともアメリカの数学界はその 21 世紀における意義を認めた．そうだとすれば，2008 年という受賞の日付にも納得がいきます．翻訳を進めるうちに訳者にもこの本の 21 世紀における意義を日本の数学界に問いたいという意識が芽生えてきました．

　にもかかわらず，日本語版の出版は 21 世紀を四半世紀も過ぎた時期にずれ込んでしまいました．だからといって本書のもつ価値が損なわれることはないと信じていますが，やはり翻訳に携わった者としてこの点に関して忸怩たる思いはあります．その思いを整理することで「訳者あとがき」にしたいと思います．

＊

　ほんの数ページでも本書を読めばわかると思うのですが，ヤンデルさんは高い数学の素養の持ち主です．だからといって，数学だけが彼の視野に入っていたわけではありません．

　彼の目は広大な世界をみています．そして，そこに散らばる事実を丹念に拾い集め，

積み重ねることで本書は成り立っています．ここでいう事実とは，数学だけでなく，それに携わった人，あるいはその人と関わった人，さらにはその人たちが生きた時代，すべてに渡ります．だから，著者自身が書いているように本書を読む目的が数学を学ぶためであってもよいですし，そうではなくて，数学者たちの人となりを知るためであってもよいのです．どの読者にとっても十分に読み応えのある本になっています．その読み応えを裏付けしているのは著者が用いている情報の量と質でしょう．

「謝辞」や「引用・参考文献表」を見ればわかるように著者が目を通したであろう文献は膨大な量にのぼります．それだけでなく数多くの人に取材をしている．そして，直接のインタビューにせよメールのやりとりにせよ，取材対象は本当はどう考えているのか，彼らの心のかなり奥底にある本心を引き出すのに成功しています．P・コーエンが自身のパトナム試験の結果について聞かれたときの態度からは，コーエンの心の奥底にある強い自我が窺えます（p. 98）．このやりとりと，ワイルやポアンカレさらにはヒルベルトに比して自らの限界を語る彼の姿とを重ね合わせると，数学者コーエンのもう１つの顔がみえてくるかもしれません．また，これは文献から著者が引いているエピソードですが，A・グリーソンがインタビューの中で応えた証明に対する考え方（p. 204-205）はひとりグリーソンだけのものではなく，当時のアメリカの知的エリートたちの１つの本音である，というと言いすぎでしょうか？

さらには取材対象自身はひょっとするとその意味に気づいていないような事実をも，著者は掘り起こしています．例えば，父，エミール・アルティンのことを語るトム・アルティンから「父親が若い頃『ワグナー主義者』だった」ことを引き出しています（p. 331）．ともにナチス政権下のドイツに生き，互いに交流のあったC・L・ジーゲル，E・アルティン，H・ハッセのそれぞれのナチスに対する態度を考えると，このトムの言葉は意味深長である，そう私は思うのです——神は細部に宿る（Der liebe Gott steckt im Detail）．

真実というものは幾重にも積み重なった事実の中に，場合によってはそれに関わった本人が気づかぬくらいにひっそりと隠れているものなのでしょう．それを丹念に掘り起こした著者の能力が本書を支える堅牢な土台を成しています．

このように，量と質という軸で見ても本書のそれは際立つものですが，そのような際立った軸がもう１本あります．それは幅です．本書はヒルベルトが提示した23の問題，すべてについて書かれています．それはこの本の主題からしてみれば当然のことなのですが，決して当たり前のことではありません．１人の数学者，１つの問題だけに限っても掘り下げるべきことは無尽蔵であるといってよいでしょう．本書に関連して言えば，例えばゲーデルの生涯を数多くの著者がそれぞれの立場から描写し，同じく彼の完全性・不完全性定理も繰り返し検証されています．この本ではそれと同じような作業を23の問題，ひとつひとつに対して繰り返していくのですが，それらの

問題はある特定の分野に限られず，数学のほぼすべてに渡っています．幅という軸に限ってみても本書の執筆がいかに難事業であったかを表すのに，「数学の問題」に対するブルバキが必要なくらいだと言えばわかりやすいでしょうか？

大部の著作ですから全編を通して記述の仕方が均一であるはずもありません．当然，濃淡はあります．得られる情報が制限されていて本当のことはわからないとクレジットを著者自身が挿入している場面も多々あります．それは独裁体制の政権下にあった数学者の場合に顕著です．「この研究は国家体制を揺るがす危険性を孕むのか否か？」という問いが問われ，官僚たちによる研究への介入が行われた時代がありました．訳者は歴史や国際政治の専門家ではありませんから，そういった歴史的経緯についてのこれらの学問分野における価値を正当に評価する立場にはありません．しかしながら，素人の勝手な言い分ですが，個々の自由な研究と国家体制やイデオロギーなるものとを結びつけることの無意味さには失笑せざるを得ません．著者が描いた，歴史の不条理に翻弄されながら20世紀を生き抜いた数学者たちの姿は私たちに教えています．「数学の本質は，その自由性にある」（G・カントール）と．そして，21世紀のいま，このカントールの言葉の意味を私たちは（つまり，研究者自身も含めて）あらためて問い質すべきではないかと思います．

＊

さて，情報の多寡だけが記述の濃淡に影響を与えているのではありません．当然，著者にも得意・不得意あるいは好き・苦手があるでしょう．もちろん，著者自身はそのことを明らかにはしていませんが，翻訳作業を通して，問題のいくつかについては「著者はこの問題に特別な関心があるのだな」と感じました．そのような問題では，言葉は熱を帯び，文章は疾走しています．具体的にどの問題がそうであるかはあえてここでは挙げませんが，もし，読者に「ははあ，訳者の言っているのはこの問題のことだな」と気づいていただいたならば，原文のもつ熱や疾走感を日本語として伝えることに成功しているわけですから，訳者にとってはこれ以上の喜びはありません．

一方でこの得意・不得意，好き・苦手は訳者を悩ますものでもありました．A・ヴェイユの言うように「ごく限られた分野に専門化」した訳者には，これまで遠くから眺めるだけでいた分野がいくつもあります．しかし，翻訳をお引き受けした以上，そんなことも言っておられず，あらためて勉強し直したところもあります．「エッ，そんな初心者みたいなのが翻訳して大丈夫なの？」と訝る読者もいらっしゃるかもしれませんが，専門家をも含めた読者の目にかなうよう最大限の努力を払いました．実際にそうなっているか否かは皆さんの評価を待たなければならないのですが，そういった勉強のし直しにより，うっすらと理解していたつもりのことから新たな発見があったことは是非ともお伝えしておきたいことの1つです．そして，数学を学ぶために，あ

るいは，数学の専門家であって自らの専門分野について知るために本書を手にした読者にお願いがあります．「あなたの目的とする章を読み終えたら，是非，その前後の章にも目を通してください」．

　さて，内容の幅がいくら広いとはいっても紙幅には限りがありますから，何を取り上げるか，あるいは何を取り上げないかの選択がなされなければなりません．そのことに著者が頭を悩ましたのは間違いないでしょう．選択の基準は調査で得た事実が与えてくれたかもしれませんが，著者の準備の仕方を考えると，場合によっては，その基準から漏れてしまって本書においては日の当たらなかった事柄，あるいは人物の方が多いかもしれません．

　さらには，その基準から漏れたものの中に著者自身は書きたかったことがあったのではないか，その辺りのことは，叶わぬこととはいえ，ヤンデルさんに聞いてみたいところではあります．

　ヒルベルトの23の問題はそれぞれが独自に価値を有する問題であり，数多くの数学者がそれに取り組んできました．その中にはスポットライトを浴びる主役もいれば，その主役たちを主役ならしめる魅力的なバイプレイヤーたちもいる．しかし，ここで私がもう1つ強調しておきたいのは，そのスポットライトの届かない暗い背景の中に，名を知られることもなく自らの能力のなさに呻吟しながら志半ばで数学の世界から立ち去った，あるいは夢を断ち切れずに無為に一生をすごした人たちがいるという点です．その一方でこういう人もいます．訳者の知る初老の男性，つまり世間的には"おじさん"になってリタイヤされた後に，学生時代に十分に理解できなかった数学をほんの少しでもわかりたいと受験問題集を買い込み，毎日少しずつ問題を解いている方がいます．解答が丁寧に書かれた彼のノートを目にする人はほとんどいないでしょう．志をもちながらも数学の世界からはじかれた人，埋没してしまった人，あるいは，数学とは全く関わりのない世界に生きながらも数学にささやかではあるが純粋に関心を寄せる人——彼らの努力は評価されないばかりか，それを知る人さえ存在しないかもしれません．でも，彼らの為したことは何の意味もないことなのでしょうか？　彼らのような砂塵のごとき人々の知の蓄積なしに，数学が今日に見るような高みに達することができたでしょうか？

　タイトル *The Honors Class* が示す通り，本書は数学の英雄列伝とも言えます．訳者も翻訳作業の中で自身にとってのヒーローが活躍する場面に心躍らせることが度々ありました（そんなときには，つい訳者個人の思い入れが翻訳の文章に入り込みそうになり，戒めることになるのですが）．読者にも同じようにワクワクしてもらいたいと願う一方で，そんなときほど英雄たちの陰に隠れた人生にも思いを馳せてほしいとも思っています．著者もそう思っているのではないか？——実は私がヤンデルさんに一番聞いてみたい点です．

＊

　ここまで本書の成り立ち・特徴について量や質，幅といった軸に沿ってみてきましたが，これらの軸が交わる原点はヒルベルトの「数学の問題」です．ヒルベルトの生涯については，C・リードの『ヒルベルト』〔彌永健一訳，岩波現代文庫〕をはじめ，数多くの著作で取り上げられています．本書でも1つの章を割いているのですが，その記述の仕方はやや先を急ぎ，内容もヒルベルトの生涯を「ざっと」振り返ったものとなっているのは否めません．著者自身もこの章の内容は「概略」であり，さらに進んで『ヒルベルト』を読むことを勧めています．主役はあくまで「数学の問題」であり，それに携わった数学者たちですから，そちらに重心が置かれるのは当然でしょう．

　実際，ヒルベルト自身に関するものに比べると「数学の問題」についての著作はそう多くはないようにみえます．和書に限ってみても，一松信先生の手になる『ヒルベルト　数学の問題』〔共立出版〕が世に出てすでに半世紀が経過していますが，その間，主題を同じくする出版物は限られています．それは無理もありません．「問題」は23個あり，それらは数学のほとんどすべての分野に渡っていて，それぞれの分野において根源的な意味をもっています．よって，それらすべてを主題とした場合，どれほどの大部となろうとも「ざっと」した「概略」にすぎないとのそしりを免れ得ません．それは数学あるいは著述を生業とする人なら容易に察するところだろうし，「この主題に手を出すべきでない」との判断も当然でしょう．そのことをわかっていながら「数学の問題」に果敢に挑んだヤンデルさんを，「巨人」へと突撃するドン・キホーテにたとえることができるかもしれません（だとすると，私，訳者はサンチョ・パンサ，それともロシナンテでしょうか）．

　特定の「問題」ではなく23個すべてについて振り返る（それが蛮勇であることは明らかであっても），その全体性が20世紀の数学の総括を可能とするのであり，それにより21世紀の数学の進むべき道が見えてくるのだと思います．その一方で数学は「ヒルベルトのように1人の人間が全体を概括して問題のリストを作成できるとはとても思えないようなところまで発展してきた」のもまた事実です．ならば，問うべきはその不可能性の根拠と意味であり，そして，そのためにはやはり原点であるヒルベルトと「数学の問題」に戻る必要があります．

　先にも述べたようにヒルベルトは「数学の問題」に20世紀のあるべき姿を思い描いたのだと思われますが，それは具体的には何だったのか？　それを20世紀の数学者たちはどのように受け止め，どのように実現したのか，あるいは実現しなかったのか？　そして，そもそも，なぜヒルベルトに「数学の問題」は可能であったのか？　これらの問いかけの中でも最後のものはこれまで問われることがほとんどなかったように思いますが，これに対して本書では，ポアンカレとコルモゴロフの2人に紙数を

割くことで1つの示唆を与えているように思います.

しかしもちろん,これらの問いかけに対して本書が明確な,そして,最終的な解答を与えているわけではありません.解答を与えるべきは私たちであり,読者の皆さんなのでしょう.つまり,数学の専門家として責任ある立場にある人——と書いてはみたものの数学に対して「責任ある立場」とは何か,私自身よくわからないのですが——に限らず,上述の数学好きの男性のようにまったく個人的な想いで数学に取り組んでいる人も含め,すべての人にここに挙げたヒルベルトの「数学の問題」の今日的意味を考えていただきたい.それらの思索はやがて集合体となり,1つの哲学として結実するでしょう,なぜなら「数学の有機的統一性は,この科学が生まれながらにしてもっている本性」なのだから——そう私は思うのです.

繰り返します.本書は解答を与えていません.しかし,あなたが「ああ,面白かった」と本を閉じた後に,ほんの少しでもここに述べた問いかけに思いを巡らしてくれたならば,著者の意図するところは達成されたことになるし,訳者は役割を果たしたことになるのだと思います.

*

実は翻訳作業は足掛け12年に及びました.このように時間を要した理由の1つは,ここに述べてきた本書の特質にあります.その特質は読者にとっては本書の魅力となるものではありますが,訳者にとっては大きな壁でした.しかしながら,時間を要したことの主となる原因は訳者自身にあったことは正直にお伝えすべきでしょう.みすず書房編集部の市原加奈子さんをはじめ幾人かの方々からの激励やご教示がなければこの日本語版は完成できなかったのではないかと思います.特に,翻訳のチェックをしてくださった纐纈泰仁さんの協力には,多くを負っています.また,佐藤文広先生(立教大学名誉教授)と大山陽介先生(徳島大学教授)にもそれぞれ校正刷りの一部分を読んでいただき,貴重なご指摘をいくつも賜りました.心よりの感謝を申し上げます.そして,最後に『ヒルベルト数学の問題』が本書翻訳の根本的な拠り所となったことを申し添えることで一松信先生への謝辞としたいと思います.

2024年冬 細川尋史

翻訳参考文献

ヴェイユ, A., 稲葉延子訳『アンドレ・ヴェイユ自伝——ある数学者の修業時代』（上・下巻，増補新版）シュプリンガーフェアラーク東京，2004．

グリック, J., 大貫昌子訳『カオス——新しい科学をつくる』新潮文庫，1994

グレイ, T., 福原麟太郎訳「田舎の墓地で詠んだ挽歌（Elegy Written in a Country Churchyard）」『墓畔の哀歌』所収，岩波文庫，1958．

杉浦光雄編『ヒルベルト 23 の問題』日本評論社，1997．

高木貞治，『回顧と展望』青空文庫．

高木貞治，「ヒルベルト訪問記」『近世数学史談』岩波文庫，1995．

ダンハム, W., 中村由子訳『数学の知性——天才と定理でたどる数学史』，現代数学社，1998．

ナサー, S., 塩川優訳『ビューティフル・マインド——天才数学者の絶望と奇跡』新潮社，2002．

ヒルベルト, D., 一松信訳・解説『ヒルベルト 数学の問題』（増補版，現代数学の系譜 4，正田健次郎，吉田洋一監修）共立出版，1972．

フランセーン, T., 田中一之訳『ゲーデルの定理——利用と誤用の不完全ガイド』みすず書房，2011．

Bell, E.T. The Man of Mathematics, 1937; ベル, E.T., 田中勇・銀林浩訳『数学をつくった人びと』（全 3 巻）早川書房，1983．

ポアンカレ, H., 河野伊三郎訳『科学と仮説』岩波文庫，1938．

ポアンカレ, H., 吉田洋一訳『科学と方法』（改訳版）岩波文庫，1953．

ポアンカレ, H., 吉田洋一訳『科学の価値』岩波文庫，1977．

本田欣哉「高木貞治の生涯」『数学セミナー』1975 年 1-6 月号．

リード, C., 彌永健一訳『ヒルベルト——現代数学の巨峰』岩波現代文庫，2010．

索引

この索引は著者ヤンデルによる本文のみを対象とする．頻出語については，すべてのページは挙げずに，特に語義が示されたり詳述されているページを太字で強調している場合がある．

ABC 予想　229
Anschauung（直覚）　**382**
DMV　252, 343-345, 384, 386-387　→ドイツ数学会
E・A・レプマン・ギムナジア　446-447
ε-δ 論法　8
Forverts（ユダヤ系アメリカ人のための新聞「前進」）　211
J.R.（ジュリア・ロビンソンの予想）　138, 143-144, 151
KAM（Kolmogorov-Arnold-Moser）理論　256, 259, 436, 440, 473-474, 478
KGB　155
MANIAC　315-316
n 体問題　256, 427, 440, 474；3 体問題　256, 425, 427-428, 436, 438, 470-471, 473, 483
p 進数　229, 310-311, **335-336**, 337-338

ア

アイソトピー同値　**373**
アインシュタイン，アルベルト　24, 180, 217-218, 226, 281, 383, 432-433, 462；ゲーデルとの親交　71-75
赤狩り　139
アカデミー・フランセーズ　400, 402, 432
『与えられた数より小さな素数の個数について』（リーマン）　280
アダマール，ジャック　282
アッケルマン，ウィルヘルム　43, 53, 116, 393, 407-408
アデール（*adeles*）　311
アノソフ，ドミトリー・V　488
アーノルド，ヴラジーミル・イーゴレヴィッチ　52, 148, 221, 259, 287, 375-376, 429, 442, 461-463, 467, 469-471, 473, 475-478, 482-487, 494, 496-498；第 13 問題の解決　476, 482；個人史　482-487；KAM 理論と　483；第 16 問題と　483；複雑系について　483
アーノルド拡散　483

アバディーン性能試験場　214
アーベル，ニールス・ヘンリック　37, 231, 355
アーベル拡大　299, 318, 349-350
アーベル関数　273-274
『アメリカの数学者たち』（アルバース）　94, 104, 199
アリストテレス論理学　78
アルヴァレス，フアン＝カルロス　193
アルキメデス　290, 293, 335, 351-352
アルキメデスの公理　162-164, 187
『ある数学者の修業時代』（ヴェイユ）　160
『ある数学者の生涯と弁明』（ハーディ）　224, 286
アルティン，エミール　59, 182, 257, 288, 290, 299-300, 310-311, 313-334, 338-340, 348, 358, 360-362；高木類体論の一般化　310, 318；一般相互法則の確立　310, 318-321, 326；個人史　313-334；代数関数体に対して定義されるゼータ関数の研究　316；音楽と　317, 327, 329-330；組みひもの分類　322；超複素数の研究　322；教育への関心　323, 325；類体論と　322, 326, 332；第 17 問題の解決　322, 360；影響　327, 340；ナチズム批判と渡米　327-328；インディアナ大学時代　328-329；プリンストン大学時代　330-332；ハンブルク大学時代　332-333；アルティンの L 関数に関する予想　340
アルティンの（一般）相互法則　318-321, 326
アルティンの L 関数　318
アルバース，ヨゼフ　180-181
アレクサンダー，ジェイムズ・W　207, 462
アレクサンドロフ，パヴェル・セルゲエヴィッチ　148, 264, 268-269, 358, 450, 454-459, 463, 468, 481, 494, 501
暗号解読部隊　201-203
位置解析学　167, 430, 434；→トポロジー
1 の n 乗根　292, **294**-295
一般位相空間論　206, 212, 264
一般相対性理論　24, 71, 217-218, 281
イデアル　37, 229, 297-**298**；類体論の創成と　299, 319, 339；ネーターの代数学と　359
イデール（*ideles*）　229, 311
イプシロン・ネット　477
彌永昌吉　2, 290, 308, 312, 324
イリヤシェンコ，ユーリ・S　426, 494, 496
インテルリングア　83
ヴァン・エジュノール，ジャン　87-88, 123
ヴァンツェル，ピエール　294-295
ヴィエト，フランソワ　31, 169
ウィグナー，ユージン　13
ウィッテン，エドワード　221, 370

ヴィトゥシュキン，アナトリー　475
ウィーナー，ノーバート　461, 464, 509
ヴィロ，オレグ　376
ウィーン学団　57, 59, 68, 140
ウェアリングの問題　228
ウェイブルズ，ジョージ　329
ヴェイユ，アンドレ　99-100, 160-161, 169-170, 173, 178, 194, 202, 207, 215, 240, 246, 252, 260, 288, 290, 311, 324, 340, 368；アルティンのL関数に関するアルティンの予想の証明　340
ヴェトナム戦争　143
ヴェーバー，ヴェルナー　249, 342
ヴェーバー，ハインリッヒ　10, 16, 237, 298-299, 302, 304-305, 348-349
ヴェブレン，オズワルド　99, 207, 344
ヴェルサイユ条約　340, 346-347
ウェルズ，ハーマン　328
嘘つきのパラドックス　61, 157
ウッディン，ヒュー　113-114
ウラム，スタニスワフ　72, 224-225, 474
ウリゾーン，パベル・S　264, 449-450, 457
エカール，ジャン　188
エゴロフ，ドミトリー・F　267-268, 321, 502
「エニグマ」の解読　122
エプシュタイン，パウル　167-168, 174-176, 272
エルゴード定理　472
エルゴード理論　425, 465, 471-473, 477
エルデシュ，ポール　224-225；算術的手法による素数定理の証明　226
エルデシュ数　225
エルブラン，ジャック　116-118, 311, 324
エルブラン-ゲーデルの帰納的関数　118, 121
エルミート，シャルル　12, 16, 43, 231, 417-418
遠近法　373
円周率π　3-4, 16, 39, 155, 227, 231-232, 423
円錐曲線　369, 372, 374
『円錐曲線論』（アポロニウス）　372
円積問題（古代ギリシャの）の否定的解決　231-232
オイラー，レオンハルト　37, 221, 231, 260, 271, 279, 291-293, 442；超越数と　231
オイラー積公式　**278**, 279, 281, 316
オイラー標数　375
オスカル賞　427-428, 445
オストロフスキー，アレクサンドル　388
オッペンハイマー，ロバート　210
オーバーヴォルファッハ研究所　269, 274-275
オルソン，チャールズ　179, 186
オレイニク，オルガ・アルセーニエヴナ　375, 475, 501
音楽　数論と　225-226, 277

カ

『解析概論』（高木貞治）　312
解析学　**396-397**
解析的整数論　246, 256, 264, 269, 335, 437
『概念記法（Begriffsschrift）』（フレーゲ）　81
ガウス，カール・フリードリッヒ　13, 17-18, 226, 251, 260, 279, 292, 295-297, 316, 318-319, 337, 401, 422, 442, 450；1のn乗根の構造の研究　292；2次形式に関する研究　292, 337；合同式の研究　292；4次剰余の相互法則の証明　319
ガウスの整数　292
カオス，カオス理論　425, 428-429, 432, 440, 466-467, 474, 478
可解群　356
『科学者伝記事典』　262, 320, 400
『科学と仮説』（ポアンカレ）　432
『科学と方法』（ポアンカレ）　412, 432
拡大体　**291**-292, 296；—の拡大　298；→類体論
確率過程　461-462
確率関数　453
確率論　66, 264, 396, 429；—の公理化　218, 442, 451-453, 460-463, 477, 501；—の応用　463, 472, 479
可算無限　**37-38**, 41-42, 44
数え上げ幾何学　367-370；→第15問題
数え上げ算法（数え上げ幾何学），シューベルトの　**364-370**；—と特殊位置の原理（個数保存の原理）　366；—の厳密な基礎づけ　368；→第15問題
加速定理　65
カッツ，マーク　224, 460, 495-496
カニンガム，マース　179, 183
カプランスキー，アーヴィング　99-100, 156, 196, 337, 367, 476
カラテオドリ，コンスタンティン　379, 382-383, 456
カラビ-ヤウ空間　370
カルダノ，ジローラモ　31, 96, 169
カルナップ，ルドルフ　59, 140, 149
カルノー，ラザール・N・M　366
ガロア，エヴァリスト　292-293；5次方程式の代数的解法および可解性と　95, 230, 292-293, 355-356；→ガロア群
ガロア群　292, 298-299, 319, **356**
河合十太郎　302-303
環　298
関数論　**414-417**

完全性定理　→ゲーデルの完全性定理
完全無限　41-43, 84, 90
カント，イマヌエル　8, 11, 71
カントール，ゲオルク　15, 30, 33-34, 36-38, 41-46, 48-50, 52, 63, 66, 77-78, 82, 89, 102-103, 113, 231, 260, 297, 410；生い立ち　33-34；無限の集合の理論の創成　33, 36-46, 78, 113；ナチ・ドイツと　34；三角級数の研究　34-36；精神の病　34, 43-45；実数について　36-41；可算無限と非可算無限について　37-38；「超限数」について　42-43, 77, 91, 113；実証主義と　43；実数の非可付番性の証明と　44；連続体仮説と　77-78；超越数についての成果　231；→対角線論法，連続体仮説
カントールのパラドックス（集合論の中の二律背反）　45
『幾何学基礎論』（ヒルベルト）　21, 160, 162
菊池大麓　303
記号言語　78, 81, 354
記号使用，数学における　31-32
記号論理学　19, 78-83, 87, 116, 123, 126-127, 129, 140, 149, 360
『記号論理学概論』（C・I・ルイス）　123
『記号論理学の基礎』（ヒルベルトとアッケルマン）　59
記述集合論　450, 470
キーツ，ジョン　27
帰納的関数　116, 118-120, 135, 149；ディオファントス方程式と　129, 137
ギムナジウム　9-10, 24, 236, 364
キャロル，ルイス　80　→ドジソン，チャールズ
球充填問題　390-393
教員資格，ドイツの大学の　11
境界値問題　509-510
強制法　85, 105-112, 114
極限サイクル　372, 425；―の個数の有限性の証明　426
局所コンパクト群　197
局所-大域原理　336-338
局所ユークリッド群　196
虚数　30, 32-33, 265
虚2次体　349
距離の概念　188, 193
クォーク　220
グドゥコフ，D・A　375
グドゥコフの予想，第16問題に関する　375-376
クネーザー，ヘルムート　168
グネデンコ，B・V　468-469, 501
クライゼル，ゲオルク　56-57, 68, 70-72, 74,

76, 104, 111, 140, 360-361
クライン，フェリックス　11-12, 14, 16-17, 22, 25, 95, 188, 244, 302, 306, 356, 374-376, 379, 383, 407, 420, 430, 489-490
クライン群　407, 420-421, 440
クラインの壺　11, 431
グラスマン，ヘルマン　79, 357
グラッタン＝ギネス，アイヴァー　34
グラフ　372-376
グラム，ヨルゲン・P　283
クーラント，リヒャルト　177, 189, 214, 243-244, 246, 317, 323, 328, 335, 340-344, 346, 383, 388, 399, 456, 509；ジーゲルへの支援　243-244；ナチ政権下での「停職」　340-341
グリーソン，アンドリュー・M　194, 196, 198-205, 208, 216, 393；第5問題への貢献　202-203；量子力学の基礎と　204
クリーネ，スティーヴン・C　101-102, 117-118, 150
クレイマン，スティーヴン　366, 368-371
グレゴリー，ダンカン　356
クレブシュ，アルフレッド　13
クロネッカー，レオポルド　14-15, 24, 33, 42-45, 48, 52, 226, 295, 298, 335, 348, 392, 450
クロネッカーの青春の夢，虚2次体の有限次拡大についての　306-307, 349
クロネッカーの予想，有限次拡大についての　348-349
クロフトン密度　193
グロンメル，ヤコブ　24
クワイン，ウィラード・ヴァン・オーマン　139-140
群，群論　194-195, 356-357, 378, 381；→ガロア群，局所ユークリッド群，クライン群，フックス群，リー群
クンマー，エルンスト・エドゥアルト　33, 226, 334；理想数の理論　295-296, 311
計算可能性　119-122, 126, 129, 149；→実効的に計算可能
『計算可能な数と決定問題への応用について（On Computable Numbers, with an Application to the Entscheidungsproblem）』（チューリング）　120
計算機科学　65
『計算の理論』（デイヴィス）　138
形式主義　48-49, 51, 53, 82, 381
形式的言語　59-61, 64, 84
形式的実体（じったい）　322, 360
形式的体系　52, 54, 60-61, 64-65, 78, 81-82, 86, 107, 119, 121, 124-125, 127, 135, 140, 367
計量経済史　449

経路積分　218
結晶学　381
結晶群　377-379, **381**, 388-390, 418, 484
決定不能性, 決定不能問題　61, 120, **126-127**
「決定問題（*Entscheidungsproblem*）」, ヒルベルトの　120, 124
ゲッティンゲン, ゲッティンゲン大学　4, 7, 12, 16-17, 22, 24-26, 34, 81, 84, 86, 112, 117, 161, 175, 177, 189, 213, 218, 241-246, 249, 252-253, 257-259, 262, 264, 274, 276, 297, 305-306, 310, 313, 317-318, 332, 334-335, 340-346, 357-358, 375, 379-381, 383, 385, 388, 399-400, 407, 433, 456, 458, 489, 500；ナチ・ドイツと　25, 341-346
ゲーデル, クルト　207；生い立ち　54-56；完全性定理と　→ゲーデルの完全性定理；不完全性定理と　→ゲーデルの不完全性定理；神経衰弱　67-68；プリンストン高等研究所と　68-**72**；構成可能集合について　69；選択公理の相対無矛盾性の証明　69, 91-93；結婚　70；ナチズムと　70；渡米　71；一般相対性理論仮説への貢献　71；健康問題　71, 75-76；連続体仮説と　71, 75-76, 78, 89, 93；アインシュタインとの親交　72-75；アメリカの市民権獲得　74-75；帰納的関数の定義　118
ゲーデル, ルドルフ　54-59, 67-68, 70, 72
ゲーデル（ポーカート）, アデーレ　58, 68-72, 74, 76
ゲーデル数, ゲーデル数化　62-64, 141-142, 156-157
ゲーデルの完全性定理　**60-61**, 86, 91
ゲーデルの不完全性定理　67, 65, 111；第1—**61-64**, 69, 120；第2　64, 69
ケーニッヒ, ユリウス　45-46
ケーニヒスベルク　7, 8-12, 14, 16, 22, 258, 491
ケーベ, パウル　379, 410；個人史　398-400；第22問題の解決　399, 434
ケーリー-クライン・モデル　188
ケーリー, アーサー　13-14, 79
ゲルフォント, アレクサンドル・オシポヴィッチ　231, 235-236, 283, 321, 468；個人史　262-272；数論への関心　265；$2^{\sqrt{-2}}$の超越性の証明　266；一般化された第7問題の解決への貢献　266-267, 272；代数的数の近似に関する研究　270
ケーレクヤールト, ベーラ　197
圏　100
原始帰納的関数　**116**, 135
『現代代数学』（ファン・デル・ヴェルデン）　324
厳密性　**8**, 221, 280, 282, 460
広延論　357

『公式集（*Formulario*）』（ペアノ）　82-83
合成, 関数の　**475-476**
構成可能集合　69, **92**, 109, 113
構成可能性　92-93
合同式　292, 339
『公理化された集合論に関するいくつかの考察（*Some Remarks on Axiomatized Set Theory*）』（スコーレム）　85-86
公理図式　89
コーエン, ポール　59-61, 75, 77-78, 85, 89, 91, 94-98, 100-114, 128, 156, 201, 287, 439；強制法の考案　85, **107-111**；生い立ち　94-98；相対性理論と　97；ゲーデルの不完全性定理と　101；リトルウッドの問題の部分的解決　101；連続体仮説と　102-107, 109, 113；選択公理の独立性の問題と　103, 113；真理性について　105, 108；最小モデルに関する定理　**106**；リーマン予想と　111；統一場理論への関心　111
国際数学者会議　（第2回, パリ, 1900）　2, 21, 83, 432；（第3回, ハイデルベルク, 1904）　45；（第4回, ローマ, 1908）　435, 438；（第5回, ケンブリッジ, 1950）　136；（第6回, ストラスブール, 1920）　309；（第8回, ボローニャ, 1928）　53, 383, 385；（第9回, チューリッヒ, 1932）　312；（第10回, オスロ, 1936）　273；（第12回, アムステルダム, 1954）　258-259, 471；（第14回, ストックホルム, 1962）　104；（第15回, モスクワ, 1966）　111, 150-151, 190；（第21回, 1990, 京都）　221；（第22回, チューリッヒ, 1994）　52, 487, 497
国際数学連合（International Mathematical Union）　3
「国民連帯の日（*Tag der Nationalen Solidarität*）」　252
コーシー, オーギュスタン=ルイ　8, 226, 294-295, 423, 504
5次方程式　95, 230, 292-293, **355-356**
コーシー-リーマンの方程式　504
コホモロジー代数　332
コメッサッティ, A　374-376
ゴーリキー, マクシム　263-264
ゴルダン, パウル　13-15, 363
ゴルダンの問題, 代数的不変式についての　**13-15**
ゴールドバッハ, クリスティアン　278
ゴールドバッハ予想　157, 227
ゴルベワ, V・A　494-495
コルマン, エルンスト　267-269
コルモゴロフ, アンドレイ・ニコラエヴィッチ　5, 42, 51 52, 66, 87, 148 149, 218, 259, 264,

268，326，397，406，442-443，445-483，494，501-502；直観主義との関係および『排中律の原理について』51-52，66，450；個人史 442-443，445-482；確率論の公理化 442，**451-453**；ギムナジア時代 446-447；Ｄ・Ｉ・メンデレーエフ化学技術研究所時代 447-448；地籍簿の確率論的分析 448-449；記述集合論についての成果 450；フーリエ級数についての成果 450，452；測度の概念の一般化 451；第6問題と 453；アレクサンドロフとの親交 454-459；ゲッティンゲン大学訪問 456；物理学の問題の分析への関心 460，470；コホモロジー環の構成の研究 462；代数的トポロジーと 462-463；確率論の応用研究 463-464；ルイセンコとの論争 464；乱流の研究 465-466，477-478；エルゴード理論と 465，471-473；力学系の安定性および3体問題の研究 470-471；n 体問題の小分母の困難について 473-474；アルゴリズムの概念について 474，478-479；第13問題と 475-476；情報理論と 475，477-478；教育と 479-480；逝去 481

コルモゴロフ-アーノルド表現定理　476
コルモゴロフ-ウスペンスキー機械　478
コルモゴロフの2/3則　466
コロッサス（最初期のコンピュータ）　122
コワレフスカヤ，ソフィア　443-445，467
コーン，アルマンド・トレイヴィッチ　494，496
コンウェイ，Ｊ・Ｈ　390-391
コンツェヴィッチ，マキシム　370
コンピュータ　36，69，80，122，155-156，202，315，377，390-392，397，429，449，500；形式的言語と 80；―による証明 391-392

サ

最小モデル　104-109，439
サース，オットー　168，174，272
三角級数　34-36，450，452
サンクトペテルブルク学派　279，451，467
『3次元空間の位相について（*Über die Topologie des dreidimensionalen Raumes*）』（デーン）168-169
『算術における存在量化子を用いた定義可能性（*Existential Definability in Arithmetic*）』（ロビンソン）137
算術の基本定理　279，291；→素因数分解の一意性
『算術の基本法則』（フレーゲ）　81-82
算術の公理　47-48，59，61-62，392；―の無矛盾性の問題　20-21，**47-48**，53-54，**64**-65
『算術の問題と帰納的可算述語（*Arithmetical*

Problems and recursively Enumerable Predicates）』（デイヴィス）　129
3体問題　256，425，427-428，436，438，470-471，473，483
『3値論理（*Three-Valued Logic*）』（パトナム）140
サンティレール，エティエンヌ・ジョフロワ　431
史松齢（シ・ソンリン）　426
項武義（シアン・ウー・イー）　391-393
ジェイムズ，ウィリアム　81，102
ジェヴォンズ，ウィリアム・スタンレー　80
シェファードソン，Ｊ・Ｃ　104
シェラハ，サハロン　110
ジェルマン，ソフィー　293-294，351-352；$n=5$ のフェルマー方程式についての定理の証明　294
シェーンフリース，アルトゥール・モーリッツ　246，377，379-381，384
ジオデシック・ドーム　179-180
シカゴ大学数学教室　98-103，260，507
敷き詰めの問題　378，389-390，419；→第18問題（2つ目）
ジグムント，アントニ　99-100，103
ジーゲル，カール・ルートヴィッヒ　116，168，170-171，173-179，181，184-186，207，231，235-262，266-267，270，272-276，283-284，287，298，310，317-318，330，337-338，346-347，433，473-474，477；個人史 236-262；学校教育 237-238；数論との出会い 238；トゥエ-ジーゲルの定理の証明 239-240，243；兵役と 240-242；超越数に関する成果 243；ゼータ関数と 244，246；第7問題の解決への貢献 246-248；3次方程式の整数解の個数についての成果 247-248；第10問題に関する成果 247，261-262；2次形式の理論と 251；ナチズムへの抵抗 252-253，255；天体力学の研究 255-256，259；大戦中の高等研究所への移籍と旺盛な研究 256；高等研究所教授就任とアメリカへの帰化 257-258；ドイツ市民権取得 258-259；高等研究所との離別 260；第7問題への貢献 262；リーマンの論文手稿の検証 283-284
自然言語　47，54，64，78，355
自然数　30，37-38，48，82，90，107-108，116，119-120，126，130，138，229，277-279，291-292，316，337，339，478；―の算術の公理系 61，64-65；―全体のなす集合の大きさ 77-78
実効的に計算可能　**116-120，156，**478
実証主義　43
実証主義哲学　57；→論理実証主義
実数　**30-33，36-37**，43-44，48，50，53，60，63，89，92-93，102，107，113，203，234-235，265，288，297，304，310，322，336，356，360，372，

375-376, 414, 474；非可算無限であることの証明 38-41；一に関する公理系のモデル 60, 85, 93；一全体のなす集合のより厳密な理解 77-79, 81, 84-86；→連続体仮説

ジッピン，レオ 194, 196-197, 203, 205, 207-208；個人史 211-216；第5問題と 214-216

射影幾何学 373, 462

射影平面 373-374

シャノン，クロード・E 475, 477

シャノンの情報理論 475, 477

シャーフェルト，エゴン 240-243

シュア，イサイ 239-240, 287, 384-385

シュヴァレー，クロード 311-312, 324, 334, 368；可解位相群の場合の第5問題の解決 197

集合論 **30-33, 36**, 50, 53, 60, 65-67, 69, 77-78, 83, 85-86, 89-90, 92-93, 96, 100, 102-106, 108-110, 113-114, 124, 219, 235, 260, 297-298, 357, 359, 414, 439, 450-451, 470, 473；カントールの一 15, 36, 42-46, 49, 81-82, 113；一の公理 **89-91**；一と最小モデル 105-107；→ツェルメロ-フレンケル集合論

「集合論の最小モデル」（コーエン） 104

種数 167, 420, 424-**425**

シュタイナー，ヤコプ 297

シュトラウス，エルンスト 73-74

シュナイダー，テオドール 231, 235, 240, 247-250, 255, 262, 266-267, 271-276, 287；第7問題の証明 272-273；ナチ・ドイツと 273-274；超越関数による超越数の生成への関心 273-274；アーベル関数の研究 273-274；第二次大戦後 274-276

シュニレルマン，レフ・ゲンリホーヴィッチ 227-228, 268

シュプリンガー，フェルディナント 383

シュプリンガー社 384

シューベルト，ヘルマン・ツェーザー・ハンニバル 364-371, 373；→数え上げ算法

シュライアー，オットー 260, 317, 360

シュリック，モーリッツ 56-57；暗殺 69

シュレーダー，エルンスト 82, 84, 88, 367

準結晶 390

小分母の困難 256, 440, 473-474, 483

「証明の長さについて」（ゲーデル） 65

証明論 65, 123

ジョルダン，カミーユ 12

シルヴェスター，ジェイムズ 13, 79

シンガー，ガートルード 126

シンプレクティック形式 193, 486

水晶の夜 175-176, 346

推論計算 78, 81, 355, 367

『数学——課題と展望』（『数学の最先端21世紀への挑戦』vol.1-6）（国際数学連合） 3

数学オリンピック 146-149, 190, 492

数学基礎論 **30**, 71, 76, 156, 160, 229, 384, 392, 437

「数学における新しい基盤的危機について」（ワイル） 52-53

『数学の将来』（ポアンカレ） 438-439

『数学の知性』（ダンハム） 31, 293

『数学の発展——モスクワ学派』（アーノルドとモナスティルスキー） 221

『数学の未来』（ヴェイユ） 194, 252

「数学の問題」（ヒルベルト） **2, 21**, 27, 30, 160, 432, 438；→ヒルベルトの23問題

「数学は生き残れるか？」（アーノルド） 52, 487

『数学をつくった人びと』（ベル） 41, 132, 171, 402

『数理物理学の方法』（ヒルベルトとクーラント） 511

数論 13, 30, 115-116, 124, 138, **224-231**, 247, 252, 262, 265, 291-292, 298, 316, 349, 435, 458, 441；一とは 227-230；音楽と 225-226, 277

『数論——歴史からのアプローチ』（ヴェイユ） 173

数論的代数幾何学 433, 438, 441

『数論報告（*Zahlbericht*）』（ヒルベルト） 18, 299, 306

スコット，デイナ 104-105, 107, 110

スコーレム，アルベルト・トアルフ 83-88, 90-93；→レーヴェンハイム-スコーレムの定理

ズース，ヴィルヘルム 274-275

スタイン，エリアス 97

スターリン，ヨシフ 267

スティーンロッド，ノーマン 206

ステパノフ，V・V 264-265, 450

ストレンジ・アトラクター 478

ストーン，マーシャル 99

スマリヤン，レイモンド 102, 140

スメイル，スティーヴン 220, 287, 426, 441, 467, 514-515

スローン，N・J・A 390-391

スンドマン，カール 259

整関数 266

正弦関数 414-416, 418

正準系，ポストの 123-125, 149, 155

整数 38, 41, 53, 135-136, 228, 291-292, 294-295, 298, 319, 337

整数論 16-17, 21, 337；→代数的整数論

『整数論』（ガウス） 292

セヴェリ，フランチェスコ 368

ゼータ関数 111, 173, 226, 244, 246, 265, 270-271, 278, 281-284, 288, 316, 318, 323, 339-340,

401, 507；→リーマン・ゼータ関数
セール，ジャン・ピエール　100, 208, 260, 368
セルバーグ，アトル　207；算術的手法による
　素数定理の証明　226
選択公理　69, 85, **89-91**, 103, 109, 113, 226；
　相対的無矛盾性の証明　91-93, 113
素因数分解の一意性　**291-297**, 298-299, 319
相対的整関数　**361**
『測地線の幾何学（*Geometry of Geodesics*）』（ブ
　ーゼマン）　190-191
測度，測度論　**41-42**, 66, 110, **197**, 204, **232**,
　235, 396, **451-452**, 456, 460, 472-473
素数　3, 33, 138, **227-228**, 277-284, 286-288,
　291, 296, 316, 318, 320, 339, 485；―の密度
　278-281；→リーマン・ゼータ関数
素数定理　226, 279-**280**, **282-283**, 284
素数分布論　279
ソフィー・ジェルマンの定理　293-294
ソボレフ空間　505
ソ連の科学　467-469
ソ連の数学　149-150, 264, 268-269
ソロヴェイ，ロバート　102, 105, 110

タ

「体」の概念　**291-292**
第 1 問題　33, 38, 44, 69, **77**, 87, 89, 96
第 2 問題　38, **47**, 54, 65, 67, 122
第 3 問題　**160**, 162, **163-164**, 167
第 4 問題　**187-188**, 191-**193**；ブーゼマンによ
　る進展　**190**；ポゴレロフによる解決法　191-
　193
第 5 問題　**194-198**, 393, 514；部分的解決　**197**；
　グリーソンによる進展　202-204；モンゴメリ
　とジッピンの共同研究による解決　205, 207-
　208, 214-216
第 6 問題　42, 217-218, 220, 396, 442, 453
第 7 問題　4, 220, 227, 231, 235-236, **247**, 249,
　262, 273, 287, 350；ゲルフォントとシュナイダ
　ーによる解決　235；ゲルフォントによる証明
　266-267；シュナイダーによる証明　267, 271-
　273
第 8 問題　224, 226-227, 235, **277-278**, 283,
　316, 339, 514
第 9 問題　226-227, 230, 265, 290, 292, 300,
　310, 320-321
第 10 問題　28, **30**, 38, 59, 65, **115-116**, 120,
　124, 127-129, 135-137, 139, 141, 143-145, 150-
　152, **156**, 168, 196, 198, 227-229, 247, 261-
　262；デイヴィス，パトナム，ロビンソンの論
　文による進展　141-143；ロビンソンによる J.

R.についてのアイデア　152-153；マチャセヴ
　ィッチによる否定的解決　153-155；ディオフ
　ァントス方程式の問題の広がり　**156-157**；ジ
　ーゲルの貢献　261-262
第 11 問題　227, 229-230, 251-252, 265, 290,
　292, 300, 334, **336-337**
第 12 問題　226-227, 231, 265, 290, 300, 306,
　348-350, 351
第 13 問題　42, 376, 396-397, **442**, **475-476**,
　481-483
第 13 問題　28, 42, 376, 396-397, 442, 475-
　477, 481-483
第 14 問題　354, 357, **361-363**
第 15 問題　221, 339, 357, **364-365**, **367-370**,
　376
第 16 問題　339, 357, **372-376**, 396, 425-427,
　440, 475, 482-483, 502, 514
第 17 問題　59, 322, 354, 357, **359-361**
第 18 物理数学学校　479-480
第 18 問題　357, 418, 499；（1 つ目）**377**, 379；
　（2 つ目）**388-390**；（3 つ目）390-391；（3 つ
　目）に対する，コンピュータによる証明
　391-393；→球充填問題
第 19 問題　396-397, **499-500**, 509, 511；ベル
　ンシュタインによる成果　500-501；ペトロフ
　スキーによるベルンシュタインの定理の一般化
　501；―の現代的な解釈と評価　**503-505**
第 20 問題　397, 499-500, **503**, **509-510**, 511
第 21 問題　350, 396, **488-490**　→リーマン-ヒ
　ルベルト問題；ボリブルッフによる否定的解決
　494-495；プレメリの証明の欠陥　495-496；肯
　定的に解決されたという誤解　496-497
第 22 問題　350, 379, 396, **398-399**, 401, 413,
　421, **434-435**
第 23 問題　396-397, 499, **510-511**
第一次世界大戦　23-25, 52, 55, 99, 174, 201,
　238, 253, 267-268, 290, 308, 312, 335, 358, 380,
　382, 388, 401-402
対角線論法　**38**, **41**, 62-63, 108, 112, 116, 118-
　119, 124；すべての実数から成る集合は可算で
　はない（非可算無限である）ことの証明と
　38-41；第 1 不完全性定理の証明と　62-64
代数学　349, **354-359**；数論と　230；公理論
　的手法の導入　358-359；→抽象代数学
代数幾何学　221, 260, 280, 290-**299**, 339, **340**,
　349, 367, 349, 351, 357, 366-368, 433, 435, 438,
　441, 483, 486
代数多様体　**339**, 367
代数的位相幾何学　430；→代数的トポロジー
代数的数　**37-39**, 41, 229, 231-232, 236, 247-
　248, 265-266, 270, 273, 290-**291**, 299, 336-337,

350；有理数による近似　236　→トゥエ＝ジー
　ゲルの定理
代数的整数論　18, 230, 246, 296, 298–299,
　304, 306, 309, 316, 335, 351, 357
代数的トポロジー　50, 127, 167–168, 206–208,
　213, 219–220, 260, 333, 357, 375, **430–431**, 434,
　436, 440, 458, 462–463, 494
代数的不変式論　11, **12–14**, 15, 361
大数の強法則　461
大数の法則　452, 461
代数方程式　**355**；─のグラフ　→グラフ
ダイソン，フリーマン　72, 219–220, 229, 270,
　288
第二次世界大戦　93, 122, 145, 207, 214, 254–
　256, 270, 314, 346, 362, 388, 464, 490
タイヒミュラー，オスヴァルト　342–345
タイヒミュラー空間　440
ダヴェンポート，ハロルド　241, 258, 261, 338–
　339
タウスキー＝トッド，オルガ　57–58, 70, 312–
　313
楕円型作用素　503；→楕円型偏微分方程式
楕円型偏微分方程式　500, 503–504, 509–510
楕円型変分問題　505；→第21問題
楕円関数　273–274, 303, 349, **415–420**
楕円幾何学　182, 187, 192
高木貞治　290, 299–310, 312–313, 315, 318–321,
　338, 349, 393, 407；個人史　299–310, 312–
　313；帝大時代　303–304；ベルリン大学留学
　304–305；ゲッティンゲンの数学と　305–307；
　「クロネッカーの青春の夢」と　306–307；ヒルベ
　ルトと　306, 310, 313；「高度本質主義」　306,
　315；帰国と結婚　307；類体論の創造　308–
　309；国際数学者会議(1920)での講演　309；
　相互法則についての成果　310, 318–319
高木類体論　300, **319**, 321；─の創造　308–309；
　─の受容　309–310
タグシステム　124
多元数　**357**
多体問題　427　→n体問題；─の小分母の困
　難　256
タタ研究所　261, 275
多値論理　123, 140
『球とヒルベルトの問題(The Ball and Some Hil-
　bert Problems)』（ホルツアプフェル）　350,
　496
多様体　167, **430**；→代数多様体
タルスキ，アルフレト　109, 135–136, 140, 149
ダールバーグ，エドワード　181
ダルブー，ガストン　24, 401–406, 409–411, 421,
　431–432

単数　291–292, **296**, **298**
単葉関数　380
チェビシェフ，P・L　264, 279, 451
チェボタレフ，N・G　312, 320–321, 326
チェボタレフの密度定理　320–321
チェルナフスキー，A　494–495
置換公理　85, 89
チャイティン，グレゴリー　153, 479
チャーチ，アロンゾ　87, 117–121, 126, 128；
　─の論理体系　117–118；決定不能問題と　126
チャーチのテーゼ　**218–220**, 124
チャップマン-コルモゴロフ方程式　462
中産階級の文化，ドイツの　7, 171
抽象代数学　197, 230, 298, 322, **357–359**, 360,
　392
中心点　423–425
チューリング，アラン　120–122, 126, 283, 478；
　ゼータ関数の零点の計算と　283
チューリング機械　120, **121– 122**, 137, 478
超越関数　**247**, 267, 273
超越数　**31**, 37, 41, 170, 227, **231–236**, 240,
　243, 247, 262, 266–267, 270, 272–273, 275, 350,
　473–474；─であることの証明　4, 235–236
　→超越性；リューヴィルの方法による─　232–
　234　→第7問題；有理数による近似　236
超越性　3–4, 16, 231, 236, 247, 266, 273
超限順序数　42, 92
「超限数」　42–44
超弦理論　111, 221–222, 370
超準解析　81
朝鮮戦争　203
直観　9, 19, 24, 51–52, 106, 118, 162, 326, 340,
　377, 381–382
直観主義　**24**, 48–50, **51**–53, 65–66, 90–91, 381,
　439, 450–451, 460, 470
陳省身（チン・ショウシン）　99
ツイスト写像　259, 436
『通信の数学的理論』（シャノン）　475
ツェルメロ，エルンスト　83, 90–91, 379
ツェルメロ-フレンケル集合論　83, 85, 89, 91–
　92, 106, 109, 113
デ・ジョルジ，エンニオ　505–506；第19問題
　への貢献　505
デイヴィス，マーティン　65, 98, 104, 111, 115,
　117, 123, 125, **127–129**, 135–138, 140–145, 150,
　152–156, 157；エミール・ポストについて　123；
　第10問題と　141–143
デイヴィスの仮説（ディオファントス方程式と帰
　納的可算集合についての）　137
デイヴィスの標準形　129, 141–**142**
ディオファントス近似　170, 270, 275

『ディオファントス近似のいくつかの応用について（*Über einige Anwendungen diophantische Approximationen*)』（ジーゲル）　170
ディオファントス集合　**136-137**, 151
ディオファントス方程式　3, **115-116**, 129, 135-138, 142-143, 151-152, 156-157, 228-229, 261, 270, 433, 441；帰納的可算集合と　137；素数の定義と　138；指数型―　141, 143；第10問題の否定的解決と　**156**-157　→第10問題；解の個数についての成果　262
テイト，ジョン　290, 311, 315, 332-333, 340, 350
ディラック，P・A・M　218, 226, 261, 410
ディリクレ，P・G・ルジューヌ　294, 297, 334-335, 427
ディリクレL関数　265, 318
ディリクレの原理　21, 282, 417, 509
ディリクレの単数定理　296
デカルト，ルネ　20, 169, 430
デデキント，リヒャルト　36-37, 297；イデアルの定義　298
デデキント切断　37, 81, 297
テネンバウム，スタンレー　102
デュ・ボア＝レイモン，ポール・ダヴィッド・ギュスターブ　503
デューイ，ジョン　81, 102
デュドネ，ジャン　247, 251, 255, 417, 422, 431-433, 436
デュラック，アンリ　426
デルタ関数　218
デーン，マックス　127, 160-162, 164-186, 212, 247-248, 253, 255, 261, 272, 324, 327, 346；第3問題の解決　162-165；代数的トポロジーと　167；結び目の分類　168；デーンの補題と人物像　171-173；ナチズムによる迫害と　174-177；亡命〜渡米　176-177；アメリカでの遍歴　177-182；ブラック・マウンテン大学時代　179-186
デーン・ツイスト　174
デーン手術　168
デーン–ニールセンの定理　170
デーンの補題　168
デーン不変量　**164-165**, 167
天体力学　256, 401, 422；―における安定性の問題　426-428；ポアンカレによる近似法　429
ド・モルガン，オーガスタス　78-79, 83, 356
ドイツ数学会（DMV）　16, 252, 310, 343-345, 384, 386-387；ナチズムと　343-344
ドイツの数学者，第一次世界大戦後の　24-25, 309, 321, 382-384, 387
統一場理論　74, 112

トゥエ，アクセル　116, 127, 236, 239, 246-247, 260-261, 270
トゥエ–ジーゲルの定理　239-240, 243, 248, 273, 287
トゥエの語の問題　127, 145, 168
統計力学　66, 472
トゥマルキン，レフ・アブラモヴィッチ　263
特性曲線の射影化　503
ドクラディ（ソ連の学術誌）　153, 192, 476
独立性，公理の　19, 30, 93, 103, 160, 357；連続体仮説の独立性　71, 75, 93, 439
ドジソン，チャールズ　80
ドーベン，ジョセフ　34
トポロジー　**373**, 375-376, 420, 422-424, **430-431**, 467；→代数的トポロジー
トム，ルネ　208
トーラス　168, 415-417, 419-420, 424, 429, 431
トルニエ，エアハルト　343-345
トロツキー，レフ　87-88

ナ

長いナイフの夜　344-345
永田雅宜　354；個人史　361-363；第14問題の否定的解決　363
南雲道夫　312
ナチ・ドイツ　253, 255, 341, 346；ドイツ数学会と　386-387
ナチス，ナチ党　26, 34, 68-71, 249, 252-253, 255, 273, 290, 317, 327, 332-333, 342, 345-348, 384, 386-387
ナチズム　172, 252, 341, 384, 456；ドイツの数学と　340-348
ナッシュ，ジョン　204, 505-508；第19問題への貢献　505
2次形式，2次形式の理論　13, 251, 292, **336-337**, 413
ニュートン，アイザック　8, 32, 43, 79, 178, 217, 372, 422, 428, 442, 471, 484, 499；3次方程式のグラフの分類　372
ニュートン方程式　422, 428, 499
ニュルンベルク法　174
$2\sqrt{2}$　247；―の超越性の証明　235, 266
$2^{\sqrt{-2}}$　262
ネイピア数 e（自然対数の底）　―の超越性の証明　16, 231
ネガティブ・ケイパビリティ　27
ネーター，エミー　24, 221, 298, 312-313, 315, 317, 335, 340-341, 344, **357-359**, 456, 459；ナチ政権下での「停職」　340-341

ネーター，マックス　357
ネーターの定理　359
ノイゲバウアー，オットー　341, 459；ナチ政権下での抗議と停職処分　341
濃度　**42**, 45, 60, **77**, 92–93, 109
濃尾大地震　302
ノルウェー侵攻（ドイツによる）　177, 255

ハ

ハイ，ケーテ　323
ハイゼンベルク，ウェルナー　25, 218
排中律　14, 51, 66, 451
『排中律の原理について』（コルモゴロフ）　66, 451
ハイティング，アーレント　49, 51, 65–66, 451
背理法　14
バウムガートナー，ジェイムズ　110
ハーケン，ヴォルフガンク　393
バーコフ，ギャレット　206
バーコフ，ジョージ・デイヴィッド　97, 99, 206, 436, 441, 472, 495
バシュマコワ，イザベラ・G　433
パース，チャールズ・サンダース　80–82, 88, 102
パスタ，J・R　474
パッシュ，モリッツ　19, 82, 163
ハッセ，ヘルムート　135, 252–253, 257, 260, 288, 290, 300, 310–312, 327–328, 332, 334–348；高木類体論の紹介　310；個人史　335–348；p 進数の研究　335–336；局所‐大域原理と　336；類体論と　338；非可換代数の研究　338；アルティンの L 関数に関するアルティンの予想の証明　340；ナチズムと　340, 342–348
ハッセの原理　135
ハッチンス，ロバート・メイナード　99
ハッチンソン，J・I　283
ハーディ，G・H　184, 224, 226, 246, 283–287, 290, 348, 351；リーマン・ゼータ関数の零点についての成果　283
ハドヴィガー，ヒューゴ　164
パトナム，サミュエル　139
パトナム，ヒラリー　105, 115, 139–144, 198；第 10 問題と　141–143
パトナム数学競技会　98, 201, 204
パパキリアコプロス，クリストス　168
ハミルトン，ウィリアム・ローワン　79, 255, 356–357, 470
ハーメル，ゲオルク　188
パラメータ表示，曲線の　434–435
バーリング，アルネ　207

ハール，アルフレッド　197
ハルキウ大学　190–191, 500
ハルトナー，ヴィリー　175
ハルナック，アクセル　374
ハルラモフ，ヴィアチェスラフ　376
バーロウ，ウィリアム　377, 381
ハワード，ビル　102, 180
ハーン，ハンス　57
バンドル　260
反ユダヤ主義　249, 211, 270
ピアテツキー＝シャピロ，イリヤ　256–257, 262, 270–271, 283
非可換代数　338
ピカール，エミール　43, 500
ピーコック，ジョージ　356
ヒトラー，アドルフ　25, 135, 161, 173, 175, 189, 213, 270–271, 340–341, 343, 346–347, 381, 384–385, 459
微分可能性　194–195, 198, 203, 504
微分積分学　4, 8, 30, 32, 42, 78, 162, 169, 195, 197, 200, 414, 423, 477
微分方程式　195, 197, 396, 411–412, 418–419, **422–427**, 438, 440, 462, 465, 472, 478, 488–489, 494–496, 499–500；─の臨界点　424；─の特異点　425；─の極限サイクル　→極限サイクル；→第 16 問題，第 21 問題，偏微分方程式
ビーベルバッハ，ルートヴィッヒ　342–345, 377, 379–388, 398；個人史　379–388；第 18 問題の 1 つの解決　379, 381；第一次世界大戦と　380–381；形式主義と　381–382；民族主義　382；ナチズムと　342–345, 384–387；ドイツ数学界における主導権争い　344–346, 384–387；数学における人種類型論　342–343, 382, 385, 387；エトムント・ランダウへの迫害事件と　385；突撃隊（SA）への入隊，ユダヤ人排斥運動　385–387
非ユークリッド幾何学　9, 20–21, 79, 132, 280, 382, 412–413, 418–419, 438, 451
標準モデルの公理　106, 110
ヒルベルト，ケーテ　16–17, 26
ヒルベルト，ダフィット　230, 235, 244, 266, 274, 341, 348, 351, 363, 383；「数学の問題」講演　2, 21, 114　→ヒルベルトの 23 問題；生誕　7, 9；生い立ち　7, 9–11；代数的不変式論と　11–13, 15；ケーニヒス大学時代　10–12；ゴルダンの問題と　13–15；e と π の超越性の証明　16；結婚　16；代数的整数論と　16–18；幾何学基礎論と　18–21；ディリクレの原理と　21；変分法と　21；ウェアリングの問題と　22；ミンコフスキの死と　23；物理学の公理化と

23-24；教育者として　24；一般相対性理論への貢献　24；ナチ・ドイツと　25-26；論理学と　26；逝去　26；カントールのパラドックスと　45；ボローニャで提示した4つの未解決問題　59, 60, 65, 67　→ヒルベルトの形式主義；形式主義プログラムと　→ヒルベルトの形式主義；「モデル」と　60；連続体仮説と　78；代数学と　231；類体論と　298-299；ネーターへの支援　358-359；完全平方式である有理関数の和の問題と　360　→第17問題；不変式論の研究　361；第21問題の部分的解決　489；ディリクレの原理と　509；変分法についての成果　511；→ヒルベルトの23問題，リーマン-ヒルベルト問題

『ヒルベルト』（リード）　2, 7

ヒルベルト空間　4, 22, 203-204, 218, 288

ヒルベルトの23問題　**27-28**, 52, 79, 165, 193-194, 227, 300, 322, 350, 396, 438, 440, 489, 501, 514-515；数論に関するもの　227；ポアンカレの仕事に基づく—の補完　440-441；→各問題の項を参照

ヒルベルトの基底定理　351, 359, **361**, 363

ヒルベルトの形式主義　**48-49**, **51**-53；—プログラム　53-54, 59, 61, 64-65

ヒルベルトの零点定理　15, 351

『ヒルベルトの第4問題の完全な解決（*A Complete Solution of Hilbert's Fourth Problem*）』（ポゴレロフ）　192

ヒレ，エイナー　200

ヒンチン，A・Ya　264, 268, 452, 461, 468, 477

頻度　452

ファインマン，リチャード　95, 218, 410

ファーバー，ヴィオラ　183

ファン・デル・ヴェルデン，B・L　260, 312, 317, 324, 345, 358；第15問題と　368-369

フィッシャー，ロバート　463

フィボナッチ数　154

フィールズ賞　97, 111, 198, 221, 240, 357, 362, 370, 501

フェドロフ，E・S　377, 381

フェファーマン，ソロモン　74, 76, 87, 92, 101-102, 110

フェラー，ヴィリー　331, 343

フェルマー，ピエール・ド　169, 291, 293

フェルマーの最終定理　157, 229, 235, 261, 283, 291-**292**, 293, **294-296**, 351, 441

フェルミ，エンリコ　95, 99, 285, 474

フェロー制度（ハーバード大学）　202

フォッカー-プランク方程式　461-462

フォン・ノイマン，ジョン　53, 69, 73, 76, 100,

117, 197, 203, 206-207, 209, 219, 315-316, 331；コンパクト群の場合の第5問題の解決　197

フォン・マンゴルト，ハンス・カール・フリードリッヒ　282

フォン・ミーゼス，リヒャルト　385, 452

不完全性定理　56, 61, 64-65, 67, 69, 101-102, 111, 120　→ゲーデルの不完全性定理

複雑性　477-479

複素解析，複素解析学　226, **265**-267, 280-281, 311, 349, **416**-417, 488, 504

複素関数論　97, 416

複素数　33, **265**, 291, 297, 322, 376, 414；—の一般化　356-**357**

プーサン，シャルル=ジャン・ドゥ・ラ・ヴァレ　282

藤沢利喜太郎　303-304

ブーゼマン，ヘルベルト　187-193；第4問題への貢献　190

双子素数の問題　227, 278

フックス，ラザルス　10, 14, 304, 407, 411, 418, 420

フックス型微分方程式　495-496

フックス関数，ポアンカレの（保型関数）　407, 412, 420-421, 432；→保型関数

フックス群　419-420

フッサール，エトムント　71

物理学　数学と　217-222

不動点定理　50

ブートルー，ピエール　382, 403, 431, 436

普仏戦争　406-407

普遍言語，ライプニッツの　82

不変式論　11-15, 51, 230, 337, 357, 359, 361

普遍被覆空間　434

フラー，バックミンスター　179

ブラウアー，リヒャルト　308

ブラウワー，ライツェン・エヒベルトゥス・ヤン　24, 49-51, 65-66, 117, 197, 381-386, 400；次元の位相空間論的不変性の厳密な証明　50；不動点定理と　50；直観主義と　50-51

ブラウン，ヘル　237, 240-244, 248-255, 274, 276, 333

ブラウン運動　42, 461-462, 470

ブラウン軌道　461, 475

プラグマティズム　81, 102

ブラシュケ，ヴィルヘルム　190-191, 317, 327, 332

ブラック・マウンテン大学　**179-182**；—の芸術家たち　179-180；経営の問題　184-185

ブラリ=フォルティ，チェーザレ　45, 81

ブラリ=フォルティのパラドックス　81

フランク, ジェイムズ (ヤーメス) 341
フランクフルト大学 166-168, 380；ナチ・ドイツと 273-274
フランクフルト大学数学セミナー 168-170, 173-175, 246, 278, 283
ブランズウィック (アルティン), ナターシャ 183, 245, 257, 261, 314, 322-323, 327-328, 333, 338
フーリエ級数 34, 36, 66, 100-101, 450-452, 463, 470
ブリオ, シャルル・オーギュスト・アルベール 423
フリードマン, マイケル 441
『プリンキピア』(ニュートン) 43, 79, 178
『プリンキピア・マテマティカ』(ラッセルとホワイトヘッド) 52-53, 82, 123-125, 178
プリンストン高等研究所 68-70, 72-73, 101-102, 109, 117, 138, 140, 189, 204, 207-210, 213, 249, 256-257, 259-260, 342, 462；ゲーデルと 68-**72**；50年代～への運営状況 207-210
ブール, ジョージ 79-82, 88, 355-356
ブール代数 **79-81**, 355
フルヴィッツ, アドルフ 12, 15-16, 18, 21, 23, 364, 376
ブルソッティ, L 374-375
フルトヴェングラー, フィリップ 56, 68, 299, 313
ブルバキ, ニコラ 260, 324-325, 484
フレーゲ, ゴットロープ 81-83, 87-88, 117, 149
『フレーゲからゲーデルへ (From Frege to Gödel)』(ヴァン・エジュノール) 87
プレメリ, ヨシップ 489-490；第21問題についての成果 489, 495-497
フレンケル, アドルフ・アブラハム 83, 343；→ツェルメロ-フレンケル集合論
フロイデンタール, ハンス 260, 383-387, 398-400, 417, 489
フロベニウス, フェルディナント 238-240, 249, 304-305
分割の問題 228
ペアノ, ジュゼッペ 19, 82-83, 91, 163
ベイカー, アラン 116, 228-229, 402
平行線の公理 20, 89, 187
平方剰余の相互法則 226, 292, 296, **318-319**
ヘイルズ, トーマス・C 391-393
ヘーガード, ポウル 167
ヘーシュ, ハインリッヒ 389
ペーター-ワイルの定理 197
ヘッケ, エーリッヒ 243, 288, 310, 335, 339, 383

ベッセル, フリードリッヒ・ヴィルヘルム 7
ベッセル=ハーゲン, エーリッヒ 242-244, 255
ベッセル関数 7, 247
ベッチ, エンリコ 430
ベッチ数 424
ペトロフスキー, イヴァン・ゲオルギエヴィッチ 265, 375, 426, 475, 484, 501-503, 505；第19問題の解決 501-502；第16問題への貢献 502
ペトロフスキー-オレイニク不等式 375
ヘリンガー, エルンスト 168, 171, 174-176, 178, 272
ベル, E・T 41, 132, 171, 235, 402-403, 437
ヘルグロッツ, グスタフ 254, 314-315, 317, 383
ヘルダー連続 505
ベル方程式 138, 152, 154, 239
ベルンシュテイン, セルゲイ・ナタノヴィッチ 268, 452, 500-501, 504, 509-510；第19問題への貢献 500；確率論についての成果 501；第20問題への貢献 510
ベルンシュテインの定理 501, 504
ペレリマン, グレゴリー 441
ペン, アーサー 180
変換群 194-195, 207, 356
ヘンゼル, クルト 334-335, 338
偏微分方程式 191, 429, 499-500, 502-504, 509-510
変分学 **499**
変分法 21, 188, 499-500, **510-511**
ペンローズ・タイル 389
ボーア, ハラルト 26, 217, 283, 341, 343-344, 386
ポアンカレ, アンリ 5, 12, 33, 43, 49, 112, 167, 256, 259, 326, 372, 382, 397-413, 417-425, 427-442, 445, 447, 462, 470, 472-473, 483-484, 500；ヒルベルトの形式主義と 49；個人史 400-413, 417-425, 427-436；幼少期 403-406；普仏戦争の時期 406-407；リセおよびエコール・ポリテクニーク時代 408-410；鉱山技師に 410-411, 432；保型関数 (ポアンカレのフックス関数) の理論 411-413, 417-421；—の微分方程式論 421-426；天体力学の諸問題と 425, 428-429；カオス理論と 425, 429；漸近級数の一般理論と 427；多体問題と 427-428；制限3体問題に対する解の研究 427, 436；ホモクリニック点の存在の証明 428-429；—の測度論的な理論 429；洋ナシ型の回転流体についての成果 429；物理現象に関わる偏微分方程式と 429；代数的トポロジーの創始 430-431, 434, 436；位置解析学 (トポロ

ジー）について 430, 434；特殊相対性理論と 433；―の数論的代数幾何学 433-434, 438；代数幾何学と 433, 435；第22問題とその解決 434；ヒルベルトと 437-438；数学と言葉について 438-439；直観主義と 439；カントールの集合論について 439；ヒルベルトの23問題と 440-441

ポアンカレの最後の定理 436, 441
ポアンカレ予想 441
ホイットニー、ハスラー 207, 463
包摂 80-81
放物線 372-373, 503
亡命外国人学者緊急援助委員会 256
ボグダノフ、A 263-264
保型関数 256, 349, 379, 434-435
保型関数（ポアンカレのフックス関数） ―の理論、ポアンカレの 407, 411-413, 417-421, 433, 435, 440
ポゴレロフ、アレクセイ・ワシリエヴィッチ 187, 190；第4問題への貢献 191-193
ポスト、エミール 122-128, 140, 145, 149-150, 155, 168, 178, 214-215；『プリンキピア・マテマティカ』の命題論理と 123-124；―のテーゼ 124；決定不能問題の研究 126；躁病と 125-126；「トゥエの語の問題」の決定不能性の証明 127
ホップ、エーベルハルト 504-505, 509
ホモクリニック点 428-429, 440
ホモトピー群 431
ホモロジー 431, 463
ホモロジー群 441, 462
ホモロジー代数 311-332
ポーランド学派 206
ポリア、ジョージ 265-266, 288
ボリブルッフ、アンドレイ・A 488；個人史 490-498；第21問題の否定的解決 494-497
ボルシェヴィキ革命 467
ボルチャンスキー、ヴラジーミル 164
ボルツァ、オスカー 99
ホルツアプフェル、ロルフ 350-351, 496
ボルツマン、ルートヴィッヒ 472
ボルン、マックス 25；ナチ政権下での「停職」 340
ボレル、アルマン 207-208, 210, 457
ホワイトヘッド、アルフレッド・ノース 36, 52-53, 82, 117, 149, 178, 202
ポワソン、シメオン・ドゥニ 427
ポンスレ、ジャン・ヴィクトル 366
本田欣哉 300-306, 308, 310, 312-313
ポントリャーギン、L・S アーベル位相群の場合の第5問題の解決 197

マ

マグヌス、ヴィルヘルム 176, 257
マクレーン、ソンダース 97, 99-100
マシュケ、ハインリッヒ 99
マスロフ、ユーリー・S 124, 149-150, 153
マチャセヴィッチ、ユリ 115, 124, 137, 145-157, 262, 287, 479, 491, 497；生い立ち 145-150；第10問題と 150-155
マックヘンリー、トゥルーマン 183-184, 186
マルコフ、アンドレイ・アンドレエヴィチ［1856-1922］ 127, 451, 479
マルコフ、アンドレイ・アンドレエヴィチ［1903-1979］ 127, 145, 150, 153, 168, 451
マルコフ過程 127, 461
マルコフ連鎖 461, 479
三村征雄 312
ミルナー、ジョン 100, 389-390
ミンコフスキ、ヘルマン 9-11, 15-16, 18, 21-23, 191, 251, 336-337, 343
ミンスキー、マービン 124
民族主義 290, 340, 346-348, 382
ムーア、イライアキム 99, 102, 104, 106, 110
無限 **33, 37**
無限級数 427
無限グラフ 110
無限ゲーム 110
無限集合 **36**；可算無限と非可算無限 **37-38**, 41, 106, 346
無限順序 42
無限小 81
無限数列の収束 34, 41
無限大 15, 219, 279, 484, 488
無限濃度 77
無限の公理 90-91
矛盾 **47**
結び目理論 221
ムーファンク、ルート 184
無矛盾性 数学の― 15, 51, 54, 64, 101, 157 →第2問題；非ユークリッド幾何学の― 20-21；算術の公理の― 20-21, **47-48**, 53-54, **64-65** →ゲーデルの不完全性定理；整数の―の証明 53；選択公理の相対― 69, 89, 91；連続体仮説の相対― 69, 89, 93, 103, 113
無理数 30-**31**, 231, 247
無理数性 3, 231
『明解ゼータ関数とリーマン予想』（エドワーズ） 278
明治維新 302-303, 307
『命題関数の一般理論序説（Introduction to a

General Theory of Propositional Functions)』（ポスト） 123

命題論理 **123**

メビウス, アウグストゥス・フェルディナント 373, 430, 463

メールテンス, ハーバート 345, 382-383, 385-388

面心立方格子（八百屋の方法） 390-391

メンゼル, ドナルド 201-202

モーザー, ユルゲン 25, 258-259, 436, 473, 483, 505

モジュラー関数 273, 349, 417-418

モジュラー群 418-419

モジュラー形式 251, 256

モース, マーストン 207, 209

モスクワ学派 221, 267, 321, 382

モスクワ第18寄宿学校 148, 492

モスクワ大学 149, 153, 191, 264, 266, 270, 447, 453-454, 479, 482, 484, 494, 502

モスコヴァキス, イヤニス 110

モデルの構成 **19-21, 60**

モノドロミー群 **488**-489, 495-496

森重文 362

守屋美賀雄 312

モルゲンシュテルン, オスカー 73, 75

モーレイ, C・B 505, 509

モンゴメリ, ディーン 194, 196-197, 203, 205-216, 485-486；生い立ち 205-207；数学者としてのキャリア 206-210；代数的トポロジーと 207-208；第5問題と 207-208, 214-216；プリンストン高等研究所数学部門の運営と 207-210

モンゴメリ, ヒュー 288

モンジュ, ガスパール 365

ヤ

ヤコビ, カール 7, 226, 295, 297

山辺英彦 203

ヤロベツ, ハインリッヒ 179, 181, 186

楊忠道（ヤン・チュンタオ） 196, 208, 210

唯物主義 43

有限次拡大 292, 297, 348, 349

有限主義 15, 42-43, 45, 392

有限単純群の分類 392

有理関数 **360**-361

有理数 **31**, 473-474；代数的数の—による近似 236, 248 →トゥエ–ジーゲルの定理

有理数体 291-292, 297, 335-337, 348, 433, 441

ユークリッド幾何学 8 9, 20-21, 79, 132, 187,

192, 382, 412-413, 418-419, 438, 451

ヨハネウム学院 364

4色定理 393

ラ

ライプニッツ, ゴットフリード・ヴィルヘルム 8, 61, 71, 78-79, 81-82, 88, 228, 354-355, 430；記号言語の提唱 78

ライプニッツの公式 228

ライヘンバッハ, ハンス 140-141

ラインハルト, K 389

ラーギン, ラザール・I 263-264

ラグスデール, ヴァージニア 374-375

ラグランジュ, ジョゼフ＝ルイ 79, 137, 221, 228, 251, 260, 337, 355, 427

ラグランジュ関数 499

ラッセル, バートランド 45, 49, 52-53, 71, 81-83, 87, 117, 149, 178

ラッセルの二律背反（パラドックス） **45**, 83

ラプラス, ピエール＝シモン・ド 427

ラマヌジャン, シュリニヴァーサ・アイヤンガー 246, 284-287, 289, 406

ラマヌジャンの公式 228

ラムダ計算 118

ラムダ定義可能 118-119, 121

ラメ, ガブリエル 294-295

ラング, サージ 290, 311, 333

卵形線 **373**-375

ランダウ, エトムント 138, 241-243, 245, 249, 252, 282-284, 287, 335, 342-343, 385, 456, 459；ナチズムによる迫害事件 342, 385

ランディス, エフゲニー・M 426, 502-503

ランド研究所 138, 140

乱流 **465-467**, 477-478

リー, ソフス 195, 356

リー群 194, **195-197**, 208, 251, 256, 483

力学の公理化 218；→第6問題

リスティング, ヨハン 430

理想数 **296**-297, 311

リトルウッド, ジョン・E 246, 283, 286, 474

リヒテンシュタイン, L 504

リフシッツ, ヴラジーミル 153

リーマン, ベルンハルト 33, 260-261, 278, 280-284, 297, 401, 416-417, 420, 430, 484, 488-489, 509

リーマン・ゼータ関数 226, 265, 278, 281, 288, 339；—の歴史 278-**281**；—の零点 **281**-284 →リーマン予想；原子核のエネルギー・スペクトルと 288；—の類似物 288, 316, 339

リーマン幾何学 187, 218, 281

リーマン−ジーゲルの公式　173, 284
リーマンの手稿　284
リーマン−ヒルベルト問題　**488-489**, 496　→
　第21問題；アーノルドらによる検証　495-496
リーマン面　280, 349, **417**, 420
リーマン予想　111, 156-157, 235, 270, 278,
　281-**282**, 283-284, **287-288**；弱い形の−の証明
　282；−の類似物　288, 339
リーマン−ロッホの定理　298
リャプノフ，A・M　451
リューヴィル，ジョゼフ　226, 231-232, 234-
　236, 294-295
リュステルニク，L・A　268
量化子記号　81, 123, 129
量化子の除去　（全称量化子の除去）129, 136-
　137, 141-142
量子コホモロジー　370
量子力学　4, 141, 204, 218-220, 226, 288, 311
リンデマン，フェルディナンド　10-11, 14, 16,
　37, 227, 231-232, 247
リンデレーエフ，エルンスト　283
類群　**297-299**, 319
類数　**297-298**, 351
類体論　18, 226, 229, **290-292**, 297, **299-300**,
　306, 308, **310-312**, **318-**320, **321-322**, 324, **326**,
　332, 334, 338, 348-350, 356；ヒルベルトの貢
　献　299；クロネッカーの青春の夢と　349-
　350；→高木貞治，高木類体論
ルジャンドル，アドリアン・マリ　251, 279,
　294, 319
ルジン，ニコライ・ニコラエヴィチ　264, 267-
　269, 321, 449, 450, 452, 468, 501-502；1930年
　代ソ連数学界のイデオロギー的争いと
　267-269
ルナチャルスキー，アナトリー・ヴァシリエヴィ
　ッチ　263-264
ルベーグ，アンリ　41, 232, 457, 509
レヴィ，ハンス　219
レヴィ＝チヴィタ，トゥーリオ　259
レーヴェンハイム，レオポルト　84
レーヴェンハイム−スコーレムの定理　84-88,
　91-93, 103, 113-114
レーニン，ウラジーミル・イリイチ　112, 263-
　264, 270
レニングラード第45寄宿学校　492-493
レフシェッツ，ソロモン　368
レール，ヘルムート　496
連結度　**430**
連続関数　34, 475-476
連続体仮説　**43-44**, 59, 69, 71, 75, **77-78**, 81,
　85, 88-93, 102-104, 107, 109, 113-114, 157,

439；−の独立性の証明　71, 75, 107, 109, 113；
　−の相対無矛盾性の証明　**88-89**, 113
ロシア革命　145, 150, 211, 213, 263, 267, 320,
　500
ロシア第一革命（1905年革命）　211, 263
『ロジカル・ディレンマ』（ドーソン）　56
ロス，クラウス　240
ローゼン，ネイサン　180
ロタ，ジャン＝カルロ　315
ロックフェラー財団　383
ロッサー，J・バークレー　117
ロバチェフスキー，ニコライ・イワノヴィッチ
　264
ロバチェフスキー幾何学　188, 192
ロバチェフスキー賞　192
ロビンソン，エイブラハム　81, 360
ロビンソン，ジュリア　115, 129, 133-136, 142-
　145, 147, 150-154, 156-157, 230, 277；生い立
　ち　129-132；就職の困難　132-134, 138-139；
　タルスキに学ぶ，博士号取得　135；存在量化
　子を用いた集合の定義の研究　135-**138**；指数
　関数の定義と　138；第10問題と　143-145；
　逝去　156；→J.R.（ジュリア・ロビンソンの
　予想）
ロビンソン，ラファエル・M　133
ロホリン，ヴラジーミル・アブラモヴィッチ
　376
ローン，K　374
論理実証主義　57, 140
『論理哲学論考』（ヴィトゲンシュタイン）　57
『論理と確率の数学的理論の基礎となる思考法則
　の研究（*An Investigation of the Laws of
　Thought, on Which Are Founded the Mathe-
　matical Theories of Logic and Probability*）』
　（ブール）　79

ワ

ワイエルシュトラス，カール　8, 14, 21, 33-34,
　282, 460, 511
ワイル，ヘルマン　3, 18-21, 25, 50-51, 53, 66-
　67, 112, 189, 191, 197, 207, 217, 219, 227, 245,
　258, 308, 328, 331, 334, 341-343, 351, 358, 383,
　440, 459；ヒルベルトの問題について　3；ヒ
　ルベルトの業績について　18-21, 227, 440；
　「数学における新しい基盤的危機について」
　（1920）　52-53；リー群の構造について　197；
　類体論について　308
ワイルズ，アンドリュー　261, 283, 441
和算　303
ワン，ハオ　72, 76, 139

著者略歴

(Benjamin H. Yandell 1951-2004)

アメリカ，パサデナ生まれ．1973年，スタンフォード大学数学科を最優等の成績で修め，ファイ・ベータ・カッパにも選ばれる．卒業後，ロサンゼルス中南部で詩作のかたわらテレビ修理業を生業とする．1992年ごろ，ヒルベルトの伝記を読んだことをきっかけに「ヒルベルトの問題」の解決の状況とその影響を調べ始める．近い時期に多発性硬化症の診断を受けたが，10年近くをかけて本書を完成，2002年に刊行．ジョン・フォン・ノイマンの伝記およびソリトンに関する著作に取り組んでいた2004年，53歳で逝去．没後の2008年，本書によりアメリカ数学協会 (MAA) の第2回オイラー図書賞 (Euler Book Prize) を受賞．他の著書に，*Mostly on Foot: A Year in L.A.*（妻 Janet Nippell と共著，Floating Island Publishing, 1990).

訳者略歴

細川尋史〈ほそかわ・ひろし〉学び DESIGN 塾 P.M.C.主催．鳴門教育大学・学校教育学部 助手 (1992-1995)，横浜国立大学・教育人間科学部 准教授 (1999-2002) を経て，塾経営者・翻訳者に．訳書に，コンウェイ『目で見る2次形式——コンウェイのトポグラフ』（丸善出版，2021)，『ラング数学を語る』（シュプリンガー・ジャパン，2009)，ポリア『自然科学における数学的方法』（シュプリンガー・ジャパン，2007)，バーントほか『ラマヌジャン書簡集』（シュプリンガー・フェアラーク東京，2001)，ほか．著書に『線形代数学の基礎・基本』（牧野書店，2002).

ベンジャミン・H・ヤンデル

ヒルベルトの23問題に挑んだ数学者たち

細川尋史 訳

2025 年 4 月 16 日　第 1 刷発行

発行所　株式会社 みすず書房
〒113-0033 東京都文京区本郷 2 丁目 20-7
電話 03-3814-0131（営業）03-3815-9181（編集）
www.msz.co.jp

本文印刷所 精文堂印刷
扉・表紙・カバー印刷所 リヒトプランニング
製本所 松岳社
装丁 安藤剛史

© 2025 in Japan by Misuzu Shobo
Printed in Japan
ISBN 978-4-622-09772-3
［ヒルベルトの23もんだいにいどんだすうがくしゃたち］
落丁・乱丁本はお取替えいたします

直 観 幾 何 学	ヒルベルト/コーン゠フォッセン 芹 沢 正 三訳	6200
数学の問題の発見的解き方 1・2	G. ポ リ ア 柴垣和三雄・金山靖夫訳	各 4800
量 の 測 度	H. ル ベ ー グ 柴 垣 和 三 雄訳	3800
ガ ロ ア と 群 論	L. リ ー バ ー 浜 稲 雄訳	2800
ベッドルームで群論を 数学的思考の愉しみ方	B. ヘ イ ズ 冨 永 星訳	3000
予測不可能性、あるいは計算の魔 あるいは、時の形象をめぐる瞑想	I. エクランド 南 條 郁 子訳	2800
「 蓋 然 性 」 の 探 求 古代の推論術から確率論の誕生まで	J. フランクリン 南 條 郁 子訳	6300
数学思考のエッセンス 実装するための 12 講	O. ジョンソン 水 谷 淳訳	3600

（価格は税別です）

みすず書房

エッシャー完全解読 なぜ不可能が可能に見えるのか	近 藤 　 滋	2700
空 想 の 補 助 線 幾何学、折り紙、ときどき宇宙	前 川 　 淳	2700
量子力学の数学的基礎	J. v. ノイマン 井上・広重・恒藤訳	6000
X線からクォークまで 20世紀の物理学者たち	E. セ グ レ 久保亮五・矢崎裕二訳	7800
ボーアとアインシュタインに量子を読む 量子物理学の原理をめぐって	山 本 義 隆	6300
世界の見方の転換 1 - 3	山 本 義 隆	I II 4200 III 5200
一六世紀文化革命 1・2	山 本 義 隆	各 3200
数学に魅せられて、科学を見失う 物理学と「美しさ」の罠	S. ホッセンフェルダー 吉田三知世訳	3400

（価格は税別です）

みすず書房